DEEP LEARNING

DEEP LEARNING

DEEP LEARNING

Keras 大神歸位

深度學習 全面進化！

用 Python 實作

CNN・RNN・GRU・LSTM・GAN・VAE・Transformer

感謝您購買旗標書，
記得到旗標網站
www.flag.com.tw
更多的加值內容等著您…

● FB 官方粉絲專頁：旗標知識講堂

● 旗標「線上購買」專區：您不用出門就可選購旗標書！

● 如您對本書內容有不明瞭或建議改進之處，請連上
旗標網站，點選首頁的 聯絡我們 專區。

若需線上即時詢問問題，可點選旗標官方粉絲專頁
留言詢問，小編客服隨時待命，盡速回覆。

若是寄信聯絡旗標客服 email，我們收到您的訊息
後，將由專業客服人員為您解答。

我們所提供的售後服務範圍僅限於書籍本身或內
容表達不清楚的地方，至於軟硬體的問題，請直接
連絡廠商。

學生團體　　訂購專線：(02)2396-3257 轉 362
　　　　　　傳真專線：(02)2321-2545

經銷商　　　服務專線：(02)2396-3257 轉 331
　　　　　　將派專人拜訪
　　　　　　傳真專線：(02)2321-2545

國家圖書館出版品預行編目資料

Keras 大神歸位深度學習全面進化！用 Python 實作 -
CNN、RNN、GRU、LSTM、GAN、VAE、Transformer/
François Chollet 作；黃逸華、林采薇 譯. -- 臺北市：
旗標科技股份有限公司，2022.06　　面；　公分

譯自：Deep learning with Python

ISBN 978-986-312-701-7(平裝)

1. Python (電腦程式語言)

312.32P97　　　　　　　　　　　110021987

作　　者／François Chollet

翻譯著作人／旗標科技股份有限公司

發 行 所／旗標科技股份有限公司

　　　　　台北市杭州南路一段15-1號19樓

電　　話／(02)2396-3257(代表號)

傳　　真／(02)2321-2545

劃撥帳號／1332727-9

帳　　戶／旗標科技股份有限公司

監　　督／陳彥發

執行企劃／黃宇傑

執行編輯／黃宇傑

美術編輯／林美麗

封面設計／林美麗

校　　對／陳彥發、留學成、黃宇傑

新台幣售價：1200 元

西元 2024 年 7 月 初版 4 刷

行政院新聞局核准登記-局版台業字第 4512 號

ISBN　978-986-312-701-7

「掌握本質，了解其所能與不能，是面對技術快速
迭代、世局難以預測的鑰匙。本書就是開啟深度
學習的一把鑰匙。」

　　　　　　　　——鴻海研究院執行長　李維斌

中文版推薦序

財團法人人工智慧科技基金會執行長 溫怡玲

2019 年，本書作者 François Chollet 開始著手第二版，距離第一版已有兩年、2016 年 AlphaGo 與李世乭的圍棋世紀大對決也已三年；同樣在這一年，故玉山金控科技長、人工智慧學校執行長陳昇瑋博士與我合寫的《人工智慧在台灣》出版，這是第一本從台灣產業角度觀察分析人工智慧發展的書，熱熱鬧鬧地呈現了當時百家齊鳴百花齊放的盛況。

匆匆又過三年，《Deep Learning with Python》第二版中文版來到大家眼前。

在這些年間，人工智慧對於人類社會的影響愈來愈大、愈來愈普遍。不過，仔細觀察，可以發現對人工智慧仍然存在著「高估」和「低估」的問題。

如同知名科學家、未來學者阿瑪拉 (Roy Charles Amara) 所提出的阿瑪拉定律：「人們總是高估一項科技所帶來的短期效果，卻又低估它所造成的長期影響。」(We tend to overestimate the effect of a technology in the short run and underestimate the effect in the long run.)

例如前幾年，大家最擔心的是自己和下一代的工作會立刻被 AI 取代，急急想問如何另覓出路；當然還有被電腦統治、被演算法誤導等多種焦慮。然而，憂慮這些短期 (有些可能只是想像) 影響的同時，卻往往忽略人工智慧將如同過去的活版印刷、電力、網際網路及行動裝置一樣，影響個人、產業、教育方式甚至社會文化的轉變。這些長期影響，目前仍然太被低估，以致對 AI 未來的討論仍然常侷限於技術的迭代更新，而忽略其他。

　　本書雖然看起來「純技術」，但內容卻令人眼睛為之一亮：不僅詳細介紹深度學習的基礎知識、應用方案和使用模式，同時也特別統整了深度學習的優點與侷限。對於想熟悉 Keras 和 Tensorflow 的技術人來說，是一本極佳的入門學習書，而對於不熟悉技術只想一窺門道的人來說，結構井然的邏輯和極為通暢易讀的寫作方式，大大降低了非技術出身如我輩的學習門檻。

　　特別值得一提的是，通常技術書艱深不易懂已令人心生恐懼；翻譯的技術書，更常常如同翻越萬水千山後只見被濃霧籠罩的美景般令人扼腕。本書譯者與審閱者、華實智造科技公司數據長黃逸華，不僅熟悉深度學習技術，且擁有長期在工廠端親身參與智慧製造經驗，同時還曾任職媒體多年，中英文俱佳。因此本書中文版閱讀起來毫不生澀，自然流暢的文筆完全呈現作者深厚內力，無論是不是技術背景的人，都適合用心閱讀，相信會快速拉近讀者與深度學習之間的距離。

中文版推薦序

臺灣人工智慧協會副理事長 黃國寶

大神親自出手帶來更多新洞見

　　身為專業顧問，經常有機會協助各種不同規模、不同產業的企業改善體質、提升效率、強化標準，其中自然以製造業為主。在服務企業的過程中，我也經常感嘆工業發展的迅速與強大，現在已經是工業革命之後的兩百多年，不知道當時的人怎麼想？不過，在有幸參與臺灣 AI 產業發展的偉大進程之後，我想，我約略有了一些感覺：沒有想到可以在有生之年，親眼看到某種科技全面性地席捲世界，對人類生活帶來全方位的衝擊。我們現在已經可以看到像是無人自駕車、電腦醫生、虛擬主播等等服務出現在人類生活之中，然而這些都還是應用，而應用之下的科技，以及支持科技的思考才是最核心的力量。

　　回顧人工智慧發展歷史，其中迭經起伏，可以說是屢敗屢戰、從不放棄，不過這些都還侷限於頂尖科學家之間的探討與對話——電腦可能比人類聰明嗎？如何衡量？在此之前總有個說法是，圍棋棋面上的變化比全宇宙原子總數加起來都多，只有人類才能理解與運作，電腦絕不可能勝過人類。臺灣應昌期圍棋教育基金會從 1986 年起，開始舉辦「電腦冠軍挑戰人腦」國際大賽，提供百萬美元獎金，並定下比賽有效時限 15 年的目標，直到 2000 年，電腦都無法突破圍棋障礙，人們依舊可以在智慧王座上高枕無憂。

　　直到 2016 年，電腦棋王 AlphaGo 以五戰四勝戰勝了九段棋手李世乭，又在 2017 年以三比零勝過九段棋手柯潔，確認了王者易位的殘酷現實。幸好人們沒浪費太多時間在感嘆被電腦擊敗，而是馬上起身投入，接下來就是全球對人工智慧的高度關注與大舉投入。

第一件事就是科普、掃盲，如何將侷限在先進實驗室與科學家腦中的繁雜思緒轉換為一般人也有機會理解並運用的工具？Keras 扮演了非常重要的推手角色，而 François Chollet 正是一手創造 Keras 的人，所以也被稱「Keras 之父」。後來 AI 到底有多熱門，無需我多做說明，各位都理解，也已經身處其中。

Keras 大神親自出手將最新的發展及其具體應用範例帶到我們面前，在 AI 產業界來說，這是極其重要的大事，不可等閒視之，而且是由在 AI 領域著墨很深、實踐經驗豐富的黃逸華數據長主持翻譯與審閱工作，更讓我們充滿期待。

很榮幸有這個機會參與這件 AI 產業大事，身為 AI 產業化、產業 AI 化的推動者之一，我全力推薦這本大神之作。

中文版推薦序

華實智造科技有限公司數據長 黃逸華

eric.huang@ai101.tw

因為大神加持，我們也能將世界向前推進一點點

莎士比亞在《暴風雨》(The Tempest) 中藉主角之女米蘭達 (Miranda) 口中說出：

"Oh wonder!
How many goodly creatures are there here!
How beauteous mankind is! Oh brave new world,
That has such people in't." - The Tempest Act 5, Scene 1

「神奇啊！這裡有多少好看的人！
人類是多麼美麗！
啊！新奇的世界，有這麼出色的人物！」——《暴風雨》第五幕第一場(朱生豪譯)

當人們第一次感受巨大的蒸汽火車轟隆而過、看一整座城市瞬間燈光燦爛起來，看人工智慧一步步地將最強棋手逼到盡頭時，不曉得會不會也跟米蘭達有一樣的感嘆？

1983 年，數學家佛諾文奇 (Vernor Vinge) 首先提出技術奇點 (Technological Singularity)，他將奇點定義為人工智慧超過人類智力極限的時間點，在技術奇點以後，世界的發展將會超出人類的理解範疇。儘管有這樣的擔憂，但人類不斷尋求突破的企圖心並未因此消退，取而代之的是，我們一方面積極尋求靠近奇點，另一方面，我們也在努力推遲奇點來臨的時間，具體的做法就是強化對於 AI 的理解，包括發展可解釋的 AI (Explainable AI) 以及可信賴的 AI (Trustful AI)。德國更在 2021 年發表 AI 標準化白皮書，試圖透過規範與標準化來馴服 AI 這頭仍在快速成長的巨大神獸，非常艱鉅，但我們也充滿希望。

　　由於本書性質使然，讀者應該都和我一樣都是投身 AI 產業的工作者、研究者，不管出之於好奇、還是工作要求，我們都來到了一個全新的出發點，比一般人還更靠近這頭巨獸，稍微細心一點，還可以聽到巨獸的心跳。

　　我們心中所想的是，如何更快、更多、更有效地將實體世界的困境與難題轉換為標籤與資料，然後讓算法與模型，為實體世界指引一條更明確更清晰的方向。原先，這些都是最先進的實驗室才能做得到的事情，然而這些工具已經來到我們的手裡，相當程度地實現了「AI 民主化」，讓我們得以在自己小小的實驗室中、書房裡，敲打鍵盤刻畫算法，整理資料餵養模型，然後滿心期待地看損失值下降，等到迴圈跑完，我們看到 0.99 (假設沒有過度適配)，就可以開心大喊一聲「Eureka!」，這都要感謝 Keras 大神 François Chollet，以及許多像他一樣不斷思索與分享的人。

　　Keras 最大的貢獻不在於提出全新的算法架構，而在於將不斷演進也不斷變動的複雜架構，轉換為更高階的易用架構。從最早的 Theano 開始，到 CNTK，再到 Tensorflow，這些深度學習開發架構都有架構龐大、設計靈活、功能強大的特色，就如同天才的腦袋一樣。唯一的問題是，凡人如你我難以駕馭，而 François Chollet 開發 Keras 的初衷就是，怎麼讓這些天才說人話，既可以同時支援多種架構，在天才腦袋之間切換，還可以用更簡單易用的語言描述，如果有 GPU 外掛，也可以無縫切換。因有了這樣的發想，所以我們現在才可以氣定神閒地手握咖啡、翻開祕笈、面對電腦、比劃未來。

　　工具已經交到我們手裏，資料也已經備齊，接下來就是優雅地用中指按下 Enter 鍵了，然後就可以聽見電腦風扇瘋狂轉動的聲音，那也是世界繼續往前移動的聲音，因大神加持，我們也能將世界向前推進一點點。只是，千萬別忘記，我們還是凡人，最多只是手裏有神器、背後有大神加持的凡人，我們仍然有我們難以窮盡之處，那裏就是最靠近奇點，而又不逾越的地方。正如托爾斯泰說的，「我們一無所知，這就是人類所能到達智慧的頂點。」

　　大神再次出手，這是 AI 產業化的高光時刻，很榮幸可以參與這場盛事，也謝謝您的關注。

前言

如果你拿起這本書，那代表你很可能已經意識到，近期深度學習為人工智慧領域帶來的出色進展了。電腦視覺和自然語言處理系統從幾乎無法使用，進化到展現高性能，而這些系統如今都被部署在你每天都使用的產品中。這種突如其來之進展所帶來的影響，幾乎擴展到每一個產業中。我們已經把深度學習應用在一系列令人驚艷的重要問題上，而這些問題各屬不同領域，例如醫療成像、農業、自動駕駛、教育、防災，以及製造業等。

然而，我認為深度學習的發展仍處於早期階段。目前為止，它只發揮了一小部分的潛力而已。隨著時間推移，機器學習會深入每一個它能協助解決的問題，而這將是幾十年內就會發生的轉變。

為了開始將深度學習技術部署到它能解決的問題上，我們必須讓盡可能多的人都能夠使用它，包括非專家 (也就是並非研究人員，也不是研究生的人)。要讓深度學習充分發揮潛力，我們就必須從根本上使它「民主化」才行。我相信今天的我們正處於一個歷史轉捩點，深度學習正在走出學術實驗室和大型科技公司的研發部門，轉而成為每位開發人員的工具箱中，普遍存在的一部分，這跟 1990 年代末網路發展的軌跡相同。現在，幾乎每個人都能為自己的企業或社區打造網站或 app，而在 1998 年，這是需要動用一個專業工程師組成的小團隊才能辦到的事。在不遠的將來，任何有想法和基礎編碼技能的人都能建構出「能從資料中學習」的智慧應用程式。

當我在 2015 年 3 月發布 Keras 深度學習框架的第 1 版時，人工智慧的民主化還沒有達到我所想的那樣。我已經在機器學習領域做了好幾年的研究，並建構了 Keras 來進行我自己的實驗。但是，從 2015 年以來，成千上萬個新人進入了深度學習領域，其中許多人選擇使用 Keras 作為他們的首選工具。看著這麼多聰明的人，以我意想不到的強大方式使用 Keras，讓我開始深切關注人工智慧的**可及性** (accessibility) 及**民主化** (democratization) 問題。我意識到，我們把這些技術推展得越廣，它們就越有用、越有價值。「可及性」很快就成為了 Keras 開發的一個明確目標，而在短短幾年內，Keras 開發者社群就在這方面取得了過人的進展。我們已經把深度學習的技能交到數十萬人手中，而這些人正在用它來解決一些直到目前還被認為是無解的問題。

你手上的這本書，也是我們為了讓盡可能多的人接觸深度學習而踏出的一步。Keras 一直需要一組配套課程，以同時涵蓋深度學習基礎知識、最佳實踐方式和 Keras 的使用模式。2016 和 2017 年時，我盡力製作了這樣的課程，也就是本書的第一版，並於 2017 年 12 月發行。它很快就成為了機器學習的暢銷書，銷量超過 50,000 本，並被翻譯成 12 種語言。

但是，深度學習領域發展得非常快速，從第 1 版以來，又出現了很多重要的進展，如 TensorFlow 2 的發布、Transformer 架構的日益普及等等。因此，我在 2019 年底開始著手更新我的書。最初，我很天真地認為，這本書會有大約 50% 的新內容，且最終會跟第一版的長度大致相同。實際上，在過了兩年後，這本書的長度多了三分之一，且新的內容佔了 75%。本書不僅是刷新而已，而是已經變成一本全新的書了。

我寫這本書的重點，是要讓深度學習背後的概念及實踐方法越平易近人越好。做這件事時，我完全不需要簡化什麼，因為我堅信在深度學習中沒有什麼艱難的概念。我希望這本書對你來說是有價值的，也希望它讓你能開始建構智慧應用，並解決你關注的問題。

致謝

首先, 我想感謝 Keras 社群讓這本書得以誕生。在過去的 6 年間,
Keras 已經發展成擁有數百個開源貢獻者, 以及超過一百萬個使用者的函式
庫了。你的貢獻和回饋, 成就了今天的 Keras。

我個人要感謝我的妻子在 Keras 開發和本書寫作的過程中, 給予我無盡
的支持。

另外, 我也要感謝 Google 對 Keras 專案的支持。能看到 Keras 被採
納為 TensorFlow 的高階 API, 真是太棒了！Keras 和 TensorFlow 之間的
順利整合, 對 TensorFlow 和 Keras 使用者都有很大的助益, 還能讓大多數
人都接觸到深度學習。

接著, 我想感謝讓本書得以出版的 Manning 出版社的各位：發行人
Marjan Bace, 以及編輯和製作團隊中的每一位夥伴, 包括 Jennifer Stout、
Aleksandar Dragosavljevic´, 以及許多其他幕後的工作人員。

非常感謝下列的各位協助進行同儕評閱：Billy O'Callaghan、
Christian Weisstanner、Conrad Taylor、Daniela Zapata Riesco、
David Jacobs、Edmon Begoli、Edmund Ronald PhD、Hao Liu、Jared
Duncan、Kee Nam、Ken Fricklas、Kjell Jansson、Milan Šarenac、
Nguyen Cao、Nikos Kanakaris、Oliver Korten、Raushan Jha、Sayak
Paul、Sergio Govoni、Shashank Polasa、Todd Cook 及 Viton Vitanis,
還有其他所有為本書提供反饋的各位。

在技術方面, 我也要特別感謝擔任本書技術編輯的 Frances Buontempo,
以及技術校對的 Karsten Strbk。

關於本書

本書是為希望從頭開始探索深度學習，或拓展對深度學習理解的人們而寫的。無論你是從業中的機器學習工程師、軟體開發人員，還是大學生，本書的內容都會對你有所幫助。

你可以用一種平易近人的方式探索深度學習：從簡單的開始，然後學習到最先進的一些技術。你會發現，這本書在直覺、理論和實踐之間取得了平衡。書中避免使用數學符號，並傾向透過詳細的程式碼片段和直觀的心智模型 (mental model)，來解釋機器學習及深度學習的核心概念。你將從豐富的程式碼範例中學習，而且它們也搭配了全面的註解、實用的建議，以及深入淺出的解釋，這些都是你開始使用深度學習解決具體問題前，所需要了解的。

程式碼範例會使用 Python 的深度學習框架 Keras，並以 TensorFlow 2 作為其計算引擎。這些範例展示了截至 2021 年，當代 Keras 和 TensorFlow 2 的最佳實踐。

讀完這本書後，你會對深度學習的內容，以及它的侷限性有深刻的理解。你會熟悉一些解決機器學習問題的標準工作流程，還會知道如何克服經常遇到的問題。另外，你將能夠使用 Keras 解決從電腦視覺到自然語言處理的實際問題：影像分類、影像分割、時間序列預測、文字分類、機器翻譯、文字生成，以及許多其他的問題。

誰應該閱讀本書

本書是為具有 Python 程式設計經驗、希望開始探索機器學習和深度學習的人而寫的。但是，這本書對許多不同讀者而言也是很有意義的：

- 如果你是熟悉機器學習的資料科學家，本書能提供你穩固又實用的深度學習介紹，這是機器學習中發展最快、最重要的一個子領域。

- 如果你是希望開始使用 Keras 框架的深度學習研究人員或從業者，你會發現這本書是一堂理想的 Keras 速成課。

- 如果你是在正規體制下學習深度學習的研究生，你會發現這本書是一種實用的補充，能幫助你建立對深層神經網路行為的直覺，讓你熟悉一些最佳關鍵實踐方法。

即使是不常寫程式碼、但擁有科技思維的人，也會發現這本書做為基礎和高階深度學習概念的入門教材，會非常好用。

若要理解程式碼範例，你必須對 Python 有一定程度的熟練度。此外，熟悉 NumPy 函式庫也會很有幫助，但不是必須的。你不需要有機器學習或深度學習的相關經驗，這本書會從頭開始涵蓋所有必要的基礎知識。你也不需要很進階的數學背景，高中水準的數學應該就足夠讓你跟上進度了。

關於程式碼

書中出現的所有程式碼，都可以在 Manning 出版社的網站 (https://www.manning.com/books/deep-learning-with-python-second-edition) 以及 GitHub 上的 Jupyter notebook (https://github.com/fchollet/deep-learning-with-python-notebooks) 下載。你可以透過 Google Colaboratory 直接在瀏覽器上運行，這是一個可供免費使用的 Jupyter notebook 環境。只要有網路和一個網頁瀏覽器，你就能開始探索深度學習了。

本書正體中文版範例檔

　　在翻譯本書的過程中, 我們發現了原程式的幾個錯誤, 已加以修正。另外為了增進讀者的學習效果, 我們在部分的原書程式碼中, 加入了一些補充程式碼, 以上所有這些程式碼都列於中文版書上, 你可以至以下網站下載:

http://www.flag.com.tw/bk/st/f2379

Bonus

　　另外, 旗標科技為讀者特別準備了額外的 Bonus 章節:例如, 決策樹與隨機森林。請連到 http://www.flag.com.tw/bk/st/f2379, 依照網站中的指示步驟, 即可免費取得 Bonus 章節電子書。

目 錄

第 1 章 何謂深度學習？

第 2 章 神經網路的數學概念

第 3 章 Keras 和 Tensorflow 簡介

第 4 章 開始使用神經網路：分類與迴歸問題

第 6 章 機器學習的工作流程

第 7 章 深入探討 Keras

第 8 章 電腦視覺的深度學習簡介

第 9 章　電腦視覺的進階技巧

第 10 章　時間序列的深度學習

第 11 章 文字資料的深度學習

第 12 章　生成式深度學習

第 13 章   實務上的最佳實踐

第 14 章   結語

chapter 1

何謂深度學習？

本章重點

- 基礎概念的定義
- 機器學習的發展歷程
- 深度學習崛起的關鍵與未來展望

在過去幾年中，人工智慧 (Artificial Intelligence, 簡稱 AI) 一直是媒體炒作的話題。機器學習、深度學習與 AI 等標題出現於數不清的文章中，甚至還出現在許多和科技無關的報章雜誌。我們正在追尋一個存在智慧聊天機器人、自動駕駛汽車與虛擬助理的未來，這樣的未來被刻畫成令人憧憬的景象，或烏托邦式不切實際的空想與景象。人類的工作會變得相當稀少，多數的經濟活動都將使用機器人或是 AI 程式來執行。

閱讀完這本書後，你將成為 AI 應用開發者的一員。但是對於從事機器學習的相關人員而言，你必須要在似是而非的資訊中辨明真相，才能不受媒體誇張報導的影響，確實地了解哪些才是真正足以改變世界的技術發展。現在，就讓我們來解決一些問題，例如：深度學習到目前為止可以達到什麼樣的功能？它有多重要？下一步將往哪個方向前進？是否該相信媒體的炒作浪潮？

本章將主要說明人工智慧、機器學習與深度學習的基礎背景。

1-1 人工智慧、機器學習與深度學習

首先，我們必須清楚定義所要討論的內容。什麼是人工智慧、機器學習與深度學習 (見圖 1.1)？它們之間是什麼樣的關係？

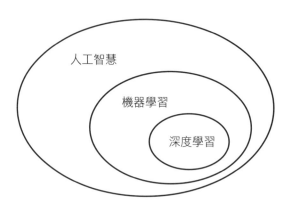

人工智慧

機器學習

深度學習

▲ 圖 1.1　人工智慧、機器學習與深度學習的關係圖

1-1-1　人工智慧

　　人工智慧出現於 1950 年代, 來自於當時電腦科學領域的一群先驅, 他們開始探索電腦是否能「思考」- 這是直到今日我們仍在探索的問題。關於「人工智慧」的許多想法在醞釀了數年甚至數十年後, 終於在 1956 年明朗化, 形成了一個專門的研究領域, 而這個契機來自達特茅斯學院 (Dartmouth College) 數學系的年輕助理教授, John McCarthy 當時正在籌辦的暑期工作坊。這個工作坊的主旨是這樣的：

> 「這項研究的實施基礎在於假設學習與知識的各個層面與主要特徵都能被精準描述, 而人們也能創造出一部有能力模擬這個學習與思考過程的機器。我們也會探討如何讓機器可以使用語言、形成抽象概念, 解決許多至今被認定是人類才能解決的問題, 並有能力自我改良。我們認為, 如果可以讓一批精心挑選的科學家聚集起來, 以一個夏天的時間, 應該能夠在一個或多個問題上獲得顯著的進步。」

　　直到夏天結束, 原先認定必可獲致解答的種種問題仍然高舉在前, 工作坊也並未提出任何足以讓人信服的結果。儘管如此, 參與其中的許多科學家仍繼續投身研究, 也成為人工智慧領域的先驅, 觸發了一場至今仍在推進的知識革命。

　　人工智慧的簡單定義是：「能自動化地執行一般人類的智慧工作」。如果以這個定義來看, 人工智慧一詞就涵蓋了機器學習與深度學習, 也同時涵蓋了許多不涉及學習的做法。要知道, 直到 1980 年代, 大部分的 AI 教科書中都還沒提到「學習」的概念！例如, 早期的西洋棋程式只有程式開發者手動建立的規則, 並不能稱作「機器學習」。事實上, 在很長的一段時間裡, 大部分的專家都認為, 想要讓人工智慧可以跟人類相提並論, 就得靠程式設計師編寫規模龐大的判斷規則來操縱知識, 並存放在可見的資料庫中。這種想法被稱為**符號式 AI (Symbolic AI)**, 在 1950 年代到 1980 年代末成為 AI 領域的主流, 此方法於 1980 年代隨著專家系統的興起而達到高峰。

　　儘管符號式 AI 可用來解決諸如西洋棋這種規則清楚的問題, 但對於更複雜或更模糊的問題, 例如影像辨識、語音辨識與語言翻譯, 要找出清楚明確的規則是相當困難的, 因此一個新方法因應而生並取代符號式 AI 的地位, 那就是：**機器學習**。

1-1-2　機器學習

　　回到維多利亞時期的英國, Charles Babbage 發明了**分析機** (Analytical Engine), 這是歷史上第一部通用計算機, 而 Lady Ada Lovelace 則是他的好友, 也是工作夥伴。儘管 Babbage 的遠見已經大幅超前當時, 不過在 1830 年代到 1840 年代設計該分析機時, 倒沒想到它會成為計算機的先驅, 因為當時根本就還沒有「通用計算機」的概念。原本, 他只是想以機械動作來自動執行數學分析領域的計算工作, 這也是「分析機」一詞的由來。正因如此, 分析機被視為更早出現的**齒輪式加法器** (例如:Pascaline), 或是基於加法機進一步改進的**萊布尼茲乘法器** (Leibniz's Step Reckoner)。大數學家 Blaise Pascal 在 1642 年時設計了上述的滾輪加法器 (當時才 19 歲!), 這是世界上第一部機械式計算機, 不但能夠處理加減法與乘法, 甚至還能計算除法。1843 年, Lady Ada Lovelace 對分析機的評論是這樣的:

> 「分析機無法主動產生任何東西, 它只能聽我們的命令執行工作…, 其功能主要是協助我們執行已經熟悉的工作。」

　　就算過了 178 年之後的現在來看, Lady Ada Lovelace 的觀察仍舊引人深思。通用計算機真的有能力「原創」任何東西?還是說, 它只能在我們人類已熟知的範圍執行一些單調枯燥的運算?它真的有能力自己思考嗎?它可以從經驗中學習嗎?它可以展現出想像力嗎?

　　後來 AI 先驅 Alan Turing 在 1950 年提出著名的論文「計算機器與智慧」❶, 其中介紹的「**圖靈測試**」(Turing test) 正式描繪 AI 的關鍵概念。他的想法與 Lady Ada Lovelace 的評論相左, 而圖靈機 (Turing Machine) 也成為現今電腦的始祖, 大大改變人類的科技與生活方式。Turing 認為, 電腦應該可以相當程度地模仿人類的智慧, 這個想法在當時可是非常驚世駭俗。

　　一般來說, 要讓電腦派上用場, 得先讓人類工程師寫下各種運行規則 (也就是電腦程式) 然後對輸入資料進行運算, 得出相應的答案, 就像當時 Lady Lovelace 為分析機寫下明確步驟, 讓機器依序執行一樣。機器學習則反其道而行:機器根據輸入資料以及相應答案, 自己想辦法搞清楚中間該有哪些規則 (見圖 1.2)。

---

❶ A. M. Turing, "Computing Machinery and Intelligence," Mind 59, no. 236 (1950): 433-460.

機器學習系統是經由訓練 (trained) 來學習的，而不是把明確的規則寫到程式當中。經由多次餵入訓練資料，機器學習系統會從這些資料找到統計結構，最後自行找出規則，然後用這些規則來自動化地執行任務。舉例來說，你希望機器能自動地將假期照片貼上標籤 (編註：例如自動標示地點、人名、情境)，可以先將經由人們手動貼過標籤 (例如：標籤上寫著墾丁、陳某某、笑翻了) 的照片輸入機器學習系統，而答案則為標籤內容，然後由系統學習找出「幫照片貼上標籤的統計規則」。

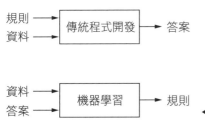

小編補充：機器學習主要可分為監督式學習 (Supervised learning) 和非監督式學習 (Unsupervised learning)。左圖是以監督式學習為例。

◀ 圖 1.2　機器學習：新的程式開發模式

　　雖然機器學習在 1990 年代才開始蓬勃發展，但近年來得益於更快的硬體運算能力與更大的資料量，使得機器學習迅速成為 AI 中最流行、最成功的子領域。機器學習與數學統計雖有高度相關性，但在幾個重要地方仍有別於統計，就如同藥物和化學密不可分，但不能把藥品開發簡化成化學研究一樣，因藥品開發自有其獨立的系統與特性。有別於統計，機器學習善於處理龐大、複雜的資料 (如幾百萬張圖片的資料集，每張圖片包含數萬個像素)，這對於傳統的統計分析方法，例如**貝氏分析** (Bayesian analysis) 來說，在實作上會相當困難。這導致了機器學習，特別是其中的深度學習，逐漸轉為工程導向而淡化了數學理論。和重視理論的物理或數學比較起來，機器學習領域強調實際動手，所重視的是具體可見的發現結果，並且非常依賴先進的軟體與硬體。

1-1-3　從資料中學習轉換表示法

　　為了定義**深度學習** (deep learning) 並瞭解深度學習與其他機器學習方法的差別，首先我們需要知道機器學習演算法的機制。剛剛提到機器學習是從提供的資料及對應的標準答案去發現規則，然後依此規則 (智慧地) 來自動處理後續新發現、沒有標準答案的資料。因此，為了執行機器學習，我們需要 3 個要素：

- **輸入資料點** (input data point)：舉例來說, 如果要進行語音辨識, 則資料點 (data point) 可能是人們說話的語音檔案；如果是要幫照片貼標籤, 資料點 (data point) 則會是照片檔案。

- **標準答案**：在語音辨識中, 標準答案就是由人們產生的逐字稿；至於影像辨識的工作, 標準答案就是人工為影像貼上標籤, 如 "這是狗"、"這是貓" 等。

- **評估演算法執行結果好壞的方法**：為了衡量演算法目前產出結果與預期結果間的差距, 我們必須指定一個測量方式, 而測量結果可作為調整演算法的一種回饋信號, 這個調整的步驟就是我們所謂的**學習** (learning)。

機器學習模型將輸入資料轉換成有意義的輸出, 並且和輸入資料所附帶的標準答案進行比對修正來學習。因此, 機器學習與深度學習的核心問題就是要**如何有意義的轉換資料**, 換言之, 就是要學習為手上的輸入資料找出適當的**表示法** (representations), 這個表示法可讓我們把輸入資料轉換成更接近預期輸出的結果。這裡所謂的「表示法」, 就是用不同的方式來檢視資料, 將資料重新表述 (represent) 或編碼。

例 1：一張彩色圖片, 可以編碼成 RGB 格式 (Red-Green-Blue, 紅色-綠色-藍色), 或編碼成 HSV 格式 (Hue-Saturation-Value, 色相-飽和度-明度), 這是對於相同資料的兩種不同表示法。有些資料在某種表示法下難以處理, 但轉換成另一種卻變得很好處理。若是要「選擇圖片中所有紅色像素」, 那麼以 RGB 格式來處理較為簡單；若是要「將圖片調整成較為不飽和」, 則是以 HSV 格式比較好處理。機器學習模型便是要對所輸入的資料找到合適的表示法, 也就是轉換資料以順利進行要執行的工作 (如：分類等)。

例 2：假設有一個 x, y 座標軸, 有許多點散落在這座標軸上, 如圖 1.3 所示：

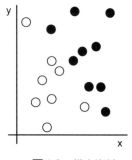

▲ 圖 1.3　樣本資料

　　圖中有一些白點和黑點, 我們要開發一個演算法, 透過點的座標 (x, y) 來判別該點是黑色或白色。在這個情況下:

● 輸入資料就是這些點的座標位置

● 標準答案是這些點的顏色 (白或黑)

● 評估演算法好壞的方法: 例如, 這些點被正確分類的百分比

　　現在我們需要一個新的表示法, 讓我們可以清楚地將黑點與白點區分開來。經過仔細的觀察, 我們在圖 1.4 做了一個座標軸上的調整:

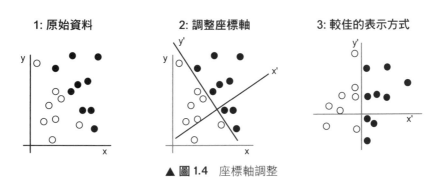

▲ 圖 1.4　座標軸調整

　　在新的座標軸中, 這些點的座標位置就是一種新的資料表示法, 而且被分類的還挺不錯的。藉由這樣的表示法, 黑/白分類問題可描述成一個簡單的規則:「黑點都位於 x'>0 的位置」或「白點都落在 x'<0 的位置」。基本上, 我們可以說這樣的表示法解決了這個分類問題。

　　在上述範例中, 是我們手動來調整座標位置 (座標軸): 我們透過人類的智慧得出一個自認合理的資料表示法。對於這種極其簡單的問題來說, 此做法沒有什麼不好, 但如果需要分類的對象是手寫數字, 還可以用這種方式嗎? 你能具體寫出讓電腦能夠執行的轉換規則, 使其清楚區分各種筆跡的 6 跟 8, 以及 1 跟 7 嗎?

　　這只有在一個狀況下才有可能: 根據數字的表示方式 (例如: 封閉環的數量, 或是橫向與縱向像素的直方圖) 來定義規則, 這種形式的規則可以得出不錯的結果。但要靠人力來定義這些規則可是很吃力的, 而且你也可以想像, 這種以規則導向的系統會很脆弱 - 維護工作將是一場夢魘 - 每看到一個新的手寫數字樣本, 都可能對先前好不容易建立起來的規則造成致命威脅, 因你必須在既有的架構上添磚加瓦, 堆上全新的資料轉換規則, 而且其還會跟既存的所有規則之間彼此影響。

你也許會這樣想，如果過程這麼痛苦，我們難道不可以加以自動化嗎？如果我們嘗試系統性地搜尋各種自動產生的資料表達式以及相關的分類規則，並透過在資料集上的分類準確率來找出相對不錯的規則呢？事實上，這就是在做機器學習。在機器學習的脈絡裏，「學習」一詞所描述的，就是由某些回饋信號（編註：以上例來說，回饋信號即分類準確率）所指引，自動搜尋資料轉換法來產生有用的資料表示法之過程（編註：較複雜的資料通常需要多次轉換，才能得出預測的答案。這個過程是很困難的，因此我們希望可以藉由自動化來免去人工操作的麻煩）。

這些資料轉換可能涉及座標軸的轉換（如同先前平面座標轉換的例子），或計算像素直方圖與數字的封閉環數量（如同先前的數字分類例子），也可能是線性投影（linear projections）、平移（translation）或是非線性計算（例如：選出所有 $x>0$ 的點）等。對於尋找這些轉換方式而言，機器學習演算法沒有什麼創造力；它們通常會在一組預先定義好的操作方法集裡搜尋，這個操作方法集被稱「假設空間」（hypothesis space）。舉例來說，在平面座標分類案例中的假設空間，就是所有座標軸轉換方法組成的數學空間。

而機器學習所進行的訓練，就是嘗試從假設空間中選擇一個比較合適的表示法，這就是機器學習的原理，即：在一事先定義好（而非憑空創造）的假設空間中，使用回饋信號（好壞的評估）作為指引，針對輸入資料尋找最佳的表示法。用這樣簡單的想法，就可以進行語音辨識、自動駕駛等智慧化的工作了。

瞭解了何謂**學習**之後，接著來看看是什麼原因讓深度學習這麼特別。

1-1-4　深度學習中的「深度」

深度學習是機器學習中的一個子領域，其採用嶄新的手法從資料中學習到有效的表示法，同時強調使用連續、多層（layers）的學習方式，讓表示法更有意義。深度學習中的「深度」不是指這方法可達到更深入的理解，而是它能呈現出連續多層的表示法轉換。一個深度學習模型用多少層來處理資料，便是這模型的「深度」（如圖 1.5 中的模型深度為 4 層）。分層或階層表示法的學習（layered representation learning 或 hierarchical representation learning）或許是另一個較適合這領域的名稱。現代的深度學習通常涉及數十層，甚至數百層以上的連續多層表示法。相對的, 其他機器學習方法多半使用 1 到 2 層的資料表示法, 而這些方法有時被稱為「**淺層學習**」(shallow learning)。

在深度學習中, 這種多層次的表示法 (幾乎都) 是來自於神經網路 (neural network) 模型, 其組成結構就如同「多層次」字面上的意義一樣, 是一層一層疊加上去。神經網路這個術語源自於神經生物學 (neurobiology), 但即便深度學習的一些核心概念來自於我們對大腦運作的理解, 深度學習模式也不是大腦真正的運作模式, 沒有任何證據可以證明大腦運作有應用到近代深度學習的學習機制。你或許在一些科普文章中看到深度學習的運作模式就如同大腦一般, 或仿造大腦來打造的, 但事實上不全然是。對 AI 的新手來說, 把深度學習視為神經生物學的類推, 會令人困惑而適得其反, 就我們的目的而言, 深度學習是「由資料中學習轉換表示法」的數學框架。

小編補充：Neural Network 以往中文多半翻譯為「類神經網路」或「人工神經網路」, 以便和人腦的神經網路做區分。由於本書聚焦在機器學習技術上, 讀者應該不至於混淆, 加上這個名詞反覆出現, 顧及文字流暢度, 因此統一直譯為「神經網路」, 部分敘述也會簡稱為「網路」。

深度學習演算法學習到的表示法長什麼樣子呢？讓我們用一個深度為 4 層的網路 (見圖 1.5) 作例子, 當中, 我們輸入原始資料的圖片, 經過 4 層的深度學習模型後, 得到此圖片所指為數字 "4"。接下來, 讓我們看看深度學習是如何轉換一張數字的影像, 進而辨識出數字類別的。

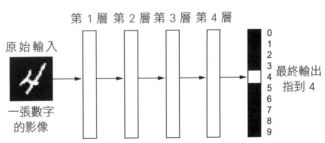

▲ 圖 1.5　數字分類的深層神經網路

就如同圖 1.6 所示, 該神經網路將數字影像逐步轉換成與原圖不同的表示法, 並逐漸演化成最後用來辨識結果的資訊。你可以將深度學習視作多階段的資訊萃取運算, 資訊經由多次連續的過濾後, 最後得到精煉 (purified) 的結果。

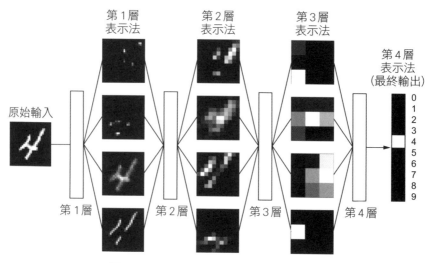

▲ 圖 1.6　數字分類模型學習得來的深度表示法

　　總結來說, 深度學習在技術上是：用多階段的方式來學習資料的表示法。雖然是一個簡單的概念, 但事實證明這樣簡單的機制, 經過足夠規模的學習訓練後, 將導出如同魔術般的學習結果。

1-1-5　以 3 張圖來瞭解深度學習如何運作

　　說到這裡, 我們知道機器學習可將輸入資料 (如影像) 對應到標準答案 (如 "貓" 這個類別), 而整個過程是經由觀察 (訓練) 大量輸入資料來達成。這些輸入資料會藉由一連串 (多層次) 的簡易資料轉換, 把訓練集的資料轉換成預測結果。現在讓我們更具體的來看看這樣的學習是如何發生的。

　　所謂的「層」會對輸入資料做怎樣的轉換, 就取決於儲存在該層的**權重** (weight), 而權重是多個數字組成的。用技術術語來說, 層 (layer) 是藉由權重**參數** (parameters) 來和輸入資料進行運算以執行資料轉換的工作 (見圖 1.7)。權重有時也被稱為層的**參數** (parameters), 而「學習」指的就是幫神經網路的每一層找出適當的權重值, 讓神經網路可以根據輸入的訓練資料推導出正確答案。在實際運作上, 深度神經網路可以包含數千萬個權重, 為它們一一找到正確的數值看似一項艱鉅的任務, 尤其是當其中一個權重值被改變, 還會影響所有其他權重的運作！

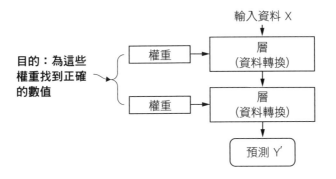

▲ 圖 1.7　神經網路的權重參數調整

　　要控制某些事情, 你必須要先能夠觀察它的變化。同樣的, 為了控制神經網路的輸出, 你需要能夠評估這個輸出與標準答案還相差多少, 這個評估的工作就交給神經網路的**損失函數** (loss function), 也稱為**目標函數** (objective function) 或**成本函數** (cost function)。損失函數會取得神經網路預測結果和標準答案 (即神經網路應該輸出的結果), 計算兩者的**損失分數** (又稱差距分數), 從而得知神經網路在此次學習中的表現優劣狀況 (見圖 1.8)。

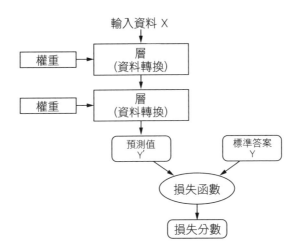

▲ 圖 1.8　損失函數計算預測結果和標準答案之間的差距, 評估神經網路的表現

深度學習的基本技巧是使用損失分數當作回饋訊號來微調各層的權重，以逐步降低每次學習的損失分數 (見圖 1.9)。這樣的微調工作是由**優化器** (optimizer，也可稱最佳化函數) 來執行的，它實作了所謂的**反向傳播** (Backpropagation) 演算法：即深度學習中的核心演算法。下一章將說明反向傳播是如何運作的。

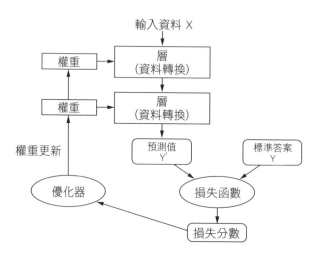

▲ **圖 1.9** 以損失分數為回饋訊號，然後用優化器微調權重數值

在訓練的一開始，神經網路會自動配置一組隨機權重值，然後開始進行資料轉換。當然，在隨機值的情況下，神經網路的輸出與理想情況會相差甚遠，而損失分數也會相對較高。隨著神經網路多次學習後，權重會逐步往正確的方向調整，損失分數開始降低，這樣重複執行的過程稱為**訓練迴圈** (training loop)。在成千上萬個訓練資料中進行數十、數百次的**迭代後** (iteration，即反覆訓練與回饋的過程)，最後得出的權重值可以最小化損失函數。此時，神經網路的輸出將能最接近目標 (標準答案)，這就是一個完成訓練的神經網路。這說明了一個簡單的機制，經過足夠規模的學習訓練後，最終就能推導出最佳的結果。

1-1-6　迄今深度學習的成就

　　儘管深度學習在機器學習中是一個相對老的子領域，但它在 2010 年初才逐漸嶄露頭角。短短數年間，就達到如革命般的結果，尤其在感知任務和自然語言處理任務上取得了顯著的成就，這些對於人類看似自然和直覺的技能，對於機器卻是一項重大的突破。

　　在一些一直以來對機器學習來說是高難度的領域中，深度學習已取得了以下的突破：

- 影像分類

- 語音識別

- 手寫轉譯

- 機器翻譯的優化

- 文字轉換語音的優化

- 數位助理，如 Google Assistant 和亞馬遜 (Amazon) Alexa

- 自動駕駛

- 廣告投放精準度的優化，應用於 Google、百度和 Bing

- 網站搜尋引擎的優化

- 回答自然語言的提問

- 戰勝人類棋藝技能的 AlphaGo

　　我們仍在探索深度學習能夠發揮的領域。有些問題在前幾年還覺得絕無可能，但現在已經被深度學習攻破，例如自動抄寫梵蒂岡宗座圖書館 (Vatican's Apostolic Archive) 中數以千計的古老手抄本、以一般智慧型手機偵測並分類野外植物病變、協助病理學家及放射線技師解讀醫學圖像、預測像是洪水、颶風，甚至地震等自然災害。每一次達成里程碑，我們離一個全新時代就更近一步。在不久的未來，人類的每個行動和產業都將獲得深度學習的一臂之力 – 從科學、醫藥、製造、能源，到運輸、軟體開發、農業，甚至藝術創意。

1-1-7　不要相信短期的媒體炒作

　　雖然近年來深度學習取得了令人矚目的成就，但對未來十年的發展期望卻遠高於目前所能做到的。儘管開發出一些改變世界的應用，像是自駕車已逐步實現，但還有很多其他應用仍有待發展，例如可靠的對話系統、任意語言的人機翻譯等；特別是論及**人類一般智慧** (human-level intelligence) 行為的實現，還言之過早。在短期間內有這樣的高度期望，所帶來的風險就是：一旦技術無法實現，投入研究的資金將立即枯竭，以致於拖緩整個發展的進程。

　　曾經有兩次 AI 經歷了極度樂觀的循環，緊接著就是失望和懷疑，導致後續資金投資不足的困境。第一次始於 1960 年代的符號式 AI，當時對 AI 的發展期望很高，著名先驅和支持者 Marvin Minsky 在 1967 年聲稱：「在一個世代之內...將解決『人工智慧』的問題」，三年後更具體的預測：「...我們將擁有一台具有普通人類智慧程度的機器」。然而時至今日，在短期內要實現這樣的成就還是很困難，我們仍無法預測需要多長的時間才能做到。但在 1960、1970 年代初期，不少專家卻認為這天即將到來，而現階段很多人也這樣認為。1970 年後，這些高度期望未能實現，使研究人員和政府資金陸續撤出人工智慧領域，進入第一次 AI 的寒冬。

　　1980 年代，符號式 AI 的代表 - **專家系統** (expert systems) 開始在大型企業間掀起一陣熱潮，引發了一輪投資浪潮，全球各地的企業都開始建立內部的 AI 部門來開發專家系統。但到了 1990 年代初，因為這些系統的維護費用昂貴、難以擴展、使用範圍有限，因此讓各方失去興趣，進而開啟第二次 AI 寒冬的序幕。

　　時至今日，我們可能正在目睹 AI 炒作和失望的第三次循環，而我們仍處於極度樂觀的階段，因此最好能調整短期間對 AI 的期望，並確保不太熟悉該領域技術的人們，對於深度學習有哪些能做到和不能做到的事，有清楚與正確的認識。

1-1-8　AI 的承諾

　　雖然我們對 AI 可能有短期不切實際的預期，但長期的趨勢是明朗的。我們才剛開始將深度學習應用到許多重要的問題上，從醫學診斷到數位助理，已經見證深度學習所帶來的變革。AI 研究在過去 10 年一直以驚人的速度快速發展，有很大的原因是來自 AI 的近代歷史中從未有過的資金量，但迄今為止，仍只有少數的研究成果發展成我們真實生活中的產品和服務，就像是你的醫生還沒有使用 AI，你的會計師也沒有，你可能也不會在日常生活中使用 AI 技術。當然，你可以問你的智慧手機簡單的問題，並得到看似合理的解答；也可以在亞馬遜網站上獲得相當有用的產品推薦；或是在 Google 相簿上搜尋 "生日"，並找到上個月你女兒生日派對的照片。這些使用情境和 AI 技術宣稱可達到的願景相去甚遠，目前的工具只是我們日常生活中的配件，但 AI 尚未轉變成我們工作、思考和生活方式的核心。

　　當下，似乎很難相信 AI 會對我們的世界產生巨大影響，因為它還沒有被廣泛發展，就像在 1995 年，當時大多數人並沒有看清楚網際網路與我們生活間的關係，很難相信網際網路對現代生活會有密不可分的影響。今天的深度學習和 AI 也是如此，但請不要懷疑：AI 即將到來。在不久的將來，AI 將成為你的助手，甚至是你的朋友，它會回答你的問題、協助你教育孩子，並關注你的健康。它會將食品雜貨送到你的家門口，也會開車載你從甲地到乙地。更重要的是，AI 將會協助人類科學家在基因學到數學等各種科學領域上，達到前所未見的突破性發展，藉此幫助全人類朝未來大步邁進。在向前邁進的途中，我們可能會面臨一些挫折，也許會出現另一個新的 AI 寒冬，不過我們終將會到達目的地。AI 也將應用於我們社會和日常生活中的所有流程，就像今天的網際網路一樣。

　　不要相信短期的炒作，但要相信**長期的願景**。AI 可能需要一段時間才能發展出真正的潛力，儘管人們還沒有敢於夢想那最終的樣貌，但 AI 正來臨中，它將以奇妙的方式改變我們的世界。

1-2 機器學習的基礎技術

深度學習已得到社會大眾及產業投資的關注, 這在 AI 發展史上是前所未見的, 但其實目前產業使用的機器學習演算法大多都不是深度學習演算法。深度學習並不是各種工作都適用, 有時候是因為沒有足夠的資料讓深度學習好好運作, 而有時候則是其他演算法表現得比深度學習更好。如果深度學習是你第一個接觸的領域, 你可能會陷入 "只有深度學習這個工具" 的思維, 就好像手中拿了一把槌子之後, 就很容易**把每個問題都當作釘子, 把它給錘下去!** 要避免落入用單一工具解決各種機器學習問題的窘境, 最好的方法就是多認識其他工具, 並在適當的時機選用適當的工具。

所以, 接下來我們要簡短介紹一些機器學習的基礎技術, 這將使我們能夠在更廣泛的機器學習背景中, 理解深度學習來自何處以及它的重要性 (編註：所以本節的各種相關技術都只是讓你知道一個大概, 不會深入介紹太多)。

1-2-1　機率建模 Probabilistic modeling

很多機器學習的學理都來自於統計學, 而其中的**機率建模** (Probabilistic modeling) 則是最早的機器學習形式之一, 至今仍廣泛使用中。例如, 著名的**單純貝氏演算法** (Naive Bayes algorithm) 就是其中之一。

單純貝氏演算法 Naïve Bayes theorem

單純貝氏演算法是以貝氏定理 (Bayes theorem) 為基礎的機器學習分類器 (classifier), 它假設輸入資料中的特徵 (features) 都是獨立的 (這種單純性或強制性的假設, 就是 "單純 Naïve" 這個名稱的由來)。這種資料分析的技術早於電腦, 並在 1950 年代用於電腦程式, 在那之前是用手工進行分析的。以上這些就是你使用**單純貝氏分類器**時所需的全部背景知識。

> 若讀者有興趣了解貝氏理論的更多細節，歡迎參考旗標出版的《原來貝氏統計這麼神！》一書。

邏輯斯迴歸 logistic regression

　　還有一個密切相關的模型是**邏輯斯迴歸** (logistic regression, 簡稱 logreg)，它常常被當作是現代機器學習的 "hello world"。請不要被它的名稱所誤導，邏輯斯迴歸是一種**分類演算法**，而不是**迴歸演算法**。如同單純貝氏演算法一樣，邏輯斯迴歸早於電腦運算好幾年，但由於其簡單和多功能的特性，直至今日仍然很有用。資料科學家在面對一組新的資料集 (data set) 時，通常都會先嘗試使用邏輯斯迴歸來進行資料集的分類工作，以對問題取得初步的了解與掌握。

1-2-2 早期的神經網路

　　早期的神經網路演進已經完全被本書所描述的各種技術所取代，但適時的回顧有助於我們了解深度學習的起源。儘管早在 1950 年代就已經有了當時還像 "玩具" 一樣的神經網路概念，但其卻在數十年後才真正開始萌芽。有很長一段時間，神經網路發展最大的瓶頸就卡在缺乏訓練大型神經網路的有效方法。這狀況到 1980 年代中期才有所改變，當時許多人各自提出了**反向傳播** (Backpropagation) 演算法，這是一種使用**梯度下降最佳化** (gradient-descent optimization, 會在後面的章節說明) 來訓練、調整神經網路參數的方法，目前反向傳播演算法已廣泛應用於神經網路之中。

　　貝爾實驗室於 1989 年首次成功實現了神經網路的應用，當時 Yann LeCun 結合了先前**卷積神經網路** (Convolutional Neural Network, CNN) 和反向傳播的概念，它們應用於手寫數字的分類問題。由此產生的神經網路被命名為 LeNet，在 1990 年代被美國郵政機構 USPS 用來自動辨識郵件信封上手寫的郵遞區號。

1-2-3 Kernel methods 與 SVM

Kernel methods 與 SVM

　　正當神經網路在 1990 年代開始贏得研究人員的尊重時，一種新機器學習方法的崛起，又迅速將神經網路踢回被遺忘的角落，這方法就是 Kernel methods。Kernel methods 是一種分類演算法，其中最著名的是 Support Vector

Machine, SVM)。現今的 SVM 論述是由 Vladimir Vapnik 和 Corinna Cortes 於 1990 年代早期在貝爾實驗室發展出來, 並於 1995 年發表 ❷。

> 其實 SVM 還有一個舊的版本, 早在 1963 年, 就由 Vladimir Vapnik 和 Alexey Chervonenkis 發表過 ❸。

　　SVM 的目標是在兩種類別 (class) 的資料點間, 找到**最佳決策邊界** (decision boundaries) (見圖 1.10)。最佳決策邊界就是將你的訓練資料區隔開來的最佳曲面, 曲面兩邊分別對應到不同的類別。一旦這樣的決策邊界找到之後, 在分類新的資料點時, 你只需檢查這些新的資料點落在決策邊界的哪一側, 就能知道他們屬於哪一類了。(編註：例如在二維座標中, 決策邊界如果是 x=0 這條直線, 那機器只要找出資料的 x 值是 > 0 或 < 0, 就可以辨認出資料屬於哪一類了, 就像圖 1.4 的分類問題。)

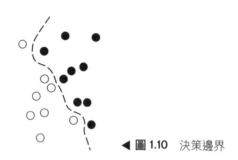

◀ 圖 1.10　決策邊界

　　SVM 會執行以下兩個步驟來找到決策邊界：

第一步：把資料映射到一個高維表示法 (高維空間), 然後在此空間找出最佳決策邊界, 一般這個決策邊界是一個超曲面 (如果資料是二維的, 如圖 1.10 所示, 超曲面將是一條曲線)。

---

❷　Vladimir Vapnik and Corinna Cortes, "Support-Vector Networks," Machine Learning 20, no. 3 (1995): 273–297.

❸　Vladimir Vapnik and Alexey Chervonenkis, "A Note on One Class of Perceptrons," Automation and Remote Control 25 (1964).

小編補充：

為什麼要映射到高維度空間呢？
例如右圖的二維資料，我們可以
一刀切就把它們分成兩類：

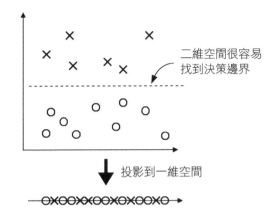

二維空間很容易
找到決策邊界

如果投影到一維空間，我們就無
法找到方法來區隔它們了！所以，
在一維無法分割的資料分佈，有
可能在二維可以獲得解決。

投影到一維空間

再看一個二維的例子：這個資料
分佈也很難找到好的方法來分
類。

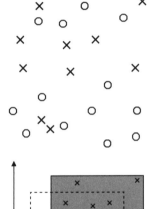

在二度空間難
以分割的資料

它可能是三度
空間的投影，
在三度空間可
能變這樣

但映射到 3 維空間，它 "可能" 是
這樣的：

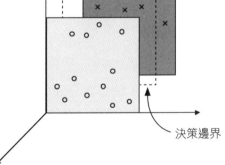

決策邊界

這時我們只要用一個平面就可以把資料點區分開來了！

所以把資料映射到較高維度就 "可能" 找到好的分割曲面，當然往上提高一維也可能找不
到好的分割曲面，那就要再往上提高維度試試看了。還有，決策邊界可以是直線或平面，
也可以是曲線或曲面，就看你要如何解決問題。此處為圖解方便，我們採用直線和平面。

第二步：在找超曲面時，超曲面
要位於兩類資料點之
間的中線，如右圖：

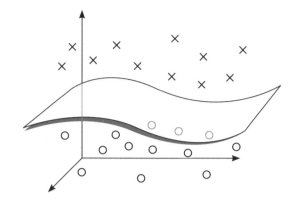

　　這步驟稱為**最大化邊界** (maximizing the margin)，也就是讓曲面分別和兩類
資料點保有最大距離，這使得新的資料點被填入空間時 (要分類時)，決策邊界可
以適當的將新資料點予以分類 (編註：若兩邊都保有最大距離，則會有空間餘裕
(margin)，比較不容易分類錯誤，如果決策邊界偏到某一邊，那可能資料點的特徵
值只差一點點就分錯邊了。例如在進行腫瘤是良性還是惡性的分類時，我們會希
望分類的把握度高一些，不要分錯邊了)。

> **小編補充：**從上圖我們可以看出，決策邊界的選擇只和最接近邊界的資料點有關，離決
> 策邊界遠的點並不影響我們選擇決策邊界，所以只有接近決策邊界的點 (空間中的點可
> 以看成是從原點到該點的向量 (Vector)) 就足夠支持 (Support) 決策邊界的選擇了，這就
> 是決策向量機 (Support Vector Machine，簡稱 SVM) 名稱的由來。

Kernel tricks

　　將資料映射到高維表示法是讓分類問題變得簡單的技術，這在理論上看起
來不錯，但實際上卻常常難以處理 (編註：因為維度變多了，計算負荷量就變大
了)，這時 kernel tricks 就派上用場了 (kernel methods 名稱就是由這裏來的)。
它的要點是，我們不必在新空間 (高維度) 中把每一個資料點都做座標轉換，然後
又要在高維度上計算決策超平面。我們只需要計算高維空間中點與點之間的距
離，這可以使用 kernel function 有效率的完成。kernel function 的定義就是將
「初始空間中的任意兩點」映射到「目標表示空間中對應點之間的距離」。

小編補充：

kernel function 就是：k(x, y) = <φ(x), φ(y)>, 其中 < > 代表兩個點的距離

x, y 是原始空間的兩個資料點, φ(x), φ(y) 是映射到高維度上對應的兩個點。而 <φ(x), φ(y)> 是這兩個點的距離, 所以 K() 這個函數是把原始空間的兩個點 (x, y) 映射到高維空間上對應兩點的 "距離", 而不是映射到高維空間的那兩點 φ(x), φ(y) 本身。

因為算決策邊界超曲面就是在算高維空間各點和決策超曲面的距離的餘裕 (margin), 因此時計算高維空間的兩點距離時, 我們只要算原空間兩點的 kernel function 值就好 (就把兩點帶入 kernel function 中計算), 因此完全不用在新的高維表示法中一一轉換所有點的座標再去計算距離, 所有的工作都只要在原空間運算即可, 只要你有一個好的 kernel function, 就可以快速很多。

但 kernel function 並不是隨手可得, 它通常需手動設計而不是從資料中學習, 在 SVM 中, 只有決策超平面是學習來的。

SVM 於面世初期, 在簡單的分類問題上有很好的表現, 並且是少數具備廣泛理論支持、也經得起嚴謹數學分析的機器學習演算法。因此 SVM 在機器學習領域中變得非常受歡迎, 而且持續很長一段時間。

但 SVM 難以擴展到大型資料集, 並且用在影像辨識之類的感知問題上的效果也不太好。由於 SVM 是一種淺層方法, 若要將 SVM 運用到感知問題上, 首先需要手動萃取有用的表示法, 該步驟稱為**特徵工程** (feature engineering), 是一個很困難且容易搞砸的步驟。舉例來說, 單靠圖片的原始像素, 你是無法透過 SVM 來分類手寫數字的。你需要先人工找出有用的表示法 (例如先前提過的像素直方圖), 以讓問題變得更好處理。

1-2-4 決策樹、隨機森林和梯度提升機器

決策樹 Decision tree

決策樹是類似流程圖的結構, 可讓你對輸入資料進行分類或預測輸入資料的輸出值 (見圖 1.11)。決策樹很容易以視覺化方式呈現並進行解釋。決策樹是一

種從資料中學習的機器學習方法, 在 2000 年代開始獲得研究人員的關注, 不過在 2010 年之前, 人們還是傾向使用 kernel methods。

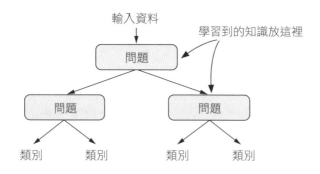

輸入資料

學習到的知識放這裡

問題

問題　　　　　　問題

類別　　類別　　　類別　　類別

▲ 圖 1.11　決策樹：就是學習 "問問題", 它用學到的參數來更新問題, 最終建立一個很會經由問問題來把資料做分類的機器。例如, 問題可能是 "資料中的第 2 個係數是否大於 3.5 ？ "

隨機森林 Random Forest

　　隨機森林演算法 (Random Forest algorithm) 是強大且實用的決策樹學習方法, 它會建立大量方法不同的決策樹, 然後將它們的輸出組合成輸出值。隨機森林適用於各式各樣的問題, 幾乎可以說是所有淺層機器學習中第二好的演算法。當熱門的機器學習競賽網站 Kaggle (http://kaggle.com) 在 2010 年開始營運後, **隨機森林**很快就成為該平台上的熱門方法, 直到 2014 年才逐漸由梯度提昇機 (gradient boosting machines) 接手。(編註：有關決策樹和隨機森林可到封面所示的網址下載 Bonus 補充資料喔！)

梯度提昇機 Gradient Boosting Machines (GBM)

　　梯度提昇機就像隨機森林一樣, 是一種由弱預測模型 (通常是決策樹) 集成的機器學習技術。它使用**梯度提昇** (gradient boosting) 方式, 透過**迭代訓練** (iteratively training) 逐步加入新模型來解決先前模型的弱點, 最終形成一個強預測的模型。將梯度提昇方法運用於決策樹時, 在相同條件下, 大多數情況會勝過使用隨機森林。這可能是目前處理非感知資料最好的演算法。它是除了深度學習外, Kaggle 比賽中最常用的技術之一。

小編補充：GBM 是根據每次模型的缺陷來找出能解決缺陷的新模型 (只要能解決缺陷就好, 不必解決所有問題), 然後把這個新模型加入集成 (ensemble) 中, 最終能眾志成城的建立一個強預測模型。因為集成中個別模型都只解決某些局部問題, 所以稱為弱預測模型。有關 Kaggle 比賽中的更多熱門技巧, 歡迎參考旗標出版的《Kaggle 競賽攻頂秘籍》一書。

1-2-5　回到神經網路

　　大約在 2010 年左右, 當科學界幾乎完全迴避神經網路的研究時, 卻仍有許多從事神經網路工作的學者正要開始取得重要突破, 如多倫多大學的 Geoffrey Hinton 小組、蒙特婁大學的 Yoshua Bengio、紐約大學的 Yann LeCun 和瑞士的 IDSIA。

　　2011 年, 來自 IDSIA 的 Dan Ciresan 開始以 GPU 訓練的深度神經網路贏得學術影像分類競賽, 這是現代深度學習第一次實際成功的案例。來到 2012 年, 隨著 Hinton 團隊參與年度大規模影像分類 ImageNet 挑戰, 神經網路進入分水嶺的時刻。當時 ImageNet 的挑戰非常困難, 主要的內容是使用 140 萬張影像進行訓練後, 將高解析度的彩色影像分類到 1,000 個不同類別。在 2011 年時, 以傳統電腦視覺方法獲勝的模型, 其前五名的準確度 (top-five accuracy)❹ 僅為 74.3%。然而在 2012 年, 以 Alex Krizhevsky 為首, 由 Geoffrey Hinton 指導的團隊, 能夠將前五名的準確度提升至 83.6%, 這是一項重大突破。從那時候開始, ImageNet 挑戰每年都是由卷積神經網路贏得勝利。到 2015 年, 獲勝者已經達到 96.4% 的準確率, 而 ImageNet 上的分類任務被認為是一個已完全解決的問題。

　　自 2012 年以來, 卷積神經網路 (ConvNets) 已成為所有電腦視覺問題的首選演算法, 更普遍地說, 卷積神經網路可運作於所有感知任務上 (視覺、聽覺等)。在 2015、2016 年主要的電腦視覺研討會上, 皆涉及卷積神經網路的論文報告。於此同時, 深度學習也被用在許多其他類型的問題上, 例如自然語言處理 (NLP)。深度學習已在廣泛的應用中完全取代了 SVM 和決策樹。很多年來,

---

❹ 前五名的準確度 (Top-five accuracy) 代表：模型輸出的前 5 個分類 (以 ImageNet 挑戰為例, 即從 1000 個分類中, 挑出 5 個模型認為最有可能是正確答案的分類) 中, 存在正確答案之百分比。

歐洲核子研究組織 (European Organization for Nuclear Research, CERN) 使用以決策樹為基礎的方法來分析大型強子對撞機 (Large Hadron Collider, LHC) 的 ATLAS 探測器的粒子資料, 但是 CERN 需要性能更好、更適合用於大型資料集上的訓練方法, 故最終轉向採用以 Keras 為基礎的深層神經網路。

1-2-6　是什麼讓深度學習與眾不同

深度學習能迅速發展的主要原因是, 它為許多問題提供了更好的成果。除此之外, 深度學習也使得解決問題變得更加容易, 因為它讓過去機器學習工作流程中最關鍵的一步：特徵工程, 變成完全自動化運作了。

以往的機器學習技術, 即淺層學習, 僅涉及將輸入資料轉換為一個或兩個連續的表示空間, 通常是透過簡單的轉換方式, 如高維度非線性映射的方法 (SVM) 或決策樹, 但是複雜問題所要求的精確表示法, 通常無法使用這些技術來實現。因此, 只能仰賴人工盡可能讓初始的輸入資料更易於被這些方法處理；具體做法就是為資料手動精心安排良好的表示法, 也稱為**特徵工程**。在深度學習中, 這個步驟是完全自動化的, 你可以直接學習所有特徵, 而無需另行處理。這大大簡化了機器學習的工作流程, 通常使用簡單的端到端深度學習模型, 就足以取代複雜的多階段做法。

你可能會問, 如果只是要連續多層次的表示法, 是否可以反覆套用淺層學習方法來模擬深度學習的效果呢？事實上, 淺層學習方法在連續套用多次後會有快速遞減 (fast-diminishing) 的現象, 因為「在三層模型中最佳的第一表示層, 並非單層或雙層模型中最佳的第一表示層」。深度學習和淺層學習最大的不同是, 它是各層的表示法同時一起學習, 而不是各學各的。深度學習是採用**聯合學習**的方式, 只要調整模型內部的一個參數, 所有其他相關的參數也會自動調整, 無需人為介入。每個環節都受到單一回饋信號的監督, 模型中的每一次參數調整都是為了達到最終的整體目標。這比貪婪地反覆堆疊淺層模型要強大得多 (編註：因為淺層模型只為達到該層模型的目標, 不會考慮到整體的最終目標)。此外, 深度學習把原本複雜、抽象的表示法分拆到各層, 讓各層只負責簡單的運算, 但整體上又透過回饋來調整各層的參數, 促成聯合學習, 使得深度學習更強大。

深度學習具有兩個基本特性：**漸進的** (incremental)，即**一層接一層逐漸發展成越來越複雜的表示法** (layer-by-layer way in which increasingly complex representations are developed)，以及**這些中間漸進式表示法會被聯合學習** (these intermediate incremental representations are learned jointly)，每一層都會因應前一層表示法的需求以及後一層表示法的需求而進行更新。這兩個特性，使得深度學習比以前的機器學習方法更加成功。

1-2-7 現代機器學習的概況

了解當前機器學習演算法和工具的一個好方法就是觀察 Kaggle 上的機器學習競賽。由於高度競爭的環境 (一些比賽有數以千計的參賽者和數百萬美元的獎金) 以及涵蓋廣泛的機器學習問題，Kaggle 提供了一種真實具體的方式來評估什麼方法是可行的，什麼方法是不可行的。那麼，什麼樣的演算法可以贏得比賽？頂級參賽者使用哪些工具呢？

2019 年初，Kaggle 進行了一項問卷調查，詢問在 2017 年起的比賽中取得前 5 名的團隊，他們所使用的主要軟體工具為何 (詳見圖 1.12)。結果發現，頂尖團隊傾向使用深度學習方法 (最常見的就是透過 Keras 函式庫) 或梯度提昇機 (最常見的就是透過 LightGBM 或 XGBoost 函式庫)。

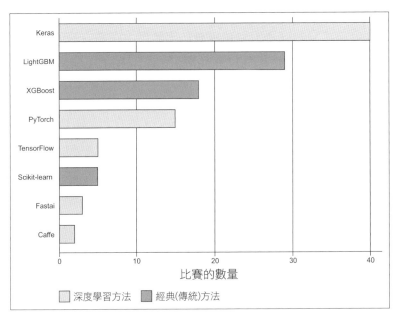

◀ 圖 **1.12** Kaggle 的頂尖團隊所使用的機器學習工具

除了調查獲勝者外，Kaggle 也對世界各地的機器學習和資料科學專家進行了年度問卷調查。透過數以萬計的回覆，該問卷調查可說是我們想要了解業界現況時，可信度最高的來源之一。圖 1.13 顯示了不同機器學習軟體框架的使用百分比。

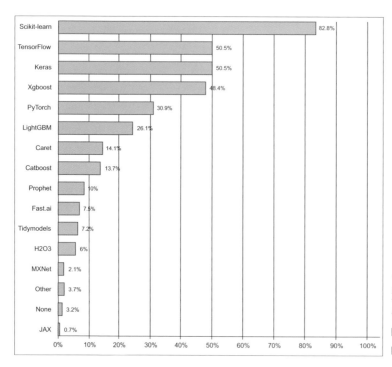

◀ 圖 1.13 機器學習及資料科學產業中的工具使用狀況 (資料來源：http://www.kaggle.com/kaggle-survey-2020)

從 2016 年至 2020 年，整個機器學習和資料科學產業由兩類方法所統治：即梯度提昇機和深度學習。具體而言，梯度提昇機用於可取得結構化資料的問題，而深度學習則用於感知問題，如影像分類。

梯度提昇機的使用者傾向使用 Scikit-learn、XGBoost 或 LightGBM。而大部分的深度學習從業者會使用 Keras，而且通常是與 Tensorflow (Keras 的底層框架) 一併使用。這些工具的共通點為：它們全都是 Python 函式庫。目前為止，Python 是機器學習和資料學習中最廣泛使用的程式語言。

要在現今的機器學習應用有所成就，你最需要熟悉這兩種技術：善於處理淺層學習問題的梯度提昇機，和善於處理感知問題的深度學習。這表示你需要掌握 Scikit-learn、XGBoost 和 Keras 這 3 個目前在 Kaggle 競賽中占主導地位的函式庫。有了這本書，你已經向前邁了一大步。

1-3 為什麼是深度學習？為什麼是現在？

卷積神經網路和反向傳播這兩個應用於電腦視覺的深度學習關鍵概念, 在 1989 年就已經被研究透徹。長短期記憶 (Long Short-Term Memory, LSTM) 演算法是時間序列的深度學習基礎, 也於 1997 年發展出來, 之後幾乎沒有什麼改變。那麼為什麼深度學習會在 2012 年之後才蓬勃發展呢？這二十年來有什麼改變了嗎？

總括來說, 有三項技術上的推力正助長機器學習的進步：

- 硬體

- 資料集和競賽評比

- 演算法的進步

因為機器學習的發展是經由實驗結果來驗證 (而不是由理論引導), 所以只有當資料和硬體可支撐嘗試嶄新思維 (或擴展舊想法) 時, 才可能促進演算法的進步。機器學習不是數學或物理學, 只要用一支筆和一張紙就可以有重大突破；機器學習是一門工程科學。

機器學習在 1990 年代和 2000 年代的瓶頸是資料和硬體, 時至今日也發生了一些變化, 包括網際網路的蓬勃發展, 以及因應遊戲市場的需求而誕生的高性能繪圖晶片。

1-3-1 硬體

從 1990 年到 2010 年, 市場上的 CPU 速度提高了約 5000 倍。因此, 現在可以在筆記型電腦上執行小型的深度學習模型, 而這在 25 年前是不可能的。

但應用於電腦視覺或語音辨識的典型深度學習模型, 所需的計算能力要比筆電能提供的大很多。在整個 2000 年代, 像 NVIDIA 和 AMD 這些公司投資數十億美元開發快速、大規模平行運算晶片 (graphical processing units, 圖形處理單元, GPU), 以因應越來越逼真的影音遊戲。藉由這些便宜、單一用途的超級處理核心, 我們得以在電腦螢幕上實時顯示複雜的 3D 場景。GPU 的投資與發展也挹注到了科學界, 2007 年 NVIDIA 推出了 CUDA (https://developer.nvidia.com/about-cuda), 一個針對其 GPU 產品線的程式開發介面。從物理建模開始, 只要幾顆 GPU 就可以在各種高度平行化運算中取代了大量 CPU。深度神經網路主要由許多矩陣多項式構成, 也屬於高度平行化處理。因此在 2011 年左右, 一些研究人員開始編寫 CUDA 來開發神經網路, Dan Ciresan [5] 和 Alex Krizhevsky [6] 是其中為首的研究人員。

隨之而來的市場演變就是, 數位遊戲市場的需求衍生出超級處理核心, 助長了下一代人工智慧的發展。有時候, 大事情是從遊戲開始的。今天, NVIDIA TITAN RTX (2019 年底時的價格約新臺幣 7 萬元) 單精度峰值速度可以達到 16 teraFLOPS, 也就是每秒 16 萬億次 float32 運算。這比 1990 年全球最快的超級電腦 - Intel Touchstone Delta - 還要再快上 500 倍。在 TITAN RTX 上, 只需幾小時就可以訓練出 2012 年贏得 ILSVRC 競賽的 ImageNet 模型。與此同時, 大型公司還用數百種顆 GPU 組成的叢集來訓練深度學習模型。

不只如此, 深度學習產業已經開始超越 GPU, 並且正在投入更加客製化的高效晶片以應用於深度學習。在 2016 年的 Google 年度開發 I/O 大會上, Google 發表了張量處理單元 (Tensor Processing Unit, TPU), 其正是專為執行深度神經網路設計的新晶片, 據報導它的運算速度比市場上頂級 GPU 要快上許多, 且更節省能源。到了 2020 年, TPU 已經改良到了第 3 代, 計算速度也達到 420 teraFLOPS, 是 1990 年超級電腦的 10,000 倍。

在設計上, 這些 TPU 顯示卡會整合在更大的架構裡, 這種架構稱為「群聚」(pod)。每一個群聚由 1024 張 TPU 顯示卡組成, 峰值速度可以達到 100 teraFLOPS。以規模來說, 這大約是當前最大超級電腦峰值速度的 10%。當前最大的超級電腦由 IBM 美國 Oak Ridge 實驗室所打造, 其中包括了 27,000 張 NVIDIA GPU 顯示卡, 峰值速度可以達到 1.1 exaFLOPS。

---

[5] 請見 "Flexible, High Performance Convolutional Neural Networks for Image Classification," Proceedings of the 22nd International Joint Conference on Artificial Intelligence (2011), www.ijcai.org/Proceedings/11/Papers/210.pdf.

[6] 請見 "ImageNet Classification with Deep Convolutional Neural Networks," Advances in Neural Information Processing Systems 25 (2012), http://mng.bz/2286.

1-3-2　資料

　　AI 有時被稱為新的工業革命。如果深度學習是這場革命的蒸汽機，那麼資料就是它的煤炭，它為智慧型機器提供動力的來源，沒有這些原料就什麼都做不到。除了過去 20 年來儲存設備呈指數式發展外，網際網路的興起才是改變遊戲規則的重大關鍵，它讓我們可以收集和分送大量的資料並用於機器學習上。現今大公司使用的影像資料集、影片資料集和自然語言資料集，若沒有網際網路是無法收集的。例如，Flickr 上使用者所標註的照片標籤，一直是電腦視覺資料的寶庫，YouTube 的影片也是如此，而維基百科則是自然語言處理的關鍵資料集。

　　若要說哪個資料集是深度學習崛起的催化劑，那就非 ImageNet 資料集莫屬了。它包含 140 萬張影像，這些影像已被人工標註成 1,000 個不同的類別 (每個影像分屬 1 個類別)。ImageNet 特別的不僅僅是它的大尺寸影像資料，最重要的當然還有與其相關的年度影像辨識競賽 ❼ 。

　　正如 Kaggle 自 2010 年以來所呈現的，公開競賽是激勵研究人員和工程師追求極致的絕佳方式。透過一致的評斷基準，研究人員相互競爭，極大化的幫助近期深度學習的崛起，也突顯了其相對於傳統機器學習方法所取得的卓越成就。

1-3-3　演算法

　　除了硬體和資料之外，直到 2000 年後期，我們仍然沒有訓練 "極度深層" 神經網路的可靠方法。因此，神經網路停留在淺層階段，僅使用一層或兩層的轉換表示法；即使是精細的淺層方法，如 SVM 和隨機森林，也無法讓神經網路技術發揚光大。關鍵問題在於透過深層堆疊進行的**梯度傳播** (gradient propagation)，由於層數的增加，用於訓練神經網路的回饋信號會逐步消失。

---

❼　The ImageNet Large Scale Visual Recognition Challenge (ILSVRC), www.image-net.org/challenges/LSVRC.

隨著在 2009～2010 年左右, 幾個簡單但重要的演算法改良的出現, 增進了梯度傳播的效果：

● 更好的**激活函數** (activation functions) 可以應用到神經層中。

● 更好的**權重初始化方式** (weight-initialization schemes), 從分層的預先訓練開始, 可以快速完成訓練。

● 更好的**最佳化方式** (optimization schemes), 如 RMSProp 和 Adam。

當這些改進方法實現後, 才有 10 層或更多層訓練模型的誕生, 而深度學習開始發光發熱。

最後, 在 2014 年、2015 年和 2016 年, 發現了更多先進的方法來提升梯度傳播的效果, 例如批次正規化 (batch normalization)、殘差連接 (residual connections) 和深度可分離卷積 (depth-wise separable convolutions) 網路等技術。

現在, 我們可以訓練任意深度的模型, 同時解鎖了巨大模型的應用。這些模型具有極其可觀的表示能力 – 也就是說, 蘊涵龐大的假設空間。這種極致的規模擴張能力, 正是現代深度學習的特徵之一。足以容納數十層隱藏層、數千萬個參數的大型模型為電腦視覺 (例如：ResNet、Inception 或 Xception 等架構) 以及自然語言處理 (例如：以 Transformer 基礎的大型架構, 像是 BERT, GPT-3 或 XLNet 等) 領域帶來了顯著的進步。

1-3-4 投資的新浪潮

隨著深度學習在 2012~2013 年成為電腦視覺領域的新技術, 而且最終運用到所有的感知工作中, 因此也受到產業領導者的注目, 進而帶動隨後一波投資浪潮, 且遠遠超出了 AI 歷史上的紀錄 (見圖 1.14)。

▲ 圖 1.14　OECD (經濟合作暨發展組織) 在 AI 創投上
的總估計投資金額 (資料來源：http://mng.bz/zGN6)

　　2011 年, 在深度學習成為焦點之前, AI 創投方面的總投資少於 10 億美元,
幾乎全部用於淺層機器學習方法的實際應用。到 2015 年, 這個數字已提升到 50
億美元, 甚至在 2017 年提升到驚人的 160 億美元。在這幾年中, 數百家新創公
司試圖從深度學習的浪潮中獲利。同時, Google、Facebook、百度和微軟等大型
科技公司也已內部投資相關研究部門, 其金額可能會遠超過創投資金, 不過只有少
數案例浮出檯面。

　　機器學習, 特別是深度學習, 已成為這些科技巨頭產品戰略的核心。2015 年
末, Google CEO 執行長 Sundar Pichai 表示：「機器學習是一種核心、革命性
的做法, 讓我們重新思考如何做每件事, 我們正認真地將其應用於所有產品, 無論
是搜尋、廣告、YouTube 還是 Google Play。目前我們還處於早期階段, 但你會
有系統地看到, 未來我們將機器學習應用於所有的領域中」❽。

---

❽　Sundar Pichai, Alphabet earnings call, Oct. 22, 2015.

由於這樣的投資浪潮, 深度學習的從業人數在短短 10 年間, 從幾百人成長到數萬人, 而研究進展也以狂熱的步伐前進中。

1-3-5　深度學習的大眾化

推動深度學習流行的關鍵因素之一, 是該領域使用工具集的大眾化。在早期, 深度學習需要 C++ 和 CUDA 專業知識。如今, 基本的 Python 技術已足以進行高階深度學習研究。這主要得益於 Theano 與後來 TensorFlow 的開發, 它們是兩個支援自動微分的 Python 張量運算開發框架, 大大地簡化了新模型的開發與執行, 而對使用者更友善的函式庫如 Keras 的興起, 也使得深度學習像組合樂高積木一樣容易。在 2015 年初發布後, Keras 迅速成為大量新創公司、研究生和研究人員進入深度學習領域的解決方案。

1-3-6　深度學習會持續發展嗎？

深度神經網路有什麼特別之處, 使得它成為企業投資和研究人員成群湧向的 "正確" 方向呢？還是深度學習只是一種可能不會持續的流行趨勢？20 年後我們還會使用深層神經網路嗎？

深度學習有幾個屬性可以證明其作為 AI 革命的地位, 20 年後我們可能不會使用神經網路, 但那時候我們所用的技術將直接繼承現代的深度學習及其核心概念。這些重要的屬性可以大致分為三類：

● **簡單**：深度學習不需要特徵工程, 用簡單、端到端的可訓練模型取代複雜、脆弱、工程繁重的管線式運算, 這些模型通常只使用 5 或 6 種不同的張量運算即可完成。

● **可擴展性**：深度學習非常適合 GPU 或 TPU 的平行化處理, 因此它可以充分利用摩爾定律。此外, 透過批次小量資料迭代訓練深度學習模型, 使得其可以在任意大小的資料集上進行訓練。唯一的瓶頸是你有多少平行運算能量, 這將是一個你馬上就要面臨的問題。

● **多功能性和可重用性**：和許多現有的機器學習方法不同, 深度學習模型可以接受額外的資料來訓練, 無需從頭開始, 使其可在連續運作的情況下進行學習, 這對於大型產品模型來說非常重要。此外, 經過訓練的深度學習模型可使用於不同的應用領域, 因此可重複使用：例如, 可以將經過影像分類訓練的深度學習模型, 應用於影片處理的作業上。這使我們能夠將以前的模型重新投入日益複雜和強大的模型中, 也能讓深度學習適用於相當小的資料集。

深度學習這幾年來一直處在鎂光燈的焦點中, 雖然我們還無法確定它能力所及的所有範圍, 但隨著時間的演進, 我們將學習新的使用案例和作業方法的改進, 以解決先前面臨的侷限。每當發生重大的科學革命, 通常遵循一個 S 形曲線進展：一開始會處於快速發展期, 隨著研究人員碰到技術極限而逐漸穩定下來, 然後進一步突破後又漸漸產生變化。

當我在 2016 年撰寫本書第一版時, 我認為深度學習還在萌芽階段, 未來幾年還會有許多開創性的進程要發生。過後幾年實際發生的事情也證明了我的預測, 像是 2017 及 2018 這兩年, 以 Transformer 為基礎的深度學習模型在自然語言處理領域的快速成長, 對相關領域造成了革命性的影響。另外, 深度學習也為電腦視覺領域與語音辨識領域帶來了持續的成長。到了 2021 年的現在, 深度學習似乎進入了另一個階段, 我們仍然可以期待未來幾年內會出現很大的變化, 不過可能已經脫離了最初的爆發階段。

如今, 我對於部署深度學習技術來解決問題充滿期待, 這張問題清單是無窮無盡的。深度學習革命還在持續中, 而且還有很多年才會到達盡頭。

本書論壇：讀者可以在原文書的論壇 (https://livebook.manning.com/#!/book/deep-learning-with-python-second-edition/discussion) 中發表評論, 也可以提出一些技術問題, 在這裡可以讓個別讀者之間, 以及讀者和作者之間進行有意義的對話, 而目前作者對論壇的貢獻仍然是自願的 (而且是無償的)。

本書範例檔：在正體中文版中, 為了增進讀者的學習效果, 我們在部分的原書程式碼中, 加入了一些補充程式碼, 請至以下網站中下載：http://www.flag.com.tw/bk/st/f2379

Bonus：另外, 旗標科技為讀者特別準備了額外的 Bonus 章節, 請連到 http://www.flag.com.tw/bk/st/f2379, 依照網站中的指示步驟取得 Bonus 電子書。

MEMO

神經網路的數學概念

在了解深度學習前, 需要熟悉許多簡單的數學概念:如張量、張量運算、微分、梯度下降等。本章將盡可能在不涉及過多技術的說明下, 建立你對這些概念的背景知識。我們也將避免使用數學上的專業符號, 以免造成你理解上的困難。對於一個數學運算來說, 最精準且最明確的說明方式就是:列出其可執行的程式碼。

為了讓你對張量和梯度下降有基本認識, 本章一開始我們將實作一個神經網路, 並以此為例逐一介紹各種相關技術。請記住!這些概念對你了解接下來章節中的範例來說, 是十分必要的。

閱讀本章後, 你將對深度學習背後的數學理論有概念性的理解, 同時也將做好在第 3 章中更深入探討 Keras 和 Tensorflow 的準備。

2-1 初探神經網路:第一隻神經網路

要解釋神經網路的最簡單方式, 就是使用 Python 的 Keras 函式庫來辨識並分類手寫數字。本章我們就以此任務來說明神經網路的概念, 以及 Keras 大致的操作流程, 不過除非你已經有使用過 Keras 或其他神經網路函式庫的經驗, 不然你應該無法立即了解其中的所有細節。若以下有某些步驟還不太明白也無妨, 在下一章中, 我們將針對本例子中的每個重點再次詳加解釋。

首先我們要解決的問題是辨識手寫數字, 也就是將手寫數字的灰階圖片 (大小為 28×28 像素) 分類到 0 到 9 的 10 個類別中。我們將使用 MNIST 資料集, 它是機器學習領域的經典, 出現的時間幾乎與機器學習的發展史一樣長。這是一套含有 60,000 張訓練圖片外加 10,000 張測試圖片的資料集, 由美國國家標準與技術研究院 (National Institute of Standards and Technology, NIST) 於 1980 年代建立。你可以將它想成是深度學習的 "Hello World", 並拿它來驗證你的演算法是否按預期地在運作。未來當你接觸更多機器學習的技術時, 會發現 MNIST 反覆出現在科學論文、部落格 (blog) 文章中。圖 2.1 是一些 MNIST 圖片的樣本。

關於類別 (class)、樣本 (samples) 與標籤 (label)

在機器學習中, 分類問題 (classification) 就是讓機器把輸入資料 (input data) 加以分類到不同的**類別** (class)。例如：把手寫數字圖片歸類到 0~9 的 10 個類別, 把彩色玩具歸類到 R、G、B 的 3 個顏色類別等等。我們把輸入資料叫做**樣本** (samples), 每個樣本都會有一個人工標註的**標籤** (label), 機器就是要學習把樣本資料歸類到和標籤一致的類別上。如果機器分類的結果和標籤的一致性很高 (即分類的準確度很高), 那就代表學習成功了, 若一致性很低, 那就代表學習失敗了。

◀ 圖 2.1　MNIST 中的樣本 (手寫數字圖片)

若要使用 MNIST, 並不需要特別在你的電腦上加裝這個資料集, 直接讀取就可以了。MNIST 資料集以 4 個 NumPy 陣列的形式, 預先載入在 Keras 中。

程式 2.1　在 Keras 中載入 MNIST 資料集

```
from tensorflow.keras.datasets import mnist  ◀── 從 keras 的 datasets
                                                  匯入 mnist 資料集


(train_images, train_labels), (test_images, test_labels) = mnist.load_data() ◀
```

用 mnist.load_data() 取得 mnist 資料集, 並存 (打包) 成 tuple (Python 語法是：只要有逗號, 沒有小括號也會被看成是 tuple, 所以 (train_images, train_labels), (test_images, test_labels) 等同於 ((train_images, train_labels), (test_images, test_labels)), 此 tuple 又內含兩個 tuple

在 mnist.load_data() 傳回的 tuple 中, 第 0 個元素為由 train_images 和 train_labels 組成的一個 tuple, 這是一個**訓練集** (training set), 用來訓練模型。當神經網路訓練完成之後, 我們再用 (test_images, test_labels) 這個**測試集** (testing set) 對模型進行測試。此處的圖片都被編碼成 NumPy 陣列, 而標籤則是 0 到 9 的數字陣列, 每張圖片都對應到一個標籤。

我們先來看看訓練資料：

```
>>> train_images.shape
(60000, 28, 28)
>>> len(train_labels)
60000
>>> train_labels
array([5, 0, 4, ..., 5, 6, 8], dtype=uint8)
```

← train_images 為 NumPy 的 ndarray 物件, 關於 shape 請看 2-2-5 節

← train_images 的 shape 屬性表明其為一個 3 軸陣列,
大小是 60000 維×28 維×28 維

── 標籤也有 60000 個 (一個 train image 對應一個 train label)

← 標籤是 0-9 之間的數字, 資料型別為 uint8

小編補充： 此處的 train_images、train_labels、test_images 和 test_labels 都是 NumPy 的 ndarray 物件。shape 是 ndarray 物件的一個屬性, 可顯示該 ndarray 的維度結構。

接著再看看測試資料：

```
>>> test_images.shape
(10000, 28, 28)
>>> len(test_labels)
10000
>>> test_labels
array([7, 2, 1, ..., 4, 5, 6], dtype=uint8)
```

← test_images 的 shape 屬性表明其為一個 3 軸陣列,
大小是 10000 維×28 維×28 維

── 標籤也有 10000 個 (每個 test image 對應一個 test label)

← 標籤是 0-9 之間的數字, 資料型別為 uint8

整個操作的流程如下：

① 我們將訓練集 train_images 和 train_labels 餵給神經網路。

② 神經網路學習分類圖片, 並且和每張圖片的標籤 (編註：即正確答案) 對比, 如果分類錯誤就加以修正 (學習)。

③ 最後, 我們要求神經網路對 test_images 中的圖片進行預測, 並驗證結果是否與 test_labels 中的標籤吻合。

接下來就準備來建構神經網路的模型囉！再次提醒, 此處你可能無法了解所有細節, 不過隨著後續說明, 你將逐步建立相關的概念與知識。

程式 2.2　神經網路架構

```
from tensorflow import keras
from tensorflow.keras import layers
                                          ─── 兩個密集層 (Dense layer)
model = keras.Sequential([
    layers.Dense(512, activation="relu"),
    layers.Dense(10, activation="softmax")
])
```

　　組成神經網路的基本元件就是**層** (layer), 一個層就是一個資料處理的模組。你可以將其視為資料的過濾器, 資料送進去後, 會輸出更有用的結果。具體來說, 每一層都會從餵進來的資料中萃取出特定的**轉換**或**表示法** (representation), 而這特定的表示法將有助於解決某些問題。大多數深度學習模型會將許多層連接在一起, 每一層會漸次執行**資料萃取** (data distillation) 的程序。深度學習模型就像一個資料處理的過濾器, 由一連串越來越精細的資料過濾層所組成。

　　在程式 2.2 中, 我們的神經網路是由兩個**密集層** (Dense layers) 緊密連接組成的, 密集層也稱為**全連接** (fully connected) 神經層。第二個密集層 (也是最後一層) 是一個有 10 個輸出的 softmax 層, 它會輸出一個含有 10 個**機率評分** (probability scores) 的陣列 (這些機率評分的總和為 1)。每個評分就是目前數字圖片屬於哪一個數字類別的機率。

小編補充：密集層 (或全連接層)

在密集層中, 前後層中的神經元**全部都**彼此連接在一起, 前一層的神經元皆對應到後一層的神經元 (如左下圖)。如果前後兩層間並不是密集連接, 即兩層之間連接較少, 則稱為稀疏層 (如右下圖)。

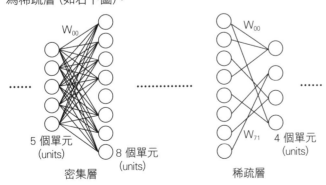

〇 代表一個神經單元, 一個層的神經單元總數, 我們也稱為該層的寬度, 它是由 Dense() 第 0 參數指定的。以程式 2.2 所建構的神經網路而言, 其首個神經層的寬度即 512。

Wij 是訊號傳遞的權重參數, Wij 代表要由上一層第 i 神經元傳到下一層第 j 神經元的權重參數。

為了讓網路準備好接受訓練, 我們還需要 3 個元件才能進行**編譯** (compilation) 的步驟:

- **損失函數** (loss function):用以衡量神經網路在訓練資料上的表現, 以及引導網路朝正確的方向修正。

- **優化器** (optimizer):神經網路根據訓練資料及損失函數值來自行更新權重參數的機制。

- 訓練和測試階段的**評量指標 (metrics)**:在本例中, 我們關心的是辨識數字的準確度 (accuracy, 一般我們也會寫成 acc), 即圖片被分到正確類別的百分比。

損失函數和優化器的確切目的與作用將在後續兩章中說明。

程式 2.3　編譯步驟

```
model.compile(optimizer='rmsprop',          ← 指定優化器
              loss='sparse_categorical_crossentropy',  ← 指定損失函數
              metrics=['accuracy'])        ← 指定評量指標
                                   編註: 也可簡寫成 'acc'
```

你看!我們從程式 2.2 到 2.3 只用了數行敘述就完成一個深度學習的神經網路了!現在已經可以訓練它了!在訓練之前, 我們要先對資料進行預處理 (preprocess), 主要是將圖片資料調整成神經網路預期的形式, 使所有像素數值都能介於 [0, 1] 的區間。舉例來說, 在處理前, 我們的訓練圖片是把 uint8 型別、數值介於 [0, 255] 像素值儲存於 (60000, 28, 28) 的陣列中。我們要將它轉換 (用 reshape 和 astype) 為 float32 型別的 (60000, 28*28) 陣列 (編註:注意!從 28, 28 變成 28*28 了, 因此會得到一個 2 軸陣列, 而非原始的 3 軸陣列), 而陣列中的數值介於 0 到 1 之間 (因為會除以 255)。

程式 2.4　準備圖片資料

```
train_images = train_images.reshape((60000, 28 * 28))    reshape 和 astype
train_images = train_images.astype('float32') / 255      是 NumPy 陣列的
                                                          method

test_images = test_images.reshape((10000, 28 * 28))      對測試圖片做
test_images = test_images.astype('float32') / 255        類似的預處理
```

我們現在已準備好對神經網路進行訓練了, 在 Keras 中, 我們可以呼叫 fit() 來訓練網路, 接著我們就以訓練資料來訓練模型:

程式 2.5 訓練神經網路模型

```
>>> model.fit(train_images, train_labels, epochs=5, batch_size=128)
Epoch 1/5
60000/60000 [====================] - 9s - loss: 0.2524 - acc: 0.9273
Epoch 2/5
51328/60000 [==============>.....] - ETA: 1s - loss: 0.1035 - acc: 0.9692
.....
.....
```
損失值　　　　準確度

在訓練期間會顯示兩個數字:網路對目前訓練資料的**損失值** (loss, 即損失函數值), 以及網路對目前訓練資料的**準確度** (acc)。

至此, 我們得到了一個已完成訓練的模型, 可以用來預測新數字圖片的類別機率。這些新圖片並非來自訓練資料, 而是來自測試資料。

程式 2.6 使用模型來進行預測

```
>>> test_digits = test_images[0:10]  ◄── 抽出測試集中的前 10 張圖片
>>> predictions = model.predict(test_digits)  ◄── 針對前 10 張測試圖片進行
                                                    預測, 並將預測結果存成
                                                    predictions 陣列
>>> predictions[0]  ◄── 檢視 predictions 陣列的首個元素
array([1.2486711e-09, 2.2519858e-10, 6.9172467e-07, 8.6327083e-05,
       5.2146774e-13, 1.3643168e-08, 6.6949675e-15, 9.9991262e-01,
       1.6883863e-08, 3.7902444e-07], dtype=float32)
```

---

predictions[0] 陣列中一共有 10 個數字, 分別代表 test_digits[0] 這張圖片 (編註:即首張測試圖片) 屬於數字 0-9 的個別機率。(編註:其中, 索引 0 的值為 1.2486711e-09, 代表該圖片屬於數字 0 的機率;索引 1 的值為 2.2519858e-10, 代表該圖片屬於數字 1 的機率⋯以此類推)。

在以上陣列中, 最大值出現在索引 7 的資料 (0.99991262, 十分接近 1)。換言之, 我們的模型幾乎斷定這張測試圖片內的數字為 7。

```
>>> predictions[0].argmax()    ◄────── 使用 argmax() 可找出存有最大值的索引
7
>>> predictions[0][7]    ◄────────── 查看該索引儲存的機率值
0.99999106
```

透過檢視 test_labels 中的標籤, 可以發現模型的預測結果與標籤 (正確答案) 是一致的。

```
>>> test_labels[0]
7
```

單看一張圖片的預測結果可能不太準, 那要怎麼知道我們的模型在未見過的數字圖片上的表現呢？接下來, 我們將透過 evaluate() 找出模型在整個測試集的圖片上的準確度:

程式 2.7　評估模型在測試集上的表現

```
>>> test_loss, test_acc = model.evaluate(test_images, test_labels)
>>> print('test_acc:', test_acc)
test_acc: 0.9785    ◄────── 模型在測試集上的準確度為 97.85%
```

模型在測試集上的準確度為 97.8%, 比訓練集的正確率低了一些。此處訓練集的準確度和測試集的準確度之間的差距, 就是**過度配適** (overfitting) 的結果, 意指機器學習模型對新資料的表現比訓練資料來的差。至於造成過度配適的原因, 正是第 3 章的主題之一。

至此, 我們已建構和訓練了一個神經網路, 可對手寫數字進行辨識與分類, 且僅僅用了不到 15 行的程式碼。在下一節, 則將詳細介紹上述例子中的每個步驟, 並說明背後的原理。你將學習到神經網路的資料儲存物件: **張量** (tensor), 以及構成神經網路層的張量運算, 還有讓神經網路從訓練資料進行學習的**梯度下降法**等主題。

小編補充： 本書使用沉浸式 (immersive) 學習的方式, 讓你漸進式的進入機器學習領域, 所以, 一開始只提到概括的架構, 而不會詳細解說所有的細節, 所以一開始你心中一定會有些問號, 但漸漸地你就會掌握整體的概念了。這種方式可以讓你不用花太多時間學習機器學習的所有知識, 就可以進入機器學習的領域。當然基本功還是需要的, 這就要每個人再潛心修練了。

小編整理： 從程式 2.1 到 2.7, 我們做了這些事：

1. 載入 mnist 資料集, 其中含 (train_images, train_labels) 和 (test_images, test_labels) 2 個 tuple。

2. 用兩個 Dense 層建構了一個神經網路。

3. 用 model.compile( ) 來編譯神經網路, 此時要指定 optimizer、loss 和 metrics 三個參數。

4. 要將輸入資料集做預處理, 此處是用 reshape( ) 和 astype( ) 來做。

5. 最後用 model.fit( ) 來進行訓練。

6. 用 model.predict( ) 來做預測, 並輸出機率分佈。

7. 用 model.evaluate( ) 評估模型在整個測試集上的表現。

> 第 2、3 步驟是真正建構神經網路的工作, 其它則是資料預處理和訓練、評估的工作。

2-2 神經網路的資料表示法:張量 Tensor

在前面的例子中,我們使用了多維的 NumPy 陣列,也稱為**張量** (tensor)。一般來說,目前所有的機器學習系統都使用張量作為其基礎的資料結構。張量在機器學習這個領域裡十分重要,重要到 Google 的機器學習框架 TensorFlow 都以此命名,那什麼是張量呢?

張量 (tensor) 和 list、tuple 一樣都是資料的容器,只不過它儲存的幾乎都是數值資料。你所熟悉的矩陣便是一種 2D 張量。

小編補充:張量 tensor 的維、階、軸

張量 (tensor) 早見於數學、物理、工程領域,是一種多**階 (rank)** 或稱多**軸 (axis)** 的數學結構,數值純量 (scalar) 是 0 階 (rank 0) 的張量,向量 (vector) 是 1 階 (rank 1) 的張量,矩陣 (matrix) 是 2 階 (rank 2) 的張量,以此類推可以有 3 階、4 階、5 階、⋯n 階的張量。例如:

$[x, y]$、$[x, y, z]$

都是 1 階張量 (又稱向量 vector),而:

$$A = \begin{bmatrix} X_{11} & X_{12} \\ X_{21} & X_{22} \end{bmatrix} \quad 和 \quad B = \begin{bmatrix} X_{11} & X_{12} & X_{13} \\ X_{21} & X_{22} & X_{23} \\ X_{31} & X_{32} & X_{33} \end{bmatrix} \quad 和 \quad C = \begin{bmatrix} X_{11} & X_{12} & X_{13} & X_{14} \\ X_{21} & X_{22} & X_{23} & X_{24} \end{bmatrix}$$

都是 2 階張量 (又稱矩陣 matrix)。多個相同形狀 (shape,詳後述) 的 2 階張量可以組成 3 階張量,如右方的 D 是由多個 2 階張量組成的 3 階張量:

$$D = \begin{bmatrix} X_{111} & X_{121} & X_{131} \\ X_{211} & X_{221} & X_{231} \\ X_{311} & X_{321} & X_{331} \end{bmatrix} \begin{bmatrix} X_{112} & X_{122} & X_{132} \\ X_{212} & X_{222} & X_{232} \\ X_{312} & X_{322} & X_{332} \end{bmatrix} \begin{bmatrix} X_{113} & X_{123} & X_{133} \\ X_{213} & X_{223} & X_{233} \\ X_{313} & X_{323} & X_{333} \end{bmatrix}$$

張量每一階 (rank) 所含的元素個數,稱為該階的**維度** (dimension)。例如上列的張量 A 中的每一列和行都有兩個元素,所以 A 張量是一個 2x2 維的 2 階張量,而張量 B 是一個 3x3 維的 2 階張量,張量 C 是個 2x4 維的 2 階張量。你用 NumPy 物件的 shape 屬性所顯示出來的就是張量各階的維度 (詳後文)。例如:張量 A 的 shape 是 (2, 2),張量 B 的 shape 是 (3, 3),而張量 C 的 shape 是 (2, 4),至於張量 D 的 shape 則是 (3, 3, 3)。

▶接下頁

以上是數學界嚴謹的定義, 在物理、工程界也一直這樣使用。但有時候我們也常聽到 3D 向量或是 4D 張量這樣的說法, 其實 **nD 向量** 和 **nD 張量** 的「nD」是完全不一樣的, 我們要了解它們的差異。

當我們聽到 "這是一個 nD 向量", 意思是 "這是一個 n 維向量" (也就是 n 維的 1 階張量)。當我們聽到 "這是一個 nD 張量", 意思是 "這是一個 n 階 (軸) 的張量", 這點要特別注意!

2-2-1　純量 (0D 張量)

　　純量 (scalar) 就是只包含一個數值的張量, 也稱為純量張量, 或 0 階張量, 或 0 軸張量, 或 0D 張量。在 NumPy 中, float32 或 float64 型別的數字就是一個純量張量。

　　在張量中, **階** 又稱為**軸**, 你可以查看 NumPy 張量的 **ndim 屬性**來知道軸的數量, 例如純量張量會顯示 0 個軸 (ndim 值為 0)。以下是一個 NumPy 純量的例子:

```
>>> import numpy as np
>>> x = np.array(12)      ◄── 用 12 這個數字建一個張量 (NumPy 陣列)
>>> x                     ◄── 看看張量的內容
array(12)                 ◄── NumPy 陣列會以 "array (張量內容)" 來顯示
>>> x.ndim                ◄── 看看 ndim 屬性 (就是階數)
0  ◄── ndim 為 0, 代表 x 是 0 階張量 (純量)
```

2-2-2　向量 (1D 張量)

　　向量 (vector) 是由一組數值排列而成的**陣列**, 為 1D 張量, 只有一軸。以下我們來建一個 NumPy 向量 (1D 張量):

```
>>> x = np.array([12, 3, 6, 14, 7])   ◄── 用 array() 建一個 5 維的 1D 張量
>>> x                                 ◄── 看看張量的內容
array([12, 3, 6, 14, 7])              ◄── 是一個含有 5 個元素 (5 維) 的 1D 張量
>>> x.ndim                            ◄── 看看 ndim 屬性 (就是階數)
1  ◄── ndim 為 1, 代表 x 是 1 階張量 (即向量)
```

　　一個向量若有 5 個元素, 則稱之為 5 維向量。**不要將 5D 向量與 5D 張量搞混了!** 5D 向量只有一個軸, 軸上有 5 個維度, 而 5D 張量卻有 5 個軸。

D (dimensionality) 可能是指**特定軸上**的**元素數量** (如 5D 向量的維度為 5, 代表該向量的唯一軸上有 5 個元素), 但也可能是**張量中的軸數量** (例如 5D 張量有 5 個軸), 所以經常會造成混淆。本書中的 D 一律指階 (軸) 數, 例如 5D 張量就代表 5 階張量。

2-2-3 矩陣 (2D 張量)

由向量組成的陣列就是一個**矩陣** (matrix), 也叫做 2D 張量。矩陣有 2 個軸, 通常稱為列 (rows) 和行 (columns)。你可以很直覺地將矩陣想像成長方形的數值網格排列。以下是一個 NumPy 矩陣：

```
>>> x = np.array([[5, 78, 2, 34, 0],  ←  用 array() 建一個 3x5 (維) 的 2D 張量, 我們
                  [6, 79, 3, 35, 1],      可以想成這是由 3 個 5 維向量組成的
                  [7, 80, 4, 36, 2]])
>>> x.ndim                           ←  看看 ndim 屬性 (就是軸數)
2
```

第 0 個軸上的元素, 稱之為列元素。第 1 軸上的元素, 則稱之為行元素。在上面的例子中, [5, 78, 2, 34, 0] 是 x 的第 0 列, 而 [5, 6, 7] 則是第 0 行。

2-2-4 3D 張量和高階張量

如果你將多個矩陣包裝在一個新陣列中, 你將得到一個 3D 張量, 可視其為一個數字立方體。以下是一個 NumPy 3D 張量：

```
>>> x = np.array([[[5, 78, 2, 34, 0],  ←  用 array() 建一個 3x3x5 (維) 的 3D 張量,
                   [6, 79, 3, 35, 1],      可以想成它是由 3 個 3×5 維的 2D 張量
                   [7, 80, 4, 36, 2]],     組成
                  [[5, 78, 2, 34, 0],
                   [6, 79, 3, 35, 1],
                   [7, 80, 4, 36, 2]],
                  [[5, 78, 2, 34, 0],
                   [6, 79, 3, 35, 1],
                   [7, 80, 4, 36, 2]]])
>>> x.ndim  ←  看看 ndim 屬性 (就是軸數)
3
```

將多個 3D 張量放到一個陣列裡, 便可組成一個 4D 張量, 依此類推可得到更高階的張量。在深度學習中, 通常會處理 0D 到 4D 的張量, 如果是處理影片資料, 則可能會處理到 5D 張量。

2-2-5　張量的關鍵屬性

張量是由 3 個關鍵屬性所定義:

- **軸的數量** (也就是階數):例如, 3D 張量有三個軸, 而矩陣有兩個軸。在 Python 函式庫如 NumPy 或 Tensorflow, 軸的數量也被稱為張量的 ndim。

- **形狀** (shape):用來描述一個張量上的每個軸有多少維, 是由整數組成的 tuple。例如, 前一頁矩陣的 shape 就是 (3, 5), 而 3D 張量的 shape 是 (3, 3, 5)。向量的 shape 只有一個元素, 如 (5,), 而純量的 shape 則是空的, 以 () 表示。(編註:shape 是一個 tuple, 所以一軸的張量必須在維數後面加上逗號, 例如:(5,) 表示這是 1 軸 5 維的張量)

- **資料型別** (在 Python 中通常稱為 dtype):這是指張量中資料的型別, 常見的張量型別為 float32、uint8、float64 等。在 Tensorflow 中, 你也很可能會碰到 string 型別的張量。

為了更具體的說明這 3 個關鍵屬性, 我們再回頭看看 MNIST 中的資料集。首先, 我們載入 MNIST 資料集:

```
from tensorflow.keras.datasets import mnist

(train_images, train_labels), (test_images, test_labels) = mnist.load_data()
```

接下來, 我們來顯示 train_images 張量的軸數, 也就是 ndim 屬性:

```
>>> train_images.ndim
3      ◄── ndim 為 3, 有 3 個軸
```

train_images 張量的形狀為：

```
>>> train_images.shape
(60000, 28, 28)  ◄──── 為 60000x28x28 維的 3D 張量
```

> **小編補充**：其實只要看 shape 的 tuple 元素個數就知道張量的軸數了。

train_images 張量的資料型別, 也就是 dtype 屬性為：

```
>>> train_images.dtype
dtype('uint8')  ◄──── 其中元素的資料型別為 0~255 的整數
```

所以 train_images 是一個由 8 位元 (bit) 整數所組成的 3D 張量。更準確地說, 它是由 60,000 個 28×28 的整數矩陣組成。每個矩陣是一個灰階圖片, 其像素值在 0 到 255 之間。

讓我們使用 Matplotlib 函式庫 (一個知名的 Python 資料視覺化函式庫) 來顯示這個 3D 張量中的第 4 個矩陣 (每個矩陣都是一個手寫數字圖片), 如圖 2.2 所示。

程式 2.8 顯示第 4 個數字的圖片

```
import matplotlib.pyplot as plt

digit = train_images[4]  ◄──── 第 4 個圖片, 別忘了 Python 索引是從 0 開始
plt.imshow(digit, cmap=plt.cm.binary)
plt.show()
```

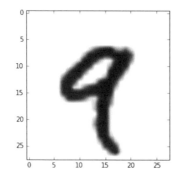

> 關於 NumPy 和 Matplotlib 請參考旗標出版的 "NumPy 高速運算徹底解說" 一書。

▲ **圖 2.2** 資料集裡的第 4 個樣本圖片

理所當然地, 這一個影像的對應標籤為整數 9：

```
>>> train_labels[4]
9
```

2-2-6 在 NumPy 做張量切片 (Tensor Slicing)

在前面的案例中, 我們使用 train_images[i] 選擇了第 0 個軸上的第 i 個數字影像。選擇張量中特定元素的動作, 稱為張量切片 (tensor slicing)。現在我們來看看如何在 NumPy 執行張量切片。

以下範例選擇第 10 到第 100 個數字的影像 (不包括第 100 個), 並將它們放入形狀為 (90, 28, 28) 的張量中：

```
>>> my_slice = train_images[10:100]
>>> print(my_slice.shape)
(90, 28, 28)
```

上面的寫法與以下更詳細的寫法是一樣的, 下面的寫法還使用冒號 ':' 來指定切片在每個張量軸上的起始索引和終止索引。請注意, 單獨的冒號相當於選擇整個軸。

```
>>> my_slice = train_images[10:100, :, :]    ◀──────── 等同於上面的寫法
>>> my_slice.shape
(90, 28, 28)
>>> my_slice = train_images[10:100, 0:28, 0:28]   ◀── 同樣等同於上面的寫法
>>> my_slice.shape
(90, 28, 28)
```

我們可以在每個張量軸上的任意兩個索引之間進行切片。例如, 要切出所有影像右下角的 14×14 像素, 可執行以下指令：

```
my_slice = train_images[:, 14:, 14:]   ◀──── 這裡的 14: 就等於是 14:28
```

我們也可以使用負數的索引值, 就像 Python 串列 (list) 中的負數索引, 也就是從該軸的結束位置倒算回來。為了將影像以中心點為基準, 擷取居中的 14×14 像素的影像, 可執行以下指令：

```
my_slice = train_images[:, 7:-7, 7:-7]   ◀── 編註：7:-7 是從頭 7 個元素到 -7 個元素,
                                             但不含 -7, 所以 0 到 6 和 -7 到 -1, 前後各
                                             7 個元素被去掉了, 剩下中間的 14×14 像素
```

2-2-7 資料批次 (batch) 的概念

深度學習模型不會一次學習整個資料集, 而是將資料分成一小批一小批 (batch) 來學習。下列我們把 MNIST 資料集的批次量設為 128：

```
batch = train_images[:128]
```
◀── 把 train_images 切片, 128 個圖片為一小批次

接著為下一批：

```
batch = train_images[128:256]
```

以及第 n 批：

```
batch = train_image[128*n : 128*(n+1)]
```

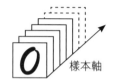

樣本軸

MNIST 的樣本軸上, 每個
元素就是一張數字圖片

進行深度學習時, 資料張量的第 0 軸 (索引值從 0 開始) 就是樣本數軸 (編註：有時稱為樣本數維度, 但你知道那是容易搞混的)。在 MNIST 案例中, 樣本數軸上的每個元素就是一張數字圖片。

把整個資料集切成批次張量的時候, 資料張量的第 0 軸 (樣本數軸) 會改稱為批次軸, 這將會是使用 Keras 和其他深度學習函式庫時, 經常會遇到的術語。

2-2-8 資料張量的例子

以下是幾個之後會遇到的資料張量：

● **向量資料** – 2D 張量, shape 為 (samples, features), 其中的每個 sample 都是由數值特徵 (features) 組成的向量。

● **時間序列資料或序列資料** – 3D 張量, shape 為 (samples, timesteps, features), 其中的每個 sample 是由多個 feature 向量組成的序列 (長度為 timesteps)。

● **影像** – 4D 張量, shape 為 (samples, height, width, channels) 或 (samples, channels, height, width), 其中的每個 sample 是由像素組成的 2D 方格 (grid, 編註：大小為 height×width), 而每個像素又會表示成向量 (長度為 channels)。

● **影片** – 5D 張量, shape 為 (samples, frames, height, width, channels), 其中的每個 sample 為一影像序列 (長度為 frames)。

小編補充 1：再次說明, shape 的元素個數就是該張量的軸數 (也就是 D 數！), 例如：shape 為 (samples, feature) 就是 2D, shape 為 (samples, timesteps, feature) 就是 3D。

小編補充 2：我們也發現, 所有張量的第 0 軸都是 samples, 也就是樣本軸。因為多了樣本軸, 所以本來 1D 的向量就變成 2D 張量, 本來 2D 的時序資料就變成 3D, 本來 3D 的影像資料就變成 4D, ...以此類推。一開始聽到向量資料是 2D 張量會覺得怪怪的, 向量不是 1D 嗎？原來是加了樣本軸, 所以變成 2D 張量了。

向量資料

這是最常遇到的資料。在這樣的資料集中, 每一個資料點 (一組特徵) 可被編碼成一個向量, 因此一批次資料 (含有多個樣本) 將被編碼為 2D 張量 (即向量陣列), 其中第 0 軸是樣本軸, 第 1 軸是特徵軸。

我們來看兩個例子：

● **人口精算**資料集, 其中我們紀錄每個人的年齡、性別和收入。每筆資料可以組成 3 維 (年齡, 性別, 收入) 的向量, 整個資料集共 100,000 人, 因此可以儲存在一個 shape 為 (100000, 3) 的 2D 張量中 (編註：第 0 軸是樣本軸, 共 100,000 維, 第 1 軸是每個樣本的特徵向量, 共 3 維)。

● **純文字文件**資料集, 我們用每個英文單字出現的次數來表示文件內容。假設我們有一個 20,000 個單字的詞典, 文件裡的每個字都可以被對應到這 20,000 個單字之一。我們用一個 20,000 維的向量來代表詞典, 然後每個維度記錄著對應單字出現之次數, 如此可以將 500 篇文件的資料集儲存在形狀為 (500, 20000) 的 2D 張量中 (編註：第 0 軸是樣本軸, 共 500 維, 第 1 軸是每個樣本的特徵向量, 共 20,000 維)。

時間序列資料或序列資料

當時間 (或先後順序) 是重要的因素時, 張量就必須有一個時間軸。例如每個序列資料樣本是 2D 張量, 而一批次的序列資料將會被編碼為 3D 張量 (見圖 2.3)。

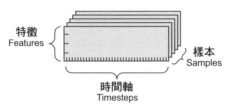

特徵
Features

樣本
Samples

時間軸
Timesteps

▲ 圖 2.3　3D 時間序列的資料張量

按照慣例, 時間軸是第 1 軸 (索引值為 1 的軸)。我們來看幾個例子：

● **股票價格**資料集：我們每隔一分鐘就儲存股票的當前價格, 以及過去一分鐘的最高價格和最低價格, 共 3 種價格。因此, 每一分鐘的資料都被編碼為一個 3 維向量, 一個交易日資料則被編碼成形狀為 (390, 3) 的 2D 張量 (美國每個交易日有 390 分鐘), 而 250 天的資料可以儲存在 3D 張量 (250, 390, 3) 裡, 其中每個樣本就是一天的資料 (編註：記得第 0 軸是樣本軸, 第 1 軸是時間軸, 接下來才是特徵軸, 你會問：分鐘和天數, 哪個是時間軸的單位？那就看你要研究的主題囉！這就是機器學習好玩的地方, 此處是以分鐘為時間軸的單位)。

● **推特推文**資料集：我們將每條推文編碼為由 128 個 ASCII 字元組成的字元序列 (字元數為 280)。在這樣的設定中, 每個字元可以被編碼為一個 128 維向量, 其中除了在與該字元對應的索引位置為 1, 其餘都為零。每條推文都可以編碼成形狀為 (280, 128) 的 2D 張量, 而 100 萬條推文的資料集可儲存在形狀為 (1000000, 280, 128) 的張量中 (編註：這個張量的第 1 軸和時間無關, 但是和順序有關)。

影像資料

影像通常有 3 個維度：高度, 寬度和色彩深度 (color depth, 編註：彩色影像通常是用 RGB 3 原色來表示, 所以色彩深度軸的維度為 3, 此外也有 HSB 或 LAB 等表示法)。128 張 256×256 像素的彩色影像可以儲存在形狀為 (128, 256, 256, 3) 的張量中 (見圖 2.4)。而灰階影像 (如 MNIST 數字) 只有單一顏色, 這時色彩深度軸為一維 (單色), 因此 128 張 256×256 像素的灰階影像, 可以儲存在形狀為 (128, 256, 256, 1) 的張量中。

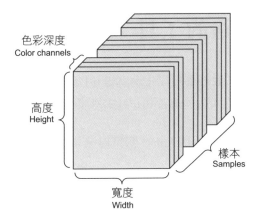

色彩深度
Color channels

高度
Height

樣本
Samples

寬度
Width

▲ 圖 **2.4** 4D 影像資料張量

紀錄影像張量的形狀有 2 種方式：分別是 TensorFlow 使用的 channels-last 方式，即將色彩深度軸放在最後：(樣本數、高度、寬度、色彩深度)；和 Theano 使用的 channel-first 方式，即將色彩深度軸放置在樣本數軸的下一個位置：(樣本數、色彩深度、高度、寬度)。依循 Theano 方式，前面的例子將變為 (128, 3, 256, 256) 和 (128, 1, 256, 256)。Keras 框架對這兩種格式都有支援。

影片資料

影片資料是真實世界中，少數需要用到 5D 張量的資料類型之一。影片可以理解為一序列的畫格 (frames, 也有人翻譯為「幀」)，一個畫格就是一個彩色影像。由於每個畫格可以儲存在 3D 張量 (高度、寬度、色彩深度) 中，因此一序列畫格 (即單一筆影片資料) 可以儲存在 4D 張量 (畫格數、高度、寬度、色彩深度)，而一批次影片資料便可以儲存在形狀為 (樣本數、畫格數、高度、寬度、色彩深度) 的 5D 張量中。

舉例來說，一個 60 秒，尺寸為 144×256 像素的 YouTube 影片，以每秒 4 畫格採樣，總計將會有 240 幀畫格。一批 4 個這樣的影片可儲存在形狀為 (4, 240, 144, 256, 3) 的張量中，因此總共會有 106,168,320 個值。如果張量的 dtype 是 float32，每個值將佔用 32 位元，整個張量將佔據 425MB。可以想見，要處理影片資料的負擔會非常龐大，還好現實生活中遇到的影片處理起來會輕鬆一點，因為它們通常都經過壓縮 (如 MPEG 格式)，而不會儲存成 float32。

2-3 神經網路的工具：張量運算

就像多數的電腦程式最終都可以化為二進位的二元運算 (AND, OR, NOR 等等) 一樣, 深層神經網路的所有運算都可以化為張量運算 (tensor operations)。

在之前的例子中, 我們是用 Dense 密集層來堆疊神經網路。一個 Keras 的層就像以下這樣：

```
keras.layers.Dense(512, activation='relu')
```

一個層可以看成是一個函數, 該函數會將輸入的矩陣加以運算 (轉換), 然後傳回一個新的矩陣, 即輸入張量的新表示法。概括而言, 這個函數長得像這樣 (其中 W 是矩陣, b 是偏值向量, 二者都是該層的參數)：

```
output = relu(dot(W, input) + b)
```

上面的函數做了三個張量運算：輸入張量 input 和 W 張量之間的點積 (dot) 運算、點積得到的 2D 張量再與向量 b 相加 (編註：要將軸數不同的 2D 張量與向量相加, 需要使用到張量擴張 (Broadcasting), 下文即將說明), 最後是一個 relu 運算, 其中, relu (x) 代表 max (x, 0)。(編註：relu 是一個正向的線性輸出函數, 會將負值轉為 0, max(x, 0) 就是取 x 和 0 其中較大者, 當 x<0 時 max(x, 0) 就是 0, 當 x>=0 時 max(x, 0) 就是 x (如下圖), 後續會再詳細說明。)

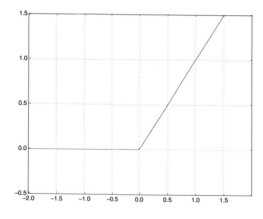

儘管上例是一個線性代數的運算, 但在這裡找不到任何數學符號。由於許多人都很害怕數學, 以 Python 程式碼來說明數學概念, 會更容易被接受, 因此我們一整章都將使用 NumPy 及 Python 程式碼來說明。

2-3-1　逐元素的運算

在 NumPy 的運算當中, 很重要的就是逐元素 (element-wise) 運算, 意思是要對張量中的每個數值進行各自獨立的運算, 例如：上列的 relu 運算和加法運算就都是逐元素的運算, 這種運算非常適合大規模平行處理, 也就是**向量化執行** (vectorized implementations, 編註：這是平行運算的技術, 和本章之前提到的向量無關)。

> **向量化執行** (vectorized implementations) 這術語來自於 1970~1990 年代發展的向量處理器 (vector processor) 的超級電腦架構。

如果用基本的 Python 程式碼來執行逐元素的運算, 可以使用一個 for 迴圈來執行, 以下是剛剛提到的 relu 運算：

```
def naive_relu(x):
    assert len(x.shape) == 2    ◄── 編註：若 x 不是 2D 張量, 就引發 AssertionError

    x = x.copy()    ◄── 避免覆寫到輸入張量
    for i in range(x.shape[0]):
        for j in range(x.shape[1]):
            x[i, j] = max(x[i, j], 0)    ◄── 若元素小於 0 則設定為 0,
    return x                                若大於 0 則維持原數值
```

逐元素的相加也是同樣的執行方式：

```
def naive_add(x, y):
    assert len(x.shape) == 2    ┐
    assert x.shape == y.shape   ┘── 確認 x 與 y 都是 2D NumPy 張量

    x = x.copy()    ◄── 避免覆寫到輸入張量
    for i in range(x.shape[0]):
        for j in range(x.shape[1]):
            x[i, j] += y[i, j]
    return x
```

但以上的運算太慢了！實際上, 在處理 NumPy 陣列時, 這些運算可以直接用經過最佳化的 NumPy 函式代替, 它們會將繁重的工作委託給基本線性代數子程式 (Basic Linear Algebra Subprograms, BLAS) 來執行。BLAS 屬於底層、平行化的高效率張量運算, 通常是用 Fortran 或 C 撰寫的。

因此在 NumPy 中, 我們可以用以下方式來執行逐元素的運算, 其程式碼會更簡單、速度也快上許多：

```python
import numpy as np

z = x + y              ─────────── 逐元素的相加運算 (x 和 y 對應的元素相加)
z = np.maximum(z, 0.)  ◄─── 逐元素的 relu 運算
```

讓我們實際找出用時上的差異：

```python
import time

x = np.random.random((20, 100))  ┐
y = np.random.random((20, 100))  ┘─── 建立 2 個形狀為 (20, 100) 的 2D 張量

t0 = time.time()
for _ in range(1000):
    z = x + y              ◄─── 逐元素的相加運算
    z = np.maximum(z, 0.)  ◄─── 逐元素的 relu 運算
print("Took: {0:.2f} s".format(time.time() - t0))  ◄─── 計算用時
```

使用 NumPy 的做法只需要 0.1 秒左右, 而只用基本的 Python 程式碼 (如下所示) 則需花上數秒的時間：

```python
t0 = time.time()
for _ in range(1000):
    z = naive_add(x, y)  ◄─── 逐元素的相加運算
    z = naive_relu(z)    ◄─── 逐元素的 relu 運算
print("Took: {0:.2f} s".format(time.time() - t0))  ◄─── 計算用時
```

同樣地, 在 GPU 上執行 Tensorflow 程式碼時, 會透過全面向量化的 CUDA 來執行逐元素的運算, 讓高度平行的 GPU 晶片架構效能最大化。

2-3-2 張量擴張 (Broadcasting)

前一節的 naive_add( ) 只支援具有相同形狀 (即軸數和各軸的維度都相同) 2D 張量的相加。但在前面介紹的 Dense 密集層中, 我們把 2D 張量 dot(W, input) 和向量 b 這兩個形狀不同的張量相加, 這會造成什麼樣的結果呢?

在 NumPy 中若不考慮特例, 則較小的張量將進行**擴張 (Broadcasting)** 以匹配形狀較大的張量。擴張運算包括兩個步驟:

① 較小的張量會加入新的軸 (稱為擴張軸), 以匹配較大的張量。

② 較小的張量在這些新的軸上重複寫入元素, 以匹配較大張量的形狀。

我們來看一個具體的例子, 假設現在有一個 shape 為 (32, 10) 的 X 張量和一個 shape 為 (10,) 的 y 張量:

```
import numpy as np
X = np.random.random((32, 10))
y = np.random.random((10,))
```

首先, 我們新增一個空的軸到 y 張量的第 0 軸, 使其 shape 變成 (1, 10)。

```
y = np.expand_dims(y, axis=0)  ◀── 現在, y 的 shape 變成了 (1, 10)
```

接著, 透過 concatenate() 在新軸上重複放入 y 張量 32 次, 進而將該軸的維度從 1 擴張至 32, 最後就可以得到一個 shape 為 (32, 10) 的 Y 張量。

```
Y = np.concatenate([y] * 32, axis=0)
```

如此一來, X 和 Y 就具有相同的形狀, 也就可以相加了。在實作方面, 並不會真的去創建一個 2D 張量, 因為這非常沒有效率。重複放入 y 張量是虛擬的操作:只會發生在演算法層級而非記憶體層級。以下是利用 Python 實作的程式碼:

```
def naive_add_matrix_and_vector(x, y):
    assert len(x.shape) == 2  ◀── 確認 x 是一個 2D NumPy 張量
    assert len(y.shape) == 1  ◀── 確認 y 是一個 NumPy 向量
```

```
    assert x.shape[1] == y.shape[0]  ◄──  確認這兩個軸的維度相同

    x = x.copy()  ◄──  避免覆寫到輸入張量
    for i in range(x.shape[0]):
        for j in range(x.shape[1]):
            x[i, j] += y[j]
    return x
```

透過張量擴張, 我們可以直接執行兩個張量間的運算, 即便一個張量的形狀為 (a, b, ... n, n + 1, ... m), 而另一個張量的形狀為 (n, n + 1, ... m)。從維度為 a 的軸到維度為 n-1 的軸, 會自動進行張量擴張。

底下是取逐元素最大值的運算, 我們會在兩個不同形狀的張量 x 和 y 上操作:

```
import numpy as np

x = np.random.random((64, 3, 32, 10))  ◄──  x 是一個隨機張量, shape 為 (64, 3, 32, 10)
y = np.random.random((32, 10))  ◄──  y 是一個隨機張量, shape 為 (32, 10)

z = np.maximum(x, y)
z.shape  ◄──  z 的 shape 和 x 一樣, 是 (64, 3, 32, 10),
              代表 y 已先被擴張了
```

2-3-3　張量點積運算

點積 (dot) 運算, 也稱為張量積 (tensor product), 請不要把它與逐元素的乘積 (使用的是「*」符號) 混淆！點積是最常見、最有用的張量運算。

在 NumPy 中, 會使用 np.dot 函式來完成張量積:

```
x = np.random.random((32,))
y = np.random.random((32,))

z = np.dot(x, y)  ◄──  x 張量和 y 張量的點積運算
```

在數學運算式中, 則是以一個點「·」表示點積運算:

```
z = x · y  ◄──  x 張量和 y 張量點積運算的數學符號
```

在數學上，點積運算有什麼作用呢？讓我們從兩個向量 x 和 y 的點積開始，它的計算如下：

```
def naive_vector_dot(x, y):
    assert len(x.shape) == 1          確認 x 與 y 是 NumPy 向量
    assert len(y.shape) == 1
    assert x.shape[0] == y.shape[0]   ◄── 確認維度相同
    z = 0.
    for i in range(x.shape[0]):
        z += x[i] * y[i]   ◄───────── 就是 x[0]*y[0] + x[1]*y[1] + x[2]*y[2] + x[3]*y[3]…
    return z
```

有沒有注意到，兩個向量間的點積結果是一個純量，只有具有相同元素數量的向量才可以做點積運算。

我們也可以在矩陣 x 和向量 y 間執行點積，進而傳回一個向量，其中的元素為向量 y 和矩陣 x **各列**的點積結果。執行方式如下：

```
def naive_matrix_vector_dot(x, y):
    assert len(x.shape) == 2   ◄── 確認 x 是 NumPy 矩陣
    assert len(y.shape) == 1   ◄── 確認 y 是 NumPy 向量
    assert x.shape[1] == y.shape[0]   ◄── x 第 1 軸的維度必須與 y 第 0 軸的維度相等

    z = np.zeros(x.shape[0])          ◄── z 為與 x 第 0 軸維度一樣，數值為 0 的向量
    for i in range(x.shape[0]):
        for j in range(x.shape[1]):
            z[i] += x[i, j] * y[j]
    return z
```

我們也可以改用之前寫的函式來完成以上的程式，即可看出矩陣-向量的點積和向量-向量的點積二者之間的關係：

```
def naive_matrix_vector_dot(x, y):   ◄── 這是一個矩陣-向量的點積
    z = np.zeros(x.shape[0])
    for i in range(x.shape[0]):
        z[i] = naive_vector_dot(x[i, :], y)   ◄── 內部包著一個向量-向量的點積
    return z
```

> 請注意，張量的點積運算不是對稱的，也就是說 dot (x, y) 與 dot (y, x) 不同。

理所當然，點積可以應用到任意數量軸的張量。最常見的應用可能是兩個矩陣之間的點積，但只有在 x.shape[1] == y.shape[0] 時, 才可以取得矩陣 x 和 y 的點積 (dot(x, y))，其輸出結果是一個形狀為 (x.shape[0], y.shape[1]) 的矩陣，矩陣的元素是 x 的各列數值和 y 的各行數值之間的向量點積。下面即是一個例子：

```
def naive_matrix_dot(x, y):
    assert len(x.shape) == 2                      x 與 y 是 NumPy 矩陣, x 第 1 軸的
    assert len(y.shape) == 2                      維度必須與 y 第 0 軸的維度相等
    assert x.shape[1] == y.shape[0]
    z = np.zeros((x.shape[0], y.shape[1]))  ◄── 建立數值為 0 的矩陣
    for i in range(x.shape[0]):
        for j in range(y.shape[1]):  ◄── 依序計算 x 各列數值與 y 各行數值的點積
            row_x = x[i, :]
            column_y = y[:, j]
            z[i, j] = naive_vector_dot(row_x, column_y)
    return z
```

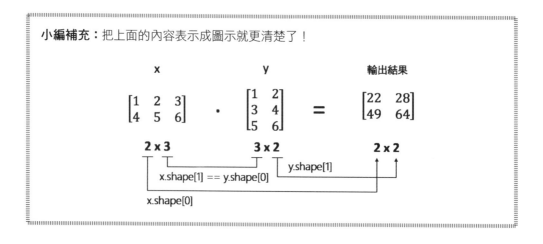

小編補充：把上面的內容表示成圖示就更清楚了！

我們可以用視覺化的方式來描繪輸入和輸出張量，以幫助我們清楚理解矩陣點積運作時 shape 要如何匹配，如圖 2.5 所示：

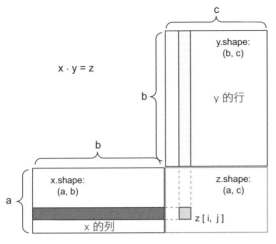

▲ 圖 2.5　矩陣點積的示意圖

　　如圖 2.5 所示, 此處將矩陣 x, y 和 z 描繪為長方形。由於 x 的列數與 y 的行數必須相等, 因此 x 的寬度必須與 y 的高度相匹配。依此類推, 只要遵守前面 2D 張量的範例所提到的形狀相容性規則, 我們就可以在高維張量之間執行點積, 如同以下的例子:

(a, b, c, d) . (d,) -> (a, b, c) ◀── shape 為 (a, b, c, d) 的張量和 shape 為 (d,) 的
　　　　　　　　　　　　　　　　　張量做點積的結果為 shape 為 (a, b, c) 的張量

(a, b, c, d) . (d, e) -> (a, b, c, e) ◀──┐
　　　　　　　　　　　　　　　　　　　shape 為 (a, b, c, d) 的張量和 shape 為 (d, e) 的
　　　　　　　　　　　　　　　　　　　張量做點積的結果為 shape 為 (a, b, c, e) 的張量

2-3-4　張量重塑

　　第三種需要了解的基本張量運算是**張量重塑** (reshaping)。雖然之前神經網路範例中的 Dense 密集層並未用到重塑, 但我們在將資料送進神經網路前, 其實已經對資料預先做了重塑處理:

```
train_images = train_images.reshape((60000, 28 * 28))
```

重塑就是調整張量各軸內的元素數, 而張量元素**總數不變**。我們藉由簡單的例子來解說張量重塑:

```
>>> x = np.array([[0., 1.],    ←—— 產生一個 3x2 的張量
                  [2., 3.],
                  [4., 5.]])
>>> print(x.shape)
(3, 2)
>>> x = x.reshape((6, 1))    ←—— 重塑成 6x1 的張量
>>> x
array([[ 0.],
       [ 1.],
       [ 2.],
       [ 3.],
       [ 4.],
       [ 5.]])
>>> x = x.reshape((2, 3))    ←—— 再重塑成 2x3 的張量
>>> x
array([[ 0., 1., 2.],
       [ 3., 4., 5.]])
```

在做**矩陣轉置** (transposition) 時就會用到重塑。簡單來說, 矩陣轉置就是將矩陣的列和行交換, 也就是 x[i, :] 變成 x[:, i]。

```
>>> x = np.zeros((300, 20))    ←—— 創建一個數值全為 0, 形狀為 (300, 20) 的矩陣
>>> x = np.transpose(x)
>>> print(x.shape)
(20, 300)    ←—— 第 0 軸的維度 (列數) 和第 1 軸的維度 (行數) 交換了
```

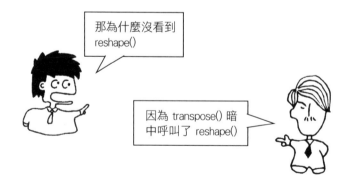

那為什麼沒看到 reshape()

因為 transpose() 暗中呼叫了 reshape()

2-3-5 張量運算的幾何解釋

　　所有的張量運算都可以透過幾何方式來解釋 (編註：超過二軸的張量就要用一點抽象代數的想像力了)。以張量相加為例, 先從以下的向量開始：

A = [0.5, 1]

　　A 是 2D 空間中的一個點 (見圖 2.6)。然後我們從原點畫一條線連接到該點, 這就是一個向量。

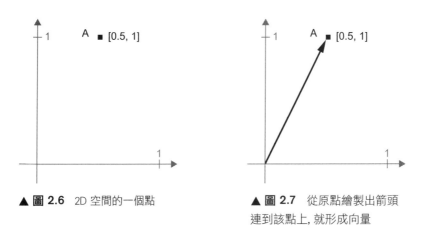

▲ 圖 2.6　2D 空間的一個點　　　　▲ 圖 2.7　從原點繪製出箭頭連到該點上, 就形成向量

　　我們在空間中另外畫一個點 B=[1, 0.25], 然後由原點畫一條線連接到該點 (這就是 B 向量), 並與前面的 A 向量相加。相加的具體方法是在幾何空間中將 B 向量沿著 A 向量往上平移, 直到 B 的尾端連接到 A 的前端。這時, 從原點連接到 B 的前端的向量就是 A、B 兩個向量的總和 (見圖 2.8)。你可以這麼想：將 A 向量加上 B 向量, 會使得原先的 A 點被移動到新的位置, 新舊點之間的差異正好就是 B 向量的長度與角度。

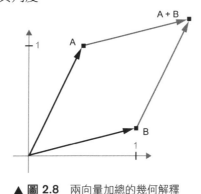

▲ 圖 2.8　兩向量加總的幾何解釋

假設幾何平面上有一群點, 而這群點共同構成了一個「物件」。此時, 將上述的加法應用到這群點上 (編註：就是對物件中的每個點都加上同一個向量), 就會在新位置創造出一個新的物件 (見圖 2.9)。張量加法的意義就是朝特定方向以特定距離**平移** (translating) 物體：雖然物件會被移動, 但內部相對關係保持不變, 因此不會出現變形扭曲的狀況。

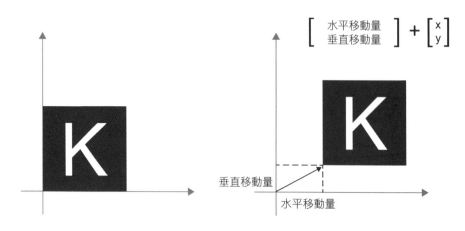

▲ 圖 **2.9**　用向量加法在平面座標上移動物件

一般來說, 像是平移、旋轉 (rotation)、縮放 (scaling)、扭曲等基本幾何運算, 都可以用張量運算來表示。這邊舉出幾個簡單的例子：

● **平移**：如剛剛的例子, 對一個點加上一個向量, 就可以將這個點朝特定方向, 移動特定的距離。如果對一群點 (例如某平面物件的各點) 加上相同的向量, 就稱「平移」。

● **旋轉**：若想讓一個平面物件往逆時針旋轉特定角度 (如圖 2.10 所示), 可以將該物件的各點與 2×2 矩陣 R 進行點積運算。其中, 矩陣 R = [[cos(theta), - sin(theta)], [sin(theta), cos(theta)]], theta 為旋轉的角度大小。

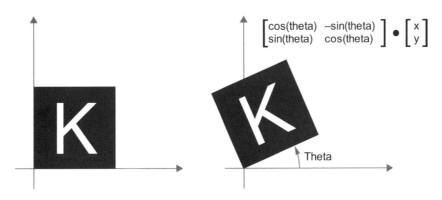

▲ 圖 2.10　透過點積運算來進行平面旋轉 (逆時針方向)

● **縮放**：將平面物件上的各點與 2×2 矩陣 S 進行點積操作, 可實現垂直和水平縮放 (見圖 2.11)。其中, 矩陣 S = [[垂直比例, 0], [0, 水平比例]] (請注意, 這種矩陣稱「對角矩陣」, 因為只有在左上到右下的對角線上, 才有非零元素)。

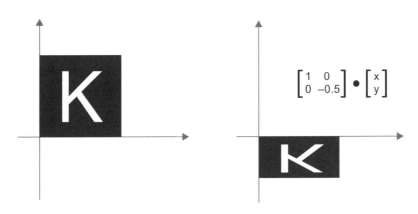

▲ 圖 2.11　用點積運算來實現平面座標上的物件縮放

● **線性變換** (Linear transform)：與任意矩陣的點積操作可以實現線性變換。請注意：先前提到的縮放與旋轉, 在定義上也屬於線性變換的一種。

● **仿射變換** (Affine transform)：圖 2.12 所展示的仿射變換, 是線性變換 (透過與矩陣的點積操作) 與平移運算 (透過與向量的加法操作) 的結合。也許你已經發現, 這就是密集層會用到的 y = W・x + b。一個沒有激活函數的密集層就是仿射層。

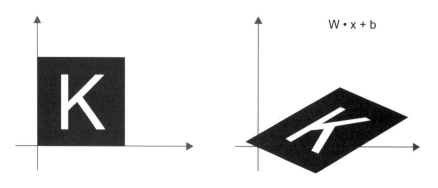

▲ 圖 2.12　在平面座標上的仿射變換

● **搭配 relu 激活函數的密集層**：值得注意的是，即使你重複進行多次仿射變換，得到的結果依舊可以用單次的仿射變換來重現。舉一個進行了兩次仿射變換的例子：affine2(affine1(x))= W2・(W1・x + b1) + b2 = (W2・W1)・x + (W2・b1 + b2)。由此可見，這兩次的仿射轉換可改寫成單一的仿射轉換，其中 W2・W1・x 代表對輸入 x 的線性變換，而後方會與 (W2・b1 + b2) 進行加法操作 (也就是平移運算)。因此，如果你建構了多個密集層的神經網路，卻沒有在其中搭配任何的激活函數，其效果就等同於單一的密集層。這一個所謂的「深層」神經網路可能只不過是一個線性模型！這就是為什麼我們需要激活函數 (如：relu，其效果請見圖 2.13)。有了激活函數，多個密集層的組合可以用來實現非常複雜、非線性的幾何轉換，為你的深度神經網路建立非常廣大的假設空間。我們會在下個章節對此概念進行更詳細的說明。

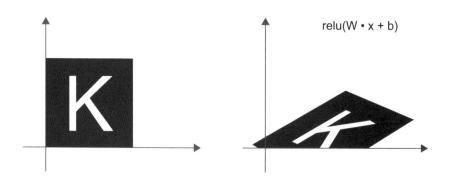

▲ 圖 2.13　在仿射變換後加上 relu 激活函數

2-3-6　深度學習的幾何解釋

　　我們剛剛了解到, 神經網路是由一連串的張量運算所組成, 且所有張量運算都只是資料的幾何轉換。因此, 可以將神經網路解釋為高維空間中非常複雜的幾何轉換, 而這些轉換是經由一系列簡單的步驟來完成的。

　　藉由 3D 空間的想像, 或許可以幫助你瞭解深度學習的意涵。想像有一張紅色和一張藍色的紙, 把兩張重疊, 然後把它們揉在一起成為一顆紙球。皺巴巴的紙球就是輸入資料, 而每張色紙是分類問題中的一類資料。神經網路就是要弄清楚紙球的變換過程, 讓紙球盡可能的恢復平整, 使這兩個類別 (紅色紙和藍色紙) 能再次清楚地被分隔開來。

▲ 圖 2.9　將複雜繁複的資料弄清楚

　　整理紙球的過程就是機器學習在做的事：為複雜的、高度繁複的資料找到簡潔的轉換表示法。講到這裡您應該馬上會想到, 為什麼深度學習會擅長這件事？因為這個過程需要一步一步將複雜的幾何變換、拆解為一連串基本逐元素的運算, 也就像是人類逐步攤平整理紙球的過程。而深度神經網路中的每一層都套用了一種轉換的表示法, 可以將資料一小部分一小部分拆解, 而層層堆疊的結果, 也使得極為複雜的資料在拆解過程中, 變得更好處理。

2-4 神經網路的引擎：
以梯度為基礎的最佳化

如同前一節看到的, 在第一個神經網路範例中的每個神經層, 都會按以下的方式來轉換輸入資料:

```
output = relu(dot(W, input) + b)
```

在這個轉換式中, W 和 b 是該層的屬性張量, 它們被統稱為層的**權重** (weights) 或**可訓練參數** (trainable parameters), 分別為**內核** (kernel) 屬性和**偏值** (bias) 屬性。神經網路從訓練資料中學習到的資訊都會累積到權重裡。

一開始這些權重張量會被填入小小的隨機數值, 該步驟稱為**隨機初始化**。當然, 我們不能期望在權重為隨機數值時, relu(dot(W, input) + b) 會產生任何有用的轉換表示法。一開始的轉換表示法是毫無意義的, 這只是一個起點, 接下來便要根據回饋訊號逐漸調整這些權重。這種漸進的調整, 也稱為**訓練** (training), 基本上就是機器學習中所謂的「學習」。

這樣的學習方式可表示成**訓練迴圈** (training loop), 其工作程序如下:

① 取出一批次的訓練樣本 x 和對應的目標 y_true, y_true 就是之前提到的標籤。

② 以 x 為輸入資料, 開始執行神經網路 (該步驟稱為**正向傳播**) 以獲得預測值 y_pred。

③ 計算神經網路的批次損失值, 所謂的損失值就是 y_true 與 y_pred 間的差距。

④ 更新神經網路的所有權重值, 以減少損失值。

經過以上多次循環訓練後, 最終會讓這個神經網路的損失值非常低, 也就是預測值 y_pred 與目標 y_true 之間的差距會很小, 這時神經網路已經「學會」將其輸入對應到正確的目標。看起來不可思議, 但我們將其簡化為以上 4 個步驟後, 就會發現其實過程很單純。

上述的第 1 步驟就只是基本的輸入動作, 步驟 2 和步驟 3 則是一些張量運算, 因此可以完全按照前面章節學到的知識來進行。困難的地方在於步驟 4：要如何更新神經網路的權重？給定神經網路中個別的權重參數, 如何得知參數是要增加還是減少才能降低損失值, 以及增減幅度是要多少？

最簡單的解決方案是神經網路中的所有權重保持不變, 只考慮其中一個權重參數, 並為這個參數嘗試不同的值。假設參數的初始值為 0.3, 在這批資料的正向傳播之後, 批量神經網路的損失值為 0.5。如果將參數值 +0.05 成為 0.35 並重新運行正向傳播, 損失值會增加至 0.6。但如果將參數 -0.05 降至 0.25, 則損失值會降至 0.4。在這種情況下, 似乎以 -0.05 來更新參數將有助於減少損失值。然後將神經網路中的所有權重係數都重複執行上述的過程, 看看是否能得到最低的損失值。

但是這樣的做法效率非常低, 因為需要幫每個單獨的參數 (通常有數千個, 有時甚至高達數百萬個參數) 計算兩次正向傳播 (例如 +0.05 和 -0.05 都需試試看)。幸好, 我們有一個更好的方法：**梯度下降法** (gradient descent)。

梯度下降是讓現代神經網路威力大增的優化技術。假設有個 $z = x + y$ 的函數, 其中 y 值的微小變動會造成 z 值的微小變動。如果我們知道 y 的變動方向, 也就可以推論出 z 的變動方向。從數學觀點來看, 我們會說這個函數「可微分」(differentiable, 編註：嚴格說, 是只在這一點可微分)。如果將許多這樣的函數連接起來, 最終得到的複雜函數仍然會保有可微分的性質。更具體地說, 這一個特性也可套用至將「模型參數」映射到「模型在一批次資料上的損失值」的函數上 (換言之, 對模型參數做細微的變動, 就會造成損失值上細微且可預測的變動)。這讓我們可以使用「梯度」這個數學概念來描述：當模型參數往不同方向變動時, 損失值會如何變化。如果我們計算出梯度, 便可用其來調整模型參數 (是同時更新所有參數, 而非一次更新一個參數), 進而減少損失值。

以下兩小節將解釋**微分**和**梯度**的概念, 對於已經清楚相關知識的人, 可以跳到 2-4-3 節。

2-4-1　何謂導函數 (或稱微分 derivative)？

　　設想一個連續平滑的函數 f(x) = y, f 會將一個變數 x 映射 (mapping) 到一個新變數 y。讓我們用圖 2.15 來描繪這個函數 f(x)。

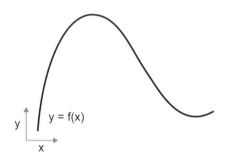

▲ 圖 2.15　一個連續平滑的函數

　　因為函數是連續的, 所以 x 的微小變化只會造成 y 的微小變化, 這就是平滑連續函數的特性。假設 x 增加了一個很小的數值 epsilon_x, 導致 y 的變化量為 epsilon_y, 如圖 2.16 所示：

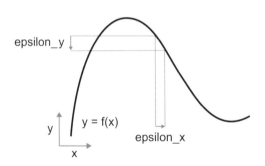

▲ 圖2.16　在一個連續的函數 f(x) 中, x 的細微變化會造成 y 的細微變化

　　此外, 因為函數是平滑連續的, 所以當 epsilon_x 足夠小時, 在 x 附近, f(x) 的變化 (也就是 epsilon_y) 和 x 的變化 (也就是 epsilon_x) 是成線性關係的。因此, epsilon_y= a*epsilon_x, 其中 a 代表了斜率, 也就是 rate of change (編註：記起來！下一小節還會用到)。

```
f(x + epsilon_x) = y + a * epsilon_x
f(x + epsilon_x) - y = a * epsilon_x
f(x + epsilon_x) - f(x) = a * epsilon_x
```

以上式子都是一樣的！只有當 epsilon_x 足夠小的時候, 這些線性逼近才有效。

斜率 a 被稱為 f 在 x 這個點上的**導函數** (簡稱**導數**或稱**微分**, derivative)。如果 a 是正數, 則表示若 x 稍微增大, f(x) 也會變大。如果 a 是負數, 則表示若 x 稍微增大, f(x) 反而會變小 (如圖 2.17 所示)。

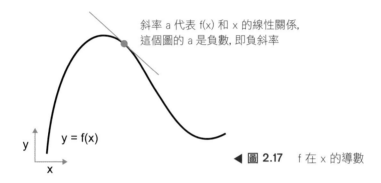

斜率 a 代表 f(x) 和 x 的線性關係, 這個圖的 a 是負數, 即負斜率

y = f(x)

◀ **圖 2.17**　f 在 x 的導數

此外, a 的絕對值 (導數的大小) 告訴你：f(x) 隨著 x 值變化所增加或減少的幅度。

數學上通常以 f'(x) 來代表 f(x) 的導函數, f'(x) 就是 f(x) 在 x 處的斜率 (編註：f'(x) 也可以用 df(x)/dx 來表示, 這樣可以明白表示是 f(x) 對 x 這個變數的導函數或微分)。

例如, cos(x) 的導數是 -sin(x)、f(x) = a*x 的導數是 f'(x) = a, 依此類推。

在最佳化的任務中, 導函數是非常有用的工具, 可幫我們找出能最小化 f(x) 函數值的 x。如果要使 f(x) 變小, 只要知道 f(x) 的斜率 (導函數), 然後將 x 往斜率的反方向 (斜率為正就 -epsilon_x, 斜率為負就 +epsilon_x) 移動一點點就可以了。

2-4-2　張量運算的導數：梯度

剛剛看到的函數會將一個純量 x, 轉換成另外一個純量 y：我們可以將這個轉換描繪成平面座標上的一條曲線 (如前一節所示)。假設現在有一個函數, 它可將由純量 x 與 y 組成的 tuple(x, y) 轉換純量 z, 那麼這顯然就是向量操作。我們可進一步將這個轉換描繪成立體空間中的一個平面 (座標軸就是 x,y,z)。以此類推, 我們也可以想像有各式各樣的函數, 可以接受矩陣或 3D 張量為輸入。

導數的概念可以應用在各種類似的函數上, 只要函數所描繪出的平面具備「連續且平滑」的特性。張量運算 (或張量函數) 的導數就稱**梯度** (gradient)。所謂的梯度, 是用來泛指「輸入為張量」的函數之導數概念。回想一下, 純量函數的導數, 不就是在函數曲線上找某一點的斜率嗎？同樣地, 在張量函數上求梯度, 就是在函數所描繪的多維曲面上求**曲率** (curvature)。曲率可用來說明：當輸入參數變化時, 函數的輸出會如何跟著變化。

讓我們來看個機器學習的例子。假設現在有：

● **輸入向量**：x (資料集中的一個樣本)

● **矩陣**：W (模型的權重)

● **目標輸出**：y_true (模型應該學會將其連結至 x)

● **損失函數**：loss (用來衡量模型預測值與 y_true 之間的差異)

我們可以先利用 W 來計算預測值 (y_pred), 再計算目標值 (y_true) 與 y_pred 之間的差異, 即損失值：

```
y_pred = dot(W, x)  ◀── 利用模型權重 (矩陣 W) 來計算 x 對應的預測值
loss_value = loss(y_pred, y_true)  ◀── 計算預測值偏離目標值多遠 (以損失值表示)
```

接下來, 我們想利用梯度來更新 W, 進而縮小損失值 (loss_value), 那麼該怎麼做呢？

假設輸入 x 與 y_true 固定不變 (只有 W 是變數), 那麼計算出 loss_value 的式子可以理解成一個「將 W (模型權重) 映射到 loss_value (損失值)」的函數：

loss_value = f(W) ◀── 函數 f 用來描述當 W 變動時, loss_value 所形成的曲線
(在高維空間中則為曲面)

假設 W 的當前值是 W0, 那麼函數 f 在 W0 這點的導數就是 grad (loss_value, W0) 張量。該張量的形狀與矩陣 W 相同, 而 grad(loss_value, W0)[i, j] 表示每一次更動 W0[i, j] 時, loss_value 變動的方向及幅度。grad(loss_value, W0) 張量是函數 f(W) = loss_value 在 W0 時的梯度, 也叫做「loss_value 在 W0 這點相對於 W 的梯度」。

偏導數 (Partial derivatives)

以矩陣 W 為輸入的張量運算 grad(f(W),W), 可以表示多個純量函數 grad_ij(f(W), w_ij) 的組合。假設其他參數維持不變, 則每個純量函數都會傳回「loss_value = f(W)」相對於「W[i,j]」的導數 (W[i,j] 為矩陣 W 中的一個參數)。此時, grad_ij 就稱作 f 相對於 W[i,j] 的**偏導數** (或**偏微分**)。

具體來說, grad(loss_value, W0) 代表什麼？先前我們看到, 對單一參數的函數 f(x) 取導數後, 可以得到 f(x) 曲線在各點的斜率。同樣地, grad(loss_value, W0) 可看作一個描述「在 W0 附近, loss_value=f(W) 梯度的最陡方向 (還有這個陡坡的斜率大小)」之張量。每一個偏導數運算都描述了函數 f 在特定方向的斜率。

對於一個函數 f(x), 可以經由將 x 稍微往 "斜率反方向" 移動來降低 f(x) 的值；同樣的, 對於一個函數 f(W), 我們可以經由將張量 W 稍微往 "梯度反方向" 移動來降低 f(W) 的值, 例如 W1 = W0 - step*grad(f(W0), W0) (其中 step 是一個很小的數)。這表示沿著陡坡向下移動來讓函數 f 值下降。請注意！step 是必要的, 因為 grad(loss_value, W0) 是曲率, 它的值不一定會很小, 所以必須乘上一個很小的 step 值, 以確保 W1 不會離 W0 太遠。

2-4-3　隨機梯度下降

給定一個可微分函數, 當函數在某點的導數為 0 時, 那麼該點就可能是一個區域的 (相對) 極大或極小值, 所以只需找到導數為 0 的所有點, 並加以檢查, 就可以知道函數 f(x) 在哪個點為最小值。

在神經網路的案例中, 這可藉求解方程式 grad(f(W),W) = 0 中的 W 來完成 (就是找出哪個權重組合 W 可產生最小的損失函數值)。這是 N 個變量的多項式方程式, 其中 N 是神經網路的參數數量。雖然我們有可能解 N = 2 或 N = 3 這樣的方程式, 但對於實際的神經網路來說, 其參數數量通常不會少於幾千個, 且可能達到幾千萬個, 所以要為方程式求解並非是容易的事。

面對這問題, 我們可以使用本節開頭的 4 步驟演算法, 也就是依據隨機批次資料的損失值, 逐步逐個修改參數。由於是在處理一個可微分函數, 所以可以先計算它的梯度。如果往梯度反方向更新權重, 那麼每次損失都會減少一些:

① 取出一批次的訓練樣本 x 和對應的目標 y_true (也就是標籤, label)。

② 以 x 為輸入資料, 運行神經網路來獲得預測值 y_pred。此步驟稱為**正向傳播** (forward pass)。

③ 計算神經網路的批次損失值 (或簡稱為損失), 也就是 y_true 與 y_pred 間的差距。

④ 計算損失值相對於神經網路權重的梯度。此步驟與下一步驟即稱為**反向傳播**。

⑤ 將參數稍微向梯度的反方向移動, 例如 W -= learning_rate*gradient, 從而降低一些批次損失值。其中, learning_rate (學習率) 為一個純量因子, 可用來調整梯度下降的速度。

剛剛描述的方法稱為**小批次隨機梯度下降** (mini-batch stochastic gradient descent, 簡稱為 mini-batch SGD)。名稱中的隨機 (stochastic) 指的是每批資料都是隨機抽取的 (stochastic 是 random 的科學同義詞)。圖 2.18 說明 1D 條件下的執行狀況, 也就是當神經網路只有一個參數, 並且只有一個訓練樣本時的執行過程。

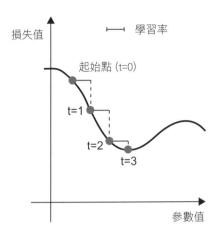

損失值

├── 學習率

起始點 (t=0)

t=1

t=2

t=3

參數值

◀ 圖 **2.18**　將 SGD 應用於 1D 損失曲線 (只有一個可學習參數的情況)

　　正如上圖所觀察到的, 為學習率選擇一個合理值是很重要的, 如果學習率太小, 曲線下降需要很多迭代, 且有可能會陷入區域最小值 (參見下一頁的圖 2.20)。如果學習率過大, 則參數的更新可能會跳太遠而跳到曲線上一個不相干的位置, 並且可能略過真正的最小值。

　　小批次隨機梯度下降演算法在每次迭代時的小批次, 可以小到只取單一筆樣本和標籤, 而不是取一批資料, 這就是真正的 SGD (相對於小批次 SGD 而言)。而反過來, 我們也可以一次把所有可用的資料全用上, 這就是整批 SGD (batch gradient descent)。按照此做法, 每次參數值更新都會更加準確, 但也會增加執行的複雜度。而在這兩個極端方法間, 為了有效率地取得結果, 就會使用合理大小的小批次資料進行計算。

　　儘管圖 2.18 說明了 1D 參數空間的梯度下降, 但實務上, 我們會在高維空間中使用梯度下降。神經網路中的每個權重參數都是空間中的一個自由維度, 且可能有數萬個或甚至數百萬個。為了建立對於曲面上損失值的概念, 請參考圖 2.19 的圖示, 可以看到在 2D 參數空間中, 曲面損失值的梯度下降。儘管如此, 我們不大可能想像或是用影像描繪訓練一個神經網路的實際過程, 原因是我們無法用一種人類能夠理解的方式來表示一個 1,000,000 維空間 (編註: 假設此神經網路中有 1,000,000個參數)。所以請記住, 透過這些低維度影像建立的概念, 在多軸、多維度的問題中可能並不是那麼回事。這也是深度學習的研究領域中, 一直以來廣受討論的一個議題。

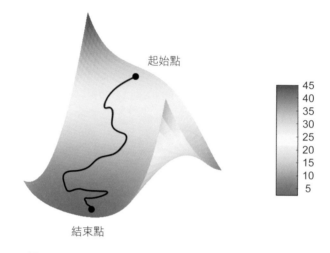

起始點

結束點

▲ 圖 2.19　2D 曲面的損失值梯度下降 (有兩個可學習的參數)

　　除了上述的 SGD 模式外，還存在多種 SGD 的變體，它們在計算下一次權重的更新量時，還會考慮先前的權重更新量，而不是僅僅查看梯度的當前值。常見的 SGD 變體有：**動量** (momentum) SGD、Adagrad、RMSProp 等等。所有的這些 SGD 稱為**最佳化方法** (optimization methods) 或**優化器** (optimizers) (編註：優化器就是用來調整張量參數 W 以降低損失函數值 f(W) 的方法，在 Keras 中我們可以選擇各種優化器來編譯 (compile) 一個神經網路，請回頭參考 2-1 節的程式 2.3)。在許多變體中都使用到的動量概念很值得討論一下。動量解決了 SGD 的兩個問題：收斂速度和區域最小值。圖 2.20 顯示了模型參數函數的損失曲線。

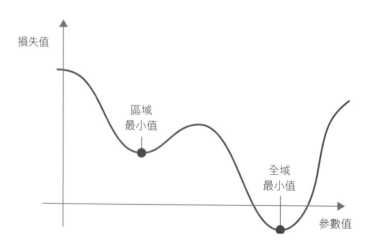

損失值

區域
最小值

全域
最小值

參數值

▲ 圖 2.20　區域最小值與全域最小值

如圖所示, 某些參數值會產生一個**區域最小值** (local minimum), 在該點附近向左移動會導致損失增加, 向右移動損失也會增加。如果透過學習率很低的 SGD 來找出最佳參數值, 那麼最佳化過程將會停留在局部最小值, 而不是達到全域最小值。

我們可以使用動量來避免這問題, 其背後的靈感來自於物理學。你可以想像一下, 最佳化過程就如同一個小球滾下損失曲線；如果它有足夠的動量, 球就不會只陷入一般低谷中, 而會停止在全域最低點。動量, 不僅和當前的斜率值 (當前加速度) 有關, 還要考量當前速度 (受過去的加速度影響)。實際上, 這表示不但要根據當前的梯度值更新參數, 而且還要根據以前的參數值來更新參數, 如以下的簡單範例所示：

```
past_velocity = 0.
momentum = 0.1  ◄──────── 固定的動量因數
while loss > 0.01:
    w, loss, gradient = get_current_parameters()
    velocity = past_velocity * momentum - learning_rate * gradient
    w = w + momentum * velocity - learning_rate * gradient
    past_velocity = velocity
    update_parameter(w)
```

最佳化迴圈

2-4-4 連鎖導數：反向傳播 Backpropagation 演算法

在先前介紹過的演算法中, 我們都會假設函數可微分, 因此便可輕易地算出梯度。但, 這樣是正確的嗎？在實際情況中, 我們要如何計算複雜函數的梯度？在本章的一開始, 我們介紹了一個雙層的神經網路模型, 那麼要如何計算損失值對模型中不同權重的梯度？這時, 就要談到**反向傳播演算法** (Backpropagation algorithm) 了。

連鎖律(Chain Rule)

反向傳播是借助簡單運算 (例如：加法、relu 或是張量積) 的導數, 進而得出這些簡單運算的複雜組合之梯度。能這麼做的關鍵在於, 神經網路由許多彼此連鎖的張量運算所構成, 其中的每個運算都有已知的簡單導數。舉例來說, 程式 2.2 所定義的模型可以表達成由變數 W1、b1、W2 和 b2 所組成的函數 (W1 和

b1 為第一密集層中的參數；而 W2 和 b2 則是第二密集層中的參數), 該函數會涉及各種基本操作, 像是點積、relu、softmax 以及加法等 (還有我們的損失函數 loss), 這些操作都可以輕易地進行微分運算：

```
loss_value=loss(y_true, softmax(dot(relu(dot(inputs, W1)+b1), W2)+b2))
```

我們可以透過**連鎖律** (chain rule) 求得連鎖函數的導數。假設有 f、g 兩個函數, 而它們的複合函數 fg 有著 fg(x)==f(g(x)) 的特性, 如以下的程式所定義：

```
def fg(x):
    x1 = g(x)
    y = f(x1)
    return y
```

根據連鎖律, grad(y, x)== grad(y, x1)*grad(x1, x)。這個性質讓我們只需要知道f跟g的導數, 就可以輕鬆找出 fg 這個複合函數的導數。當複合函數中加入越來越多的函數時, 這些函數的關係就像是連鎖的鏈條, 而連鎖律因此得名：

```
def fghj(x):
    x1 = j(x)
    x2 = h(x1)
    x3 = g(x2)
    y = f(x3)
    return y
```

```
grad(y, x) == (grad(y, x3) * grad(x3, x2) * grad(x2, x1) * grad(x1, x))
```

把連鎖律應用在計算神經網路的梯度, 就衍生出名為反向傳播的演算法, 讓我們來看看具體的運作原理。

以計算圖進行自動微分

如果以**計算圖** (computation graph) 的角度出發, 會有助於理解反向傳播。計算圖是 TensorFlow 核心的資料結構, 也是深度學習革命的重點。它是一種具方向、非循環 (directed acyclic) 的圖表, 可用來描述運算過程 (在我們的例子中, 就是張量運算)。圖 2.21 就是本章雙層模型的計算圖。

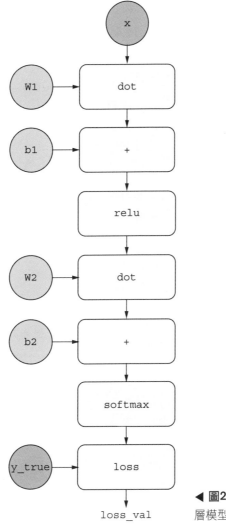

◀圖2.21　本章雙
層模型的計算圖

　　在電腦科學中, 計算圖是非常成功的抽象概念。透過計算圖, 我們可以把運算過程當成資料來處理：即將運算式編碼成機器可理解的資料結構, 並做為另一程序的輸入或輸出。舉例來說, 現在有這麼一個程序, 它能接受一張計算圖輸入, 並傳回一張全新的計算圖。其中, 輸出計算圖中的運算是輸入計算圖中, 相同運算的大規模分散 (large-scale distributed) 版本。這意味, 你不再需要自己撰寫分散式運算的程序, 這一個程序就可以幫你達成目的。你也可以想像有這麼一個程序, 它能接受計算圖輸入, 並自動找出其內部的運算式之導數。如果想要產生這些程序, 相較於一個字一個字打出程式, 用圖表的資料結構來表達運算過程會簡單方便許多。

為了可以清楚地解釋反向傳播, 讓我們來看個計算圖的簡單範例 (見圖 2.22)。這是圖 2.21 的簡化版, 此處我們只有一個線性層, 且其中的變數皆為純量。我們使用了兩個純量變數 w 和 b, 以及純量輸入 x。在對這些純量進行一番操作後, 便會得到輸出 y。最後, 我們會計算損失函數, 進而得到一個描述 (目標輸出及預測輸出) 誤差的絕對值: loss_val=abs(y_true-y)。由於我們希望持續更新 w 和 b 來縮小 loss_val, 因此需要先計算 grad(loss_val, b) 以及 grad(loss_val, w)。

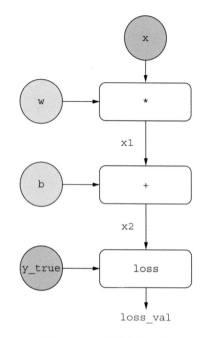

▲ 圖 2.22　計算圖的簡單範例

首先, 我們給圖中的輸入節點 (也就是輸入 x、目標輸出 y_true、w 以及 b) 一個定值。我們會由上而下, 將這些數值逐一放進計算圖中 (編註:同時進行相乘、相加等函數操作), 直到得出最後的輸出 loss_val, 這就是所謂的「正向傳播」(forward pass, 參見圖 2.23)。

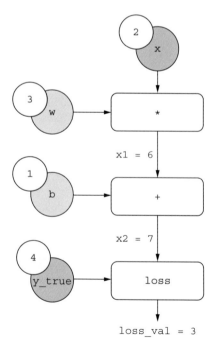

▲ 圖 2.23　進行正向傳播

接下來, 我們要把計算圖反過來看：對於圖中每一個從 A 點到 B 點的箭頭 (或稱為邊, edge), 創建一個相反方向, 從 B 點到 A 點的箭頭。現在想知道的是：當 A 變動時, B 會如何變動？換句話說, 我們的問題是 grad(B,A), 也就是 B 與 A 之間的梯度為何？我們會標示出圖 2.23 中每個反向箭頭的梯度, 而這個反過來的計算圖所描述的就是「反向傳播」(見圖 2.24)。

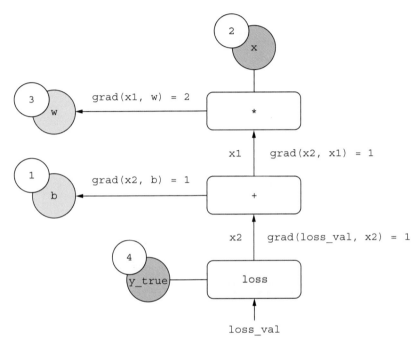

▲ 圖 2.24　進行反向傳播

我們會看到以下過程：

- grad(loss_val, x2)=1, 因當 x2 (編註：也就是模型的輸出 y) 出現大小為 epsilon 的變動時, loss_val=abs(4-x2) 也會出現大小相同的變動。

- grad(x2, x1)=1, 因當 x1 (編註：也就是 w*x 的結果) 出現大小為 epsilon 的變動時, x2=x1+b 也會出現大小相同的變動。

- grad(x2, b)=1, 因當 b 出現大小為 epsilon 的變動時, x2=x1+b 也會出現大小相同的變動。

- grad(x1, w)=2, 因當 w 出現大小為 epsilon 的變動時, x1=x*w=2*w 會出現大小為 2*epsilon 的變動。

連鎖律在反向傳播所發揮的作用是, 如果想知道某個節點相對於其他節點的導數, 只需要將連接這兩個節點的每一條箭頭之導數相乘即可。舉例來說, grad(loss_val, w)=grad(loss_val,x2)*grad(x2,x1)*grad(x1,w), 如圖 2.25 所示:

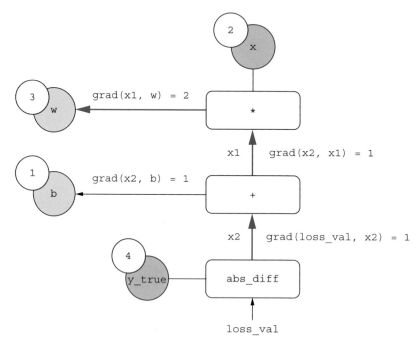

▲ 圖 2.25　在反向計算圖中, 從 loss_val 到 w 的反向傳播路徑

在計算圖中應用連鎖律, 我們將得到以下結果:

- grad(loss_val,w) = 1*1*2=2

- grad(loss_val, b) = 1*1=1

如果在反向圖中, 某兩個節點 (a 和 b) 之間存在多條路徑時, 則 grad(b, a) 將會是各路徑導數的總和。

就這樣, 你親眼見證了反向傳播的過程! 由此可見, 反向傳播不過是在計算圖上應用連鎖律的過程。一般來說, 反向傳播的起點是最終的損失值, 然後一步步推演到輸入節點。「反向」的含義為:沿計算圖上的不同節點, 一步步從損失值節點反向推回去。

如今, 我們會在具備**自動微分** (automatic differentiation) 功能的現代框架中實作神經網路, TensorFlow 就是其中一個例子。自動微分就是透過剛剛介紹的計算圖來執行。有了自動微分, 我們只需記錄正向傳播過程的計算結果, 就可以得到任意組合的可微分張量操作之梯度。當我在 2000 年左右用 C 語言首次寫出神經網路模型時, 我還必須先手算出梯度。感謝現代的自動微分工具, 如今我們再也不需要自己計算, 你可真幸運!

TensorFlow 中的梯度磁帶 (Gradient Tape)

TensorFlow 提供了一個威力強大的自動微分工具:GradientTape。這是利用 Python 的 with 區塊, 來自動將該區塊中的張量運算過程記錄為「計算圖」(也稱為「磁帶」, Tape), 並將計算圖指派給 as 之後的變數, 接著便可隨時利用這個變數 (計算圖) 來自動算出任意輸出相對於任意變數/變數組 (set of variables, 即 tf.Variable 類別的物件) 的梯度。其中 tf.Variable 是一種特殊類型的張量, 用來存放可變的狀態 (舉例來說, 在神經網路中的權重都是tf.Variable 物件)。

```
import tensorflow as tf
x = tf.Variable(0.)    ◀——— 實例化一個純量 Variable, 其初始值為零
with tf.GradientTape() as tape:  ◀————————— 宣告 GradientTape 要記錄的範圍
    y = 2 * x + 3    ◀——— 在記錄範圍內, 對變數進行張量操作
grad_of_y_wrt_x = tape.gradient(y, x)  ◀——— 利用梯度磁帶取得輸出
                                             y 對變數 x 的梯度
```

GradientTape 可搭配張量操作:

```
x=tf.Variable(tf.random.uniform((2, 2)))  ◀——— 實例化形狀為 (2, 2) 的 Variable,
with tf.GradientTape() as type:                 其初始值全為零
    y = 2 * x + 3
grad_of_y_wrt_x = tape.gradient(y, x)  ◀——— grad_of_y_wrt_x 和 x 一樣, 都是形狀為
                                             (2, 2) 的張量, 它描述了 x=[[0,0], [0,0]]
                                             時, y = 2 * x + 3 的曲面
```

GradientTape 還可以用在多個變數的串列 (list) 上：

```
W = tf.Variable(tf.random.uniform((2, 2)))
b = tf.Variable(tf.zeros((2,)))
x = tf.random.uniform((2,2))
with tf.GradientTape() as tape:
    y = tf.matmul(x, W) + b  ←—— 在 TensorFlow 中, matmul() 就是點積操作
grad_of_y_wrt_and_b = tape.gradient(y, [W, b])  ←—— grad_of_y_wrt_and_b 是個
                                                     包含兩個張量的串列, 這兩
                                                     個張量的形狀分別與 W 和
                                                     b 的相同
```

我們將在下一章對 GradientTape 進行更深入的介紹。

2-5 重新檢視我們的第一個例子

這一章即將結束，現在你應該比較清楚神經網路背後的原理了。在本章的一開始，神經網路還是個魔術般的黑盒子，而現在已經變成一個比較清楚的概念了。其概念如圖 2.26 所示：由幾個神經層組合而成的模型，會將輸入資料映射至預測值。損失函數則負責將預測值和目標值進行比對，並產生一個損失值，以衡量模型預測能力的好壞。同時，優化器會用該損失值來更新模型中的權重。

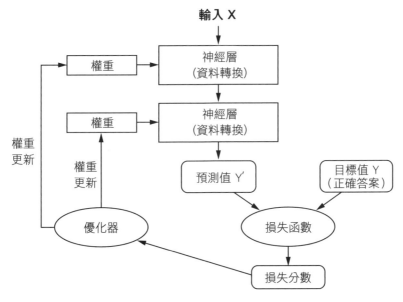

▲ 圖 2.26　神經網路、神經層、損失函數及優化器之間的關係

讓我們回到本章的第一個例子，並根據所學來回顧其中的每個部分。以下是輸入資料的部分：

```
(train_images, train_labels), (test_images, test_labels) = mnist.load_data()

train_images = train_images.reshape((60000, 28 * 28))
train_images = train_images.astype('float32') / 255

test_images = test_images.reshape((10000, 28 * 28))
test_images = test_images.astype('float32') / 255
```

以上是將輸入影像儲存在 NumPy 張量中, 這些張量分別被重塑成形狀為 (60000, 784) 的訓練資料和形狀為 (10000, 784) 的測試資料, 其中的資料型別為 float32。

以下是我們的神經網路:

```
model = keras.Sequential([
    layers.Dense(512, activation="relu"),
    layers.Dense(10, activation="softmax")
])
```

這個神經網路是由兩個 Dense 密集層串聯組成, 每一層會對輸入資料執行一些簡單的張量運算, 其中包含了權重張量的相關運算。權重張量是層的屬性 (參數), 也是神經網路的精髓所在。

接著是神經網路的編譯步驟:

```
model.compile(optimizer='rmsprop',
              loss='sparse_categorical_crossentropy',
              metrics=['accuracy'])
```

其中 sparse_categorical_crossentropy 是損失函數, 而損失值可作為回饋訊號來學習 (調整) 權重張量, 這也是訓練過程中會嘗試最小化的東西。同時, 我們也知道損失值的降低是透過小批次隨機梯度下降法 (SGD) 來實現。而控制梯度下降的確切規則是由 compile 的第一個參數, rmsprop 優化器所定義的。

最後便是訓練迴圈的部分:

```
model.fit(train_images, train_labels, epochs=5, batch_size=128)
```

我們來看看呼叫 fit() 時發生了什麼事:神經網路開始以 128 個樣本的小批次訓練資料來作 5 次 epoch (週期, 跑完所有訓練資料一次稱為一個 epoch)。神經網路將依每個批次的損失值計算相關的權重梯度, 並更新權重, 讓損失值最小化。在 5 個 epoch 之後, 神經網路總共進行了 2345 次梯度更新 (編註:60000/128=468.75, 代表 60000 個訓練樣本會被分成 469 個小批次, 其中, 最後一個批次只會有 96 個訓練樣本。每輸入一個批次的訓練資料, 就會進行一次梯度更新來修正參數。一個 epoch 會進行 469 次的梯度更新, 5 個 epoch 共 469×5 = 2345 次), 此時神經網路的損失值降到最低, 網路將能夠以高準確度對手寫數字進行辨識分類。

現在, 我們已經知道大部分神經網路的知識了。接著, 讓我們從頭開始, 一步步以 Tensorflow 重新實作本章神經網路的簡化版本。

2-5-1　從頭開始重新建構模型

如果想要完整清晰地說明, 沒有方法會比從頭開始來得更好。當然, 我們這裡說的「從頭開始」只是相對的：不會要你重新撰寫張量操作的程式, 也不會要你手算反向傳播的過程。但是我們會從基礎開始, 並儘量避免使用 Keras 提供的各種現成功能。

如果在某些細節上遇見障礙、總是無法理解, 請別擔心。在下一章中, 我們會更深入地介紹 TensorFlow 的 API。此刻, 只需要跟本書的內容順流而下即可。以下例子的本意就是希望透過動手實作, 讓你對深度學習過程中所運用到的數學有更具體的瞭解。現在就出發吧！

一個簡單的密集層類別

先前我們介紹過密集層可以用來轉換輸入資料。以下運算式中的 W 和 b 是模型中某一層的參數, 而 activation() 為該層的激活函數, 是一種執行逐元素 (element-wise) 運算的函數 (通常是 relu 函數, 但最後一層的激活函數也可能是 softmax 函數)。

```
output = activation(dot(W, input) + b)
```

現在來建構一個簡單的 Python 類別：NaiveDense。該類別會創建兩個 TensorFlow 變數 (W 和 b), 並且引入 __call__() 方法來執行上述運算式中的資料轉換 (編註：就是將 W 和 input 做點積, 再與 b 相加, 最後輸入激活函數)。

```
import tensorflow as tf

class NaiveDense:
    def __init__(self, input_size, output_size, activation):
        self.activation = activation
        w_shape = (input_size, output_size)
        w_initial_value = tf.random.uniform(w_shape, minval = 0,
                                                     maxval = 1e-1)
        self.W = tf.Variable(w_initial_value)
        b_shape = (output_size, )
        b_initial_value = tf.zeros(b_shape)
        self.b = tf.Variable(b_initial_value)

    def __call__(self, inputs):
            return self.activation(tf.matmul(inputs, self.W) + self.b)

    @property
    def weights(self):
        return [self.W, self.b]
```

建立矩陣 W, 其形狀為 (input_size, output_size)

將矩陣元素的初始值設定為亂數 (介於 0 到 0.1)

建立一個名為 W 的 Variable 物件

建立向量 b, 其形狀 (output_size,)

將向量元素的初始值設定為零

建立一個名為 b 的 Variable 物件

建立執行正向傳播的 method (編註:當我們把物件當成函式來呼叫時, 就會自動呼叫此 method, 參見下一個程式)

將 weights 設為只能讀取, 不能修改的屬性

取得神經層權重的快速方法

一個簡單的序列式 (Sequential) 類別

接下來, 讓我們建立一個 NaiveSequential 類別來連接這些層。該類別會包裹住多個神經層, 並建立 __call__() 方法以便依序呼叫各層的 __call__() 進行正向傳播。同時, 該類別也記錄了 weights 特性 (property), 讓我們可以輕鬆追蹤各層的參數。

```
class NaiveSequential:
    def __init__(self, layers):
        self.layers = layers

    def __call__(self, inputs):
        x = inputs
        for layer in self.layers:
            x = layer(x)
        return x

    @property
    def weights(self):
```

將輸入資料沿著各神經層進行傳遞

把物件當成函式來呼叫時, 就會自動呼叫該物件的 __call__()

▶接下頁

```
        weights = []  ←── 建立一個 weights 串列
        for layer in self.layers:    ┐── 將各層的權重參數 (W 和 b)
            weights += layer.weights ┘   存入 weights 串列
        return weights
```

透過 NaiveDense 以及 NaiveSequential 這兩個類別, 我們就可以建立一個 Keras 雙層模型了 :

```
model = NaiveSequential([
    NaiveDense(input_size = 28 * 28, output_size = 512, activation = tf.nn.relu),
    NaiveDense(input_size = 512, output_size = 10, activation = tf.nn.softmax)
])
```

小批次產生器

接下來, 我們需要一個方法來以小批次迭代 MNIST 中的資料, 這實作起來並不困難 :

```
import math

class BatchGenerator:
    def __init__(self, images, labels, batch_size=128):
                                                    ↑
                                 一個小批次中預設會有 128 筆樣本
        assert len(images) == len(labels)  ←── 確定輸入的影像都有對應的標籤
        self.index = 0
        self.images = images
        self.labels = labels
        self.batch_size = batch_size
        self.num_batches = math.ceil(len(images) / batch_size)  ←──
                                                        計算批次的個數, 若結果為
                                                        一小數, 則無條件向上進位

    def next(self):  ←── 讀取下一批次的輸入影像和對應標籤
        images = self.images[self.index : self.index + self.batch_size]
        labels = self.labels[self.index : self.index + self.batch_size]
        self.index += self.batch_size
        return images, labels
```

2-5-2　執行單次的訓練

　　整個過程中最困難的部分就是「訓練步驟」，即在處理完一批次資料後更新模型權重。我們要做的事情有：

① 對批次中的影像資料進行預測。

② 計算預測結果與實際標籤的差異，即損失值。

③ 計算損失值相對於各模型參數的梯度。

④ 往梯度的**反**方向微調權重。

　　為了算出梯度，我們會用到 2.4.4 節所介紹的 GradientTape 物件。

```
def one_training_step(model, images_batch, labels_batch):
    with tf.GradientTape() as tape:  ◄── 記錄「正向傳播」的計算圖 (在
                                         GradientTape 區塊內計算出模型的
                                         預測結果)，並將結果指派給 tape
        predictions = model(images_batch)  ◄── 將一小批次的影像輸入模型
        per_sample_losses = (tf.keras.losses.sparse_categorical_
            crossentropy(labels_batch, predictions))  ◄── 計算每筆樣本的損失值
        average_loss = tf.reduce_mean(per_sample_losses)  ◄─┐
                                         計算該批次中樣本的平均損失值
    gradients = tape.gradient(average_loss, model.weights)  ◄─┐

                                         計算損失值相對於各權重參數的梯度 (gradients 為一串
                                         列，其中的元素為 model.weights 串列中各權重的梯度)

    update_weights(gradients, model.weights)  ◄── 利用梯度來更新模型
    return average_loss                           (接下來就會定義該函式)
```

　　我們已經知道，更新權重 (就是以上程式中的 update_weights() 函式) 的目的就是要讓權重朝「降低批次損失值的方向」移動一些些。移動的幅度取決於「學習率」(learning rate) 的大小，它通常會是一個很小的值。實作 update_weights() 函式的最簡單方式就是：對每個權重都減去 gradient*learning_rate (編註：gradient 為損失值對特定權重的梯度大小；而 learning_rate 則是一個固定的數字)，如下所示：

```
learning_rate = 1e-3

def update_weights(gradients, weights):
    for g, w in zip(gradients, weights):    ◀───── 逐一更新各權重的值
        w.assign_sub(g * learning_rate)    ◀──── assign_sub() 的作用等同於「-=」
```

實務上，我們幾乎不會以這種手動方式來更新權重。相反地，你可以使用 Keras 的 optimizers 物件：

```
from tensorflow.keras import optimizers

optimizer = optimizers.SGD(learning_rate=1e-3)  ◀── 使用 SGD (隨機梯
                                                    度下降) 優化器
def update_weights(gradients, weights):  ◀── 更新權重的函式
    optimizer.apply_gradients(zip(gradients, weights))
```

現在，我們每批次 (per-batch) 的訓練步驟已經準備好了，接著可以進行整個週期 (epoch) 的訓練了。

2-5-3 完整的訓練循環

在訓練過程的單一週期中，其實只是重複地從訓練集中取出不同批次的資料來訓練，而整個訓練迴圈就是不斷地重複單一訓練週期中的過程：

```
def fit(model, images, labels, epochs, batch_size=128):  ◀────┐
                                                定義一個 fit() 訓練迴圈

    for epoch_counter in range(epochs):  ◀── 一共會執行 epochs 次的訓練週期
        print(f"Epoch {epoch_counter}")
        batch_generator = BatchGenerator(images, labels)  ◀────┐
                                          建立產生小批次訓練資料的產生器
        for batch_counter in range(batch_generator.num_batches):
            images_batch, labels_batch = batch_generator.next()  ◀────┐
                                                        取出小批次訓練資料
            loss = one_training_step(model, images_batch, labels_batch)
            if batch_counter % 100 == 0:
                print(f"loss at batch {batch_counter}: {loss:.2f}")
```

讓我們來測試一下：

```
from tensorflow.keras.datasets import mnist
(train_images, train_labels), (test_images, test_labels) = mnist.load_data()

train_images = train_images.reshape((60000, 28*28))
train_images = train_images.astype("float32")/255
test_images = test_images.reshape((10000, 28*28))
test_images = test_images.astype("float32")/255

fit(model, train_images, train_labels, epochs=10, batch_size=128)
```

↑
進行 10 次訓練週期

2-5-4　評估模型

接下來, 我們可以將 argmax() 函式套用在模型的預測結果上, 進而評估模型在測試影像上的表現 (編註：回顧一下, 模型的預測結果為內含 10 個數字的陣列, 分別代表輸入影像屬於 0-9 的個別機率。只要在這 10 個數字上套用 argmax(), 便可求出最大機率的索引, 而該索引就可用作模型對輸入影像的分類結果), 並和正確標籤進行比較：

```
predictions = model(test_images)        ◀── 將測試影像輸入模型, 並運行模型
predictions = predictions.numpy()       ◀── 呼叫 numpy() 是了將 TensorFlow
                                             張量轉換 NumPy 張量, 如此一來,
                                             我們才能使用 argmax() 函式

predicted_labels = np.argmax(predictions, axes=1)
matches = predicted_labels == test_labels    ◀── 將模型的預測標籤和
print(f" accuracy: {matches.mean():.2f" }         正確標籤做比較
```

↑
求出預測準確度 (見下頁的小編補充)

小編補充：以上程式中的 matches 為一布林陣列 (其長度與 predicted_labels 和 test_labels 的長度相同)，用以記錄模型對特定測試影像的預測是否正確。該布林陣列的元素值非 0 即 1，若模型對某張影像的預測是正確的，則該影像在布林陣列中的對應值就會是 1，反之則為 0。mean() 函式可以求出陣列中各數字的平均值，若 matches 的長度為 10000，其中有 5000 個1 (模型預測正確的項目)，5000 個 0 (模型預測錯誤的項目)，則套用 mean() 的結果就會是 0.5，這也就是我們感興趣的準確度 (accuracy) 啦！

　　這樣就大功告成了！由此可見，用 Keras 只需幾行程式就可完成的事情，以手動方式處理卻得費上一番工夫。不過，由於你已了解以上的步驟，因此應該可以清楚在呼叫 fit() 函式時，神經網路的內部發生了什麼事情。如果可以對模型背後的運作模式瞭解得更清楚，用起 Keras API 的高階工具時就會更得心應手。

本章小結

■ **張量** (Tensor) 構成了現代機器學習系統的基礎, 也帶來了諸如 dtype、rank 和 shape 等有用的屬性。

■ 我們可以利用各種張量操作 (例如:加法、張量積或逐元素的乘法) 來處理數值張量, 該過程可以理解為對張量進行**幾何變換**。一般來說, 深度學習中的一切都具備幾何意義。

■ 深度學習**模型** (model) 由多個簡單的張量運算所串聯而成, 其參數稱為**權重** (weights), 本身也是張量。一個模型的權重正是儲存「學習知識」的地方。

■ 「學習」一詞所指的是:給定訓練資料集和對應目標值, 找出一組模型權重, 讓**損失函數** (loss function) 值得以最小化。

■ 學習是透過隨機抽取**小批次**的訓練資料樣本和對應目標值, 再計算該批次損失值相對於每個模型參數的梯度。接下來, 往梯度的反方向微調參數 (調整的幅度取決於**學習率**, learning rate)。這個過程稱**小批次隨機梯度下降** (mini-batch stochastic gradient descent)。

■ 學習過程得以進行的前提, 是神經網路中所有張量操作都**可微分** (differentiable), 也因此才能使用微分 (或導數) 的**連鎖律** (chain rule), 來找出各個模型參數的梯度值以進行微調, 這個過程稱**反向傳播** (backpropagation)。

■ 在接下來的章節中, 我們會反覆看到這兩個概念:**損失值** (loss) 與**優化器** (optimizers)。在將資料輸入模型進行訓練前, 我們需要先定義好這兩個東西。

  ■ **損失值**:在整個訓練過程中, 我們會嘗試儘可能地降低損失值, 因此, 損失值也可以用來衡量我們是否成功完成任務。

  ■ **優化器**:優化器決定了我們要如何應用損失值的梯度來更新參數, 其種類有 RMSProp 優化器、搭配動量的 SGD 等不一而足。

Keras 和 Tensorflow 簡介

本章的目標, 是為讀者提供所有實作深度學習的必要細節, 讓讀者可以開始動手實作。接下來會快速介紹 Keras (https://keras.io) 以及 TensorFlow (https://tensorflow.org), 它們是全書都將用到、建立在 Python 上的深度學習工具。此外, 你將學會如何設定深度學習工作站, 其中搭配了 TensorFlow、Keras 還有 GPU。最後, 藉著在第 2 章中學到的 Keras 和 Tensorflow 相關知識, 我們要來研究一下神經網路的核心元件, 以及它們要如何轉換成 Keras 及 TensorFlow 的 API (應用程式界面)。

看完本章, 你將為後面各章的現實任務做好準備。

3-1 TensorFlow 是什麼？

TensorFlow 是一個免費、開源的 Python 機器學習框架, 主要由 Google 所開發。跟 NumPy一樣, TensorFlow 的首要目標是讓工程師和研究人員可以在數值張量上進行數學運算。不過比起 NumPy, TensorFlow 在以下方面更具優勢:

● TensorFlow 能在任何可微分函數 (如第 2 章所示) 上自動計算梯度, 因此非常適合用在機器學習。

● TensorFlow 不僅可在 CPU 上運行, 也可在 GPU 及 TPU 等高度平行的硬體加速器上運行。

● 用 TensorFlow 建立的運算程序, 可以輕易地分散到多台機器上共同執行。

● TensorFlow 的程式可以匯出為各種不同語言的程式, 包括 C++、JavaScript (瀏覽器相關應用) 或 TensorFlow Lite (在移動設備或嵌入式設備上運行的應用) 等, 這樣的適應能力讓 TensorFlow 應用可以輕鬆部署到各種實際場景中。

請記住, TensorFlow 不僅僅是函式庫, 更是一個完整的平臺。在這平臺上已經形成了一個包含大量元件的生態系, 一部分由 Google 所開發, 另一部分則由第三方所開發。例如, 用來進行強化式學習研究的 TF-Agent、在工業場景下用來管理工作流的 TFX、以及用在生產部署的 TensorFlow Serving 等, 另外還有 TensorFlow Hub, 其中存放大量預先訓練好的模型供我們直接套用。各式各樣的元件促成了廣泛的應用案例, 從最先進的研究到大規模的工業應用都在其中。

TensorFlow 在規模擴展上的表現也很不錯:例如美國橡樹嶺國家實驗室 (Oak Ridge National Lab) 的科學家使用 TensorFlow 在 IBM Summit 超級電腦的 27,000 個 GPU 上, 訓練了一個運算速度達到 1.1 exaFLOPS 的氣象預測模型。同樣地, Google 也用 TensorFlow 來開發運算量很大的深度學習應用, 例如圍棋高手 AlphaZero。如果你的預算足夠, 你也可以向 Google Cloud 或 AWS 租用小型的 TPU pod 或大型的 GPU 叢集 (cluster), 進而將模型的運算速度提高至 10 petaFLOPS 左右。這已經相當於 2019 年時, 頂尖超級電腦運算能力的百分之一了!

3-2 Keras 是什麼？

　　Keras 是 Python 的深度學習 API, 建立在 TensorFlow 之上, 提供了簡易的方法來定義及訓練深度學習模型。最初的 Keras 是為了研究領域而開發, 目的是可以快速地進行深度學習實驗。

　　透過 TensorFlow, Keras 可以在各種硬體上運行 (見圖 3.1), 其中包括 GPU、TPU, 或一般的 CPU, 而且可以輕鬆擴大規模到幾千台機器上分散運算。

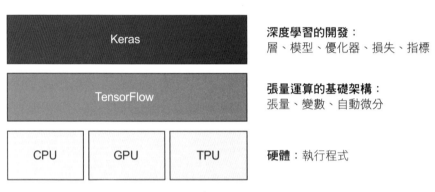

▲ 圖 3.1　Keras 與 TensorFlow：TensorFlow 負責進行低階張量運算, 而 Keras 則是高階的深度學習 API

　　Keras 是以「高度重視開發者的體驗」而聞名, 因它就是專為人類而設計的 API, 而非機器。Keras 符合降低認知負擔的最佳設計原則：提供一致且簡單的工作流程、最小化日常工作中所需要的動作, 同時在程式發生錯誤時, 能提供清楚且可跟著操作的回饋資訊。這些特點都讓初學者可以輕易上手, 同時提高專業人員的生產能力。

　　截至 2021 年底, Keras 的使用者已超過百萬人, 從大企業和新創公司的學術研究人員、工程師、資料科學家, 到研究生及自學者都有。Keras 也被 Google、Netflix、Uber、CERN (歐洲核子研究組織)、NASA、Yelp、Instacart、Square 以及數以百計的新創公司所採用, 用來解決各種產業的各種問題。Youtube 的影片推薦系統及 Waymo 的自駕車都是利用 Keras 開發的。此外, Keras 也是 Kaggle (一個機器學習競賽網站) 上的熱門框架, 大部分競賽中的優勝者都是以 Keras 進行開發。

由於 Keras 的使用者眾多且背景廣泛，因此並不特別要求使用者按照「一定」的方式來建構並訓練模型。相反的，Keras 可以根據使用者的需求，提供各式各樣的工作流程，從非常高階到非常低階的都有。例如，使用者有一堆的模型建立方法可選擇，同時也有一堆的模型訓練方法可選擇，他們可視狀況權衡其**易用性**及**彈性**。在第 5 章中，我們會看到其中的很多例子。你可以和使用 Scikit-learn 一樣的高階方式來使用 Keras：只需呼叫 fit() 函式，然後就讓它自行運作；或者也可以像使用 NumPy 一樣，完全控制每一個細節。

這意味你現在學到的東西，到了你成專家的時候，還是一樣適用。在初始階段，你可以輕易上手，然後隨著程式越寫越多，就能一步步深入了解其背後的工作流程。你不會因從學生轉變成研究人員，或從資料科學家轉變成深度學習工程師，而突然面臨要學習全新框架、重頭來過的困境。

這個邏輯就跟 Python 一模一樣。有些語言只接受特定的寫作邏輯，例如：物件導向程式設計 (object-oriented programming) 或函數式程式設計 (functional programming)。相對地，Python 是一種兼容並蓄的語言，提供一系列不同的用法，彼此可以合作融洽。這樣的特性讓 Python 得以應用在各種場景下：系統管理、資料科學、機器學習工程、網站開發等等。我們可以將 Keras 想成是深度學習領域中的 Python：一種對使用者友善的深度學習語言，可以為不同使用者提供種類廣泛的工作流程。

3-3 Keras 與 TensorFlow 的戀愛史

Keras 比 TensorFlow 出現的時間還早了 8 個月。Keras 在 2015 年 3 月發布, TensorFlow 則是在同年的 11 月發布。你也許會問, 如果 Keras 是建立在 TensorFlow 之上, 怎麼可能比 TensorFlow 還早出現？一開始, Keras 是建立在 Theano 之上。Theano 是另一個用來操作張量的函式庫, 一樣可以支援自動微分以及 GPU 運算, 而且還是首個提供這類功能的函式庫。Theano 由蒙特婁大學的蒙特婁學習演算法學院 (Montral Institute for Learning Algorithms, MILA) 所開發, 從許多方面來看, Theano 可說是 TensorFlow 的前輩。Theano 開創了使用靜態計算圖來促成「自動微分, 並可在 CPU 或 GPU 上執行」的想法。

在 2015 年底 TensorFlow 發布之後, Keras 重構成「多後端」的架構：我們可以透過 Theano 或 TensorFlow 來使用 Keras, 而且只需要修改環境變數, 就可以在兩者之間切換。到了 2016 年 9 月, TensorFlow 在技術上已經成熟, 因此其成為了 Keras 預設的後端選項。到了 2017 年, Keras 又支援了兩個新的後端選項：微軟開發的 CNTK 以及亞馬遜開發的 MXNet。時至今日, Theano 與 CNTK 都已經不再更新, 而 MXNet 在亞馬遜之外的使用者並不多。因此, Keras 又變回只有單一後端 (即 TensorFlow) 的 API。

許多年來, Keras 和 TensorFlow 之間一直維持深厚的共生關係。在經過 2016 年及 2017 年之後, Keras 已經被視為開發 TensorFlow 應用時, 對使用者來說最好用的工具, 也進一步將更多使用者帶入 TensorFlow 的生態圈。到了 2017 年底時, 大部分的 TensorFlow 使用者都透過 Keras 或至少搭配 Keras 來進行開發。在 2018 年時, TensorFlow 正式採用 Keras 為其官方的高階 API。因此, 在 TensorFlow 2.0 於 2019 年 9 月發表時, Keras 成了 TensorFlow 2.0 的前端及應用中心：TensorFlow 和 Keras 都經過全面性的重新設計, 這是整合過去 4 年使用者回饋及技術進展的成果。

介紹至此, 相信讀者已經迫不急待想要執行 Keras 和 TensorFlow 的程式了, 就讓我們開始吧！

3-4 設定深度學習工作站

在動手開發深度學習應用之前, 我們得先設定好開發環境。雖然並非必要, 不過我們高度推薦使用者在 NVIDIA GPU 上運行程式碼, 而不是在自己電腦上的 CPU。在 CPU 環境下, 某些應用運行起來會特別慢, 尤其是需要進行大量卷積運算的影像處理工作, 就算你使用高速的多核 CPU 也一樣。就算是那些在 CPU 上可以順利運行的應用, 在有了 GPU 加持之後, 速度也可提升 5 到 10 倍左右。

要在 GPU 上進行深度學習, 你有 3 種選擇:

● 直接買一張 NVIDIA GPU 顯示卡, 並裝在自己的電腦上。

● 在 Google Cloud 或 AWS EC2 上使用 GPU。

● 使用 Google Colaboratory (一個 notebook 服務) 上的免費 GPU (下一節將對「notebook (記事本)」的定義進行詳細解說)。

其中, Colaboratory 是最容易上手的, 既不需要買硬體, 也不需要安裝什麼軟體。只要在瀏覽器上開啟相關網頁, 就可以開始寫程式了。我們也建議你採用此選項來運行書中的程式範例。不過, Colaboratory 的免費版本只適合處理工作量不大的任務。如果想要擴展任務的規模, 就得考慮第一個或第二個選項。

如果手上還沒有 GPU 可用來進行深度學習, 那麼在雲端運行程式會是一個簡單而低成本的切入方式, 讓你可以處理更大的工作量、而不需要購買額外的硬體。就使用經驗上來說, 在本地端執行程式 (例如 Jupyter Notebook) 跟在雲端執行程式, 完全沒有差別。

不過如果你是深度學習的重度使用者, 這種做法撐不了太久, 頂多維持幾個月。雲端 GPU 並不便宜, 以 2021 年中的價格來看, Google Cloud 上 V100 GPU 每小時的執行成本是 2.48 美元。相對地, 一張最新的 GPU 顯示卡成本大約維持在 1,500 到 2,500 美元之間, 即使這些 GPU 的規格不斷提升, 價格基本上也不會有太大的波動。因此, 如果你是深度學習的重度使用者, 可以考慮在電腦裝上至少一張 GPU 顯示卡。

此外, 不管是在雲端或本地端開發, 最好都使用 UNIX 類的作業系統。儘管技術上可以在 Windows 使用 Keras, 但我們並不推薦。如果你是 Windows 的使用者, 而且想在自己的電腦上執行深度學習, 最簡單的方法就是在電腦上建立 Windows 和 Ubuntu 的多重開機系統。你也可以使用模擬 Linux 的 Windows 子系統 (Windows Subsystem for Linux, WSL), 以便在 Windows 環境下執行 Linux 應用。這看起來好像很複雜, 但長遠看來, 可以省下你大量的時間和之後的麻煩。

3-4-1　Jupyter Notebook：執行深度學習專案的首選

在 Jupyter Notebook (Jupyter 記事本) 中實作深度學習專案是很好的選擇。Jupyter 記事本被廣泛使用於資料科學和機器學習領域。Jupyter 記事本應用 (https://jupyter.org) 所產生的文件稱為 notebook, 你可以在瀏覽器中開啟並編輯它的內容。Jupyter 記事本的特色是提供各式各樣的純文字編輯功能, 不但可以編寫 Python 程式碼, 還可以註解正在做的事情, 並整合了直接執行 Python 程式的能力。notebook 檔案還允許將一長串的實作範例分解為一個個小區塊程式碼獨立執行, 使開發過程具有一來一往的互動性。如果在實作後期才發生錯誤, 你也不必重新執行之前的所有程式碼。

雖然我們推薦使用 Jupyter 記事本來開發 Keras 專案, 但其實你也可以選擇單獨執行 Python 程式或改用其他整合開發環境 (IDE), 例如 PyCharm 來執行程式。本書中的所有程式範例均已整理成 notebook 檔案, 你可以從 http://www.flag.com.tw/bk/st/f2379 下載取得。

3-4-2　使用 Colaboratory

Colaboratory (或簡稱 Colab) 是一種無需額外進行安裝, 而且可以完全在雲端操作的免費 Jupyter 記事本服務。具體來說, Colaboratory 是一個網頁, 你可以直接在該網頁上撰寫並執行 Keras 程式碼。在 Colaboratory 上, 你可以透過免費 (但限量) 的 GPU 甚至 TPU 來做運算, 所以不必自己買 GPU。我們建議你在 Colaboratory 上執行本書的程式碼。

使用 Colaboratory 的第一步

要開始使用 Colab, 請開啟網頁 https://colab.research.google.com, 並按下 New Notebook 按鈕 (中文版界面為「新增筆記本」) 來創建新的 notebook 檔案。這時, 你應該會看見如圖 3.2 所示的標準 Colab 記事本界面。

▲ **圖 3.2** Colab 記事本的界面

工具列上面有兩個按鈕, +Code 和 +Text (編註：中文版界面分別為「+程式碼」和「+文字」), 分別是用來創建可執行的**程式碼單元** (code cell) 跟**文字單元** (text cell)。在程式碼單元輸入程式之後, 按下 `Shift` + `Enter` 就可以執行它 (見圖 3.3)。

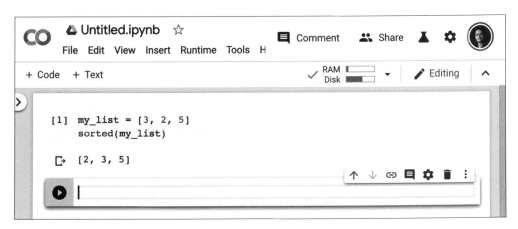

▲ **圖 3.3** 創建並執行程式碼單元

在文字單元中, 可以使用 Markdown 格式撰寫文字說明 (見圖 3.4)。同樣地, 按下 `Shift` + `Enter` 就可以按照所下的格式進行渲染。

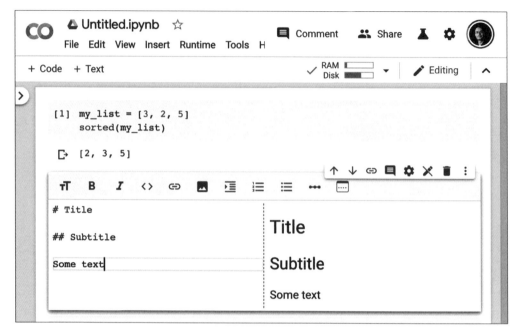

▲ 圖 3.4　創建文字單元

　　文字單元可用來說明程式內容：透過段落標題與文字解說段落，或者內嵌圖形。如此一來，就可以將原本單調的 notebook 檔案變成資訊豐富的多媒體文件。

使用 pip 安裝套件

　　標準的 Colab 環境已經安裝了 Keras 與 TensorFlow，所以不需要任何額外的安裝工作就可以直接使用。如果你需要以 pip (Linux 安裝指令) 安裝任何 Python 套件，可以在程式單元中執行以下指令 (請注意，以！開頭的程式會被視為一個 shell 指令，而非 Python 程式碼)：

```
!pip install package_name
```

使用 GPU 進行運算

要在 Colab 中使用 GPU 進行運算, 請選擇主選單中的 Runtime > Change
Runtime Type, 並在 Hardware Accelerator 選項中選擇 GPU (如圖 3.5 所示)。
(編註:若讀者使用的是中文介面, 請選擇**執行階段 > 變更執行階段類型> 硬體加
速器 > GPU**)

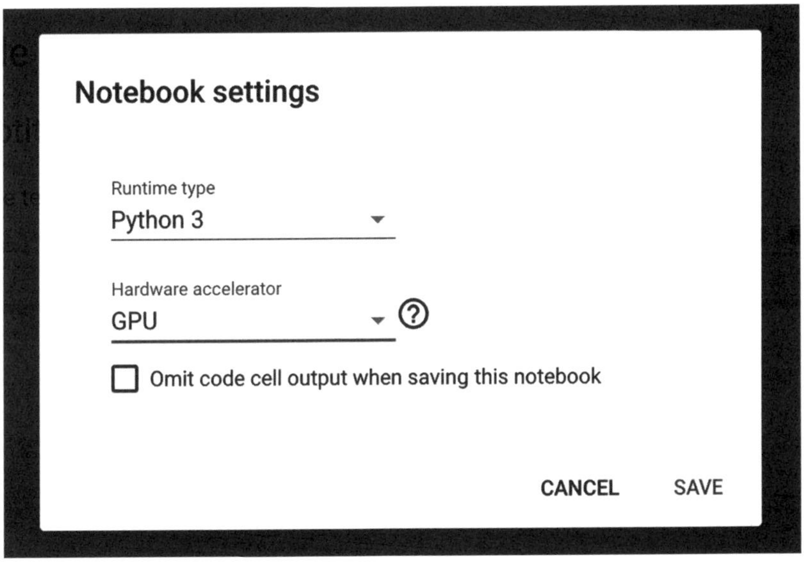

▲ 圖 3.5 在 Colab 中使用 GPU

如果有可用的 GPU, TensorFlow 與 Keras 會自動在 GPU 上執行各項運
算。因此, 在你選擇 GPU 作為硬體加速器之後, 就不需要再多做什麼事情。

你也許會注意到, 在 Hardware Accelerator 的選單中還有一個 TPU 的選
項。相比之下, 使用 TPU 會麻煩些, 需要對程式碼作一點調整。我們會在第 13
章進行說明, 就當下而言, 建議你先熟悉 GPU 的使用, 並跟本書的程式範例一同
前進。

現在, 我們已經有了開始運行 Keras 程式碼的方式。接著來看看, 要如何把
第 2 章所學到的關鍵概念轉換成 Keras 與 TensorFlow 程式碼。

3-5 使用 TensorFlow 的第一步

正如你在前幾章所看到的, 訓練神經網路牽涉到以下概念:

● 首先, 低階的張量運算會貫穿整個機器學習過程, 這一部分會轉換成 TensorFlow API:

- 存放網路狀態 (變數) 的特殊**張量** (tensors)。

- **張量操作** (tensor operation), 例如加法、relu (線性整流函數)、matmul (矩陣乘法) 等。

- **反向傳播** (backpropagation), 一種計算數學運算式之梯度的方式 (在 TensorFlow 中以 GradientTape 物件來處理)。

● 其次是高階的深度學習概念, 這一部分會轉換成 Keras API:

- **層** (layer), 組合在一起就是**模型** (model)。

- **損失函數** (loss function): 定義學習階段所用的回饋信號。

- **優化器** (optimizer): 決定學習過程如何推進。

- 用來評估模型表現的各種評量**指標** (metric), 例如準確度 (accuracy)。

- 執行**小批次隨機梯度下降** (mini-batch stochastic gradient descent) 的**訓練迴圈** (training loop)。

在先前的章節中, 我們已經接觸過一些 TensorFlow 與 Keras 的 API了: 你已經使用過 TensorFlow 的 Variable 類別、執行矩陣乘法的 matmul 函式以及 GradientTape 物件。此外, 我們也創建了 Keras 的 Dense (密集) 層物件, 並將它們堆疊成 Sequential (序列式) 模型, 最後以 fit() 函式來訓練該模型。

現在我們要進行更深入的探討, 看看以上的概念要如何以 TensorFlow 和 Keras 來實作出來。

3-5-1 常數張量與變數

不管要利用 TensorFlow 來做什麼事情, 我們都離不開張量。在建立張量時, 需要為其指定一個初始值。舉例來說, 我們可以創建一個完全由 1 或 0 組成的張量 (請見程式 3.1), 或者是由亂數組成的張量 (請見程式 3.2)

程式 3.1　創建完全由 1 或 0 組成的張量

```
>>> import tensorflow as tf
>>> x = tf.ones(shape=(2, 1))    ←── 創建一個元素值皆為 1 的張量, 在 NumPy 中
>>> print(x)                          相當於 np.ones(shape=(2,1))
tf.Tensor(
[[1.]
 [1.]], shape=(2, 1), dtype=float32)

>>> x = tf.zeros(shape=(2, 1))   ←── 創建一個元素值皆為 0 的張量, 在 NumPy 中
>>> print(x)                          相當於 np.zeros(shape=2,1))
tf.Tensor(
[[0.]
 [0.]], shape=(2, 1), dtype=float32)
```

程式 3.2　創建由亂數組成的張量

```
>>> x = tf.random.normal(shape=(3, 1), mean=0., stddev=1.)  ←──
>>> print(x)
tf.Tensor(             張量中的亂數從平均值 0、標準差 1 的常態分佈抽取而來,
[[-1.6488864 ]         在 NumPy 中相當於 np.random.normal(size=(3,1), loc=0., scale=1.)
 [ 1.3780084 ]
 [ 0.10832578]], shape=(3, 1), dtype=float32)

>>> x = tf.random.uniform(shape=(3, 1), minval=0., maxval=1.)  ←──
>>> print(x)
tf.Tensor(             張量中的亂數從 0 到 1 之間的均勻分佈抽取而來, 在
[[0.58475494]          NumPy 中相當於 np.random.uniform(size=(3,1), low=0., high=1.)
 [0.3868904 ]
 [0.7811636 ]], shape=(3, 1), dtype=float32)
```

NumPy 陣列與 TensorFlow 張量的關鍵差異在於, TensorFlow 張量的值為**常數** (constant), 無法接受指派新的值。例如, 在 NumPy 中你可以執行以下操作:

程式 3.3　NumPy 陣列可接受指派新的值

```
>>> import numpy as np
>>> x = np.ones(shape=(2, 2))
>>> x[0, 0] = 0. ◀─── x[0,0] 的初始值為 1, 將其改指派為 0
>>> print(x)
 [[0. 1.]
  [1. 1.]]
```

如果在 TensorFlow 執行同一操作, 你將會得到錯誤訊息：EagerTensor object does not support item assignment (EagerTensor 物件不接受指派)。

程式 3.4　TensorFlow 張量不接受指派新的值

```
x = tf.ones(shape=(2, 2))
x[0, 0] = 0. ◀─── 該行程式將發生錯誤, 因張量不接受指派新的值
```

訓練模型時, 我們需要不斷更新其狀態 (為一組張量)。如果張量無法接受指派, 那要如何進行更新呢？此時就要用到 tf.Variable 類別了, 它是 TensorFlow 中負責操作可變狀態的類別。在第 2 章末, 我們已經簡單看過其是如何運作的。

若想創建 Variable 物件, 我們需要先指定初始值 (例如：一個亂數張量)。

程式 3.5　創建 Variable 物件

```
>>> v = tf.Variable(initial_value=tf.random.normal(shape=(3, 1)))
```
                                            ↑
                        使用一個亂數張量來創建 Variable 物件
```
>>> print(v)
<tf.Variable 'Variable:0' shape=(3, 1) dtype=float32, numpy=
array([[-1.2214708 ],
       [-0.49477732],
       [ 1.7742974 ]], dtype=float32)>
```

我們可以透過 assign() 方法 (method) 來修改 Variable 物件的狀態, 如下所示：

程式 3.6　為 Variable 物件指派一個值

```
>>> v.assign(tf.ones((3, 1))) ◀─── 將 v (程式 3.5 所創建的 Variable 物件)
                                   中的元素值改指派為 1
```

▶接下頁

```
<tf.Variable 'UnreadVariable' shape=(3, 1) dtype=float32, numpy=
array([[1.],
       [1.],
       [1.]], dtype=float32)>
```

我們也可以對 Variable 物件中的數值進行局部修改：

程式 3.7　對 Variable 物件進行局部修改

```
>>> v[0, 0].assign(3.) ◀── 將第 0 列, 第 0 行的元素值改為 3
<tf.Variable 'UnreadVariable' shape=(3, 1) dtype=float32, numpy=
array([[3.], ◀── Variable 物件的局部值發生了改變
       [1.],
       [1.]], dtype=float32)>
```

如下所示，Variable 物件的 assign_add() 和 assign_sub() 函式等效於 Python 的「+=」和「-=」算符。

程式 3.8　使用 assign_add() 函式

```
>>> v.assign_add(tf.ones((3, 1)))
<tf.Variable 'UnreadVariable' shape=(3, 1) dtype=float32, numpy=
array([[4.], ◀── Variable 物件中的每個數值都加上了 1
       [2.],
       [2.]], dtype=float32)>
```

3-5-2　張量操作：在 TensorFlow 中進行數學運算

和 NumPy 一樣，TensorFlow 也提供大量的張量操作函式，讓我們可以進行各種數學運算。來看一些例子：

程式 3.9　一些基本的數學操作

```
a = tf.ones((2, 2))
b = tf.square(a)     ◀── 計算平方
c = tf.sqrt(a)       ◀── 計算平方根
d = b + c            ◀── 張量相加 (逐元素相加)
e = tf.matmul(a, b)  ◀── 張量點積 (如 2-3-3 節所討論)
e *= d               ◀── 張量相乘 (逐元素相乘)
```

重點在於, 每一項操作都是在當下馬上執行, 你可以立刻將最新結果印出來 (就跟在 NumPy 中一樣), 我們稱這種執行方式為「即時執行」(eager execution)。

3-5-3 GradientTape API 的進一步說明

目前為止, TensorFlow 看起來就跟 NumPy 沒什麼兩樣, 不過還是有些事情是 NumPy 做不到的:取得任意可微分函數對任意輸入項的梯度。在 TensorFlow 中, 只需要設置一個 **GradientTape 區塊**, 並在區塊中對 (一個或多個) 輸入張量進行計算, 就可以取得計算結果對各個輸入張量的梯度。

程式 3.10　使用 GradientTape

```
>>> input_var = tf.Variable(initial_value=3.)    ◄── 建立一個 Variable 物件,
>>> with tf.GradientTape() as tape:                  其初始值為 3
>>>     result = tf.square(input_var)    ◄── 輸出結果為輸入的平方值
>>> gradient = tape.gradient(result, input_var)    ◄── 計算輸出對輸入之梯度
>>> print(gradient)
tf.Tensor(6.0, shape=(), dtype=float32)
```

小編補充:在程式 3.10 中, 輸出為輸入的平方值, 以數學式來表達就是:$y=x^2$, 其中 y 為輸出, x 為輸入。根據導數規則, 輸出 y 對輸入 x 的導數為 2x, 而以上程式中 x 的值為 3, 故最終產生的梯度為 2×3=6。只要在 GradientTape 區塊中建立相關運算式, 未來就可用 tape.gradient (輸出, 輸入) 來取得梯度, 無需自行推導。

此方法最常用來計算模型損失值 (loss) 對權重 (weights) 的梯度:gradients = tape.gradient(loss, weights)。在第 2 章中, 我們已經看過類似的操作。

到目前為止, 我們只見過 tape.gradient() 中的輸入張量是 Variable 物件的例子。事實上, 任何類型的張量都可以作為輸入。然而, 系統預設只會追蹤 GradientTape 區塊中的**可訓練變數** (trainable variable, 例如 Variable 物件)。對於常數張量, 就必須用 tape.watch() 指定後才會進行追蹤:

```
程式 3.11    在 GradientTape 中使用常數張量為輸入

>>> input_const = tf.constant(3.)  ◄── 建立一個常數張量
>>> with tf.GradientTape() as tape:
>>>     tape.watch(input_const)  ◄── 用 tape.watch() 指定要追蹤
>>>     result = tf.square(input_const)
>>> gradient = tape.gradient(result, input_const)
>>> print(gradient)
tf.Tensor(6.0, shape=(), dtype=float32)  ◄── 編註：若沒加上 tape.watch()，
                                              輸出結果會是 None
```

為什麼要加上 tape.watch()？這是因為如果要計算並記錄所有張量之間的梯度變化，計算量跟資料量都會過於龐大。為了避免浪費資源，磁帶必須知道哪些才是需要計算跟追蹤的張量。系統預設會自動追蹤可訓練變數的原因是，計算「損失值對可訓練變數的梯度」就是梯度磁帶最主要的用途。

梯度磁帶的威力十分強大，甚至可以計算二**階梯度** (second-order gradients)，也就是計算梯度的梯度。例如，某物體移動距離對時間的一階梯度就是速度，二階梯度就是加速度。

如果我們發現蘋果垂直落下的過程中，時間點與所在位置有以下的數學關係：position(time) = $4.9 \times \text{time}^2$，那麼蘋果的加速度會是多少？讓我們使用巢狀 (nested) 的梯度磁帶來找出答案。

```
程式 3.12    利用巢狀梯度磁帶計算二階梯度

time = tf.Variable(0.)  ◄── 將時間初始化成值為 0 的 Variable 物件(存成 time)
with tf.GradientTape() as outer_tape:
    with tf.GradientTape() as inner_tape:
        position =  4.9 * time ** 2  ◄── 定義位置和時間之間的數學關係
    speed = inner_tape.gradient(position, time)  ◄──┐
                                                     │
                        計算位置 (position) 相對於時間 (time)
                        的梯度，進而得到速度 (speed)

acceleration = outer_tape.gradient(speed, time)  ◄──┐
                                                     │
                        計算速度 (speed) 相對於時間 (time)
                        的梯度，進而得到加速度 (acceleration)
```

3-5-4 端到端的範例：使用 TensorFlow 建立線性分類器

先前已經介紹過張量、變數，以及張量操作，而且也學會如何計算梯度。以上知識就足以讓你建立一個「基於梯度下降」的機器學習模型了！

在面試機器學習相關工作時，可能會要求應徵者以 TensorFlow 設計一個線性分類器：該任務雖然簡單，但足以判斷應徵者是否掌握最基本的機器學習知識。接下來，讓我們利用先前學到的 TensorFlow 知識來建立線性分類器。

首先，我們要在平面上創建資料點，這些資料點分屬兩個不同的類別。我們會透過有著特定共變異數矩陣以及平均值的**隨機分佈**來抽出資料點的座標位置。直觀上，共變異數矩陣描述了點雲 (point cloud，編註：一個點雲就是一群資料點) 的**形狀**，平均值則描述這個點雲在平面上的**中心位置**。我們會以同一個共變異數矩陣來生成兩個點雲 (但平均值不同)，因此這兩個點雲的形狀相同，但中心位置不同。

程式 3.13　在平面上生成兩個類別的隨機資料點

```
num_samples_per_class = 1000  ◀── 設定每個類別會有 1000 個資料點
negative_samples = np.random.multivariate_normal(  ◀── 生成第一個類別
    mean=[0, 3],  ◀── 點雲的中心位置                       的資料點
    cov=[[1, 0.5],[0.5, 1]],  ◀── 產生的點雲會是橢圓形的，
    size=num_samples_per_class)      從左下往右上進行延伸
positive_samples = np.random.multivariate_normal(  ◀── 生成另外一個類別的
    mean=[3, 0],                                         資料點雲：形狀相同，
    cov=[[1, 0.5],[0.5, 1]],                            但中心位置不同
    size=num_samples_per_class)
```

在程式 3.13 中，negative_samples 和 positive_samples 都是 shape 為 (1000, 2) 的陣列 (編註：1000 代表資料點數量，2 代表資料點的座標維度，也就是 x、y 座標)，我們現在將這兩個陣列堆疊成 (2000, 2) 的陣列。

程式 3.14　將資料點堆疊成 shape 為 (2000, 2) 的新陣列

```
inputs = np.vstack((negative_samples, positive_samples)).astype(np. float32)
```

小編補充：np.vstack() 會沿著**垂直方向**堆疊陣列, 因此 inputs 前 1000 列的資料為 negative_samples 中的各資料點, 接著的 1000 列資料則是 positive_samples 中的 1000 個資料點。

接下來, 要產生與資料點對應的目標值陣列 (存成 targets), shape 為 (2000, 1), 其中的值為 0 或 1。若 inputs[i] 屬於類別 0, 則 targets[i, 0] 為 0；若 inputs[i] 屬於類別 1, 則 targets[i, 0] 為 1 (編註：此處設定 negative_samples 中的資料點為類別 0；positive_samples 中的資料點為類別 1)。

程式 3.15　產生對應的目標值 (0 或 1)

```
targets = np.vstack((np.zeros((num_samples_per_class, 1), dtype="float32"),
                     np.ones((num_samples_per_class, 1), dtype="float32")))
```

接下來, 使用 Matplotlib 來繪製我們的資料點。

程式 3.16　繪製兩個類別的資料點 (參見圖 3.6)

```
import matplotlib.pyplot as plt
plt.scatter(inputs[:, 0], inputs[:, 1], c=targets[:, 0])
```
　　　　　　　　資料點的 x 座標　　資料點的 y 座標　　用目標值來區分不同類別資料點的顏色
```
plt.show()
```

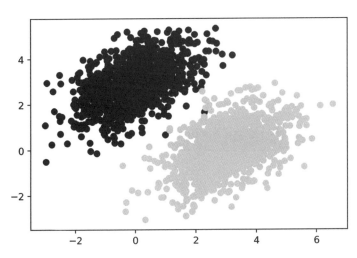

◀ 圖 3.6　平面上兩個類別的資料點 (深色點為類別 0；淺色點為類別 1)

接下來, 我們要設計一個線性分類器, 並讓其學會如何分類資料點。線性分類器就是一個以「最小化預測值與目標值誤差的平方」為目標來進行訓練的**仿射變換** (affine transformation), 以數學式來說, 即 prediction = W·input + b, 其中 W 和 b 均為變數。

顯而易見的, 這個分類器比第 2 章最後介紹的雙層神經網路還簡單。現在, 先來創建變數 W (初始值為隨機數) 和 b (初始值為 0)。

程式 3.17　創建分類器中的變數

```
input_dim = 2     ◀── 輸入的維度為 2, 代表樣本 (資料點) 的維度
output_dim = 1    ◀── 輸出的維度為 1, 代表個別樣本的預測分數 (如果分類器預測某樣本
                        為類別 0, 則該樣本的輸出分數應該接近於 0, 反之則為 1)
W = tf.Variable(initial_value=tf.random.uniform(shape=(input_dim,
              output_dim)))    ◀── 建立初始值為隨機數的變數 W
b = tf.Variable(initial_value=tf.zeros(shape=(output_dim,)))  ◀──┐
                                        建立初始值為 0 的變數 b ──┘
```

接下來便是正向傳播的函式。

程式 3.18　正向傳播函式

```
def model(input):
    return tf.matmul(inputs, W) + b
```

由於分類器處理的是 2D 輸入 (編註: 輸入的第 0 軸為資料點數目, 第 1 軸為個別資料點的座標值), 因此 W 是由兩個純量 (w1 和 w2) 所組成: W=[[w1],[w2]]; 而 b 則是一個純量。對於任意輸入點 [x, y], 預測值會是 prediction= [[w1], [w2]]·[x, y] + b = w1 * x + w2 * y + b。

接下來則是我們的損失函數。

程式 3.19　均方誤差損失函數

```
def square_loss(targets, predictions):
    per_sample_losses = tf.square(targets - predictions)  ◀──┐
                        per_sample_losses 張量的 shape 與 targets 和 predictions
                        張量一致, 內存有每個樣本 (資料點) 的損失分數
    return tf.reduce_mean(per_sample_losses)  ◀──┐
                        reduce_mean() 可計算各樣本損失分數之
                        平均值, 進而輸出單一的純量損失值
```

接下來便是訓練函式的部分。該函式會透過訓練資料來更新權重 W 與 b, 讓損失值達到最小。

```
程式 3.20   訓練函式

learning_rate = 0.1 ◄── 將學習率設為 0.1

def training_step(inputs, targets):
    with tf.GradientTape() as tape:                    ┐
        predictions = model(inputs)                    │ 在梯度磁帶區塊
        loss = square_loss(targets, predictions)       ┘ 內進行正向傳播
    grad_loss_wrt_W, grad_loss_wrt_b = tape.gradient(loss, [W, b]) ◄──┘
                               計算損失值對權重 W 和 b 的梯度

    W.assign_sub(grad_loss_wrt_W * learning_rate)  ┐
    b.assign_sub(grad_loss_wrt_b * learning_rate)  ┘ 更新權重
    return loss
```

為了簡單起見, 我們會使用**批次訓練** (batch training), 而非**小批次訓練** (mini-batch training)。也就是說, 我們會一次性對**所有資料**進行訓練 (計算梯度並更新權重), 而不是對多個小批次的資料做迭代。因此, 執行一次訓練函式所花費的時間會比較久, 畢竟我們需一次性計算 2,000 個樣本的正向傳播結果及梯度。但從另一方面來看, 透過更新權重來降低損失值的過程會更有效率, 因為該過程會納入所有訓練樣本的資訊, 而非只有部分樣本的資訊。這樣一來, 我們需要的訓練次數就會減少很多, 同時我們使用的學習率應該比小批次訓練來得大 (在程式 3.20 中, 我們將學習率設定成 0.1)。

```
程式 3.21   批次訓練迴圈

for step in range(40):  ◄── 進行 40 次訓練
    loss = training_step(inputs, targets)
    print(f"Loss at step {step}: {loss:.4f}")
```

在 40 次訓練後, 損失值似乎在 0.025 附近趨於穩定。接下來, 我們將透過繪圖來檢查分類器的表現。由於我們的目標值是 0 與 1, 因此如果某樣本的預測值小於 0.5, 就將其歸類為類別 0, 反之則歸類為類別 1。

```
predictions = model(inputs)
plt.scatter(inputs[:, 0], inputs[:, 1], c=predictions[:, 0] > 0.5)
```

利用預測值為資料點上色, 進而與真實資料點做比較

```
plt.show()
```

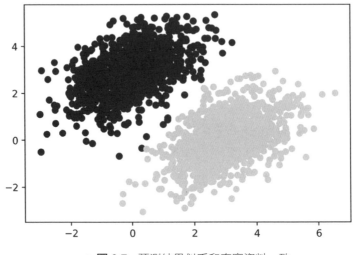

▲ 圖 3.7　預測結果似乎和真實資料一致

　　回想一下, 對於單一資料點 [x, y] 的預測值為：prediction== [[w1], [w2]]・[x, y] + b == w1 * x + w2 * y + b。因此, 類別 0 的定義就是：w1 * x + w2 * y + b < 0.5, 而類別1的定義就是 w1 * x + w2 * y + b > 0.5。可以發現用來區分資料點類別的, 其實是平面上的一條直線：w1 * x + w2 * y + b = 0.5。位於這條線上方的資料點屬於類別 0, 位於下方的資料點則屬於類別 1。你可能看過以 y=a*x+b 這種格式來呈現的直線方程式, 若想以相同格式來表示我們的直線, 則此處的方程式會變成 y = - w1 / w2 * x + (0.5 - b) / w2。

　　現在, 把這一條分隔線畫出來 (如圖 3.8 所示)：

```
x = np.linspace(-1, 4, 100)     ◄── 在 -1 到 4 之間產生 100 個等距的數字,
                                     即 [-1, -0.95, -0.90, …, 3.90, 3.95, 4.00]
y = - W[0] / W[1] * x + (0.5 - b) / W[1]     ◄── 我們的直線方程式
plt.plot(x, y, "-r")     ◄── 繪製出直線 ("-r" 表示直線的顏色為紅色)
plt.scatter(inputs[:, 0], inputs[:, 1], c=predictions[:, 0] > 0.5)
```

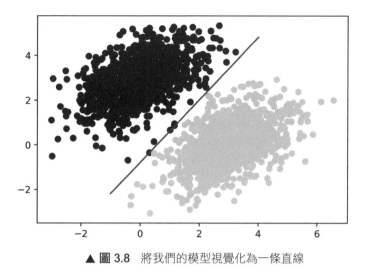

▲ 圖 3.8 將我們的模型視覺化為一條直線

　　以上就是訓練線性分類器的完整流程：找到一條直線的權重參數，使其可以整齊地區隔開不同類別的資料 (如果是高維空間，用來區隔資料的會是一個平面，我們稱之「超平面」)。

3-6 剖析神經網路：了解 Keras API 的核心

至此，我們已經學到 TensorFlow 的基礎知識，並可以從無到有實作出一個簡易的模型，例如前一節的線性分類器或是第 2 章末的神經網路模型。我們建立了非常穩固的理論基礎，是時候來進一步探討深度學習中更強大的部分：Keras API。

3-6-1　Layer (層)：深度學習的基石

如第 2 章所介紹，layer (層) 是神經網路的基本資料處理模組 (data-processing module)，它可以接受一個或多個張量輸入，再輸出一個或多個張量。層的權重可視為該層的**狀態** (state)，在經過隨機梯度下降法 (SGD) 不斷更新權重 (學習) 之後，最終得到的權重即成為該神經網路的智慧所在。

不同格式的資料需要用不同的層處理。如果輸入資料是簡單的 1D 向量資料，則多半是儲存在 2D 張量中，其 shape 為 (樣本 samples, 特徵 features)，通常是用**密集連接層** (densely connected layer) 來處理。密集連接層也稱為**全連接層** (fully connected layer) 或**密集層** (dense layer)，在 Keras 中是以 Dense 類別來實作。如果輸入資料是 2D 序列 (sequence) 資料，則多半是儲存在 3D 張量中，其 shape 為 (樣本 samples, 時戳 timesteps, 特徵 features)，通常是用**循環層** (recurrent layer, 例如 LSTM 層) 來處理。如果是 3D 影像資料，則多半是儲存在 4D 張量中，通常是用 2D 卷積層 (Conv2D layer) 來處理。(編註：以上這些資料格式，我們在第 2 章都介紹過，所有的資料都會在第 0 軸多加上樣本軸，因此軸數都會 +1，例如簡單的 1D 向量資料就會變成 2D 張量資料。)

我們常將 layer 比喻為組成深度學習的樂高積木。在 Keras 中建構深度學習模型就是將相容的層扣 (clip) 在一起，形成有用的資料轉換管道。

Keras 中的基礎 Layer 類別

Layer 類別是 Keras 的核心，每個 Keras 元件都是一個 Layer 物件或與 Layer 有密切互動。Layer 是將一些狀態 (權重) 和運算 (正向傳播) 包在一起的

物件。雖然權重可以在建構子 __int__() 中建立, 不過我們一般會使用 build() 來
建立它, 而正向傳播的運算過程則是用 call() 方法來定義。

在前一章, 我們實作過一個名為 NaiveDense 的類別, 其中包含了兩個權重
W 和 b, 同時進行了 output = activation (dot(input, W) + b) 的運算。該類別在
Keras 中的實作方式如下:

程式 3.22   使用 Layer 類別來實作 Dense 層

```
from tensorflow import keras

class SimpleDense(keras.layers.Layer):   ←── 所有的 Keras 層都會繼承
                                              自基礎的 Layer 類別

    def __init__(self, units, activation=None):
        super().__init__()
        self.units = units
        self.activation = activation

    def build(self, input_shape):   ←── 在 build() 中建立權重張量
        input_dim = input_shape[-1]
        self.W = self.add_weight(shape=(input_dim, self.units),   ←─┐
                                 initializer="random_normal")       │

            add_weight() 可以很輕鬆地創建權重,但其實也可以改成
            自行創建一個 Variable 物件, 並將其指派給 layer 的 W
            屬性, 例如 self.W=tf.Variable(tf.random.uniform(w_shape))

        self.b = self.add_weight(shape=(self.units,),
                                 initializer="zeros")

    def call(self, inputs):   ←── 在 call() 中定義正向傳播的運算過程
        y = tf.matmul(inputs, self.W) + self.b
        if self.activation is not None:
            y = self.activation(y)
        return y
```

如果你尚未搞懂以上的程式, 請不必擔心!在下一節, 我們會詳細地說明
build() 和 call() 方法的用途。

我們可以像使用函式一樣來使用實例化 (instantiated) 後的 Layer 物件, 其輸入為一個 Tensorflow 張量:

```
>>> my_dense = SimpleDense(units=32, activation=tf.nn.relu)  ◀── 實例化我們的 Layer 物件
>>> input = tf.ones(shape=(2, 784))  ◀── 創建測試用的輸入張量
>>> output = my_dense(input)  ◀── 把 Layer 物件當成函式來呼叫, 此時 Python
>>> print(output.shape)           會自動呼叫該物件的 __call__() 方法, 此方
(2, 32)                           法則會視狀況再呼叫 build()、call() 方法
```

你或許會疑惑:為什麼我們需要實作 call() 和 build(), 畢竟我們似乎只是透過單純的呼叫物件 (即呼叫物件的 __call__() 方法) 來使用 layer 物件, 那為何不將所有功能寫在 __init__() 及 __call__() 方法中就好?這是因為我們想要在第一次呼叫 layer 物件時才即時創建其狀態 (權重) 張量, 來看看內部是怎麼運作的吧!

自動推論出權重的 shape:即時建構 layer 的權重

和樂高積木一樣, 只有具備相容性的 layer 才能扣在一起。所謂相容性, 即每一 layer 只能接受特定 shape 的輸入張量, 並輸出特定 shape 的張量。請參考下面的例子:

```
from tensorflow.keras import layers
layer = layers.Dense(32, activation="relu")  ◀── 有著 32 個輸出單元的 dense 層
```

以上的 layer 會傳回一個張量, 該張量第 1 軸的維度已經固定成 32 了 (編註:其 shape 為 (批次量, 32))。因此, 該 layer 必須連接到預期輸入 shape 為 (批次量, 32) 的下游 layer。

不過當我們使用 Keras 時, 並不需要擔心相容性的問題, 因為模型中每一層的權重張量, 都是由 Keras 自動依照其第一次輸入的張量來即時建立的, 換句話說, 它會自動配合上一層傳給它的張量的 shape。例如以下列的程式來建構模型:

```
from tensorflow.keras import models
from tensorflow.keras import layers
model = models.Sequential([
    layers.Dense(32, activation="relu"),
    layers.Dense(32)
])
```

以上程式中的 layers 物件並沒有指定任何有關輸入的 shape。相反的, 它們會自動以 input 層第一次輸入的 shape 來推論各層輸入的 shape。

在第 2 章所實作的 Dense 層中 (名稱為 NaiveDense), 我們需要明確地將各層的輸入大小傳入建構子, 如此一來才能創建出權重。但這並不是一個理想的做法, 因為由此創建的每一層, 都需要用 input_size 參數明確指定輸入 shape 來配合前一層的 shape。

```
model = NaiveSequential([
    NaiveDense(input_size=784, output_size=32, activation="relu"),
    NaiveDense(input_size=32, output_size=64, activation="relu"),
    NaiveDense(input_size=64, output_size=32, activation="relu"),
    NaiveDense(input_size=32, output_size=10, activation="softmax")
])
```

編註: 此層各張量的 shape:輸入為 (batch, 784), 輸出為 (batch, 32), 而 y = dot(x, W) + b, 因此 W 為 (784, 32), 而 b 為 (32,)

如果遇到某些層輸出 shape 的規則很複雜時, 情況會變得更糟。試想, 若某層輸出的 shape 為 (batch, input_size*2 if input_size%2==0 else input_size*3), 對我們來說是非常不好計算而且容易出錯的。

若我們將先前的 NaiveDense 層改寫為能自動推論 shape 的 Keras 層, 那它長得就會像之前的 SimpleDense 層一樣 (見程式 3.22), 因此同樣也要有 build() 和 call() 方法。

在 SimpleDense 中, 我們是以 build() 方法來創建權重, 該方法會接受輸入資料為其參數。當首次呼叫 SimpleDense 層時, 就會自動呼叫 build() 方法 (透過該 Layer 子類別的 __call__() 方法)。基礎 Layer 類別的 __call__() 方法已由 Keras 定義好, 其架構大致如下:

```
def __call__(self, inputs):
    if not self.built:
        self.build(inputs.shape)  ← 首次呼叫 layer 物件時, 會自動呼叫 build() 方法
        self.built = True
    return self.call(inputs)  ← 每次呼叫 layer 物件時, 都會
                                  呼叫 call() 並 return 其傳回值
```

> **編註**：Layer 類別的 __call__() 方法已由 Keras 定義好了, 在其內部還做了許多其他重要的事情, 因此我們通常只要改寫 build() 和 call() 就好, 而不必也不建議改寫 __call__() 方法。

有了自動推論 shape 的功能後, 先前用來建構模型的程式就會變得簡單乾淨許多：

```
model = keras.Sequential([
    SimpleDense(32, activation="relu"),
          ↑
       單元 (units) 數, 請參見程式 3.22
    SimpleDense(64, activation="relu"),
    SimpleDense(32, activation="relu"),
    SimpleDense(10, activation="softmax")
])
```

值得一提的是, Layer 類別的 __call__() 方法能處理的事遠不止能推論 shape。它還負責了很多事, 特別是 **eager 執行模式**和 **graph 執行模式**之間的路徑選擇 (將在第 7 章詳細說明), 以及有關**輸入遮罩** (input masking) 的部分 (將在第 11 章詳細說明)。目前只需要記得：當你在實作自己的 Layer 物件時, 請把正向傳播的運算另外寫在 call() 方法中。

3-6-2　從層到模型

深度學習模型就是由多個層所組成的結構, 在 Keras 中是以 **Model 類別**來建立模型物件。目前為止, 我們只處理過 Sequential 類別的模型 (序列式模型), 它是 Model 類別的子類別, 由多個層簡單地堆疊而成, 並具有單一的輸入端及單一的輸出端。在未來, 我們還會接觸到種類更廣泛的神經網路拓樸 (topology, 層的不同組合方式)。常見的拓樸包括：

● 雙分支神經網路 (Two-branch networks)

(編註：中間有分支, 而非只有線性連接)

● 多端口網路 (Multihead networks)

(編註：有多個輸入端或輸出端)

● 殘差連接 (Residual connections)

(編註：某些層的輸出會多一條分支跳接到較遠的層)

　　網路拓樸可以非常地複雜, 圖 3.9 展示了 Transformer 模型的拓樸圖, 該架構常用來處理文字資料。

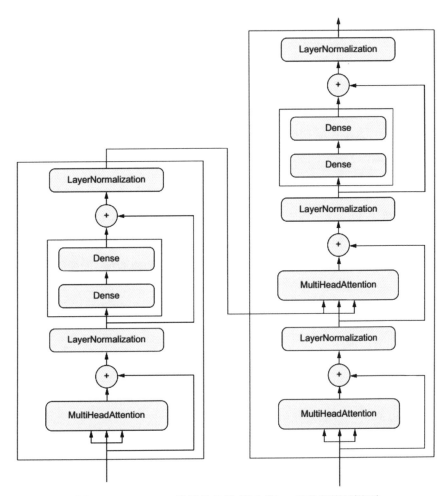

▲ 圖 3.9　Transformer 模型的架構 (將在第 11 章進行詳細說明)。
在接下來的幾章中, 你將慢慢了解圖中的一些內容

一般來說, Keras 有兩種方式來建構以上這些非線性的模型: 你可以直接創建 Model 類別的子類別, 也可以使用 **函數式 API** (Functional API), 後者讓你能用更少程式碼做到更多的事情。我們將在第 7 章同時說明這兩種做法。

模型的拓樸定義了一個 **假設空間** (編註: hypothesis space, 就是在該拓樸下, 所有權重參數值可能的組態)。或許你還記得, 在第 1 章中, 我們將機器學習定義為: 「在預先定義的 **可能空間** (即假設空間) 內, 經由回饋訊號的指引, 搜尋有用的輸入資料表示法」。選擇特定的神經網路拓樸, 就能將可能空間綁到特定的一系列張量運算上, 借此將輸入資料轉換為對應的輸出資料。選好模型拓樸之後, 接下來所要做的就是搜尋一組可以讓張量運算 (預測) 發揮最佳效果的權重張量。

為了從資料中學習, 你必須先做一些假設 (assumption), 這些假設定義了模型可以學到的東西。如此一來, 假設空間的結構 (即模型的架構) 就格外地重要了。它會將你對現有問題的假設進行編碼, 這些假設就是模型開始學習前的 **先驗知識** (prior knowledge)。舉例來說, 若我們正在處理二元分類問題, 而我們所用的模型是由單一 Dense 層組成, 並且沒有任何的激活函數 (純粹的仿射變換), 那此時我們就是假設這兩個類別是可以線性分隔開來的。

那怎樣才能規劃出好的神經網路架構呢? 雖然我們可以參考一些最佳實務案例和原則, 但唯有親手實作才能幫助你成為一位合格的神經網路架構師 (neural-network architect)。接下來我們將說明建構神經網路的確切原則, 以培養相關概念, 藉此了解遇到哪些問題該採用哪種手法來解決。具體地說, 你會學到:

● 不同問題下該採用的模型架構

● 如何實際建構出模型

● 如何挑選出正確的超參數配置 (如學習率、批次量等)

● 如何調整模型直到它能產生期望的結果

3-6-3 編譯 (compile) 階段: 定義學習的過程

確立了模型架構後, 我們還需要決定 3 件事情:

● **損失函數 (目標函數)**：訓練期間要逐漸將此函數的傳回值最小化，這是衡量任務成功與否的關鍵。

● **優化器**：決定如何根據損失函數來更新神經網路，使損失值變小。一般來說，會以隨機梯度下降法 (SGD) 所衍生的方法來執行。

● **評量指標**：用來評量訓練階段和測試階段的模型表現，例如分類準確度。與損失值不同，訓練並不會直接使用這些指標來進行優化，因此指標不一定要是可微分的。(編註：一般來說，損失值是給優化器看的，而指標則是給我們人類看的。)

　　一旦決定了損失函數、優化器及評量指標，就可以利用內建的 compile() 和 fit() 方法來訓練模型。或者，你也可以撰寫自己的訓練迴圈 (將在第 7 章進行說明)，但這一做法需要花費不少的功夫。現在，先來看看 compile() 和 fit() 的使用方式。

　　訓練過程中的各項配置是由 compile() 方法所定義，在第 2 章的首個神經網路案例中已對其作了相關介紹。該方法的參數有：optimizer、loss 和 metrics (為一串列)。

```
model = keras.Sequential([keras.layers.Dense(1)])  ◀── 建立一個線性分類器
model.compile(optimizer="rmsprop",  ◀── 指定優化器 (傳入優化器的
                                          名稱字串, 大小寫沒有差別)
              loss="mean_squared_error",  ◀──┐
                    指定損失函數 (傳入函數名稱字串, 但大小寫有差別,
                    編註：若傳入「Mean_squared_error」會產生錯誤)
              metrics=["accuracy"])  ◀── 定義指標 (傳入一個字串串列)
```

　　在以上的做法中，我們是以字串 (例如："rmsprop") 來定義優化器、損失函數和指標。實際上，這些字串是指定 Python 物件的捷徑。舉例來說，"rmsprop" 代表 keras.optimizers.RMSprop()。請記得，我們也可以用物件實例的方式來指定以上的參數，例如：

```
model.compile(optimizer=keras.optimizers.RMSprop(),
              loss=keras.losses.meanSquaredError(),
              metrics=[keras.metrics.BinaryAccuracy()])
```

當你想要傳入客制化的損失函數或指標時，以上做法非常有用。該做法允許你更改物件的一些配置，例如在以下程式中，我們將 learning_rate 參數傳入 optimizer 物件，藉此來更改學習率：

```
model.compile(optimizer=keras.optimizers.RMSprop(learning_rate=1e-4),
```
指定 learning_rate 參數值 (若不指定, 則採用預設值)
```
                loss=my_custom_loss,  ◄── 傳入客制化的損失函數
                metrics=[my_custom_metric_1, my_custom_metric_2]) ◄──
```
傳入客制化的指標

在第 7 章，我們將會說明如何建立客制化的損失函數和評量指標。一般來說，你不需要這麼做，因為 Keras 提供了種類廣泛的內建選項，基本上可以滿足你的需求：

● 優化器：

  · SGD (搭配/不搭配動量 momentum)

  · RMSprop

  · Adam

  · Adagrad 等等…

● 損失函數：

  · CategoricalCrossentropy

  · SparseCategoricalCrossentropy

  · BinaryCrossentropy

  · MeanSquaredError

  · KLDivergence

  · CosineSimilarity 等等…

● 評量指標：

- CategoricalAccuracy

- SparseCategoricalAccuracy

- BinaryAccuracy

- AUC

- Precision

- Recall 等等…

在本書中, 你將陸續看到以上選項的實際應用案例。

3-6-4 選擇損失函數

　　為特定問題選擇正確的損失函數是非常重要的, 因為神經網路會據此調整權重參數, 以減少損失值。如果損失函數與當前任務的成功與否不完全相關, 那麼神經網路學習了半天, 最終可能會得不到想要的結果。想像一下, 假設我們隨便設定了一個目標 (損失) 函數：「最大化所有人類的平均幸福感」, 然後經由 SGD 訓練出一個能夠使命必達的 AI, 但最後它找出的做法卻可能非常愚蠢。例如為了達成目標, 這個 AI 很可能選擇殺死大部分的人類, 並將所有資源貫注於剩餘人類的幸福, 因為分母 (總人數) 愈小, 平均幸福感就愈大。這根本不是我們想要的結果！請記住, 神經網路會徹底地執行降低損失函數值的任務, 所以要明智地選擇目標 (損失函數), 否則將導致意想不到的副作用。

　　幸運的是, 當遇到分類、迴歸和序列化預測等常見問題時, 我們可以遵循一些簡單的準則來選擇正確的損失函數。例如：用二元交叉熵 (binary crossentropy) 處理二元分類問題；用分類交叉熵 (categorical crossentropy) 處理多類別分類問題等等。只有在處理全新的研究問題時, 才需要開發自己的損失函數。在接下來的章節中, 我們將明確說明如何為各種常見的問題去選擇合適的損失函數。

3-6-5　搞懂 fit() 方法

在使用 compile() 之後, 緊接著便要用到 fit() 方法。該方法會自行實作訓練迴圈, 其關鍵參數如下:

- **輸入** (inputs) 和**目標值** (targets)：用來訓練的資料, 包括輸入樣本和目標答案。資料會以 NumPy 陣列或 TensorFlow 的 Dataset 物件之形式傳入。我們將在接下來幾章對 Dataset 物件的 API 進行更詳細的說明。

- **週期數** (epochs)：訓練迴圈的重複次數, 也就是要用所有資料重複訓練多少次。

- **批次量** (batch_size)：在每一週期中, 進行小批次梯度下降訓練時的**批次量**, 也就是每次訓練並更新權重時用來計算梯度的訓練樣本數量。

程式 3.23　透過 NumPy 資料來呼叫 fit()

```
history = model.fit(
    inputs,              ◄── 此處的 inputs 為一 NumPy 陣列
    targets,             ◄── 對應到 inputs 的目標值, 也是一個 NumPy 陣列
    epochs=5,            ◄── 訓練迴圈會對資料迭代 5 次
    batch_size=128       ◄── 訓練資料會切割為 128 個樣本組成的批次資料, 並用來進行訓練
)
```

呼叫 fit() 會傳回一個 **History 物件**。該物件的 **history 屬性**是一個字典, 其鍵 (key) 為 "loss" 或特定的評量指標名稱, 值 (value) 則為每一訓練週期的損失值或指標值 (儲存在串列中), 如以下程式所示:

```
>>> history.history
{'loss': [1.9968852996826172,    ◄── 鍵為 'loss', 值為每一個訓練迴圈的損失值
  1.7974740266799927,
  1.6363857984542847,
  1.4866105318069458,
  1.3471424579620361],
 'binary_accuracy': [0.6675000190734863,    ◄── 鍵為 'binary_accuracy', 值為
  0.6809999942779541,                            每一個訓練迴圈的準確度
  0.6974999904632568,
  0.7110000252723694,
  0.7269999980926514]}
```

3-6-6　用驗證資料來監控損失值和指標

機器學習的目標並非取得**只在訓練資料上**表現良好的模型, 要做到這一點相對容易, 只需要跟著梯度進行優化即可。我們的目標是取得**在大部分狀況下**都表現良好的模型, 特別是在那些模型從未見過的資料點上。在訓練資料上表現良好, 並不代表在從未見過的資料上也能表現良好。舉例來說, 你的模型有可能只是把訓練樣本和對應目標值「死背」起來, 如此的模型在預測未見過資料的目標值時就毫無用處了。我們將在第 5 章對這一課題進行更詳細的解說。

為了得知模型在新資料上的表現, 一般會保留訓練資料的一部分作為**驗證資料** (validation data)。我們並不會用驗證資料來訓練模型, 但會用它來計算損失值和指標值。我們可以透過 fit() 中的 **validation_data 參數**來傳入驗證資料。和訓練資料一樣, 驗證資料可以是 NumPy 陣列或 Dataset 物件。

程式 3.24　使用 validation_data 參數

```
model = keras.Sequential([keras.layers.Dense(1)])
model.compile(optimizer=keras.optimizers.RMSprop(learning_rate=0.1),
              loss=keras.losses.MeanSquaredError(),
              metrics=[keras.metrics.BinaryAccuracy()])

indices_permutation = np.random.permutation(len(inputs))
shuffled_inputs = inputs[indices_permutation]
shuffled_targets = targets[indices_permutation]
```
為了避免驗證資料中只有單一類別的樣本, 要先對訓練資料進行洗牌 (但樣本和目標值的對應關係不變)
```
num_validation_samples = int(0.3 * len(inputs))
val_inputs = shuffled_inputs[:num_validation_samples]
val_targets = shuffled_targets[:num_validation_samples]
training_inputs = shuffled_inputs[num_validation_samples:]
training_targets = shuffled_targets[num_validation_samples:]
model.fit(
    training_inputs,
    training_targets,
    epochs=5,
    batch_size=16,
    validation_data=(val_inputs, val_targets)
)
```
保留 30% 的訓練資料來做驗證

訓練資料, 用來更新模型權重

驗證資料, 只用來計算驗證損失和指標

在驗證資料上的損失值稱為「驗證損失」，以此來和「訓練損失」做區分。請注意！將訓練資料和驗證資料完全區隔開來是非常必要的：驗證資料是用來監看模型所學在新資料上是否能發揮作用。若模型在訓練階段就見過部分的驗證資料，那麼得到的驗證損失和指標值就會有瑕疵 (編註：類似考前洩題以致成績較好)。

在訓練結束後，若想用特定資料來計算驗證損失和驗證指標值，可以使用 **evaluate() 方法**。

```
loss_and_metrics = model.evaluate(val_inputs, val_targets, batch_size=128)
```

該方法會對傳入的資料進行小批次驗證 (批次量由 batch_size 指定，編註：若省略此參數則預設為 32)，進而傳回由多個純量組成的串列，其中的第一個純量為驗證損失，緊接著便是驗證指標值 (編註：若 metrics 設定了多個指標，則這裡也會有多個驗證指標值)。若沒有設定指標，則 evaluate() 就只會傳回驗證損失。

3-6-7 推論 (Inference) 階段：使用訓練好的模型來預測

在訓練好模型後，就可以用它對新資料進行預測，這一階段稱為**推論** (inference)。若要進行推論，只需直接在新資料上呼叫模型即可：

```
predictions = model(new_inputs)  ◄── 接受一個 NumPy 陣列或 TensorFlow
                                     張量，並傳回一個 TensorFlow 張量
```

不過，以上做法會一次性處理 new_input 中的所有資料，這在資料量很大的情況下或許是不可行的 (你的電腦可能無法滿足記憶體要求)。

一個更好的做法是使用 **predict() 方法**來進行推論。這樣一來就會在小批次 (編註：可用 batch_size 指定大小，預設為 32) 資料上迭代，並傳回存有預測值的 NumPy 陣列。本方法也可處理 TensorFlow 的 Dataset 物件。

```
predictions = model.predict(new_inputs, batch_size=128) ◄──┐
              接受一個 NumPy 陣列或 Dataset 物件，並傳回一個 NumPy 陣列
```

　　舉例來說, 若我們對先前訓練過的線性模型使用 predict(), 藉此查看模型在驗證資料上的表現, 則我們會得到模型對每一個輸入樣本的預測值 (為一純量分數)：

```
>>> predictions = model.predict(val_inputs, batch_size=128)
>>> print(predictions[:10])
[[0.6839796 ]
 [0.57421404]
 [0.12924099]
 [0.1350658 ]
 [0.26702708]
 [0.579858  ]
 [0.5298121 ]
 [0.07167074]
 [0.4662552 ]
 [0.18158592]]
```

　　以上便是目前你需要知道的 Keras 模型知識。在下一章, 我們將開始用 Keras 來解決現實中的機器學習問題。

本章小結

- TensorFlow 是優質的數值運算框架, 可在 CPU、GPU 或 TPU 上運行。它可以自動計算任何可微分函數的梯度、將運算分散到多個設備上, 並可將程式匯出為各種不同語言的程式來執行 (C++、JavaScript 等)

- Keras 是 TensorFlow 在處理深度學習任務時的標準 API, 也是本書的主角。

- TensorFlow 的核心元件包括**張量** (tensor)、**Variable 物件**、**張量操作**及**梯度磁帶** (gradient tape)。

- Keras 的核心類別是 **Layer 類別**。一個 layer (層) 中會包含一些權重 (weights) 和運算過程。多個層組合在一起, 便形成了**模型** (model)。

▶接下頁

- 在訓練模型前, 我們要先決定**優化器** (optimizer)、**損失函數** (loss function) 及一些**評量指標** (metric), 這些元件可在 **model.compile() 方法**中指定。

- 你可以使用 **fit() 方法**來訓練模型, 它會執行**小批次梯度下降**。你也可以邊訓練邊監看 (驗證) 模型在**驗證資料** (validation data) 上的損失值和指標值, 其中的驗證資料必須是模型未曾用來訓練過的資料。

- 一旦模型完成訓練, 就可以使用 **model.predict()** 來產生模型對新資料的預測值。

4

開始使用神經網路：
分類與迴歸問題

本 章 重 點

- 首個機器學習工作流程的現實範例
- 處理向量資料的分類問題
- 處理向量資料的迴歸問題

本章節會說明如何利用神經網路來解決現實中的問題。你將實際使用在第 2 章及第 3 章學到的知識, 並將其用在最常見的 3 種任務中, 即**二元分類**任務、**多類別分類**任務及**純量迴歸**任務:

● 將電影評論分類為正評或負評 (二元分類)

● 將數位新聞專欄分類為不同主題 (多類別分類)

● 預測波士頓住房價格 (純量迴歸)

這些例子將帶你認識端到端的機器學習工作流程:從資料預處理開始、到基本的模型建構, 再到最後的模型驗證。

分類問題與迴歸問題中的常見詞彙

分類與迴歸問題中涉及很多專有名詞, 你已在前面的章節中看過了其中一部分, 而在後續的章節中將逐一出現剩餘的部分。這些名詞都有精準的、專屬於機器學習領域的定義, 你應該對它們有所熟悉:

■ **樣本** (sample) 或**輸入** (input):餵入模型的資料點。

■ **預測值** (prediction) 或**輸出** (output):模型所輸出的結果。

■ **目標值** (target):真實結果或答案, 即理想中模型要預測出的結果 (根據某個外部的資料來源)。

■ **預測誤差** (prediction error) 或**損失值** (loss value):用來了解模型預測值和目標值之間的差距。

■ **類別** (classes):分類任務中用來選擇可能**標籤** (label) 的集合。舉例來說, 當我們要分類狗和貓的圖片時, 「狗」和「貓」就是兩個不同的類別。

■ **標籤** (label):用來識別分類任務中不同類別的標籤。舉例來說, 若圖片 #1234 被標註為含有「狗」這個類別, 則「狗」就會是圖片 #1234 的其中一個標籤 (編註:換言之, 同一張圖片可能會有多個標籤)。

▶接下頁

- **真實值** (ground-truth) 或**標註值** (annotations)：資料集中所有樣本的目標值, 通常是由人工所收集。

- **二元分類** (binary classification)：將輸入樣本分成兩個不同類別的分類任務。

- **多類別分類** (multiclass classification)：將輸入樣本分成兩個以上類別的分類任務, 例如手寫數字的分類任務。

- **多標籤分類** (multilabel classification)：某個輸出樣本可被標註多個標籤的分類任務。舉例來說, 一張同時包含狗和貓的圖片應以「狗」和「貓」的標籤進行標註。每張圖片標註的標籤數量通常為可變的。

- **純量迴歸** (scalar regression)：目標值為純量值的任務。房價預測就是極佳的範例：不同的目標價格形成了一個連續數值的空間。

- **向量迴歸** (vector regression)：目標值為純量值之集合, 例如一個由純量值組成的向量。如果你正在對多個數值 (如：某張圖片中, 邊界框的座標) 進行迴歸, 那就是在做向量迴歸。

- **小批次** (mini-batch) 或**批次** (batch)：模型會同時處理的樣本小集合 (通常在 8 個樣本到 128 個樣本之間)。一般來說, 樣本的數量是 2 的某次方, 因為這會有利於 GPU 上的記憶體配置。在訓練過程中, 一個小批次會同時進行訓練, 然後用平均誤差來計算模型參數的單次更新量, 並進行更新。

4-1 二元分類範例：
將電影評論分類為正評或負評

二元分類是最常見的機器學習應用。在本範例中, 我們將使用現有的電影評論來訓練機器學習模型, 使該模型可將電影評論分類為正評或負評。

4-1-1　IMDB 資料集

IMDb (Internet Movie Database, https://www.imdb.com) 是一個與影視相關的網路資料庫, IMDB 資料集就是從 IMDb 網站收集而來的資料 (編註：IMDb 是網站名稱, IMDB 是資料集名稱)。IMDB 資料集中包含 50,000 個高度兩極化的正負評論, 我們將它們平分為兩個資料集以供訓練和測試使用。這兩個資料集分別有 25,000 個評論, 其中包含 50% 的正面評論和 50% 的負面評論。

和 MNIST 資料集一樣, IMDB 資料集內建於 Keras 中, 而且其資料已經被預先處理好了, 電影評論內容 (由單字構成的串列) 已經變成整數構成的串列, 其中每個整數代表字典中的特定單字, 例如 'the' = 1、'and' = 2 等等。這讓我們可以專注在建構、訓練及測試模型等環節上。在第 11 章, 你就會學習如何從頭開始處理原始的文字輸入。

小編補充：如果沒有現成的字典 (此處的 IMDB 資料集已有現成的字典), 我們就要事先建立一個單字對應數字的字典, 然後把評論中的單字依序換成該單字在字典中的編號, 假設字典是長這樣：

單字	(保留)	the	and	a	…	in	…	wonderful	…	morning	…
編號	0	1	2	3	…	8	…	386	…	1969	…

而評論內容是：

  "In a wonderful morning…"

那麼評論就會依據字典被編碼成：

  [8, 3, 386, 1969...]

這個字典會依照單字的常用程度來為單字編號, 編號越前面代表越常用, 編號越後面則表示該單字越罕見。請注意！這裡所謂的編號是字典單字鍵的值, 不是 index 位置。

以下程式將載入 IMDB 資料集 (第一次執行時, 將會載入約 80 MB 的資料)。

程式 4.1　載入 IMDB 資料集

```
from tensorflow.keras.datasets import imdb ◀── 從 keras.datasets 套件中匯入 imdb

(train_data, train_labels),(test_data, test_labels)= imdb.load_data(
    num_words=10000)                              讀取資料 ──┘
```

load_data() 中有一個參數 num_words=10000, 這表示在讀取資料時, 只會保留前 10,000 個最常出現的單字。這樣一來, 較罕見的單字就會被排除, 讓我們可以限制向量資料的大小。如果沒有這項限制, 我們就得處理訓練資料中的所有相異單字 (共有 88,585 個), 而這一個數字是非常龐大的。這些單字中的大部分在電影評論中可能只出現過一次, 對於分類任務來說並沒有什麼幫助。

以上程式會傳回兩個 tuple：(訓練資料, 訓練標籤) 和 (測試資料, 測試標籤), 總共有 4 組資料。我們將這 4 組資料分別指定給 4 個變數：train_data、train_labels 和 test_data、test_labels。

train_data 是存放評論的雙層串列, 組成架構如下：

```
[
  [評論1],
  [評論2],
  [評論3],
  ...
]
```

而 train_labels 則對應到 train_data 中各項目的分類標籤：

```
[
  評論1的分類標籤,
  評論2的分類標籤,
  評論3的分類標籤,
  ...
]
```

所以用 train_data[0] 可以取得第一筆評論 (編註：由數字組成的串列), 而由 train_labels[0] 則可得知第一筆評論屬於正評還是負評：

```
>>> train_data[0]    ◄── 取得第一筆評論
[1, 14, 22, 16, ... 178, 32]  ◄── 數字組成的串列

>>> train_labels[0]  ◄── 取得第一筆評論的分類標籤
1                    ◄── 1 代表此評論屬於正面, 若是 0 則表示負面
```

由此可見, 一筆評論是一個由數字組成的串列, 這些數字是依照前面提到的「單字對應數字的字典」, 將評論中的英文單字轉換為數字而來的, 因此每一個數字便代表一個英文單字。

test_data、test_labels 與 train_data、train_labels 的組成結構相同, 所以不再贅述。稍後我們會用 train_data、train_labels 來進行訓練, 然後以 test_data、test_labels 進行測試。

您可以用以下的程式來找出 train_data 內的最大數字, 確認 num_words 參數是否有效:

```
>>> max([max(sequence) for sequence in train_data])
9999   ◄── 最大數字為 9999
```

小編補充: 這邊作者使用了**串列生成式** (List Comprehensions) 的語法, 搭配兩次 max() 來尋找 train_data 內的最大數字。串列生成式會使用 for 迴圈來產生一個新的串列, 下面是 for 迴圈第一輪的運作流程:

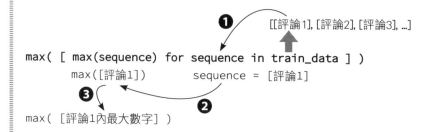

1. for 迴圈的第一圈會取出 train_data 內的首筆資料, 也就是 [評論1], 取出 [評論1] 後指定給 sequence 變數

2. 接著執行 for 前面的 max(sequence) 運算, 因為 sequence=[評論1], 所以會找出 [評論1] 中的最大數字

3. max(sequence) 的運算結果 (評論 1 內的最大數字) 會成為新串列的首個元素

▶接下頁

for 迴圈會逐一取出 train_data 內所有資料, 用 max() 運算後將結果放入新串列內, 這個新串列便是由各評論的最大數字所組成。for 迴圈執行完畢後, 新串列就已生成完畢, 最後再用一次 max() 找出新串列內的最大數字, 也就是所有評論中的最大數字。

整個運作流程如下：

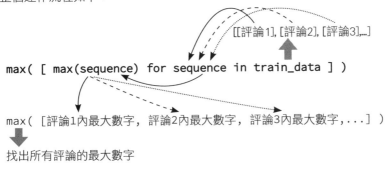

請注意：這個串列生成式的語法後面會經常使用,所以請務必熟悉其語法與運作流程。

我們已經知道 train_data 內的評論是由數字串列所組成, 其中每個數字代表一個英文單字, 若您好奇這些評論都寫些什麼, 可以用下面程式將數字還原成英文單字：

程式 4.2　將數字還原成英文單字

```
word_index = imdb.get_word_index()  ◀── 取得單字 (鍵) 對應數字 (值) 的字典
reverse_word_index = dict(
    [(value, key) for (key, value) in word_index.items()]) ◀──┐
decoded_review = ' '.join(                    反轉為數字對應單字的字典
    [reverse_word_index.get(i - 3, '?') for i in train_data[0]]) ◀──
                                   將首筆評論的所有數字轉換成英文單字
```

小編補充：程式 4-2 的第 1 行使用 imdb.get_word_index() 來取得單字對應數字的字典, 此字典的內部結構如右：

因為字典內單字不是依編號排列的, 所以你會看到一些較少用的字放在字典前面, 而常用的字卻放在後面。

```
{
    ...
    'marshall': 5340,
    'honeymoon': 9095,
    'shoots': 3231,
    ...
}
```

▶接下頁

```
執行上列程式後, 你可以試試:
>>> word_index['a']
3
>>> word_index['the']
1 ◄── 常用字的編號在很前面
```

這個字典的鍵是單字, 但是我們想要做的是將
數字轉為單字, 所以無法直接使用這個字典,
必須將其反轉為數字對應單字的字典, 如右所
示:

```
{
    ...
    5340: 'marshall',
    9095: 'honeymoon',
    3231: 'shoots',
    ...
}
```

有了這個鍵是數字的字典之後, 我們才能將評論裡的數字轉為英文單字。所以在程式的
第 2 行中, 作者再次使用前面介紹過的串列生成式語法, 搭配 dict() 將「單字對應數字
的字典」反轉為「數字對應單字的字典」:

```
{
    ...
    'marshall': 5340,
    'honeymoon': 9095,
    'shoots': 3231,
    ...
}
```

```
dict(  [ (value, key) for (key, value) in word_index.items() ]  )
      (5340, 'marshall')  ('marshall', 5340)
```

❶ ❷ ❸

```
dict( [(5340, 'marshall'), (9095, 'honeymoon'), (3231, 'shoots'), ... ] )
```

❹

```
{
    ...
    5340: 'marshall',
    9095: 'honeymoon',
    3231: 'shoots',
    ...
}
```

現在我們已經有了「數字對應單字的字典」, 程式 4.2 的第 2 行將這個字典存成
reverse_word_index, 接下來就可以用這個字典將評論裡的數字轉為英文單字。為了方便
說明, 讓我們假設 train_data[0] 的內容是 [5343, 3234, 9098]:

▶接下頁

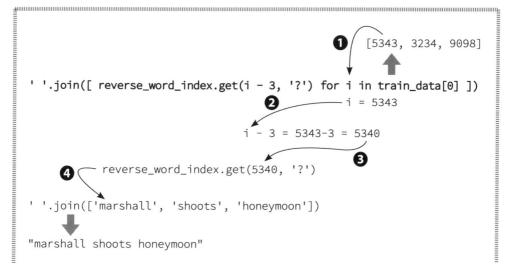

這邊需要注意的是, reverse_word_index.get() 用的索引是 i - 3 而不是 i, 這是由於最前面我們用 imdb.load_data() 載入資料的時候, load_data() 會自動將所有數字 + 3, 原因是 0～2 有特殊用途, 所以 load_data() 將所有數字 + 3 以便將 0～2 保留下來。

以我們假設的 "marshall shoots honeymoon" 這條評論為例, 存入 IMDB 資料集的內容會是 [5340, 3231, 9095], 但是用 load_data() 載入到 train_data[0] 後內容會變成 [5343, 3234, 9098], 所以若我們想要將數字反轉為英文時, 必須將 5343 - 3 才是真正的編號 5340, 這樣才能找到其真正的英文單字：

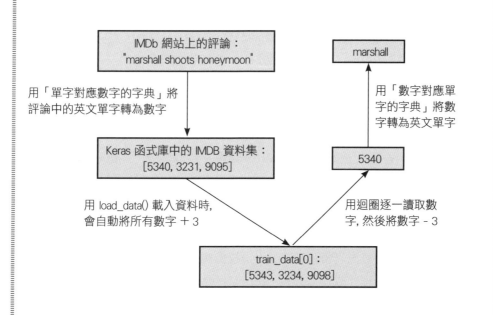

4-1-2 準備資料

你不能直接將多個整數串列組成的串列輸入神經網路, 因為這些整數串列的長度不一, 而神經網路的預期輸入為連續的批次資料。因此, 要先將資料轉換成張量才能輸入到神經網路中。轉換方法有兩種:

● 方法 1:填補資料中每個串列 (編註:每個整數串列就是一個樣本) 的內容, 使它們具有相同的長度 (元素數量), 然後再將資料轉換成 shape 為 **(樣本數, 填補後的樣本長度)** 的整數張量, 即可輸入到神經網路中。當然, 神經網路的第一層要能處理這樣的整數張量才行 (通常會用嵌入層 (Embedding layer), 本書後面會介紹)。

● 方法 2:對資料中的每個串列做 multi-hot 編碼, 將其轉換成由 0 和 1 組成的向量。舉例來說, 若把 [3, 5] 這個串列轉換成 10,000 維的向量, 其中就只有第 3、5 索引位置是 1, 其餘索引位置都是 0 (編註:轉換結果為有 10,000 個元素的向量 [0,0,0,1,0,1,0,0,…]), 然後就可輸入到一個能處理浮點數向量的密集層 (Dense layer)。

小編補充:one-hot 編碼

one-hot 編碼就是將資料編碼成「只有一個 1 (hot), 其他均為 0 (cold)」的形式, 例如要對 A~E 這 5 個字母做編碼, 因為有 5 種可能的值, 所以可將之編碼為 5 個元素的向量, 例如:將 A 編碼為 [1,0,0,0,0]、B 為 [0,1,0,0,0]、…、E 為 [0,0,0,0,1]。

在實際應用時, 我們常會將多筆資料組合起來編碼, 以方便處理。例如將 "AB" 編碼為 [1,1,0,0,0] 或將 "ACE" 編碼為 [1,0,1,0,1]。像這種有多個 1 的 one-hot 編碼, 也有人稱之為 mulit-hot 編碼, 或稱為 k-hot 編碼 (k 就是有 k 個 1)。

one-hot 編碼的用途很多, 例如在進行 MNIST 訓練集的手寫數字圖片判斷時, 我們可以把手寫數字 3 這張圖片的標準答案, 標示為 (0, 0, 0, 1, 0, 0, 0, 0, 0, 0)。在對應的標準答案位置上標示 1, 其他的為 0, 這樣可以更有效地讓神經網路進行分類。

底下使用第二種方法來將資料向量化, 我們將親自撰寫程式來做轉換, 以便能充份的瞭解其運作過程 (編註:其實 Keras 有現成的向量化工具, 在這裡作者是希望讀者能親自實作)。

程式 4.3 　使用 multi-hot encoding 編碼整數串列　　　　　有關程式的詳細說明,
請參見下面的小編補充

```
import numpy as np
```
此參數將傳入 → 雙層的串列

建立全為 0 的矩陣, 其形狀為 (len(sequences), dimension), 其中 len(sequences) 為樣本數

```
def vectorize_sequences(sequences, dimension=10000):
    results = np.zeros((len(sequences), dimension))
    for i, sequence in enumerate(sequences):
        results[i, sequence] = 1.
    return results
x_train = vectorize_sequences(train_data)
x_test = vectorize_sequences(test_data)
```

用 enumerate() 為每個子串列編號, 編號會存到 i, 子串列存到 sequence

將 results[i] 中的多個元素 (以 sequence 串列的每個元素值為索引) 設為 1.0

將訓練資料向量化

將測試資料向量化

經轉換後, 樣本資料變成以下的樣子：

```
>>> x_train[0]         ← 顯示首筆資料
array([ 0., 1., 1., ..., 0., 0., 0.])    ← 由 0、1 組成的向量
```

底下程式將示範 ndarray 陣列的基本用法：

```
>> arr = np.zeros((2, 4))    ← 建立元素都是 0 的 (2×4) 陣列
>> arr.ndim     ← 查看有幾軸 (ndim 屬性)
2
>> arr.shape    ← 查看形狀 (shape 屬性)
(2, 4)
>> arr.dtype    ← 查看元素型別 (dtype 屬性)
dtype('float64')    ← float64 是 NumPy 的 64 位元浮點數型別
>> arr          ← 查看內容
array([[0., 0., 0., 0.],
       [0., 0., 0., 0.]])
```

由以上 arr 的內容可看出, 形狀 (2, 4) 就是外層有 2 個大元素、每個大元素中 (內層) 又有 4 個小元素。在觀察 shape 或用索引取值時, 順序由左而右其實就是陣列由外而內的意思。

ndarray 陣列對索引的用法很有彈性, 例如 arr[1][2] 也可寫成 arr[1, 2], 甚至還可以一次指定多個索引, 例如：

```
>> arr[0, [1,2]] = 1  ← 利用串列 [1,2] 來指定第 1 軸中的兩個索引
>> arr
[[0. 1. 1. 0.]        ← 第 [0, 1] 和 [0, 2] 的元素同時被修改了
 [0. 0. 0. 0.]]
```

- **for i, sequence in enumerate(sequences):**

  Python 的內建函式 enumerate (容器) 可以傳回替容器 (如串列、tuple 等) 元素加上序號的雙層資料, 例如：

```
>> s = ['a', 'b', 'c']
>> list( enumerate(s) )  ← 將 enumerate() 的傳回值轉到串列再輸出以方便觀察
[(0, 'a'), (1, 'b'), (2, 'c')]  ← 每個元素都變成 (序號, 元素) 的形式了
```

因此如果用 for i, x in enumerate(s) 來走訪, 則第 0 圈 i 會是 0、x 是 'a', 第 1 圈 i 為 1、x 為 'b', …以此類推。再回到我們的程式, 因為 sequences 為雙層的串列, 因此 for 迴圈的第 0 圈 i 會是 0, 而 sequence 則是 sequences[0] 的值, 也就是 train_data[0] 的值：[1, 14, 22, 16, … 178, 32]。後面迴圈以此類推…

▶接下頁

- **results[i, sequence] = 1.**

    results 是先前所建立, 值均為 0、shape 為 (樣本數, 10000) 的 ndarray 陣列:

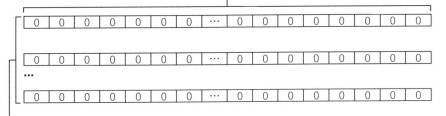

    results[i, sequence] = 1. 會將 results[i] 中的多個元素 (以 sequence 串列的每個元素為索引) 都設為 1.0, 例如在第 0 迴圈中 i 為 0, sequence 的值為 [1, 14, 22, 16, … 178, 32], 因此會將 results[0] 的第 1, 14, 22, 16, … 178, 32 個元素都設為 1.0:

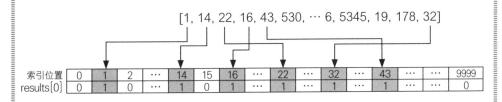

- **return results**

    最後用 return 將 results 中 shape 為 (25000, 10000) 的 ndarray 陣列傳回。

最後, 我們還需要將標籤資料也向量化 (編註: 就是轉成 1D 的 ndarray 陣列), 這部份直接用 numpy 的 asarray() 來轉換即可:

```
y_train = np.asarray(train_labels).astype('float32')  ◄── 將訓練標籤向量化
y_test = np.asarray(test_labels).astype('float32')   ◄── 將測試標籤向量化
             └── 將串列轉成 1D 陣列    └── 型別設為 32 bits 的浮點數
```

現在資料已準備好, 可以輸入到神經網路中了。

4-1-3　建立神經網路

　　輸入資料是向量、標籤是純量 (1 和 0), 這是我們所遇到最簡單的狀況。對於這樣的問題, 有一種神經網路架構的成效不錯, 就是用具有 relu 激活 (activation) 函數的**密集層** (全連接層) 堆疊架構。

　　要建構一個密集 (Dense) 層的堆疊架構, 需先確認兩個關鍵：

● 要使用多少層？

● 每一層要有多少個神經單元？

　　在第 5 章中, 我們會再介紹相關原則以協助你做出正確的選擇。至於現在, 就先姑且使用以下的架構：

● 2 個中間層, 每個中間層有 16 個隱藏單元 (因為中間層又稱為隱藏層, 所以它的神經單元就稱為隱藏單元)。

● 第 3 層 (輸出層) 會輸出關於評論的純量預測。

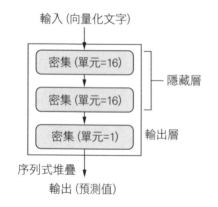

小編補充：我們一般會把介於輸入層和輸出層之間的層稱為隱藏層 (hidden layers), 但是 Keras 的輸入層也具有隱藏層的能力, 所以本書在計算隱藏層的層數時會把輸入層也算進去。

▲ **圖 4.1**　三層神經網路

　　圖 4.1 描述了這個範例的模型架構, 以下是利用 Keras 實作的程式：

```
程式 4.4    模型定義

from tensorflow import keras
from tensorflow.keras import layers

model = keras.Sequential([  ◄── 使用 keras 模組的 Sequential 類別,
                               建立一個物件來堆疊新增的神經層
    layers.Dense(16, activation="relu"),   ◄── 輸入層 (也是隱藏層)
    layers.Dense(16, activation="relu"),   ◄── 隱藏層
    layers.Dense(1, activation="sigmoid")  ◄── 輸出層
])
```

Dense() 的首個參數是用來指定該層神經元 (neuron) 的數量, 它是該層表示空間的其中一個維度 (也可以想成是該層的寬度)。或許你還記得在前面章節中, 每個具有 relu 激活函數的 Dense 密集層都執行了以下的張量運算：

```
output = relu(dot(W, input)+ b)
```

第 0 軸的維度與輸入資料最後一軸的維度相同

第 1 軸的維度為 16

擁有 16 個神經單元表示權重矩陣 W 的 shape 為 (input_dimension, 16), 上列敘述 output = relu(dot(W, input)+ b) 表示將 input 資料和 W 做點積後, 把 input 資料映射到 16 維的表示空間上 (然後加上偏值向量 b 並套用 relu 函數來產生輸出值)。我們可以直覺地把表示空間的維度, 想成是「在學習內部資料轉換時允許神經網路擁有多少自由度」, 擁有更多神經單元 (更多維的表現空間) 可讓神經網路學習更複雜的資料表示法, 但也會使得神經網路的計算成本更加昂貴, 而且可能導致學習到某些不想要的訓練資料態樣 (pattern), 也就是說：提高了對訓練資料的預測成效, 但不見得增進對測試資料的預測成效, 並可能造成我們一直強調的 overfitting。

中間層使用了 relu 作為其激活函數, 而最後一層使用了 sigmoid 激活函數來輸出機率值 (0 到 1 之間的分數, 表示樣本有多大可能是 '1', 也就是目前的評論有多大可能是正面的)。**relu** (rectified linear unit, 整流線性單元) 是一個函數, 目的是將負值轉換成零 (如圖 4.2, 而數學上它就是 max(x,0) 函數), sigmoid 則是將任意值「壓縮」到 [0, 1] 區間內, 藉此來輸出機率值的函數 (如圖 4.3)。

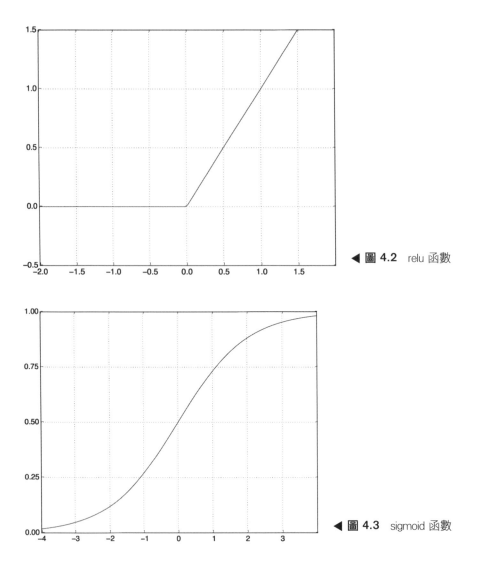

◀ 圖 4.2　relu 函數

◀ 圖 4.3　sigmoid 函數

　　最後，我們需要選擇一個損失函數和一個優化器。由於要處理的是二元分類問題，且神經網路輸出的是機率值 (程式 4.4 所定義的模型中，最後一個神經層的單元數為 1，激活函數為 sigmoid)，所以最佳選擇是 binary_crossentropy (二元交叉熵) 損失函數。這自然不是唯一可行的選擇，我們也可以使用 mean_squared_error (均方誤差)，但當處理輸出是機率值的模型時，交叉熵通常是最好的選擇。**交叉熵** (crossentropy) 來自資訊理論 (Information Theory)，可用來測量機率分佈之間的距離 (差異)，在本範例中則是用來測量真實機率分佈 (標準答案) 和預測機率分佈之間的距離。

什麼是激活函數, 為什麼它們不可或缺?

如果沒有像 relu 的激活函數 (也稱為非線性函數), 那麼程式 4.4 的密集 (Dense) 層就只會由兩個線性運算組成, 分別為點積和加法：

```
output = dot(W, input)+ b
```

因此, 該層只能學習輸入資料的**線性變換** (affine **仿射變換**, 線性代數中的名詞), 代表該層的假設空間是將輸入資料所有可能的線性轉換映射到一個 16 維的空間。這樣的假設空間太過侷限並且不利於多層的轉換表示, 因為線性層的深層堆疊仍然只會做線性運算, 添加再多層也不會擴展其假設空間。

為了獲得更豐富多樣的假設空間, 以利於深度轉換的表現, 我們需要一個非線性函數 (激活函數)。relu 是深度學習中最常用的激活函數, 當然也有許多其他可用的函數, 名稱都很類似, 例如 prelu、elu 等。

在優化器的選擇上, 我們使用的是 rmsprop, 它在幾乎任何的問題上都是一個不錯的預設選項。以下是在編譯時使用 rmsprop 優化器和 binary_crossentropy 損失函數的做法。請注意！我們還要在訓練期間觀察準確度的變化 (透過指定 metrics 參數)。

程式 4.5　編譯模型

```
model.compile(optimizer='rmsprop',
              loss='binary_crossentropy',
              metrics=['accuracy'])
```

4-1-4　驗證神經網路模型

第 3 章曾提過, 我們不應該用測試資料來驗證模型的表現, 而標準做法則是利用**驗證資料集** (validation set) 來監控模型在訓練過程中的準確度變化。在程式 4.6 中, 我們會從原始訓練資料中抽出 10, 000 個樣本來建立驗證資料集。

```
程式 4.6    建立驗證資料集
```

```
x_val = x_train[:10000] ◀────────── 取原始訓練資料的前 10000 個
                                    樣本為驗證資料集

partial_x_train = x_train[10000:] ◀─ 原始訓練資料的第 10000 個樣本
                                    開始才是訓練資料

y_val = y_train[:10000] ◀────────── 對應的, 要取標籤的前 10000 個
                                    標籤做為驗證標籤

partial_y_train = y_train[10000:] ◀─ 從第 10000 個標籤開始才是訓練資料的標籤
```

現在開始用 fit() 來訓練模型, 見程式 4.7。我們總共進行 20 個訓練**週期** (epoch, 把 partial_x_train 和 partial_y_train 張量中的所有訓練樣本進行 20 輪的訓練), 以 512 個樣本的**批次量** (batch_size) 進行訓練。同時, 我們也將驗證集的資料 (x_val, y_val) 由指名參數 validation_data 傳遞進去, 以監控這 10,000 個驗證樣本的損失和準確度。

```
程式 4.7    訓練模型
```

```
                    ┌── 呼叫 fit() 開始訓練
                    ▼
history = model.fit(partial_x_train, ┐
                    partial_y_train, ├─ 傳入訓練資料與標籤
                    epochs=20,
                    batch_size=512,
                    validation_data=(x_val, y_val)) ◀── 同時傳入驗證
                                                        資料與標籤
```

在 CPU 上, 每個週期的訓練用時不到 2 秒, 整個訓練在 20 秒內結束。在每一個訓練週期結束時, 都會有短暫的暫停, 因為模型在計算 10,000 個驗證樣本的損失和準確度。

> **小編補充**：驗證動作是在 fit() 中的每一訓練週期 (epoch) 做完後就進行, 而不是等全部訓練完才做！

請注意！model.fit() 會傳回一個 **history 物件**, 而該物件有一個 **history 屬性**, 它是一個包含訓練過程中所有資料的字典。讓我們來檢視一下：

```
>>> history_dict = history.history
>>> history_dict.keys()
dict_keys(['loss', 'accuracy', 'val_loss', 'val_accuracy'])
```

　　這個字典包含 4 個項目, 分別是訓練和驗證時監控的指標。在下面的兩個程式範例中, 我們使用 Matplotlib 繪製訓練和驗證損失 (圖 4.4), 以及訓練和驗證準確度 (圖 4.5)。

> 由於神經網路的隨機初始化不同, 因此實際執行的結果可能會與書上略有不同。

程式 4.8　繪製訓練與驗證損失

```
import matplotlib.pyplot as plt

history_dict = history.history                取得每次訓練的損失並
loss_values = history_dict['loss']  ←── 存成 loss_values 變數
val_loss_values = history_dict['val_loss']  ←── 取得每次驗證的損失並存成
                                                 val_loss_values 變數

epochs = range(1, len(loss_values)+ 1)  ←── len(loss_values) 為 20
plt.plot(epochs, loss_values, 'bo', label='Training loss')  ←
plt.plot(epochs, val_loss_values, 'b', label='Validation loss')  ←
plt.title('Training and validation loss')  ←── 設定圖表標題
plt.xlabel('Epochs')  ←── 將此圖的 x 軸標示為 Epochs
plt.ylabel('Loss')  ←── 將此圖的 y 軸標示為 Loss
plt.legend()
                                以 'b' 指定用藍色線條畫出 x 軸為
                                訓練週期、y 軸為驗證損失的圖表
plt.show()  ←── 顯示圖表
                                以 'bo' 指定用藍色圓點畫出 x 軸為
                                訓練週期、y 軸為訓練損失的圖表
```

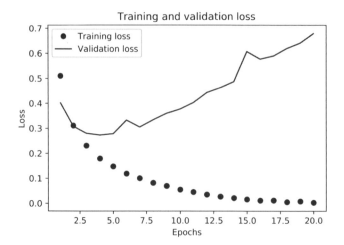

▲ 圖 4.4 訓練與驗證損失

程式 4.9　繪製訓練和驗證準確度

```
plt.clf() ◀── 清除圖表
acc = history_dict['acc']
val_acc = history_dict['val_acc']

plt.plot(epochs, acc, 'bo', label='Training acc')
plt.plot(epochs, val_acc, 'b', label='Validation acc')
plt.title('Training and validation accuracy')
plt.xlabel('Epochs')
plt.ylabel('Accuracy')
plt.legend()

plt.show()
```

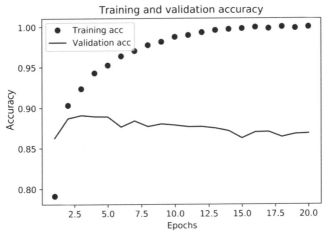

Training and validation accuracy

▲ 圖 4.5　訓練與驗證準確度

　　對訓練資料而言, 損失會隨著每個週期而減少, 而訓練準確度隨著每個週期而增加。這就是執行梯度下降最佳化所期望的：每一輪訓練之後損失都更小。不過對驗證資料而言, 其損失和準確度卻不是這樣發展, 似乎在第 4 個週期最好, 之後就每況愈下。這就是之前曾經警告過的：在訓練資料上成效不錯的模型, 在面對從未見過的資料上不一定有同樣的成效。準確地說, 我們所看到的是所謂的**過度配適** (overfitting) 現象, 也就是當我們對訓練資料過度最佳化, 最終反而學習到特別針對這些訓練資料的表示法, 而無法普遍適用於訓練資料以外的其他資料。

　　在這種情況下, 為了防止過度配適現象的發生, 我們可以在 4 個訓練週期之後停止訓練。此外, 我們也可以使用一連串的技術來減輕過度配適現象, 這將在第 5 章中介紹。

　　讓我們使用全部的訓練資料 (含驗證資料) 來重新訓練一個新模型, 並且只訓練 4 個週期, 然後改用測試資料對其進行評估。

```
程式 4.10    重新開始訓練模型
model = keras.Sequential([
    layers.Dense(16, activation="relu"),
    layers.Dense(16, activation="relu"),
    layers.Dense(1, activation="sigmoid")
])

model.compile(optimizer='rmsprop',
              loss='binary_crossentropy',
              metrics=['accuracy'])

model.fit(x_train, y_train, epochs=4, batch_size=512)  ◀── 訓練 4 個週期
results = model.evaluate(x_test, y_test)  ◀── 輸入測試資料與測試標籤以進行評估
```

```
>>> results
[0.2929924130630493, 0.88327999999999995]
        ↑                    ↑
       損失                 準確度
```

　　這種相當單純的方法可以達到 88% 的準確度。若未來我們使用最先進的方法，應該能夠提升至 95%。

4-1-5　使用訓練完成的神經網路對新資料進行預測

　　神經網路訓練完成後，接著就要在實際的環境中使用。我們可以使用 predict 方法 (method) 來對評論文章進行預測 (是正評還是負評)：

```
>>> model.predict(x_test)  ◀── 對 x_test 測試集的評論文章做預測
array([[ 0.98006207]
[ 0.99758697]
[ 0.99975556]
...,
[ 0.82167041]
[ 0.02885115]
[ 0.65371346]], dtype=float32)
```

　　如上所示，神經網路對某些樣本很有信心，例如 0.99 或更高 (很肯定是正面)，或 0.02 或更低 (很肯定是負面)，但對某些樣本則不太有信心，例如 0.65。

4-1-6　延伸實作

你可以根據以下說明自行延伸實作方式, 看看結果如何：

● 我們已經使用了兩個隱藏層, 你可以嘗試使用一個或三個隱藏層, 看看這樣做會對驗證和測試準確度產生什麼影響。

● 每一層嘗試使用多一些或少一些神經單元 (unit), 例如 32 個單元、64 個單元等。

● 嘗試使用 mse 損失函數來取代 binary_crossentropy。

● 嘗試使用早期很流行的 tanh 激活函數。

4-1-7　小結

我們可以從範例中學到：

● 通常需要對原始資料進行相當多的**預處理**, 將其轉換為張量以輸入到神經網路中。本例中, 我們將單字的串列編碼為**二元向量**, 但也可以有其他的編碼選項。

● 使用 **relu 激活函數**的**密集層**堆疊架構可以解決多種問題, 包括情緒分類等, 日後可以多加利用。

● 在**二元分類** (只有兩個輸出類別) 問題中, 我們的模型應該以 1 個神經單元的 Dense 層做為輸出層, 而且要用 **sigmoid** 作為激活函數, 讓模型輸出一個介於 0 到 1 間的純量機率值。

● 於二元分類問題上使用這種純量 sigmoid 輸出, 對應的損失函數應該是 **binary_crossentropy**。

● 無論任何類型的問題, **rmsprop** 優化器通常都是不錯的選擇。

● 隨著對訓練資料的表現越來越好, 神經網路開始出現**過度配適**現象, 最終導致對從未見過的資料表現越來越差。所以請務必用**驗證資料**來監測模型對訓練集以外資料的成效。

4-2 分類數位新聞專欄：多類別分類範例

在前一節中, 我們看到如何使用密集連接的神經網路, 將向量輸入分類為兩個不同的類別, 但如果遇到兩個以上的類別該怎麼辦呢？

本節, 我們會建構一個神經網路, 將**路透社** (Reuters) 的數位新聞專欄分成 46 個完全不同的主題。因為有很多個類別, 所以這是個**多類別分類** (multiclass classification) 的問題, 而且因為每個資料點只能歸入一個類別, 所以更具體地說, 這是個**單標籤多類別分類** (single-label multiclass classification) 的案例。

> 如果每個資料點可能屬於多個類別, 例如一個新聞專欄可以分屬多個主題, 那就會是**多標籤多類別**分類的問題。

4-2-1 路透社資料集

路透社資料集 (Reuters dataset) 是 1986 年由路透社發佈的一組簡短新聞和對應主題的資料集, 被廣泛使用於文章分類的研究中, 這個資料集中的新聞總共 46 個不同的主題。

與 IMDB 和 MNIST 一樣, 路透社資料集也內建在 Keras 中：

程式 4.11　載入路透社資料集

```
from tensorflow.keras.datasets import reuters ◀── 匯入 reuters 資料集

(train_data, train_labels),(test_data, test_labels)= reuters.load_data(
    num_words=10000) ◀── 從 reuters 資料集中讀取訓練資料、
                          訓練標籤、測試資料、測試標籤
```

與 IMDB 資料集一樣, 參數 num_words = 10000 會將資料限制在 10,000 個最常出現的單字。

我們總共會讀取到 8,982 個訓練樣本和 2,246 個測試樣本：

```
>>> len(train_data)
8982  ←── 訓練樣本數
>>> len(test_data)
2246  ←── 測試樣本數
```

與 IMDB 評論一樣, 每個樣本都是一個整數 (代表單字的索引編號) 串列：

```
>>> train_data[10]  ←── 第 10 筆訓練資料 (已將其中的單字轉成整數索引值)
[1, 245, 273, 207, 156, 53, 74, 160, 26, 14, 46, 296, 26, 39, 74, 2979,
3554, 14, 46, 4689, 4329, 86, 61, 3499, 4795, 14, 61, 451, 4329, 17, 12]
```

也可以試著使用以下方式將其解碼回單字：

程式 4.12　將新聞專欄解碼回文字

```
word_index = reuters.get_word_index()
reverse_word_index = dict([(value, key)for(key, value)in word_index.items()])
decoded_newswire = ' '.join([reverse_word_index.get(i - 3, '?')for i in
    train_data[0]])  ←── 注意！ 這些索引值有位移 3 個位置, 因為 0, 1 與 2 分別是
                          保留的索引值, 代表「填補」(樣本長度不足時會用 0 補足)、
                          「開始位置」(會放在每個樣本的開頭) 與「未知」(用來表示
                          不在字典中的單字)
```

樣本資料對應的標籤是介於 0 到 45 之間的整數, 用來表示特定的主題：

```
>>> train_labels[10]  ←── 第 10 筆訓練資料的標籤
3
```

4-2-2　準備資料

我們可以使用與前面範例中完全相同的程式, 對資料進行向量化處理。

程式 4.13　將資料加以編碼

```
import numpy as np

def vectorize_sequences(sequences, dimension=10000):
    results = np.zeros((len(sequences), dimension))
    for i, sequence in enumerate(sequences):      ┐
        results[i, sequence] = 1.                  ├─ 進行 multi-hot 編碼
    return results                                 ┘

x_train = vectorize_sequences(train_data)  ←─── 把訓練資料向量化
x_test = vectorize_sequences(test_data)    ←─── 把測試資料向量化
```

對標籤進行向量化有兩種方式：可以將標籤串列轉換為整數張量，也可以使用 one-hot 編碼。由於 one-hot 編碼會將資料編碼成 0 和 1 的數值，所以廣泛被使用在分類資料格式，也稱為**分類編碼** (categorical encoding)。現在我們先看一個用 Python 實作的簡單 one-hot 編碼函式，以了解 one-hot 編碼如何運作。此函式會把一個標籤向量的每個元素設為 0，只有指定的索引位置為 1。請參考以下例子：

程式 4.14 　將標籤加以編碼

```
def to_one_hot(labels, dimension=46):
    results = np.zeros((len(labels), dimension))    ← 先把所有元素設為 0
    for i, label in enumerate(labels):
        results[i, label] = 1.
    return results
y_train = to_one_hot(train_labels)    ← 把訓練標籤向量化
y_test = to_one_hot(test_labels)      ← 把測試標籤向量化
```

請注意！Keras 內建的 to_categorical() 函式可以完成相同的工作，我們在 MNIST 範例中已經看過：

```
from tensorflow.keras.utils import to_categorical
y_train = to_categorical(train_labels)
y_test = to_categorical(test_labels)
```

4-2-3　建立神經模型

本節的主題分類問題與之前的電影評論分類問題類似，我們都試圖對短文進行分類。但是在本例有一個新的情況，就是輸出類別的數量從 2 個變成了 46 個，使輸出空間的維數要大得多。

在我們一直使用的**密集** (Dense) 層堆疊架構中，每層只能存取前一層所輸出的資訊。如果其中有一層遺失了一些資訊，則後續任何層都無法恢復此資訊，因此每一層都可能因為資訊遺失而成為資訊瓶頸。在前面的範例中，我們使用了 16 維的中間層 (隱藏層)，但是 16 維空間可能太有限，無法學會區分 46 個不同的類別。

出於這個原因，我們要使用更大的層 (單元數更多)，先來試試 64 維的層 (64 個單元) 吧！

程式 4.15　定義模型

```
model = keras.Sequential([
    layers.Dense(64, activation="relu"),
    layers.Dense(64, activation="relu"),
    layers.Dense(46, activation="softmax")
])
```

關於這架構還有兩件事應該注意：

- 程式 4.15 用一個大小為 46 單元的密集 (Dense) 層結束神經網路，這代表會輸出一個 46 維的向量。此向量中的每個項目 (每個維度) 都對應到一個不同的輸出類別。

- 最後一層使用了 softmax 激活函數，它可針對 46 個不同的輸出類別輸出機率分佈。因此，對每個輸入樣本，神經網路將產生 46 維的輸出向量，其中 output [i] 是該樣本對應到類別 i 的機率，46 個機率值的總和為 1。

在這種情況下最適合使用的損失函數是 categorical_crossentropy，它可以測量兩個機率分佈之間的差距，也就是神經網路輸出的機率分佈與標籤真實分佈之間的距離。透過最小化這兩個分佈之間的距離，我們就可以訓練神經網路，讓預測結果盡可能地接近正確答案。

程式 4.16　編譯模型

```
model.compile(optimizer='rmsprop',
              loss='categorical_crossentropy',
              metrics=['accuracy'])
```

4-2-4　驗證模型表現

接下來，在訓練資料中另外抽出 1000 個樣本作為驗證資料集：

程式 4.17　建立驗證資料集

```
x_val = x_train[:1000]
partial_x_train = x_train[1000:]

y_val = y_train[:1000]
partial_y_train = y_train[1000:]
```

現在讓我們訓練 20 個週期 (epochs)：

程式 4.18　訓練模型

```
history = model.fit(partial_x_train,
                    partial_y_train,
                    epochs=20,
                    batch_size=512,
                    validation_data=(x_val, y_val))
```

最後，繪製其損失和準確度曲線 (如圖 4.6 和 4.7 所示)：

程式 4.19　繪製訓練和驗證損失

```
loss = history.history['loss']
val_loss = history.history['val_loss']

epochs = range(1, len(loss)+ 1)

plt.plot(epochs, loss, 'bo', label='Training loss')
plt.plot(epochs, val_loss, 'b', label='Validation loss')
plt.title('Training and validation loss')
plt.xlabel('Epochs')
plt.ylabel('Loss')
plt.legend()

plt.show()
```

程式 4.20　繪製訓練和驗證準確度

```
plt.clf()  ◄── 先清除畫面

acc = history.history['accuracy']
val_acc = history.history['val_accuracy']

plt.plot(epochs, acc, 'bo', label='Training accuracy')
plt.plot(epochs, val_acc, 'b', label='Validation accuracy')
plt.title('Training and validation accuracy')
```

▶接下頁

```
plt.xlabel('Epochs')
plt.ylabel('Accuracy')
plt.legend()

plt.show()
```

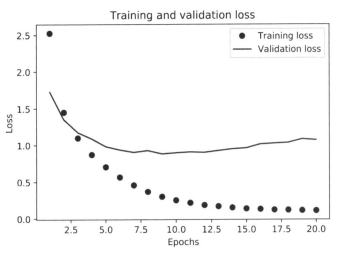

▲ 圖 4.6　訓練和驗證損失

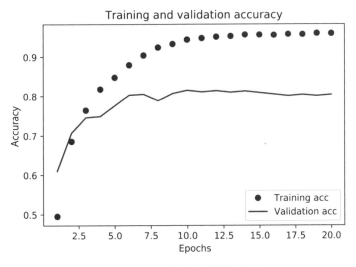

▲ 圖 4.7　訓練和驗證準確度

模型在第 9 個訓練週期左右開始發生過度配適, 所以我們從頭開始訓練一個新模型 9 個週期, 然後用測試集進行評估。

程式 4.21　從頭開始訓練模型

```
model = keras.Sequential([
    layers.Dense(64, activation="relu"),
    layers.Dense(64, activation="relu"),
    layers.Dense(46, activation="softmax")
])

model.compile(optimizer='rmsprop',
              loss='categorical_crossentropy',
              metrics=['accuracy'])

model.fit(x_train,         ┐
          y_train,         ├─ 使用全部的訓練資料來訓練
          epochs=9,    ◄── 9 個週期就好!!!
          batch_size=512)

results = model.evaluate(x_test, y_test)
```

以下是最終結果：

```
>>> results
[0.9565213431445807, 0.79697239536954589]
```

這種方法可在測試集上達到接近 80% 的準確度。在二元分類問題中, 純隨機猜測的準確度約為 50% (假設這兩個類別的樣本數是相近的, 編註：可以把這個數字當作基準點, 藉此判斷模型的表現好壞)。不過在此案例中, 我們共有 46 個類別, 而這些類別的樣本數分佈可能是不平均的。在這種情況下, 隨機猜測的準確度是多高？這可以透過以下的程式來估計：

```
>>> import copy
>>> test_labels_copy = copy.copy(test_labels)
>>> np.random.shuffle(test_labels_copy)  ◄── 打亂標籤順序, 藉此作為隨機猜測的結果
>>> hits_array = np.array(test_labels)== np.array(test_labels_copy)  ◄─
>>> float(np.sum(hits_array))/ len(test_labels)  ◄─
0.18655387355298308  ◄── 將近 19%
```

計算準確度 (=隨機猜對的樣本數/樣本總數)

與標準答案比對, 猜對為 1, 猜錯為 0

由此可見, 隨機猜測的準確率僅有 19% 左右, 遠低於我們的模型準確度。換句話說, 我們的模型表現是相當不錯的。

4-2-5 對新資料進行預測

我們可以使用模型的 predict 方法, 來取得所有 46 個主題的機率分佈。首先, 讓我們為測試資料做主題預測:

```
predictions = model.predict(x_test)
```

predictions 陣列中的每個項目都是長度為 46 的向量:

```
>>> predictions[0].shape
(46,)
```

該向量中的元素總和為 1 (編註:機率總和為 1):

```
>>> np.sum(predictions[0])
1.0
```

擁有最大數值的項目就是模型預測該樣本所屬的類別, 也就是具有最高機率的類別:

```
>>> np.argmax(predictions[0])
4  ←— 第 4 類
```

4-2-6 處理標籤與損失的另一種方式

另一種編碼標籤的方式就是將它們轉換為整數張量, 如下所示:

```
y_train = np.array(train_labels)
y_test = np.array(test_labels)
```

這種方法唯一會改變的是損失函數的選擇。程式 4.21 使用的損失函數為 categorical_crossentropy, 這個函數僅適用於 one-hot 編碼的分類問題。如果要使用整數標籤, 我們就應該使用 sparse_categorical_crossentropy。

```
model.compile(optimizer='rmsprop',
              loss='sparse_categorical_crossentropy',
              metrics=['acc'])
```

這個新的損失函數在數學上仍然與 categorical_crossentropy 相同, 只是輸入參數的格式不同。

損失函數	categorical_crossentropy	sparse_categorical_crossentropy
輸入參數 的格式	[1, 0, 0] [0, 1, 0]　分類標籤 [0, 0, 1]	0 1　整數標籤 2

4-2-7　擁有足夠大型中間層的重要性

在之前的範例中, 由於最終輸出有 46 維, 因此應避免使用少於 46 個單元的中間層。現在來看看如果使用遠小於 46 個單元的中間層 (即有資訊瓶頸) 時, 會發生什麼情況。舉例來說, 若是某一中間層只有 4 個單元的情況：

程式 4.22　具有資訊瓶頸的模型

```
model = models.Sequential()
model.add(layers.Dense(64, activation='relu', input_shape=(10000, )))
model.add(layers.Dense(4, activation='relu'))  ← 中間層改為只有 4 個單元
model.add(layers.Dense(46, activation='softmax'))

model.compile(optimizer='rmsprop',
              loss='categorical_crossentropy',
              metrics=['accuracy'])
model.fit(partial_x_train,
          partial_y_train,
          epochs=20,
          batch_size=128,
          validation_data=(x_val, y_val))
```

模型的驗證準確度達到了 71%, 比先前的準確度降低了 8%。準確度降低主要是因為試圖壓縮大量資訊 (46 個類別的分割超平面的資訊) 到一個低維度的中間層表示空間。神經網路能夠將大部分必要的資訊塞進這個 4 維表示法中, 但並非全部, 因此難免會犧牲部分資訊, 進而造成驗證準確度下降。

4-2-8　延伸實作

你可以根據以下的說明自行練習：

● 嘗試用更小或更大的層, 如 32 個單元、128 個單元等。

● 我們先前使用了兩個隱藏層, 你可嘗試使用單個隱藏層 (模型更淺) 或三個隱藏層 (模型更深)。

4-2-9　小結

我們可以從範例中學到：

● 如果嘗試在 N 個類別中對資料點進行分類, 則神經網路的最後一層應該選擇大小為 N 的**密集** (Dense) 層。

● 在**單標籤多類別**的分類問題中, 神經網路末端應選用 softmax 激活函數, 以便在 N 個輸出類別上輸出機率分佈。

● **分類交叉熵** (crossentropy) 幾乎是單標籤多類別問題必選的損失函數, 它可以用來將「神經網路輸出的機率分佈」與「目標的真實分佈」之間的距離最小化。

● 在多類別分類中有兩種處理標籤的方法：

　● 將標籤做**分類編碼** (也稱為 one-hot 編碼), 並使用 categorical_crossentropy 作為損失函數。

　● 將標籤做**整數編碼**, 並使用 sparse_categorical_crossentropy 作為損失函數。

● 如果需要將資料進行大量類別的分類, 應避免使用太小的中間層, 以免導致模型中出現**資訊瓶頸**。

4-3 預測房價：迴歸範例

前兩個範例屬於分類問題, 目的是根據輸入的資料預測其所屬的類別。另一種常見的機器學習問題是**迴歸** (regression) 問題, 模型需要預測一個連續值而不是離散標籤, 例如：根據氣象資料預測明天的溫度, 或根據開發規格, 預測完成軟體專案所需的時間。

> 不要將**迴歸** (regression) 和**邏輯斯迴歸** (logistic regression) 搞混了。雖然名稱上很相似, 但邏輯斯迴歸不是迴歸演算法, 而是一種分類演算法。

4-3-1 波士頓住房價格資料集

我們將利用 1970 年代中期波士頓的郊區資料, 包含犯罪率、當地財產稅等, 嘗試預測某郊區房屋的價格中位數。我們所使用的資料集與前兩個範例有一個明顯區別, 就是資料點相對較少。本例僅有 506 筆資料, 分為 404 個訓練樣本和 102 個測試樣本, 而且輸入資料的每個**特徵** (feature) 都有不同的單位刻度, 例如：某些值是比例, 介於 0 和 1 之間；某些值則是介於 1 到 12 之間的數值；某些值則在 0 到 100 之間等等。

程式 4.23 載入波士頓住房價格資料集

```
from tensorflow.keras.datasets import boston_housing
(train_data, train_targets), (test_data, test_targets) = (
    boston_housing.load_data())
```

此處我們將標籤分別存成 train_targets 和 test_targets, 它們和先前的 train_labels 和 test_labels 具有相同的意義

編註：我們通常會將分類的答案稱為標籤 (labels), 而迴歸的答案則稱為目標值 (targets), 不過有時候會將這兩者混著用

```
>>> train_data.shape    ← 查看訓練資料的 shape
(404, 13)

>>> test_data.shape    ← 查看測試資料的 shape
(102, 13)
```

從程式輸出得知, 有 404 個訓練樣本和 102 個測試樣本, 每個樣本都有 13 個數值特徵, 例如人均犯罪率、每個房屋的平均房間數、高速公路的可達性、… 等等。

樣本對應到的目標值則是實際成交房價的中位數, 以 \$1,000 美元為單位：

```
>>> train_targets  ◄─── 訓練資料的目標值, 就是實際成交房價的中位數
[ 15.2, 42.3, 50.  ... 19.4, 19.4, 29.1]
```

房屋的價格通常在 \$10,000 美元到 \$50,000 美元之間 (請記住這是 1970 年代中期的資料, 而這些價格也沒有根據通貨膨脹進行調整)。

4-3-2　準備資料

將大小範圍差異很大的數值 (例如某特徵的值都是三位數, 而另一特徵的值卻只有個位數) 直接輸入神經網路, 通常會增加學習的困難度, 進而降低訓練成效。因此必須先對資料進行**正規化** (normalization) 處理, 也就是對輸入資料中的每個特徵值 (輸入資料矩陣中的一欄), 減去該特徵的**平均值**並除以**標準差** (standard deviation), 這樣一來該特徵的數值就會以 0 為中心, 並以標準差為單位刻度。實務上可以使用 NumPy 輕易的完成這項工作。

程式 4.24　正規化資料

```
mean = train_data.mean(axis=0)  ◄─── 沿著第 0 軸 (樣本軸) 計算平均值
train_data -= mean
std = train_data.std(axis=0)  ◄─── 沿著第 0 軸 (樣本軸) 計算標準差
train_data /= std

test_data -= mean  ┐
test_data /= std   ┘── 正規化處理
```

請注意！要對測試資料進行正規化, 必須使用**訓練資料集**來計算 mean 和 std。我們不能在流程中使用任何源自於**測試資料集**的數值, 即使是正規化這樣簡單的事情也是如此, 否則會有資訊洩漏的問題。

4-3-3 建立模型

由於可用的樣本很少，我們將使用一個很小的神經網路，其中有兩個隱藏層，每個層有 64 個單元。一般來說，擁有的訓練資料越少，過度配適的情況會越嚴重 (編註：因為很容易就會被記憶起來)，而使用小型神經網路是緩解過度配適的方法之一。

```
程式 4.25   模型定義

from keras import models
from keras import layers

def build_model():
    model = keras.Sequential([
        layers.Dense(64, activation="relu"),
        layers.Dense(64, activation="relu"),
        layers.Dense(1)                              使用 mae (平均絕對誤差)
    ])                                                      ↓
    model.compile(optimizer='rmsprop', loss='mse', metrics=['mae'])
    return model                                ↑── 使用 mse (均方差)
```

此模型以單一單元 (編註：即 Dense(1)) 結束，而且沒有激活函數 (代表是一個線性層)。這是純量迴歸的基本設定，純量迴歸會輸出一個浮點數型別的數值，也就是迴歸值。而使用激活函數會限制輸出值的範圍，例如：如果將 sigmoid 激活函數用於最後一層，則神經網路只能輸出 0 到 1 之間的預測數值。在本例中，因為最後一層是純線性的，所以神經網路可以自由地預測任何範圍內的值。

請注意！我們將使用 **mse 損失函數** (mean squared error, 均方差) 來編譯神經網路，mse 會計算預測值和目標值之間差異的**平方值**，這是迴歸問題中常用的損失函數。

我們還會在訓練期間採用一個新的評量指標：**mae** (mean absolute error, **平均絕對誤差**)，mae 會計算預測值和目標值之間差異的**絕對值**。例如：若此問題的 MAE 為 0.5，代表我們的平均預測差距為 $500 美元 (因為一個基本單位為 1,000 美元)。

4-3-4 使用 K 折 (K-fold) 驗證來驗證模型的成效

我們可以如同前面範例的做法, 將資料拆成訓練集和驗證集。但本例中由於資料點很少, 驗證集也只能有 100 筆資料。因此, 驗證分數可能會因驗證資料點或訓練資料點的選用, 而有很大的變化：根據資料集拆分方式的不同, 驗證分數可能會有很大的**變異性** (variance)。這會降低模型優劣評估結果的可靠性。

在這種情況下, 最好的方式就是使用 **K 折交叉驗證** (K-fold cross validation, 如圖 4.8)。K 折交叉驗證會將可用資料拆分為 K 個區塊 (通常 K = 4 或 5, 圖 4.8 中 K = 3), 然後在保持模型不變的狀況下, 選一個區塊當驗證集 (圖 4.8 第一折的灰色區塊)、其餘區塊當訓練集 (圖 4.8 第一折的白色區塊) 跑一遍, 然後選下一個區塊當驗證集 (圖 4.8 第二折的灰色區塊)、其餘區塊當訓練集重新跑第二遍、⋯ 依此類推, 直到所有區塊都被當成驗證集重新跑完一遍為止 (也就是跑第 K 次時, 用第 K 區塊作驗證, 並且用剩餘的 K-1 區塊進行訓練)。模型的驗證分數是 K 次驗證分數的平均值 (編註：K 折驗證就是為了把「因為資料集太小、導致變異性增大」的缺點平均掉), 這以程式來執行並不困難。

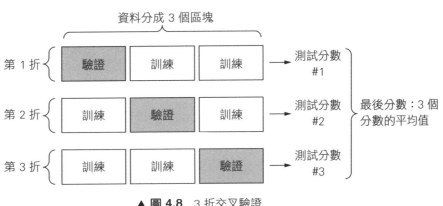

▲ **圖 4.8**　3 折交叉驗證

程式 4.26　K 折驗證

```
k = 4  ◄── 進行 4 折交叉驗證
num_val_samples = len(train_data) // k  ◄── 計算驗證集的樣本數
num_epochs = 100
all_scores = []                                       ▶接下頁
```

```
for i in range(k):
    print('Processing fold #', i)              準備驗證資料：資料來自第 i 個區塊
    val_data = train_data[i * num_val_samples: (i + 1) * num_val_samples] ←┘
    val_targets = train_targets[i * num_val_samples: (i + 1) * num_val_samples]
    partial_train_data = np.concatenate(  ← 準備訓練資料：資料來自
        [train_data[:i * num_val_samples],    第 i 個以外的所有區塊
         train_data[(i + 1) * num_val_samples:]],
        axis=0)
    partial_train_targets = np.concatenate(
        [train_targets[:i * num_val_samples],
         train_targets[(i + 1) * num_val_samples:]],
        axis=0)

    model = build_model()  ← 重新建構 Keras 模型 (已編譯過)
    model.fit(partial_train_data, partial_train_targets,← 訓練該模型 (在
              epochs=num_epochs, batch_size=16, verbose=0) silent 靜音模式下,
                                                            verbose = 0)
    val_mse, val_mae = model.evaluate(val_data, val_targets, verbose=0) ←┐
    all_scores.append(val_mae)                      以驗證資料來評估模型
```

以 num_epochs = 100 執行, 會產生以下結果：

```
>>> all_scores
[2.588258957792037, 3.1289568449719116, 3.1856116051248984, 3.0763342615401386]

>>> np.mean(all_scores)  ← 驗證分數的平均值
2.9947904173572462
```

我們總共執行了 4 折的訓練及驗證, 其驗證分數的區間從 2.588 到 3.186, 差距非常大。因此 K 折驗證分數的平均值 (3.0) 是比任何單個得分更可靠的指標, 這也是 K 折交叉驗證的重點。在這種情況下, 價格誤差平均 (編註：mae) 約 $3,000 美元, 這可是很大的一個價差！因為當時的房價才不過是在 $10,000 美元到 $50,000 美元之間 (編註：這裡的意思是 K 折驗證能較準確的 (變異性較小的) 驗證模型的優劣, 例如說驗證到模型的價格預測有 $3,000 美元的誤差, 反映模型成效並不是很好, 而不是說它可以讓預測變很準！)。

讓我們嘗試以更長的時間 (500 個週期) 來訓練神經網路。我們修改訓練程式來保存每個時期的驗證分數紀錄, 以記錄模型在每個週期的表現。

程式 4.27　儲存每折的驗證紀錄

```
num_epochs = 500
all_mae_histories = []
for i in range(k):
    print('processing fold #', i)                    準備驗證資料：資料來自第 i 個區塊

    val_data = train_data[i * num_val_samples: (i + 1) * num_val_samples]
    val_targets = train_targets[i * num_val_samples: (i + 1) * num_val_samples]

    partial_train_data = np.concatenate(    ◀── 準備訓練資料：資料來自
        [train_data[:i * num_val_samples],      第 i 個以外的所有區塊
         train_data[(i + 1) * num_val_samples:]],
        axis=0)
    partial_train_targets = np.concatenate(
        [train_targets[:i * num_val_samples],
         train_targets[(i + 1) * num_val_samples:]],
        axis=0)
                                              訓練該模型 (在 silent 靜音
                                              模式下, verbose = 0)
    model = build_model()    ◀── 建構 Keras 模型 (已編譯)
    history = model.fit(partial_train_data, partial_train_targets,
                        validation_data=(val_data, val_targets),
                        epochs=num_epochs, batch_size=1, verbose=0)
    mae_history = history.history['val_mae']
    all_mae_histories.append(mae_history)
```

我們可以對每一折來計算每個訓練週期的 MAE 分數平均值。

程式 4.28　建立連續平均 K 折驗證分數的歷史

```
average_mae_history = [
    np.mean([x[i] for x in all_mae_histories])for i in range(num_epochs)]
```

讓我們把 MAE 分數給畫出來, 如圖 4.9 所示。

程式 4.29　繪製驗證分數

```
plt.plot(range(1, len(average_mae_history)+ 1), average_mae_history)
plt.xlabel('Epochs')
plt.ylabel('Validation MAE')
plt.show()
```

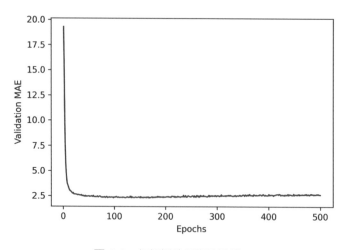

▲ 圖 4.9　每個訓練週期的驗證 MAE

　　由於單位刻度縮放問題和相對較高的變異度，此圖可能看不出細節。我們來修正一下：省略前 10 個資料點，因為這些資料點與曲線其它部分的 MAE 差異過大。

程式 4.30　排除前 10 個資料點, 繪製驗證分數

```
truncated_mae_history = average_mae_history[10:]
plt.plot(range(1, len(truncated_mae_history) + 1), truncated_mae_history)
plt.xlabel('Epochs')
plt.ylabel('Validation MAE')
plt.show()
```

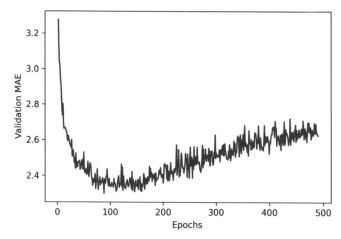

▲ 圖 4.10　每個訓練週期的驗證 MAE, 不包括前 10 個資料點

從圖 4.10 中明顯可以看出 MAE 在 120-140 個週期後停止改善。然後開始往上升，換句話說，過了這一點便開始發生過度配適了。

除了週期數量，我們還可以調整隱藏層的大小。調整完模型的各種超參數後，我們可以選取最佳的超參數值，並在所有訓練資料上訓練最終模型，然後看看模型在測試資料上的表現。

程式 4.31 訓練最終模型

```
model = build_model()  ◄── 建立一個用最佳超參數編譯過的新模型
model.fit(train_data, train_targets,  ◄── 以所有資料進行訓練
          epochs=130, batch_size=16, verbose=0)
test_mse_score, test_mae_score = model.evaluate(test_data, test_targets)
```

最終結果是：

```
>>> test_mae_score
2.4642276763916016
```

至此，我們的模型誤差約為 2460 元，與之前的 3000 元相比已經有了不小的進步！與前兩個任務一樣，你可以嘗試更動模型中神經層的數量 (或者某個神經層中的單元數)，看看是否可以取得更低的測試誤差 (即 MAE 分數)。

4-3-5　在新資料上進行預測

當我們在二元分類模型上呼叫 predict() 時，會得到一個介於 0 和 1 的純量分數；而在多類別分類模型上呼叫 predict() 時，則會得到各類別的機率分佈。對於本節的純量迴歸模型來說，predict() 將傳回模型對某個樣本所預測出的價格 (單位以千美元計)：

```
>>> predictions = model.predict(test_data)
>>> predictions[0]
array([9.990133], dtype=float32)
```

以上輸出結果表示，模型對於測試資料集中首間房屋的預測價格約為 10, 000 美元。

4-3-6　小結

我們可以從範例中學到：

- 迴歸問題中的損失函數與分類問題的不同，較常使用的會是**均方誤差** (MSE) 損失函數。

- 同樣地，用於迴歸的評估指標與用於分類的評估指標不同，準確度 (accuracy) 的概念不適用於迴歸，常見的迴歸評估指標是**平均絕對誤差** (MAE)。

- 當輸入資料的特徵具有不同的度量刻度與數值範圍時，應預先將每個特徵進行單獨的數值範圍轉換，例如**正規化**處理。

- 當可用的資料很少時，使用 K **折驗證**是評估模型的好方法。

- 當可用的訓練資料很少時，最好使用隱藏層較少 (較淺，通常只有一個或兩個) 的小型神經網路，以避免造成嚴重的過度配適。

本章小結

- 向量資料中最常見的 3 個機器學習任務為**二元分類**任務、**多類別分類**任務及**純量迴歸**任務。

  - 每一節末的「小結」部分會幫你總結每個任務中的重點。
  - 迴歸問題和分類問題使用不同的損失函數和評估指標。

- 通常需要在原始資料輸入神經網路之前，對其進行**預處理** (preprocessing)。

- 當資料具有不同度量刻度或數值範圍的特徵時，請在預處理過程中，對每個特徵進行個別單獨的轉換處理。

- 隨著訓練的進行，神經網路會開始發生過度配適，導致在沒見過的新資料上得到更差的結果。

- 如果沒有太多的訓練資料，請使用只有一個或兩個隱藏層的小型神經網路，以免造成嚴重的過度配適。

- 當資料分為多個類別，而使用的中間層太小時 (編註：單元數太少)，可能會導致**資訊瓶頸**。

- 處理少量資料時，**K 折驗證**可以協助我們可靠地評估模型。

機器學習的基礎

在完成第 4 章的 3 個實際案例之後，你應該比較清楚如何利用神經網路來處理分類及迴歸問題了。同時，我們也見識到機器學習的核心挑戰：**過度配適** (overfitting)。在本章，我們要把對機器學習的抽象認知轉換為具體的概念框架，並且強調兩件事情的重要性：其一是準確的模型評估，其二是訓練次數與**普適化** (generalization) 之間的平衡。

> **小編補充**：理論上訓練得越多，模型在訓練資料上的表現就越好，但相對的，也有可能會變成「死背」訓練資料，導致無法將所學普適化到未曾見過的資料上。因此，要想辦法取得一個平衡點，使模型既可以在訓練資料上取得不錯成效，同時也可以將所學普適化。

5-1 普適化：機器學習的終極目標

在第 4 章中，我們介紹了 3 個案例：影評分類、新聞主題分類和房價迴歸。在這些案例中，我們將資料分成**訓練集** (training set)、**驗證集** (validation set) 跟**測試集** (test set)。訓練了幾個**週期** (epoch) 後，模型在未見過的資料上的表現會開始停滯然後下降，與其在訓練資料上的表現 (會隨著訓練不斷提升) 背道而馳。這就是為何不能在訓練資料上評估模型的原因。若模型在訓練資料上的表現優異很多，就代表模型發生了過度配適。在所有機器學習問題中，都多少會發生過度配適。

在機器學習中，我們總會看到「優化」(optimization) 與「普適化」之間彼此拉扯。優化是利用訓練資料來不斷強化模型，儘可能地得到最好的結果 (這就是機器學習中的「學習」)。普適化則是指訓練完成的模型，在未見過資料上的表現。我們的目標當然是取得普適化良好的模型，但我們沒有辦法直接控制普適化的程度，只能讓模型擬合 (fitting) 訓練資料 (也就是優化模型)。如果擬合得「太好」，就會發生過度配適而降低模型的普適化表現。

> **小編補充**：過度配適也稱為「過度擬合」，簡單來說就是模型過度學習了，也就是多學到一些訓練資料獨有的特徵，而這些特徵並未普遍出現在其他的資料中，因此導致普適能力降低。

5-1-1　低度配適與過度配適

以之前見過的模型來說, 我們在訓練初期會看到驗證表現不斷提升, 但在訓練了一段時間後, 驗證表現就會無可避免地走下坡。圖 5.1 展示了典型的過度配適現象, 無論任何模型或資料集都會出現這種狀態。

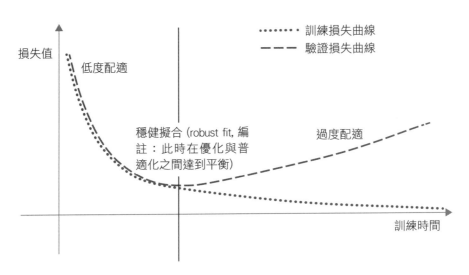

▲ 圖 5.1　典型的過度配適現象

在訓練一開始, 優化和普適化是正相關的:訓練資料的損失越低, 測試資料的損失也越低。這時候, 模型仍處於**低度配適** (underfit) 狀態, 還有進步的空間, 因為神經網路尚未完整學到訓練資料中的共同特徵。但經過數個訓練週期的進步後, 普適化表現會逐漸停止改善, 同時驗證指標停滯不前並開始變差, 於是模型開始過度配適。也就是說, 模型已額外學習了一些訓練集才有的特徵, 而這些特徵在模型面對新資料時會造成干擾或誤導!

過度配適最常發生在具有雜訊 (noisy) 的資料, 也就是資料中具有不確定性 (編註:即特徵不明顯或變來變去), 或是出現次數很少的特徵 (罕見特徵, rare feature)。讓我們來看看幾個具體的例子。

具有雜訊的訓練資料

在真實世界中, 有些輸入資料就是沒用的或錯誤的。以 MNIST 資料集為例, 其中的一些圖片要麼是全黑的, 要麼就是像圖 5.2 中的樣子:

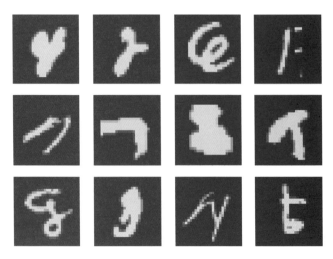

▲ 圖 5.2 在 MNIST 資料集中的詭異圖案
(編註:看不出是什麼數字, 對訓練毫無幫助)

這些是什麼東西?我也不知道, 但它們都是 MNIST 訓練集中的一部分。更糟的是, 有些圖片的標籤是錯誤的, 如圖 5.3 所示。

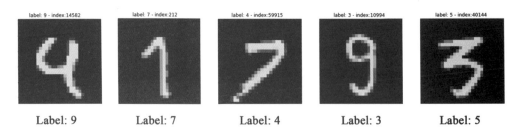

▲ 圖 5.3 標籤錯誤的 MNIST 訓練樣本

如果在訓練過程中, 模型針對這些**離群值** (outlier) 學習, 普適化表現自然會下降 (參見圖 5.4)。

小編補充 ：我們可將圖 5.4 中, 位於右側的兩個白點視為離群值, 因它們與其它白點有顯著不同的分佈情況。若模型 (以此圖來說, 即虛線) 嘗試擬合這兩個點, 就會發生過度配適, 進而降低普適化表現。同理, 圖 5.2 和圖 5.3 中的這些訓練樣本也是離群值, 因為它們和訓練集中有著相同標籤的樣本長得一點都不像！若模型嘗試去擬合這些樣本, 就會學習到錯誤的資訊。

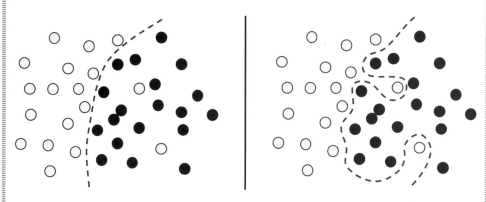

▲ 圖 5.4 處理離群值的方式：穩健擬合 (robust fit, 左圖) vs. 過度配適 (右圖)。
編註：在左圖中, 模型只學到群體特徵而尚未學到離群特徵, 所以較能普適化。

模糊特徵

　　並非所有雜訊都是由不準確性 (編註：例如前述特徵模糊或標籤錯誤的資料) 所產生, 當處理的問題本身就具備不確定性或模棱兩可時, 就算是字跡清晰、標籤正確的資料也可能是雜訊。在分類任務中, 經常可以看到輸入特徵空間的某些區域內混雜著多種分類 (編註：這是由於區域中資料的判斷特徵不明確, 因此標示的答案也變來變去)。例如我們要開發一個模型來判斷香蕉的熟度：青澀、成熟、熟透。由於這些類別之間沒有清晰的界線, 因此不同人在處理同一張圖片時, 給出的標籤或許會有所差異。此外, 許多問題的答案具有隨機性, 例如雖然可以使用氣壓數據來預測明天是否下雨, 但同樣的數據未必每次都有同樣的結果, 中間就是存在一些變動的可能性。

　　對於特徵空間中模糊地帶的資料, 如果模型對訓練資料學的太過深入, 那麼很可能發生如圖 5.5 所示的過度配適問題。比較穩健 (robust) 的模型會忽略訓練資料中個別的資料點, 並從大處著眼。

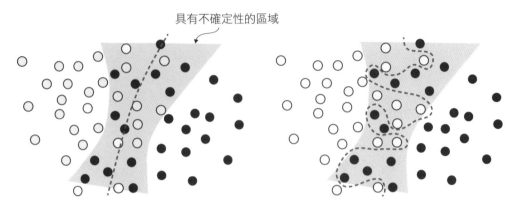

具有不確定性的區域

▲ 圖 5.5　對於特徵空間中, 模糊區域的處理方式：穩健擬合 (左圖) vs. 過度配適 (右圖)

罕見特徵 (rare feature) 與虛假關聯 (spurious correlation)

如果我們一生中看過很多貓但只看過兩隻橘貓, 而碰巧它們都很孤傲、不喜歡社交, 也許就會直接推論：橘貓都很孤傲。這就是過度配適；如果我們見過更多各種顏色、各式各樣的貓 (包括更多的橘貓), 我們就會知道貓的顏色和個性並無明確關聯。

同樣地, 使用包含罕見特徵 (編註：只出現在少數樣本中的特徵) 的資料集來訓練模型, 也很可能出現過度配適。以語義分類 (sentiment classification) 任務來說, 如果「cherimoya」(安地斯山脈上的原生水果) 一詞只出現在訓練資料中的單一文本中, 同時該文本的語義偏向負面, 那麼設計不良的模型就很可能在「cherimoya」跟負面語義之間建立關聯, 以至於將包含該單詞的新文本直接判定成負面語義, 儘管我們很清楚這種水果跟語義沒什麼關係。

還有一點很重要：並非只有罕見特徵會出現**虛假關聯** (spurious correlation)。假設某個詞出現在訓練資料中的 100 個樣本, 其中有 54% 與正面語義有關, 剩下的 46% 與負面語義有關。這中間的差異在統計上是可忽略的 (編註：因為每次隨機取樣都可能多一點或少一點), 但模型很可能會將該特徵用於分類任務中 (編註：因為模型並沒有看過訓練集以外的資料, 所以會將這 8% 的差異視為普遍存在的差異), 這就是常見的過度配適原因。

接下來, 我們會以 MNIST 資料集來說明一個驚人的例子。首先, 將原有資料中的樣本維度從 784 維擴增到 1568 維 (串接新建的 784 個維度, 其中的數值都是亂數)。因此, 該資料集中有一半的資料都是雜訊。為了進行比較, 我們再另外準備一個新的資料集, 其同樣是在原有的 MNIST 資料之上, 串接新建的 784 個維度, 不過其中的數值都是 0。值得一提的是, 我們新增的這些特徵不會影響資料所代表的資訊, 換言之, 人類的分類準確度並不會因為這些特徵而有所變化 (編註:原本是數字 1 的樣本, 在擴增資料維度之後, 你還是可以看出來它是數字 1)。

> **小編補充**:回顧一下, 在第 2 章處理 MNIST 資料集的案例中, 我們會對讀入的訓練資料集進行重塑。原始訓練資料集是一個 shape 為 (60000, 28, 28) 的 3 軸陣列, 其中 60,000 代表樣本數目, 而每一個樣本 (圖片) 的高度和寬度皆為 28。接著, 我們使用 reshape() 方法將其重塑成 shape 為 (60000, 28*28) 的 2 軸陣列, 因此, 每一個樣本就會是 784(28*28) 維的向量。在程式 5.1 中, 我們則會為每個訓練樣本額外加上 784 個維度, 使其成為 1568 維的向量。換言之, 程式 5.1 所產生的新資料集會是一個 shape 為 (60000, 1568) 的 2 軸陣列。

程式 5.1　在 MNIST 資料集中新增維度

```
from tensorflow.keras.datasets import mnist
import numpy as np

(train_images, train_labels), _ = mnist.load_data()    ◄┐
                                            載入 MNIST 訓練資料
train_images = train_images.reshape((60000, 28 * 28))  ◄── 重塑訓練資料
train_images = train_images.astype("float32") / 255    ◄── 轉換資料型別

train_images_with_noise_channels = np.concatenate(  ◄┐
                                        串接新建的 784 個維度,
                                        其中的數值都是亂數
    [train_images, np.random.random((len(train_images), 784))], axis=1)

train_images_with_zeros_channels = np.concatenate(  ◄┐
                            串接新建的 784 個維度, 其中的數值都是 0
    [train_images, np.zeros((len(train_images), 784))], axis=1)
```

現在, 讓我們以這兩個新的資料集來訓練第 2 章的模型。

程式 5.2　用新的資料集來分別訓練模型

```
from tensorflow import keras
from tensorflow.keras import layers

def get_model():          ← 建立並傳回第 2 章介紹過的模型
    model = keras.Sequential([
        layers.Dense(512, activation="relu"),
        layers.Dense(10, activation="softmax")
    ])
    model.compile(optimizer="rmsprop",
                  loss="sparse_categorical_crossentropy",
                  metrics=["accuracy"])
    return model

model = get_model()       ← 建構模型
history_noise = model.fit(
    train_images_with_noise_channels, train_labels,  ← 用第一個新資料
                                                        集來訓練
    epochs=10,                ← 訓練週期為 10
    batch_size=128,           ← 批次量為 128
    validation_split=0.2)     ← 保留 20% 的資料做為驗證資料

model = get_model()           ← 再次建構一個模型
history_zeros = model.fit(
    train_images_with_zeros_channels, train_labels,  ← 用第二個新資料
                                                        集來訓練
    epochs=10,
    batch_size=128,
    validation_split=0.2)
```

接下來, 比較看看利用不同資料集訓練同樣的模型後, 在驗證準確度上的變化曲線。

程式 5.3　繪製驗證準確度以進行比較

```
import matplotlib.pyplot as plt
val_acc_noise = history_noise.history["val_accuracy"]
val_acc_zeros = history_zeros.history["val_accuracy"]
epochs = range(1, 11)
plt.plot(epochs, val_acc_noise, "b-",
                              ↑
                       繪製藍色的實線
        label="Validation accuracy with noise channels")
```

▶接下頁

```
plt.plot(epochs, val_acc_zeros, "b--",
                                ↑
                          繪製藍色的虛線
        label="Validation accuracy with zeros channels")
plt.title("Effect of noise channels on validation accuracy")
plt.xlabel("Epochs")
plt.ylabel("Accuracy")
plt.legend()
```

　　儘管這兩組資料蘊涵相同的有效特徵資訊, 但所訓練出的模型在驗證準確度卻有 1 個百分點的差距 (參見圖 5.6)：這個差距來自於虛假關聯。當你加入越多雜訊 (亂數), 準確度就會越低。

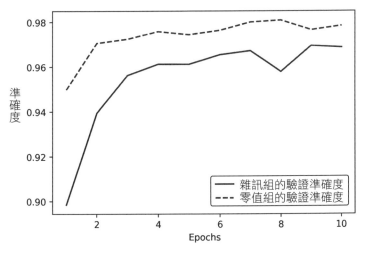

▲ 圖 5.6　雜訊資料對驗證準確度的影響

　　雜訊幾乎都會造成過度配適, 因此, 若不確定手上的各種特徵是有用的或無用的, 通常會在訓練之前進行**特徵挑選** (feature selection)。例如先前在分類 IMDB 影評時, 我們只選用前 10,000 個常用字, 這就是一種比較簡單的特徵挑選方式。常見的做法是先對每個特徵計算出一個分數(某種特徵與任務間關聯性的量測, 例如特徵與標籤之間的**相互資訊** (mutual information, MI分數)), 並只保留分數在閾值之上的特徵。如果在先前的例子中採用此做法, 就可以過濾掉雜訊。

5-1-2 普適化在深度學習中的本質

事實上, 只要模型具備足夠的學習能力 (資料表徵轉換能力, representational power), 便可以持續訓練到能夠擬合任何的資料。

如果你不相信, 可以嘗試把 MNIST 資料集的標籤打亂, 然後重新訓練一次。現在, 輸入圖片中的數字和標籤已經沒有關聯了, 不過若我們使用現在的資料來訓練一個小模型, 還是可以看到訓練損失值會隨訓練推進而持續下降。想當然爾, 驗證損失值不會持續下降, 因在這個狀況下, 根本學不到可以普適化的規則。

> **小編補充**: 由於答案是隨機亂給的, 所以訓練資料中並不存在普適化的規則。模型在不斷訓練之後, 也只能學到「在訓練資料內才有」的特殊規則。換句話說, 設計良好的模型只會盡力從訓練資料中學習規則 (找出各種規則來將樣本與答案關連起來), 以降低損失並提高準確度, 至於這些規則是否能普適於其他未見過的資料, 模型就完全無法掌握了。

程式 5.4 訓練模型來擬合標籤打亂後的 MNIST 資料集

```
(train_images, train_labels), _ = mnist.load_data()
train_images = train_images.reshape((60000, 28 * 28))
train_images = train_images.astype("float32") / 255

random_train_labels = train_labels[:]
np.random.shuffle(random_train_labels)  ← 打亂訓練標籤的順序

model = keras.Sequential([
    layers.Dense(512, activation="relu"),
    layers.Dense(10, activation="softmax")
])
model.compile(optimizer="rmsprop",
              loss="sparse_categorical_crossentropy",
              metrics=["accuracy"])
model.fit(train_images, random_train_labels,
                    ↑
          傳入順序已打亂的訓練標籤
          epochs=100,
          batch_size=128,
          validation_split=0.2)
```

小編補充：

以上程式在 Colab 中的執行結果如下 (訓練了 100 週期)：

…(略)

Epoch 100/100

375/375 [===] - 2s 4ms/step - loss: **0.5197** - accuracy: **0.8316** - val_loss: **7.3617**
- val_accuracy: **0.1014**

　　事實上，我們根本不需要這麼麻煩：只需產生一些雜訊輸入，然後為這些輸入隨機賦予標籤。只要模型參數夠多，就可以成功擬合這些隨機資料。最終，模型會直接把輸入和標籤之間的關係死背起來，功能就類似 Python 的字典。

　　如果真是如此，深度學習模型要如何普適化？它們不是只學到輸入和標籤的特定關係嗎？對於從未見過的新輸入，我們應該期待得到什麼結果？

　　事實證明，普適化的本質跟深度學習模型本身沒有太多關係，反而跟真實世界中資訊的結構有關，來看看是怎麼回事吧！

流形假說 (manifold hypothesis)

　　MNIST 分類器的輸入(在預處理前) 是一個 28×28 的整數陣列，其中的數值介於 0 到 255。因此輸入的可能值多達 256^{784} 種：比全宇宙的原子總數都多。然而，在這麼多可能的樣本中，只有極少比例會是有效的 MNIST 樣本 (編註：可以辨識出是某個數字)。換言之，手寫數字的表示空間在所有可能的 28×28 整數陣列之原始空間 (parent space) 中，只佔了很小的**子空間** (subspace)。此外，子空間並非由原始空間中隨機四散的位置所組成，而是具有高度的結構性 (編註：會彼此連續地聚集在一個區域中，詳見下段說明)。

　　首先，有效手寫數字組成的子空間是**連續** (continuous) 的：隨便拿出一個樣本，對其稍作修改，也還是能辨認出是同一個數字 (編註：因為新樣本只做小量修改，所以和原樣本在子空間中的位置很接近，而同一數字的絕大多數樣本都會連續地聚集在同一個區域中)。其次，在有效子空間內，各數字所在的區域之間會以平滑路徑所連結 (編註：就是以平滑漸變的方式相連接)，由此方式組成整個子空間。因此，對於從 MNIST 資料集中隨機取出的兩個數字 (數字 A 和數字 B) 而言, 會存在一系列的「中間圖像」, 使數字 A 可以漸變成數字 B (參見圖 5.7)。其中可能會有模稜兩可的圖像 (編註:有點像數字 A, 也有點像數字 B), 但這些圖像也長得很像數字。

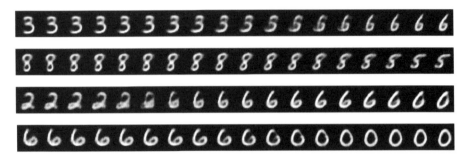

▲ 圖 5.7　不同 MNIST 數字之間可以平滑轉換, 代表手寫數字的空間構成了流形。本圖是透過第 12 章的程式來生成

　　從技術觀點來看, 我們可以說手寫數字在 28×28 的整數陣列空間中構成了一個**流形** (manifold)。這個名詞看起來很嚇人, 不過概念很簡單:所謂的流形, 就是由原始空間中某些「線性子空間 (歐幾里得空間)」所形成的低維度子空間。舉例來說, 平面上的一條平滑曲線就是 2 維空間中的 1 維流形, 因在這條曲線上的任意一點都可以畫出一條切線 (每個點的切線連起來, 就可以近似於該曲線), 而在 3 維空間中的平滑曲面就是 2 維流形, 依此類推。

　　更簡單的說, **流形假說** (manifold hypothesis) 認為:所有自然資料在其所處的高維空間中, 都可以被排列 (編碼) 到一個低維度的流形上。這個假說涵蓋了整個宇宙裡的資訊結構, 可以說是非常武斷的說法。不過就我們所知, 這個假設一直都是正確的, 而且這也是深度學習能發揮作用的原因。對於 MNIST 資料集是如此, 對於人臉辨識、植物形態學、人聲辨識, 甚至自然語言分析也是如此。

　　流形假說表示:

● 機器學習模型只需擬合 (學習) 其輸入空間中的潛在流形 (latent manifold) 即可, 在這些潛在子空間中的資料相對比較簡單、低維度、且具有高結構性。

● 在這些流形中, 兩個樣本之間必然可進行**內插** (interpolate), 也就是說, 可以沿著一條連續的路徑將一個樣本漸變成另一個樣本, 而該路徑上所有的樣本都位在流形內。

樣本之間可以內插的特性, 就是理解深度學習中普適化能力的關鍵 (編註: 也就是說, 訓練樣本只要涵蓋的範圍夠廣即可, 而不用很密, 因為任何樣本只要位在其所涵蓋的範圍之內即可一體適用)。

以內插法作為普適化的基礎

如果我們現在處理的資料點可進行內插, 那麼就可以藉由將新資料點連結到流形上相近的其它點, 進而理解這些從未見過的資料點。換句話說, 我們可以靠空間的有限樣本來理解空間的**整體性** (totality), 做法就是利用內插法來填滿其中的空白。

請注意! **潛在流形**的內插法和**原始空間**中的線性內插法不一樣 (參見圖 5.8)。舉例來說, 取兩張 MNIST 圖片像素的平均值, 得到的結果通常不會是有效的數字。

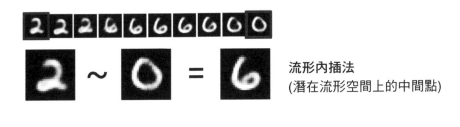

流形內插法
(潛在流形空間上的中間點)

線性內插法
(直接在編碼空間上
進行算術平均)

▲ 圖 **5.8**　潛在流形內插法 (上圖) vs. 線性內插法 (下圖): 數字潛在流形上的每個點都是有效的數字樣本, 但直接對兩個樣本的像素取平均 (線性內插法) 通常無法得出有效的數字樣本。

小編補充: 以上二種方法同樣都是內插法, 但所處的空間不同。潛在流形空間是由原始空間中萃取出來的低維度子空間, 其資料具備集中且連續漸變的特性, 因此可用內插法來取得中間值, 再還原到原始空間中而成為漸變的中間樣本; 而原始空間則不具備這樣的特性, 不適用內插法!

即使深度學習可以透過在近似的資料流形 (在訓練時所學到的)進行內插, 從而實現普適化目標, 但直接假設內插法就是實現普適化的全部依據是錯誤的。我們所看到的不過是冰山一角。內插法只能幫我們理解那些與「已見過事物**非常相近**」的對象, 這個性質讓我們可以實現**局部普適化** (local generalization)。對於那些與「已見過事物**不太相近**」的對象, 其實也有可能普適化, 例如人類總是能面對各種千奇百怪、極度新穎的事物, 而且還處理得不錯。我們在經歷各種狀況之前, 不見得都需要經過訓練。你的每一天和先前經歷過的每一天都不一樣, 也和其它人所經歷過的每一天不一樣。你可以在紐約生活一個星期, 然後下一週移到上海生活, 接又在新德里住上一個星期, 而不需要先花大量時間學習或演練怎麼在這些地方生活。

換言之, 人類極度擅長發揮普適化能力, 這不只是由內插法所所驅動, 更是得歸功於**認知機制** (cognitive mechanism):如抽象化、符號化、邏輯推論、建立常識、先驗知識等, 我們通常把它們統稱「理性」, 以有別於「直覺」或「樣式認知 (pattern recognition)」。後者比較接近於本質上的內插法, 但前者不是。對於人類智慧來說, 兩者都極其重要, 我們會在第 14 章中多加說明該主題。

為何深度學習能運作

回憶一下, 我們在第 2 章曾以一顆揉成球的紙團為例。該情境中的紙張就代表了 3 維空間裡的 2 維流形 (見圖 5.9)。深度學習模型就是用來攤平紙團, 也就是解開 (disentangling) 潛在流形的工具。

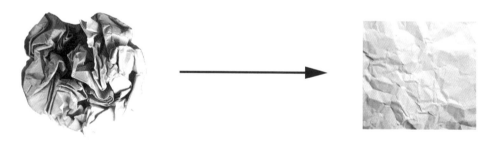

▲ 圖 5.9　將複雜的資料攤平成簡單流形

基本上, 深度學習模型是一個非常高維的曲線。該曲線是連續且平滑的 (其結構與能力取決於模型本身的設計架構), 如此才能具備可微分的特性。這條曲線可透過梯度下降來平滑、漸進地擬合資料點。從本質來看, 深度學習的過程就是刻畫出一個巨大、複雜的曲線 (也就是流形), 並逐步調整參數, 直到擬合大部分的訓練資料點。

我們可以讓這個曲線擁有足夠的參數來擬合任何事物:只要訓練的時間夠長, 模型最後會把所有訓練資料死背起來, 並因此完全失去普適化的能力。然而, 我們所要擬合的資料, 並不是遍佈整個空間的稀疏獨立點, 而是處於輸入空間內部的高度結構化、低維度的流形 — 這就是流形假說的內容。此外, 在將模型曲線用梯度下降法來擬合訓練資料的流形時, 曲線總是漸進且平滑地變動, 因此在訓練中存在中間點 (intermediate point), 在該點上模型可以大致逼近普遍資料的自然流形 (即達到**穩健擬合**的狀態, 見圖 5.10)。

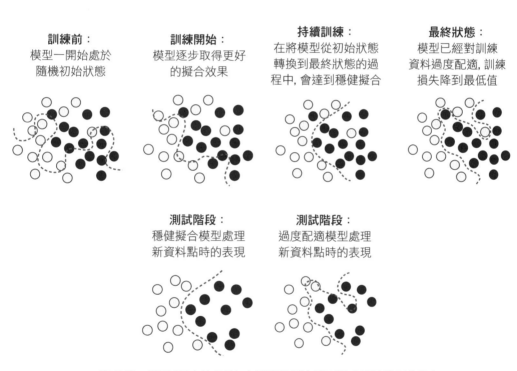

▲ 圖 5.10　模型 (圖中的曲線) 由**隨機模型**演變到**過度配適模型**的過程。在演變過程的某個中間點, 模型會達到**穩健擬合** (robust fit) 的狀態

沿模型學到的曲線移動, 會和在真實的資料流形上移動的狀況很接近。如此一來, 模型就可以透過在既有的訓練資料點之間進行內插, 處理未曾見過的輸入。

深度學習模型除了擁有足夠的表徵能力, 還具備以下特性, 使其非常適合用來學習潛在流形:

● 深度學習模型會在輸入與輸出之間建立一個連續且平滑的映射關係。這是因為模型必須可微分, 否則就無法進行梯度下降了。這個平滑的性質有助於逼近潛在流形 (它也具備同樣的性質)。

● 設計良好的深度學習模型可以結構化地映射訓練資料的「資訊形狀」(the "shape"of the information)。該特性特別適用在影像處理模型 (將在第 8、9 章討論) 以及序列處理模型 (第 10 章) 中。更廣泛地說, 深度學習模型會以階層化及模組化的方式來架構所學到的表示法, 而這與自然資料的組織方式是很相似的。

訓練資料是一座必須跨越的大山

儘管深度學習天生就適合**流形學習** (manifold learning), 但普適化能力主要還是取決於資料的自然結構, 而非模型的特性。只有當資料流形中的點可以內插, 我們才有可能進行普適化。資料中的特徵越清晰、越沒有雜訊干擾, 普適化的能力就會越好, 這是因為輸入空間變得更簡單且有著較佳的結構。想要提升普適化表現, **資料篩選** (data curation) 和**特徵工程** (feature engineering) 是不可或缺的。

更進一步說, 由於深度學習就是曲線擬合的過程, 因此若要模型表現良好, 最好可以在輸入空間中**密集抽樣** (dense sampling), 並用抽樣出的資料來訓練模型。所謂的「密集抽樣」, 是指訓練資料應該密集地涵蓋整個輸入空間的流形 (見圖 5.11), 尤其是在**決策邊界** (decision boundary) 附近。有了足夠多的參考樣本後, 模型在遇見全新樣本時, 就能夠在過去的訓練資料中進行內插, 而不是靠常識、抽象思考、或是參考外部知識來尋找答案 (畢竟, 這些東西都是機器學習模型無法取得的, 它們能仰賴的只有訓練資料)。

原始的潛在空間

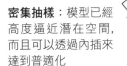

稀疏抽樣：模型所學不足以貼合潛在空間, 以至於得出錯誤的內插結果

密集抽樣：模型已經高度逼近潛在空間, 而且可以透過內插來達到普適化

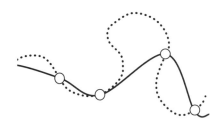

▲ **圖 5.11** 　要讓模型具備精準的普適化能力, 就必須在輸入空間內進行密集抽樣

因此, 我們應當時刻記得, 若想模型表現得更好, 就得提供更多或更好的資料 (必須是好資料, 因為如果新增的資料充滿雜訊或不正確, 反而會不利於普適化)。輸入資料流形上更密集的覆蓋範圍, 將產生一個普適化能力更好的模型。由於模型就只能夠單純地在訓練樣本間進行內插, 因此我們要想盡辦法讓模型能夠更簡單正確地進行內插。你將什麼放入模型中, 模型就會產生什麼給你: 這一切都取決於模型的設計架構, 以及你用什麼資料來訓練它。

當無法取得更多資料時, 我們能做的就是調降模型所能容納的資訊, 或是在模型的擬合曲線上加入一些限制 (編註: 例如在某些位置加入最大/最小值限制)。如果讓模型只能記憶很有限或很常見的態樣, 在優化過程中就會強迫模型只專注在最突出的態樣, 這樣就比較有可能提升普適化能力。這種對抗**過度配適**的方法叫做**常規化** (regularization), 在第 5-4-4 節會談到這個部分。

在調整模型來提升其普適化能力前, 我們需要先評估當前模型的表現。接下來, 你將學到如何在模型的開發過程中監控其普適化能力, 該過程也稱作**模型評估** (model evaluation)。

5-2 評估機器學習模型

只有我們觀察得到的內容, 我們才有辦法控制。既然我們的目標是要訓練出有能力「識別新資料」的模型, 那麼我們就得先具備能有效評估模型「識別新資料」能力的工具。本節會介紹各種評估模型的方式, 你已見過其中的大部分。

5-2-1 訓練集、驗證集和測試集

為了評估模型, 我們通常會將手上的資料分為三組:訓練集、驗證集和測試集。我們利用訓練集來訓練模型, 並以驗證集來評估模型。一旦模型訓練並評估滿意之後, 即可用測試集進行最後的評估測試。

或許你會問說, 為什麼不直接使用訓練集和測試集這兩組資料就好?使用訓練資料訓練模型, 並用測試資料評估模型, 這樣做似乎更簡單!

原因是在開發模型的過程中, 一定會需要調整模型的結構, 例如:模型要有多少層 (深度), 或每一層的規模要多大 (多少個神經單元, 即寬度) 等等, 這些稱為模型的**超參數** (hyperparameter), 以便和神經網路的**權重參數** (weight parameter) 作區分。我們可以將模型在驗證資料上的表現, 作為回饋資訊來調整模型超參數。這種調整也是學習的一種, 本質上就是根據驗證集表現, 在超參數空間中找尋最佳配置。因此, 即使模型從未直接用驗證集來訓練, 也可能會對驗證集過度配適 (overfitting to the validation set)。

這種現象稱作**資訊洩漏** (information leak)。每次根據模型在驗證集上的表現, 進而調整模型的超參數時, 和驗證資料相關的一些資訊就會洩漏到模型中。如果僅調整一次, 則只會洩漏極少量資訊, 此時驗證集尚可保持評估模型的可靠度。但是如果重複進行多次調整, 也就是多次執行實驗並根據驗證結果修改模型, 那麼將洩漏越來越多和驗證集相關的資訊到模型中。

在訓練與調整工作結束時, 最終會得到一個經過人工調整而對驗證資料表現良好的模型, 這就是我們優化模型的結果。我們在意的是模型對全新資料, 而不是驗證集資料 (更不是訓練集資料) 的表現, 因此需要使用完全不同、且未曾使用過

的資料集來評估模型, 也就是測試資料集。我們的模型不應該直接或間接取用有關測試集的任何資訊。如果針對測試集的表現而對模型進行調整, 可能會因此而高估了其普適化的成效。

　　將資料拆分為訓練集、驗證集和測試集可能看起來很簡單, 就直接切割就好了；但如果你的資料不足, 就可能需要採用一些進階的方法來處理。讓我們先來看看 3 個評估模型的經典方法：**簡單的拆分驗證** (simple holdout validation)、**K折驗證** (K-fold validation) 和**多次洗牌的K折驗證** (iterated K-fold validation with shuffling)。

簡單拆分驗證 (Simple holdout validation)

　　就如前文所述, 如果只把資料分為訓練集和測試集, 然後用訓練集進行訓練, 並以測試集來調整模型, 這樣是行不通的。因此, 需要由訓練集再切出一部分資料作為驗證集, 然後用驗證集來調整模型超參數。

　　拆分驗證集的概念如圖 5.12 所示 (編註：這裡已拿走測試集了), 而程式 5.5 簡單展示了實作過程。

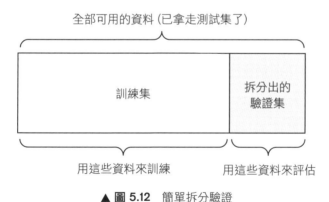

全部可用的資料 (已拿走測試集了)

訓練集

拆分出的驗證集

用這些資料來訓練　　　　　用這些資料來評估

▲ 圖 5.12　簡單拆分驗證

程式 5.5	簡單拆分驗證 (為了方便處理, 此處省略了處理標籤的流程)

```
num_validation_samples = 10000  ◀── 設定驗證集樣本數為 10000 筆
np.random.shuffle(data)  ◀────── 打亂樣本的順序
validation_data = data[:num_validation_samples]  ◀┐
                              抽取前 10000 筆樣本為驗證集
```

▶接下頁

```
training_data = data[num_validation_samples:]  ◄── 剩餘的樣本為訓練集
model = get_model()◄── 建構模型 (請參考程式 5.2)
model.fit(training_data, ...)  ◄── 以訓練集資料來訓練模型
validation_score = model.evaluate(validation_data, ...) ◄┐
                                                  以驗證集來評估模型

...  ◄── 調整模型 (編註：即調整程式 5.2 的 get_model() 函式中的模型超參數),
        再進行訓練與評估, 然後再調整模型, 不斷重複直到對驗證分數滿意

model = get_model()  ◄── 重新建構模型, 此時 get_model() 函式中的
                        模型超參數都已手工調整到最佳值
model.fit(np.concatenate([training_data, validation_data]), ...) ◄┐
                            當完成超參數的調整後, 通常會用測試資料以外
                            的資料 (訓練集＋驗證集) 再重新訓練一次, 此處使
                            用 np.concatenate() 將訓練集和驗證集合併在一起

test_score = model.evaluate(test_data, ...)  ◄── 測試模型
```

這是最簡單的評估方式, 但有一個缺陷：如果可用的資料很少, 那麼驗證集和測試集的樣本也會很少, 進而導致統計代表性不足。這個問題很容易檢查：在訓練前, 我們會先打亂資料順序 (洗牌), 然後再取出驗證的樣本, 若每次重新洗牌後所訓練出的模型表現差異很大, 那多半表示手上的資料太少了。以下提供兩個方法來解決這問題, 分別為K折驗證和多次洗牌的 K 折驗證。

K折驗證 (K-fold validation)

使用 K 折驗證法前, 要先將資料拆分為相同大小的 K 個區塊。接著, 輪流選取每一個區塊做為驗證集, 並以其餘的 K-1 個區塊來重新訓練模型, 訓練完成後再將該次訓練最後的驗證分數保存起來。在經過 K 次的選取及訓練之後, 我們取每一次分數的平均值為最終分數, 然後參照此分數來調整模型的超參數。當模型表現會因為資料的隨機拆分產生顯著差異時, K 折驗證法可適時解決這個問題。與拆分驗證法一樣, 本方法還是有使用驗證集 (使用 K 個不同驗證集的平均分數)來進行模型調校。

K 折交叉驗證的概念如圖 5.13 所示, 而程式 5.6 簡單展示了實作過程。

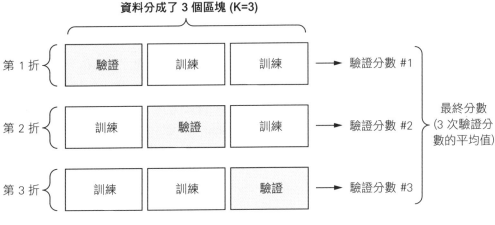

資料分成了 3 個區塊 (K=3)

第 1 折	驗證	訓練	訓練	→ 驗證分數 #1
第 2 折	訓練	驗證	訓練	→ 驗證分數 #2
第 3 折	訓練	訓練	驗證	→ 驗證分數 #3

最終分數
(3 次驗證分
數的平均值)

▲ 圖 5.13　K折驗證 (其中 K=3)

程式 5.6　K 折交叉驗證 (此處 K=3)

```
k = 3
num_validation_samples = len(data) // k   ← 算出每個區塊內的資料樣本數
np.random.shuffle(data)
validation_scores = []
for fold in range(k):                              選擇驗證資料區塊
    validation_data = data[num_validation_samples * fold:
                     num_validation_samples * (fold + 1)]
    training_data = np.concatenate(
        data[:num_validation_samples * fold],      使用剩餘的資料
        data[num_validation_samples * (fold + 1):])  做為訓練資料
    model = get_model()   ← 建立一個全新的模型(未經訓練)
    model.fit(training_data, ...)              取得驗證分數
    validation_score = model.evaluate(validation_data, ...) ←
    validation_scores.append(validation_score) ←  將每一折的驗證
validation_score = np.average(validation_scores) ← 分數存進串列
                          最終驗證分數是每一折驗證分數的平均值
```

> **編註：**以上程式可不斷重複進行, 並依照上一行的**最終驗證分數**來調校模型, 直到滿意為止。然後再進行以下程式, 用調好參數的最佳模型重新進行完整訓練, 並用測試集評估成效：

```
model = get_model()   ← 重建模型 (其超參數已人工調整到最好了)
model.fit(data, ...)  ← 使用所有的非測試資料進行訓練
test_score = model.evaluate(test_data, ...) ← 使用測試集做最後的評估
```

多次洗牌的K折驗證 (Iterated K-fold validation with shuffling)

這方法適用於資料量不足, 且需要盡可能精確地驗證 (評估) 模型的情況。我們發現它在 Kaggle 比賽中非常有用, 其方式是多次應用 K 折驗證, 在每次分割 K 個區塊前均重新對資料洗牌, 而最終驗證分數則是所有驗證分數的平均值 (編註：假設做了 P 次洗牌, 則是取 P×K 次分數的平均值)。請注意, 過程中每次要訓練和評估 P×K 個模型 (就是做 P 次 K 折驗證), 因此運算成本會高很多。

5-2-2 打敗基準線

在了解不同驗證方式後, 你還要知道如何使用**基準線** (baseline)。

訓練模型就像是按下一個按鈕, 在平行世界中發射火箭, 我們聽不到也看不到這個過程。我們無法觀察流形學習的過程, 它發生在有著數千維的空間中。就算我們能將這個高維空間投射到 3 維世界, 我們也無法解讀。唯一可以得到的回饋就是驗證分數, 舉例來說：這台隱形火箭上的高度計。

回到深度學習模型的案例：若模型給出的準確度 (編註：我們唯一可以得到的回饋) 是 15%, 那這樣的表現算好嗎？在開始處理資料集之前, 我們應該先選個大致的基準線, 然後以此基準為模型要超越的目標。如果模型表現超過基準線, 就知道我們做對了並可繼續往下走, 也就是說, 我們的模型確實利用輸入資料中的資訊來做出正確預測。這個基準線可以是任何分類器的準確度, 或其他任意非機器學習技巧的表現分數。

例如, 在 MNIST 數字辨識的例子中, 最基本的驗證準確度至少應該要比 10% 高 (10 個數字的隨機猜對率就是 10%)；在 IMDB 影評分類的例子中, 驗證準確率至少要超過 50% (只有正面和負面兩個類別)；在路透社新聞主題分類的例子中, 由於有樣本不平衡的問題, 因此隨機猜測的準確度會落在 18%-19% (詳見第 4 章)。如果你正在處理二元分類問題, 其中 90% 的樣本都屬於類別 A, 剩下 10% 的樣本屬於類別 B, 那麼就算分類器始終告訴你答案是類別 A, 也能取得 90% 的驗證準確度, 不過我們希望分類器做到的遠不止這樣。

　　在處理從未有人解決過的問題時, 有一個基準線是必要的。如果連這種最基本的表現都達不到, 那麼你的模型就沒有價值了。你要麼是用了錯誤的模型, 要麼就是手上的問題不適合直接用機器學習來解決。這時, 應該再重新好好思考一番了。

5-2-3　模型評估時的注意事項

　　在選擇評估方式時, 需要注意以下事項:

● **資料代表性** (data representativeness): 我們希望訓練集和測試集都有一定的代表性, 足以反映手邊資料的分佈。例如, 假設在分類數字圖像 (數字 0~9, 共 10 個類別) 前, 先將圖像按照其中的數字大小進行排序, 並挑選前 80% 的樣本作為訓練集, 剩下 20% 的樣本作為測試集。如此一來, 便會導致訓練集中僅包含類別 0~7 的樣本;而測試集僅包含類別 8~9 的樣本。這看起來是個荒謬的錯誤, 但卻很常發生。正因如此, 在將資料拆分為訓練集和測試集前, 通常需要對資料隨機洗牌 (randomly shuffle), 使訓練集和測試集都有一定的代表性。

● **時間的方向性** (the arrow of time): 如果我們試圖從過去的資料中, 預測未來的狀態 (例如, 明天的天氣、股票走勢等), 那麼就不應該在拆分資料之前隨機打亂資料, 因為這樣會造成**時間漏失** (temporal leak), 也就是我們的模型會提前用到「之後才發生的資料」進行訓練 (導致時序錯位)。此外, 在進行具時間性的預測時, 我們應確保測試資料的發生時間是在訓練資料之後。

● **資料中的重複現象** (redundancy in your data): 如果資料中的某些資料點出現了兩次 (這在真實世界中相當常見), 然後我們將此資料打亂並拆分為訓練集和驗證集, 則可能導致訓練集和驗證集中出現相同的資料。如此一來, 就會造成使用相同資料進行訓練與驗證, 導致模型的表現不可信, 這是最糟糕的狀況！因此, 必須確保訓練集和驗證集之間沒有交集。

　　若想找一個可靠的方法來評估模型表現, 那麼首先應思考的, 是你如何監看「優化與普適化」、以及「低度配適與過度配適」之間的張力變化, 這是機器學習的核心機制。

5-3 提升模型的擬合表現

想要達到完美擬合 (perfect fit)，勢必要先經歷過度配適。我們無法預先知道邊界在哪裡，只有先越界了才能知道。因此，我們處理任何機器學習問題時的初始目標，就是訓練出一個能展現基本的普適化能力，且會發生過度配適的模型。有了這樣的模型後，我們才會開始專注在解決過度配適問題，進而提升模型的普適化能力。

一般來說，在這個階段會遇到 3 個問題：

● 訓練沒有成效，損失值始終降不下來。

● 訓練成效尚可，但沒展現出普適化能力，甚至連基準線都無法超越。

● 訓練損失與驗證損失都會隨著時間降低，表現也比基準線好，但就是無法達到過度配適，這代表模型還處於低度配適的階段。

接下來讓我們看看，要怎麼做才能夠抵達機器學習的第一個里程碑：建立具備基本普適化能力 (能夠打敗基準線)，而且會過度配適的模型。

5-3-1 調整梯度下降的關鍵參數

有時訓練就是無法順利開始 (訓練損失始終不下降)，或是損失值太早就停滯不前。這個問題一定有辦法解決：畢竟，模型連隨機資料都可以擬合。就算你提供的資料與問題無關，也還是可以訓練出一些東西：模型最後會把訓練資料死背下來。

當損失無法下降時，幾乎可以斷定是梯度下降的參數配置出了問題：例如所選擇的優化器、權重的初始值分佈、學習率或是批次量。這些參數彼此相關，因此通常調整學習率或批次量就足夠了，其他參數則當作是常數。

讓我們來看個具體的例子：以**過高的**學習率 (1.0) 來訓練第 2 章的 MNIST 模型。

程式 5.7   使用過高的學習率來訓練 MNIST 模型

```
(train_images, train_labels), _ = mnist.load_data()
train_images = train_images.reshape((60000, 28 * 28))
train_images = train_images.astype("float32") / 255

model = keras.Sequential([
    layers.Dense(512, activation="relu"),
    layers.Dense(10, activation="softmax")
])
model.compile(optimizer=keras.optimizers.RMSprop(1.),    ← 將學習率設為 1
              loss="sparse_categorical_crossentropy",
              metrics=["accuracy"])
model.fit(train_images, train_labels,
          epochs=10,
          batch_size=128,
          validation_split=0.2)
```

在該學習率下, 模型的訓練與驗證準確度很快就來到 30% 到 40% 之間, 但就是無法更進一步。接下來, 嘗試將學習率調降到比較合理的值, 例如 0.01 (1e-2)。

程式 5.8   使用合理的學習率來訓練相同模型

```
model = keras.Sequential([
    layers.Dense(512, activation="relu"),
    layers.Dense(10, activation="softmax")
])
model.compile(optimizer=keras.optimizers.RMSprop(1e-2),    ← 將學習率
              loss="sparse_categorical_crossentropy",         設為 0.01
              metrics=["accuracy"])
model.fit(train_images, train_labels,
          epochs=10,
          batch_size=128,
          validation_split=0.2)
```

調整學習率後, 訓練便能順利展開了。因此, 若你今後遇到類似的狀況, 可以嘗試以下做法:

- **降低或提高學習率**。如先前的例子所示, 假設學習率太高, 可能一不小心就超過最佳值 (編註:每次參數更新的幅度太大, 導致損失值不斷來回擺盪, 無法收斂到最低點);如果學習率太低, 訓練的進展又會太慢, 讓人誤以訓練卡住了。

- **增加批次量**。若一個批次中有更多的樣本, 就能提供更多的資訊、同時雜訊也會較少 (較低的變異量)。

最終, 你一定可以找到讓訓練能順利展開的參數配置。

5-3-2　利用既有的架構

現在, 模型已經可以擬合訓練資料了, 但是驗證準確度就是沒辦法提升。簡單來說, 我們的模型的確有在學習, 但始終無法普適化, 這到底是怎麼回事?

以上問題可能是機器學習中的最糟狀況了, 這代表我們的做法有根本性的問題, 很難立刻找出原因, 不過此處可以提供些許提點。

首先, 有可能是訓練樣本中的資訊不足以預測目標值:也就是說, 目前設定的問題是無解的。我們曾遇過類似的狀況:之前我們故意將標籤打亂, 然後再去訓練一個 MNIST 模型。事實上, 模型的訓練表現還不錯, 但驗證準確度就是卡在10%, 這是因為用來訓練的資料集 (有著錯誤的標籤) 不可能讓模型具有普適化能力。

另一種可能是, 你所使用的模型不適合用來處理手上的問題。舉例來說, 在第 10 章中你會看到**時間序列預測問題** (timeseries prediction problem) 的案例, 其中密集連接 (densely-connected) 網路的表現無論如何都無法超越基準線, 但循環神經網路 (RNN) 卻有不錯的普適化能力。因此, 為特定問題選擇合適的模型架構, 對實現普適化來說是必要的。

在接下來的章節中, 我們會學習在處理不同類型的資料 (影像、文字、時間序列等) 時, 應如何選擇適合的模型架構。一般來說, 在處理問題前都應該先看看之前的成功案例, 因為你很可能不是第一個想要解決這類問題的人。

5-3-3　提升模型容量 (capacity)

　　如果我們的模型可以擬合資料, 而且驗證損失也在下降, 這似乎就表示模型已具有某個程度的普適化能力。我們就快達到目標了, 現在要做的就是讓模型開始過度配適。

　　接下來, 我們會嘗試使用 MNIST 資料集來訓練一個很小的模型 (由單一個 Dense 密集層組成)。

程式 5.9　使用 MNIST 資料集訓練小模型

```
model = keras.Sequential([layers.Dense(10, activation="softmax")])  ←
                                      建構只有單一個 Dense 密集層的模型
model.compile(optimizer="rmsprop",
              loss="sparse_categorical_crossentropy",
              metrics=["accuracy"])
history_small_model = model.fit(
    train_images, train_labels,
    epochs=20,
    batch_size=128,
    validation_split=0.2)
```

　　使用以下程式畫出驗證損失曲線, 如圖 5.14 所示。

```
import matplotlib.pyplot as plt
val_loss = history_small_model.history["val_loss"]  ← 取得驗證損失的資料
epochs = range(1, 21)
plt.plot(epochs, val_loss, "b--",
         label="Validation loss")
plt.title("Effect of insufficient model capacity on validation loss")
plt.xlabel("Epochs")
plt.ylabel("Loss")
plt.legend()
```

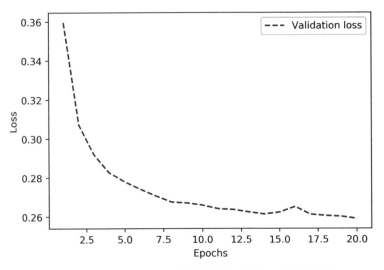

▲ 圖 5.14　模型容量不足對損失曲線的影響

　　看起來，驗證損失已經停滯不前，又或者是十分緩慢地改進，並沒有反轉的跡象 (編註：若發生過度配適，驗證損失會先達到一個最低點，然後就開始反轉回升)，驗證損失大概就停在 0.26 附近。看起來，模型的確有在擬合資料，但就算用訓練資料訓練了多個回合，卻始終無法達到過度配適的程度。

　　請記得，一定有辦法可以讓模型過度配適。如果模型無論如何都不會過度配適，那就可能是模型的**表徵能力** (representational power) 不足：此時也許需要更大的模型，也就是能夠容納更多資訊的模型。我們可以透過增加神經層數量、使用更大的神經層 (有較多的神經單元)、或選擇更適合當下問題的神經層類型 (選用更好的模型架構) 來提升表徵能力。

　　現在，讓我們訓練一個更大的模型，其中包括兩個隱藏層，它們各自包含 96 個神經單元。

```
model = keras.Sequential([
    layers.Dense(96, activation="relu"),
    layers.Dense(96, activation="relu"),
    layers.Dense(10, activation="softmax"),
])
```

▶接下頁

```
model.compile(optimizer="rmsprop",
              loss="sparse_categorical_crossentropy",
              metrics=["accuracy"])
history_large_model = model.fit(
    train_images, train_labels,
    epochs=20,
    batch_size=128,
    validation_split=0.2)
```

　　驗證曲線現在看起來符合我們的預期：一開始快速下降, 然後在 8 個週期後開始上升 (代表發生過度配適, 請見圖 5.15)。

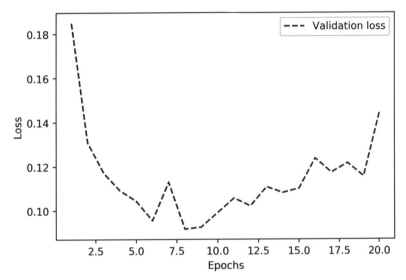

▲ 圖 5.15　當模型具有適當的容量時, 驗證損失的變化曲線

5-4 提高普適化能力

當模型看起來具備一定的普適化能力, 而且開始過度配適時, 我們就可以專注在提升普適化能力了。

5-4-1 資料集篩選 (Dataset curation)

我們已經知道, 深度學習的普適化能力源自資料本身的潛在結構。如果我們可以在樣本間平滑地內插, 那麼就有機會訓練出具備普適化能力的深度學習模型。假設你的資料本身就充滿不確定性 (例如充滿大量雜訊), 或任務根本上是離散的(例如對無連續變化關係的串列進行排序), 那麼深度學習就幫不上什麼忙。畢竟, 深度學習本質上是在擬合曲線, 而不是在變魔術。

因此, 我們必須確保資料集是符合要求的。在收集資料上投入更多金錢和心力所得到的投資報酬率, 通常會比起投資相同資源在開發更好的模型來得高。

● 確保手上有足夠的資料。請記得, 我們要對輸入空間進行密集採樣, 因為更多的資料通常可以得到更好的模型。有時, 在用了較大的資料集後, 一開始難以處理的問題也能獲得解決。

● 減少標註上的錯誤:將資料視覺化來觀察是否出現異常值 (anomalies), 並仔細檢查標籤。

● 清理資料並處理缺失值 (我們會在下一章中談到)。

● 如果手上有很多特徵, 但不知道哪些是有用的, 那麼就該先做特徵選擇。

提升普適化能力的諸多方法中, **特徵工程** (feature engineering) 是其中特別重要的一種。在大部分的機器學習問題中, 特徵工程都扮演了成功的關鍵, 請看接下來的說明。

5-4-2　特徵工程

特徵工程是在訓練模型前, 透過自身對手邊資料與機器學習演算法的理解, 直接以人工的方式去轉換資料 (而非經由機器學習) 的程序。在許多情況下, 期望模型能夠從完全任意的資料中學習是不切實際的想法。為了讓模型運作更順利、表現更出色, 資料應該以更適合模型處理的形式來呈現。

讓我們來看一個實際的例子。假設我們嘗試開發一個模型, 該模型以時鐘的影像為輸入, 並會輸出時鐘上的時間 (參見圖 5.16)。

原始資料: 像素網格		
較佳特徵: 時鐘指針的座標	{x1: 0.7, y1: 0.7} {x2: 0.5, y2: 0.0}	{x1: 0.0, y2: 1.0} {x2: -0.38, y2: 0.32}
最佳特徵: 時鐘指針的角度	角度 θ1: 45 角度 θ2: 0	角度 θ1: 90 角度 θ2: 140

▲ 圖 5.16　用於讀取時鐘時間的特徵工程

如果選擇使用原始影像作為輸入資料, 那就會遇到比較困難的機器學習問題。此時我們可能需要用一個**卷積神經網路** (convolutional neural network) 來處理, 而且要花費相當多的運算資源來訓練神經網路。

但若從宏觀的角度來看這個問題, 其實我們自己可以讀懂鐘面上的時間, 那麼就可以為機器學習演算法提供更好的輸入特徵, 例如撰寫一些 Python 程式碼來偵測指針的黑色像素, 並輸出每個指針尖端的 (x, y) 座標。然後, 搭配一個簡單的機器學習演算法, 就可以學習將這些座標與時間關聯起來了!

我們還可以作更進階的處理：用**極座標**來取代**直角坐標** (x, y)。這時, 模型的輸入會轉換成時針與分針的**角度 θ** (theta)。角度特徵會讓問題變得更簡單, 不需動用到機器學習, 只要簡單的四捨五入操作和查找 Python 字典就可以找出對應的時間了。

這就是特徵工程的本質：透過更簡單的方法來表示問題, 使問題更容易處理。同時, 讓潛在流形更平滑、更簡單、更有組織性。不過, 我們通常需要深入了解問題, 才能進行特徵工程。

在深度學習出現之前, 特徵工程曾經相當重要, 因為傳統的淺層 (shallow) 機器學習演算法沒有足夠豐富的假設空間來學習有用的特徵。這時候, 資料呈現的形式對於模型的成功與否就相當關鍵了。例如, 在卷積神經網路於 MNIST 數字分類問題上取得成功之前, 當時的解決方案通常是以人工編碼的特徵值為基礎, 例如數字影像中的圓環數、影像中每個數字的高度, 像素值的直方圖等。

還好, 深度學習減少了對大多數特徵工程的需求, 因為神經網路能夠從原始資料中自動萃取有用的特徵。但這是否代表只要使用深度神經網路, 就完全用不到特徵工程了呢？答案是否定的, 有兩個原因：

- 良好的特徵可以在使用更少資源的狀況下, 更有效地解決問題。例如, 使用卷積神經網路來解決鐘面時間的問題, 就是相當荒謬且浪費資源的。

- 良好的特徵讓我們能用更少的資料解決問題。深度學習模型自行學習特徵的能力, 是依賴於大量的訓練資料, 如果只有少量樣本, 則其特徵中的資訊就變得至關重要了。

5-4-3　使用早期停止 (early stopping)

在深度學習中, 我們很常使用**過度參數化** (overparameterized) 的模型：即模型所能提供的自由度, 遠遠超出擬合資料潛在流形的最低要求。過度參數化不是什麼問題, 因深度學習模型永遠不會完全擬合訓練資料 (若完全擬合, 得到的模型就不具備任何普適化能力)。我們總是會在達到最小的訓練損失之前, 就停止訓練。

若想提升普適化能力, 其中一個有效的做法, 就是在訓練階段找出達到最佳普適化的時間點 (正好在低度配適與過度配適之間的平衡點), 並在該點停止訓練。

在前一章中, 我們花了較長時間來訓練模型, 目的是搞清楚需要訓練多少週期才能得到最好的驗證結果, 然後我們再以這個訓練週期數, 重新訓練一次模型。這是很典型的做法, 不過我們需要做重複的事情, 有時候這樣的成本會太高。當然, 我們也可以在每一訓練週期結束時, 就把模型存起來, 一旦找出模型表現最佳的訓練週期, 就可以重複使用剛剛儲存的模型。而在 Keras 中的典型做法, 就是使用 **EarlyStopping回呼** (callback):在訓練過程中, 一旦 callback 程式發現驗證指標不再繼續提升, 就停止訓練, 然後把最佳的模型狀態儲存下來。我們將在第 7 章進行更多說明。

5-4-4　將模型常規化

常規化技巧可以避免模型過度擬合訓練資料, 讓模型在驗證階段表現得更好, 並使模型具備較佳的普適化能力。該過程稱為「將模型常規化」, 因為它讓模型變得更簡單、表現更「常規」。使用常規化後, 模型的擬合曲線會變得更平滑、也更通用, 不會為了訓練資料而「量身訂做」, 因此普適化能力較佳, 能夠更貼近資料的潛在流形。

請時刻記得, 對模型做常規化時, 需由一個準確的評估步驟來指引。只有當我們可以準確測量效果時, 才能調整出最佳的普適化能力。

現在來檢視一些最常見的常規化技巧, 並將它們應用在實際案例中, 看看能不能提升第 4 章影評分類模型的表現。

縮減神經網路的規模

我們已經認識到, 很小的模型不會過度配適。防止過度配適的最簡單方法, 就是減縮神經網路模型的大小, 即減少模型可用來學習的參數數量 (由模型的層數和每層的神經單元個數決定)。當模型的記憶資源有限時, 將很難保存太多訓練樣本與目標值之間的對應關係, 此時為了最小化損失, 模型將不得不採用萃取過的資料表示法 (編註:即挑選出較重要的表示法), 以建立對目標的預測能力, 這正是我們感興趣的表示法。同時請記住, 我們也應該讓模型擁有足夠的參數來避免低度配適, 也就是說, 我們的模型不應該過度缺乏記憶資源。因此, 我們必須在**容量過大** (too much capacity) 和**容量不足** (not enough capacity) 之間取得平衡。

不幸的是, 目前為止還沒有公式來決定最佳的層數和神經單元數。我們必須評估不同模型架構的表現 (用驗證集評估, 而非測試集), 以便找到正確的模型大小。我們通常會先從比較少的層數和參數開始, 再逐漸增加層的大小 (神經單元數) 或增加新的層, 直到驗證損失不再進步為止。

讓我們在電影評論的分類模型上試試看。先來看看原始的模型:

程式 5.10　原始模型

```python
from tensorflow.keras.datasets import imdb
(train_data, train_labels), _ = imdb.load_data(num_words=10000)

def vectorize_sequences(sequences, dimension=10000):
    results = np.zeros((len(sequences), dimension))
    for i, sequence in enumerate(sequences):
        results[i, sequence] = 1.
    return results
train_data = vectorize_sequences(train_data)

model = keras.Sequential([
    layers.Dense(16, activation="relu"),      ┐ 原始的 2 個隱藏層
    layers.Dense(16, activation="relu"),      ┘ 各有 16 個單元
    layers.Dense(1, activation="sigmoid")
])
model.compile(optimizer="rmsprop",
              loss="binary_crossentropy",
              metrics=["accuracy"])
history_original = model.fit(train_data, train_labels,
                             epochs=20, batch_size=512, validation_split=0.4)
```

現在, 嘗試使用容量較小的模型。

程式 5.11　容量較小的模型版本

```
model = keras.Sequential([
    layers.Dense(4, activation="relu"),
    layers.Dense(4, activation="relu"),        將單元數都減少為 4
    layers.Dense(1, activation="sigmoid")
])
model.compile(optimizer="rmsprop",
              loss="binary_crossentropy",
              metrics=["accuracy"])
history_smaller_model = model.fit(
    train_data, train_labels,
    epochs=20, batch_size=512, validation_split=0.4)
```

圖 5.17 比較了原始模型和較小模型在驗證損失上的變化。

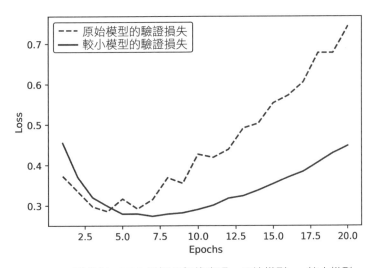

▲ 圖 **5.17**　IMDB 影評分類的表現：原始模型 vs. 較小模型

　　正如圖 5.17 所看到的，較小模型開始過度配適的時間比原始模型來得晚 (6 個週期後 vs. 4 個週期後)。另外，在開始過度配適後，其表現變差的程度比較緩慢。

　　現在，讓我們建構一個有著很大容量 (遠超問題所需) 的模型。儘管我們通常會使用過度參數化的模型，但「過多」的模型容量絕對會出問題。如果模型在訓練一開始就發生過度配適，而且驗證損失曲線波動很大，就代表模型太大了 (話雖如此，波動很大的驗證結果也可能是因為驗證過程不可靠，例如驗證集太小)。

程式 5.12　具有更高容量的模型版本

```
model = keras.Sequential([
    layers.Dense(512, activation="relu"),
    layers.Dense(512, activation="relu"),        將單元數都增加為 512
    layers.Dense(1, activation="sigmoid")
])
model.compile(optimizer="rmsprop",
              loss="binary_crossentropy",
              metrics=["accuracy"])
history_larger_model = model.fit(
    train_data, train_labels,
    epochs=20, batch_size=512, validation_split=0.4)
```

圖 5.18 比較了較大模型和原始模型在驗證損失上的變化。

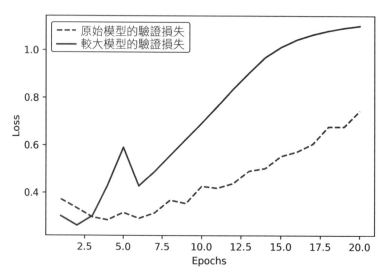

▲ **圖 5.18**　IMDB 影評分類上的表現：原始模型 vs. 較大模型

　　僅過了 1 個訓練週期，較大模型就發生過度配適，而且其驗證損失也更糟。較大模型的訓練損失很快就降至接近零，這是因為模型的容量越大，對訓練資料的學習速度就越快 (導致訓練損失很低)，但過度配適的可能性也越大 (導致訓練損失和驗證損失間存在很大差異)。

加入權重常規化 (weight regularization)

不知道你有沒有聽過**奧坎剃刀** (Occam's razor) 理論:「如果某事物有兩種解釋, 通常正確的都是最簡單的那一個、也就是假設比較少的那一個。」這個想法也適用於神經網路模型:給定一組訓練資料和一個神經網路架構, 通常簡單模型會比複雜模型更不容易過度配適。

這裡所謂的簡單模型 (simple model) 指的是參數值分佈的熵比較小 (entropy of distribution of parameter values has less entropy) 的模型 (或是參數較少的模型, 如上一節所見)。因此, 緩解過度配適的常用方法就是採用較小的權重值以限制模型的複雜性, 進而讓權重值的分佈更為**常規化** (regularized)。以上做法稱為**權重常規化** (weight regularization), 它是透過對損失函數中較大的權重加上**代價 (cost) 項**來實現, 加入代價項的模式通常有兩種:

> **小編補充**:代價項會被加到損失中, 當權重越大時代價會越高, 因而導致損失也越大。此方法可讓優化器在優化 (降低損失) 時, 不會將權重調的太高。當權重被限制在較小的範圍時, 可變化的空間也較小, 等同於另一種形式的縮減模型容量, 讓模型無法對訓練資料做太完美的擬合。

● **L1常規化** (L1 regularization):所加入的代價項和**權重的絕對值** (權重的 L1 norm) 成正比。

● **L2常規化** (L2 regularization):所加入的代價項和**權重的平方** (權重的 L2 norm) 成正比。L2 常規化也稱為**權重衰減** (weight decay)。雖然名稱上不同, 但數學上權重衰減是等同於 L2 常規化的。

> **小編補充**:**常規化** (regularization) 的理論有點複雜, 基本上就是要讓模型的預測函數不要太誇張 (不常規) 的貼近訓練集, 所以要加上一些限制。而在限制條件下求函數的極大極小值, 可以用拉格蘭日乘數法 (Lagrange multiplier) 的數學技巧來做, 有興趣的讀者可以參考這方面的資料去研究, 此處的 L1 和 L2 是這樣的:
>
> · **L1 常規化**就是在損失函數加上 $\lambda \sum_i |w_i|$ 項:
>
> · **L2 常規化**就是在損失函數加上 $\lambda \sum_i w_i^2$ 項:
>
> ▶接下頁

並且, Keras 在做 L1、L2 常規化時, $\lambda \sum_i |w_i|$ 或 $\lambda \sum_i w_i^2$ 這一項只有在訓練時會使用, 然後在驗證時 (當然包含測試及之後) 會自動拿掉, 所以損失函數中的 w_i 就會更小了!

在 Keras 中, 只要用指名參數的方式把**權重常規化物件**傳入神經網路層就可以了。現在讓我們將 L2 權重常規化加入一開始的影評分類模型中:

程式 5.13　將 L2 常規化加入模型中

```
from tensorflow.keras import regularizers
model = keras.Sequential([
    layers.Dense(16,
                 kernel_regularizer=regularizers.l2(0.002),    ←
                 activation="relu"),            加入 L2 權重常規化, 並將常規
    layers.Dense(16,                            化因子設為 0.002 (見下文説明)
                 kernel_regularizer=regularizers.l2(0.002),
                 activation="relu"),
    layers.Dense(1, activation="sigmoid")
])
model.compile(optimizer="rmsprop",
              loss="binary_crossentropy",
              metrics=["accuracy"])
history_l2_reg = model.fit(
    train_data, train_labels,
    epochs=20, batch_size=512, validation_split=0.4)
```

l2 (0.002) 表示該層的權重矩陣中, 每個權重值都會加上「(0.002*權重值) 的平方」到模型的總損失值上。請注意!由於該**懲罰** (penalty, 即代價項) 只會在訓練階段加入, 因此模型在訓練階段時的損失值會比其它階段來得高。

圖 5.19 顯示了 L2 常規化的影響。如圖所示, 即使兩個模型具有相同數量的參數, 但有 L2 常規化的模型會變得比原始模型更能抵抗過度配適。

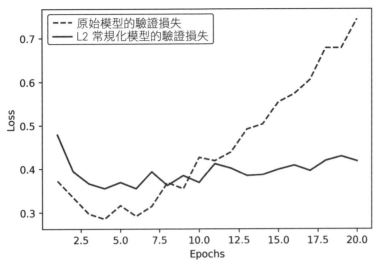

▲ 圖 **5.19**　L2 權重常規化對驗證損失的影響

除了 L2 常規化物件之外, 你也可以改用 L1 或 L1+L2 常規化物件。建立物件的方法如下：

程式 **5.14**　Keras 提供不同的權重常規化物件

```
rom tensorflow.keras import regularizers
regularizers.l1(0.001)
regularizers.l1_l2(l1=0.001, l2=0.001)
```

請注意！權重常規化一般是用在較小的深度學習模型上。由於大型的深度學習模型會有過度參數化的現象, 因此在權重值上強加常規化限制, 對其模型容量和普適化並沒有太大的影響。對大型的模型來說, 我們要選擇不同的常規化技巧：**丟棄法** (dropout)。

加入丟棄法 (dropout)

丟棄法 (dropout) 是由 Geoff Hinton 教授和他在多倫多大學的學生所開發, 它是最有效和最常用的神經網路常規化技術之一。神經網路層的丟棄法, 主要是**在訓練期間隨機丟棄**神經網路層的一些輸出特徵 (把特徵值設為零)。假設某個層在訓練期間對特定輸入樣本的輸出向量為 [0.2, 0.5, 1.3, 0.8, 1.1]。在使用丟棄法後, 該輸出向量的某些特徵值會**隨機歸零**:例如 [**0**, 0.5, 1.3, **0**, 1.1]。**丟棄率** (dropout rate) 是指要被歸零的特徵比例, 以此例而言是 2/5=0.4。丟棄率通常介於 0.2 到 0.5 之間。請注意!在測試階段, 並不會丟棄任何的特徵;取而代之的, 是層的輸出值將依照丟棄率的比例縮小, 以平衡訓練時特定輸出被歸零的影響 (讓總數值不會偏差太大)。

假設有一個 NumPy 矩陣 (layer_output) 包含了某一層的輸出, 其 shape 為 (batch_size, features)。在**訓練階段**, 我們隨機將矩陣中的部分值歸零:

```
layer_output *= np.random.randint(0, high=2, size=layer_output.shape) ◀┐
```
在訓練時, 丟棄輸出中 50% 的特徵 (見以下小編補充)

> **小編補充**:以上程式中的 np.random.randint(0, high=2, size=layer_output.shape) 會產生一個 shape 為 layer_output.shape, 元素值為 0 或 1 的陣列 (元素值為介於 0 到 2 但不含 2 的整數)。由於是隨機產生 0 或 1, 所以出現 0 的機率為 50%。

在**測試階段**, 我們依照丟棄率來縮減 (scale down) 輸出。此處縮減的比例為 0.5 (因為在上面的程式碼中, 我們丟棄了一半的單位):

```
layer_output *= 0.5 ◀── 在測試階段縮減輸出
```

不過在實務上, 我們可以在訓練時執行 dropout 之後, 接著馬上把輸出值同比率放大, 也就是在 dropout 後馬上把輸出值拉上來, 那麼測試時就不用對 layer_output 做任何變動了, 這是實務上常見的做法 (參見圖 5.20):

```
layer_output *= np.random.randint(0, high=2, size=layer_output.shape) ◀┐
```
訓練時執行 dropout
```
layer_output /= 0.5 ◀── 在執行 dropout 後緊接著放大輸出 (/0.5 等同於 ×2)
```

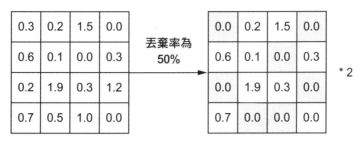

▲ 圖 5.20　在訓練時將丟棄法應用於激活函數矩陣 (activation matrix)，並緊接著 / = 0.5 (即×2)。測試時，激活函數矩陣保持不變

　　dropout 技術或許看似有點奇怪和隨興，為什麼有助於減少過度配適呢？根據 Hinton 的說法，他是受了銀行防詐機制的啟發。「我經常去銀行，發現裡面的出納員常常換人，我問其中一位為什麼這樣做，他回說不知道，但確實經常被輪調。我想這一定是為了避免員工之間共謀合作，從而成功的欺騙銀行而設的。這讓我意識到，若隨機移除不同的神經單元子集合，應該可以防止共謀，從而減少過度配適。」

　　在 Keras 中，我們可以很簡單的透過 Dropout 層來使用丟棄法，這樣就可以把前一層的輸出依指定的丟棄率來 dropout。讓我們在先前的模型中添加兩個 Dropout 層，看看它們在減少過度配適上的效果如何。

程式 5.15　將 Dropout 層添加到 IMDB 神經網路

```
model = keras.Sequential([
    layers.Dense(16, activation="relu"),
    layers.Dropout(0.5),    ← 此處加入 Dropout 層, 並將丟棄率設為 0.5
    layers.Dense(16, activation="relu"),
    layers.Dropout(0.5),    ← 此處加入 Dropout 層, 並將丟棄率設為 0.5
    layers.Dense(1, activation="sigmoid")
])
```

　　圖 5.21 比較了加入 Dropout 層的模型與原始模型，效果有明顯改善。與加入了 L2 常規化的模型相比，表現似乎也較好，因為取得了更小的最低驗證損失值 (編註：圖 5.19 中，L2 權重常規化模型的最低驗證損失值落在 0.37 附近，而圖 5.21 中，加入 Dropout 層的模型之最低驗證損失值落在 0.29 附近，有明顯的下降)。

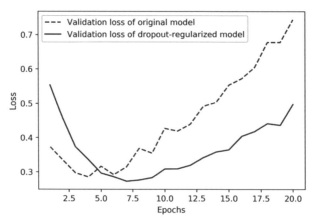

▲ 圖 5.21　使用丟棄法對驗證損失的影響

本章小結

■ 機器學習模型的目標就是**普適化** (generalization)：即能夠正確判斷從未見過的輸入資料,這件事遠比表面來得困難。

■ 深層神經網路的普適化能力來自於：模型成功學會如何在訓練樣本間進行**內插** (interpolate),我們會說這樣的模型搞懂了訓練樣本的**潛在流形** (latent manifold)。這也說明了為何深度學習模型只能處理與訓練樣本十分接近的輸入。

■ 深度學習的根本問題在於**優化** (optimization) 與**普適化**之間的拉扯：想要實現普適化,模型得先擬合訓練資料,不過擬合到一定程度後,卻會降低模型的普適化能力。在深度學習中,所有的最佳實踐都是為了處理這個問題。

■ 開發模型時,有必要找出方法來準確評估模型的普適化能力。我們手上有很多評估方法,從**簡單拆分驗證** (simple holdout validation),到 **K 折交叉驗證** (K-fold cross-validation),再到**多次洗牌的 K 折交叉驗證** (iterated K-fold cross validation with shuffling)。請記得保留一組獨立的測試集來做最後的模型評估,因為驗證集的資訊有可能洩漏到模型中

■ 訓練模型的首個目標就是讓其具備一定的普適化能力,而且有能力發生過度配適。有許多做法可以協助我們達到這個目標,例如調整學習率與批次量、挑選適合的模型架構、增加模型容量,或單純地增加訓練時間。

■ 當模型開始過度配適時,我們的目標就變成透過**將模型常規化**（model regularization) 來提升普適化能力。我們可以減少模型容量、加入丟棄法或權重常規化,並使用**早期停止** (early stopping)。一般來說,更大或品質更好的資料集會是提升模型普適化能力的首選。

chapter

機器學習的工作流程

在先前的例子中, 我們都假設手上的資料集已標註好, 可以馬上用來訓練模型。不過在真實世界中, 狀況通常不會這麼理想。

想像一下, 我們創辦了一家機器學習顧問公司, 需要處理的專案包括:

- 為圖片分享社群設計個人化的照片搜索引擎:輸入「婚禮」一詞就會列出我們在婚禮所拍攝的所有照片, 不需要任何人為標籤。

- 在聊天軟件中自動標籤垃圾或惡意內容。

- 為線上廣播的聽眾建構一個音樂推薦系統。

- 偵測電子商務網站的信用卡詐騙案件。

- 預測廣告點擊率, 進而決定在特定時間點, 要為特定消費者投放什麼廣告。

- 在餅乾生產線上偵測異常的餅乾。

- 利用衛星影像尋找至今尚未發現的古蹟位置。

該注意的道德倫理問題

有時, 我們可能會碰到存在道德爭議的專案, 例如:「建構可以根據面孔照片, 判斷當事人是否可信的AI工具」。首先, 這個專案本身是否合理就很可疑:因為沒有什麼證據表明外表和一個人的可信度有關。其次, 該專案將引發各式各樣的道德問題。在收集資料集時, 將無可避免地會把標註者的主觀成見滲透進來。因此, 在這樣的資料集上所訓練出來的模型, 也必然具備這樣的偏見。在這個大多數人對技術了解不深的社會,「AI 說這個人不可信」居然會比「John Smith 說這個人不可信」來得更有說服力 (編註:意指比起真實人類的意見, 民眾居然更相信 AI 的判斷), 而且也更客觀, 雖然AI的學習對象還是人的主觀判斷。訓練出的模型可能會擴散標註者的錯誤判斷, 對真實世界的人類生活造成負面影響。

科技並不會自動中立, 而是會隨人們的選擇, 展現出不同的面貌。如果我們所做的事對這個世界有所影響, 那麼這個影響也會與道德相關:在應用科技時的選擇也必然是道德選擇。我們一定要時刻考慮, 我們希望做出的成果能體現什麼樣的價值。

如果可以直接從 keras.dataset 匯入合適的資料集, 並直接用它來訓練模型, 那就太方便了。不幸的是, 在現實世界中一切都得從零開始。

在本章, 我們將會介紹機器學習的一套通用流程, 其適用於任何的機器學習任務。這套模版會整合第 4 章和第 5 章學過的方法, 而且我們也會建立起更清晰的概念, 並在接下來的章節中派上用場。

大致上, 機器學習的通用工作流程可以歸納為 3 個部分:

① **定義任務** (Define the task):瞭解客戶需求背後的問題領域與業務邏輯、收集資料、瞭解資料內容, 並選擇衡量任務成功與否的標準。

② **開發模型** (Develop a model):首先要準備好模型可以處理的資料、並選擇評估模型的機制以及要打敗的**基準線** (baseline)。接著訓練第一個模型, 這個模型要具備一定的**普適化** (generalization) 能力, 並且能**過度配適** (overfit)。然後再進行**常規化** (regularize) 和調整模型, 直到可以展現出最佳的普適化表現。

③ **部署模型** (Deploy a model):向相關人員展示開發成果, 將模型部署至網路伺服器、行動 app、網頁或嵌入式裝置中, 並監控模型的真實表現, 然後開始收集建構下一代模型所需的資料。

讓我們開始吧!

6-1 定義任務

如果我們對處理的任務沒有足夠的認識，那麼就不會有好的成果。想一想，為什麼客戶會嘗試解決這個問題？他們會從解決方案中得出什麼價值？我們設計出來的模型會被如何應用，能不能和客戶的業務流程彼此匹配？目前有什麼可用的資料，或者是可以收集的資料？對於特定的商業問題，我們可以將其對應到哪一類型的機器學習任務？

6-1-1　定義問題範圍

若想定義機器學習問題的範圍，通常需要和相關人員進行多次詳細的討論。在討論時，以下問題應該擺在第一順位：

● 輸入資料是什麼？我們想預測什麼？我們得先有訓練資料，才能學習如何做出正確的預測：舉例來說，我們要先有電影評論，以及對應的情緒標註 (正面評論/負面評論)，才能學習如何分類電腦評論的情緒。在多數狀況下，我們得自己動手收集資料並加以標註 (下一節會討論到這個部分)。

● 我們面對的是什麼類型的機器學習任務？二元分類任務？多類別分類任務？純量迴歸任務？向量迴歸任務？多類別、多標籤的分類任務？影像分割 (image segmentation) 任務？排序 (ranking) 任務？又或者是資料分群 (clustering) 任務、生成 (generation) 任務或強化式學習 (reinforcement learning) 任務？對某些任務來說，機器學習不見得是最好的解決方法，那些傳統的統計分析方法也許更有效。

  ▪ 照片搜尋引擎專案是一個多類別、多標籤的分類任務。

  ▪ 垃圾內容偵測專案是二元分類任務，如果將「惡意內容」設定為獨立的類別，就會變成三類別的分類任務。

  ▪ 使用**矩陣分解** (matrix factorization, 也稱**協同過濾** collaborative filtering) 來建構音樂推薦引擎, 會表現得比使用深度學習方法來得好。

- 信用卡詐騙偵測專案是二元分類任務。

- 點擊率預測專案是純量迴歸任務。

- 異常餅乾偵測是二元分類任務，不過在一開始我們也需要一個物體偵測模型，以將餅乾所在區域從原始影像中裁切出來。需注意的是，被稱為**異常偵測** (anomaly detection) 的機器學習技巧，在這個任務中的表現並不優異。

- 從衛星影像發現新的古蹟位置是物體相似度的排序任務：我們要找出跟現有古蹟最相似的影像。

● 現有的解決方案長什麼樣子？客戶手上或許已經有一些人工打造的演算法，透過一堆「if」規則來判斷垃圾內容或是偵測信用卡詐騙案件。在客戶的餅乾工廠裡，搞不好就有一個人坐在生產線旁，盯著一片片餅乾從眼前經過，只要一發現異常的餅乾，就手動把殘缺品挑出來。又或者是客戶自己設計歌曲推薦清單，然後發給特定歌星的粉絲。總的來說，我們應該先明白目前既存的系統為何，以及它們是如何運作的。

● 是否需考量特定的限制條件？舉例來說，在建構垃圾內容偵測系統時，由於通訊軟體的設計架構是採用端到端加密的做法，因此這個偵測模型就必須在使用者的手機上運行，並使用外部資料集來訓練 (編註：因為使用者的資料經過加密，我們無法取得也無權使用)。另外，異常餅乾偵測模型可能對延遲時間有較高的要求，因此只能在工廠的嵌入式裝置上運行，而非在遠端的伺服器上。總之，我們一定要先搞清楚整體的脈絡，才能把事情做好。

在完成一開始的研究後，就應該能掌握輸入 (inputs) 為何、目標值 (targets) 為何，以及當前問題對應到的機器學習任務種類為何了。請留意我們在這一階段所做的假設：

● 我們假設確實可以透過輸入來預測出目標值。

● 我們假設現有 (或收集到) 的資料具備足夠的資訊，可以用來學習輸入與目標值之間的關係。

我們必須等到有了一個可以運作的模型後，才能驗證這些假設是否成立。機器學習無法解決所有問題， 即使我們收集了一堆輸入樣本 (統稱為 X) 跟目標值 (統稱為 Y)，但這並不代表 X 蘊含足夠的資訊，可以用來預測出 Y。舉例來說，如果我們手上只有某支股票的歷史價格，就想藉此預測出該股票在市場中的走向，基本上是不可能成功的，因為歷史價格無法提供足夠資訊來做出可靠的預測。

6-1-2　建立資料集

當我們明白了任務的本質，而且也搞清楚輸入與目標值後，就可以開始收集資料了。在大部分機器學習專案中，這是最費力、耗時，而且成本最高的部分。

- 在照片搜尋引擎的專案中，我們需要先挑選用來分類的一組標籤 (可能是從 10,000 個常見的影像類別中挑選)，然後用它們來手工標註使用者所上傳的幾十萬張影像。

- 在偵測垃圾內容的專案中，由於所有對話經過了端到端加密，因此無法用這些對話來訓練模型。我們要另外取得未經過濾的社群帖文，然後將其中數以萬計的內容標註為「垃圾內容」、「惡意內容」或「正常內容」。

- 就音樂推薦引擎而言，我們可以直接把使用者給的「讚」當作資料，不需要再收集什麼新資料。點擊率的預測也是一樣，我們已經有了歷年廣告的大量點擊資料。

- 若要訓練異常餅乾偵測模型，就得在生產線上安裝相機來收集數以萬計的影像，並對這些影像進行手工標註。餅乾工廠內的工人適合進行標註的工作，這過程並不會太困難。

- 在衛星影像的專案中，需要考古學家團隊收集既存古蹟的影像資料庫。對於每一個古蹟，我們需要它們在不同氣候狀況下的衛星影像。若想訓練出不錯的模型，我們至少要有幾千張不同古蹟的照片。

我們在第 5 章學過，模型的普適化能力幾乎來自於訓練資料的特性，包括資料集的規模、標籤的可靠性、特徵的品質等。投資在建立良好的資料集是值得的。如果你有多出的 50 個小時可以用來處理專案，那麼把這些時間花在收集更多資料，一定會比不斷試圖修正、優化模型來得更有效率。

在多個主張「資料比演算法重要」的論點中, 最著名的莫過於 Google 在 2009 年發表的論文「The Unreasonable Effectiveness of Data」(這個標題是向 1960 年 Eugene Wigner 的著名論文「The Unreasonable Effectiveness of Mathematics in the Natural Sciences」致敬)。在 2009 年時, 深度學習還不熱門, 但值得一提的是, 深度學習的崛起進一步凸顯了資料的重要性。

如果我們正在進行**監督式學習** (supervised learning), 那麼在收集完輸入資料後 (例如影像), 還得為它們加上標註 (例如為每張影像賦予標籤), 也就是為每個資料樣本指定要模型預測出的目標值。有時, 標籤也可以自動取得, 例如音樂推薦任務或是點擊率預測任務中的標籤。不過在大多數情況下, 我們還是得自己動手標註, 這是個非常辛苦的工作。

投資在資料標註工具

資料標註流程決定了目標值的品質, 也間接決定了模型的品質。展開標註工作前, 請先仔細考慮以下選項:

● 我們需要自己標註資料嗎?

● 我們需要使用外包平臺 (例如亞馬遜經營的 Mechanical Turk) 來收集標籤嗎?

● 我們需要使用專業資料標註公司的服務嗎?

將標註任務外包也許可以節省成本和時間, 但同時也很難控制標註品質。使用像是 Mechanical Turk 的外包平台或許花費不多、也可以處理大量資料, 但是最後得到的標註結果可能充滿雜訊。

若想找出最佳選項, 請考慮以下面向:

● 資料標註者一定要是特定領域的專家, 還是誰都可以做?如果只是做貓狗分類, 也許誰都可以, 但是如果要分類狗的品種, 那就得具備專業的知識了。同樣地, 想在 CT 掃描 (電腦斷層掃描) 圖上標註出骨折部位, 就很可能需要具備醫學專業知識了。

- 如果需要特定知識才能標註資料，那麼有可能訓練別人來做嗎？如果沒辦法，那要如何找到相關領域的專家？

- 我們自己瞭解專家怎麼進行標註嗎？如果不瞭解，那就只能把資料集當作是黑盒子，而且沒辦法手動進行特徵工程，這個問題並不是非常嚴重，但一定會造成某些限制。

如果我們決定要自己標註，那麼要用什麼軟體來記錄標註結果？我們有可能需要自己開發相關工具。具生產力的資料標註軟體可以幫我們節省大量時間，所以在專案前期對相關工具的投資是非常值得的。

留意不具代表性的資料

機器學習模型只能處理那些與曾經見過的資料相似的輸入資料。因此，訓練資料一定要足以代表**實際運作的資料** (production data, 編註：即那些模型實際投入運作後所會遇到的資料)，這是所有資料收集工作的基礎。

假設我們正在開發一個可讓使用者對餐點拍照，進而找出餐點名稱的手機應用。我們透過某個專業美食社群上所分享的照片來訓練模型。開發完成後，終於到了部署的階段，但使用者的不滿留言蜂擁而入：應用程式的錯誤率高達 80%！發生了什麼事？在評估階段，模型在測試集上的準確度明明超過了 90%！原來，使用者在不同餐廳用不同手機在不同場景下隨手拍出的照片，跟我們訓練時所用的專業美食照相差甚遠：換句話說，訓練資料不足以代表實際運作的資料。

如果狀況允許，要儘可能從模型未來實際運作的環境中直接收集訓練資料。要進行影評情緒分類，那就從 IMDB 上收集最新的評論，而不是從美食網站收集餐廳評論，也別從社交媒體收集資料。如果要進行社群貼文的情緒分類，就直接從社群網站上收集真實的貼文資料，並進行標註。如果無法使用實際運作的資料來訓練，那一定要搞清楚訓練資料和實際運作的資料間的差異，然後主動去修正這些差異。

你需要留意的另一個現象是**概念漂移** (concept drift)。在真實世界中，幾乎所有任務都會碰到這個狀況，特別是那些需處理使用者資料的任務。概念漂移的根源來自於實際資料的特性不斷變動，進而導致模型準確度逐漸下降。在 2013 年訓練出的音樂推薦引擎, 放到今天可能已經不太具參考性了。同樣地, 利用 2011 年 IMDB 資料集訓練出的模型, 也很難在 2022 年的影評上取得好表現, 因為用詞、表達方式、電影類型等都已大不相同了。在偵測信用卡詐騙的案例中, 概念漂移的狀況更是明顯, 因為詐騙手法每天都在變化。若想減緩概念漂移的問題, 就需要持續收集資料、進行標註, 並重新訓練模型。

請時刻記得：機器學習只能用來記憶訓練資料中的**態樣** (pattern), 因此只能辨識曾經看過的東西。利用過去的資料來訓練模型、然後用來預測未來, 其實只是假設未來的運作模式會和過去一樣, 但狀況通常並非如此。

抽樣偏差 (sampling bias) 造成的問題

當資料集欠缺代表性時會發生很多狀況, 其中最隱晦也最常見的狀況就是**抽樣偏差** (sampling bias)。抽樣偏差的根源在於：資料收集的方式與某些要預測的事物產生關聯, 進而導致資料內容有所偏差。最著名的例子發生在 1948 年的美國總統選舉。在投票日當晚, 芝加哥論壇報 (Chicago Tribune) 的頭條為《杜威擊敗杜魯門》(DEWAY DEFEATS TRUMAN)。到了隔天早上, 真正的勝利者卻是杜魯門。為何會出現如此嚴重的錯誤？這是因為芝加哥論壇報的編輯相信了電話民調的結果, 但在 1948 年, 不是什麼人都擁有電話。他們多半是富裕階級、保守主義者, 而且支持共和黨候選人杜威, 以至於無法代表投票群體的真實分佈, 結果導致了抽樣偏差。

◀ 圖 6-1 《杜威擊敗杜魯門》：史上最有名的抽樣偏差案例

如今, 每個電話民調都會考慮抽樣偏差的問題。不過, 這不代表現在不會再發生抽樣偏差, 但和 1948 年不同的是, 民調專家如今會採取各種方法來修正這個問題。

6-1-3 理解資料

把資料集當成黑盒子處理，是最要不得的做法。在開始訓練模型之前，我們應該先探索及視覺化資料，以對資料有整體的概念，並思考它們如何協助實現預測能力，這樣做有助於進行特徵工程並找出潛在問題。

● 如果資料中包括影像或自然語言，請直接抽幾個樣本 (以及對應的標籤) 出來看看。

● 如果資料中包含數值特徵，可以將這些特徵值繪製出直方圖，進而對資料的分佈狀況有概括的了解。

● 如果資料包含位置訊息，可以直接畫在地圖上，也許就會出現一些較為清晰的態樣。

● 某些樣本是否缺少某些特徵值 (即存在缺失值)？如果是的話，在準備資料的階段就要處理這個問題 (下一節將介紹具體做法)。

● 如果我們要處理分類任務，請算出每個類別的樣本數量。每個類別的樣本數量是否相近？如果不是，那就需要處理樣本不平衡的問題。

● 檢查是否存在**目標值洩漏** (target leaking) 的問題：即訓練資料中的特徵提供了目標值的資訊，但這些資訊在實際應用場景中卻無法取得。舉例來說，假設我們利用病歷資料來訓練模型，用以判斷病人未來是否將接受癌症治療。如果病歷資料中包含「某病人是否診斷出罹患癌症」的特徵，那就代表我們要判斷的結果 (目標值)，其實早就洩漏到原先的訓練資料 (病歷資料) 中了。因此我們應該時刻檢查，訓練資料中的特徵能否在實際場景中取得，並以相同的形式出現。

6-1-4 選擇測量成效的方法

想要操控某些事物，我們必須要能夠觀察它。要在專案上取得成功，就必須先定義何謂「成功」？是準確度 (accuracy)？還是精準度 (precision) 或故障

召回率 (recall)？又或者是客戶回流率？成功的**評量指標** (metric) 會引導專案中的所有技術選擇。它應該直接與更高層次的目標保持一致，例如公司的營運成功與否。

對於平衡的分類問題 (編註：每個類別的樣本數差異不大)，每個類別具備同等的偏好度，這時準確度和 **ROC (receiver operating characteristic) 曲線下面積** (簡稱為 ROC AUC) 是常用的評量指標。對於類別不平衡(class-imbalanced) 的問題，我們可以使用精準度和召回率做為評量指標。對於排名問題或多標籤分類問題，我們可以使用加權形式的準確度 (weighted form of accuracy) 做為評量指標。很多時候，我們也必須自行定義指標來評量任務成功與否。為了瞭解機器學習成功指標的多樣性，以及它們與不同問題領域的關係，瀏覽 Kaggle 上的資料科學競賽是很有幫助的 (https://kaggle.com)，其中的案例展示了各種領域的問題和評量指標。

6-2 開發模型

一旦搞懂如何評估模型表現後, 就可以進入開發模型的階段。大部分的教學與研究專案都認為, 開發模型是整個專案中的唯一步驟:忽略了定義問題與收集資料的環節, 並假設這些事情已事先做完了;而且也不談模型的部署與維護, 並假設會有其他人負責這一塊。實際上, 開發模型只是機器學習工作流程中的其中一步, 而且還不是最難的部分。在機器學習中, 最難的部分是定義問題範圍以及收集、標註並清理資料。

6-2-1 準備資料

我們先前學過, 深度學習模型通常無法接受原始資料, 而需要先經過預處理。資料預處理的目的是讓手邊的原始資料更適合模型處理, 其中的技巧包括**向量化** (vectorization)、**正規化** (normalization) 或**處理缺失值**。大部分預處理技巧都只適合用在特定的領域 (例如特別為文字資料或影像資料而設計), 我們將在接下來的章節中以個別案例來說明。現在, 先來看一些常見於所有資料領域的基礎技巧。

向量化

神經網路的所有輸入和目標值必須是浮點數張量 (在特定情況下可以是整數或字串張量)。無論是處理什麼樣的資料 (如:聲音、影像、文字等), 都必須先將它們轉換成張量, 這個步驟稱為**資料向量化** (data vectorization)。例如, 在之前的電影評論和新聞主題兩個文字分類範例中, 一開始我們就以整數串列 (list) 來代表單字序列, 並使用 one-hot 編碼將它們轉換成 float32 的張量。在分類 MNIST 數字和預測房價的範例中, 資料已經被事先向量化了, 因此可以跳過此步驟。

數值正規化

在 MNIST 數字分類的範例中, 影像資料原本被編碼成 0-255 的整數, 用來表示其灰階值 (grayscale)。在把這些資料輸入神經網路前, 必須先將其型別轉換為 float32 並除以 255, 這樣才能得到介於 0～1 之間的浮點數值。同樣地, 在預測房價時, 我們從具有各種度量範圍的特徵開始。某些特徵是很小的浮點數 (例如犯罪率), 而某些特徵是相當大的整數值 (例如年齡)。在把這些資料輸入神經網路之前, 必須逐項把每個特徵正規化, 使其標準差為 1 (編註：就是用標準差為量測單位), 平均值為 0 (就是把分佈曲線平移到以 0 為中心點)。

　　一般來說, 將相對較大的數值或異質 (heterogeneous) 資料 (例如：資料中的某個特徵值介於 0~1, 而另一個特徵值則介於 100~200) 輸入神經網路並不安全。兩個特徵的範圍差距太大, 將不利於神經網路收斂 (會觸發很大的梯度更新)。為了使神經網路更容易學習, 我們的資料應具有以下特性：

● 數值較小：大部分數值應介於 0~1 的範圍內。

● 具備同質性 (homogenous)：所有特徵都應該採用大致相同的數值範圍。

　　除此之外, 以下更嚴謹的正規化規則很常見也很有用, 但並非絕對必要 (例如, 在數字影像分類範例中就不需要使用)：

● 單獨正規化每個特徵, 使平均值為 0。

● 單獨正規化每個特徵, 使標準差為 1。

　　NumPy 陣列可以很容易執行正規化：

```
x -= x.mean(axis=0)   ◀── 假設 x 是 shape 為 (樣本數, 特徵) 的 2D 資料矩陣
x /= x.std(axis=0)
```

處理缺失值

　　有時候, 資料中會有缺失值 (missing values)。例如在房價範例中, 首個特徵 (資料中索引為 0 的直行) 是人均犯罪率。如果不是所有樣本都有這個特徵怎麼辦？這樣一來, 訓練或測試資料中就會有缺失值了。

　　我們可以選擇直接忽略這個特徵, 但實際上還有其它的選項。

● 如果這個特徵是**分類 (categorical)** 特徵, 就可以為該特徵新增一個分類值, 用來代表缺失值 (編註：然後再將該特徵中的缺失值都改成新增的分類值)。模型會自動學習到如何將這個分類值對應到目標值。

- 如果這個特徵是**數值 (numerical)** 特徵, 應避免隨意地以一個數字 (例如：0) 來代表缺失值, 因為這可能會使特徵形成的潛在空間 (latent space) 中出現不連續性 (discontinuity), 導致訓練出的模型很難具有好的普適化能力。如果要取代缺失值, 可以使用該特徵的平均值 (average) 或中位數 (median)。又或者, 我們也可以另外再訓練一個模型, 並根據其他特徵值來預測該缺失的特徵值。

請注意！如果已經知道測試集 (編註：或未來會遇到的資料) 中有缺失值, 但訓練集中沒有缺失值, 則神經網路將無法學會忽略缺失值！在這種情況下, 我們應該人工為訓練樣本製造一些缺失值, 做法是多次複製數個訓練樣本, 並從中刪除對應特徵的值 (即刪除那些預期在測試集或未來遇到的資料中, 會有缺失值的特徵的值)。

6-2-2　選擇驗證機制

先前提過, 模型的最終目標是要實現普適化, 而在整個模型開發的過程中, 每個決定都是由**驗證評量指標** (validation metrics, 例如模型對驗證集的準確度) 所引導, 其可用來衡量普適化的表現。而選擇驗證機制 (validation protocol) 的目的, 就是希望我們的評量指標在未來的實際運作環境中, 也能有很好的表現。因此, 驗證機制決定了我們是否能建構出一個有用的模型。

在第 5 章中, 我們介紹了 3 種常見的驗證機制：

- **拆分驗證集** (holdout validation set)：擁有大量資料時, 這個方法最簡單。

- **K 折交叉驗證** (K-fold cross validation)：如果樣本數不夠多, 這就是合適的選擇, 可以確保驗證的可靠性。

- **多次迭代的 K 折驗證** (Iterated K-fold validation)：當資料很少時, 這樣做可以非常準確地評估模型。

在大部分狀況下, 第一種機制就夠用了。不過先前提過, 我們一定要時刻留意驗證集的代表性 (representativity), 而且別讓訓練集與驗證集中出現重複的樣本。

6-2-3　超越基準線

當我們開始處理模型時, 第一個目標就是要取得**統計能力** (statistical power)：也就是如第 5 章所示, 開發一個能夠打敗**基準線** (baseline) 的小模型。

在這個階段, 我們要專注在 3 件重要的事情上：

● **特徵工程**：過濾掉那些不含有用資訊的特徵 (也就是做特徵選擇, feature selection), 然後根據自己對於問題的理解, 找出可能有用的新特徵。

● **選擇合適的既有架構**：我們要使用何種模型架構？是密集連接網路 (densely connected network)、卷積網路 (convnet)、循環神經網路 (recurrent neural network) 還是 Transformer 模型？深度學習是解決當前任務的好辦法嗎, 還是我們該試試其他方法？

● **選擇足夠好的訓練配置**：我們應該選擇什麼損失函數？批次量和學習率要多大？

選擇合適的損失函數

一般來說, 不太可能直接對評量指標 (例如：準確度) 進行優化。有時, 也很難將評量指標轉化為損失函數；畢竟損失函數要能在小批次 (mini-batch) 上計算 (理想中, 即使只給定單一的資料點, 也應該要能算出損失函數值), 而且還必須可微分 (否則就無法使用反向傳播來訓練模型)。舉例來說, 廣泛使用的分類任務評量指標 ROC/AUC 就沒辦法直接用來優化模型。因此在分類任務中, 時常會用其它指標來代替 ROC/AUC (例如：交叉熵 crossentropy) 以進行優化。一般來說, 如果交叉熵越低, ROC/AUC 就會越高。

下表可協助我們針對一些常見的問題類型, 決定輸出層的激活函數與損失函數：

為模型輸出層選擇激活函數與損失函數

問題類型	輸出層激活函數	損失函數
二元分類	sigmoid	binary_crossentropy
多類別、單標籤分類	softmax	categorical_crossentropy
多類別、多標籤分類	sigmoid	binary_crossentropy

對於多數問題來說, 都有現成的範本可供參考。我們一定不是最先嘗試開發垃圾內容偵測器、音樂推薦引擎或影像分類器的人。請務必花點時間研究他人先前的成果, 瞭解有哪些特徵工程的技巧及模型架構可以應用在自己的任務上。

請注意, 有時候我們未必能成功取得統計能力。如果你已經嘗試各種合理的架構, 但始終無法超越基準線, 那就可能是輸入資料中不包含當前問題的答案。別忘了, 我們先前做出了兩點假設:

● 我們假設根據特定的輸入, 將可以預測出正確的結果。

● 我們假設現有的資料已具備足夠資訊, 可以用來學習輸入與輸出之間的關係。

這些假設也有可能根本不成立, 如果真是如此, 那麼我們得從頭開始收集新的資料。

6-2-4　擴大規模：開發一個會過度配適的模型

一旦我們獲得了具有統計能力 (表現超過基準線) 的模型, 緊接著的問題便是：我們的模型是否足夠強大？它是否有足夠的神經層和參數來正確擬合手上的問題？例如, 只有單隱藏層的模型或許有辨識 MNIST 數字的統計能力, 但不足以很好地解決更複雜的問題。請記住, 機器學習是在優化和普適化之間做取捨。理想的模型是位於低度配適和過度配適的交界處、模型太小 (undercapacity) 與模型太大 (overcapacity) 之間。要找出這個邊界的位置, 我們勢必要先越過它。

為了弄清楚我們需要多大的模型, 就必須先開發一個會過度配適的模型。該過程並不困難, 可以如第 5 章所學：

① 添加更多的神經層。

② 讓每一神經層更寬。

③ 訓練更多週期 (epoch)。

持續的監控訓練損失和驗證損失, 以及關注任何我們重視的評量指標。當看到模型在驗證資料上的表現開始下降時, 就是發生過度配適了。

6-2-5　將模型常規化並調整超參數

當模型的表現超過基準線, 而且有能力過度配適後, 我們的下一目標便是最大化其普適化能力。

這一步將佔用大量時間：我們會反覆修改模型、訓練它、使用驗證資料來評估 (此時還沒用到測試資料)、再次修改它, 然後不斷重複, 直到模型表現不再進步為止。以下是我們該嘗試的做法：

● 嘗試不同的架構：添加或刪除神經層。

● 使用丟棄法 (dropout)。

● 如果模型不大, 可嘗試使用 L1 或 L2 常規化 (也可同時使用)。

● 嘗試不同的超參數 (例如每層的神經單元數或優化器的學習率) 以找到最佳配置。

● 嘗試使用**資料篩選** (data curation) 或特徵工程：收集和標註更多資料、找出更好的新特徵, 或刪除似乎沒有用 (無法提供有效資訊) 的特徵。

以上工作可透過自動化的超參數調整軟體 (例如：KerasTuner) 來進行, 我們會在第 13 章進行更多說明。

請注意！每次使用驗證集的回饋資訊來調整模型時, 都會將「與驗證集有關的資訊」洩漏到模型中。僅重複數次倒是無妨, 但若是系統化地經過多次迭代, 則最終會使模型過度配適於驗證資料 (即使沒有直接以任何驗證資料去訓練模型), 進而導致驗證的結果不可信。

一旦找出令人滿意的模型配置, 就可以重新用訓練集和驗證集來訓練最終的成品模型, 並用測試集做最後一次評估。如果測試集上的表現明顯差於驗證資料上的表現, 則可能代表我們的驗證過程有問題, 或者是在調整參數的過程中, 模型開始對驗證資料產生過度配適。在這種情況下, 我們可嘗試切換到更可靠的評估 (驗證) 機制 (例如多次迭代的 K 折驗證)。

6-3 部署模型

現在, 我們的模型已經通過測試集的最終評估, 並做好部署的準備, 可以正式在生產環境中運作了。

6-3-1 向客戶說明成果, 並建立合理的期待

所謂的開發成功與客戶信任, 都來自於滿足甚至超越人們的期待。就算我們交付了系統, 也不過才完成一半的工作；另一半的工作則是在系統啟動前, 先讓客戶建立合理的期待。

外行人對於 AI 系統的期待通常過於理想化。例如, 他們會期待這個 AI 系統可以「瞭解」特定問題, 而且和人類一樣, 有著對特定問題的常識。因此, 我們也許要向客戶展示系統在什麼狀況下會失效 (例如展示容易被錯誤分類的樣本, 特別是那些會讓人覺得意外的分類錯誤)。

客戶通常也期待 AI 系統可以達到和人類一樣的水準, 特別是在那些原本就是由人類處理的工作。絕大部分的機器學習模型無法滿足這個要求, 因為它們是被訓練來輸出人類所賦予的標籤 (正確答案), 只能盡量逼近人類的表現。因此, 要很清楚地說明模型能夠輸出什麼結果, 而不是使用很抽象的說明, 例如：「這個模型的準確度為 98%」就過於抽象, 而且大部分人會自動進位到 100%。此時最好能提出更明確的資料, 例如：**偽陰性 (false negative) 率**及**偽陽性 (false positive) 率**。我們可以這樣說：「在現有設定下, 詐騙案件偵測模型會有 5% 的偽陰性率、2.5% 的偽陽性率。每天平均會發現 300 起疑似詐騙的案件, 並將進一步送交人工審核。另外, 每天平均會漏掉 14 起詐騙案件。平均來說, 會正確捕捉到 266 起詐騙案件。」換句話說, 要將模型表現明確地與商務目標連接起來。

我們還應該和客戶及相關人士確認重要參數, 例如：判斷是否標示為詐騙行為的閾值 (不同閾值會導致不同的偽陰性率和偽陽性率)。這些涉及取捨的決策, 都應該讓真正瞭解商業脈絡的專業人士來決定。

6-3-2 交付推論模型

機器學習專案何時完成？絕不是在 Colab 記事本上把訓練好的模型存檔的那一刻。畢竟最後送上生產環境的模型，很少會和我們在訓練過程中所操作的模型一模一樣。

首先，我們可能需要將模型匯出至 Python 以外的環境：

● 我們的生產環境 (例如：移動裝置或嵌入式系統) 未必支援 Python。

● 應用程式的其餘部分未必是以 Python 運行 (可能是 JavaScript 或 C++ 等)。因此，用 Python 交付模型可能會明顯增加運行時的負擔。

其次，由於投入生產環境的模型只會用來輸出預測結果 (該階段稱作「推論，inference」)，而不用進行訓練，因此我們還可以特別針對模型的預測功能進行各種優化，進而提升模型預測時的運行速度並降低記憶體耗用量。

以REST API部署模型

將模型轉換為產品的常見方式，是在伺服器或雲端虛擬機器上安裝 Tensorflow，然後應用程式透過網路以 REST API 來呼叫模型並取得預測結果。在實務上，我們可以利用 Flask (或其他 Python 網頁開發函式庫) 來親手打造自己的伺服應用網站，或是利用 TensorFlow 自身的函式庫 (TensorFlow Serving, http://www.tensorflow.org/tfx/guide/serving) 將模型輸出成可以直接運行的 API 網站程式。有了 Tensorflow Serving，我們可以在幾分鐘內部署 Keras 模型。

在下列狀況中，可以考慮以 REST API 部署模型：

● 需取得模型預測結果的應用程式可以穩定地連上網路。舉例來說，如果我們的應用程式是手機 app，需透過網路從遠端 API 取得模型預測結果，則若手機處於飛航模式或網路連線不穩定時，這個應用程式就無法使用。

● 應用程式對延遲時間的要求不高：一般來說，傳送請求、模型推論、與傳回答案的時間總共需要 500 毫秒左右。

● 用以進行推論的輸入資料不敏感 (不具隱私性)：由於資料需要經過模型處理，因此必須以解密過的形式存在於伺服器上 (但記得, 你務必要使用 SSL 加密方式來傳送 HTTP 的請求與回應)。

先前介紹過的影像搜尋引擎、音樂推薦系統、信用卡詐騙偵測專案, 以及衛星影像分析系統都很適合透過 REST API 來部署。

如果要使用 REST API 來部署模型, 需要先考慮如何搭建服務器的問題：要麼是自己搭建, 要麼就是使用第三方雲端服務。舉例來說, Google 提供的 Cloud AI Platform 讓使用者可以輕鬆將 Tensorflow 模型上傳到 Google 的雲端存儲空間 (Google Cloud Storage, GCS)。Google會提供一個 API 接入點, 讓使用者可以直接取用, 而無需顧慮許多實作細節 (例如：批次預測、負載平衡、規模擴等)。

在裝置上部署模型

有時, 我們需要在運行應用程式的同一裝置上運作模型, 這些裝置可能是智慧型手機、嵌入了 ARM CPU 的機器人、或是小型裝置上的微控制器。你或許看過可以自動偵測人臉的相機：其中可能就有直接在相機上運作的小型深度學習模型。

在下列狀況中, 可以考慮直接在裝置上部署模型：

● 模型有嚴格的延遲時間限制, 同時要能夠在網路連接不穩定的環境中運行。如果我們要建構的是沉浸式 AR 應用 (immersive AR application), 那麼在遠端伺服器運作的模型就不太可行 (編註：因為必須及時反應, 不允許任何延遲)。

● 模型可以設計得非常小, 以至於能夠在目標裝置的記憶體和功率限制下運作。相關的設計方法, 可以參考 Tensorflow Model Optimization Toolkit (www.tensorflow.org/model_optimization)。

● 首要任務並非取得盡可能高的準確度。我們總要在運算時間效率與準確度之間有所取捨, 在記憶體與功率等都受限的模型, 其表現不太可能會像在大型 GPU 上運行的模型那麼好。

● 輸入資料十分敏感 (隱私要求很高), 因此在遠端伺服器上不應該是可解密的。

先前提到的垃圾內容偵測模型就需要部署在使用者的手機上, 因為聊天記錄經過了點對點加密, 無法被遠端伺服器所讀取。另外, 異常餅乾偵測模型對延遲時間的要求很高, 因此需要直接在工廠內的裝置上運作。幸運的是, 在異常餅乾偵測的案例中, 我們並沒有任何功率或記憶體空間的限制, 因此可以直接在 GPU 上運作模型。

如果想在智慧型手機或嵌入式裝置上部署 Keras 模型, 我們可以使用 Tensorflow Lite (www.tensorflow.org/lite)。該框架讓我們得以在 Android 和 iOS 智慧型手機、ARM-64 電腦、Raspberry Pi 或微控制器上, 有效率地進行深度學習推論。它包含了一個轉換器, 可以直接將 Keras 模型轉換成 Tensorflow Lite 的格式。

在瀏覽器上部署模型

深度學習經常用在瀏覽器或桌面應用的 JavaScript 程式中。儘管經常可以看到以 REST API 連線的深度學習應用, 不過直接在瀏覽器或電腦程式上運作模型, 還是有很多好處的 (例如可以使用電腦的 GPU 資源)。

在下列狀況中, 可以考慮在瀏覽器上部署模型:

● 我們想把運算成本轉移給使用者, 進而大幅降低伺服器成本。

● 輸入資料必須留在使用者的電腦或手機。例如在垃圾內容偵測專案中, 無論是使用網頁版還是桌面版的聊天軟體, 都應該在本地端運行模型。

● 我們的應用有嚴格的延遲時間限制。在使用者自己的手機或電腦上進行運算, 速度一定比不上配備了大型 GPU 的伺服器, 但我們可以省下收發網路封包的時間。

● 在下載模型並緩存後, 我們希望應用程式在不連線的狀況下還能持續運作。

只有模型夠小, 我們才可以採取這個方式, 免得模型運算時完全佔用電腦或手機的 CPU、GPU 或 RAM。另外, 由於模型會被下載至使用者的裝置, 因此最好確保模型中沒有什麼敏感資料。請務必記得, 只要是訓練完成的模型, 就一定可以從中挖出一些訓練資料的資訊。因此, 使用敏感資料來訓練的模型最好不要公開。

如果要以 JavaScript 部署模型，Tensorflow 生態系也提供了名為 Tensorflow.js 的工具 (www.tensorflow.org/js)。它是用來實現深度學習功能的 JavaScript 函式庫 (原先叫做 WebKeras)，提供了幾乎所有 Keras API 的功能，也包含許多底層的 TensorFlow API。我們可以輕易地將 Keras 模型匯入 Tensorflow.js，以將其作為瀏覽器或桌面程式中的 JavaScript API 來進行查詢。

優化推論模型

當部署在記憶體與功率有所限制的環境 (如智慧型手機和嵌入式裝置)，或者是應用程式有低延遲的需求時，優化模型來進行推論就顯得十分重要了。在將模型匯入到 TensorFlow.js 或匯出至 TensorFlow Lite 之前，我們都應該先對模型進行優化。

我們可以採用兩種熱門的優化技巧：

● **權重剪枝** (Weight pruning)：並非每個模型參數都對預測結果有同樣的貢獻。我們可以減少模型中的參數數量，只留下最重要的那一些。這樣可以降低模型的運算成本，而且只會讓表現變差一些些。我們可以自己決定剪枝的比例，並在模型大小與準確度之間尋找平衡點。

● **權重量化** (Weight quantization)：在訓練時，深度學習模型的權重值是單精度浮點數 (single-precision floating-point, float32)。不過在進行推論時，可以將模型權重量化成 8 位元整數 (int8)，這樣便可以將模型規模縮小至原先的四分之一，但準確度仍會維持在接近原先的水準。

TensorFlow 生態系中已經準備好剪枝與量化的工具，並且也整合到 Keras API 中了 (www.tensorflow.org/model_optimization)。

6-3-3 監控模型運作狀況

至此，我們已經匯出一個推論模型，也已經把模型整合到應用中，還在實際運作的資料上測試過：模型表現就跟預期的一樣。我們也寫了一些單元測試，還有記錄運行過程與監控狀態的程式碼，一切都很完美！接下來，可以準備正式將模型部署至生產環境了！

不過事情還沒結束, 就算部署了模型, 還是要持續監控模型的行為、掌握模型在新資料上的表現、觀察模型與應用程式其餘部分的互動, 以及模型最終如何影響商業評量指標。

● 在部署音樂推薦系統之後, 聽眾的參與程度變高還是變低了？導入新的點擊率預測模型後, 廣告的點擊率上升了嗎？這裡可以考慮引入 **A/B 測試** (A/B testing), 獨立觀察模型效果：以新模型來運行一部分資料, 其餘部分則以舊流程進行。一旦處理了夠多的案例, 兩者之間的差異就很可能是由模型所造成的。

● 如果可能, 請對模型在實際運作的資料上的預測結果進行人工審查。我們通常可以使用先前的工具來做資料標註：先拿一部分實際運作的資料進行人工標註, 然後和模型的預測結果進行比較。這種做法適用於圖片搜尋引擎與異常餅乾偵測系統的專案中。

● 如果無法進行人工審查, 也可以試著採取像是使用者調查的替代評估方案 (比如在垃圾與惡意內容的偵測系統中, 直接詢問使用者的用戶體驗)。

6-3-4　維護模型

最後要提醒的是, 模型不會永遠都表現良好。我們先前談過「概念漂移」：隨著時間演變, 實際運作的資料特性會不斷改變, 導致模型的表現越來越差。以音樂推薦系統來說, 其生命週期可能只有數個星期 (編註：流行音樂的榜單變動得很快)；以信用卡詐騙偵測系統來說, 其生命週期可能只有幾天 (編註：詐騙集團發現當前的手段行不通後, 可能就會馬上想出新的詐騙伎倆)；以影像搜尋引擎來說, 最佳狀況下也只能使用數年的時間。

一旦正式啟用模型, 我們就該準備訓練下一代模型了。因此, 我們要：

● 時刻關注實際運作的資料中的變動。是否出現了新特徵？我們是否要進行擴充？或是修正原有的標籤？

● 持續收集與標註資料, 並且不斷改進標註過程。具體來說, 我們要專注在收集那些現有模型很難正確分類的樣本, 因為這一類樣本最有助於優化模型。

本章概括了機器學習的工作流程, 要謹記在心的細節可真不少。我們得花上一些時間、吸取一些經驗才能變成專家, 但別擔心, 我們比剛開始時強大許多了。我們現在已經可以掌握全貌, 知道機器學習專案的完整流程。儘管本書著重在開發模型, 但我們也提過, 開發模型只是整個工作流程的一部分而已, 一定要時刻記得整體的輪廓。

本章小結

開始新的機器學習專案時, 一定要先釐清當前的問題:

- 最終目標是什麼? 有哪些限制?

- 收集與標註資料集; 確保已經深入瞭解這些資料的本質。

- 要如何評估結果是否成功: 使用什麼**評量指標** (metric) 來監控模型在驗證資料上的表現?

當我們瞭解問題, 也收集到合適的資料集後, 便可以開始動手開發模型:

- 準備資料。

- 確認驗證機制: 拆分驗證? K 折驗證? 要取用資料集的哪個區塊來做驗證?

- 實現統計能力: 打敗**基準線** (baseline)。

- 擴大規模: 開發能夠**過度配適** (overfit) 的模型。

- 根據模型在驗證資料上的表現, 對模型進行**常規化** (regularization) 並調整**超參數** (hyperparameters)。大部分的機器學習研究都只專注在這一步驟, 但要時刻記得機器學習的完整輪廓。

當模型在測試資料上的表現不錯時, 就可以進入部署的階段了:

- 首先, 確認客戶的期待是合理適當的。

- 優化用來進行推論的最終模型, 並根據所選擇的部署環境 (網路伺服器、移動裝置、瀏覽器、嵌入式裝置等) 部署模型。

- 在投入生產環境運作後, 持續監控模型表現並收集新資料, 以便開發下一代的模型。

深入探討 Keras

本章重點

- 透過 Sequential 類別 (class)、函數式 API (Functional API)、或繼承 Model 類別 (model subclassing) 來建構 Keras 模型

- 使用 Keras 內建的訓練及評估迴圈

- 使用回呼 (callbacks) 來監控內建的訓練及評估迴圈

- 使用 TensorBoard 來監看訓練及評估結果

- 從零開始設計訓練及評估迴圈

你現在應該對 Keras 不陌生了, 我們已經使用過 **Sequential 模型** (序列式模型)、**Dense 層** (密集層, 也稱全連接層) 以及用來進行訓練 (training)、評估 (evaluation) 及推論 (inference) 的**內建 API**：compile()、fit()、evaluate() 和 predict()。在第 3 章, 我們也學過如何繼承 Layer 類別, 進而建立自定義的神經層, 同時學習如何使用 GradientTape 來實作訓練迴圈。

在接下來的章節中, 我們將探討**電腦視覺** (computer vision)、**時間序列預測** (timeseries forecasting)、**自然語言處理** (natural language processing) 以及**生成式深度學習** (generative deep learning)。這些複雜應用需要的遠不止是 Sequential 架構或內建的 fit() 迴圈, 因此, 你需要掌握更多 Keras 的進階知識! 在本章, 你將瞭解 Keras API 的關鍵操作方式, 包括處理進階深度學習應用時需要的所有技巧。

7-1 Keras 的工作流程

Keras API 的設計原則為「逐步提升複雜度」(progressive disclosure of complexity)：一開始先從簡單的方法入手, 但未來面對任何的複雜案例時也都可以處理, 只需要漸進式的學習進階方法就好。簡單方法著重在容易實作, 而進階方法則著重在可能性：不管要做的事有多罕見和複雜, 一定都能找到完成目標的明確路徑, 而且該路徑是架構在你從簡單方法所學到的各種知識之上。這意味著, 你從初學者進化到專家的過程中, 所使用的都還是同一套工具, 只不過方法不同而已。

換句話說, 並沒有什麼使用 Keras 的「正確」方法。相反地, Keras 提供了一整個工作流程的「光譜」(spectrum of workflows), 從非常簡單 (但彈性較低) 到非常複雜 (但彈性較高) 的方法都有。為了滿足不同需求, Keras 提供了不同方法來建構和訓練模型。由於這些工作流程都基於共同的 API (例如：Layer 類別與 Model 類別), 因此某個工作流程中的元件, 也可以用在任何其它的工作流程中。

7-2 建構 Keras 模型的不同方法

要在 Keras 中建構模型, 有 3 種 API 可供選擇 (請見圖 7.1)。

● **序列式模型**：最容易使用的API, 基本上就是一個 Python 串列, 因此僅能夠單純地堆疊不同神經層。

● **函數式 API**：其專注於有分支結構的模型, 在易用性與彈性之間取得了不錯的平衡點, 也因此成為建構模型時最常用的 API。

● **繼承 Model 類別 (Model subclassing)**：需要自己從零開始的低階選項, 如果我們想控制所有細節, 它會是理想的做法。不過, 我們將沒辦法使用許多 Keras 的內建功能, 而且出錯的風險也會提高。

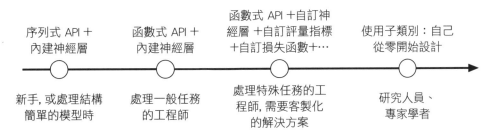

▲ **圖 7.1** 複雜度逐步提升的建模方式

小編補充：一下說「序列式模型」, 一下說「序列式 API」, 有不同意義嗎？其實上圖中提到的序列式 API 和函數式 API 是二組不同的 API, 它們都可用來建立 Keras 模型, 但前者只能建立「序列式模型」, 而後者則可建立「任何結構的模型」, 包括序列式或任何有分支結構的模型。此外, 已建立好的模型, 也可將其視為一個大型的神經層, 再用「序列式 API 或函數式 API」來將之與其他模型或神經層進行連接, 成為一個更大的模型。事實上, Keras 的模型及神經層可以任意地進行組合或拆解, 這就是 Keras「積木式」建構模型的威力！

7-2-1 序列式模型 (Sequential Model)

建構 Keras 模型的最簡單做法就是使用 Sequential 模型, 我們先前已看過不少案例。

程式 7.1　Sequential 類別

```
from TensorFlow import keras
from TensorFlow.keras import layers
model = keras.Sequential([
    layers.Dense(64, activation="relu"),
    layers.Dense(10, activation="softmax")
])
```

請注意, 我們也可利用 add() 方法 (method) 逐步建構模型, 其類似於 Python 串列 (list) 的 append() 方法。

程式 7.2　逐步建構序列式模型

```
model = keras.Sequential()
model.add(layers.Dense(64, activation="relu"))
model.add(layers.Dense(10, activation="softmax"))
```

我們在第 4 章看到, 只有在執行中首次呼叫神經層時, 其物件才會被實際建構 (也就是創建權重)。這是因為神經層權重的 shape 取決於輸入的 shape, 因此在接收到輸入前, 是無法創建權重的。

換言之, 程式 7.2 的序列式模型不具備任何權重 (請見程式 7.3 的輸出), 除非我們實際將資料輸入模型, 或呼叫其 build() 方法並指定輸入的 shape (請見程式 7.4)。

程式 7.3　未建構的模型不會有權重

```
>>> model.weights  ◄── 此時還不存在任何權重
ValueError: Weights for model sequential_1 have not yet been created.
(模型的權重尚未被創建)
```

程式 7.4　呼叫 build() 方法以建構模型

```
>>> model.build(input_shape=(None, 3))  ←── 指定輸入的 shape 並建構模型：
                                            現在模型可以接受 shape 為 (3,)
                                            的樣本。input_shape 中的 None
                                            表示批次量可以是任意大小
>>> model.weights  ←── 現在便能取得模型的權重
[<tf.Variable "dense_2/kernel:0" shape=(3, 64) dtype=float32, … >,
<tf.Variable "dense_2/bias:0" shape=(64,) dtype=float32, … >
<tf.Variable "dense_3/kernel:0" shape=(64, 10) dtype=float32, … >,
<tf.Variable "dense_3/bias:0" shape=(10,) dtype=float32, … >]
```

建構模型後，我們可以呼叫 **summary() 方法**來檢視模型內容，這非常有利於偵錯。

程式 7.5　summary() 方法

```
>>> model.summary()
Model: "sequential_1"
_____
 Layer (type)                Output Shape              Param #
=================================================================
 dense_2 (Dense)             (None, 64)                256

 dense_3 (Dense)             (None, 10)                650

=================================================================
Total params: 906
Trainable params: 906
Non-trainable params: 0
_____
```

如上所示，剛剛建構的模型被自動命名為「sequential_1」。在 Keras 中，我們也可以為任何物件命名，無論是模型或神經層。

程式 7.6　透過 name 參數命名模型及神經層

```
>>> model = keras.Sequential(name="my_example_model")  ←── 命名模型
>>> model.add(layers.Dense(64, activation="relu",      ┐
                           name="my_first_layer"))     ┘─ 命名輸入層
>>> model.add(layers.Dense(10, activation="softmax",   ┐
                           name="my_last_layer"))       ┘─ 命名輸出層
>>> model.build((None, 3))  ←── 建構模型並創建模型權重
```
▶接下頁

```
>>> model.summary()
Model: "my_example_model"  ←—— 模型的名稱已更改

------------------------------------------------------------------
 Layer (type)              Output Shape            Param #
==================================================================
 my_first_layer (Dense)    (None, 64)              256
```

各神經層的名稱也已更改

```
 my_last_layer (Dense)     (None, 10)              650
==================================================================
Total params: 906
Trainable params: 906
Non-trainable params: 0

------------------------------------------------------------------
```

　　逐步建構序列式模型時，在每次新增神經層後就使用 summary() 檢查模型的最新內容，是非常有用的。不過在實際建構模型前，我們無法列印出模型的內容！因此，有一個加速建構序列式模型的方法，那就是提前宣告模型輸入的 shape，這可以透過 **Input 類別**來辦到：

程式 7.7　提前宣告模型輸入的 shape

```
model = keras.Sequential()
model.add(keras.Input(shape=(3,)))  ←——
model.add(layers.Dense(64, activation="relu"))
```

利用 Input() 宣告輸入的 shape。請注意，此處的 shape 參數代表每個樣本的 shape，而非單一批次資料的 shape

　　現在，我們就可以使用 summary() 來檢查在新增更多神經層後，模型輸出的 shape 發生了什麼變化：

```
>>> model.summary()
Model: "sequential_2"

------------------------------------------------------------------
 Layer (type)              Output Shape            Param #
==================================================================
 dense_4 (Dense)           (None, 64)              256

==================================================================
Total params: 256
```

▶接下頁

```
Trainable params: 256
Non-trainable params: 0
_____

>>> model.add(layers.Dense(10, activation="softmax"))   ◀── 新增一個
>>> model.summary()                                          Dense 層
Model: "sequential_2"
_____
 Layer (type)              Output Shape            Param #
============================================================
 dense_4 (Dense)           (None, 64)              256

 dense_5 (Dense)           (None, 10)              650

============================================================
Total params: 906
Trainable params: 906
Non-trainable params: 0
_____
```

在處理**卷積層** (convolutional layers, 將在第 8 章進行說明) 這一類會對輸入進行複雜轉換的神經層時, 使用 summary() 來查看模型內容很常見的除錯流程。

7-2-2 函數式 API (Functional API)

序列式模型使用起來很簡單, 不過應用範圍很有限：這種一層接一層的序列式設計, 只能建構單一輸入和單一輸出的模型。在現實中, 我們很常會遇到有著多個輸入 (例如：影像及其中繼資料 metadata) 或多個輸出 (例如：同時預測商品的銷售數量及評價分類)的模型, 甚至是中間有分支的非線性拓樸 (topology) 結構。

這個時候, 我們就要使用函數式 API 來建構模型。它不僅有趣, 而且威力強大, 使用它的過程就跟玩樂高積木一樣。

一個簡單的範例

讓我們從簡單的範例開始：嘗試將上一節的雙層模型改寫成函數式 API 的版本。

程式 7.8   由兩個 Dense 層組成的函數式模型

```
inputs = keras.Input(shape=(3,), name="my_input")
features = layers.Dense(64, activation="relu")(inputs)
outputs = layers.Dense(10, activation="softmax")(features)
model = keras.Model(inputs=inputs, outputs=outputs)
```

現在來逐行解釋以上的程式。首先, 我們宣告了一個 Input 物件 (此處也額外指定了該物件的名稱)

```
inputs = keras.Input(shape=(3,), name="my_input")
```
傳回一個物件   需指定輸入樣本的 shape

在傳回的 inputs 物件中, 記載著該層輸出資料的 shape 與型別 (dtype):

```
>>> inputs.shape  ◄── 查看該神經層輸出資料的 shape
(None, 3)  ◄── 因批次量為變數, 所以第 0 軸為 None, 代表不固定。另外由於輸入層僅做
                為輸入介面而未做張量運算, 因此第 1 軸和單一樣本的維度相同, 均為 3
>>> inputs.dtype
float32  ◄── 批次內資料的型別為 32 位元浮點數
```

我們將 inputs 這樣的物件稱為**符號張量** (symbolic tensor), 其不包含任何的真實資料, 不過記錄了模型運作時, 所處理的真實資料張量的訊息。(編註:在實際輸入資料運作時, 其第 0 軸的維度會隨著批次量而自動調整大小。)

小編補充:請注意, Keras 的 Input 層和其他神經層不同, 它的功能只是用來建立代表模型輸入點的張量物件, 而無實際的神經層張量運算功能。因此前面程式中是使用 keras.Input(), 而非 layers.Input() (雖然目前這 2 種寫法都可以接受)。

接下來, 我們創建一個新的神經層並使用 inputs 張量來呼叫它。

```
features = layers.Dense(64, activation="relu")(inputs)
```

小編補充：函數式 API 會用到 Python「**將物件當成函式來呼叫**」的技巧, 在使用時要先建立神經層物件 (例如下圖的 Dense(8)), 接著把此物件當成函式來呼叫 (此時會呼叫物件類別中已撰寫好的特定 method), 並以該神經層的**輸入張量**為參數 (例如：**(x)**)。呼叫並執行函式後, 會傳回該神經層的**輸出張量**並指定給一個變數 (例如：**h**), 接著 h 即可供下一層做為輸入張量。

❶ 建立 Dense 層物件

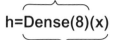

h=Dense(8)(x)

❷ 把物件當成函式呼叫, 再把函式傳回的輸出張量指定給 h

　　所有 Keras 層都可以被當成函式, 並以資料張量或符號張量為參數來呼叫。如果是以符號張量來呼叫, 那麼就會傳回一個新的符號張量, 其中同樣包含了該層輸出資料的 shape 和型別等訊息。

```
>>> features.shape
(None, 64)
```

　　程式 7.8 在第 3 行取得最後一層輸出的 outputs 後, 接著就可用「第一層的 inputs」與「最後一層的 outputs」為參數, 呼叫 Model **建構子** (constructor) 來 **實例化** (instantiated) 模型：

```
outputs = layers.Dense(10, activation="softmax")(features)   ◄── 取得最終的
model = keras.Model(inputs=inputs, outputs=outputs)              輸出張量
```

　　模型的具體內容如下所示：

```
>>> model.summary()
Model: "model_1"
```

Layer (type)	Output Shape	Param #
my_input (InputLayer)	[(None, 3)]	0
dense_8 (Dense)	(None, 64)	256
dense_9 (Dense)	(None, 10)	650

▶接下頁

```
========================================================
Total params: 906
Trainable params: 906
Non-trainable params: 0

--------------------------------------------------------
```

多輸入、多輸出的模型

在現實中, 多數深度學習模型長得並不像前述的線性序列模型, 而是像一張有分支及合併的資料流動**圖** (graph)。舉例來說, 模型可能有多個輸入或多個輸出。此時, 便是函數式 API 大展身手的時候了。

假設我們要開發一個系統, 它可以評估消費者意見單的優先性, 並將它們分派到合適的部門。我們的模型會有 3 個輸入:

● 意見單的標題 (文字輸入)

● 意見單的內容 (文字輸入)

● 消費者勾選的標籤 (分類輸入, 此處假設這些標籤已經過 one-hot 編碼)

我們可以將文字輸入編碼成由 0 和 1 組成的陣列, 長度為 vocabulary_size (即單字種類的數量, 關於文字編碼技巧的細節, 請詳第 11 章)。

模型還會有兩個輸出:

● 意見單的優先性分數, 是介於 0 和 1 的純量值 (以 sigmoid 輸出)

● 應該處理這張意見單的部門 (以 softmax 輸出對應到各部門的分數)

只需幾行程式碼, 便能用函數式 API 建構出上述的模型。

程式 7.9 多輸入、多輸出的函數式模型

```
vocabulary_size = 10000  ◄── 設定單字的數量
num_tags = 100  ◄──────────── 設定標籤的數量
num_departments = 4  ◄──────── 設定部門的數量
```

▶接下頁

```
title = keras.Input(shape=(vocabulary_size,), name="title")
text_body = keras.Input(shape=(vocabulary_size,), name="text_body")
tags = keras.Input(shape=(num_tags,), name="tags")
```
定義模型的 3 個輸入(意見單標題、意見單內容和標籤)

```
features = layers.Concatenate()([title, text_body, tags])
```
將不同的輸入特徵合併成單一張量 (存成 features)

```
features = layers.Dense(64, activation="relu")(features)
```
加入中間層來增加輸入特徵的表示空間

```
priority = (layers.Dense(1, activation="sigmoid", name="priority")
                        (features))
department = (layers.Dense(num_departments, activation="softmax",
                        name="department")(features))
model = keras.Model(inputs=[title, text_body, tags],
                    outputs=[priority, department])
```
定義模型的 2 個輸出 (意見單的優先性及各部門的 softmax 分數)

透過 inputs 和 outputs 來建構模型

　　由此可見, 函數式 API 是一個簡單且具有彈性的選項, 可讓我們輕鬆組合各種神經層。

訓練多輸入、多輸出模型

　　訓練多輸入、多輸出模型的過程, 和訓練序列式模型是差不多的:只需以輸入資料和輸出資料的 list 來呼叫 fit()。請注意!list 中的元素順序, 需與之前傳入 Model 建構子的 list 的順序保持一致 (編註:請見程式 7.9 中的最後兩行程式)。

程式 7.10　透過提供輸入及目標值陣列來訓練模型

```
import numpy as np

num_samples = 1280

title_data = np.random.randint(0, 2, size=(num_samples, vocabulary_size))
text_body_data = np.random.randint(0, 2, size=(num_samples, vocabulary_size))
tags_data = np.random.randint(0, 2, size=(num_samples, num_tags))
```
創建 3 種隨機的輸入資料

▶接下頁

```
                                                          創建 2 種隨機的目標值
priority_data = np.random.random(size=(num_samples, 1))
department_data = np.random.randint(0, 2, size=(num_samples, num_departments))

model.compile(optimizer="rmsprop",
              loss=["mean_squared_error", "categorical_crossentropy"],
              metrics=[["mean_absolute_error"], ["accuracy"]])
```

編註： 此處損失函數和評量指標的 list 元素順序，必須與模型輸出的 list 相同

```
model.fit([title_data, text_body_data, tags_data],
          [priority_data, department_data],
          epochs=1)
```

list 中的元素順序必須與模型的結構一致

```
model.evaluate([title_data, text_body_data, tags_data],
               [priority_data, department_data])
priority_preds, department_preds = model.predict([title_data, text_
    body_data, tags_data])
```

　　如果不想受順序所局限 (例如當輸入或輸出分支太多時)，我們也可以借助輸入層和輸出層的名稱 (見程式 7.9 中以 name 參數指定的名稱)，並透過 Python 字典的形式來傳入資料。

程式 7.11　透過提供輸入及目標值陣列的 Python 字典來訓練模型

```
model.compile(optimizer="rmsprop",
              loss={"priority": "mean_squared_error",
                    "department": "categorical_crossentropy"},
              metrics={"priority": ["mean_absolute_error"],
                       "department": ["accuracy"]})
model.fit({"title": title_data, "text_body": text_body_data,
           "tags": tags_data},
          {"priority": priority_data, "department": department_data},
          epochs=1)
model.evaluate({"title": title_data, "text_body": text_body_data,
                "tags": tags_data},
               {"priority": priority_data, "department": department_data})
priority_preds, department_preds = model.predict(
    {"title": title_data, "text_body": text_body_data, "tags": tags_data})
```

小編補充： 由於本範例只是要示範 API 的用法，所以資料均為隨機產生的玩具資料，在 fit()、evaluate() 和 predict() 中使用的也是同一組資料，讀者只需觀摩其 API 的用法即可。

函數式 API 的威力：檢視神經層的連接方式

函數式模型就是一個明顯的資料流動**圖 (graph)** 結構。在這個基礎上，設計者可以檢視各個神經層之間如何連接，並重複利用之前的**圖節點** (graph nodes, 神經層的輸出張量) 來組成新模型。這種資料結構也和大部分研究者在思考深層神經網路時，腦中的模型藍圖一致。函數式 API 促成了兩個非常重要的功能：**模型視覺化** (model visualization) 及**特徵萃取** (feature extraction)。

讓我們視覺化先前模型中，不同神經層的連接關係 (也就是視覺化模型的拓樸結構)，只要使用 **plot_model()** 功能，就可以將函數式模型畫成圖 (請見圖 7.2)

```
keras.utils.plot_model(model, "ticket_classifier.png")
```

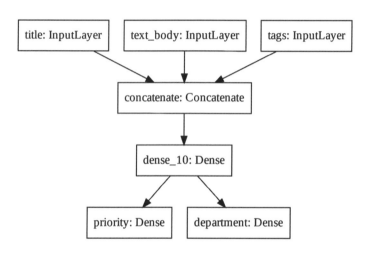

▲ 圖 7.2　利用 plot_model() 來視覺化
意見單分類模型的拓樸結構

我們還可以在圖表中加入各神經層的輸入及輸出 shape (透過將 **show_shapes 參數**設定為 True)，這在除錯時會很有幫助 (請見圖 7.3)。

```
keras.utils.plot_model(model, "ticket_classifier_with_shape_info.png",
                       show_shapes=True)
```

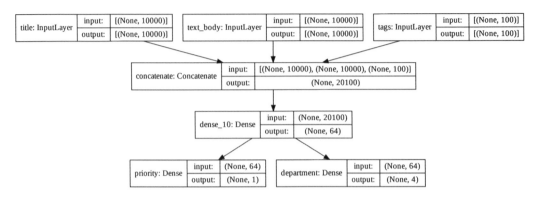

▲ 圖 7.3　加入了 shape 資訊的圖表

張量 shape 中的「None」代表批次量；換句話說, 該模型可以接受任意大小的批次量。

取得神經層之間的連接關係也意味, 我們可以檢視與重新利用圖中的獨立節點 (神經層的運算結果)。經由 model.layers 屬性可以取得包含所有神經層的串列, 而對於其中的每一個神經層而言, 我們都可以再利用 layer.input 和 layer.output 屬性來查詢其輸入或輸出的張量物件。

程式 7.12　取得函數式模型中的神經層細節

```
>>> model.layers ←── 檢視組成模型的神經層
[<keras.engine.input_layer.InputLayer at 0x223a50086d0>,
 <keras.engine.input_layer.InputLayer at 0x223a5008190>,
 <keras.engine.input_layer.InputLayer at 0x223a5008250>,
 <keras.layers.merge.Concatenate at 0x223a5008a30>,
 <keras.layers.core.dense.Dense at 0x223a5008b80>,
 <keras.layers.core.dense.Dense at 0x223a4ff77c0>,
 <keras.layers.core.dense.Dense at 0x223a5013d90>]

>>> model.layers[3].input ←── 查看 Concatenate 層的 3 個輸入張量
[<KerasTensor:shape=(None, 10000) dtype=float32 (created by layer 'title')>,
 <KerasTensor:shape=(None, 10000) dtype=float32 (created by layer 'text_body')>,
 <KerasTensor:shape=(None, 100) dtype=float32 (created by layer 'tags')>]

>>> model.layers[3].output ←── 查看 Concatenate 層的輸出張量
<KerasTensor:shape=(None, 20100) dtype=float32 (created by layer 'concatenate')>
```

以上的特性讓我們可以進行特徵萃取, 也就是重複利用既有模型前半部分所輸出的中間特徵, 進而建構出另一個新的模型 (編註：就是將舊模型的前半部連接到新模型上, 或是在舊模型的後半部增加新的分支, 因此舊模型前半部所輸出的特徵, 即可使用到新模型或新分支中)。

假設我們要在先前的模型中加入新的輸出：意見單處理起來的難易度 (difficulty rating)。我們可以加入一個單元數為 3 的 Dense 層, 其會產生 3 個純量值, 分別對應到「簡單」、「中等」、「困難」這 3 個類別的 softmax 分數。我們不需要重新創建或訓練模型, 只要將新增的 Dense 層和先前模型的神經層相連接即可, 如下所示：

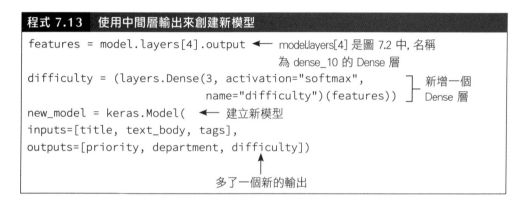

```
features = model.layers[4].output      ← model.layers[4] 是圖 7.2 中, 名稱
                                          為 dense_10 的 Dense 層
difficulty = (layers.Dense(3, activation="softmax",
                           name="difficulty")(features))   ┤ 新增一個
                                                             Dense 層
new_model = keras.Model(   ← 建立新模型
inputs=[title, text_body, tags],
outputs=[priority, department, difficulty])

                         ↑
                多了一個新的輸出
```

程式 7.13　使用中間層輸出來創建新模型

讓我們來看看新模型長什麼樣子 (見圖 7.4):

```
keras.utils.plot_model(new_model, "updated_ticket_classifier.png",
                       show_shapes=True)
```

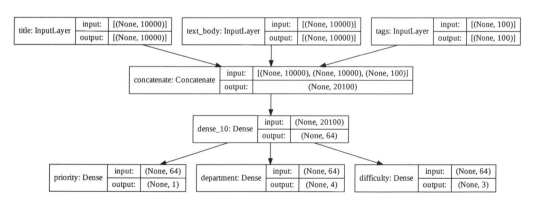

▲ 圖 7.4　新模型的拓樸結構圖 (多了一個名為 difficulty 的輸出層)

7-2-3 繼承 Model 類別 (Subclassing the Model class)

最後一個要介紹的模型建構方式是**繼承 Model 類別** (Model subclassing), 它是最進階的方式。在第 3 章, 我們學過如何繼承 Layer 類別來創建自定義的神經層。繼承 Model 類別的做法也差不多:

● 在 __init__() 方法中, 定義模型會用到的神經層。

● 在 call() 方法中, 定義模型中各神經層 (在 __init__() 中定義的神經層) 的正向傳播流程。

● 實例化定義好的子類別 (編註: 就是用子類別來建立模型物件), 然後以輸入資料為參數呼叫模型 (編註: 將模型物件當成函式來呼叫), 以便創建模型的權重。

將先前的範例改寫為 Model 子類別

來看一個簡單的例子: 我們要使用 Model 子類別來重新實作先前的意見單模型。

程式 7.14 一個簡單的 Model 子類別

```
class CustomerTicketModel(keras.Model):  ◀── 實作 Model 子類別

    def __init__(self, num_departments):  ◀── 編註: 第 2 個參數是用來
                                              指定要分類的部門數量
        super().__init__()  ◀── 別忘了要先呼叫父類別的初始化函式
        self.concat_layer = layers.Concatenate()
        self.mixing_layer = layers.Dense(64, activation="relu")
        self.priority_scorer = layers.Dense(1, activation="sigmoid")
        self.department_classifier = layers.Dense(
            num_departments, activation="softmax")
                                              定義模型的神經層
    def call(self, inputs):  ◀── 在 call() 方法中定義正向傳播的過程
        title = inputs["title"]
        text_body = inputs["text_body"]
        tags = inputs["tags"]
```

▶接下頁

```
                 features = self.concat_layer([title, text_body, tags])
```
編註：這裡直接將資料輸入到 Concatenate 層即可，
不用多加一個只做為輸入介面用的 keras.Input 層
```
                 features = self.mixing_layer(features)
                 priority = self.priority_scorer(features)
                 department = self.department_classifier(features)
                 return priority, department
```

定義好模型之後，接著就可以將其實例化。請記得，只有在第一次用輸入資料來呼叫模型時，才會自動創建模型權重，這一點和 Layer 子類別很像：

```
model = CustomerTicketModel(num_departments=4)   ← 實例化模型，並指定
priority, department = model(                         要分類為 4 個部門
    {"title": title_data, "text_body": text_body_data,   ⎤ 用輸入資料
     "tags": tags_data})                                  ⎦ 來呼叫模型
```

目前為止，各項操作都跟第 3 章使用 Layer 子類別時的工作流程很類似。那麼，Layer 子類別跟 Model 子類別之間有什麼差異呢？簡單來說，Layer 物件是用來創建模型的積木，而 Model 物件才是我們實際會訓練、匯出並用來推論的物件。另一方面，Model 類別有 fit()、evaluate()、predict() 等方法，而 Layer 類別則沒有。除此之外，這兩個類別基本是一樣的 (還有一個差異是，我們可以把模型儲存為檔案，這一部分將在接下來的小節中進行說明)。

與序列式模型或函數式模型一樣，我們也可以編譯與訓練 Model 子類別：

```
model.compile(optimizer="rmsprop",
              loss=["mean_squared_error", "categorical_crossentropy"],
              metrics=[["mean_absolute_error"], ["accuracy"]])
```
傳給 loss 和 metrics 參數的資料結構必須和 call() 傳回的資料一樣
```
model.fit({"title": title_data,
           "text_body": text_body_data,     ⎤ 輸入資料的結構必須要與 call()
           "tags": tags_data},              ⎦ 方法所預期的輸入結構一致
          [priority_data, department_data],   ← 目標值資料的結構必須要
          epochs=1)                              和 call() 傳回的資料一樣
model.evaluate({"title": title_data,
                "text_body": text_body_data,
                "tags": tags_data},
               [priority_data, department_data])
```

▶接下頁

```
priority_preds, department_preds = model.predict({"title": title_data,
                                                   "text_body": text_
                                                   body_data,
                                                   "tags": tags_data})
```

在建構模型時, 繼承 Model 類別是最具彈性的做法。序列式及函數式 API 只能建立**有向無環圖** (acyclic graph of layers, 編註:有方向性且不可有循環迴圈的資料流動圖) 架構的模型, 而繼承 Model 類別時則無此限制, 例如我們可以在模型的 call() 方法中用 for 迴圈來運作神經層, 或甚至以**遞迴** (recursive) 的方式呼叫它們。現在, 一切都有可能辦得到。

使用 Model 子類別的缺點

所有自由都伴隨著代價:使用 Model 子類別時, 我們需要負責更多模型**邏輯**的部分, 也就是說, 出現潛在錯誤的機會變高了。因此, 我們要花更多力氣來除錯。

函數式模型與 Model 子類別在本質上也有很大差異。函數式模型是一個明確且可查看的資料結構:由不同層組成的圖, 我們可以檢視、測試與修正它。相反的, Model 子類別則是一堆**位元組碼** (bytecode):一個 call() 方法中包含了原始碼的 Python 類別。這就是 Model 子類別充滿彈性的原因, 我們可以根據想要的功能來設計程式, 不過這也帶來了新的限制。

舉例來說, 由於神經層之間的連接方式隱藏在 call() 方法中, 因此我們無法取得其中的資訊。呼叫 summary() 方法顯示不出神經層間的連接關係, 而使用 plot_model() 也繪製不出模型的拓樸結構。同樣的, 我們也不能取得神經層的圖節點 (也就無法進行特徵萃取), 因為根本就不存在圖。一旦模型被實例化, 其正向傳播過程就變成真正的黑盒子了。

7-2-4 混合搭配不同的設計模式

請特別注意!無論選擇哪一種設計模式 (序列式模型、函數式 API 或 Model 子類別), 都不會讓我們被禁錮在單一模式上。Keras API 中的所有模型都可以互相搭配, 不管是源自何種設計模式。

例如, 我們可以在函數式模型中加入自訂的 Model 或 Layer 子類別。

程式 7.15　創建一個含有 Model 子類別的函數式模型

```
class Classifier(keras.Model):  ←── 創建 Model 子類別

    def __init__(self, num_classes=2):
        super().__init__()
        if num_classes == 2:
            num_units = 1
            activation = "sigmoid"
        else:
            num_units = num_classes
            activation = "softmax"
        self.dense = layers.Dense(num_units, activation=activation)

    def call(self, inputs):
        return self.dense(inputs)

inputs = keras.Input(shape=(3,))
features = layers.Dense(64, activation="relu")(inputs)
outputs = Classifier(num_classes=10)(features)  ←──
model = keras.Model(inputs=inputs, outputs=outputs)
```

編註: 在函數式 API 中將 Model 子類別當成神經層來加入 (我們可將模型視為大型的神經層)

同樣地, 函數式模型也可以是 Model 子類別的一部分。

程式 7.16　創建一個包含函數式模型的 Model 子類別

```
inputs = keras.Input(shape=(64,))
outputs = layers.Dense(1, activation="sigmoid")(inputs)
binary_classifier = keras.Model(inputs=inputs, outputs=outputs)  ←──

                                                       創建函數式模型

class MyModel(keras.Model):

    def __init__(self, num_classes=2):
        super().__init__()
        self.dense = layers.Dense(64, activation="relu")
        self.classifier = binary_classifier  ←──
```

將函數式模型 (編註: 當成神經層) 放進 Model 子類別中

▶接下頁

```
    def call(self, inputs):
        features = self.dense(inputs)
        return self.classifier(features)

model = MyModel()
```

7-2-5　根據任務挑選適當的工具

我們已經學到了建構 Keras 模型的不同方式：從最簡單的序列式模型, 到最複雜的 Model 子類別都有。那麼, 什麼時候該用什麼方式呢？其實每種方式都有自己的優劣, 我們只需挑選最適合當前任務的方式即可。

整體來說, 函數式 API 可以在易用性與彈性之間取得很好的平衡, 而且可以明確提供神經層之間的連接關係, 這對於畫出模型拓樸結構與特徵萃取來說非常有用。如果可能 (即模型可以用神經層的有向無環圖來表達), 則建議優先選擇函數式 API, 而非 Model 子類別。

本書的所有例子都會使用函數式 API, 因為用它建立的模型都可以表示成神經層的圖。然而, 在需要特殊功能時我們會儘量使用 Layer 子類別來解決。一般來說, 使用「包含 Layer 子類別的函數式模型」是最佳選擇：一方面提供了開發時的高彈性, 另一方面也能保有函數式 API 的優點。

7-3 使用內建的訓練與評估迴圈

「逐步提升複雜度」的設計原則一樣可以套用在訓練過程上。Keras 提供了許多訓練模型的方式, 最簡單的就是直接呼叫 fit()；或者也可以從無到有, 設計一個全新的訓練演算法。

我們已經熟悉 compile()、fit()、evaluate()、predict() 等方法, 程式 7.17 可以幫助你快速地回顧：

程式 7.17　標準的工作流程：compile()、fit()、evaluate() 和 predict()

```
from tensorflow.keras.datasets import mnist

def get_mnist_model():   ◄── 定義創建新模型的函式, 以便稍後重複使用
    inputs = keras.Input(shape=(28 * 28,))
    features = layers.Dense(512, activation="relu")(inputs)
    features = layers.Dropout(0.5)(features)
    outputs = layers.Dense(10, activation="softmax")(features)
    model = keras.Model(inputs, outputs)
    return model

                                                            載入資料
(images, labels), (test_images, test_labels) = mnist.load_data() ◄──
images = images.reshape((60000, 28 * 28)).astype("float32") / 255
test_images = test_images.reshape((10000, 28 * 28)).astype("float32") / 255
train_images, val_images = images[10000:], images[:10000] ┐ 保留部分資料
train_labels, val_labels = labels[10000:], labels[:10000] ┘ 以用作驗證

model = get_mnist_model()
model.compile(optimizer="rmsprop",                     ┐ 透過指定優化器、
              loss="sparse_categorical_crossentropy",  ├ 損失函數及評量指
              metrics=["accuracy"])                    ┘ 標來編譯模型
model.fit(train_images, train_labels,          ┐ 使用 fit() 訓練模型,
          epochs=3,                            ├ 並額外指定驗證資
          validation_data=(val_images, val_labels)) ┘ 料, 以監視模型在未
                                                     見過資料上的表現

test_metrics = model.evaluate(test_images, test_labels) ◄──┐
                                          使用 evaluate() 來檢視模型在
                                          新資料 (測試資料) 上的表現

predictions = model.predict(test_images) ◄──┐
                       使用 predict() 計算模型對新資料的分類機率
```

以下是我們可以調整的幾個面向：

● 提供自定義的評量指標

● 將**回呼** (callbacks) 物件傳遞給 fit() 方法，以排定在訓練階段的特定時間點所要採取的動作 (編註：例如當驗證準確度連續 2 個週期都沒有進步時就停止訓練，以避免發生過度配適等)

7-3-1　設計自己的評量指標

評量指標是用來測量模型表現的關鍵，特別是用來衡量模型在訓練資料及評估資料上的表現差異。分類任務及迴歸任務中常用的評量指標，已經是內建 keras.metrics 模組的一部分，這些指標也是我們在大部分時候所使用的選項。不過，當你想要驗證一些全新的想法時，也許就需要自己設計評量指標，該過程並不困難！

Keras 的所有評量指標都是 keras.metrics.Metric 類別的子類別。和神經層一樣，評量指標也有一些用來儲存內部狀態的 TensorFlow 變數，但和神經層不一樣的是，這些變數在反向傳播的過程中並不會自動更新。因此，我們要自行將更新狀態的程式寫在 update_state() 方法中。以下是一個測量**方均根誤差** (root mean squared error, RMSE) 的自定義評量指標。

程式 7.18　透過 Metric 子類別來實作自定義的評量指標

```python
import tensorflow as tf

class RootMeanSquaredError(keras.metrics.Metric):    ← 創建 Metric 子類別

    def __init__(self, name="rmse", **kwargs):
        super().__init__(name=name, **kwargs)
        self.mse_sum = self.add_weight(name="mse_sum",
                          initializer="zeros")
        self.total_samples = self.add_weight(
            name="total_samples", initializer="zeros", dtype="int32")
```

和 Layer 子類別一樣,在 Metric 子類別中也有 add_weight() 方法

在建構子中定義需要的狀態變數

▶接下頁

```
    def update_state(self, y_true, y_pred, sample_weight=None):  ◀──
在 update_state() 中加入更新狀態的邏輯, y_true 參數為單一批次的目標值 (標籤值), y_pred
參數則是對應的模型預測結果, 請先忽略 sample_weight 參數, 在這個例子中不會使用到它
    y_true = tf.one_hot(y_true, depth=tf.shape(y_pred)[1])  ◀──
    mse = tf.reduce_sum(tf.square(y_true - y_pred))
    self.mse_sum.assign_add(mse)
    num_samples = tf.shape(y_pred)[0]
    self.total_samples.assign_add(num_samples)

                    為了符合 MNIST 模型的要求, 我們希望得到分類的 (categorical)
                    預測結果以及整數標籤, 因此會使用到 one-hot 編碼
```

我們使用 result() 方法來傳回評量指標的當前值。

```
def result(self):
    return tf.sqrt(self.mse_sum / tf.cast(self.total_samples, tf.float32))
                                   ▲
                       將 total_samples 的資料型別轉換成 float32
```

此外, 我們還要定義一個 reset_state() 方法來重置指標的狀態, 以免每次都要重新實例化評量指標。如此一來, 我們便可在在訓練階段的不同週期 (或測試階段) 中, 使用同一個評量指標物件:

```
def reset_state(self):
    self.mse_sum.assign(0.)        ┐
    self.total_samples.assign(0)   ┘─ 將數值歸零
```

自定義指標的使用方式和內建指標一樣, 如下所示:

```
model = get_mnist_model()
model.compile(optimizer="rmsprop",
              loss="sparse_categorical_crossentropy",
              metrics=["accuracy", RootMeanSquaredError()])  ◀──
model.fit(train_images, train_labels,             同時使用內建指標和自定義指標
          epochs=3,
          validation_data=(val_images, val_labels))
test_metrics = model.evaluate(test_images, test_labels)
```

執行以上程式後, 便會看到模型的 RMSE 值及相關指標值:

```
Epoch 1/3
1563/1563 [==============================] - 9s 5ms/step - loss: 0.2936
- accuracy: 0.9129 - rmse: 7.1802 - val_loss: 0.1531 - val_accuracy:
0.9566 - val_rmse: 7.3588
Epoch 2/3
1563/1563 [==============================] - 8s 5ms/step - loss: 0.1611
- accuracy: 0.9540 - rmse: 7.3567 - val_loss: 0.1303 - val_accuracy:
0.9641 - val_rmse: 7.4043
…(下略)
```

7-3-2 使用回呼 (callbacks) 模組

在大型資料集上進行數十個週期的訓練, 就像在玩紙飛機: 飛機一離手, 我們就無法控制紙飛機的飛行軌跡或降落位置了。如果想避免不良後果 (或因此浪費掉紙飛機), 更聰明的做法是不使用紙飛機, 而是改用無人機來偵測環境, 並將資訊傳回給操作者, 然後根據當前狀態自動地做出轉向決策。本節介紹的技術就是要將對模型的呼叫從「紙飛機」轉變為「智慧型的自主無人機」, 使其可以自我修正並動態地採取行動。

回呼 (callback) 是在呼叫 fit() 方法時可以傳遞給模型的一個物件 (一個執行特定方法的物件), 並且可在訓練階段的各個時間點由模型所呼叫。它可以檢視有關模型狀態及表現的所有資料, 進而執行各類操作, 包括中斷訓練、儲存模型、載入不同權重集合或更改模型狀態。

以下是一些使用回呼的範例:

● 模型檢查點 (Model checkpointing): 在訓練階段的不同時間點保存模型的當前權重。

● 早期停止 (Early Stopping): 當驗證損失不再改善時, 就中斷訓練 (當然, 會自動保存訓練期間獲得的最佳模型)。

● 在訓練期間動態調整某些參數的值, 例如優化器的學習率。

● 在訓練期間記錄訓練和驗證指標值, 或在模型更新時視覺化模型學習到的表示法 (權重), 例如 Keras 就是透過回呼來顯示 fit() 的進度條。

keras.callbacks 模組中包含了許多常用的內建回呼 (僅節錄部分回呼)：

```
keras.callbacks.ModelCheckpoint
keras.callbacks.EarlyStopping
keras.callbacks.LearningRateScheduler
keras.callbacks.ReduceLROnPlateau
keras.callbacks.CSVLogger
```

底下就以 EarlyStopping 和 ModelCheckpoint 來示範回呼的用法。

EarlyStopping 和 ModelCheckpoint 回呼

訓練模型時, 有很多事情在一開始是無法預測的。尤其是, 我們無法確定需要多少個訓練週期 (epoch) 才能獲得最佳的驗證損失。目前為止的例子所採取的策略, 都是先跑過足夠多的訓練週期直到發生過度配適, 然後再從運行結果找出最佳的訓練週期數, 最後再以該訓練週期數重新訓練模型。從某些角度來看, 這種做法是很浪費資源的。處理該問題的更好方法, 是在發現驗證損失不再改善時即停止訓練, 而這可以使用 **EarlyStopping 回呼**來達成。

舉例來說, 當監控的指標 (例如：驗證損失) 在指定數量的訓練週期中都沒有進步時, 就可以讓 EarlyStopping 回呼立即中斷訓練, 以避免需要重新訓練模型。這個回呼功能通常會與 **ModelCheckpoint 回呼**結合使用, 讓我們在訓練期間不斷儲存模型 (你也可以選擇只保存當下最佳的模型版本)。以下是使用回呼進行訓練的例子：

程式 7.19 在 fit() 中使用回呼參數

```
callbacks_list = [   ←── 我們用一個串列來打包回呼, 待會要傳遞給模型
    keras.callbacks.EarlyStopping(   ←── 回呼 1：當監控的指標停止改善時, 中斷訓練
        monitor="val_accuracy",   ←── 監控模型的驗證準確度
        patience=2,   ←── 超過 2 個週期沒有改善時, 就中斷訓練
    ),
    keras.callbacks.ModelCheckpoint(   ←── 回呼 2：在每個週期結束後儲存模型
        filepath="checkpoint_path.keras",   ←── 存檔的路徑及檔名
        monitor="val_loss",   ┐── 當 val_loss 有改善時才會儲存模型 (由於是
        save_best_only=True,  ┘   覆蓋存檔, 因此有必要指定只儲存最佳模型)
    )
]
```

▶接下頁

```
model = get_mnist_model()
model.compile(optimizer="rmsprop",
              loss="sparse_categorical_crossentropy",
              metrics=["accuracy"])  ◀── 因為 EarlyStopping 監控的是準確度,
model.fit(train_images, train_labels,     所以要將其做為評量指標
          epochs=10,
          callbacks=callbacks_list,  ◀── 將回呼串列指定給 fit() 方法中的 callbacks
                                         參數, 讓模型可以在訓練時使用這些回呼
          validation_data=(val_images, val_labels))  ◀──
                                注意！因為回呼會監控驗證損失和驗
                                證準確度, 所以需要提供驗證資料集
```

當然, 我們也可以在訓練完成後隨時手動儲存模型：只需呼叫 model.save("存檔的路徑") 即可。若要重新載入儲存的模型, 可使用以下指令：

```
model = keras.models.load_model("存檔的路徑")
```

7-3-3　設計自己的回呼

如果內建的回呼不敷所需, 我們也可以設計自己的回呼。透過繼承 keras. callbacks.Callback 類別, 就可以量身訂作出自己需要的 method, 這些 method 要使用特定的名稱, 以便 Keras 在訓練期間特定的時間點呼叫：

```
on_epoch_begin(epoch, logs)  ◀──── 在每個訓練週期的開始呼叫
on_epoch_end(epoch, logs)    ◀──── 在每個訓練週期的結束呼叫
on_batch_begin(batch, logs)  ◀──── 在處理每個批次資料前呼叫
on_batch_end(batch, logs)    ◀──── 在處理每個批次資料後呼叫
on_train_begin(logs)         ◀──── 在訓練開始時呼叫
on_train_end(logs)           ◀──── 在訓練結束時呼叫
```

這些 method 在呼叫時都會傳遞 **logs 參數**, 它是一個 Python 字典, 包含了上一批次、訓練週期、訓練與驗證指標等等的資訊。開頭為「on_epoch」和「on_batch」的 method 也會將第幾週期 (epoch) 或第幾批次 (batch) 作為其首個參數 (為一整數, 見上面的 method 定義)。

程式 7.20 所創建的回呼會記錄每個批次的訓練損失 (將存成一個串列), 並在每個訓練週期結束後儲存不同批次損失值所繪製出的圖表。

程式 7.20 透過繼承 Callback 類別來創建自定義的回呼

```python
from matplotlib import pyplot as plt

class LossHistory(keras.callbacks.Callback):
    def on_train_begin(self, logs):
        self.per_batch_losses = []

    def on_batch_end(self, batch, logs):
        self.per_batch_losses.append(logs.get("loss"))

    def on_epoch_end(self, epoch, logs):
        plt.clf()
        plt.plot(range(len(self.per_batch_losses)),
                 self.per_batch_losses,
                 label="Training loss for each batch")
        plt.xlabel(f"Batch (epoch {epoch})")
        plt.ylabel("Loss")
        plt.legend()
        plt.savefig(f"plot_at_epoch_{epoch}")
        self.per_batch_losses = []
```

◄── 在訓練的一開始, 先創建一個
用於儲存批次損失的空串列

◄─┐ 每處理完一批次的資料, 就將批次
損失存進 per_batch_losses 串列中

◄── 儲存當前訓練週期中,
各批次的損失變化圖

◄── 清空串列

讓我們測試一下：

```python
model = get_mnist_model()
model.compile(optimizer="rmsprop",
              loss="sparse_categorical_crossentropy",
              metrics=["accuracy"])
model.fit(train_images, train_labels,
          epochs=10,
          callbacks=[LossHistory()],
          validation_data=(val_images, val_labels))
```

◄── 將自定義的回呼物件傳遞給 fit()

輸出結果如圖 7.5 所示。

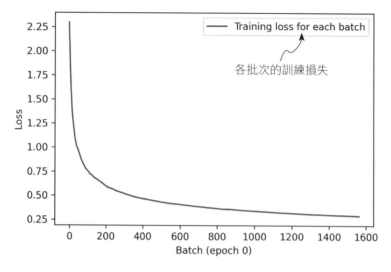

▲ 圖 7.5　客製化回呼物件的輸出結果

7-3-4　利用 TensorBoard 進行監控與視覺化

　　若要對研究有良好的掌控或開發出成效佳的模型, 我們需要在實驗過程中對模型內部發生的事情, 頻繁地取得回饋資訊。這就是進行實驗時的重點:盡可能地多取得模型的表現資訊。取得進展是一個迭代過程, 或是一個循環過程 (見圖 7.6):從想法開始, 將其轉換成實驗, 然後評估原先的想法是否成立。執行這樣的實驗, 並掌握過程中產生的資訊, 將激發出下一個新想法。當實驗循環的迭代次數越多, 產生的想法就越精準且強大。Keras 可以協助我們在最短的時間內從想法進入到實驗, 而快速的 GPU 可幫助我們盡快從實驗中取得結果。但要如何處理實驗結果呢?這就是 TensorBoard 所著墨之處。

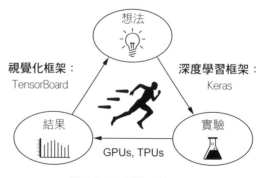

▲ 圖 7.6　取得進展的循環過程

TensorBoard (www.TensorFlow.org/tensorboard) 是一個以瀏覽器為基礎的視覺化工具, 可以在本地端運行。它是在訓練進行時, 用來監控模型內部變化的最佳方法。有了 TensorBoard, 我們就可以：

● 在訓練期間, 以視覺化方式監視損失及評量指標

● 將模型架構視覺化

● 將激活結果和梯度變化以視覺化直方圖呈現

● 以 3D 方式探索嵌入向量 (embeddings)

若我們監控的不僅僅是模型的最終損失, 就可以更清晰地了解模型內部做了與沒做哪些事情, 並可更快地取得進展。

使用 TensorBoard 的最簡單方法, 就是在 fit() 中使用 **keras.callbacks. TensorBoard 回呼**。

在最簡單的案例中, 只要指定回呼記錄檔案的寫入位置, 就可以開始使用 Tensorboard：

```
model = get_mnist_model()
model.compile(optimizer="rmsprop",
              loss="sparse_categorical_crossentropy",
              metrics=["accuracy"])
                                          實例化 keras.callbacks.
tensorboard = keras.callbacks.TensorBoard( ← TensorBoard 回呼物件
    log_dir="/full_path_to_your_log_dir", ← 指定記錄檔案的寫入位置
)
model.fit(train_images, train_labels,
          epochs=10,
          validation_data=(val_images, val_labels),
          callbacks=[tensorboard])
```

一旦模型開始運行, 就會在目標位置寫入記錄檔案。如果是在本地端執行 Python 程式, 也可以透過以下指令打開 TensorBoard (請先確保已經安裝了 TensorBoard 套件；若沒有, 可以透過 pip install tensorboard 進行手動安裝)：

```
tensorboard --logdir / full_path_to_your_log_dir
```
↑
Tensorboard 會到這個位置讀取回呼寫入的記錄檔案

用瀏覽器連到以上指令所傳回的 URL, 便可看到 TensorBoard 的界面。

如果是在 Colab 記事本運行程式, 則可以使用下列指令, 將 TensorBoard 嵌入在 notebook 檔案中：

```
%load_ext tensorboard
%tensorboard --logdir /full_path_to_your_log_dir
```

在 TensorBoard 界面中, 我們可以看到訓練指標和驗證指標的即時變化 (圖 7.7)。

▲ 圖 7.7　我們可以用 TensorBoard 來輕鬆監控訓練和驗證指標

7-4 設計自己的訓練及評估迴圈

Keras 的 fit() 可以在易用性與彈性之間取得良好的平衡, 我們在訓練時也多半是採用這種做法。儘管如此, 就算有了客製化的評量指標、損失函數以及回呼物件, 它也未必能夠滿足所有研究者的需求。

畢竟, 內建的 fit() 只適用於**監督式學習** (supervised learning): 手上已有和輸入資料相對應的目標值 (targets, 也稱為標籤 label 或標註 annotation), 進而利用目標值和模型預測值來計算損失。然而, 不是所有的機器學習任務都屬於這個領域。有些機器學習任務並不具備明確的目標值, 例如將在第 12 章介紹的生成學習 (generative learning)、自監督式學習 (self-supervised learning, 目標值是從輸入取得) 以及強化式學習 (reinforcement learning, 學習是由回饋值 reward 所驅動, 過程就和訓練小狗一樣, 做得對就給予獎賞, 做錯了就給予懲罰)。身為研究者, 即使是進行一般的監督式學習, 有時也會想要加入一些新穎的做法, 這時就需要一些低階的設計彈性了。

當我們覺得內建的 fit() 不符合需求, 就可以自己設計訓練迴圈。我們在第 2 章和第 3 章中已看過一些簡單的低階訓練迴圈。現在, 先回顧一下經典的訓練迴圈長什麼樣子:

● 在**梯度磁帶** (gradient tape) 區塊中執行正向傳播 (forward pass, 也就是計算模型輸出), 以得到當前批次資料的損失。

● 取得損失相對於模型權重的梯度。

● 更新模型權重, 進而降低當前批次的損失值。

以上步驟會視需要不斷對各個批次重複進行, 這也就是 fit() 實際在做的事。本節, 我們將會學到如何重新實作出 fit(), 如此一來, 你將獲得設計任何訓練演算法的所需知識。

7-4-1　訓練 vs. 推論

在目前看過的低階訓練迴圈的例子中, 第 1 步 (正向傳播) 的程式敘述是 predictions = model(inputs)。第 2 步 (經由梯度磁帶取得計算出的梯度)的程式敘述是 gradients = tape.gradient(loss, model.weights)。一般來說, 我們還要考慮兩個細節。

一些 Keras 層 (例如 Dropout 層) 在訓練階段和推論階段 (僅會用來產生預測值)有著不同的行為模式, 而這類神經層會在 call() 方法中使用一個名為 training 的布林參數。舉例來說, 呼叫 dropout (inputs, **training=True**) 會隨機拋棄一定比例的參數 (此為**訓練階段**的行為模式);而呼叫 dropout(inputs, **training=False**) 時則什麼都不會做 (此為**推論階段**的行為模式)。此外, 函數式模型與序列式模型也會在 call() 中使用 training 參數。請記得, 在正向傳播時呼叫 Keras 模型, 要將 training 參數指定為 True。因此, 我們的正向傳播指令會變成 predictions = model(inputs, training=True)。

此外, 在取得模型權重的梯度時, 我們應該使用 tape.gradients(loss, **model. trainable_weights**), 而非 tape.gradients(loss, **model.weights**)。這是因為模型和神經層中存在兩種權重:

● **可訓練權重** (Trainable weights):這類權重在反向傳播時要進行更新以降低損失值, 例如 Dense 層的核 (kernel) 與偏值 (bias)。

● **非訓練權重** (Non-trainable weights):這類權重會在正向傳播時更新。例如, 若我們想在客製化的神經層中使用計數器 (counter), 記錄該層處理了多少批次的資料, 那麼這個資訊就會儲存在非訓練權重中, 每處理完一批次的資料, 計數器就加一。

在 Keras 內建的神經層中, 只有一類神經層帶有非訓練權重, 那就是 BatchNormalization 層 (批次正規化層, 我們將在第 9 章介紹)。BatchNormalization 層需要非訓練權重來追蹤資料的**平均值** (mean) 與**標準差** (standard deviation), 以便執行即時的**特徵正規化** (feature normalization, 如第 6 章所介紹)。

考慮了以上兩個細節後, 監督式學習的訓練程式就變成：

```
def train_step(inputs, targets):
    with tf.GradientTape() as tape:
        predictions = model(inputs, training=True)
```
                                          ↑
                                  training 參數要設為 True

```
loss = loss_fn(targets, predictions)
    gradients = tape.gradients(loss, model.trainable_weights)
```
                                          ↑
                                    處理可訓練權重
```
optimizer.apply_gradients(zip(model.trainable_weights, gradients))
```

7-4-2　評量指標的低階用法

在低階訓練迴圈中, 我們也許會想使用 Keras 的評量指標 (無論是自定義指標或內建指標), 同時, 我們已經學過評量指標的 API：只要對每批次的目標值與預測值呼叫 update_state(y_true, y_pred), 然後呼叫 result() 查詢當前的指標值：

```
>>> metric = keras.metrics.SparseCategoricalAccuracy()   ← 創建一個評量
                                                            指標物件
>>> targets = [0, 1, 2]
>>> predictions = [[1, 0, 0], [0, 1, 0], [0, 0, 1]]
>>> metric.update_state(targets, predictions)   ← 更新評量指標的內部狀態
>>> current_result = metric.result()   ←─────── 取得當前的指標值
>>> print(f"result: {current_result:.2f}")
result: 1.00
```

有時, 我們想要追蹤某個純量 (例如訓練損失) 的平均值, 這時就可以使用 keras.metrics.Mean() 物件：

```
>>> values = [0, 1, 2, 3, 4]
>>> mean_tracker = keras.metrics.Mean()
>>> for value in values:
>>>     mean_tracker.update_state(value)
>>> print(f"Mean of values: {mean_tracker.result():.2f}")
Mean of values: 2.00
```

當我們想重置指標值 (在每個訓練週期或評估階段的一開始) 時, 可以使用 metric.reset_state()。(編註：這樣一來, 就不需要重新實例化 metrics 物件了。)

7-4-3　完整的訓練及評估迴圈

讓我們將正向傳播、反向傳播以及追蹤評量指標的程式整合在類似 fit() 的訓練函式中, 該函式可接收一批次的資料和目標值, 並將相關資訊顯示在 fit() 進度條。

程式 7.21　設計訓練函式

```
model = get_mnist_model()

loss_fn = keras.losses.SparseCategoricalCrossentropy()  ← 定義損失函數
optimizer = keras.optimizers.RMSprop()  ← 定義優化器
metrics = [keras.metrics.SparseCategoricalAccuracy()]  ←
                          定義要監控的評量指標 (放進串列中,
                          因此在需要時也可以加入多個指標)
loss_tracking_metric = keras.metrics.Mean()  ← 定義用來追蹤平均損失值的物件

def train_step(inputs, targets):
    with tf.GradientTape() as tape:
        predictions = model(inputs, training=True)  ← 執行正向傳播, 此處的
        loss = loss_fn(targets, predictions)           training 參數必須為 True
    gradients = tape.gradient(loss, model.trainable_weights)
    optimizer.apply_gradients(zip(gradients, model.trainable_weights))

        執行反向傳播, 此處我們使用的是 model.trainable_weights

    logs = {}  ← 創建一個 Python 字典, 用來存放評量指標的資訊
    for metric in metrics:
        metric.update_state(targets, predictions)  ┐
        logs[metric.name] = metric.result()        ┘ 追蹤評量指標

    loss_tracking_metric.update_state(loss)        ┐
    logs["loss"] = loss_tracking_metric.result()   ┘ 追蹤並取得平均損失值
    return logs  ← 傳回評量指標與損失的當前值
```

在每個訓練週期的一開始 (或評估階段前), 我們必須重置評量指標的狀態, 接下來定義可完成此工作的函式。

程式 7.22　重置評量指標

```
def reset_metrics():
    for metric in metrics:
        metric.reset_state()
    loss_tracking_metric.reset_state()
```

現在, 我們可以展示完整的訓練迴圈了。請注意！我們在程式 7.23 中使用了 **tf.data.Dataset 物件**, 藉此將 NumPy 格式的資料放入一個**迭代器** (iterator), 它可在不同批次的資料上進行迭代 (批次量為 32)。

程式 7.23　設計訓練迴圈

```
training_dataset = tf.data.Dataset.from_tensor_slices((train_images,
                    train_labels))
training_dataset = training_dataset.batch(32)  ◀── 將資料切割為多個批次
epochs = 3                                          (每批次有 32 筆樣本)
for epoch in range(epochs):  ◀── 走訪每一週期
    reset_metrics()  ◀── 在每個訓練週期的一開始, 重置評量指標
    for inputs_batch, targets_batch in training_dataset:  ◀── 走訪每一批次
        logs = train_step(inputs_batch, targets_batch)  ◀── 訓練目前批次
    print(f"Results at the end of epoch {epoch}")
    for key, value in logs.items():
        print(f"...{key}: {value:.4f}")
```

接下來是評估迴圈的部分：它是一個簡單的 for 迴圈, 會重複呼叫 test_step() 函式 (該函式每次會處理單一批次的資料)。test_step() 函式是 train_step() 的簡化版, 不過省略了更新模型權重的程式, 也就是說, 省略了所有與 GradientTape 及優化器相關的程式。

程式 7.24　設計評估迴圈

```
def test_step(inputs, targets):
    predictions = model(inputs, training=False)  ◀── 此處的 training 參數
    loss = loss_fn(targets, predictions)              要設為 False

    logs = {}
    for metric in metrics:
        metric.update_state(targets, predictions)
        logs["val_" + metric.name] = metric.result()
```

▶接下頁

```
    loss_tracking_metric.update_state(loss)
    logs["val_loss"] = loss_tracking_metric.result()
    return logs

val_dataset = tf.data.Dataset.from_tensor_slices((val_images,
                                                   val_labels))
val_dataset = val_dataset.batch(32)
reset_metrics()
for inputs_batch, targets_batch in val_dataset:
    logs = test_step(inputs_batch, targets_batch)
print("Evaluation results:")
for key, value in logs.items():
    print(f"...{key}: {value:.4f}")
```

　　至此, 我們已重新實作出了 fit() 和 evaluate(), 或者應該說:重現了大部分的功能, 因為 fit() 與 evaluate() 還支援很多其它的功能, 包括**大規模分散式運算** (large-scale distributed computation), 要實現該功能需要花費更多的心力。此外, 它們還具有一些重要的優化功能, 接著就來介紹其中一項優化功能: TensorFlow 的函式編譯 (function compilation)。

7-4-4　利用 tf.function 來加速

　　你或許已經發現, 我們自己設計的迴圈比內建的 fit() 或 evaluate() 慢了許多, 雖然其中的邏輯是相同的。這是因為 TensorFlow 的程式碼是**逐行執行**的 (編註:使用 eager 執行模式, 每執行完一行即可檢視執行結果), 就跟 NumPy 程式或一般的 Python 程式一樣。這種執行模式讓程式更易於除錯, 但卻會拖慢執行效率。

　　如果可以將 TensorFlow 程式碼編譯成**運算圖** (computation graph), 就能進行全域的效率優化, 這是 eager 執行模式所無法實現的。實現此功能的做法很簡單:只需在要編譯的函式前加上「**@tf.function**」**裝飾器** (decorator) 就可以了:

```
程式 7.25    為評估函式加上 @tf.function 裝飾器

@tf.function  ◄── 加上裝飾器
def test_step(inputs, targets):
    predictions = model(inputs, training=False)
    loss = loss_fn(targets, predictions)

    logs = {}
    for metric in metrics:
        metric.update_state(targets, predictions)
        logs["val_" + metric.name] = metric.result()

    loss_tracking_metric.update_state(loss)
    logs["val_loss"] = loss_tracking_metric.result()
    return logs

val_dataset = tf.data.Dataset.from_tensor_slices((val_images, val_labels))
val_dataset = val_dataset.batch(32)
reset_metrics()
for inputs_batch, targets_batch in val_dataset:
    logs = test_step(inputs_batch, targets_batch)
print("Evaluation results:")
for key, value in logs.items():
    print(f"...{key}: {value:.4f}")
```

　　若以 Colab 的 CPU 模式來運行以上兩個版本的評估迴圈, 則運行時間會從原先的 1.8 秒縮短至 0.8 秒, 快了不少！

　　請記住, 當你在除錯時, 最好採用 eager 執行模式, 此時就不要加上任何 @tf. function 裝飾器, 這樣比較容易找出問題。一旦程式可以成功執行, 而我們想提升其執行速度, 則可以為訓練函式、評估函式, 或其它對運行效率有嚴格要求的函式加上 @tf.function 裝飾器。

7-4-5　搭配 fit() 和自定義的訓練迴圈

　　在前面幾節, 我們從無到有設計了完整的訓練迴圈。雖然這讓我們獲得了最大的彈性, 但我們要寫很多程式 (相較於直接使用 Keras 內建的訓練迴圈函式), 同時還沒辦法用上許多 fit() 便利的功能, 例如回呼或分散式訓練等。

如果我們想自己設計訓練演算法, 也想借助 Keras 內建函式的力量, 倒是有個兩全其美的方法: 僅提供訓練步驟的函式 (training step function), 然後讓框架去處理剩餘的事情。

我們要做的, 就只是改寫 Model 類別的 **train_step() 方法**, 它會由 fit() 在每一批次的資料上呼叫。改寫完成後, 就可以如往常般使用 fit(), 同時運行自己的訓練演算法。

來實作一個簡單的案例:

- 先創建一個繼承了 keras.Model 的子類別

- 修改 train_step (self, data), 其內容和前一節所用的幾乎相同: 都會傳回一個 Python 字典, key 為評量指標名稱 (包括損失), value 為對應的指標值。

- 加入一個 **metrics 屬性**來追蹤模型的 Metric 物件。這樣一來, 模型就可以在每個訓練週期或呼叫 evaluate() 的一開始, 自動呼叫 reset_state()。

程式 7.26　搭配 fit() 與自定義的訓練函式

```
loss_fn = keras.losses.SparseCategoricalCrossentropy()
loss_tracker = keras.metrics.Mean(name="loss")  ◀── 該 metric 物件會追蹤訓
                                                     練階段和評估階段時, 各
                                                     批次資料的平均損失
class CustomModel(keras.Model):
    def train_step(self, data):  ◀── 改寫 Model 子類別的 train_step() 方法
        inputs, targets = data
        with tf.GradientTape() as tape:
            predictions = self(inputs, training=True)  ◀──┐
                          此處使用 self(...) 來取代 model(...), 因為目前 model 並不
                          存在, 而 self 即代表執行本方法時的類別 (模型) 物件
            loss = loss_fn(targets, predictions)
        gradients = tape.gradient(loss, model.trainable_weights)
        optimizer.apply_gradients(zip(gradients, model.trainable_weights))

        loss_tracker.update_state(loss)  ◀── 更新追蹤器內的平均損失值
        return {"loss": loss_tracker.result()}  ◀── 使用 result() 傳回當
                                                    前的的平均損失值

    @property
    def metrics(self):       ┐── 任何想在訓練週期一開始重置
        return [loss_tracker]┘   的評量指標, 都要在此處列出
```

現在, 我們可以實例化並編譯剛剛設計的模型 (只傳遞優化器, 因為損失函數已在模型外部定義過了), 同時使用 fit() 來訓練它:

```
inputs = keras.Input(shape=(28 * 28,))
features = layers.Dense(512, activation="relu")(inputs)
features = layers.Dropout(0.5)(features)
outputs = layers.Dense(10, activation="softmax")(features)
model = CustomModel(inputs, outputs)

model.compile(optimizer=keras.optimizers.RMSprop())
model.fit(train_images, train_labels, epochs=3)
```

這裡還是要提醒幾件事情:

● 以上模式不會阻礙我們使用函數式 API 來建構模型。無論你正在建構序列式模型、函數式模型或是繼承 Model 子類別, 都可以使用前述的做法。

● 在改寫 train_step() 時不必使用 @tf.function 裝飾器, 框架會自動幫你處理。

接下來, 若想透過 compile() 的參數來指定評量指標或損失函式, 要怎麼處理呢?如果確定在呼叫 compile() 時會傳遞這些參數, 在類別中就可以使用以下物件:

● **self.compiled_loss**:這是傳入 compile() 的損失函數

● **self.compile_metrics**:這是傳入 compile() 的評量指標串列之包裝器 (wrapper), 允許我們呼叫 self.compiled_metrics.update_state() 來更新所有的評量指標。

● **self.metrics**:這是傳入 compile() 的評量指標串列。切記, 其中也包括了追蹤損失值的指標, 就跟先前手動設置的 loss_tracking_metric 很類似。

```
class CustomModel(keras.Model):
    def train_step(self, data):
        inputs, targets = data
        with tf.GradientTape() as tape:
            predictions = self(inputs, training=True)
            loss = self.compiled_loss(targets, predictions)  ← 透過 self.compiled_loss 計算損失值
        gradients = tape.gradient(loss, self.trainable_weights)
        self.optimizer.apply_gradients(zip(gradients, self.trainable_weights))
```

▶接下頁

7-39

```
      self.compiled_metrics.update_state(targets, predictions)  ←
                                                        更新模型的評量指標
      return {m.name: m.result() for m in self.metrics}  ←
                    傳回 Python 字典, 內容為評量指標名稱與其對應的指標值
```

現在, 可嘗試運行以下程式。在經過 3 個週期的訓練後, 準確度將在 96% 左右:

```
inputs = keras.Input(shape=(28 * 28,))
features = layers.Dense(512, activation="relu")(inputs)
features = layers.Dropout(0.5)(features)
outputs = layers.Dense(10, activation="softmax")(features)
model = CustomModel(inputs, outputs)

model.compile(optimizer=keras.optimizers.RMSprop(),
              loss=keras.losses.SparseCategoricalCrossentropy(),
              metrics=[keras.metrics.SparseCategoricalAccuracy()])
model.fit(train_images, train_labels, epochs=3)
```

本章小結

- 根據「逐步提升複雜度」的基本原則, Keras 提供了一系列的工作流程, 它們之間可以完美搭配。

- 我們可以透過 **Sequential 類別**、**函數式 API** 或**繼承 Model 類別**來建構模型, 不過在大部分時候, 我們會使用函數式 API。

- 若想訓練與評估模型, 最簡單的方法就是呼叫內建的 **fit() 方法**和 **evaluate() 方法**。

- Keras 的**回呼** (callbacks) 模組提供了簡單的方法, 讓我們能在呼叫 fit() 後監控模型的內部狀態, 並根據模型狀態自動決定該採取的行動。

- 我們也可以透過改寫 Model 子類別的 **train_step() 方法**來控制 fit() 的行為。

- 若要更進一步改變 fit() 的行為, 我們也可以從零開始, 設計自己的訓練迴圈。對於要自行實作全新訓練演算法的研究者來說, 這是非常有用的功能。

chapter 8

電腦視覺的深度學習簡介

電腦視覺是最早應用深度學習, 且成效也最顯著的領域。每一天, 我們都透過 Google 圖片搜索、YouTube、相機中的 AI 濾鏡、OCR 軟體等, 與深度視覺模型打交道。同時, 這一類模型也是無人駕駛、機器人、AI 輔助醫療診斷、無人商店等領域的尖端研究核心。

電腦視覺任務讓深度學習在 2011 年至 2015 年間初露鋒芒, 此時有一種叫做**卷積神經網路** (convolutional neural networks, 也稱 **CNN** 或 **convnet**) 的深度學習模型在影像分類競賽中取得優異的表現。一開始, 是 Dan Ciresan 在 ICDAR 2011 的中文字元辨識比賽和 IJCNN 2011 的交通標誌辨識比賽中獲勝。接著, Hinton 的團隊在 2012 年的 ILSVRC 競賽中取得了勝利。自此以後, 深度學習在電腦視覺任務中取得了越來越多卓越的表現。

有趣的是, 這些早期的成功還不足以使深度學習立刻成為業界的主流工具。事實上, 電腦視覺的研究團體已經花了很多時間來研究神經網路以外的技術, 所以並不會因為有一個新興技術 (深度學習) 的出現, 就毅然放棄先前投入的研究成本。在 2013 年及 2014 年, 不少電腦視覺的資深研究人員依舊對深度學習表示了強烈的懷疑。時至 2016 年, 深度學習才逐漸佔據了主導地位。

本章將介紹卷積神經網路, 這是普遍見於電腦視覺應用的深度學習模型。我們將嘗試使用卷積神經網路來處理影像分類問題, 尤其是在訓練樣本不足的狀況下。除非你身處大型的科技公司, 不然應該很常遇見這種情況。

8-1 卷積神經網路 (CNN)

我們將深入探討什麼是卷積神經網路, 以及它為什麼會在電腦視覺上如此成功。首先我們實際看一個簡單的卷積神經網路案例, 也就是使用卷積神經網路對 MNIST 數字進行分類, 我們可以和第 2 章使用的密集連接 (densely connected) 神經網路做比較 (當時的測試準確度為 97.8%)。你會發現即使只是簡單的卷積神經網路, 其準確度也會超越密集連接的模型。

以下程式碼顯示一個簡單卷積神經網路的模樣。它是由 3 個 Conv2D 層 (2D 卷積層) 和 2 個 MaxPooling2D 層 (最大池化層) 堆疊而成的, 接下來我們來看看各層間做了什麼事。我們會使用前一章所介紹的函數式 API (Functional API) 來建構模型。

程式 8.1 初始化一個小型卷積神經網路 (convnet)

```
from tensorflow import keras
from tensorflow.keras import layers
inputs = keras.Input(shape=(28, 28, 1))  ◀── shape 為 (圖片高度, 圖片寬度, channel)
x = layers.Conv2D(filters=32, kernel_size=3, activation="relu")(inputs) ◀──
                          ▲              ▲                        加入 Conv2D 層
                      過濾器數量      過濾器長寬
x = layers.MaxPooling2D(pool_size=2)(x)  ◀── 加入 MaxPooling2D 層
x = layers.Conv2D(filters=64, kernel_size=3, activation="relu")(x)
x = layers.MaxPooling2D(pool_size=2)(x)
x = layers.Conv2D(filters=128, kernel_size=3, activation="relu")(x)
x = layers.Flatten()(x)  ◀── 加入扁平層
outputs = layers.Dense(10, activation="softmax")(x)
model = keras.Model(inputs=inputs, outputs=outputs)  ◀── 建構模型
```

小編補充： 過濾器也就是卷積運算會使用的卷積核, 待會將對過濾器進行更多的說明。

在程式 8.1 中, 我們可以看到一開始有一個 2D 卷積層, 其輸入張量的 shape 為 (image_height, image_width, image_channels) (此處不包括批次維度)。在這例子中, 我們配合 MNIST 圖片的格式 (28×28 的黑白照片), 將輸入張量傳入 layers.Conv2D 卷積層中。

我們來看看目前的模型架構：

程式 8.2 顯示模型架構

```
>>> model.summary()
Model: "model"

_____
Layer (type)                 Output Shape              Param #
=================================================================
input_1 (InputLayer)         [(None, 28, 28, 1)]       0
_____
conv2d (Conv2D)              (None, 26, 26, 32)        320
_____
```
▶接下頁

```
max_pooling2d (MaxPooling2D)   (None, 13, 13, 32)        0
_____
conv2d_1 (Conv2D)              (None, 11, 11, 64)        18496
_____
max_pooling2d_1 (MaxPooling2    (None, 5, 5, 64)         0
_____
conv2d_2 (Conv2D)              (None, 3, 3, 128)         73856
_____
flatten (Flatten)              (None, 1152)              0
_____
dense (Dense)                  (None, 10)                11530
===============================================================
Total params: 104,202
Trainable params: 104,202
Non-trainable params: 0
_____
```

> **小編補充：**表格中最右欄的 Param # 指的是特定神經層的參數數量。

　　我們可以看到每個 Conv2D 和 MaxPooling2D 層的輸出都是 shape 為 (height, width, channels) 的 3D 張量。隨著進入更深的層，輸出的寬度和高度會逐漸縮小。輸出的 channel 數 (編註：也可稱為深度) 則由 Conv2D 層的第一個引數來指定 (也就是由過濾器的數量決定，每個過濾器都會輸出一個 channel 的 (高×寬) 資料)。

> **小編補充：**在接下來的章節中，會常使用到**參數 Parameter** 與**引數 Argument**，如果用它們的全名來說, Formal Parameter 是指定義函式或方法時的參數，而 Actual Argument 則是呼叫時實際傳入的參數數值。

最後一個 Conv2D 層會輸出 shape 為 (3, 3, 128) 的 3D 張量, 它是有著 128 個 channel 的 3×3 **特徵圖** (feature map)。我們緊接著將該輸出送到密集連接的分類器, 也就是我們已經很熟悉的密集 (Dense) 層。這個分類器只能處理向量輸入 (1D 張量), 而目前的輸出是 3D 張量, 因此, 我們在程式 8.1 中加入了 Flatten 層 (扁平層), 以將 3D 張量扁平化成 1D 張量, 最後再輸入至 Dense 層。

由於我們現在要進行 10 個類別的分類, 因此最後的 Dense 層會產生 10 個輸出, 並採用 softmax 為激活函數。現在, 讓我們以 MNIST 數字來訓練卷積神經網路。我們將重複使用第 2 章 MNIST 範例中的程式碼。由於此處是對 softmax 輸出做多類別分類, 且我們的標籤是整數, 因此將採用 sparse_categorical_crossentropy 為損失函數。

程式 8.3　用 MNIST 影像訓練卷積神經網路

```
from tensorflow.keras.datasets import mnist

(train_images, train_labels), (test_images, test_labels) = mnist.load_data()
train_images = train_images.reshape((60000, 28, 28, 1))
train_images = train_images.astype("float32") / 255
test_images = test_images.reshape((10000, 28, 28, 1))
test_images = test_images.astype("float32") / 255
model.compile(optimizer="rmsprop",
              loss="sparse_categorical_crossentropy",
              metrics=["accuracy"])
model.fit(train_images, train_labels, epochs=5, batch_size=64)
```

用測試資料來評估模型：

程式 8.4　評估卷積神經網路

```
>>> test_loss, test_acc = model.evaluate(test_images, test_labels)
>>> print(f"Test accuracy: {test_acc:.3f}")
Test accuracy: 0.992
```

第 2 章密集連接模型的測試準確度為 97.8%, 而基本卷積神經網路的測試準確度為 99.2%, 錯誤率相對的降低了 64% (2.2% → 0.8%), 測試結果還挺不錯的！

與使用密集連接的模型相比, 為什麼簡單的卷積神經網路會表現的如此之好呢? 要回答這個問題, 就讓我們先深入了解 Conv2D 和 MaxPooling2D 層的功能。

8-1-1　卷積層操作

密集連接層和卷積層之間的根本區別在於, 密集層會由輸入的特徵空間中學習全域的 pattern (例如, MNIST 數字影像中所有像素的 pattern), 而卷積層則是學習局部的 pattern (見圖 8.1)。以影像辨識為例, 卷積層會把輸入資料分解成小小的 2D 窗格, 然後從中找出 pattern。程式 8.1 中, 每個 2D 小窗格的大小都是 3×3。

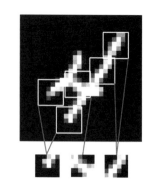

▲ 圖 8.1　影像可以分解為局部圖案, 如邊緣、紋理等

這個關鍵特性為卷積神經網路提供了兩個有趣的性質:

● **學習到的 pattern 具平移不變性** (translation invariant): 在影像的右下角學習到某個 pattern 後, 卷積神經網路可以在任何位置識別這樣的 pattern, 例如, 在左上角也找出類似 pattern。相對的, 當密集連接神經網路看到 pattern 出現在新的位置時, 就必須重新學習。這使得卷積神經網路可以更有效率地處理影像資料 (因為視覺世界基本上是平移不變的), 換言之, 可以在較少的訓練樣本下培養出普適化的能力。

● **能學習到 pattern 的空間階層架構** (spatial hierarchies of patterns, 見圖 8.2): 第一卷積層會學習到諸如邊邊角角的小局部圖案, 第二卷積層則會基於第一層學到的特徵 (即小 pattern) 來學習較大的 pattern。這使得卷積神經網路能夠有效地學習越來越複雜和抽象的視覺概念 (因為視覺世界基本上就是具備空間階層架構的)。

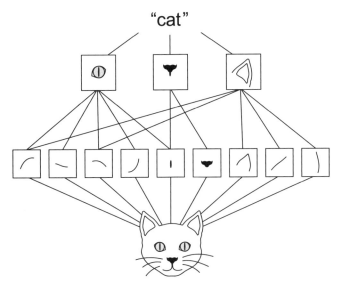

▲ 圖 8.2　視覺世界其實是由各種視覺化模組構成的階
層式空間架構：小小元件組合成局部物件, 如眼睛或耳朵,
然後局部物件再組合成高階事物, 如 "貓 (cat)"

　　卷積神經網路所運算的 3D 張量, 稱為**特徵圖** (feature maps, 也可稱為**特徵映射圖**), 特徵圖具有 2 個空間軸 (高度和寬度) 以及一個深度 (depth) 軸 (也稱為 channel 軸)。對於 RGB 影像來說, 深度軸的維度為 3, 因為影像具有 R、G、B 3 個顏色 channels。對於黑白影像, 如 MNIST 數字, 則深度為 1 (只有灰階 channel)。卷積運算會從輸入特徵中萃取出各種小區塊 pattern, 當它對整張影像都做完萃取之後, 就會產生**輸出特徵圖** (output feature map)。輸出特徵圖仍是 3D 張量, 具有較小的寬度和高度, 且深度軸已不再代表 RGB 顏色 channel 了, 而是代表有多少張過濾器 (filter) 所輸出的 2D 圖。每一個過濾器都會使用其權重, 對輸入資料中的各個小區塊 (例如 3×3 的區塊) 進行轉換, 以萃取出具備某種抽象意義的結果。例如, 某個過濾器可以萃取到「在輸入資料中出現一張人臉」這樣高階抽象的概念。

在 MNIST 範例中, 第一個卷積層輸入了大小為 (28, 28, 1) 的特徵圖, 並輸出了大小為 (26, 26, 32) 的特徵圖, 此處卷積層對輸入資料做了 32 種過濾器 (filters) 的運算。在它的 32 個輸出 channel 中, 每個 channel 都包含一個 26×26 的網格值, 它是過濾器對於輸入資料的**響應圖** (response map), 表示該過濾器在輸入資料 (影像) 中各個位置 (滑動) 取得的回應值 (經由卷積運算) 所組成的影像 (如圖 8.3)。這就是特徵圖 (feature map) 這個術語的含義:深度軸中的每個 2D 平面圖都是一個特徵 (由對應位置的過濾器所萃取出), output[:, :, n] 所取得的 2D 輸出張量, 就是第 n 個過濾器對輸入資料萃取出的 2D 平面圖 (響應圖)。

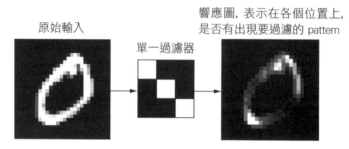

▲ 圖 8.3　響應圖的概念:由輸入影像中萃取出符合特定 pattern 的 2D 平面圖

卷積層由兩個關鍵參數定義:

● **從輸入資料採樣的區塊大小** (size of the patches extracted from the input):通常是 3×3 或 5×5, 在本章範例中, 區塊大小為 3×3 (編註:也就是過濾器大小), 這是個常見的選擇。

● **輸出特徵圖的深度** (depth of the output feature map):也就是卷積層的過濾器數量, 在程式 8.1 的模型中, 第一個卷積層的深度為 32, 最後一個卷積層的深度為 128。

以下是使用 Keras 的 Conv2D 層時, 需要先傳遞給層的參數:

```
                也就是 filters 數量        窗格高        窗格寬
Conv2D(output_depth, (window_height, window_width))
                                          採樣的區塊大小, 以 tuple 或 list 傳入
```

　　卷積層的主要工作是透過在 3D 輸入特徵圖上滑動 3×3 或 5×5 的小窗格 (如下圖, 沿寬度方向由左而右滑動, 然後往下位移再繼續滑動, 直到結束), 在每個位置停住並萃取窗格上 3D 區塊 (shape = (窗格高, 窗格寬, 輸入深度)) 的特徵; 其次, 將每個 3D 區塊轉換的方式, 是將 3D 區塊和過濾器的可學習權重矩陣 (稱作卷積核心 convolutional kernel) 做張量乘積, 而成為 shape = (output_depth,) 的 1D 向量 (有幾個過濾器就有幾個元素), 然後將所有這些向量依照原來的位置排列重新組裝成 shape=(height, width, output_depth) 的 3D 輸出特徵圖。輸出特徵圖中的每個平面位置和輸入特徵圖中的相同位置相對應 (例如, 輸出特徵圖的右上角包含輸入特徵圖右上角的萃取資料)。舉例來說, 若使用 3×3 的窗格, 則向量 output[i, j, :] 的值就是由 3D 區塊 input[i-1: i+1, j-1:j+1, :] 運算得到的。整個過程詳見圖 8.4 (只展示前 3 次的窗格運算, 其餘 6 次請自行推理)。

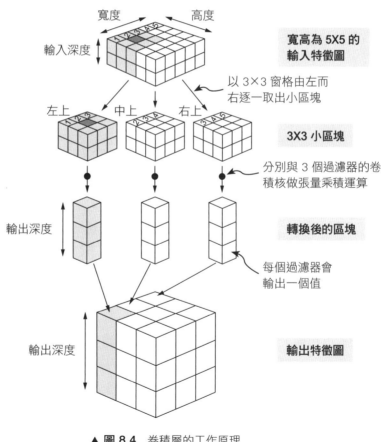

▲ 圖 8.4　卷積層的工作原理

輸出寬度、高度會比輸入寬度、高度小一些,其中有兩個原因:

● **邊界效應**:例如 5×5 會減 2 而變成 3×3。我們可以透過填補 (padding) 輸入特徵圖來克服,稍後會說明。

● **步長 (strides) 的使用**:將在下文中說明。

接下來,讓我們深入研究這些概念。

了解邊界 (border) 效應和填補 (padding)

假設一個 5×5 的特徵圖 (總共 25 個元素),滑動窗格大小為 3×3,如果窗格一次只滑動一步,那麼就只能左右和上下各滑動 3 步,所以輸出的響應圖就只會是 3×3 的網格 (見圖 8.5),致使輸出特徵圖的大小為 3×3。因此輸出比輸入縮小了一些,每個維度恰好縮小了兩個單位 (5×5 → 3×3)。在前面的範例中也有遭遇到這樣的邊界效應,我們從 28×28 輸入開始,在第一個卷積層之後變為 26×26 (每個維度縮小兩個單位)。

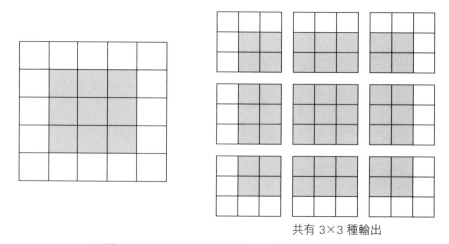

共有 3×3 種輸出

▲ **圖 8.5** 5×5 輸入特徵圖中,3×3 區塊的有效位置

如果要取得和輸入相同維度的輸出特徵圖,我們可以使用**填補法** (padding)。填補法就是在輸入特徵圖的每一側增加適當數量的列和行,以便讓每個輸入方格都可以被卷積窗格中心掃描到。以 3×3 窗格的過濾器為例,我們可以在左、右側各增加一行,在頂、底部各增加一列 (如圖 8.6)。但如果是 5×5 的過濾器,則輸入特徵圖的各邊要增加 2 行 (編註:目標是讓 5×5 窗格的中心點能掃過每一個輸入方格)。

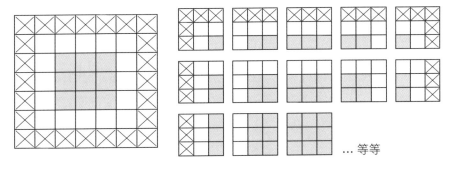

▲ 圖 8.6　對 5×5 輸入進行填補, 以便能萃取出 25 個 3×3 區塊

　　在 Conv2D 層中, 填補可以透過 **padding 參數**來設定, 該參數有兩個值：
"valid" 代表不使用填補 (只使用可用的 (valid) 視窗位置掃描), "same" 則表示使
用填補以使輸出與輸入具有相同的寬度和高度。padding 參數預設為 **"valid"**。

了解卷積層的步長 stride

　　影響輸出大小的另一個因素是**步長** (strides)。到目前為止, 我們都假設卷積
窗格的採樣區塊是一格一格連續滑動的。但是其實窗格滑動的距離是可以用卷積
層的 **stride 參數**來控制的, 其預設值是 1。我們可以透過將 stride 參數設為大於
1的值, 進而實現 strided convolution (也就是說, 卷積窗格一次滑動超過一格)。
圖 8.7 右側的 3×3 卷積區塊是由 5×5 的輸入上, 執行步長為 2 (一次滑動 2
格) 的 3×3 卷積運算來得到的 (過程中沒有使用填補操作)。

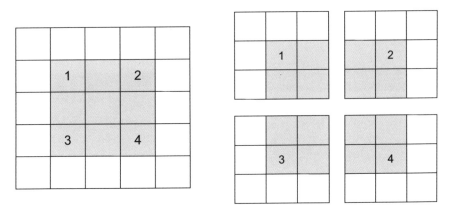

▲ 圖 8.7　以步長 2 取得 3×3 卷積區塊

將步長設為 2, 表示特徵圖的寬度和高度會縮小一半 (若不計邊界效應)。儘管 strided convolution 對於某些模型派得上用場, 但是在實務上很少使用。

要縮小對特徵圖的採樣數, 相比上述設定步長的方法, 我們傾向使用**最大池化** (max-pooling) 操作, 我們在第一個卷積神經網路範例中也有看到這樣的操作方式。現在來深入瞭解一下。

8-1-2　最大池化 (MaxPooling) 操作

在前面的卷積神經網路範例中, 每個 MaxPooling2D 層輸出的特徵圖長寬會減半。例如, 在第 1 個 MaxPooling2D 之前, 特徵圖大小是 26×26, 但在最大池化操作後, 各空間軸的維度會減半成 13×13, 這就是最大池化的作用：積極地對特徵圖進行降採樣 (減少維度的採樣), 如同 stride 的效果一樣。

最大池化主要是從輸入特徵圖中做採樣, 並輸出採樣區塊中的最大值 (每個 channel 獨立採樣, 因此採樣後 channel 數不變)。它在概念上類似於卷積層操作, 但並不是用卷積核 (convolution kernel) 張量積的方式來轉換局部區塊, 而是經由 max 張量操作進行轉換。與卷積層操作的很大區別是, 最大池化通常用 2×2 窗格和步長 2 來完成, 以便將特徵圖每一軸的採樣減少到原來的一半, 而卷積層操作通常使用 3×3 窗格且不指定步長 (即使用預設步長 1)。

為什麼要採用這方式來降採樣特徵圖呢？為什麼不用原來的特徵圖大小一路執行下去呢？就讓我們看看這樣做會怎樣, 也就是不使用最大池化層, 而是以卷積層為基礎來建構模型：

程式 8.5　不使用池化層的卷積神經網路

```python
inputs = keras.Input(shape=(28, 28, 1))
x = layers.Conv2D(filters=32, kernel_size=3, activation="relu")(inputs)
x = layers.Conv2D(filters=64, kernel_size=3, activation="relu")(x)
x = layers.Conv2D(filters=128, kernel_size=3, activation="relu")(x)
x = layers.Flatten()(x)
outputs = layers.Dense(10, activation="softmax")(x)
model_no_max_pool = keras.Model(inputs=inputs, outputs=outputs)
```

模型架構的摘要如下所示：

```
>>> model_no_max_pool.summary()
Model: "model_1"
_____
Layer (type)                 Output Shape              Param #
=================================================================
input_2 (InputLayer)         [(None, 28, 28, 1)]       0
_____
conv2d_3 (Conv2D)            (None, 26, 26, 32)        320
_____
conv2d_4 (Conv2D)            (None, 24, 24, 64)        18496
_____
conv2d_5 (Conv2D)            (None, 22, 22, 128)       73856
_____
flatten_1 (Flatten)          (None, 61952)             0
_____
dense_1 (Dense)              (None, 10)                619530
=================================================================
Total params: 712,202
Trainable params: 712,202
Non-trainable params: 0
_____
```

這樣的設定有什麼問題嗎？從兩個面向來看：

● 不利於學習特徵的空間層次結構。在第 3 層中的 3×3 窗格僅包含來自原始輸入中的 7×7 區域的訊息 (請見下頁的小編補充)。相對於初始輸入，由卷積神經網路學習的高階 pattern 仍然進展很小，還不足以學會分類數字 (僅透過 7×7 區域的像素來識別數字是很困難的)。我們希望做到的是，最後一個卷積層的輸出特徵已經能提供有關輸入資料的整體訊息。

小編補充：在第三層中, 每一個完整的 3×3 區域是由第二層的 5×5 區域所組成, 做法是讓 3×3 的卷積窗格 (灰色虛線) 走過 5×5 區域 (黑色實線) 中的每個位置：

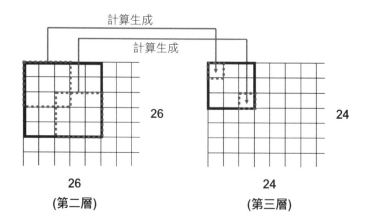

第二層的 5×5 區域是由第一層的 7×7 區域所組成。因此, 第 3 層的 3×3 區域中只會包含原始輸入中的 7×7 區域的訊息：

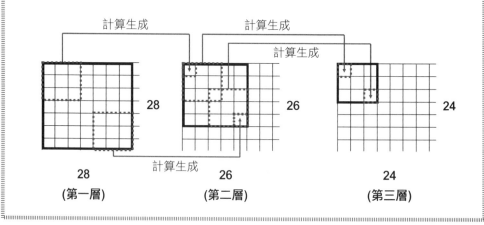

● 最終特徵圖的總參數為 $22×22×128 = 61952$, 是個相當巨大的數字。如果要將其扁平化以在頂部連接大小為 10 的 Dense 層, 則該層將會有近 62 萬個參數。這對小模型而言實在太大了, 並且會導致嚴重的過度配適。

　　簡而言之, 降採樣的原因是為了減少所要處理的特徵圖資料量, 以及透過連續的卷積層處理, 使掃描窗格的萃取範圍 "相對的" 越來越大 (就覆蓋原始圖片的比例而言), 以進行整體空間層次結構的特徵萃取。

　　請注意, 最大池化不是降採樣特徵圖的唯一方法, 我們也可以在之前的卷積層中做步長 (stride) 調整。另外也可以使用**平均池化**取代最大池化, 也就是取每個區塊的平均值而不是最大值來轉換, 不過就經驗來看, 最大池化在效果上往往比這些替代方案更好。其原因是：特徵通常是源自於空間中某些有特色的 pattern (不然怎麼叫特徵圖), 因此要取其最大值才更具訊息性, 如果取它們的平均值, 那特色就被淡化了。因此, 最合理的採樣策略是先用 stride = 1 (預設) 的卷積層來密集掃描特徵圖, 然後在採樣的小區塊上查看特徵的最大值, 而不是大步滑動窗格 (用較大 stride 的卷積) 或將採樣的區塊值做平均, 這可能會導致錯過或淡化寶貴的訊息。

　　至此, 我們已了解卷積神經網路的基礎知識, 包括特徵圖、卷積層與最大池化, 並且也知道如何構建一個小的卷積神經網路來解決好玩的問題, 例如 MNIST 數字分類。現在讓我們繼續討論更實用、更實務的應用。

8-2 以少量資料集從頭訓練一個 卷積神經網路

使用少量資料來訓練影像分類模型是很常見的, 實務上在開發電腦視覺應用時, 就很容易遇到這種情況。而此處所謂的**少量** (few) 樣本是指從幾百到幾萬張圖片的範圍。本節我們將實作一個實際案例, 將資料集的影像分類為狗或貓。此處的資料集包含了 5,000 張貓狗圖片 (2,500 隻貓與 2,500 隻狗), 過程中使用 2,000 張圖片進行訓練, 另外 1,000 張用於驗證、2,000 張用於測試。

讓我們一同來看看解決「以少量資料從頭訓練新模型」這類問題的基本策略。首先我們以 2,000 個樣本來訓練一個最單純的小型卷積神經網路, 過程中不使用任何 regularization (常規化), 以此做為之後其他改良模型的比較基準。這個模型的準確度為 71%, 面臨到的主要問題是過度配適。

接著我們會導入 3 種技術, 減少過度配適並提升神經網路的準確度:

● **資料擴增法** (data augmentation):這是常用於減輕電腦視覺模型過度配適的強大技術, 可以改善神經網路的成效, 使其提升到 80%-85% 的準確度。

● **套用其他預訓練模型的特徵萃取能力** (feature extraction with a pretrained model):應用於少量資料集的基本技術, 可達到 97.5% 的準確度。(編註:在概念上就是將其他已訓練好模型的前半部取出, 並做為自己模型的前半部, 即可具備其特徵萃取的能力)。

● **套用並微調預訓練模型**:也是常用於少量資料集的技術, 將使最終準確度達到 98.5%。

這三種策略都是可以收集到你的工具箱, 並用來解決資料不足的有效工具。本節會先介紹資料擴增法, 其他 2 種策略將於下一節介紹。

8-2-1 深度學習與少量資料間的相關性

你或許聽過深度學習僅在有大量資料時才有效。這樣的說法有一部分是對的, 因為深度學習的基本特色是它可以自行在訓練資料中找到有用的特徵, 而不需要人為介入, 而這只有在具備大量訓練樣本的條件下才能實現, 特別是對於像圖片這**種高維度** (high-dimensional) 的輸入樣本, 更是如此。

　　用來訓練模型的「足夠樣本數量」是相對的：這與嘗試訓練的神經網路大小和深度息息相關。只用幾十個樣本不可能訓練出可以解決複雜問題的卷積神經網路；相反的，如果只是要用來解決簡單任務，而且使用已經常規化的小模型，那麼幾百個樣本或許就足夠了。因為卷積神經網路可學習局部且具平移不變性的特徵，所以在感知問題上具有高度的資料效率性 (就是說：學習能力很強，不用太多資料就可學會)。因此在缺乏資料且不必人為處理特徵工程的前提下，即使是在非常少量的影像資料集上從頭訓練卷積神經網路，仍然可產生不錯的結果。我們會在本節看到這樣的實作狀況。

　　此外，本質上**深度學習模型是可高度再利用的**，例如：使用大規模資料集訓練的影像分類模型或語音轉文字的模型，只需進行小小的更改，便可重新用於其他不同的問題上。以電腦視覺的應用而言，許多預先訓練好的模型 (通常是使用 ImageNet 資料集進行訓練) 都是可公開下載的。以這些預先訓練好的模型為基礎，再加以少量資料的補強訓練，就能產生出另一個強大的電腦視覺模型，這就是我們下一節要學習的重點。現在，讓我們先從下載資料開始吧！

8-2-2　下載資料

　　和之前我們使用的資料集不同，此處狗 vs. 貓的資料集並未包含於 Keras 之中。該資料集來自於 Kaggle 網站在 2013 年底所舉辦的電腦視覺競賽，當時卷積神經網路尚未成為主流。我們可以從 https://www.kaggle.com/c/dogs-vs-cats/data 下載原始資料集，不過必須註冊成為 Kaggle 的會員才能下載。會員帳戶建立過程還滿簡單的，請自行完成申請。此外，我們也可以在 Colab 中使用 Kaggle API 來下載資料集，如下所示：

在 Google Colab 中下載 Kaggle 資料集

Kaggle 提供了簡便的 API，讓我們可透過程式下載資料集。該 API 由 kaggle 套件所支援，已預先安裝在 Colab 記事本中了。只要在 Colab 的程式碼單元 (cell) 中執行以下指令，便可輕鬆地下載資料集：

```
!kaggle competitions download -c dogs-vs-cats
```

▶接下頁

不過, 只有 Kaggle 用戶才能使用該 API, 因此若想成功執行以上程式, 你需要先進行用戶驗證。kaggle 套件會在 ~/.kaggle/kaggle.json 路徑中尋找你的身份驗證資訊 (為一 JSON 檔案), 讓我們先來建立這個檔案。

首先, 我們要先創建一個 Kaggle API 密鑰, 並將其下載到自己的電腦。下載方式為:

(1) 在瀏覽器上打開 Kaggle 網站

(2) 登入自己的賬戶

(3) 點擊右上角的頭像, 並選擇 Account

(4) 移動至 Account 頁面的 API 區塊, 並點擊 Create New API Token 按鈕, 此時會自動開始下載一個 kaggle.json 檔案

接著, 使用以下程式將剛剛下載的 JSON 檔案上傳至 Colab:

```
from google.colab import files
files.upload()
```

執行以上程式後, 會出現一個 Choose Files (中文版界面為「選擇檔案」) 按鈕, 點擊它並選取剛剛下載的 kaggle.json 檔案, 便可將其上傳到 Colab 中。

最後, 創建一個 ~/.kaggle 資料夾 (mkdir ~/.kaggle), 並將上傳的檔案複製到該資料夾中 (cp kaggle.json ~/.kaggle/)。為了安全起見, 我們也得確保該文件只能由當前用戶 (你自己) 所讀取(chmod 600):

```
!mkdir ~/.kaggle
!cp kaggle.json ~/.kaggle/
!chmod 600 ~/.kaggle/kaggle.json
```

現在, 就可以下載我們要用的資料集了:

```
!kaggle competitions download -c dogs-vs-cats
```

首次下載資料時, 可能會出現 "403 Forbidden" 的錯誤, 這是因為在下載前要先接受與資料集相關的一些條規: 我們要先打開 http://www.kaggle.com/c/dogs-vs-cats/rules (請記得先登入你的 Kaggle 賬戶), 並點擊「I Understand and Accept」按鈕, 該動作只需進行一次。

訓練資料會是一個名為 train.zip 的壓縮檔。以下指令可讓你以安靜模式 (-qq) 來解壓縮檔案:

```
!unzip -qq train.zip
```

資料集中的圖片是中等解析度的彩色 JPEG 檔案。圖 8.8 是一些圖片樣本。

▲ 圖 8.8　來自狗 vs. 貓資料集的樣本。影像尺寸沒有
做任何修改, 因此樣本圖片的尺寸、外觀都不相同

　　毫無意外地, 在 2013 年 Kaggle 的狗貓分類競賽中, 是由使用卷積神經網路
的參賽者獲勝。表現最佳的參賽者取得了高達 95% 的準確度。雖然我們接下來
只用少於正式競賽資料量的 10% 來訓練模型, 但我們還是可以取得與最佳參賽
者相差無幾的表現。

　　剛剛下載的資料集中包含了 25,000 張狗和貓的圖片 (各 12,500 張), 接著執
行程式 8.6, 會產生內有三個子集合的資料集, 包括：訓練集 (狗、貓各 1,000 個
樣本)、驗證集 (各 1,000 個樣本), 以及測試集 (各 500 個樣本)。

　　為什麼我們不直接使用所有的資料呢？這是因為現實中我們遇到的許多資料
集, 都只有數千個樣本, 而非數十萬個。可用資料越多, 問題處理起來當然就會更
簡單, 不過在學習階段使用一個小資料集, 會是不錯的練習方式。

　　在將資料集分成三個子集合後, 其架構如下所示：

```
cats_vs_dogs_small/
...train/         ←———— 訓練集
......cat/        ←———— 包含 1000 張貓的圖片
......dog/        ←———— 包含 1000 張狗的圖片
...validation/    ←— 驗證集
......cat/        ←———— 包含 500 張貓的圖片
......dog/        ←———— 包含 500 張狗的圖片
...test/          ←———————— 測試集
......cat/        ←———— 包含 1000 張貓的圖片
......dog/        ←———— 包含 1000 張狗的圖片
```

以上架構可透過程式 8.6 來實現：

程式 8.6　複製圖片到訓練集、驗證集和測試集

```
import os, shutil, pathlib

original_dir = pathlib.Path("train")        ←—— 原始資料夾解壓縮後的路徑
new_base_dir = pathlib.Path("cats_vs_dogs_small")   ←—— 用來儲存少量
                                                        資料集的路徑
        指定要將圖片檔案複製到哪個資料集
                    ↓
def make_subset(subset_name, start_index, end_index):  ←—
    for category in ("cat", "dog"):                該函式可將原始資料夾
        dir = new_base_dir / subset_name / category    中的檔案複製到訓練
        os.makedirs(dir)                          集、驗證集或測試集
        fnames = [f"{category}.{i}.jpg"
                    for i in range(start_index, end_index)]
        for fname in fnames:
            shutil.copyfile(src=original_dir / fname,  ⎤
                            dst=dir / fname)           ⎦—— 複製檔案

make_subset("train", start_index=0, end_index=1000)  ←—
                        使用每個類別的前 1000 張圖片作為訓練集
make_subset("validation", start_index=1000, end_index=1500)  ←—
                        使用每個類別接下來的 500 張圖片作為驗證集
make_subset("test", start_index=1500, end_index=2500)  ←—
                        使用每個類別接下來的 1000 張圖片作為測試集
```

我們現在有 2,000 張訓練圖片, 1,000 張驗證圖片和 2,000 張測試圖片, 總共 5,000 張。各資料集中每一類別 (貓與狗) 的樣本數量都相同, 所以是平衡的二元分類問題, 這表示分類準確度會是衡量模型成功與否的合適指標。

8-2-3　建立神經網路

在前面的例子中, 我們建構了一個小型的卷積神經網路。我們會再次使用相同的結構, 亦即由 Conv2D 層 (具有 relu 激活函數) 和 MaxPooling2D 層堆疊組成的卷積神經網路。

因為我們要處理更大的影像和較為複雜的問題, 所以相對地要擴大模型的規模：我們會組成更多的 Conv2D + MaxPooling2D, 這樣做不但可以提高模型的容量 (capacity), 還可以進一步降低特徵圖的大小, 使其在到達扁平 (Flatten) 層時不會過大。我們從 180×180 的輸入開始, 最終在扁平 (Flatten) 層前, 會得到大小為 7×7 的特徵圖。

> **請注意！** 特徵圖的深度在神經網路中會逐漸增加 (從 32 到 256), 而尺寸則逐漸變小 (從 180×180 到 7×7), 這種架構經常出現在卷積神經網路的實作中。

因為我們要解的是二元分類問題, 所以使用單一神經單元 (大小為 1 的 Dense 層)和 sigmoid 激活函數來結束神經網路。該神經單元會輸出不同類別的機率值。

最後一個細小的差別是, 程式 8.7 中的模型會以 **Rescaling 層**開始, 目的是調整輸入像素值的範圍 (原始範圍是 [0, 255], 會調整為 [0, 1])。

程式 8.7　用來分類狗和貓的小型卷積神經網路

```
from tensorflow import keras
from tensorflow.keras import layers

inputs = keras.Input(shape=(180, 180, 3))   ← 模型的預期輸入是大小為
                                               180×180 的 RGB 影像

x = layers.Rescaling(1./255)(inputs)   ← 透過將輸入值除以 255,
                                          將輸入範圍縮小到 [0, 1]
```

▶接下頁

```
x = layers.Conv2D(filters=32, kernel_size=3, activation="relu")(x)
x = layers.MaxPooling2D(pool_size=2)(x)
x = layers.Conv2D(filters=64, kernel_size=3, activation="relu")(x)
x = layers.MaxPooling2D(pool_size=2)(x)
x = layers.Conv2D(filters=128, kernel_size=3, activation="relu")(x)
x = layers.MaxPooling2D(pool_size=2)(x)
x = layers.Conv2D(filters=256, kernel_size=3, activation="relu")(x)
x = layers.MaxPooling2D(pool_size=2)(x)
x = layers.Conv2D(filters=256, kernel_size=3, activation="relu")(x)
x = layers.Flatten()(x)
outputs = layers.Dense(1, activation="sigmoid")(x)
model = keras.Model(inputs=inputs, outputs=outputs)
```

讓我們從模型摘要中, 看看特徵圖的維度是如何變化的:

```
>>> model.summary()
Model: "model_2"
_____
 Layer (type)                 Output Shape              Param #
=================================================================
 input_3 (InputLayer)         [(None, 180, 180, 3)]     0

 rescaling (Rescaling)        (None, 180, 180, 3)       0

 conv2d_6 (Conv2D)            (None, 178, 178, 32)      896

 max_pooling2d_2 (MaxPooling  (None, 89, 89, 32)        0
 2D)

 conv2d_7 (Conv2D)            (None, 87, 87, 64)        18496

 max_pooling2d_3 (MaxPooling  (None, 43, 43, 64)        0
 2D)

 conv2d_8 (Conv2D)            (None, 41, 41, 128)       73856

 max_pooling2d_4 (MaxPooling  (None, 20, 20, 128)       0
 2D)

 conv2d_9 (Conv2D)            (None, 18, 18, 256)       295168
```

▶接下頁

```
max_pooling2d_5 (MaxPooling    (None, 9, 9, 256)      0
2D)

conv2d_10 (Conv2D)             (None, 7, 7, 256)      590080

flatten_2 (Flatten)            (None, 12544)          0

dense_2 (Dense)                (None, 1)              12545

=================================================================
Total params: 991,041
Trainable params: 991,041
Non-trainable params: 0
_____
```

在編譯 (compile) 模型時, 我們會如同往常使用 RMSprop 優化器。由於此處以單一 sigmoid 單元來結束模型, 因此我們會使用**二元交叉熵** (binary crossentropy) 作為損失函數 (有關不同情況下該採用何種損失函數, 請參考第 6 章的表 6.1)。

程式 8.8 配置模型以進行訓練

```
model.compile(loss="binary_crossentropy",
              optimizer="rmsprop",
              metrics=["accuracy"])
```

8-2-4 資料預處理

如同前文所描述的, 資料在被送入神經網路之前, 應格式化成適當的浮點數張量。目前, 存放在電腦的資料是 JPEG 檔案, 因此將其送入神經網路前的處理步驟大致如下:

① 讀取影像檔案。

② 將 JPEG 內容解碼為 RGB 的像素網格。

③ 將 RGB 像素轉換成浮點數張量。

④ 將大小調整為 180×180。

⑤ 將樣本打包成批次 (一批次中有 32 張影像)。

以上過程看起來有點麻煩, 幸好 Keras 可以自動處理這些步驟。具體來說, Keras 有一個 image_dataset_from_directory() 函式, 可讓使用者將電腦中的影像檔案自動轉換成預處理過的批次張量。

image_dataset_from_directory(directory) 在被呼叫時會先走訪 directory 的子目錄, 並假設每個子目錄內包含同一類別的影像, 然後為其中的樣本建立索引。最後, 傳回一個 tf.data.Dataset 物件, 其提供的功能包括:讀取資料、隨機打亂資料 (洗牌)、將資料解碼成張量格式、重新調整大小, 以及將資料打包成批次。

程式 8.9　使用 image_dataset_from_directory() 來讀取影像

```python
from tensorflow.keras.utils import import image_dataset_from_directory

train_dataset = image_dataset_from_directory(
    new_base_dir / "train",
    image_size=(180, 180),
    batch_size=32)
validation_dataset = image_dataset_from_directory(
    new_base_dir / "validation",
    image_size=(180, 180),
    batch_size=32)
test_dataset = image_dataset_from_directory(
    new_base_dir / "test",
    image_size=(180, 180),
    batch_size=32)
```

認識 TensorFlow 的 Dataset 物件

TensorFlow 提供了名為 tf.data 的API, 為機器學習模型創建高效的資料輸入流程, 其核心類別是 tf.data.Dataset。

Dataset 物件是一個**迭代器** (iterator):我們可以在 for 迴圈中使用它。一般來說, 它會傳回包含輸入與標籤的批次資料。我們可以直接將 Dataset 物件傳遞到 Keras 模型的 fit() 方法。

▶接下頁

Dataset 類別提供了許多有用的功能, 特別是**非同步資料預取** (asynchronous data prefetching)：當模型還在處理前一批次的資料時, 就先預處理下一批次的資料, 讓執行過程不間斷。它也提供了許多可用來調整資料集的方法, 例如用 batch() 來變更批次量, 請看範例：我們想透過一個由亂數組成的 NumPy 陣列來創建 Dataset 物件。此處假設陣列中有 1,000 個樣本, 而每個樣本都是大小為 16 的向量：

```
import numpy as np
import tensorflow as tf
random_numbers = np.random.normal(size=(1000,16)) ◀┐
                                創建一個大小為 (1000, 16) 的 NumPy 陣列
dataset = tf.data.Dataset.from_tensor_slices(random_numbers) ◀┐
                                from_tensor_slices() 可以從 NumPy 陣列 (或 NumPy
                                陣列組成的 tuple 或 dict 字典) 中創建 Dataset 物件
```

在預設情況下, Dataset 物件每次只會產生單一樣本：

```
>>> for i, element in enumerate(dataset):
>>>     print(element.shape) ◀── 顯示所取出元素的 shape
>>>     if i >=2:
>>>         break
(16,) ◀── 此為單一樣本的 shape, 代表一次只會產生一筆樣本
(16,)
(16,)
```

我們可以使用 batch() 方法來變更批次量：

```
>>> batched_dataset = dataset.batch(32) ◀── 將批次量設為 32
>>> for i, element in enumerate(batched_dataset):
>>>     print(element.shape)
>>>     if i >=2:
>>>         break
(32, 16) ◀── 此處 shape 的第 0 軸代表批次量, 第1軸代表批次中單一樣本的大小
(32, 16)
(32, 16)
```

Dataset 物件還提供了其它有用的方法, 如下所示：

- **shuffle(buffer_size)**：打亂元素順序

▶接下頁

- **prefetch(buffer_size)**：固定預取 buffer_size 個樣本到 GPU 記憶體內 (被讀取走後會自動補充),以更好的利用硬體資源。

- **map(callable)**：對資料集中的每個元素進行特定轉換 (callable 為一函式,預期輸入參數為資料集的單一元素,傳回值則為轉換後的資料)

其中, map() 是我們最常使用的方法。現在來嘗試重塑 (reshape) 前面亂數資料集中的元素,將它們的 shape 從 (16,) 轉換為 (4, 4):

```
>>> reshaped_dataset = dataset.map(lambda x:tf.reshape(x, (4,4)))
```

　　　　　　　　　　　　↑
　　　　　　　匿名函式, 會接收 x (單一樣本), 並將其 shape 轉換為 (4,4)

```
>>> for i, element in enumerate(reshaped_dataset):
>>>     print(element.shape)
>>>     if i >=2:
>>>         break
(4, 4)
(4, 4)
(4, 4)
```

接下來,我們會看到更多 map() 的相關應用。

　　讓我們來看看 train_dataset 的輸出結果：它會產生由 180×180 的 RGB 影像 (shape=(32, 180, 180, 3)) 和整數標籤 (shape=(32,)) 組成的批次。在每一批次中, 會有 32 個樣本。

程式 8.10　顯示 train_dataset 所產生的資料和標籤之 shape

```
>>> for data_batch, labels_batch in train_dataset:
>>>     print("data batch shape:", data_batch.shape)
>>>     print("labels batch shape:", labels_batch.shape)
>>>     break
data batch shape:(32, 180, 180, 3)
labels batch shape:(32,)
```

現在來開始訓練模型。我們會把另一個 Dataset 物件 (validation_dataset) 傳遞給 fit() 的 **validation_data 參數**, 藉此觀察模型在驗證資料上的表現。

此外, 我們也會使用 ModelCheckPoint **回呼** (callback) 在每個週期結束後儲存模型。在創建 callbacks 物件時, 我們會指定要存放模型的路徑, 並分別指定參數 save_best_only=True 以及 monitor="val_loss":表示只有當前週期的 val_loss (驗證損失) 比之前的 val_loss 都來得低時, 才會儲存最新的模型 (並取代先前的版本)。這樣就可以確保所儲存的是有著最佳驗證表現的模型狀態 (參數)。如此一來, 我們就不必在發生過度配適時, 還要再以較少的訓練週期數重新訓練一個新模型:現在只需載入先前儲存的檔案即可。

程式 8.11 ▍ 使用 Dataset 物件訓練模型

```
callbacks = [
    keras.callbacks.ModelCheckpoint(
        filepath="convnet_from_scratch.keras",
        save_best_only=True,
        monitor="val_loss")
]
history = model.fit(
    train_dataset,
    epochs=30,
    validation_data=validation_dataset,
    callbacks=callbacks)
```

訓練完成後, 繪製出模型在訓練過程中的損失值 (loss) 和準確度 (accuracy) 曲線。

程式 8.12 ▍ 繪製訓練過程中的損失值和準確度曲線

```
import matplotlib.pyplot as plt
accuracy = history.history["accuracy"]
val_accuracy = history.history["val_accuracy"]
loss = history.history["loss"]
val_loss = history.history["val_loss"]
epochs = range(1, len(accuracy) + 1)
plt.plot(epochs, accuracy, "bo", label="Training accuracy")
plt.plot(epochs, val_accuracy, "b", label="Validation accuracy")
plt.title("Training and validation accuracy")
```
▶接下頁

```
plt.legend()
plt.figure()
plt.plot(epochs, loss, "bo", label="Training loss")
plt.plot(epochs, val_loss, "b", label="Validation loss")
plt.title("Training and validation loss")
plt.legend()
plt.show()
```

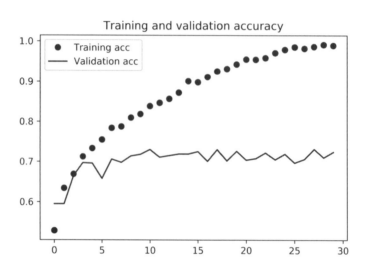

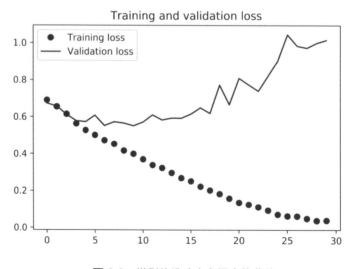

▲ 圖 8.9　模型的準確度和損失值曲線

圖 8.9 顯示了過度配適的問題。訓練準確度隨時間線性增加，直到達到接近 100%，而驗證準確度則停留在 70~75%。驗證損失在僅僅第 10 個訓練週期達到最小值，然後不再降低，而訓練損失則隨訓練線性地持續下降到接近 0。

現在來檢查模型的測試準確度，我們會從剛剛儲存的檔案中重新載入模型。

程式 8.13　使用測試集評估模型

```
test_model = keras.models.load_model("convnet_from_scratch.keras")  ←
                                                          載入模型
test_loss, test_acc = test_model.evaluate(test_dataset)
print(f"Test accuracy: {test_acc:.3f}")
```

我們得到的測試準確度約為 69.5% (由於模型初始化時的隨機性，最終得到的準確度可能會有 1% 內的差異)。

由於訓練樣本數 (2,000) 相對較少，過度配適將成為訓練時的首要顧慮因素。先前已經介紹了許多有助於緩解過度配適的技術，例如 dropout 和權重調整 (例如 L2 regularization)。現在我們要介紹一種新的技術，專門針對電腦視覺，且在使用深度學習模型處理影像時幾乎都會使用，其稱為**資料擴增法** (data augmentation)。

8-2-5　使用資料擴增法 (data augmentation)

過度配適是由於樣本太少導致無法訓練出具備普適性、可套用到新資料的模型。可以想像的是若給定無限量的資料，則模型將考量到手邊資料的各種可能面向，就不會產生過度配適了。**資料擴增就是用現有訓練樣本來生成更多訓練資料的方法**，主要是透過隨機變換原始資料，以產生相似的影像，進而增加訓練樣本數。最終目標是在訓練時，模型永遠不會看到兩次完全相同的影像。這有助於讓模型學習更多面向的資料，並得到更佳的普適性。

在 Keras 中，可以透過在模型的一開始就加入資料擴增層 (data augmentation layer) 來達成以上目標。讓我們用一個例子來說明：程式 8.14 的循序模型串接了數個隨機的影像轉換操作。在程式 8.16 中，我們會把它放在 Rescaling 層之前。

程式 8.14　定義要加入影像分類模型的資料擴增層

```
data_augmentation = keras.Sequential(
    [
        layers.RandomFlip("horizontal"),
        layers.RandomRotation(0.1),
        layers.RandomZoom(0.2),
    ]
)
```

程式 8.14 只列舉了其中幾個可用的神經層 (若想了解更多, 請參閱 Keras 的官方文件), 來快速地說明一下:

● RandomFlip ("horizontal")：隨機將 50% 的輸入影像進行水平翻轉。

● RandomRotation (0.1)：旋轉輸入影像, 幅度為 [-10%, +10%] 範圍內的一個隨機值 (若以角度為單位, 則範圍會是 [-36°, +36°])。

● RandomZoom(0.2)：放大或縮小影像, 幅度為 [-20%, +20%] 內的一個隨機百分比。

讓我們看一下擴增後的影像 (見圖 8.10)。

程式 8.15　顯示一些隨機擴增的訓練影像

```
plt.figure(figsize=(10, 10))
for images, _ in train_dataset.take(1):
```

我們可以使用 take(N) 來指定從資料集中取
得 N 個批次的資料, 其功能等同於在取出第
N 批的資料後, 於迴圈中插入一個 break

```
    for i in range(9):
        augmented_images = data_augmentation(images)
        ax = plt.subplot(3, 3, i + 1)
        plt.imshow(augmented_images[0].numpy().astype("uint8"))
        plt.axis("off")
```

← 對影像的批次
資料進行擴增

顯示輸出批次中的首張影像, 在每一次迭代中
(共 9 次), 會產生該張影像的不同擴增結果

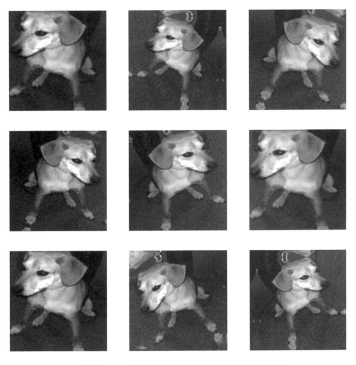

▲ 圖 8.10　透過隨機擴增而產生的狗圖片

　　如果使用資料擴增來訓練新模型，則模型不會重複看到相同的輸入影像。但這些擴充的影像來自少量的原始圖片，我們無法自行產生資訊，只能重新混合現有資訊，故影像間仍極度相關。因此，這方法可能不足以完全擺脫過度配適，為了進一步防止過度配適，我們還需要在密集連接的分類器之前增加 Dropout 層。

　　還有一點要特別注意，就和 Dropout 層一樣，擴增資料層在**推論** (inference) 階段 (即呼叫 predict() 或 evaluate() 時) 會自動變成無作用，使用起來就像它們不存在一樣。

程式 8.16　定義包含了影像擴增和 Dropout 層的新卷積神經網路

```
inputs = keras.Input(shape=(180, 180, 3))
x = data_augmentation(inputs)
x = layers.Rescaling(1./255)(x)
x = layers.Conv2D(filters=32, kernel_size=3, activation="relu")(x)
x = layers.MaxPooling2D(pool_size=2)(x)
x = layers.Conv2D(filters=64, kernel_size=3, activation="relu")(x)
```

▶接下頁

```
x = layers.MaxPooling2D(pool_size=2)(x)
x = layers.Conv2D(filters=128, kernel_size=3, activation="relu")(x)
x = layers.MaxPooling2D(pool_size=2)(x)
x = layers.Conv2D(filters=256, kernel_size=3, activation="relu")(x)
x = layers.MaxPooling2D(pool_size=2)(x)
x = layers.Conv2D(filters=256, kernel_size=3, activation="relu")(x)
x = layers.Flatten()(x)
x = layers.Dropout(0.5)(x)   ◀── 加入丟棄層, 將丟棄率設為 50%
outputs = layers.Dense(1, activation="sigmoid")(x)
model = keras.Model(inputs=inputs, outputs=outputs)

model.compile(loss="binary_crossentropy",
              optimizer="rmsprop",
              metrics=["accuracy"])
```

由於加入了資料擴增法和丟棄法, 模型發生過度配適的時間點預期會再延後, 因此我們將訓練週期數提升到原先的 3 倍左右 (先前的週期數為 30, 現在調整為 100)。

程式 8.17　訓練常規化後的卷積神經網路

```
callbacks = [
    keras.callbacks.ModelCheckpoint(
        filepath="convnet_from_scratch_with_augmentation.keras",
        save_best_only=True,
        monitor="val_loss")
]
history = model.fit(
    train_dataset,
    epochs=100,
    validation_data=validation_dataset,
    callbacks=callbacks)
```

讓我們再次繪製結果, 請見圖 8.11。使用了資料擴增法和丟棄法之後, 我們成功推遲了過度配適發生的時間點, 其大概落在第 60~70 個訓練週期 (相較之下, 原始模型在第 10 個訓練週期就發生過度配適)。同時, 驗證準確度一直維持在 80~85% 的區間內, 比起之前也有了很大的進步。現在來檢查模型在測試集上的準確度。

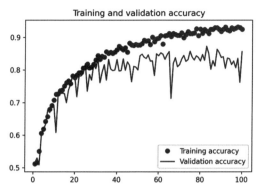
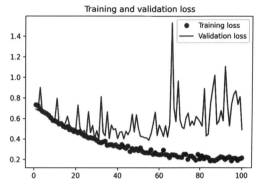

▲ 圖 8.11 　使用資料擴增法後的訓練和驗證表現

程式 8.18　使用測試集來評估模型

```
test_model = keras.models.load_model(
    "convnet_from_scratch_with_augmentation.keras")
test_loss, test_acc = test_model.evaluate(test_dataset)
print(f"Test accuracy: {test_acc:.3f}")
```

　　模型的測試準確度落在 83.5% 附近, 表現得不錯! 如果你是在 Colab 上運行程式, 請記得下載程式 8.17 中儲存的檔案 (convnet_from_scratch_with_augmentation.keras), 因為在下一章的實作中還會使用到它。

　　透過進一步調整模型配置 (例如每個卷積層的過濾器數量, 或模型中神經層的數量), 我們有可能取得高達 90% 的準確度。但是在資料很少的情況下 (如本例), 單靠白手起家地訓練神經網路很難再更進一步提升準確度。為了解決這個問題, 我們可以利用**預訓練模型** (pretrained model), 這也是接下來兩節的重點。

8-3 利用預先訓練好的模型

在進行少量圖片資料集的深度學習時，使用**預訓練模型**是很常見也很有效的方法。預訓練模型是事先以大量資料集訓練過後所保存下來的優秀模型，通常可用來進行大規模的圖片分類任務。如果這個原始資料集足夠大且具通用性，那麼預訓練模型所學習的空間層次特徵 (spartial hierarchy features) 就足以充當視覺世界的通用模型，其特徵對於許多不同的電腦視覺問題都同樣有效，即便是要辨識與原始任務完全不同的類別，也同具成效。例如，以 ImageNet 先訓練出一個神經網路 (其辨識項目主要是動物和日常用品)，然後重新訓練這個已訓練完成的神經網路，去識別和原始樣本天差地別的家具產品等。和許多較舊的淺層學習方法相比，深度學習的關鍵優勢在於**學習到的特徵可移植到不同問題上**，使得深度學習對於樣本資料量較少的場合也非常有效。

本節範例將使用一個以 ImageNet 資料集 (內含 140 萬個標註好的影像和 1,000 個不同類別) 訓練過的大型卷積神經網路。ImageNet 包含許多動物類別，包括不同種類的貓和狗，因此可以期望在狗與貓的分類問題上會表現得不錯。

我們將使用由 Karen Simonyan 和 Andrew Zisserman 於 2014 年開發的 VGG16 架構 ❶，雖然是個較舊的模型，效果遠遠比不上現在的技術，和近期的模型相比也稍微笨重些，但它的架構和已介紹過的理論相似，不需要額外任何新概念就能直接使用。這可能是你第一次遇到這些好玩的模型名稱，包括 VGG, ResNet, Inception, Xception 等等，但只要你持續深入學習電腦視覺問題，這些模型名稱也會持續出現的。

使用預訓練模型有兩種方法：**特徵萃取** (feature extraction) 和**微調** (fine-tuning)。我們將會詳細介紹這兩種方法，就先從特徵萃取開始。

---

❶　Karen Simonyan and Andrew Zisserman, "Very Deep Convolutional Networks for Large-Scale Image Recognition," arXiv (2014), https://arxiv.org/abs/1409.1556.

8-3-1　特徵萃取

　　特徵萃取是借用先前模型學習到的表示法, 以這些表示法從新樣本中萃取有用的特徵, 然後將這些特徵輸入到我們的新分類器中進行訓練及預測。

　　如前文所述, 用於影像分類的卷積神經網路包含兩部分：以一系列卷積層和池化層開始, 並以密集連接的分類器結束。第一部分稱為模型的 convolutional base (卷積基底), 第二部分則為分類器。而特徵萃取的做法則是以一個預訓練模型的卷積基底來處理新資料, 並以其輸出結果來訓練新的分類器 (見圖 8.12)。

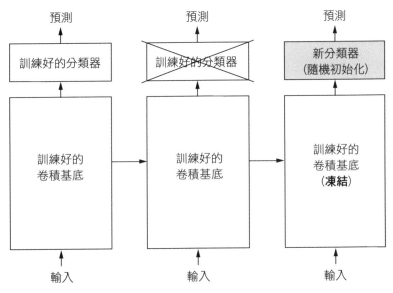

▲ 圖 8.12　保持 convolutional base (卷積基底) 不變, 只更換分類器

　　為什麼只重複使用 convolutional base 呢？是否也可以重複使用密集連接的分類器？一般來說, 應該避免這樣做。因為 convolutional base 學習到的表示法可能是通用的, 因此適合重複使用：卷積神經網路的特徵圖代表某張影像的通用概念圖, 因此無論面臨何種電腦視覺問題, 都可能是有用的。但分類器學習到的表示法則可能只適用於目前模型所要分類的類別, 僅包含整個影像中相關類別出現機率的資訊。

此外, convolutional base 所輸出的特徵圖仍會包含物件出現的位置訊息, 但密集層學習到的表示法則已不再包含物件在輸入影像中的任何位置訊息。因此, 對於需要考量物件位置的問題來說, 密集層產生的特徵絕大多數是沒用的。

特定卷積層所萃取出的表示法, 其普適 (可重複使用) 程度取決於其在模型中的深度。模型中較早出現的層會萃取局部的、高度通用的特徵圖 (例如邊緣、顏色和紋理), 而較深入的層則會萃取更抽象的概念 (例如 "貓耳朵" 或 "狗眼"), 如果新資料集與訓練原始模型的資料集有很大的差別, 最好只使用模型的前幾層來進行特徵萃取, 而不是使用整個 convolutional base。

在本案例中, 由於 ImageNet 的資料集中包含多個狗和貓的類別, 所以重複使用原始模型的密集層中所包含的資訊可能是有益的。但此處我們不這樣做, 以便未來你遇到的新問題和原始模型的類別集相差甚遠時, 也能知道如何處理。接下來, 讓我們透過以 ImageNet 訓練的 VGG16 神經網路的 convolutional base 來進行實作, 從貓和狗圖片中萃取出有用的特徵, 然後以這些特徵訓練狗與貓的分類器。

VGG16 與其他相關模型都已預先安裝於 Keras 中, 我們可以從 keras.applications 模組中載入。以下是 keras.applications 中提供的部分影像分類模型列表 (所有模型都以 ImageNet 資料集預先訓練過了):

- Xception

- ResNet

- MobileNet

- EfficientNet

- DenseNet 等等…

現在讓我們實際建立一個 VGG16 模型:

程式 8.19 建立 VGG16 的 convolutional base

```
conv_base = keras.applications.vgg16.VGG16(
    weights="imagenet",
    include_top=False,
    input_shape=(180, 180, 3))
```

我們需要傳遞三個參數給 VGG16 建構子：

- **weights**：指定用於初始化模型的權重 (編註：本例是使用以 ImageNet 訓練好的參數)。

- **include_top**：代表要不要包含 VGG16 頂部的密集連接分類器。預設情況下, 該密集連接分類器對應於 ImageNet 的 1,000 個類別。因為我們打算使用自己的密集連接分類器 (只有兩個類別：貓和狗), 所以不需要包含預設的分類器。

- **input_shape**：提供給神經網路的影像張量的 shape。這個參數是可選擇的, 如果不傳遞此參數, 則神經網路將能夠處理任何 shape 的輸入張量。此處我們選擇傳遞此參數, 以便能透過 summary() 看出在經過每個新的卷積層和池化層後, 特徵圖的大小是如何變化的。

以下是 VGG16 的 convolutional base 架構細節, 類似於我們已熟悉的簡單卷積神經網路：

```
>>> conv_base.summary()
Model: "vgg16"
_____
Layer (type)                 Output Shape              Param #
=================================================================
input_5 (InputLayer)         [(None, 180, 180, 3)]     0

block1_conv1 (Conv2D)        (None, 180, 180, 64)      1792

block1_conv2 (Conv2D)        (None, 180, 180, 64)      36928

block1_pool (MaxPooling2D)   (None, 90, 90, 64)        0

block2_conv1 (Conv2D)        (None, 90, 90, 128)       73856

block2_conv2 (Conv2D)        (None, 90, 90, 128)       147584

block2_pool (MaxPooling2D)   (None, 45, 45, 128)       0

block3_conv1 (Conv2D)        (None, 45, 45, 256)       295168

block3_conv2 (Conv2D)        (None, 45, 45, 256)       590080
```

▶接下頁

```
block3_conv3 (Conv2D)          (None, 45, 45, 256)       590080

block3_pool (MaxPooling2D)     (None, 22, 22, 256)       0

block4_conv1 (Conv2D)          (None, 22, 22, 512)       1180160

block4_conv2 (Conv2D)          (None, 22, 22, 512)       2359808

block4_conv3 (Conv2D)          (None, 22, 22, 512)       2359808

block4_pool (MaxPooling2D)     (None, 11, 11, 512)       0

block5_conv1 (Conv2D)          (None, 11, 11, 512)       2359808

block5_conv2 (Conv2D)          (None, 11, 11, 512)       2359808

block5_conv3 (Conv2D)          (None, 11, 11, 512)       2359808

block5_pool (MaxPooling2D)     (None, 5, 5, 512)         0

=================================================================
Total params: 14,714,688
Trainable params: 14,714,688
Non-trainable params: 0

-----------------------------------------------------------------
```

最終特徵圖的 shape 為 (5, 5, 512), 這是神經網路最上層的特徵圖 (編註：請記得作者的神經網路圖示是輸入在下, 輸出在上的, 如圖 8.12), 最後再接上密集連接分類器。

此時, 有兩種方法可以繼續處理：

① 在資料集上執行 convolutional base, 將輸出記錄到 NumPy 陣列, 然後輸入到獨立的密集層分類器 (類似本書前幾章中使用的分類器)。這種解決方案只需要為每個輸入影像執行一次 convolutional base, 而 convolutional base 是處理過程中成本最昂貴的部分, 所以這種做法的執行速度快且成本較低。但也因此, 這種技術不允許使用**資料擴增法**。

② 在頂部 (最後端) 增加 Dense 層來擴展模型 (程式 8.19 的 conv_base)，並使用輸入資料，從頭到尾執行整個處理過程。這種方式允許使用資料擴增技術，因為每次輸入影像時都會經過 convolutional base 的處理。和第一種技術相比，它在成本上昂貴許多。

我們將會介紹這兩種技術。首先，我們來看看實現第一個技術所需的程式碼，也就是先記錄 conv_base 的輸出，然後使用這些輸出作為新模型的輸入。

沒有資料擴增的快速特徵萃取

我們會使用訓練集、驗證集和測試集來呼叫 conv_base 模型的 predict() 方法，進而將 VGG16 的特徵以 NumPy 陣列的形式萃取出來。

程式 8.20　萃取 VGG16 的特徵和對應標籤

```
import numpy as np

def get_features_and_labels(dataset):
    all_features = []
    all_labels = []
    for images, labels in dataset:
        preprocessed_images = keras.applications.vgg16.preprocess_input(images)
        features = conv_base.predict(preprocessed_images)
        all_features.append(features)
        all_labels.append(labels)
    return np.concatenate(all_features), np.concatenate(all_labels)

train_features, train_labels =  get_features_and_labels(train_dataset)
val_features, val_labels =  get_features_and_labels(validation_dataset)
test_features, test_labels =  get_features_and_labels(test_dataset)
```

請注意，VGG16 模型的輸入資料需先經過 keras.applications.vgg16.preprocess_input() 函式的預處理，該函式可將像素值調整到合適的範圍內。

以上程式所萃取出的特徵的 shape 為 (samples, 5, 5, 512):

```
>>> train_features.shape
(2000, 5, 5, 512)
```

此時, 就可以建立我們的密集層分類器 (請注意！我們使用了丟棄法進行常規化) 並在剛剛萃取的特徵和標籤上進行訓練。

程式 8.21　建立和訓練密集連接的分類器

```
inputs = keras.Input(shape=(5, 5, 512))
x = layers.Flatten()(inputs) ◀── 將特徵傳入密集層前, 要先使用
x = layers.Dense(256)(x)              扁平 (Flatten) 層將其扁平化
x = layers.Dropout(0.5)(x)
outputs = layers.Dense(1, activation="sigmoid")(x)
model = keras.Model(inputs, outputs)
model.compile(loss="binary_crossentropy",
              optimizer="rmsprop",
              metrics=["accuracy"])

callbacks = [
    keras.callbacks.ModelCheckpoint(
        filepath="feature_extraction.keras",
        save_best_only=True,
        monitor="val_loss")
]
history = model.fit(
    train_features, train_labels,
    epochs=20,
    validation_data=(val_features, val_labels),
    callbacks=callbacks)
```

因為只需要處理兩個密集層, 所以訓練得非常快。來看一下訓練過程中的損失值和準確度曲線 (見圖 8.13)。

程式 8.22　繪製結果

```
import matplotlib.pyplot as plt
acc = history.history["accuracy"]
val_acc = history.history["val_accuracy"]
loss = history.history["loss"]
val_loss = history.history["val_loss"]
epochs = range(1, len(acc) + 1)
plt.plot(epochs, acc, "bo", label="Training accuracy")
plt.plot(epochs, val_acc, "b", label="Validation accuracy")
plt.title("Training and validation accuracy")
plt.legend()                                        ▶接下頁
```

```
plt.figure()
plt.plot(epochs, loss, "bo", label="Training loss")
plt.plot(epochs, val_loss, "b", label="Validation loss")
plt.title("Training and validation loss")
plt.legend()
plt.show()
```

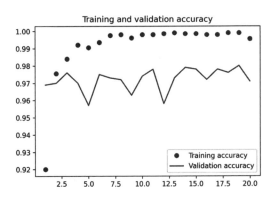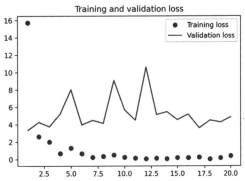

▲ 圖 8.13　快速特徵萃取的訓練和驗證表現

　　圖中顯示可以達到 97% 的驗證準確度, 比上一節從頭訓練的小型模型表現好了許多。不過此處的比較有些不太公平, 因為 ImageNet 本身就包含了許多狗和貓的圖片, 代表我們預先訓練過的模型已經掌握了當前任務的一定知識, 這種情況並不會常常出現。

　　儘管使用了相當大的丟棄率 (50%), 但圖中顯示模型幾乎從一開始就過度配適了。這是因為第一種技術不使用資料擴增法, 對於極需防止過度配適的少量影像資料而言影響很大。

搭配資料擴增的特徵萃取

　　回顧一下先前提到用於進行特徵萃取的第二種技術 (擴展 conv_base 模型並從輸入資料開始, 從頭到尾完整執行所有的處理程序), 雖然執行速度慢、成本昂貴, 但允許在訓練期間使用資料擴增法。

為了實現該技術，我們要先「凍結」convolutional base。「凍結」表示在訓練期間禁止更新權重，如果不這樣做，則 convolutional base 先前學到的表示法，會在訓練期間被修改掉。由於頂端的 Dense 層是隨機初始化的，所以非常大量的權重更新將透過神經網路反向傳播，進而破壞先前學習到的表示法。

在 Keras 中，可以透過將神經層或模型的 **trainable 屬性**設定為 False 來凍結它們。

程式 8.23　建立並凍結 VGG16 的 convolutional base

```
conv_base  = keras.applications.vgg16.VGG16(
    weights="imagenet",
    include_top=False)
conv_base.trainable = False
```

將 trainable 參數設定為 False 後，便會清空神經層或模型的可訓練參數串列。

程式 8.24　列印凍結前後的可訓練權重串列

```
>>> conv_base.trainable = True
>>> print("This is the number of trainable weights "
        "before freezing the conv base:", len(conv_base.trainable_weights))
This is the number of trainable weights before freezing the conv base: 26
>>> conv_base.trainable = False
>>> print("This is the number of trainable weights "
        "after freezing the conv base:", len(conv_base.trainable_weights))
This is the number of trainable weights after freezing the conv base: 0
```

現在，我們可以建立一個新模型，它包含了：

① 數個資料擴增的神經層

② 「凍結」的 convolutional base

③ 一個密集分類器

程式 8.25 新增一個資料擴增模組和分類器

```
data_augmentation = keras.Sequential(
    [
        layers.RandomFlip("horizontal"),
        layers.RandomRotation(0.1),
        layers.RandomZoom(0.2),
    ]
)

inputs = keras.Input(shape=(180, 180, 3))
x = data_augmentation(inputs)  ←── 使用資料擴增
x = keras.applications.vgg16.preprocess_input(x)  ←── 調整輸入值的範圍
x = conv_base(x)
x = layers.Flatten()(x)
x = layers.Dense(256)(x)
x = layers.Dropout(0.5)(x)
outputs = layers.Dense(1, activation="sigmoid")(x)
model = keras.Model(inputs, outputs)
model.compile(loss="binary_crossentropy",
              optimizer="rmsprop",
              metrics=["accuracy"])
```

使用此設定，只會訓練增加的兩個 Dense 層的權重。這樣總共有 4 個權重張量：每層 2 個 (主要權重矩陣和偏值向量)。需注意的是，為了使這些設定生效，必須先編譯模型。如果在編譯後調整了可訓練權重的範圍，即應重新編譯模型，否則這些修改是沒有作用的。

現在可以來訓練模型，在使用了資料擴增後，模型會更晚才發生過度配適，因此我們可以將訓練週期數設定為 50。

> 這種技術的運算成本非常昂貴，建議在具備 GPU 資源 (例如 Colab 所提供的免費 GPU) 的前提下才嘗試該技術，因為單靠 CPU 是難以駕馭的。如果無法在 GPU 上執行程式碼，那就只能採用第 1 個技術了。

```
callbacks = [
    keras.callbacks.ModelCheckpoint(
        filepath="feature_extraction_with_data_augmentation.keras",
        save_best_only=True,
```

▶接下頁

```
        monitor="val_loss")
]
history = model.fit(
    train_dataset,
    epochs=50,
    validation_data=validation_dataset,
    callbacks=callbacks)
```

　　再次繪製出結果 (見圖 8.14)，如圖所示，驗證準確度達到了 98% 以上，表現比起先前模型有了明顯的提升。

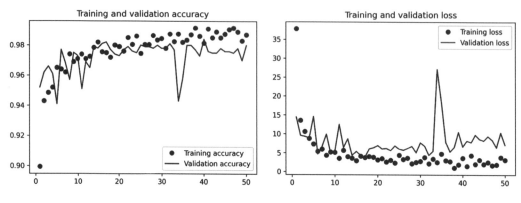

▲ 圖 8.14　搭配了資料擴增的特徵萃取之訓練及驗證表現

　　來看看測試準確度：

程式 8.26　使用測試集評估模型

```
test_model = keras.models.load_model(
    "feature_extraction_with_data_augmentation.keras")
test_loss, test_acc = test_model.evaluate(test_dataset)
print(f"Test accuracy: {test_acc:.3f}")
```

　　我們取得了 97.5% 的測試準確度，相較於先前驗證的表現來說，提升的幅度並不是太大。模型的準確度取決於你用來進行評估的樣本集，有些樣本集可能比較難進行預測，因此模型在某些樣本上表現良好，並不代表在所有的樣本上都能有相同的表現。

8-3-2　微調

　　另一種廣泛使用的模型 reuse 技術是所謂的
微調 (fine-tuning)，其實就是特徵萃取技術的些
微變化 (參見圖 8.15)。在前面特徵萃取時，我們
將整個 convolutional base 結凍 (freeze)，而微調
主要是**解凍卷積基底 "頂部" 的某些層**以用於特徵
萃取，並對新模型的部分 (在本例中是密集層分類
器) 與卷積基底的頂部層進行聯合訓練。之所以
稱為微調，是因為它稍微調整了原卷積基底的表
示法，以便更貼切所遇到的問題。

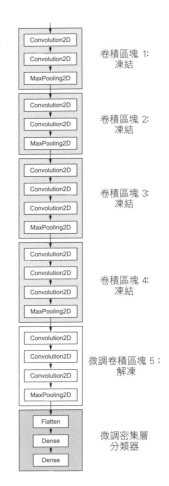

▶ **圖 8.15** 微調 VGG16 神經
網路的最後一個卷積區塊

　　之前曾經說過，必須凍結 VGG16 的 convolutional base，以便能夠在最頂部
訓練隨機初始化的分類器。出於同樣的原因，只有在最頂部的分類器已經訓練完
成後，才能微調 convolutional base 卷積基底的頂層。如果分類器尚未經過訓練，
那麼在訓練期間透過神經網路傳播的誤差訊號會太大，而先前從微調層所學習到
的表示法也會被破壞。因此，微調神經網路的步驟如下：

① 在已經訓練過的基礎神經網路 (卷積基底) 上增加自定義的神經網路 (分類
　器)。

② 凍結卷積基底。

③ 訓練步驟 1 增加的分類器。

④ 解凍卷積基底中的某幾層 (請注意！我們不應該解凍**批次正規化** (batch normalization) 層，雖然在 VGG16 並沒有這一類神經層，但今後遇到時請格外留意 (批次正規化與其在微調上的影響將在下一章說明)。

⑤ 共同訓練解凍的這幾層和分類器。

在前面介紹特徵萃取時，我們已經完成了前 3 個步驟。接下來，讓我們繼續第 4 步驟：解凍 conv_base，然後凍結裡面的個別層。

以下是目前的 convolutional base：

```
>>> conv_base.summary()
Model: "vgg16"
_____
 Layer (type)                Output Shape              Param #
=================================================================
 input_7 (InputLayer)        [(None, None, None, 3)]   0

 block1_conv1 (Conv2D)       (None, None, None, 64)    1792

 block1_conv2 (Conv2D)       (None, None, None, 64)    36928

 block1_pool (MaxPooling2D)  (None, None, None, 64)    0

 block2_conv1 (Conv2D)       (None, None, None, 128)   73856

 block2_conv2 (Conv2D)       (None, None, None, 128)   147584

 block2_pool (MaxPooling2D)  (None, None, None, 128)   0

 block3_conv1 (Conv2D)       (None, None, None, 256)   295168

 block3_conv2 (Conv2D)       (None, None, None, 256)   590080

 block3_conv3 (Conv2D)       (None, None, None, 256)   590080

 block3_pool (MaxPooling2D)  (None, None, None, 256)   0

 block4_conv1 (Conv2D)       (None, None, None, 512)   1180160
```

▶接下頁

```
block4_conv2 (Conv2D)            (None, None, None, 512)     2359808

block4_conv3 (Conv2D)            (None, None, None, 512)     2359808

block4_pool (MaxPooling2D)    (None, None, None, 512)     0

block5_conv1 (Conv2D)            (None, None, None, 512)     2359808

block5_conv2 (Conv2D)            (None, None, None, 512)     2359808

block5_conv3 (Conv2D)            (None, None, None, 512)     2359808

block5_pool (MaxPooling2D)    (None, None, None, 512)     0

=================================================================
Total params: 14,714,688
Trainable params: 0
Non-trainable params: 14,714,688
```

　　我們來微調最後 3 個卷積層，這表示應凍結包含 block4_pool 前方的所有層，並且設定 block5_conv1、block5_conv2 和 block5_conv3 成是可訓練 (微調) 的。

　　為什麼不微調更多層？為什麼不微調整個 convolutional base？是可以這麼做的，但需要考慮以下幾點：

● 卷積基底中的低層是對更通用、可重複使用的特徵進行編碼，而更高層則是對更特定的特徵進行編碼。對更特定的特徵進行微調將更有效果，因為這些特徵需要重新調整以用於新問題 (編註：低層的特徵很通用，所以已經適用於新問題了)，而微調低層會出現效果快速下降的現象。

● 訓練的參數越多，就越有可能過度配適。convolutional base 有近 1500 萬個參數，嘗試在少量資料集上訓練會有風險。

　　因此，在這種情況下只調整 convolutional base 中最上面的 2 或 3 個層是很好的做法。讓我們設定一下，接續上一個範例繼續執行。

程式 8.27　將所有層凍結到指定層為止

```
conv_base.trainable = True  ←── 先設定所有層為可訓練
for layer in conv_base.layers[:-4]:  ┐ 把 conv_base 最後第 4 層前
    layer.trainable = False          ┘ 的所有層設定為不可訓練
```

　　現在可以開始微調神經網路了。我們使用 RMSProp 優化器並以**非常低的學習率**進行微調, 使用低學習率的原因是, 希望限制那 3 個微調層的表示法修改幅度, 因為太大的修改可能會損害這些表示法。

程式 8.28　微調神經網路

```
model.compile(loss="binary_crossentropy",
              optimizer=keras.optimizers.RMSprop(learning_rate=1e-5),
              metrics=["accuracy"])

callbacks = [
    keras.callbacks.ModelCheckpoint(
        filepath="fine_tuning.keras",
        save_best_only=True,
        monitor="val_loss")
]
history = model.fit(
    train_dataset,
    epochs=30,
    validation_data=validation_dataset,
    callbacks=callbacks)
```

　　現在可以使用測試資料來評估微調後的模型了:

```
>>> model = keras.models.load_model("fine_tuning.keras")
>>> test_loss, test_acc = model.evaluate(test_dataset)
>>> print(f"Test accuracy: {test_acc:.3f}")
63/63 [==============================] - 14s 211ms/step - loss: 1.2834
- accuracy: 0.9785
Test accuracy: 0.985
```

我們取得了 98.5% 的測試準確度 (你的結果或許會有 1% 以內的差距)。在 Kaggle 的貓狗分類競賽中, 這已經是最好的結果之一了。不過, 這其實不太公平, 因為我們使用的是經過預先訓練的特徵, 且其中已經包含對貓和狗的先驗知識, 而這些是參賽者無法使用的。

從正面來說, 藉由這個深度學習技巧, 我們只需要少量訓練資料 (大約是 Kaggle 所提供資料的 10%) 就可以達到這個表現。畢竟, 使用 20,000 筆樣本和 2,000 筆樣本來進行訓練, 背後所需的運算資源是有極大差別的。

至此, 我們已經備妥處理影像分類問題的工具了 (尤其是在處理小的資料集時)。讓我們繼續前進吧!

本章小結

- 在所有機器學習模型中, **卷積神經網路** (convnets) 是最適合用來處理電腦視覺任務的。即使只有非常小的資料集,也能重頭訓練出一個表現不錯的模型。

- 卷積網路透過學習「模組化態樣和概念的階層式結構」(hierarchy of modular patterns and concepts), 從而建立對視覺世界的理解。

- 使用小規模資料集來訓練時, **過度配適** (overfitting) 會是主要的問題。而**資料擴增法** (data augmentation) 則是在視覺任務中,對抗過度配適問題的強大工具。

- 透過**特徵萃取** (feature extraction), 可以將既有的卷積神經網路應用在新資料集中。在處理小規模的影像資料集時,這個技巧特別有用。

- 為了提升特徵萃取的效果,可以使用**微調** (fine-tuning),將模型先前已經學習到的部分表示能力應用在新任務上。該做法能進一步提升模型的表現。

MEMO

電腦視覺的進階技巧

本 章 重 點

- 電腦視覺任務的各種分支：影像分類(image classification)、影像分割 (image segmentation)及物體偵測(object detection)

- 現代卷積神經網路的架構模式：殘差連接(residual connection)、批次 正規化(batch normalization)及深度可分離卷積(depthwise separable convolution)

- 解讀卷積神經網路學到的內容，並將其視覺化

9-1 電腦視覺的三種基本任務

到目前為止, 我們都把重點放在**影像分類模型**上:即輸入一張圖、輸出一個標籤, 告訴我們「這張圖中可能包含貓, 那張可能包含狗」。不過, 影像分類只是深度學習在電腦視覺領域的幾種應用之一。大致上, 電腦視覺的基本任務有三種:

● **影像分類** (image classification):在這種任務中, 我們的目標是要為一張影像指定一或多個標籤。它可能是單一標籤 (一張圖只屬於一個類別) 或多標籤 (一張圖屬於多個類別, 見圖 9.1) 的分類任務。例如, 當你在 Google 相簿 app 中搜尋關鍵字時, 其實背後就是使用一個非常大的多標籤分類模型, 它是一個有著超過兩萬個不同類別, 並用數百萬張圖片訓練過的模型。

● **影像分割** (image segmentation):在這種任務中, 我們的目標是要把一張圖「分割 (segment)」或「劃分 (partition)」成不同區塊, 每個區塊通常都代表一個類別 (見圖 9.1)。例如, 當你使用 Zoom 或 Google Meet 進行視訊通話, 而應用程式在你背後放上自定義的背景時, 就是使用一個精確度達到像素級的影像分割模型, 藉此將人臉和背景區隔開來。

● **物體偵測** (object detection):這種任務的目標, 是在影像中將我們要的物件周圍框出一些矩形 (稱為**邊界框**, bounding box), 並為每個矩形標註一個類別。例如, 自動駕駛汽車可以使用物體偵測模型, 監測鏡頭視野範圍中的汽車、行人和標誌 (見圖 9.1)。

單標籤、多類別分類

- ⦿ Biking
- ○ Running
- ○ Swimming

多標籤分類

- ☑ Bike
- ☑ Person
- ☐ Boat
- ☑ Tree
- ☐ Car
- ☐ House

影像分割

物體偵測

▲ 圖 9.1　電腦視覺的三種主要任務：分類、分割及偵測

　　除了這三種任務之外，用於電腦視覺的深度學習也可處理一些較小眾的任務，如**影像相似性評分** (similarity scoring, 評估兩張影像在視覺上的相似程度)、**關鍵點偵測** (keypoint detection, 準確定位我們在影像中要找的屬性，例如臉部特徵)、**姿勢預估** (pose estimation) 等等。但是，影像分類、影像分割和物體偵測是每個機器學習工程師都要熟悉的基礎任務，大多數的電腦視覺應用都可歸類於這三種之一。

　　我們在前一章中已經看過如何實踐影像分類了，接著讓我們來探索影像分割。這是一種非常有用且用途廣泛的技術，而且你可以直接運用目前學到的東西來掌握它。

　　請注意，我們並不會說明物體偵測的細節，因為這對一本入門書而言太專業，也太複雜了。建議你可以看看 keras.io 上的 RetinaNet 案例，其中展示了如何用 Keras 以大約 450 行程式碼，從頭建構並訓練一個物體偵測模型 (https://keras.io/examples/vision/retinanet/)。

9-2 影像分割案例

運用深度學習進行影像分割, 指的是用模型來為圖中的**每個像素**指定一個類別 (編註:影像分類則是為**整張影像**預測出一個類別), 從而將影像分割成不同區塊 (如「背景」和「前景」, 或「道路」、「汽車」和「人行道」)。這類技術可在影像或影音編輯、自動駕駛、醫學成像等許多領域中, 創造很多極具價值的應用。

影像分割可分為兩大類:

● **語義分割** (semantic segmentation) 會將每個像素獨立歸入一個語意類別中, 如「貓」。如果圖中有兩隻貓, 則相應的像素都會被對應到同一個「貓」類別中 (見圖 9.2 的左圖)。

● **實體分割** (instance segmentation) 則不僅要依類別對像素進行分類, 還要分析出獨立的物件實體。在有著兩隻貓的圖中, 實體分割會把「貓 1」和「貓 2」當成兩個獨立的像素類別 (見圖 9.2 的右圖)。

▲ 圖 9.2 語義分割 vs. 實體分割

在這個案例中, 我們會把重點放在語義分割。同樣的, 我們將再次檢視貓和狗的影像, 而這一次我們要學習如何把主體跟背景區分開來。

我們將使用 Oxford-IIIT Pets 資料集 (www.robots.ox.ac.uk/~vgg/data/pets/)，裡面包含了 7,390 張各種品種的貓和狗圖片，以及每張圖的「前景-背景」**分割遮罩** (segmentation mask)。分割遮罩相當於標籤，它是一張與輸入影像大小相同的圖，有著單一的顏色 channel，其中的每個整數值都對應於輸入影像中相應像素的類別。在我們的例子中，分割遮罩的像素會是以下三種整數值之一：

- 1 (前景)

- 2 (背景)

- 3 (輪廓)

首先，我們使用 wget 和 tar 這兩個 shell 功能，下載並解壓縮資料集：

```
!wget http://www.robots.ox.ac.uk/~vgg/data/pets/data/images.tar.gz
!wget http://www.robots.ox.ac.uk/~vgg/data/pets/data/annotations.tar.gz
!tar -xf images.tar.gz
!tar -xf annotations.tar.gz
```

從檔案中提取資料 ┤ (指向 !tar 兩行)

下載影像資料和對應的分割遮罩資料 (指向 !wget 兩行)

輸入影像會以 jpg 格式儲存在 images/ 資料夾內 (如：images/Abyssinian_1.jpg)，對應的分割遮罩則以 PNG 格式儲存在 annotations/trimaps/ 資料夾中 (檔名相同，如 annotations/trimaps/Abyssinian_1.png)。

我們來準備一下影像檔案路徑的串列 (list)，以及對應的遮罩檔案路徑串列：

```
import os

input_dir = "images/"
target_dir = "annotations/trimaps/"

input_img_paths = sorted(
    [os.path.join(input_dir, fname)
     for fname in os.listdir(input_dir)
     if fname.endswith(".jpg")])
target_paths = sorted(
    [os.path.join(target_dir, fname)
     for fname in os.listdir(target_dir)
     if fname.endswith(".png") and not fname.startswith(".")])
```

那麼，這些影像及其遮罩長什麼樣子呢？讓我們來看看其中一個樣本 (見圖 9.3)：

```
import matplotlib.pyplot as plt
from tensorflow.keras.utils import load_img, img_to_array

plt.axis("off")
plt.imshow(load_img(input_img_paths[9]))   ◀── 顯示索引 9 的輸入影像
```

▲ 圖 **9.3** 其中一個影像樣本

圖 9.4 為其相應的遮罩 (即目標值, target)：

```
def display_target(target_array):
    normalized_array = (target_array.astype("uint8") - 1) * 127 ◀─┐
    plt.axis("off")                                                │
    plt.imshow(normalized_array[:, :, 0])                          │
```

原本的標籤 (**編註：** 即先前提到的遮罩像素值) 是 1、2 和 3, 我們將每個標籤值減去 1, 讓標籤範圍變成 0～2, 接著乘以 127, 使標籤值變成 0、127 及 254

```
img = img_to_array(load_img(target_paths[9], color_mode="grayscale"))

display_target(img)
```

將載入的影像視為「具單一顏色 channel」

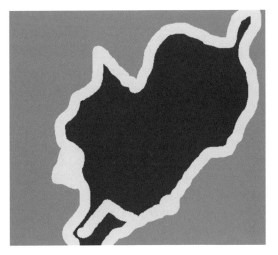

▲ 圖 9.4　相應的目標遮罩

　　接下來, 我們將輸入資料 (影像) 和目標值 (遮罩) 載入到兩個 NumPy 陣列, 並把這些陣列拆分成訓練集和驗證集。由於資料集很小, 所以我們可直接把所有東西載到記憶體中:

```python
import numpy as np
import random

img_size = (200, 200)    ← 大小全部設為 200 × 200
num_imgs = len(input_img_paths)    ← 取得資料中的樣本總數

random.Random(1337).shuffle(input_img_paths)
random.Random(1337).shuffle(target_paths)
```

隨機打亂檔案路徑 (最初是按品種排列), 我們
在這兩行程式中使用相同的隨機種子 (1337),
以確保輸入值和目標值的路徑排列順序相同

```python
def path_to_input_image(path):
    return img_to_array(load_img(path, target_size=img_size))
```

該函式可接受檔案路徑, 並將路
徑所對應的影像轉換成陣列

```python
def path_to_target(path):
    img = img_to_array(
        load_img(path, target_size=img_size, color_mode="grayscale"))
    img = img.astype("uint8") - 1    ← 減去 1, 讓陣列中的標籤值變成 0、1、2
    return img
```

▶接下頁

```python
input_imgs = np.zeros((num_imgs,) + img_size + (3,), dtype="float32")
```
創建一個 float32 陣列, 用來存放所有影像, 其 shape 為 (num_imgs, 200, 200, 3)

```python
targets = np.zeros((num_imgs,) + img_size + (1,), dtype="uint8")
```
創建一個 uint 陣列, 用來存放影像對應的遮罩, 其 shape 為 (num_imgs, 200, 200, 1)

```python
for i in range(num_imgs):
    input_imgs[i] = path_to_input_image(input_img_paths[i])
    targets[i] = path_to_target(target_paths[i])
```
將路徑中的影像和遮罩依序存入 input_imgs 陣列和 targets 陣列中

```python
num_val_samples = 1000
```
← 預留 1,000 個樣本用於驗證

```python
train_input_imgs = input_imgs[:-num_val_samples]
train_targets = targets[:-num_val_samples]
val_input_imgs = input_imgs[-num_val_samples:]
val_targets = targets[-num_val_samples:]
```
把資料分割成訓練集和驗證集

現在, 可以來定義我們的模型了:

```python
from tensorflow import keras
from tensorflow.keras import layers

def get_model(img_size, num_classes):
    inputs = keras.Input(shape=img_size + (3,))
    x = layers.Rescaling(1./255)(inputs)
```
← 輸入的 shape 為 (200, 200, 3)
← 別忘了將輸入影像調整到 0~1 的範圍內

將步長設為 2 來縮小採樣數 (輸出特徵圖的尺寸會是輸入特徵圖的一半)

```python
    x = layers.Conv2D(64, 3, strides=2, activation="relu", padding="same")(x)
    x = layers.Conv2D(64, 3, activation="relu", padding="same")(x)
    x = layers.Conv2D(128, 3, strides=2, activation="relu", padding="same")(x)
    x = layers.Conv2D(128, 3, activation="relu", padding="same")(x)
    x = layers.Conv2D(256, 3, strides=2, padding="same", activation="relu")(x)
    x = layers.Conv2D(256, 3, activation="relu", padding="same")(x)
```
注意, 我們在每個 Conv2D 層都用了「padding="same"」, 藉此避免邊界效應對特徵圖的尺寸造成影響

```python
    x = layers.Conv2DTranspose(256, 3, activation="relu", padding="same")(x)
    x = layers.Conv2DTranspose(256, 3, activation="relu", padding="same", strides=2)(x)
    x = layers.Conv2DTranspose(128, 3, activation="relu", padding="same")(x)
    x = layers.Conv2DTranspose(128, 3, activation="relu", padding="same", strides=2)(x)
    x = layers.Conv2DTranspose(64, 3, activation="relu", padding="same")(x)
    x = layers.Conv2DTranspose(64, 3, activation="relu", padding="same", strides=2)(x)
```
Conv2DTranspose 層的作用請見 9-10 頁的說明

```
    outputs = layers.Conv2D(num_classes, 3, activation="softmax",
                            padding="same")(x) ◄── 使用 softmax 作為激活函數,
    model = keras.Model(inputs, outputs)           藉此分類每個輸出像素
    return model

model = get_model(img_size=img_size, num_classes=3)
model.summary()
```

以下是呼叫 model.summary() 的輸出結果：

```
Model: "model"
_____
Layer (type)                Output Shape              Param #
=================================================================
input_1 (InputLayer)        [(None, 200, 200, 3)]     0

rescaling (Rescaling)       (None, 200, 200, 3)       0

conv2d (Conv2D)             (None, 100, 100, 64)      1792

conv2d_1 (Conv2D)           (None, 100, 100, 64)      36928

conv2d_2 (Conv2D)           (None, 50, 50, 128)       73856

conv2d_3 (Conv2D)           (None, 50, 50, 128)       147584

conv2d_4 (Conv2D)           (None, 25, 25, 256)       295168

conv2d_5 (Conv2D)           (None, 25, 25, 256)       590080

conv2d_transpose (Conv2DTra (None, 25, 25, 256)       590080
nspose)

conv2d_transpose_1 (Conv2DT (None, 50, 50, 256)       590080
ranspose)

conv2d_transpose_2 (Conv2DT (None, 50, 50, 128)       295040
ranspose)

conv2d_transpose_3 (Conv2DT (None, 100, 100, 128)     147584
ranspose)
```

▶接下頁

```
conv2d_transpose_4 (Conv2DT    (None, 100, 100, 64)       73792
ranspose)

conv2d_transpose_5 (Conv2DT    (None, 200, 200, 64)       36928
ranspose)

conv2d_6 (Conv2D)              (None, 200, 200, 3)         1731
================================================================
Total params: 2,880,643
Trainable params: 2,880,643
Non-trainable params: 0
_____
```

　　該模型的前半部分與先前用在影像分類的卷積神經網路非常像：即多個 Conv2D 層的堆疊, 且過濾器數量逐漸增加。我們對影像進行三次降採樣 (透過將 stride 參數設為 2, 因此每次採樣都會讓特徵圖尺寸變為原先的二分之一), 最後得到的輸出大小為 (25, 25, 256)。模型前半部分的目的是要把影像編碼成較小的特徵圖, 其中每個空間位置 (或像素) 都包含原始影像中一大塊空間的資訊 (你也可以把它理解成一種資訊壓縮)。

　　與先前的分類模型相比, 該模型的前半部分有一個重要的差別, 也就是**降採樣的方式**。在上一章的分類卷積神經網路中, 我們使用了 MaxPooling2D 層來縮小特徵圖的採樣數。在這裡, 我們則是每隔一個卷積層就將 **stride參數** (步長) 設為 2 來進行降採樣 (如果你忘了卷積步長的詳細運作方式, 請回顧 8-1-1 節的內容)。之所以用這種方式, 是因為在影像分割時, 我們必須為每個像素生成目標遮罩, 以此作為模型的輸出, 所以會很注重資訊在圖中的**空間位置** (spatial location)。當我們使用 2×2 最大池化時, 會完全破壞每個池化窗格的位置資訊：該操作只會傳回每個窗格中的最大值, 我們無法知道該值來自窗格中四個位置的哪一個。因此, 雖然最大池化層在分類任務中表現很好, 但在分割任務中卻會帶來不小的弊處。另一方面, **跨步卷積** (strided convolutions, 即步長大於 1) 則讓我們在更能保留位置資訊的情況下, 對特徵圖進行降採樣。在本書中, 我們傾向在所有注重特徵位置的模型, 例如第十二章的**生成模型** (generative model) 中使用步長, 而非最大池化。

　　模型的後半部分是多個 Conv2DTranspose 層的堆疊，它們的作用是什麼？剛剛提過，模型前半部分的輸出是一個 shape 為 (25, 25, 256) 的特徵圖，但我們希望最終輸出的 shape 跟目標遮罩相同，也就是 (200, 200, 3)。因此，我們必須使用一種與目前所用的轉換方式 (卷積操作) 相反的操作，它能夠對特徵圖進行**升採樣** (upsample)。這就是 Conv2DTranspose 層的用途，你可以把它視為一種「能學習升採樣」的卷積層。若有一個 shape 為 (100, 100, 64) 的輸入，讓它通過 **Conv2D** (128, 3, strides=2, padding="same") 層，你會得到一個 shape 為 (50, 50, 128) 的輸出。接著，將這個輸出傳進 **Conv2DTranspose**(64, 3, strides=2, padding="same") 層，則輸出的 shape 會是 (100, 100, 64)，與原始輸入的 shape 一樣。因此，在使用多個 Conv2D 層將輸入壓縮成 shape 為 (25, 25, 256) 的特徵圖後，我們可直接透過對應的 Conv2DTranspose 層來得回 shape 為 (200, 200, 3) 的影像。

　　現在，讓我們來編譯並訓練模型：

```
model.compile(optimizer="rmsprop", loss="sparse_categorical_crossentropy")

callbacks = [
    keras.callbacks.ModelCheckpoint("oxford_segmentation.keras",
                                    save_best_only=True)
]

history = model.fit(train_input_imgs, train_targets,
                    epochs=50,
                    callbacks=callbacks,
                    batch_size=64,
                    validation_data=(val_input_imgs, val_targets))
```

　　來檢視一下訓練和驗證損失的變化圖 (見圖 9.5)：

```
epochs = range(1, len(history.history["loss"]) + 1)
loss = history.history["loss"]
val_loss = history.history["val_loss"]
plt.figure()
plt.plot(epochs, loss, "bo", label="Training loss")
plt.plot(epochs, val_loss, "b", label="Validation loss")
plt.title("Training and validation loss")
plt.legend()
```

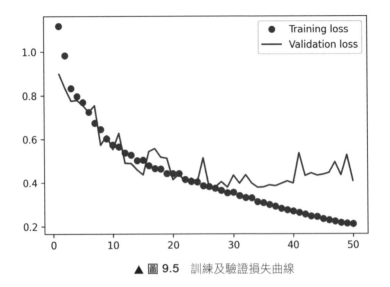

▲ 圖 9.5 訓練及驗證損失曲線

　　可以看到, 在訓練中期 (第 25 個週期附近) 就開始出現過度配適。讓我們載入剛剛所儲存, 有著最低驗證損失的模型 (oxford_segmentation.keras), 並示範如何用它來預測分割遮罩 (見圖 9.6)。

```python
from tensorflow.keras.utils import array_to_img

model = keras.models.load_model("oxford_segmentation.keras")

i = 4                                       使用 val_input_imgs 中索引
test_image = val_input_imgs[i]              4 的影像來進行測試
plt.axis("off")
plt.imshow(array_to_img(test_image))

mask = model.predict(np.expand_dims(test_image, 0))[0]

def display_mask(pred):    ◀── 該函式可顯示模型的預測結果
    mask = np.argmax(pred, axis=-1)
    mask *= 127
    plt.axis("off")
    plt.imshow(mask)

display_mask(mask)
```

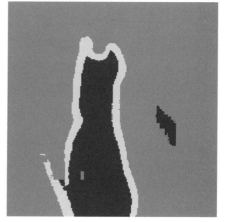

▲ 圖 9.6 　測試影像及模型所預測的分割遮罩

　　模型預測出的遮罩中有幾塊小小的成像, 是由前景和背景中的幾何形狀造成的。儘管如此, 我們的模型還是表現不錯的。

　　目前為止, 我們已經在整個第 8 章以及本章的開頭, 學到進行影像分類和影像分割的基本知識了。然而, 經驗豐富的工程師為解決現實問題而開發的卷積神經網路, 並不像我們目前為止在案例中所使用的那麼簡單。我們仍然缺乏一些必要的心智模型 (mental model, 編註：就是在面對特定問題時, 心中已有的處理模型, 以協助推理因果和對策)和思考方式, 它們能讓專家們做出快速且準確的決定, 進而建構出最先進的模型。為了彌補這段差距, 我們必須學習有關**架構模式** (architecture pattern) 的知識, 讓我們繼續探索吧！

9-3 現代卷積神經網路的架構模式

一個模型的「架構」是在創建過程中，所有選擇的結果：使用了哪些層、如何配置這些層，以及如何把這些層連接在一起。這些選擇定義了模型的**假設空間** (hypothesis space)，也就是一個包含了所有可能函數 (其參數為模型權重) 的空間，而梯度下降則會在其中尋找出最合適的函數。和特徵工程一樣，一個好的假設空間可將你對於手上問題及其解法的**先驗知識** (prior knowledge) 進行適當的編碼。例如，使用卷積層代表你事先知道，輸入影像中的相關 pattern 具**平移不變性** (translation-invariant)。你必須對追尋的目標有所假設，才能讓模型有效地從資料中學習。

模型架構往往是決定成功與否的關鍵。如果你選擇了不恰當的架構，則模型的表現就不會理想，再多的訓練資料也救不了它。反之，一個好的模型架構則能加速學習，並讓模型有效地利用現有訓練資料，降低對大型資料集的需求。好的模型架構能夠縮小搜尋空間，或以其他方式，讓參數更容易收斂到搜尋空間的理想點上。與特徵工程和資料篩選 (data curation) 一樣，模型架構的選擇就是為了簡化梯度下降所要解決的問題。要記得，梯度下降是一個很呆板的搜尋程序，所以我們要盡可能協助它。

比起科學，模型架構更像是一門藝術。經驗豐富的機器學習工程師能在第一次嘗試時，就憑直覺創建出高效能的模型，但初學者通常很難創建出能夠進行訓練的模型。這裡的關鍵詞是「直覺」：沒有人能給你一個明確的解釋，告訴你什麼有用、什麼沒有用。專家們靠的是透過大量實務經驗而獲得的**模式配對** (pattern-matching) 能力，在本書中，你也會培養出自己的直覺。但是，成功也並非全靠直覺。雖然在實際的科學方面沒有太多東西可說，但就像其他工程學科一樣，還是存在一些最佳的實踐方式。

在接下來的小節中，我們將回顧一些基本的卷積網路架構最佳實踐：**殘差連接** (residual connection)、**批次正規化** (batch normalization) 和**可分離卷積** (separable convolution)。一旦你掌握這些技巧，就能建構出高效能的影像模型。我們會把這些實踐方式應用在貓狗的分類問題上。

讓我們先從建構系統架構的通用公式開始：模組化-階層化-重複使用 (modularity-hierarchy-reuse, MHR)。

9-3-1 模組化、階層化、及重複使用

如果想讓一個複雜的系統變簡單，有一個通用的配方：先將複雜內容解構成**模組** (module)、然後組織模組的**階層結構**，並在適當的地方**重複使用**相同的模組。這就是 MHR 公式 (modularity-hierarchy-reuse)，所有涉及「架構」一詞的領域，其系統架構幾乎都是以此公式為基礎。它是任何有意義之複雜系統的組織核心，無論是大教堂、人體、美國海軍，還是 Keras 函式庫，都是如此 (見圖 9.7)。

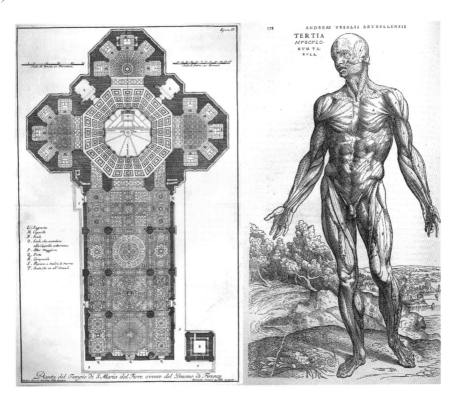

▲ 圖 9.7 複雜的系統都遵循一套階層結構，並以不同的模組組織起來，而這些模組會被重複使用 (例如，人的四肢都是出自同一藍圖)

如果你是一名軟體工程師，你應該已經很熟悉這些原則：一個好的函式庫會是模組化、具階層結構的，我們不會重複實作同樣的東西，而是仰賴於那些可重

複使用的類別和函式。如果你遵循以上原則來處理程式，就可說是在做「軟體架構」。

深度學習本身就是應用了這個配方，透過梯度下降來進行連續優化：我們使用一種經典的優化技巧 (在連續的函數空間中進行梯度下降)，並將搜尋空間結構化成多個模組 (層)，最後組織成一個深度階層結構 (通常只是堆疊在一起，這是最簡單的階層結構)，你可以在這裡重複使用任何可用的元件 (例如，卷積就是在不同空間位置使用相同的卷積核)。

同樣的，深度學習模型架構主要就是巧妙地運用「模組化、階層化、及重複使用」。你會注意到，所有熱門的卷積神經網路架構都不僅是被架構成層，而是架構成重複的、一整組的層 (稱為「區塊, block」或「模組, module」)。舉例來說，我們在上一章使用的 VGG16 就是由重複的「卷積、卷積、最大池化」區塊構成的 (見圖 9.8)。

此外，大多數卷積神經網路通常有金字塔式的結構 (特徵的階層結構, feature hierarchies)。回顧一下第 8 章建立的首個卷積神經網路中，卷積過濾器數量的變化情形：32、64、168。過濾器數量會隨著層的深度逐漸增加，而特徵圖的尺寸則會隨之縮小，在 VGG16 模型的區塊中也可看到到一樣的模式 (見圖 9.8)。

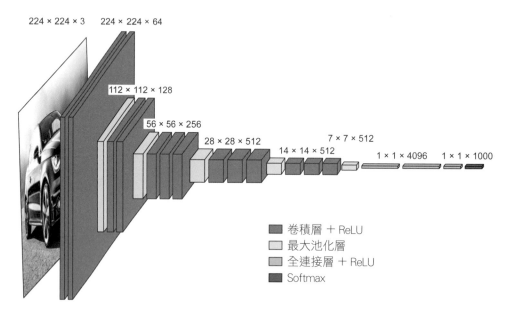

▲ 圖 9.8　VGG16 架構：請留意其中重複的層區塊，以及特徵圖的金字塔式結構

　　越深的階層結構在本質上會越好, 因為它們能促進特徵的重複使用 (萃取), 也因此能提升抽象化能力。一般來說, 由較小層 (編註：神經單元數較少) 組成的較深堆疊, 表現會比較大層組成的淺堆疊更好。然而, 由於**梯度消失** (vanishing gradient) 的問題, 我們堆疊層的深度是受限制的。為了解決這個問題, 就要用到即將介紹的第一個基本模型架構模式：**殘差連接** (residual connection)。

消融研究 (ablation study) 在深度學習研究領域的重要性

深度學習架構往往是透過演化, 而非設計出來的。這些架構的開發是透過反覆嘗試, 並選擇有效的部分來達成的。就像生物系統一樣, 若你使用複雜的實驗性深度學習設置, 通常就可以拿掉一些多餘的模組 (或用隨機值來取代一些訓練特徵) 而不會影響表現。

深度學習研究人員常會面臨某些誘因而讓系統變得複雜, 因為把一個系統弄得比必要的更複雜, 就能讓它看起來更有趣或新穎, 進而增加研究人員通過同儕審查的機會。若你讀過很多深度學習論文, 應該會注意到許多論文為了通過同儕審查, 在風格和內容上, 都使用了一些會損害解釋明確性和結果可靠度的方法。例如, 在深度學習論文中, 數學很少被用來明確地解釋概念, 或推導出不易得出的結果。相反的, 數學只被用來營造正式、嚴謹的氛圍, 就像業務員身上昂貴的西裝。

研究的目的不該僅僅是為了發表, 而是要產生可靠的知識才對。最關鍵的是, 產生可靠知識最直接的方法, 就是要了解系統中的**因果關係**。有一種方法能讓我們不費吹灰之力地研究因果關係, 那就是**消融研究** (ablation study)。消融研究包含系統性地嘗試移除系統中的一部份 (讓系統變得更簡單), 進而找出是哪部份決定了效能。如果你發現 X＋Y＋Z 的結果很好, 也可以試試 X、Y、Z、 X＋Y、X＋Z 以及 Y＋Z, 看看會有什麼結果。

若你成為了一個深度學習研究者, 請消除研究過程中的雜音：直接使用消融研究來完成你的模型。記得, 每次都要問自己：「有更簡單的解釋嗎？這個多餘的複雜性真的有必要嗎？為什麼？」

9-3-2　殘差連接 (residual connection)

你或許聽過「傳話遊戲」, 這個遊戲在英國叫做「Chinese whispers」, 在法國則是「tlphone arabe」: 第一個人會接收到最初的訊息, 然後用耳語傳給下一個人, 如此反復接下去。結果, 最終的訊息會與最初的版本極不相似。這是一個很有趣的比喻, 能呈現出在帶雜訊 (noise) 的通道中, 進行連續傳輸時累積的錯誤。

序列式 (sequential) 深度學習模型中的反向傳播跟傳話遊戲也很類似。你會有一連串的函式, 像這樣:

```
y = f4(f3(f2(f1(x))))
```

假設這個遊戲是要根據 f4 的輸出誤差 (模型損失), 調整其中每個函式的參數。若要調整 f1, 就要透過 f2、f3 和 f4 來傳遞誤差資訊。然而, 每個連續的函式都會帶來一定的雜訊。若函式越長串, 雜訊就會開始壓過梯度資訊, 造成反向傳播失去效用。如此一來, 模型根本無法進行訓練, 這就是**梯度消失**問題。

解決方法很簡單, 只要強迫每個函式都變得不具資訊破壞性, 也就是「保留前一個輸入所乘載資訊的無雜訊版本」即可。要做到這一點, 最簡單的方法就是使用殘差連接: 只要把某層或某區塊的輸入, 加回到它的輸出就可以了 (見圖 9.9)。殘差連接可以作為一個**資訊捷徑**, 圍繞在具破壞性或雜訊較多的區塊 (例如包含 relu 激活函數或丟棄層的區塊)旁邊, 讓梯度資訊能夠不受雜訊影響地在深層網路中傳播。這項技術在 2015 年被引入 ResNet 系列的模型中 (由 Microsoft 的 He 等人開發) ❶。

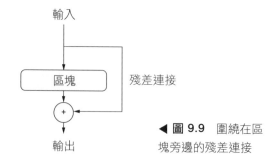

◀ 圖 9.9　圍繞在區塊旁邊的殘差連接

---

❶ Kaiming He et al., "Deep Residual Learning for Image Recognition," Conference on Computer Vision and Pattern Regconition(2015), https://arxiv.org/abs/1512.03385。

我們實作殘差連接的方式如下所示：

程式 9.1　殘差連接的虛擬碼

```
x = ...          ◀──── 輸入張量
residual = x     ◀── 將原始輸入另外保存起來, 稱為殘差 (residual)
x = block(x)     ◀── 這個運算區塊可能具破壞性或含雜訊, 但沒關係！
x = add([x, residual])  ◀── 把原始輸入添加到層的輸出中, 這樣一來,
                             最終輸出就能保留原始輸入的全部資訊
```

　　請注意, 把輸入添加到區塊的輸出中, 代表輸出的 shape 應與輸入相同。然而, 若區塊中包含過濾器數量逐漸增加的卷積層, 或最大池化層, 就無法滿足這個條件了。在這種情況下, 應該使用沒有激活函數的 1×1 Conv2D 層來將 residual「線性投影」成區塊輸出的 shape (見程式 9.2)。我們通常會在目標區塊的卷積層中使用 padding="same", 以避免因邊界效應導致的空間降採樣。另外, 在做 residual 的線性投影時, 也可透過步長來配合最大池化層所造成的降採樣 (見程式 9.3)。

程式 9.2　殘差區塊, 過濾器數量會在此有所改變

```
from tensorflow import keras
from tensorflow.keras import layers

inputs = keras.Input(shape=(32, 32, 3))
x = layers.Conv2D(32, 3, activation="relu")(inputs)
residual = x     ◀── 設置一個殘差
x = layers.Conv2D(64, 3, activation="relu", padding="same")(x)  ◀──┐
```

這是我們要創建殘差連接的層, 它會將輸出的過濾器數量從 32 增加至 64 個。注意, 我們用 padding="same" 來避免邊界效應導致的降採樣

```
residual = layers.Conv2D(64, 1)(residual)  ◀──┐
```

殘差只有 32 個過濾器, 所以我們用 1×1 的 Conv2D 來把它投影成正確的 shape (**編註：** 有著 64 個過濾器, 另外此處不指定激活函數)

```
x = layers.add([x, residual])  ◀── 現在, 區塊的輸出和殘差已有相同
                                    的 shape, 可以相加在一起了
```

程式 9.3　處理目標區塊包含最大池化層時的狀況

```
inputs = keras.Input(shape=(32, 32, 31))
x = layers.Conv2D(32, 3, activation="relu")(inputs)
residual = x  ←── 設置一個殘差 (residual)
x = layers.Conv2D(64, 3, activation="relu", padding="same")(x)
x = layers.MaxPooling2D(2, padding="same")(x)
```

> 這是一個有兩個層的區塊，其第 2 層為 2×2 的最大池化層，我們要在區塊旁邊創建一個殘差連接。注意，我們在卷積層跟最大池化層上都用了 padding="same"，以避免邊界效應導致的降採樣

```
residual = layers.Conv2D(64, 1, strides=2)(residual)  ←──
```

> 我們在殘差投影中使用 strides=2 來配合最大池化層導致的降採樣

```
x = layers.add([x, residual])  ←── 現在，區塊的輸出和殘差已有相同
                                    的 shape，可以相加在一起了
```

　　為了讓這些概念更具體，這裡有一個簡單的卷積神經網路案例。它由一系列的區塊所組成，而每個區塊都由兩個卷積層和一個可選用的最大池化層組成，且每個區塊旁邊都有一個殘差連接：

```
inputs = keras.Input(shape=(32, 32, 3))
x = layers.Rescaling(1./255)(inputs)

def residual_block(x, filters, pooling=False):  ←──
    residual = x
    x = layers.Conv2D(filters, 3, activation="relu", padding="same")(x)
    x = layers.Conv2D(filters, 3, activation="relu", padding="same")(x)
    if pooling:
        x = layers.MaxPooling2D(2, padding="same")(x)
        residual = layers.Conv2D(filters, 1, strides=2)(residual)
```

> 本函式可創建具殘差連接之卷積區塊，透過 pooling 參數可以選擇是否添加最大池化層 (預設為不添加)

> 如果使用最大池化，就要再加入一個步長 = 2 的 1×1 卷積來進行殘差投影

```
    elif filters != residual.shape[-1]:
        residual = layers.Conv2D(filters, 1)(residual)
    x = layers.add([x, residual])
    return x
```

> 若不使用最大池化，就只有在過濾器數量發生變化時才進行殘差投影

```
x = residual_block(x, filters=32, pooling=True)   ←── 第一個區塊
x = residual_block(x, filters=64, pooling=True)   ←── 第二個區塊 (過濾
                                                       器數量增加了)
x = residual_block(x, filters=128, pooling=False) ←──
```

> 最後一個區塊不需要最大池化層，因為我們接下來會使用全局平均池化

▶接下頁

```
x = layers.GlobalAveragePooling2D()(x)  ◀——————  全局平均池化層, 會傳
outputs = layers.Dense(1, activation="sigmoid")(x)      回各 channel 的平均值
model = keras.Model(inputs=inputs, outputs=outputs)
model.summary()
```

以下是我們的模型摘要：

```
Model: "model"
_____
Layer (type)                      Output Shape              Param #
[Connected to]
======================================================================
input_3 (InputLayer)              [(None, 32, 32, 3)]       0
[]

rescaling (Rescaling)             (None, 32, 32, 3)         0
['input_3[0][0]']

conv2d_6 (Conv2D)                 (None, 32, 32, 32)        896
['rescaling[0][0]']

conv2d_7 (Conv2D)                 (None, 32, 32, 32)        9248
['conv2d_6[0][0]']

max_pooling2d_1 (MaxPooling2D)    (None, 16, 16, 32)        0
['conv2d_7[0][0]']

conv2d_8 (Conv2D)                 (None, 16, 16, 32)        128
['rescaling[0][0]']

add_2 (Add)                       (None, 16, 16, 32)
['maxpooling2d_1[0][0]',
 'conv2d_8[0][0]']

conv2d_9 (Conv2D)                 (None, 16, 16, 64)        18496
['add_2[0][0]']

conv2d_10 (Conv2D)                (None, 16, 16, 64)        36928
['conv2d_9[0][0]']

max_pooling2d_2 (MaxPooling2D)    (None, 8, 8, 64)          0
['conv2d_10[0][0]']

conv2d_11 (Conv2D)                (None, 8, 8, 64)          2112
['add_2[0][0]']

add_3 (Add)                       (None, 8, 8, 64)          0
['maxpooling2d_2[0][0]',
 'conv2d_11[0][0]']
```

▶接下頁

```
conv2d_12 (Conv2D)              (None, 8, 8, 128)    73856
['add_3[0][0]']

conv2d_13 (Conv2D)              (None, 8, 8, 128)    147584
['conv2d_12[0][0]']

conv2d_14 (Conv2D)              (None, 8, 8, 128)    8320
['add_3[0][0]']

add_4 (Add)                     (None, 8, 8, 128)    0
['conv2d_13[0][0]',
 'conv2d_14[0][0]']

global_average_pooling2d        (None, 128)          0
['add_4[0][0]']

dense (Dense)                   (None, 1)            129
['global_average_
 pooling2d[0][0]']

=================================================================
Total params: 297,697
Trainable params: 297,697
Non-trainable params: 0
-----------------------------------------------------------------
```

　　有了殘差連接, 我們就能在不擔心梯度消失的情況下, 建構任意深度的神經網路。現在, 讓我們前進到下一個卷積神經網路的基本架構模式：批次正規化。

9-3-3　批次正規化

　　正規化 (normalization) 是一系列類似方法的泛稱, 目的是讓機器學習模型所看到的不同樣本能更相似 (編註：例如數值差異不要太大), 這有助於模型將所學普適到新資料上。資料正規化的最常見形式, 你已經在本書中看到好幾次了：就是將資料減去平均值, 讓資料**以零為中心**, 並將資料除以標準差, 讓資料分佈**以標準差為單位**。實際上, 這樣的做法就是假設資料遵循常態 (高斯) 分佈, 並確保這個分佈是置中且以標準差為單位：

```
normalized_data = (data - np.mean(data, axis=...)) / np.std(data, axis=...)
```

在先前的範例中, 都是在將資料輸入模型前就進行正規化處理了。但是, 資料經過神經網路的轉換後, 還需不需要進行正規化呢？即使輸入 Dense 或 Conv2D 層的資料平均值為 0 且變異數為 1, 也不能確保輸出的資料也會遵循此種分佈。那麼, 正規化中間層的輸出是否會有所幫助呢？

> **小編補充**：上文中的「變異數為 1」, 就相當於「標準差為 1」。將每個樣本與平均值相減後平方, 再加總取平均即為變異數。將變異數開根號則為標準差, 這二者都可拿來計算正規化。

批次正規化層就是用來完成這個目標, 它是 Ioffe 和 Szegedy [2] 在 2015 年發表的一種神經層 (Keras 中的 BatchNormalization 層), 雖然批次資料的平均值和變異數在訓練過程中會隨時間而改變, 它仍然可以自行調適地做好批次正規化工作。其運作方式如下：

● 在訓練期間, 批次正規化會用當前批次資料的平均值和變異數來進行正規化。另外還會以指數移動平均 (exponential moving average) 的算法, 用每一批次的平均值和變異數來持續更新 2 個層參數：移動平均值及移動變異數, 以供推論時期使用 (見下一項說明)。

● 在推論期間, 由於無法取得足夠大的批次資料來計算具「整體代表性」的平均值與變異數, 所以它會改用訓練時所算出、具整體代表性的移動平均值及移動變異數來做正規化。

儘管最初的論文指出, 批次正規化是透過「減少內部共變異數位移 (reducing internal covariate shift)」來操作的, 但其實沒有人真正知道為何批次正規化會有用。雖然有很多假設, 但目前並沒有定論。深度學習中有很多事都是這樣, 因為其並非一門精確的科學, 而是一套千變萬化、以經驗為基礎得出的最佳實踐工程, 由很多不太可靠的描述堆砌而成。有時候, 你會覺得書中只告訴你如何做某件事, 卻無法給出滿意的原因：那是因為我們也只知道怎麼做, 但不知道為何這麼做。只要有可靠的解釋, 我就會把它寫出來, 但批次正規化正好不在此列。

---

[2] Sergey Ioffe and Christian Szegedy, "Batch Normalization: Accelerating Deep Network Training by Reducing Internal Covariate Shift," Proceedings of the 32nd International Conference on Machine Learning (2015), https:// arxiv.org/abs/1502.03167.

實務上, 批次正規化似乎有助於梯度傳播 (和殘差連接一樣), 從而讓我們可以建構更深的網路。某些非常深的網路, 只有在納入多個 BatchNormalization 層時才有辦法被訓練。例如, Keras 套件所附帶的許多進階卷積神經網路架構 (如 ResNet50、EfficientNet 和 Xception) 中, 都大量使用了批次正規化。

我們可以緊接著任何層 (Dense 層、Conv2D 層等) 使用 BatchNormalization 層:

```
x = ...
x = layers.Conv2D(32, 3, use_bias=False)(x)   ◀── 由於 Conv2D 層的輸出會經
x = layers. BatchNormalization()(x)               過正規化, 因此該層不需要偏
                                                  值向量, 請見以下的補充說明
```

補充說明

Dense 層和 Conv2D 層都包含了一個偏值向量 (bias vector), 該向量是一個要學習的變數, 目的是讓該層不止進行純線性處理, 還能進行**仿射** (affine) 操作。例如, Conv2D 會傳回 y = conv(x, kernel) ＋ bias, 而 Dense 則傳回 y = dot(x, kernel) ＋ bias。由於正規化會負責把層的輸出置中於 0, 所以使用 BatchNormalization 時就不再需要偏值向量, 你可以透過將 use_bias 參數設定為 False, 創建沒有偏值向量的層。這樣一來, 神經層就會稍微精簡一些。

請特別注意, 我會建議把前一層的激活函數, 放在批次正規化層的後面 (雖然這目前還有爭議)。因此, 建議您採取程式 9.5 的做法, 而非程式 9.4。

程式 9.4　不建議的批次正規化用法

```
x = layers.Conv2D(32, 3, activation="relu")(x)
x = layers.BatchNormalization()(x)
```

程式 9.5　建議的批次正規化用法

```
x = layers.Conv2D(32, 3, use_bias=False)(x)   ◀── 此處先不使用激活函數
x = layers.BatchNormalization()(x)
x = layers.Activation("relu")(x)   ◀── 經過正規化後, 再使用激活函數
```

這種做法的直觀原因是, 批次正規化會將輸入置中於零, 而 relu 激活函數會把零當成保留或丟棄激活資料的判斷關鍵, 因此在激活前做正規化, 可以最大限度地運用 relu。不過, 這種神經層的安排順序並不是絕對必要的, 所以若先做卷積, 再做激活, 接著再進行批次正規化, 模型還是可以順利訓練, 而且結果不一定會比較差。

批次正規化及微調

批次正規化有很多古怪的地方, 其中一個跟**微調** (fine-tuning)有關。當我們要微調包含了 BatchNormalization 層的模型時, 我會建議凍結這些層 (把 trainable 屬性設成 False)。否則, 它們會一直更新層內部的移動平均值和移動變異數, 這可能會干擾附近 Conv2D 層的微調(微小的參數更新)。

現在, 讓我們看看最後一個架構模式:**深度可分離卷積** (depthwise separable convolution)。

9-3-4　深度可分離卷積 (depthwise separable convolution)

假設有一種神經層可以取代 Conv2D 層, 讓模型更小 (更少的可訓練權重參數)、更精簡 (更少的浮點數運算)、還能讓模型的表現提升幾個百分點, 這聽起來如何? 這正是深度可分離卷積層 (Keras 中的 SeparableConv2D 層) 的功能。它會在透過**逐點卷積** (pointwise convolution, 一個 1×1 的卷積) 將輸出 channel 混合之前, 獨立地對輸入的每個 channel 執行空間卷積, 如圖 9.10 所示。

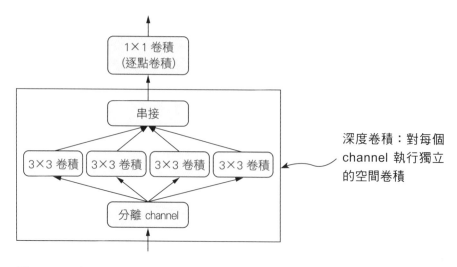

▲ 圖 9.10　深度可分離卷積：逐點卷積接在深度卷積後面

　　這相當於分開學習「空間特徵」和「逐個 channel 的特徵」。與卷積操作假設「影像中的 pattern 不會受限於特定位置」一樣，深度可分離卷積則是假設「中間激活結果 (intermediate activation) 中的空間位置非常相關，但不同 channel 之間則非常獨立」。這個假設通常對深層神經網路學到的影像表示法而言是對的，所以它可以被當成一個有用的先驗知識，幫助模型更有效地利用訓練資料。

　　跟一般的卷積相比，深度可分離卷積需要的參數和計算量都少了許多，但表徵能力 (representational power) 卻很強。它讓模型更小、收斂速度更快，也更不容易出現過度配適。當你在有限資料上從頭開始訓練較小的模型時，這些優勢就顯得特別重要。

　　深度可分離卷積是 **Xception 架構**的基礎。Xception 已事先包裝在 Keras 中，它是一個高效能的卷積網路。你可以在《Xception: Deep Learning with Depthwise Separable Convolutions》一文中讀到更多有關深度可分離卷積和 Xception 的理論基礎 ❸。

---

❸　Francois Chollet, "Xception: Deep Learning with Depthwise Separable Convolutions," Conference on Computer Vision and Pattern Recognition (2017), https://arxiv.org/abs/1610.02357.

硬體、軟體和演算法的共同演化

我們來看看一個具 3×3 窗格、64 個輸入 channel 和 64 個輸出 channel 的一般卷積操作。該操作會使用 3*3*64*64 = 36,864 個可訓練參數, 當我們把它用在一張圖上時, 浮點運算量會跟這個參數量成正比。我們再來看一個窗格大小和 channel 數都相同的深度可分離卷積:其中只有 3*3*64 + 64*64 = 4,672 個可訓練參數, 且浮點運算量也會較少。隨著過濾器數量增加或卷積窗格變大, 效率上的提升會越來越大。

因此, 我們可能預期深度可分離卷積的速度會明顯較快。如果是使用簡單的 CUDA 或 C 語言來實作演算法, 那的確會如此。事實上, 在 CPU 上運行時, 你確實會看到明顯的加速, 因為 CPU 的背後是用平行化的 C 語言來進行運算。但是在實際案例中, 你使用的通常是 GPU, 而你在 GPU 上執行的 CUDA 跟「簡單的」CUDA 相差甚遠。GPU 上的 CUDA 是一個 cuDNN 核 (kernel), 一段經過特別優化的程式碼 (精細優化到每一條機器指令)。投注心思去優化這個程式碼當然是有意義的, 因為 NVIDIA 硬體上的 cuDNN 卷積每天都要負責很多個 exaFLOPS 等級的運算。但這種極端的微觀優化 (micro-optimization) 有一個副作用, 就是很難有其他改良方法在運行速度上可以勝過目前的方法, 即使是有明顯優勢的方法也一樣, 例如深度可分離卷積。

雖然我們一再向 NVIDIA 提出要求, 但深度可分離卷積還是沒辦法像一般卷積一樣, 從硬體和軟體的優化中取得相同等級的好處。因此, 儘管使用的參數和浮點運算都少很多, 但深度可分離卷積的速度仍然跟一般卷積差不多。不過請注意, 就算速度不會變快, 使用深度可分離卷積仍然是一個好方法:由於它的參數較少, 因此過度配適的風險也較小, 而且它對於 channel 應該互不相關的假設也讓模型能更快收斂, 表示法也更穩健 (robust)。

以上的問題看似不大, 但在其它情況中卻可能會變成無法跨越的一堵牆。因為深度學習的整個硬體和軟體生態系統已經為特定的幾組演算法 (尤其是透過反向傳播進行訓練的卷積神經網路) 進行了微觀優化, 也因此偏離常軌 (現有演算法) 的成本會很高。如果你想嘗試其他演算法, 如無梯度優化法 (gradient-free optimization) 或脈衝神經網路 (spiking neural network), 無論你的想法多聰明、多有效率, 你的前幾個平行 C++ 或 CUDA 實作都會比一個好的舊卷積操作慢好幾個數量級。所以即使你的方法就是比較好, 但要說服其他研究人員採用你的方法還是會很艱難。

現代的深度學習可說是硬體、軟體和演算法共同演化過程中的產物。NVIDIA GPU 和 CUDA 的出現, 也讓反向傳播訓練的卷積神經網路很早就取得了成功。這導致 NVIDIA 為這些演算法優化了自己的硬體和軟體, 而這反過來又凝聚了這些演算法背後的研究社群。如今, 若想開創一條不同的道路, 就要對整個生態系統進行數年的重新設計才行。

9-3-5　一個類似 Xception 的小模型

複習一下, 這些是目前為止學過的卷積神經網路原則：

● 模型應該由重複的區塊組成, 這些區塊通常包含多個卷積層和一個最大池化層。

● 層中的過濾器數量應該逐漸增加, 而空間特徵圖的尺寸則逐漸變小。

● 深又窄的神經網路, 比淺又寬的好。

● 在區塊旁邊使用殘差連接, 有助於訓練更深的網路。

● 在卷積層之後使用批次正規化是有利的。

● 使用 SeparableConv2D 層來取代 Conv2D 層是有利的, 因為其參數使用效率較高。

　　讓我們把這些概念匯集成單一模型。該模型的架構會類似縮小版的 Xception, 我們要把它用在上一章的狗貓分類任務上。至於資料載入和模型訓練的部分, 我們則會直接重複使用 8-2-5 節中的設定, 但會使用以下程式重新定義卷積網路模型：

```
inputs = keras.Input(shape=(180, 180, 3))
x = data_augmentation(inputs)      ◀── 使用與之前相同的資料擴增配置
x = layers.Rescaling(1./255)(x)    ◀── 調整輸入值
x = layers.Conv2D(filters=32, kernel_size=5, use_bias=False)(x) ◀──┐
```

注意可分離卷積背後的假設：「特徵 channel 基本上是互相獨立的」, 但這並不適用於 RGB 影像！紅、綠、藍三個顏色 channel 在現實影像中是高度相關的。因此, 模型中的第一層是一個普通的 Conv2D 層, 之後才會開始用到 SeparableConv2D 層

```
for size in [32, 64, 128, 256, 512]: ◀── 應用一系列的卷積區塊, 使特徵的
    residual = x                          深度 (channel 數) 越來越大。每個
                                          區塊由兩個批次正規化過的可分離
    x = layers.BatchNormalization()(x)    卷積層, 以及一個最大池化層組成,
    x = layers.Activation("relu")(x)      整個區塊使用了一個殘差連接
    x = layers.SeparableConv2D(size, 3, padding="same", use_bias=False)(x)
```

▶接下頁

```
x = layers.BatchNormalization()(x)
x = layers.Activation("relu")(x)
x = layers.SeparableConv2D(size, 3, padding="same", use_bias=False)(x)

x = layers.MaxPooling2D(3, strides=2, padding="same")(x)

residual = layers.Conv2D(
    size, 1, strides=2, padding="same", use_bias=False)(residual)
x = layers.add([x, residual])
```

```
x = layers.GlobalAveragePooling2D()(x)
```
◀── 原始模型在 Dense 層前使用
了一個 Flatten 層, 這裡則改用
GlobalAveragePooling2D 層

```
x = layers.Dropout(0.5)(x)
```
◀── 跟原始模型一樣, 我們加入 Dropout 層來進行常規化
```
outputs = layers.Dense(1, activation="sigmoid")(x)
model = keras.Model(inputs=inputs, outputs=outputs)
```

　　這個卷積神經網路的可訓練參數量為 718,849, 略低於原始模型的 991,041, 但大致上還屬於同一數量級。圖 9.11 呈現了模型的訓練和驗證表現曲線。

訓練和驗證準確度

訓練和驗證損失

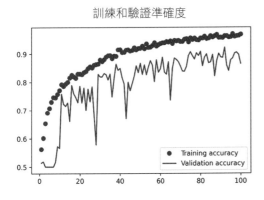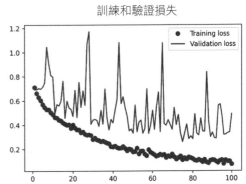

▲ 圖 9.11　Xception 架構的訓練和驗證評量指標

　　新模型最後的測試準確度達到了 90.8%, 而上一章的簡易模型則是 83.5%。由此可見, 遵循前述的架構最佳實踐, 的確能對模型產生直接又可觀的影響。

現在，若想再進一步提升性能，應該要開始系統性地調整架構的超參數，我們會在第 13 章詳細介紹這個部分。由於目前還沒有介紹到這一步，所以前面的模型配置純粹是基於我們探討過的內容。另外，有關模型尺寸的選擇，我們也用了一點直覺。

注意，這些架構的最佳實踐與整個電腦視覺領域息息相關，不是僅適用於影像分類而已。例如，Xception 是 DeepLabV3 的標準卷積基底 (convolutional base)，DeepLabV3 是一個很受歡迎、最頂尖的影像分割解決方案 ❹。

我們對基本卷積神經網路架構的最佳實踐，就介紹到這裡結束。掌握了這些原則，你就能為種類廣泛的電腦視覺任務開發出高效能的模型。現在，你已經走在成為電腦視覺專家的道路上了。為了進一步提升你的專業能力，我們要討論最後一個重要課題：解讀模型是如何得出其預測結果的。

---

❹ Liang-Chieh Chen et al., "Encoder-Decoder with Atrous Separable Convolution for Semantic Image Segmentation," ECCV (2018), https://arxiv.org/abs/1802.02611.

9-4 卷積神經網路學到了什麼？

建構電腦視覺應用時的一個重要課題, 就是**可解釋性 (interpretability)**：為什麼分類器會認為某影像中有冰箱, 但你看到的卻是一輛卡車？在本章的最後一節, 我們就來帶你熟悉一系列不同的技術, 將卷積網路學習到的內容視覺化, 並理解它們如何做出決策。

深度學習模型常常被比喻成「黑盒子」：它們學習到的表示法很難取出來用人類能懂的方式呈現。這個比喻對特定類型的深度學習模型而言是部分正確的, 但對於卷積神經網路而言卻並非如此。卷積神經網路學習到的表示法很適合視覺化, 很大程度是因為它們正是視覺概念的表示法。2013 年以來, 一系列能夠視覺化及解讀這些表示法的技術已經被開發出來了。我們不會說明全部的技術, 但會介紹其中三種最簡單且有用的：

● 視覺化「卷積神經網路的中間輸出」(即中間層的激活結果, intermediate activation)：這有助於我們理解連續的卷積層如何轉換其輸入, 也能幫我們初步理解各卷積網路過濾器的意義。

● 視覺化「卷積網路過濾器」：這有助於我們精準理解卷積網路中, 每個過濾器能接收的視覺 pattern 或概念。

● 視覺化「影像中各類別激活結果」的熱力圖：這有助於了解影像的各部分被判別為哪些類別, 如此一來就能定位影像中的物件。

在介紹第一種方法, 也就是視覺化「中間層的激活結果」時, 我們會使用 8-2 節中, 針對貓狗分類問題從頭開始訓練的小卷積網路。至於介紹其它兩種方法時, 我們要用的是預先訓練過的 Xception 模型。

9-4-1 視覺化中間層的激活結果

本方法包含了呈現模型中各卷積層和池化層在給定輸入後的傳回值 (一個層的輸出通常被稱為其**激活結果**, 即激活函數的輸出值), 進而讓我們看到輸入是如何被分解到不同的過濾器做處理。我們要從三個維度：寬度、高度和深度

(channel) 來視覺化特徵圖。每個 channel 都編碼了相對獨立的特徵, 因此視覺化這些特徵圖的正確做法, 就是把每個 channel 的內容獨立繪製成 2D 圖。現在先載入 8-2 節中所儲存的模型:

```
>>> from tensorflow import keras
>>> model = keras.models.load_model(
            "convnet_from_scratch_with_augmentation.keras")
>>> model.summary()
```

Model: "model_3"

```
_____
Layer (type)                 Output Shape              Param #
=================================================================
 input_4 (InputLayer)        [(None, 180, 180, 3)]     0

 sequential (Sequential)     (None, 180, 180, 3)       0

 rescaling_1 (Rescaling)     (None, 180, 180, 3)       0

 conv2d_11 (Conv2D)          (None, 178, 178, 32)      896

 max_pooling2d_6 (MaxPooling (None, 89, 89, 32)        0
 2D)

 conv2d_12 (Conv2D)          (None, 87, 87, 64)        18496

 max_pooling2d_7 (MaxPooling (None, 43, 43, 64)        0
 2D)

 conv2d_13 (Conv2D)          (None, 41, 41, 128)       73856

 max_pooling2d_8 (MaxPooling (None, 20, 20, 128)       0
 2D)

 conv2d_14 (Conv2D)          (None, 18, 18, 256)       295168

 max_pooling2d_9 (MaxPooling (None, 9, 9, 256)         0
 2D)

 conv2d_15 (Conv2D)          (None, 7, 7, 256)         590080

 flatten_3 (Flatten)         (None, 12544)             0
```

▶接下頁

```
dropout (Dropout)              (None, 12544)              0

dense_3 (Dense)                (None, 1)                  12545

=================================================================
Total params: 991,041
Trainable params: 991,041
Non-trainable params: 0
```

接下來, 我們會下載一張測試影像 (一張貓的照片), 神經網路並沒有用這張圖訓練過。

程式 9.6　預處理單一影像

```
from tensorflow import keras
import numpy as np

img_path = keras.utils.get_file(
    fname="cat.jpg",
    origin="https://img-datasets.s3.amazonaws.com/cat.jpg")

def get_img_array(img_path, target_size):
    img = keras.utils.load_img(
        img_path, target_size=target_size)
    array = keras.utils.img_to_array(img)
    array = np.expand_dims(array, axis=0)
    return array

img_tensor = get_img_array(img_path, target_size=(180, 180))
```

下載測試
影像

載入檔案並調整影像
尺寸 (為 180×180)

將 img 轉換成 shape 為 (180, 180,
3)、型別為 float32 的 NumPy 陣列

增加一個批次軸, 把陣列轉換成內
含單一樣本的「批次」, 現在它的
shape 變成 (1, 180, 180, 3) 了

讓我們來顯示這張圖 (見圖 9.12)。

程式 9.7　顯示測試圖片

```
import matplotlib.pyplot as plt
plt.axis("off")
plt.imshow(img_tensor[0].astype("uint8"))
plt.show()
```

◀ 圖 9.12　測試用的貓影像

　　為了獲取原始模型各中間層輸出的特徵圖, 我們要另外創建一個 Keras 模型, 該模型會以批次的影像為輸入, 並輸出原始模型中所有卷積層和池化層的激活結果。

程式 9.8　創建會傳回激活結果的模型

```
from tensorflow.keras import layers

layer_outputs = []
layer_names = []
for layer in model.layers:
    if isinstance(layer, (layers.Conv2D, layers.MaxPooling2D)):
        layer_outputs.append(layer.output)
        layer_names.append(layer.name)
activation_model = keras.Model(inputs=model.input,
                               outputs=layer_outputs)
```

取得原始模型中, 所有 Conv2D 和 MaxPooling2D 層的輸出, 並把它們放在一個串列中

保存神經層的名稱以供稍後使用

新模型會將 inputs 傳進所有 Conv2D 和 MaxPooling2D 層, 並傳回它們的輸出 (激活結果)

　　輸入影像後, 該模型會將原始模型中各層的激活結果以串列 (list) 的形式傳回。自從我們在第 7 章學習多輸出模型後, 這是第一次在實作中遇到多輸出模型。在此之前, 我們碰到的模型都只有正好 1 個輸入和 1 個輸出。程式 9.8 的模型則共有 1 個輸入和 9 個輸出 (編註：5 個 Conv2D 層和 4 個 MaxPooling2D 層, 讀者可檢視 9-32 頁中 model.summary() 的輸出結果), 其中每層的激活結果都代表一個輸出。

程式 9.9　計算各層的激活結果

```
activations = activation_model.predict(img_tensor)
```

會傳回內含 9 個 NumPy 陣列的串列：
每層的激活結果都儲存為一個陣列

舉例來說, activations[0] 是第一個卷積層對輸入影像的激活結果：

```
>>> first_layer_activation = activations[0]
>>> print(first_layer_activation.shape)
(1, 178, 178, 32)
```

它是一個有著 32 個 channel, 大小為 178×178 的特徵圖。我們來嘗試繪製該特徵圖的第 5 個 channel (見圖 9.13)。

程式 9.10　視覺化第 5 個 channel

```
import matplotlib.pyplot as plt
plt.matshow(first_layer_activation[0, :, :, 5], cmap="viridis")
```

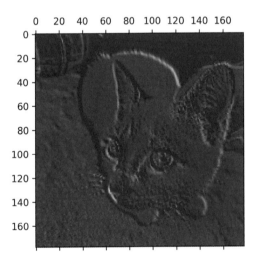

◀ 圖 9.13　第一個卷積層的輸出特徵圖的第 5 個 channel

這個 channel 似乎會編碼圖中的邊緣, 但請注意, 你自己的 channel 可能會有不同的結果, 因為卷積層學到的過濾器種類與順序不是固定的。

現在, 讓我們來繪製網路中所有激活結果的完整視覺圖 (圖 9.14)。我們會萃取並繪製每層激活結果中的每個 channel, 並將同一層的 channel 堆疊在同一個網格區塊中。

> **小編補充：** 例如圖 9.14 中共有 9 個網格區塊, 左上網格區塊為第一層輸出的所有 channel (響應圖), 右上網格區塊則為第二層輸出的所有 channel, 其他以此類推。每個網格區塊在橫向最多繪製 16 張響應圖, 超過即折到下一列。另外, 這裡提到的 channel 是指響應圖, 卷積層的輸出為 3D 的特徵圖, 其中包含多個 channel, 而每個 channel 均為一張 2D 的響應圖。

程式 9.11　視覺化每個中間層激活結果的所有 channel

```
images_per_row = 16                                      走訪各層的名稱與激活結果
for layer_name, layer_activation in zip(layer_names, activations): ◄┘
    n_features = layer_activation.shape[-1]    ┐  各層激活結果的 shape
    size = layer_activation.shape[1]           ┘  為 (1, size, size, n_features)
    n_cols = n_features // images_per_row
    display_grid = np.zeros(((size + 1) * n_cols - 1,
                             images_per_row * (size + 1) - 1))
```
準備一個空網格來呈現該激活結果中的所有響應圖 (**編註：** 每張響應圖的右側及下側會多加一像素來畫邊界, 所以 size 要加 1, 但區塊的最右側及最下側不用畫邊界, 所以整體要再減1)

```
    for col in range(n_cols):
        for row in range(images_per_row):
            channel_index = col * images_per_row + row
            channel_image = layer_activation[0, :, :,        ┐  這是單一個
                            channel_index].copy()            ┘  channel (響應圖)
            if channel_image.sum() != 0:
                channel_image -= channel_image.mean()
                channel_image /= channel_image.std()
                channel_image *= 64
                channel_image += 128
            channel_image = np.clip(channel_image, 0, 255).astype("uint8")
```
將 channel 中的值正規化到 [0, 255] 的範圍內 (若某 channel 的值全為 0, 則保持不變)

```
            display_grid[
                col * (size + 1):(col + 1) * size + col,
                row * (size + 1):(row + 1) * size + row] = channel_image
```
將處理後的 channel 結果放入準備好的空網格中 (**編註：** 算法詳見底下的小編補充)

```
    scale = 1. / size
    plt.figure(figsize=(scale * display_grid.shape[1],
                        scale * display_grid.shape[0]))
    plt.title(layer_name)
    plt.grid(False)
    plt.axis("off")
    plt.imshow(display_grid, aspect="auto", cmap="viridis")
```
將該層的激活結果呈現在網格中

小編補充：由於每張響應圖的右側及下側有多加一條邊界, 因此在計算填圖位置時 size 要加 1, 例如冒號左邊的 col * (size ＋ 1)。而在計算填圖的範圍時, 則要扣掉邊界, 因此冒號的右邊為 (col ＋ 1) * size ＋ col, 其值相當於 ((col+1)*(size+1))-1, 最後的減 1 就是扣掉邊界的 1 像素。

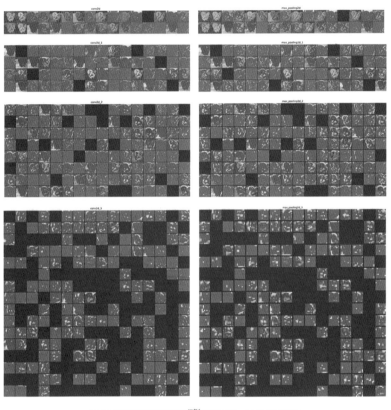

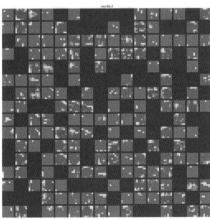

◀ 圖 9.14　輸入測試影像後, 每層的激活結果中的每個 channel（ 編註： 左上區塊是第一層的激活結果, 右上區塊是第二層的激活結果, 其它區塊以此類推）

這裡有幾點值得關注：

- 第一層是各種邊緣偵測器的集合。在這個階段，激活結果幾乎保留了初始圖片中的所有資訊。

- 隨著進入更深的層，激活結果會變得越來越抽象，也越來越難進行視覺上的解讀。它們會開始對更高層次的概念，如「貓耳」、「貓眼」等進行編碼。越深層的表示法會乘載越來越少的圖片視覺內容資訊，而跟影像類別有關的資訊則會越來越多。

- 激活結果的稀疏性 (sparsity) 會隨著層的深度而提升：在第一層中，幾乎所有的過濾器都會被輸入影像激活，但在接下來的層中，越來越多過濾器會是空白的。這表示在輸入影像中找不到由該過濾器進行編碼的 pattern。

我們剛剛見證了「深層神經網路學習的表示法」的一個重要且普遍的特徵：某層萃取的特徵會隨著深度的增加，變得越來越抽象。越深層的激活結果會乘載越來越少有關輸入的資訊，而關於目標值的資訊則越來越多 (在這個案例中，目標值就是影像類別，即貓或狗)。深層神經網路實際上就是一個「資訊萃取管線」，原始資料 (在這個案例中，就是 RGB 圖片) 進到管線中，並經過重複地轉換，讓不相關的資訊被過濾掉 (例如影像的特定視覺外觀)，有用的資訊則被放大和提煉出來 (例如，圖片的類別資訊)。

這跟人類及動物看世界的方式很像。人類在觀察一個場景幾秒後，可以記住有哪些物件 (腳踏車、樹)，但無法想起這些物件的具體外觀。如果要你憑記憶畫出一台普通的腳踏車，雖然你這輩子可能看過成千上萬台腳踏車，你還是有可能畫得不太對 (見圖 9.15)。這是因為你的大腦已經學會把視覺輸入抽象化，將其轉換成高層次的視覺概念，並過濾掉不相干的視覺細節。因此，我們很難記住周圍事物的具體樣子。

▲ 圖 9.15　左：憑記憶畫出的腳踏車
右：真實腳踏車的示意圖

9-4-2 視覺化卷積神經網路的過濾器

另一個檢視卷積神經網路過濾器的簡單方法, 是呈現每個過濾器會對什麼視覺 pattern 做出反應。我們可以透過在輸入空間應用**梯度上升** (gradient ascent) 來達成這件事：從一張空白的輸入影像開始, 不斷以梯度下降法來調整輸入影像的值, 以讓特定過濾器的響應值 (response) 達到最大 (編註：只會改變輸入影像, 而不會改變過濾器中已訓練好的參數)。由此產生的輸入影像, 就是該特定過濾器對其有最大反應的影像。(編註：梯度下降法一般是用來讓輸出的 loss 最小, 但這裡是要讓輸出的值為最大, 因此將之稱為梯度上升。)

我們會使用 Xception 模型 (已在 ImageNet 上預先訓練過) 的過濾器來試試看。整個過程很簡單：我們先建立一個損失函數, 嘗試最大化特定卷積層中的特定過濾器的激活結果。接著, 我們調整輸入影像的值, 讓這個激活值最大化。這會是我們使用 **GradientTape 物件**實作基本梯度下降 (或上升) 迴圈的第 2 個案例 (第 1 個在第 2 章)。

首先, 我們來實例化 Xception 模型並載入使用 ImageNet 資料集預先訓練過的權重。

程式 9.12　實例化 Xception 的卷積基底

```
model = keras.applications.xception.Xception(
    weights="imagenet",
    include_top=False)
```

我們感興趣的是模型的卷積層：Conv2D 層和 SeparableConv2D 層。若想取得這些層的輸出, 我們要知道它們的名稱。現在, 根據深度的順序將各層的名稱列印出來。

程式 9.13　列印出 Xception 中所有卷積層的名稱

```
>>> for layer in model.layers:
>>>     if isinstance(layer, (keras.layers.Conv2D, keras.layers.SeparableConv2D)):
>>>         print(layer.name)
block1_conv1
block1_conv2
```

▶接下頁

```
block2_sepconv1
...(此處省略一些中間層的名稱)
conv2d_3
block14_sepconv1
block14_sepconv2
```

你會注意到, 層的名稱是像 block1_conv1、block_2sepconv1 這樣的名字。Xception 是由多個區塊所架構出來的, 每個區塊都包含數個卷積層 (編註:因此, block1_conv1 代表第 1 個區塊中的第 1 個 Conv2D 層, 而 block2_sepconv1 則代表第 2 個區塊的第 1 個 SeparableConv2D 層)。

現在, 讓我們來創建第二個模型。該模型是一個**特徵萃取模型** (feature extractor model), 會傳回特定層的輸出 (編註:底下程式是萃取 block3_sepconv1 層的輸出)。由於我們的模型是一個函數式 API 模型, 所以它的內部是可供探查的:我們可以取得其中某一層的輸出, 並將之用在另一個新模型中, 而不需要複製整個 Xception 程式碼。

程式 9.14　創建一個特徵萃取模型
```
layer_name = "block3_sepconv1"  ◄── 指定要萃取的層名, 你也可以改用其他層
layer = model.get_layer(name=layer_name)  ◄── 編註:取得指定層的輸出
feature_extractor = keras.Model(inputs=model.input,
                                outputs=layer.output) ⌉
            編註: 利用 Xception 模型的輸入及 layer 的輸出來建立新模型
```

接著, 使用一些輸入資料來呼叫模型 (請注意!Xception 會要求輸入資料先經過 keras.applications.xception.preprocess_input() 函式的處理)。

程式 9.15　使用特徵萃取器
```
activation = feature_extractor(
    keras.applications.xception.preprocess_input(img_tensor)
)
```

現在來定義一個函式, 該函式會傳回一個純量值, 可用來量化輸入影像在該層中「激活」一個特定過濾器的程度 (編註:簡單來說, 該函式會將傳入的影像輸入模型, 然後傳回特定過濾器輸出的平均值)。這個函式就是我們在梯度上升過程中要**最大化**的「損失函數」:

```
import tensorflow as tf

def compute_loss(image, filter_index):  ←── 該函式會接收一個影像張量, 以及我們
    activation = feature_extractor(image)   感興趣的過濾器索引 (為一整數)
    filter_activation = activation[:, 2:-2, 2:-2, filter_index]  ←──┐
```

注意, 我們會丟棄每一側前兩個像素, 只取
非邊界像素的值, 以避免邊界假影的問題

```
    return tf.reduce_mean(filter_activation)  ←── 傳回過濾器激活結果的平均值
```

model.predict(x) 和 model(x) 的區別

在上一章中, 我們用了 predict(x) 來做特徵萃取, 但此處用的卻是 model(x)。這是為
什麼呢？

y = model.predict(x) 和 y = model(x) (其中, x 是輸入模型的陣列) 都代表「使用 x 運行
模型, 並取得輸出 y」, 但它們並不完全相同。

predict() 會在批次資料上進行迭代 (可以用 predict() 的 batch_size 參數指定批次量),
並萃取輸出中的 NumPy 值, 其運作如下：

```
def predict(x):
    y_batches = []
    for x_batch in get_batches(x):
        y_batch = model(x).numpy()
        y_batches.append(y_batch)
return np.concatenate(y_batches)
```

這表示 predict() 可以處理非常大的陣列 (編註： 因為它每次只處理一批次的資料,
所以 x 再大都不怕)。另一方面, model(x) 則是將整個 x 都載到記憶體內運算, 因此
無法處理太大的陣列。不過, predict() 是不可微分的 (編註： 因為它是分多個批次
做運算, 而非單一批次做運算)：如果在 GradientTape 範圍內呼叫它, 將無法取得梯
度資訊。

若你需要取得呼叫模型後的梯度, 就要用 model(x)；若只需要輸出值, 就用
predict()。換句話説, 除非你正在寫一個底層的梯度下降迴圈 (就像我們現在做的),
否則都是使用 predict()。

接下來，使用 GradientTape 來設置梯度上升的函式。請注意，我們會用 **@tf.function 裝飾器** (decorator) 來進行加速。

有一個隱藏技巧有助於讓梯度上升過程順利進行，就是把梯度張量除以其 L2 norm (張量內數值的方均根) 來將其正規化。這確保了輸入影像的更新幅度一直維持在相同範圍內。

程式 9.16　使用隨機梯度上升法來最大化損失

```
@tf.function
def gradient_ascent_step(image, filter_index, learning_rate):
    with tf.GradientTape() as tape:
        tape.watch(image)    ◀─── 由於 image 張量不是 TensorFlow 的 Variable 物件，
                                   所以要使用 watch() 追蹤其內部值 (在梯度磁帶中，
                                   只有 Variable 物件會被自動追蹤)
        loss = compute_loss(image, filter_index)    ◀─┐
                                   計算損失值 (為一純量，代表
                                   當前影像激活過濾器的程度)
    grads = tape.gradient(loss, image)    ◀─── 計算損失相對於影像的梯度
    grads = tf.math.l2_normalize(grads)    ◀─── 使用梯度正規化技巧
    image += learning_rate * grads    ◀─── 將影像往更能激活目標過濾器的方向調整

    return image
```

現在，我們已準備好所有需要的東西了。讓我們把它們整合成一個 Python 函式，該函式會以過濾器索引為輸入，並傳回一個張量，其代表「能最大化特定過濾器激活結果的 pattern」。

程式 9.17　生成過濾器視覺化結果的函式

```
img_width = 200
img_height = 200

def generate_filter_pattern(filter_index):
    iterations = 30    ◀─── 要進行梯度上升的步數
    learning_rate = 10.    ◀─── 每一次梯度上升的幅度
    image = tf.random.uniform(
        minval=0.4,
        maxval=0.6,
        shape=(1, img_width, img_height, 3))
    for i in range(iterations):
```

用隨機值初始化一個影像張量 (由於 Xception 模型預期輸入值在 [0, 1] 範圍內，所以我們在這裡選擇一個以 0.5 為中心的範圍，其中最大值為 0.6，最小值為 0.4)

```
    image = gradient_ascent_step(image, filter_index,
                                 learning_rate)
return image[0].numpy()
```

重複更新影像張量的值，
藉此最大化損失函數值

　　我們得到的 image 張量是一個 shape 為 (200, 200, 3) 的浮點數陣列，其數值可能不是落在 [0, 255] 內的整數。因此，我們必須對這個張量進行後續的處理，把它轉換成可以顯示的影像。程式 9.18 為可以實現以上功能的函式。

程式 9.18 　將張量轉換成有效影像的函式

```
def deprocess_image(image):
    image -= image.mean()
    image /= image.std()
    image *= 64
    image += 128
    image = np.clip(image, 0, 255).astype("uint8")
    image = image[25:-25, 25:-25, :]
    return image
```

把影像值正規化到
[0, 255] 的範圍內

從中心點進行裁切，以
避免邊界假影的問題

　　嘗試繪製索引 2 的過濾器的視覺化結果 (見圖 9.16)：

```
>>> plt.axis("off")
>>> plt.imshow(deprocess_image(generate_filter_pattern(filter_index=2)))
```

▲ **圖 9.16**　讓 block3_sepconv1 層中的第 2 個 channel 有最大反應的 pattern

看起來, 該過濾器會對像是水紋或毛皮的 pattern 產生最大的反應。接著好玩的來了, 我們可以視覺化某層中的所有過濾器 (甚至也可以視覺化模型中每一層的所有過濾器):

程式 9.19 生成特定層中所有過濾器的響應 pattern, 並儲存為 png 檔

```python
all_images = []
for filter_index in range(64):
    print(f"Processing filter {filter_index}")
    image = deprocess_image(
        generate_filter_pattern(filter_index)
    )
    all_images.append(image)                      ← 生成特定層中前 64 個
                                                     過濾器的視覺化資料

margin = 5
n = 8
cropped_width = img_width - 25 * 2
cropped_height = img_height - 25 * 2
width = n * cropped_width + (n - 1) * margin      ← 準備一個空白的畫布元件
height = n * cropped_height + (n - 1) * margin       (canvas), 以貼上過濾器的
stitched_filters = np.zeros((width, height, 3))      視覺化資料

for i in range(n):                                ← 用前面生成的過濾器
    for j in range(n):                               視覺資料來填充圖片
        image = all_images[i * n + j]
        row_start = (cropped_width + margin) * i
        row_end = (cropped_width + margin) * i + cropped_width
        column_start = (cropped_height + margin) * j
        column_end = (cropped_height + margin) * j + cropped_height
        stitched_filters[
            row_start: row_end,
            column_start: column_end, :] = image

keras.utils.save_img(                             ← 將所有視覺化資料儲存為一張 png 檔
    f"filters_for_layer_{layer_name}.png", stitched_filters)
```

這些過濾器的視覺化結果 (見圖 9.17) 展示了卷積層是怎麼看世界的。卷積神經網路中的每個層都會學習一組過濾器, 以讓它們的輸入可以表示為「過濾器的組合」(編註: 也就是將輸入資料轉換為多個過濾器響應圖的組合)。這跟傅立葉轉換將信號分解成一堆「餘弦函數 (cosine function) 的組合」是相似的概念。隨著模型越來越深, 這些過濾器組合就會變得越來越複雜、精細:

- 模型中第一層的過濾器會對簡單的邊緣和顏色(在某些情況下, 可能是彩色邊緣)進行編碼。

- 再深一點的過濾器, 如 block4_sepconv1, 會對邊緣和顏色組合構成的簡單質地進行編碼。

- 更高層中的過濾器看起來會像是現實世界中的質地, 如羽毛、眼睛、樹葉等等。

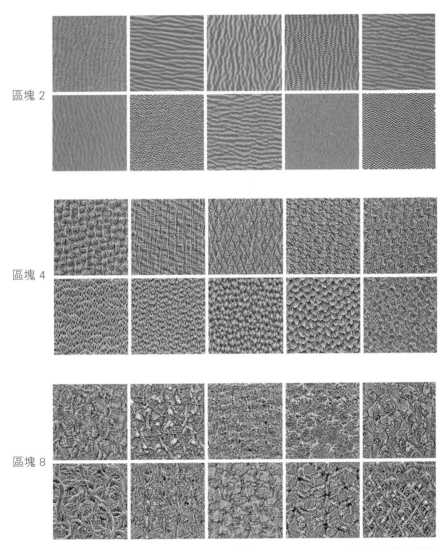

▲ 圖 9.17 block2_sepconv1 層、 block4_sepconv1 層及 block8_sepconv1 層中的一些過濾器 pattern

9-4-3　視覺化類別激活熱力圖

接著來介紹最後一種視覺化技術, 這個技術能幫助我們理解「影像中的哪些部分引導了卷積神經網路最終的分類決策」。這對模型決策過程的除錯很有幫助, 特別是出現分類錯誤的時候 (這個問題領域被稱為**模型的可解釋性**, model interpretability)。此外, 它還能讓你定位出影像中的特定物件。

這類技術被稱為視覺化**類別激活圖 (class activation map, CAM)**, 它可在輸入影像上生成類別激活結果的熱力圖。類別激活熱力圖是一個與特定輸出類別有關的 2D 分數網格, 它會針對輸入影像中的每個位置做計算, 並指出每個位置對特定類別的重要性。例如, 把一張圖餵入卷積神經網路, CAM 視覺化就能針對「貓」這個類別產生一個熱力圖, 指出影像各部分很像是「貓」的程度。

我們要使用在《Grad-CAM: Visual Explanations from Deep Networks via Gradient-based Localization》論文中提到的實作方式 ❺。

Grad-CAM 的運作方式為：給定一張輸入影像後, 取得最後一層卷積層輸出的特徵圖, 用特定類別相對於特徵圖中每個 channel 的梯度, 對所有 channel 進行加權。直觀而言, 就是想像自己正在用「每個特徵圖 channel 對該類別的重要程度」, 對「輸入影像對每個特徵圖 channel 的激活強度」進行加權, 從而形成「輸入影像對該類別的激活程度」。

小編補充：整個運作概念大致如下：

1. 先對已訓練好的模型輸入一張影像 (A) 做推論：

   輸入影像 (A) → [各卷積層] → 含多個 channel 的特徵圖 (B) → [分類器] → 機率最高的類別 (C)

2. 接著反向算出特徵圖 (B) 中的每個 channel, 對類別 (C) 的重要性(W)。

3. 然後反向算出影像 (A) 中的每個位置, 對特徵圖 (B) 中每個 channel 的重要性 (V)。

4. 最後將重要性 (W) 和 (V) 相乘, 即可算出影像 (A) 中的每個位置, 對類別 (C) 的重要性, 並以此在影像 (A) 中繪製熱力圖。

---

❺　Ramprasaath R. Selvaraju et al., arXiv (2017), https://arxiv.org/abs/1610.02391。

讓我們用預先訓練過的 Xception 模型來展示一下這個技術。

程式 9.20 ｜ **載入預先訓練過的 Xception 模型**

```
model = keras.applications.xception.Xception(weights="imagenet")
```
此處選擇保留模型頂部的密集連接分類器
(在之前的案例中, 我們都選擇丟棄它)

圖 9.18 中有兩隻非洲象, 可能是一隻母象帶小象在草原上漫步。我們來把這張圖轉換成 Xception 模型能讀取的格式：圖片大小須為 299×299, 而且要先用 keras.applications.xception.preprocess_input() 做預處理。因此, 我們要來載入影像、把它們的大小調整為 299×299, 轉換成 NumPy 的 float32 張量, 並套用 keras.applications.xception.preprocess_input()。

程式 9.21 ｜ **預先處理輸入影像**

```
img_path = keras.utils.get_file(
    fname="elephant.jpg",
    origin="https://img-datasets.s3.amazonaws.com/elephant.jpg")
```
下載影像, 並將其存檔
路徑指定給 img_path

```
def get_img_array(img_path, target_size):
    img = keras.utils.load_img(img_path, target_size=target_size)
```
傳回一個大小為 299×299 的 PIL 影像

```
    array = keras.utils.img_to_array(img)
```
傳回一個 shape 為 (299, 299, 3)
的 NumPy float32 陣列

```
    array = np.expand_dims(array, axis=0)
```
增加一個維度, 把陣列轉換成
shape 為 (1, 299, 299, 3) 的批次

```
    array = keras.applications.xception.preprocess_input(array)
    return array
```
對批次資料進行預先處理
(該過程會正規化各 channel)

```
img_array = get_img_array(img_path, target_size=(299, 299))
```

◀ 圖 9.18
非洲象的測試圖片

現在, 我們可以運行神經網路, 並把它輸出的預測向量 (以下程式中的 preds) 解碼成人類可理解的格式：

```
>>> preds = model.predict(img_array)
>>> print(keras.applications.xception.decode_predictions(preds, top=3)[0])
[("n02504458", "African_elephant", 0.8699266),
("n01871265", "tusker", 0.076968715),
("n02504013", "Indian_elephant", 0.02353728)]
```

輸出預測分數 (機率) 最高的 3 個類別

針對這張圖, 模型預測的前三個類別如下：

● 非洲象(機率為 87%)。

● 長牙象(機率為 7%)。

● 印度象(機率為 2%)。

神經網路已經識別出圖中含有數量不定的非洲象了。在 preds 中有著最大激活值 (此處代表機率值) 的項目會對應到「非洲象」類別, 其索引為 386：

```
>>> np.argmax(preds[0])
386
```

為了看出影像中的哪些部分最像非洲象，讓我們來設置 Grad-CAM 程序。首先，我們要創建一個模型，以便稍後用它來將輸入影像映射到最後一個卷積層的激活結果。

程式 9.22　設置一個會傳回最終卷積層輸出的模型

```
last_conv_layer_name = "block14_sepconv2_act"   ◀── 最後一個卷積層的名稱
last_conv_layer = model.get_layer(last_conv_layer_name)
last_conv_layer_model = keras.Model(model.inputs, last_conv_layer.output)
```

接著，我們來創建會將「最後一個卷積層的激活結果」映射到「最終的類別預測結果」的模型。

程式 9.23　重新使用最終卷積層輸出的分類器

```
classifier_layer_names = [
    "avg_pool",
    "predictions",
]
classifier_input = keras.Input(shape=last_conv_layer.output.shape[1:])
x = classifier_input
for layer_name in classifier_layer_names:
    x = model.get_layer(layer_name)(x)
classifier_model = keras.Model(classifier_input, x)
```

shape[1:] 是要移除第 0 軸（批次量軸），這是因為 Input() 的 shape 參數中不可包含批次量軸

然後，我們要計算「最高分的類別」相對於「最後一個卷積層激活結果」的梯度。

程式 9.24　取得最高分類別的梯度

```
import tensorflow as tf

with tf.GradientTape() as tape:
    last_conv_layer_output = last_conv_layer_model(img_array)
    tape.watch(last_conv_layer_output)
    preds = classifier_model(last_conv_layer_output)
    top_pred_index = tf.argmax(preds[0])
    top_class_channel = preds[:, top_pred_index]

grads = tape.gradient(top_class_channel, last_conv_layer_output)   ◀──
```

計算最後一個卷積層的激活結果, 並指定要追蹤

取得最高分類別的激活 channel

計算「最高分的預測類別」相對於「最終卷積層之輸出特徵圖」的梯度

程式 9.25 梯度池化及 channel 重要性加權

```
pooled_grads = tf.reduce_mean(grads, axis=(0, 1, 2)).numpy() ←
```
　　　　　　　會計算出一個向量, 它的每個元素都是特定 channel 的平均梯度, 它
　　　　　　　量化了每個 channel 對最高分類別的重要程度 (**編註:** 會陸續沿著
　　　　　　　第 0、1、2 軸做平均, 因此這 3 軸會消失, 只剩第 3 軸 (channel 軸))
```
last_conv_layer_output = last_conv_layer_output.numpy()[0]
for i in range(pooled_grads.shape[-1]):
    last_conv_layer_output[:, :, i] *= pooled_grads[i] ←
```
　　　　　　　　　　　把最後一個卷積層輸出中的每個 channel 乘以
　　　　　　　　　　「該 channel 的重要程度」, 藉此進行加權
```
heatmap = np.mean(last_conv_layer_output, axis=-1) ←
```
　　　　　　　　對特徵圖的每個 channel 計算平均值, 就會得到類別激活
　　　　　　　　熱力圖 (**編註:** 會沿著最後一軸 (channel 軸) 做平均, 因
　　　　　　　　此 channel 軸會消失, 只剩下沒有 channel 的映射圖)

　　為了進行視覺化, 我們還要把熱力圖正規化到 0 和 1 之間。結果如圖 9.19 所示。

程式 9.26 將熱力圖正規化

```
heatmap = np.maximum(heatmap, 0)
heatmap /= np.max(heatmap)
plt.matshow(heatmap)
```

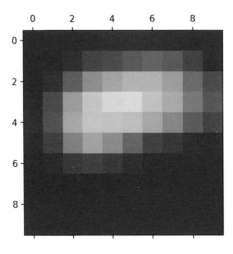

▲ **圖 9.19** 類別激活熱力圖

　　最後, 將原本的影像疊加在剛剛得到的熱力圖上 (見圖 9.20)。

程式 9.27　疊加熱力圖和原始影像

```
import matplotlib.cm as cm

img = keras.utils.load_img(img_path)
img = keras.utils.img_to_array(img)          ← 載入原始影像

heatmap = np.uint8(255 * heatmap)      ← 將熱力圖中的數值調整到 0～255 之間

jet = cm.get_cmap("jet")
jet_colors = jet(np.arange(256))[:, :3]      使用「jet」對熱
jet_heatmap = jet_colors[heatmap]            力圖重新著色

                                             創建一個包含重新著
                                             色之熱力圖的影像
jet_heatmap = keras.utils.array_to_img(jet_heatmap)
jet_heatmap = jet_heatmap.resize((img.shape[1], img.shape[0]))
jet_heatmap = keras.utils.img_to_array(jet_heatmap)

superimposed_img = jet_heatmap * 0.4 + img
superimposed_img = keras.utils.array_to_img(superimposed_img)

                                             疊加熱力圖跟原圖, 熱力
save_path = "elephant_cam.jpg"               圖的不透明度為 40%
superimposed_img.save(save_path)       ← 儲存疊加後的影像
```

▲ **圖 9.20**　將熱力圖和測試影像疊加後的結果

這種視覺化技術能回答兩個重要問題：

● 為什麼神經網路認為這張圖上有非洲象？

● 非洲象在圖中的哪個位置？

　　值得注意的是，小象的耳朵部分有強烈的激活反應：這可能是神經網路區分非洲象和印度象的關鍵。

本章小結

■ 深度學習可用來處理三種基本的電腦視覺任務：**影像分類** (image classification)、**影像分割** (image segmentation) 以及**物體偵測** (object detection)。

■ 遵循現代卷積神經網路架構的最佳實踐, 能大大提高模型的表現。這些最佳實踐包括使用**殘差連接** (residual connection)、**批次正規化** (batch normalization) 以及**深度可分離卷積** (depthwise separable convolution)。

■ 卷積神經網路學習到的表示法其實很容易檢視 (並不是一個黑盒子)！

■ 我們可以視覺化卷積神經網路學習到的**過濾器** (filter), 也可以生成類別激活**熱力圖** (heatmap)。

10

時間序列的深度學習

10-1 各種時間序列任務

時間序列 (timeseries) 是「具固定時間間隔」的資料，例如股價、城市每小時的耗電量，或一間店的每週銷售額。時間序列無所不在，無論是自然現象 (如地震活動、河流中魚種數量的演變，或某地點的天氣)，還是人類活動的模式 (如網站的造訪者數量、一個國家的 GDP，或信用卡交易金額)，都存在該類型的資料。時間序列資料跟至今遇到的資料類型不同，處理該類資料需要理解一個系統的動態 (dynamic) 運作方式：即該系統的週期性循環、它如何隨時間變化以及該系統的常規行為等。

目前為止，最常見的時間序列任務是**預測** (forecasting) 任務：即預測一個序列中接下來會出現什麼。提前幾個小時預測出用電量，你就能知道需求量；提前幾個月預測收入，你就能規劃預算；提前幾天預測天氣，你就能排定行程。預測，就是本章的重點。不過實際上，還有很多其它種類的時間序列任務：

● **分類** (Classification)：為一個時間序列指定一個或多個類別標籤。例如，有了訪客在網站上活動記錄的時間序列，我們就能分類該訪客是「機器人」還是「人類」。

● **事件偵測** (Event detection)：在連續的資料流中，識別出特定的預期事件是否發生。其中一種常見的應用稱為「熱詞偵測 (hotword detection)」，在這個應用中，模型會接收聲音流 (audio stream) 並偵測像是「Ok Google」或「Hey Alexa」這樣的語彙。

● **異常偵測** (Anomaly detection)：偵測連續資料流中發生的任何異常情形。公司網路有異常活動嗎？可能是遭到攻擊了。產線上有異常的讀數嗎？該派人員去查看了。異常偵測通常是用**非監督式學習** (unsupervised learning) 完成的，因為我們不知道何種異常情形會出現，所以無法用特定的異常樣本進行訓練。

　　處理時間序列時, 可能會需要使用到各種特定領域 (domain-specific) 的資料表示技術。例如, 你可能已經知道**傅立葉轉換** (Fourier transform)了, 它會疊加不同頻率的波來表示一系列的數值。在訓練前預先處理任何具「週期性」和「振盪」的資料 (如聲音或腦波) 時, 傅立葉轉換能發揮很大的效用。在深度學習的情境中, 傅利葉分析 (Fourier analysis, 或與其相關的梅爾頻率分析, Mel-frequency analysis) 及其他特定領域的表示法, 都能作為**特徵工程** (feature engineering) 的一種形式來使用。這是一種在訓練模型之前, 為了使模型更易於運作而使用的資料準備方式。然而, 我們不會說明這些技術, 而是會專注於建模的部分。

　　在本章, 你會學到有關**循環神經網路** (recurrent neural network, RNN) 的知識, 以及如何將其應用於時間序列預測任務。

10-2 溫度預測任務

本章的所有內容都是為了解決一個問題：在給定每小時量測值 (例如：大氣壓力和濕度等) 之時間序列下, 預測未來 24 小時的溫度。這些量測結果是由一組感測器所紀錄。稍後你就會看到, 這是一個相當具挑戰性的問題。

我們會用這個溫度預測任務, 凸顯出時間序列資料與先前看過的各種資料集在本質上的差異。你將發現, **密集連接網路** (densely connected network) 和**卷積神經網路** (convolutional network) 並不具備處理這種資料集的能力, 而另一種機器學習技術, 即循環神經網路 (RNN), 則能在這種類型的問題上發揮作用。

接下來, 我們會使用德國耶拿 (Jena) 的馬克斯‧普朗克生物地球化學研究院 (Max-Planck Institute for Biogeochemistry) 氣象站紀錄的天氣時間序列資料集 ❶。在這個資料集中, 包含了以十分鐘為區間, 14 個不同量測值 (如溫度、壓力、濕度、風向等) 數年的記錄結果。原始資料可以追溯到 2003 年, 但我們要下載的資料子集僅限於 2009 ～ 2016 年。

讓我們開始下載並解壓縮資料：

```
!wget https://s3.amazonaws.com/keras-datasets/jena_climate_2009_2016.csv.zip
!unzip jena_climate_2009_2016.csv.zip
```

現在, 來檢視一下資料。

程式 10.1 檢視耶拿天氣資料集中的資料

```
>>> import os
>>> fname = os.path.join("jena_climate_2009_2016.csv")

>>> with open(fname) as f:
>>>     data = f.read()

>>> lines = data.split("\n")
>>> header = lines[0].split(",")   ◀── 取得標頭
```
▶接下頁

---

❶ Adam Erickson 及 Olaf Kolle, www.bgc-jena.mpg.de/wetter。

```
>>> lines = lines[1:]    ◀── 取得記錄內容
>>> print(header)        ◀── 列印出標頭內容
["Date Time", "p (mbar)", "T (degC)", "Tpot (K)", "Tdew (degC)", "rh
(%)", "VPmax (mbar)", "VPact (mbar)", "VPdef (mbar)", "sh (g/kg)",
"H2OC (mmol/mol)", "rho (g/m**3)", "wv (m/s)", "max. wv (m/s)", "wd
(deg)"]
>>> print(len(lines))    ◀── 列印出資料筆數
420451
```

以上程式會輸出資料集的標頭 (header) 內容：內含日期 (Date Time) 和 14 種不同的量測值。此外, 資料集中共有 420,451 筆資料, 其中每筆都是一個時步 (timestep)：記錄了該時間點的日期和 14 個與天氣有關的量測值。

現在, 將所有資料轉換成兩個 NumPy 陣列：其中一個陣列只儲存了溫度資料 (以 ℃ 為單位), 另一個陣列則儲存了所有資料 (編註：也包含了溫度資料, 因為過去的溫度也是預測未來溫度的一個重要特徵), 但會捨棄「Date Time」欄位的資料。程式如下：

程式 10.2   轉換原始資料集

```
import numpy as np
temperature = np.zeros((len(lines),))                      ⎫ 先創建兩個空的
raw_data = np.zeros((len(lines), len(header) - 1))         ⎭ NumPy 陣列
for i, line in enumerate(lines):    ◀── 走訪不同筆資料
    values = [float(x) for x in line.split(",")[1:]]  ◀─┐
                        取出首個欄位 (Date Time 欄位) 以外的資料, 並存成 values 陣列
    temperature[i] = values[1]    ◀── 取出溫度欄位的資料, 並
                                      存進 temperature 陣列中
    raw_data[i, :] = values[:]    ◀── 把 values 中的所有資料 (包含溫度)
                                      存進 raw_data 陣列中
```

圖 10.1 呈現的是溫度隨時間變化的曲線。從圖中可見, 溫度的變化是以年為循環週期 (資料集包含了連續 8 年的記錄, 編註：圖中的 x 軸是以十分鐘為單位)。

程式 10.3   繪製時間序列中的溫度變化

```
from matplotlib import pyplot as plt
plt.plot(range(len(temperature)), temperature)
```

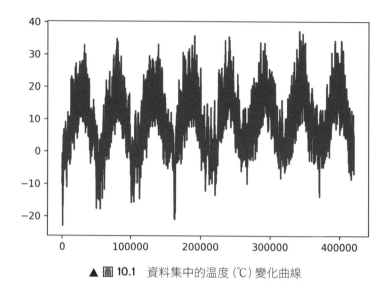

▲ 圖 10.1　資料集中的溫度 (℃) 變化曲線

　　圖 10.2 呈現的則是前面 10 天的溫度變化曲線。由於資料是每 10 分鐘紀錄一次，所以每天都有 24×6 = 144 個資料點。

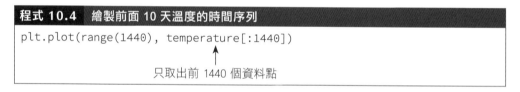

程式 10.4　繪製前面 10 天溫度的時間序列

```
plt.plot(range(1440), temperature[:1440])
```

只取出前 1440 個資料點

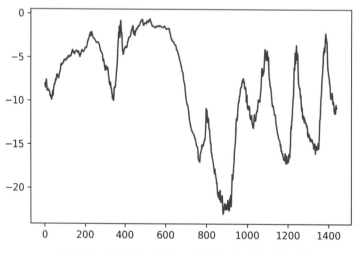

▲ 圖 10.2　資料集中前面 10 天的溫度 (℃) 變化曲線

從圖 10.2 可以看到, 前面 10 天的溫度變化大致是以天為循環週期 (編註：早晚溫度較低, 中午較高), 以最後面四天尤為明顯。另外, 也可注意到這 10 天一定是落在寒冷的冬季月份 (編註：溫度都落在 0℃ 以下)。

記得在資料中尋找週期性

跨越多個時間單位的週期性 (periodicity), 是時間序列資料非常普遍且重要的特性。無論是天氣、商場停車位佔用率、網站造訪量、雜貨店銷售額, 還是智能健身裝置紀錄的步數, 都可以看到週期性。當你探索資料時, 一定要記得去尋找這些規律。

由於該資料集具有可靠的、以年為單位的週期性, 因此若你想根據過去幾個月的資料, 預測下個月的平均溫度, 應該不會太難。但是若以天為單位來看這些資料, 溫度變化看起來就會混亂許多。那麼, 這個時間序列能夠以天為單位來進行預測嗎?我們來試試看。

在本章的範例中, 我們都會用前 50% 的資料進行訓練, 接下來的 25% 用於驗證, 最後的 25% 則拿來測試。請注意!在處理時間序列時, 驗證資料和測試資料發生的時間點應該比訓練資料晚, 因為我們是在嘗試根據過去預測未來。不過也有少數例外, 因為對某些問題來說, 有時把時間軸倒過來反而會簡單很多。

程式 10.5   計算每個資料子集的樣本數

```
>>> num_train_samples = int(0.5 * len(raw_data))
>>> num_val_samples = int(0.25 * len(raw_data))
>>> num_test_samples = len(raw_data) - num_train_samples - num_val_samples
>>> print("num_train_samples:", num_train_samples)
>>> print("num_val_samples:", num_val_samples)
>>> print("num_test_samples:", num_test_samples)
num_train_samples: 210225
num_val_samples: 105112
num_test_samples: 105114
```

10-2-1　準備資料

問題的確切描述是這樣的：若給定前 5 天的資料 (每小時採樣一次), 我們能否預測 24 小時後的溫度？

首先, 我們要把資料預先處理成神經網路能接受的格式。由於資料集中儲存的是數值資料, 所以不用再做任何的向量化 (例如：one-hot 編碼)。不過, 由於各項特徵資料具有不同的尺度 (例如, 大氣壓力以 mbar 為單位, 數值落在 1,000 附近；而 H2OC 則以 mmol/mol 為單位, 數值落在 3 附近), 因此還要進行正規化, 讓它們都落在相似尺度的小數值上。我們只使用前 210,225 個時步作為訓練資料, 所以接下來也只需計算這部分資料的平均值和標準差來進行正規化。

程式 10.6　將資料正規化

```
mean = raw_data[:num_train_samples].mean(axis=0)
raw_data -= mean
std = raw_data[:num_train_samples].std(axis=0)
raw_data /= std
```

接著, 我們來創建一個 Dataset 物件, 它每次可生成一批次的資料, 其中包含多筆的「連續 5 天的樣本資料, 以及其 24 小時後的目標溫度」。由於批次內各筆資料間有較多重複內容 (例如第 N 筆中及第 N+1 筆中的大部分樣本都相同), 為所有的批次資料都分配記憶體會很浪費。因此, 我們會即時生成批次資料, 並只將原始的 raw_data 陣列和 temperature 陣列保留在記憶體中。

雖然可以直接寫一個 Python 生成器來做這件事, 但 Keras 內建的 timeseries_dataset_from_array() 就可以辦到了。一般來說, 你可以把它用在任何種類的時間序列預測任務上, 以省去額外撰寫生成器的麻煩。

---

timeseries_dataset_from_array() 的介紹

為了理解 timeseries_dataset_from_array() 的功用, 讓我們來看一個簡單的例子。基本上, 我們只要提供一個時間序列資料的陣列 (透過傳遞 data 參數), timeseries_dataset_from_array() 就能傳回從該時間序列中, 不同位置所萃取出的窗格 (window, 我們會稱它為「序列, sequence」), 序列的長度由 sequence_length 參數所決定, 請見以下例子)。

 ▶接下頁

例如, 使用 data = [0 1 2 3 4 5 6] 和 sequence_length = 3, 那麼 timeseries_dataset_from_array() 生成的樣本就會是: [0 1 2]、[1 2 3]、[2 3 4]、[3 4 5]、[4 5 6]。

你也可以傳遞 targets 參數 (一個儲存著目標值的陣列) 給 timeseries_dataset_from_array(), 以指定在生成包含多個樣本 (序列, sequence) 的批次時, 也要同時生成每個樣本所對應的目標值。在進行時間序列預測時, targets 的內容通常是源自 data 陣列, 不過會與其對應的樣本有一些位移量 (例如樣本 [0 1 2] 的目標值若為 3, 則 data 應改為 [0 1 2 3 4 5] (不含 6), 而 targets 則為 [3 4 5 6])。

例如, 當 data = [0 1 2 3 4 5 6 …] 和 sequence_length = 3 時, 就可以透過傳遞 targets = [3 4 5 6…] 來創建一個資料集, 讓演算法學習如何預測接下來出現的目標值 (**編註**: 請注意! timeseries_dataset_from_array() 所傳回的 Dataset 物件, 在形式上是一個資料集, 但只有在每次跟它要資料時, 才會動態生成並傳回一批次的樣本及目標值)。我們來試試看:

```
import numpy as np
from tensorflow import keras
int_sequence = np.arange(10)    ← 生成一個從 0 到 9, 排序過的整數陣列
dummy_dataset = keras.utils.timeseries_dataset_from_array(
    data=int_sequence[:-3],      ← 生成的序列將從 [0 1 2 3 4 5 6] 採樣
    targets=int_sequence[3:],    ← data[N] 開始的序列之目標值, 會是
                                    data[N + 3], 請見以下的程式輸出
    sequence_length=3,    ← 序列的長度是 3
    batch_size=2,         ← 每次傳回包含 2 個序列的批次
)

                                        編註: 每次讀取一批次
for inputs, targets in dummy_dataset:  ← 資料, 直到全部取完
    for i in range(inputs.shape[0]):    ← 編註: 走訪目前批次
                                            中的每一筆資料
        print([int(x) for x in inputs[i]], int(targets[i]))
```

以上程式碼會列印出以下結果:

生成的序列 對應的目標值

```
[0, 1, 2] 3
[1, 2, 3] 4      編註: 預設會由前往後依序生
[2, 3, 4] 5  ─  成序列, 但也可用 shuffle=True
[3, 4, 5] 6      來打亂順序 (見稍後的範例)
[4, 5, 6] 7
```

我們將使用 timeseries_dataset_from_array() 來實例化訓練集、驗證集和測試集。其中 3 個較重要的參數值的設定如下：

- sampling_rate = 6：觀測結果將以每小時一個資料點進行採樣 (換言之，我們只會保留原始資料集中，六分之一的資料點，編註：原始資料集中的資料點是以 10 分鐘為單位進行採樣)。

- sequence_length = 120：每個序列樣本包含連續 5 天 (120 小時) 的資料。

- delay=sampling_rate*(sequence_length+24-1)：每個序列樣本的目標值，就是該序列結束後 24 小時的溫度。(編註：例如第 0 個序列樣本的內容，為原始資料的前 120 筆資料，而其目標值則為原始資料的第 120+23 (由 0 算起) 筆資料。)

製作訓練集時，我們會傳遞 start_index = 0 及 end_index = num_train_samples，這樣就只會使用前 50% 的資料。至於驗證集，我們則會傳遞 start_index = num_train_samples 和 end_index = num_train_samples + num_val_samples 來使用接下來 25% 的資料。最後，我們會傳遞 start_index = num_train_samples+num_val_samples 來使用剩下的樣本作為測試集。

程式 10.7 實例化訓練集、驗證集和測試集

```
sampling_rate = 6          ← 編註：採樣率 (每隔 6 個取一個)
sequence_length = 120      ← 編註：每序列要連續採樣 120 個
delay = sampling_rate * (sequence_length + 24 - 1)   ← 編註：目標值所在
batch_size = 256           ← 編註：每次傳回的批次量              位置的向後偏移量

train_dataset = keras.utils.timeseries_dataset_from_array(
    data=raw_data[:-delay],
    targets=temperature[delay:],
    sampling_rate=sampling_rate,
    sequence_length=sequence_length,
    shuffle=True,          ← 編註：打亂 Dataset 傳回序列的順序
    batch_size=batch_size,
    start_index=0,
    end_index=num_train_samples)

val_dataset = keras.utils.timeseries_dataset_from_array(
```

▶接下頁

```
    raw_data[:-delay],
    targets=temperature[delay:],
    sampling_rate=sampling_rate,
    sequence_length=sequence_length,
    shuffle=True,
    batch_size=batch_size,
    start_index=num_train_samples,
    end_index=num_train_samples + num_val_samples)

test_dataset = keras.utils.timeseries_dataset_from_array(
    raw_data[:-delay],
    targets=temperature[delay:],
    sampling_rate=sampling_rate,
    sequence_length=sequence_length,
    shuffle=True,
    batch_size=batch_size,
    start_index=num_train_samples + num_val_samples)
```

每個資料集在讀取時都會動態生成一個 tuple：(samples, targets)，其中 samples 是包含 256 個序列樣本的批次，而每個序列樣本中則包含連續 120 個小時的輸入資料；targets 則是內含 256 個目標溫度的陣列。注意，各資料集內的序列樣本已隨機打亂過 (由 shuffle=True 指定)，所以批次中的兩個連續序列 (例如 samples[0] 和 samples[1]) 在時間上不一定很接近。

程式 10.8　檢視訓練集的輸出情形

```
>>> for samples, targets in train_dataset:
>>>     print("samples shape:", samples.shape)
>>>     print("targets shape:", targets.shape)
>>>     break
samples shape: (256, 120, 14)  ◄── samples 中包含 256 個樣本 (序列)，
targets shape: (256,)              其中每個樣本記錄了 120 個小時的
                                   資料，而每個資料點有著 14 個量測值
```

10-2-2　一個符合常識、非機器學習的基準線 (baseline)

在開始使用深度學習模型來預測溫度之前，讓我們先來試試一個簡單、常識性的做法。這個做法可以視為一種完整性檢查 (sanity check)，並使我們具備一個**基準線** (baseline)：我們必須超越它，才能確保更進階的機器學習模型有在發

揮作用。當面臨一個新問題 (目前還沒有解決方案) 時, 這種常識性的基準線會很有用。

一個典型的例子是「不平衡 (unbalanced)」的分類任務, 也就是有一些類別的樣本比其他類別普遍很多。如果你的資料集中有 90% 是類別 A 的樣本, 而類別 B 的樣本只佔了 10%, 那麼常識性的預測做法就是在遇到新樣本時, 永遠都預測為類別「A」。這樣一來, 分類準確度就可以達到 90%, 而任何更好的方法都應該超越 90% 這個分數, 以證明它有用。有時候, 這種很基本的基準線會出乎意料地難以超越。

在這個案例中, 可以安心假設每天在同一時間點的溫度是連續且緩慢變化的 (即明天中午 12 點的溫度基本上跟今天中午 12 點的會很接近)。因此, 一個符合常識的做法就是：預測「24 小時後的溫度將等於現在的溫度」。讓我們用**平均絕對誤差** (MAE) 來評估這種做法, 其算法如下：

```
np.mean(np.abs(preds - targets))
```

程式 10.9 為評估迴圈：

程式 10.9　計算基準線的 MAE

```
>>> def evaluate_naive_method(dataset):
>>>     total_abs_err = 0.
>>>     samples_seen = 0
>>>     for samples, targets in dataset:
```

批次中所有的串列　　串列中最後一小時的天氣資料　　天氣資料中的第 1 個元素(溫度)

```
>>>         preds = samples[:, -1, 1] * std[1] + mean[1]  ←
```
溫度特徵位於第 1 欄, 所以 samples[:, -1, 1] 是批次中每個序列最後一小時的溫度。回顧一下, 我們對特徵進行了正規化, 所以若要取回以攝氏為單位的溫度, 要先把它乘以標準差, 再加回平均值

```
>>>         total_abs_err += np.sum(np.abs(preds - targets))  ←
```
加總各預測值與目標值的絕對誤差

```
>>>         samples_seen += samples.shape[0]  ←  加總已處理序列樣本的數量
>>>     return total_abs_err / samples_seen  ←  除以總樣本數 (samples_seen),
```
計算平均絕對誤差

```
>>> print(f"Validation MAE: {evaluate_naive_method(val_dataset):.2f}")
>>> print(f"Test MAE: {evaluate_naive_method(test_dataset):.2f}")
Validation MAE: 2.44
Test MAE: 2.62
```

該基準線的驗證 MAE 達到 2.44℃, 測試 MAE 則是 2.62℃。因此, 若永遠假設未來 24 小時的溫度跟現在相同, 平均來說會與實際溫度相差 2.5℃。雖然這個結果不算太糟, 但你應該不會想根據這種假設式的方法, 推出一項天氣預測服務。現在, 嘗試運用深度學習知識來取得更好的結果。

10-2-3 嘗試基本的機器學習模型

與使用機器學習方法之前先建立基準線一樣, 探究複雜、運算量高的模型 (如:RNN) 之前, 先試試簡單、運算量低的模型 (如:小型的密集連接神經網路) 也是很有用的做法。該做法能用來確保在模型上繼續添加的任何複雜性, 都是適當、且真的有助益的。

程式 10.10 顯示了一個全連接模型, 它會先扁平化資料, 接著讓資料通過兩個 Dense 層。注意!最後一個 Dense 層沒有激活函數, 這在**迴歸問題** (regression problem) 中是很典型的做法 (編註:因為我們希望模型可輸出任意值, 而不受激活函數的限制)。我們使用**均方誤差** (MSE) 作為損失, 而不是用 MAE。因為 MSE 跟 MAE 不同, 它在零的附近會是平滑的, 這對梯度下降法而言是一個很有用的特性。不過, 我們會把 MAE 作為評量標準 (metric) 以監看它。

程式 10.10 訓練並評估一個密集連接模型

```
>>> from tensorflow import keras
>>> from tensorflow.keras import layers

>>> inputs = keras.Input(shape=(sequence_length, raw_data.shape[-1]))
>>> x = layers.Flatten()(inputs)
>>> x = layers.Dense(16, activation="relu")(x)
>>> outputs = layers.Dense(1)(x)
>>> model = keras.Model(inputs, outputs)
                                              用回呼 (callback) 物件
                                              來保存表現最好的模型
>>> callbacks = [
>>>     keras.callbacks.ModelCheckpoint("jena_dense.keras",
>>>                                 save_best_only=True)]
>>> model.compile(optimizer="rmsprop", loss="mse", metrics=["mae"])
>>> history = model.fit(train_dataset,
>>>                     epochs=10,
```
▶接下頁

```
>>>                     validation_data=val_dataset,
>>>                     callbacks=callbacks)

>>> model = keras.models.load_model("jena_dense.keras")
>>> print(f"Test MAE: {model.evaluate(test_dataset)[1]:.2f}")
Test MAE: 2.66
```
　　　　　　　　　　　　　　　　重新載入最佳模型, 並用測試資料來評估

　　讓我們來展示訓練和驗證 MAE 曲線 (見圖 10.3)。

程式 10.11　繪製結果

```
import matplotlib.pyplot as plt
loss = history.history["mae"]
val_loss = history.history["val_mae"]
epochs = range(1, len(loss) + 1)
plt.figure()
plt.plot(epochs, loss, "bo", label="Training MAE")
plt.plot(epochs, val_loss, "b", label="Validation MAE")
plt.title("Training and validation MAE")
plt.legend()
plt.show()
```

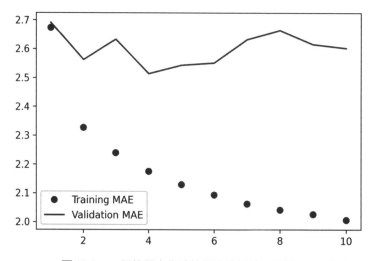

▲ 圖 10.3　一個簡單密集連接網路的訓練及驗證 MAE 曲線

　　從圖 10.3 可見, 簡單密集連接網路的驗證 MAE 與先前基準線的 (2.44) 很接近, 甚至還更高一些。事實證明, 要超越該基準線是不容易的。這也代表我們一般的常識與認知中, 還包含了許多機器學習模型不易學到的高價值資訊。

　　你可能會問, 如果存在一個簡單、表現良好的模型 (基準線), 能讓我們直接從資料一路通往目標, 為什麼在訓練模型時卻無法發現它, 並以此為基礎進行改善呢?這是因為你所搜尋的模型空間 (也就是**假設空間**, hypothesis space), 是所有可能的雙層網路 (配置由你定義) 空間。而符合基準線或更好的模型, 可能只是這個空間內, 數百萬種模型的其中一個。想找到它, 就像是在大海撈針。因此, 就算你的假設空間中確實存在好的模型, 也不代表就能透過梯度下降法找到它。

　　這就是機器學習普遍存在的一個明顯限制:除非演算法是透過**全面搜尋法**來尋找特定的優良模型, 否則它有時甚至無法找到一個簡單問題的解決方案。這就是為什麼「好的特徵工程」和「模型架構的先驗知識」這麼重要:你必須精準地告訴模型, 它應該尋找的是什麼。

10-2-4　嘗試使用 1D 卷積模型

　　談到使用正確的架構先驗知識, 既然我們的輸入序列以天為週期, 或許卷積模型就能發揮作用 (編註:卷積模型適合用來找出資料中的 pattern)。**時間卷積網路** (temporal convnet) 可以橫跨不同天重複使用相同表示法, 就像**空間卷積網路** (spatial convnet) 能在影像的不同位置使用相同表示法一樣。

　　我們先前已說明過 Conv2D 層和 SeparableConv2D 層, 它們會透過在 2D 網格上滑動的小窗格來檢視輸入。事實上, 也有 1D 甚至 3D 版本的卷積層:Conv1D、SeparableConv1D 及 Conv3D [2]。Conv1D 層靠的是在輸入序列上滑動的 1D 窗格, 而 Conv3D 靠的是在輸入立體資料上滑動的 3D 窗格。

　　因此, 你可以用跟 2D 卷積非常相似的方式, 建構出 1D 卷積神經網路。它們十分適用於任何具**平移不變性** (translation invariance) 的序列資料 (這表示若在序列上滑動窗格, 窗格的內容應遵循一樣的特性, 與窗格位置無關)。

---

[2] 請注意, SeparableConv3D 層並不存在, 不是因為理論上的因素, 而只是因為我還沒實作出它。

我們來嘗試將 Conv1D 層應用在溫度預測問題上。先把初始窗格長度設為 24，這樣我們就能每次檢視 24 小時的資料 (以 24 小時為一個循環)。當我們對序列資料進行降採樣 (使用 MaxPooling1D 層) 後，也必須相應地縮減窗格的長度：

```
>>> inputs = keras.Input(shape=(sequence_length, raw_data.shape[-1]))
                         過濾器數量
                            ↓
>>> x = layers.Conv1D(8, 24, activation="relu")(inputs)
                         ↑
                   過濾器的窗格長度
>>> x = layers.MaxPooling1D(2)(x)
>>> x = layers.Conv1D(8, 12, activation="relu")(x)   ←─ 經過降採樣後,
>>> x = layers.MaxPooling1D(2)(x)                        窗格長度變成 12
>>> x = layers.Conv1D(8, 6, activation="relu")(x)    ←─ 經過降採樣後,
>>> x = layers.GlobalAveragePooling1D()(x)               窗格長度變成 6
>>> outputs = layers.Dense(1)(x)
>>> model = keras.Model(inputs, outputs)

>>> callbacks = [
>>>     keras.callbacks.ModelCheckpoint("jena_conv.keras",
>>>                                     save_best_only=True)
>>>               ]
>>> model.compile(optimizer="rmsprop", loss="mse", metrics=["mae"])
>>> history = model.fit(train_dataset,
>>>                     epochs=10,
>>>                     validation_data=val_dataset,
>>>                     callbacks=callbacks)

>>> model = keras.models.load_model("jena_conv.keras")
>>> print(f"Test MAE: {model.evaluate(test_dataset)[1]:.2f}")
Test MAE: 3.18
```

我們可利用 history 繪製出圖 10.4 的訓練和驗證 MAE 曲線。如圖所示，該模型的驗證 MAE 高達約 2.9℃：與基準線相差甚遠，甚至比密集連接模型表現得還差。是哪裡出錯了？請見以下兩點說明：

● 首先，在天氣資料中僅有某些特性具備平移不變性。雖然資料確實有以一天為一個循環的特點，但是，早上資料跟晚上或半夜資料的特性卻不同。天氣資料只在某些特定的時間尺度上具有平移不變性。

● 再來, 對我們的資料而言, 順序非常重要。若要預測明天的溫度, 今天的溫度資料會比 5 天前的資料更具參考價值, 而 1D 卷積神經網路卻沒辦法利用這項事實。尤其是, 我們的最大池化及全局平均池化層在很大程度上破壞了順序資訊。

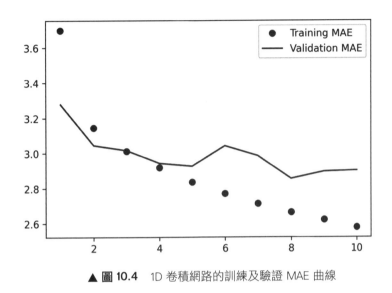

▲ 圖 10.4　1D 卷積網路的訓練及驗證 MAE 曲線

10-2-5　循環神經網路的基準線

雖然密集連接網路和卷積網路都沒辦法做得很好, 但這並不意味著機器學習不適用於這個問題。在密集連接網路的做法中, 第一步就已經將時間序列扁平化了, 這樣會喪失輸入資料中的時間順序資訊。卷積神經網路也使用同樣的方式處理每段資料, 甚至還用了池化層, 這也破壞了時間順序資訊。在本案例中, 資料的本質是一個序列, 其內各筆資料的前後因果關係和順序都很重要。

有一系列專門為此設計的神經網路架構, 也就是**循環神經網路** (recurrent neural network, RNN)。其中, **長短期記憶** (Long Short Term Memory, LSTM) 層是長久以來都非常受歡迎的 RNN 神經層。我們馬上就會介紹這些模型的運作方式, 現在先看看「包含單一 LSTM 層的模型」在本章任務中的表現。

程式 10.12	使用 LSTM 層的簡單模型

```
>>> inputs = keras.Input(shape=(sequence_length, raw_data.shape[-1]))
>>> x = layers.LSTM(16)(inputs)  ◀── 創建有著 16 個神經單元的 LSTM 層
```

▶接下頁

```
>>> outputs = layers.Dense(1)(x)
>>> model = keras.Model(inputs, outputs)

>>> callbacks = [
>>>     keras.callbacks.ModelCheckpoint("jena_lstm.keras",
>>>                                     save_best_only=True)
>>>     ]
>>> model.compile(optimizer="rmsprop", loss="mse", metrics=["mae"])
>>> history = model.fit(train_dataset,
>>>                     epochs=10,
>>>                     validation_data=val_dataset,
>>>                     callbacks=callbacks)

>>> model = keras.models.load_model("jena_lstm.keras")
>>> print(f"Test MAE: {model.evaluate(test_dataset)[1]:.2f}")
Test MAE: 2.57
```

從圖 10.5 中的結果可見, 模型的表現好多了！我們的驗證 MAE 低至 2.35℃ 左右：使用 LSTM 層的模型終於打敗了基準線 (儘管目前只贏了一點點), 這證明了機器學習在這項任務上的價值。

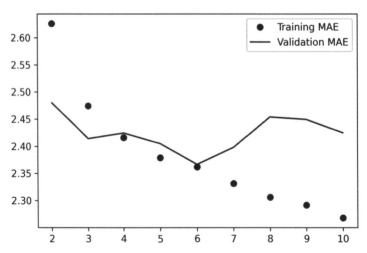

▲ 圖 10.5　簡單 LSTM 模型之訓練 MAE 及驗證 MAE 曲線 (注意！我們在圖中省略了 epoch 1 的資料點, 因為它的訓練 MAE 過高, 會扭曲整張圖的比例)

但是, 為何 LSTM 模型的表現會比密集連接網路或卷積模型好那麼多？我們又能如何進一步改善這個模型？為了回答這個問題, 讓我們來繼續探索循環神經網路。

10-3 認識循環神經網路 (recurrent neural networks)

目前為止, 你看到的所有神經網路 (例如密集連接網路和卷積網路) 都有一個主要的特徵, 就是它們都沒有記憶 (編註: 不會記住之前輸入資料的任何訊息)。它們會獨立處理每一筆輸入, 而沒有保留不同輸入之間的任何關聯狀態。對這樣的網路來說, 為了能處理資料點間的時序關係, 必須一次性向網路展示整個序列, 也就是把它變成單一資料點。例如, 在 10-2-3 節的密集連接網路中, 我們就是把 5 天的資料扁平化成一個大向量, 並一次性進行處理。這樣的網路被稱為**前饋式神經網路** (feedforward network)。

然而, 當我們在讀一個句子時, 通常會逐字處理, 並同時保留對前面內容的記憶。這樣的做法, 使我們可流暢地理解句子的意義。生物智能在處理資訊時是漸進的, 並且會保留一個「記憶處理內容」的內部模型。該模型是根據過去的資訊而建立, 並且會隨著所接收的新資訊而不斷更新。

循環神經網路 (recurrent neural network, RNN) 採用的就是這種原理 (雖然是極簡化的版本): 透過對序列元素進行迭代來處理序列, 並保留迄今所見相關資訊的**狀態** (state)。實際上, RNN 是一種具有**內部迴路** (internal loop) 的神經網路 (見圖 10.6)。

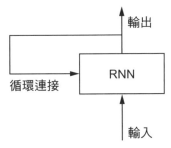

▲ 圖 10.6　循環神經網路:
一個具有迴路的網路

在處理兩個不同且獨立的序列 (如一個批次中的兩個樣本) 時, RNN 的狀態會重置, 所以我們仍把一個序列看成單一個資料點, 也就是網路的單一輸入。不同的是, 這個資料點不再用單一步驟一次性處理; 相反地, RNN 會對序列的內部元素進行迭代。

為了讓迴路跟狀態的概念更清晰, 讓我們來實作一個小型 RNN 的正向傳播 (forward pass)。RNN 以一個向量序列作為輸入, 我們會把它編碼成大小

為 (timesteps, input_features) 的 2 軸張量。RNN 會在時步 (timesteps)上迭代, 在每一個時步上, 它都會考慮其在該時間點的狀態和輸入 (shape 為 (input_features,)), 並將它們結合以獲得輸出。接著, 我們會將該輸出設為下一步的狀態。對第一個時步來說, 由於沒有「之前的輸出」, 也就不會有當前狀態。因此, 我們把狀態初始化成一個全零向量, 並稱之為網路的**初始狀態** (initial state)。

以下是 RNN 的虛擬碼。

程式 10.13 RNN 的虛擬碼
```
state_t = 0 ◀—— 在 t 時的狀態
for input_t in input_sequence: ◀—— 對序列中的元素進行迭代
    output_t = f(input_t, state_t)
    state_t = output_t ◀—— 將輸出值設為下一個迭代的狀態
```

我們可以用兩個權重矩陣 (W 和 U) 及一個偏值向量 (b), 來將輸入和狀態轉換成輸出。此參數化的轉換過程類似於前饋式網路中, 密集連接層所執行的轉換。

程式 10.14 更詳細的 RNN 虛擬碼
```
state_t = 0
for input_t in input_sequence:
    output_t = activation(dot(W, input_t) + dot(U, state_t) + b)
    state_t = output_t
```

為了更具體地理解這些概念, 讓我們用 NumPy 來實作一個簡易 RNN 的正向傳播。

程式 10.15 簡易 RNN 的 NumPy 程式碼
```
import numpy as np
timesteps = 100          ◀—— 輸入序列中的時步數
input_features = 32      ◀—— 輸入特徵空間的維度
output_features = 64     ◀—— 輸出特徵空間的維度          輸入資料：隨機數值
inputs = np.random.random((timesteps, input_features)) ◀—┘
state_t = np.zeros((output_features,))    ◀—— 初始狀態：一個全零向量
W = np.random.random((output_features, input_features))  ┐ 創建隨機
U = np.random.random((output_features, output_features)) ┘ 權重矩陣
b = np.random.random((output_features,))  ◀—— 創建隨機偏值向量   ▶接下頁
```

```
successive_outputs = []
for input_t in inputs: ◀── input_t 是一個 shape 為 (input_features,) 的向量
    output_t = np.tanh(np.dot(W, input_t) + np.dot(U, state_t) + b) ◀┐
                               合併輸入跟當前狀態 (也就是之前的輸出),
                               獲取當前的輸出 (我們使用 tanh 來增加非
                               線性特性, 當然也可以使用其它的激活函數)
    successive_outputs.append(output_t) ◀── 將輸出存進一個串列
    state_t = output_t ◀── 更新下一個時步的狀態
final_output_sequence = np.stack(successive_outputs, axis=0) ◀─
                    最後的輸出是一個 2 軸張量, shape 為 (timesteps, output_features)
```

很簡單吧！總的來說, RNN 就是「會重複使用前一次迭代的輸出值」的 for 迴圈。根據該定義, 我們可以建構出不同類型的 RNN, 程式 10.15 展示了其中最簡單的一種。RNN 的特點在於它的步驟函數 (step function), 例如本例中的函數 (見圖 10.7)：

output_t = np.tanh(np.dot(W, input_t) + np.dot(U, state_t) + b)

> **小編補充**：請注意！下圖中的 3 個方框 (RNN 層) 並非同時運作, 而是同一個方框在不同時間點 (時步 t-1、t、t+1) 的運作狀態。例如某序列資料中, 只有連續 3 天的氣象資料：A、B、C, 那麼會先將 A 送入方框 (t=0), 然後再將 B 送入方框 (t=1), 最後將 C 送入方框 (t=2)。

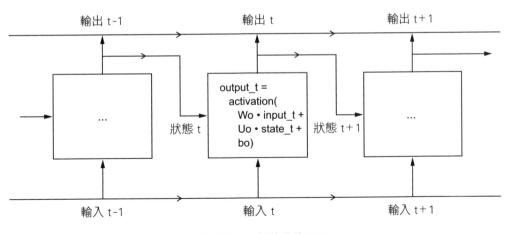

▲ **圖 10.7** 一個簡易的 RNN

重要事項

在這個案例中, 最終的輸出是 shape 為 (timesteps, output_features) 的 2 軸張量, 其中每個時步是迴圈在時間點 t 時的輸出。輸出張量中的每個時步 t, 都包含輸入序列中時步 0 到 t 的資訊, 也就是包含了完整的歷史資訊。因此, 在很多情況下, 我們不需要輸出的完整序列, 只要有最終的輸出 (迴圈的最後一輪所產生的 output_t) 即可, 因為它已經包含了整個輸入序列的資訊。

10-3-1 Keras 中的循環層

剛才使用 NumPy 所實作出的運算過程, 會對應到 Keras 中的一種神經層: SimpleRNN 層。這兩者有細微的不同之處:與其它 Keras 層一樣, SimpleRNN 處理的是批次的序列, 而非如 NumPy 實作中的單一序列。這代表它接收的是 shape 為 (batch_size, timesteps, input_features) 的輸入, 而非 (timesteps, input_features)。請注意!在指定初始 Input() 的 shape 參數時, 可以把 timesteps 設置為 None, 這樣網路就可以處理任意長度的序列。

程式 10.16 一個能處理任意長度序列的 RNN 層

```
num_features = 14
inputs = keras.Input(shape=(None, num_features))
outputs = layers.SimpleRNN(16)(inputs)
```

當模型要處理長度不一的序列時, 以上做法特別有用。然而, 若所有序列的長度都相等, 還是建議指定一個完整的輸入 shape, 這樣 model.summary() 便能顯示輸出的長度資訊, 而且還可解鎖一些效能優化的功能 (請見 10-4-1 節的說明)。

Keras 中的所有循環層 (SimpleRNN、LSTM 及 GRU) 都能在兩種不同的模式下運行:它們可以傳回每個時步中, 連續輸出的完整序列 (shape 為 (batch_size, timesteps, output_features) 的 3 軸張量);或只傳回每個輸入序列的最終輸出 (shape 為 (batch_size, output_features) 的 2 軸張量)。這兩種模式是由 **return_sequences 參數**所控制。讓我們來看看一個使用 SimpleRNN 層, 並只傳回最後一個時步輸出的例子。

程式 10.17　只傳回最終輸出的 RNN 層

```
>>> num_features = 14
>>> steps = 120
>>> inputs = keras.Input(shape=(steps, num_features))
>>> outputs = layers.SimpleRNN(16, return_sequences=False)(inputs)
                                               ↑
                        注意, return_sequences 的預設值即為 False
>>>print(outputs.shape)
(None, 16)
```

程式 10.18 則展示如何傳回完整的狀態序列。

程式 10.18　會傳回完整輸出序列的 RNN 層

```
>>> num_features = 14
>>> steps = 120
>>> inputs = keras.Input(shape=(steps, num_features))
>>> outputs = layers.SimpleRNN(16, return_sequences=True)(inputs)
>>> print(outputs.shape)
(None, 120, 16)
```

　　有時候, 把多個循環層**堆疊** (stack)起來, 能夠有效提升網路的表徵能力 (representational power)。在這樣的設置中, 你必須讓所有中間層都傳回完整的輸出序列。

程式 10.19　堆疊 RNN 層

```
inputs = keras.Input(shape=(steps, num_features))
x = layers.SimpleRNN(16, return_sequences=True)(inputs) ⎤
x = layers.SimpleRNN(16, return_sequences=True)(x)      ⎦
outputs = layers.SimpleRNN(16)(x)
                                        所有中間層的 return_sequences 參數都
                                        要設為True, 以傳回完整的輸出序列
```

10-3-2　Keras 中的 LSTM 及 GRU 循環層

　　在實際案例中, 我們很少會用到 SimpleRNN 層, 因為它太過簡化了, 所以很難有實際用途。特別是, SimpleRNN 有一個大問題：理論上, 它應該要能保留許多時步之前看過的輸入資訊, 但在實際案例中, 序列中的「長期依存性」(long-term dependencies, 編註：也就是較長的 pattern) 被證明是無法學習到的。這是由**梯度消失問題** (vanishing gradient problem) 所導致的，它跟非循環網路 (前饋式網路) 中觀察到的深層情況相似：當你不斷添加層數，網路最終會變得無法訓練。這個推論是源自於 1990 年代初期，Hochreiter、Schmidhuber 及 Bengio 針對這種現象的成因所進行的研究 [3]。

幸好，SimpleRNN 並不是 Keras 中唯一可用的循環層。我們還有另外兩個選擇：**LSTM 層**和 **GRU 層**，它們都是為了解決這些問題而設計的。

先來看看 LSTM 層。LSTM (Long Short-Term Memory, **長短期記憶**) 層背後的演算法是由 Hochreiter 和 Schmidhuber 在 1997 年所發明 [4]，這是他們研究梯度消失問題的最終成果。

LSTM 層是 SimpleRNN 層的一種變形，它加入了新方法來承載橫跨許多時步的資訊。想像一下，現在有一條與正在處理的序列平行的傳送帶，序列中的資訊可以在任何時候放到傳送帶上向後傳送，並在需要時完整地取出來使用。這就是 LSTM 在做的事：儲存資訊以供稍後使用，避免先前的信號在處理過程中逐漸消失。它與第 9 章中學到的**殘差連接** (residual connection) 幾乎是相同的概念。

為了詳細了解這個過程，讓我們先從 SimpleRNN 開始講起 (見圖 10.8)。由於 LSTM 會額外用到 3 組權重 (含偏值)，所以底下會將原來的權重 W、U、和 b 加上 o 標示，即 Wo、Uo、和 bo，以表明它們是計算輸出時所使用的權重 (另外 3 組則會以 i、f、k 標示，稍後再說明)。

[3] Yoshua Bengio, Patrice Simard, and Paolo Frasconi, "Learning Long-Term Dependencies with Gradient Descent Is Difficult," IEEE Transactions on Neural Networks 5, no. 2 (1994).

[4] Sepp Hochreiter and Jrgen Schmidhuber, "Long Short-Term Memory," Neural Computation 9, no. 8 (1997).

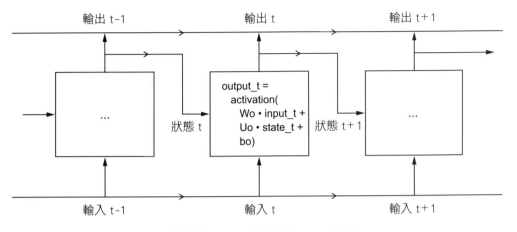

▲ 圖 10.8　LSTM 層的起點：SimpleRNN

　　讓我們在圖中添加一個額外的資料流 (傳送帶)，藉此在多個時步之間傳送資訊。我們把其在 t 時步的值稱為 c_t，其中 c 代表 carry (承載資訊) 的意思。這些資訊對圖中單元的影響如下：它會跟 input_t 及 state_t 合併在一起計算輸出值　(透過新增的 Vo 權重做密集轉換：將 input_t、state_t、及 c_t 分別與權重 Wo、Uo 和 Vo 做點積，再加上偏值 bo 並使用激活函數，請見單元中的數學式子)，同時也會影響傳到下一個時步的狀態 (透過激活函數及乘法運算)。在概念上，添加承載資料流的目的，就是用來「調整下一個輸出和狀態」的一種方式 (見圖 10.9)。

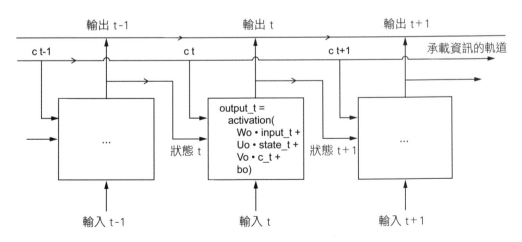

▲ 圖 10.9　從 SimpleRNN 到 LSTM：添加一個承載資訊的軌道

現在，我們要來討論承載資料流中，計算下一個承載資訊 (c_t+1) 的方式。這牽涉到 3 個獨立的轉換，而這 3 個轉換有各自的權重 (含偏值)，我們將用字母 i、f 和 k 來標示。概略的計算方式如下 (看起來可能有點隨性，但請繼續讀下去)。

程式 10.20 LSTM 架構的虛擬碼 (1/2)

```
output_t = activation(dot(state_t, Uo) + dot(input_t, Wo) + dot(c_t, Vo) + bo)
i_t = activation(dot(state_t, Ui) + dot(input_t, Wi) + bi)
f_t = activation(dot(state_t, Uf) + dot(input_t, Wf) + bf)
k_t = activation(dot(state_t, Uk) + dot(input_t, Wk) + bk)
```

我們透過結合 i_t、f_t 和 k_t，來得到 c_t+1：

程式 10.21 LSTM 架構的虛擬碼 (2/2)

```
c_t+1 = i_t * k_t + c_t * f_t
```

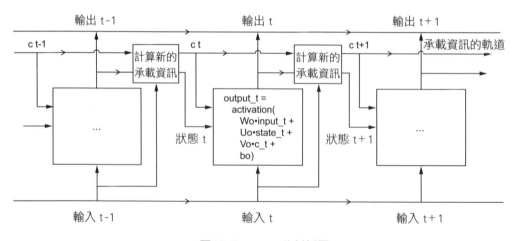

▲ 圖 10.10 LSTM 的剖析圖

我們可用白話一點的方式來解讀以上操作。例如，我們可將程式 10.21 的 c_t *f_t 看作「故意忘記資料流中不相干資訊」的一種方式。另外，i_t 和 k_t 則能提供當前的資訊，並使用新資訊來更新承載資訊。不過，上述解釋其實並沒有太大的意義，因為這些操作的結果是由其相關的權重所決定，而那些權重則會以端到端的方式，在每一輪訓練中重新學習，因此我們不可能為某個操作賦予特定的意義。一個 RNN 單元的規格決定了你的假設空間 (hypothesis space, 在訓練階段, 要在該空間中搜尋一個好的模型組態), 但它並不能決定單元的作用, 因為這取決於單元的權重。有著不同權重的相同單元, 所做的事可能有極大差異。因此, 我們最好將構成 RNN 單元的操作組合, 看作是搜索模型組態時所加上的一**組限制** (constraint), 而非工程意義上的**某項功能設計**。

　　一般來說, 這些限制條件的選擇 (也就是「如何實作 RNN 單元」這個問題), 最好交給優化演算法 (如基因演算法或強化式學習) 來完成, 而非交由人類工程師來進行。在可見的未來, 這也將是我們建構模型的方式。總結來說, 你不需要了解任何關於 LSTM 單元的具體架構, 身為人類, 理解它不是你的工作。你要做的, 就只有記住 LSTM 單元的功能：允許在未來重新使用過去的資訊, 從而對抗梯度消失的問題。

> **小編補充**：Keras 的另一種 RNN 循環層：GRU, 它跟 LSTM 非常相似, 你可以把它視為 LSTM 架構的精簡版本, 關於它的簡介及用法請參見第 10-4-2 小節。

10-4 循環神經網路的進階運用

目前為止, 我們學到了:

● 什麼是 RNN, 以及它們如何運作

● 什麼是 LSTM, 以及為何它們在長序列上的表現, 會比 SimpleRNN 好很多

● 如何使用 Keras 的 RNN 層來處理序列資料

接下來, 我們將探討一些 RNN 的進階功能, 幫助你充分發揮深度學習序列模型的功效。結束本節後, 你就會學到使用 Keras 來建構 RNN 的大部分知識了。我們會涵蓋以下內容:

● **循環丟棄法 (recurrent dropout)**：這是丟棄法 (dropout) 的一種變形, 用來對抗循環層中的過度配適。

● **堆疊多個循環層**：此方法能增加模型的表徵能力 (代價是更高的運算量)。

● **雙向循環層 (bidirectional recurrent layer)**：將序列內資料分別以正向及反向的順序, 來訓練 2 個結構相同的 RNN 層, 然後再將二者學到的成果合併, 以提高準確度並減輕記憶喪失的問題。

我們會用這些技術來改善先前的溫度預測 RNN。

10-4-1 使用循環丟棄法來對抗過度配適

讓我們回到 10-2-5 節使用的 LSTM 模型, 這是我們第一個打敗基準線的模型。在檢視訓練和驗證曲線 (見圖 10.5) 時可以發現, 儘管單元數很少, 但模型很快就出現了過度配適的情形：訓練和驗證 MAE 在幾個週期後就出現很大的分歧。我們已經知道對抗這種情形的經典技術, 即**丟棄法**。它會隨機把神經層的部分輸入單元變成零, 以破壞訓練資料間的偶然關聯性。但是, 要在循環網路中正確使用丟棄法並沒有那麼簡單。

　　學者們早就知道, 在循環層之前使用丟棄法, 不但無助於常規化, 反而會阻礙學習。2016 年, Yarin Gal 在他有關貝氏深度學習 (Bayesian deep learning) 的博士論文中 ❺ 確立了在循環網路中使用丟棄法的正確方式：在每個時步上, 都應該採用相同的丟棄遮罩 (dropout mask, 也就是相同的丟棄單元模式), 而非在不同時步上使用隨機變換的丟棄遮罩。

　　更重要的是, 為了常規化 GRU 和 LSTM 等神經層的循環閘 (recurrent gate) 所學到的表示法, 應該在該層內部的循環激活結果上, 使用一個恆定 (temporally constant, 不隨時間改變) 的丟棄遮罩 (即：循環丟棄遮罩, recurrent dropout mask)。在每個時步上使用相同的丟棄遮罩, 可以讓網路正確地隨著時間來反向傳播學習誤差。相反地, 隨機 (temporally random, 會隨時間改變) 的丟棄遮罩則會擾亂這種誤差信號, 對學習過程造成不良影響。

　　Yarin Gal 使用 Keras 來進行研究, 並協助將這個機制直接建構在 Keras 循環層中。Keras 中的每種循環層都有兩個跟丟棄法相關的參數：

(1)　**dropout**：浮點數, 用來指定**輸入單元**的丟棄率

(2)　**recurrent_dropout**：浮點數, 用於指定**循環單元**的丟棄率

　　我們會在首個 LSTM 案例的 LSTM 層中加入循環丟棄法, 看看它對過度配適有何影響。有了丟棄法, 我們就可以嘗試增加網路的規模 (單元數)。因此, 我們將使用有著雙倍單元數 (32 個) 的 LSTM 層, 它應該能有更強的表徵能力 (若沒有丟棄法, 該網路馬上就會過度配適, 你可以試試看)。由於使用丟棄法的網路需更多的訓練才能完全收斂, 所以我們使用 5 倍的週期數來進行訓練。

程式 10.22　**訓練並評估使用丟棄法的常規化 LSTM**

```
inputs = keras.Input(shape=(sequence_length, raw_data.shape[-1]))
x = layers.LSTM(32, recurrent_dropout=0.25)(inputs)  ◀── 丟棄 25% 的循環單元
x = layers.Dropout(0.5)(x)  ◀── 為了將 Dense 層常規化, 我們也在 LSTM 層之後添加
outputs = layers.Dense(1)(x)     了一個 Dropout 層 (丟棄輸入 Dense 層的 50% 單元)
model = keras.Model(inputs, outputs)                            ▶接下頁
```

❺　See Yarin Gal, "Uncertainty in Deep Learning," PhD thesis (2016), http://mng.bz/WBq1.

```
callbacks = [
    keras.callbacks.ModelCheckpoint("jena_lstm_dropout.keras",
                                    save_best_only=True)
]
model.compile(optimizer="rmsprop", loss="mse", metrics=["mae"])
history = model.fit(train_dataset,
                    epochs=50,
                    validation_data=val_dataset,
                    callbacks=callbacks)
```

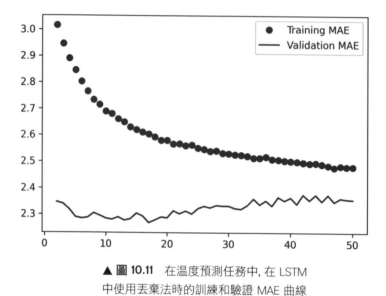

▲ 圖 **10.11**　在溫度預測任務中, 在 LSTM
中使用丟棄法時的訓練和驗證 MAE 曲線

　　從圖 10.11 中可見, 我們成功地讓模型在前 20 個週期都未發生過度配適。
此外, 驗證 MAE 達到了 2.27℃ (相較於基準線的 2.44℃, 改善了 7% 左右), 結
果還不錯！

RNN 的運行效能

一些參數很少的循環模型 (如本章中所使用的), 在多核心 CPU 上往往比在 GPU 上
運行得快很多。這是因為它們只涉及小規模的矩陣相乘, 而且因為有 for 迴圈的存
在, 乘法鏈也很難被平行處理。不過對於較大的 RNN 來說, 其運行效能將大大受益
於 GPU。

▶接下頁

當我們透過預設參數, 在 GPU 上使用 Keras 的 LSTM 層或 GRU 層時, 神經層將會使用 cuDNN 核。它是經過高度優化、由 NVIDIA 所提供的低階演算法實作 (上一章中也有提過相關內容)。同樣地, cuDNN 核也各有利弊:它們雖然速度很快, 卻缺乏彈性。如果你試圖執行任何不被 cuDNN 核支援的程式, 速度就會遽降。這或多或少會強迫你只能使用 NVIDIA 所支援的功能。例如, LSTM 和 GRU 的 cuDNN 核不支援循環丟棄法, 因此若把它添加到層中, 則會自動退回成為普通的 TensorFlow 實作, 以致運行時間比純粹的 GPU 運行多出 2~5 倍。

當無法使用 cuDNN 時, 你可嘗試展開 (unrolling) RNN 層的內部迴圈以進行加速。把一個迴圈展開, 代表移除該迴圈, 並直接將其內容內嵌 (inline) N 次。以 RNN 的 for 迴圈而言, 展開可以幫助 TensorFlow 優化其背後的運算圖 (computation graph)。不過這種做法也會大大增加 RNN 的記憶體消耗量, 因此, 它只在序列相對較小 (100 個時步左右或以下) 的情況下是可行的。請注意, 只有在模型提前知道時步數量的情況下 (也就是說, 傳遞給初始 Input() 的 shape 中不含 None), 你才能用這種方法。運作方式如下:

```
inputs = keras.Input(shape=(sequence_length, num_features))  ←┐
                                         sequence_length 不能是 None
x = layers.LSTM(32, recurrent_dropout=0.2, unroll=True)(inputs)
                                ↑
                         使用展開法 (unrolling)
```

10-4-2　堆疊循環層

現在, 我們不再受過度配適所苦, 但模型的表現似乎遇到了瓶頸。你應該考慮增加網路容量, 並提升其表徵能力了。一般而言, 增加模型容量是個好主意, 除非開始發生過度配適 (假設你已經採取基本措施來減輕過度配適, 例如丟棄法)。只要過度配適不太嚴重, 就很可能是模型的容量不足。

模型容量通常是透過增加層中的單元數, 或添加更多的層來擴增的。堆疊循環層, 是建立更強大循環神經網路的經典方法。舉例來說, Google 翻譯演算法就是由 7 個大型 LSTM 層堆疊而成的, 非常龐大。

為了在 Keras 中堆疊循環層, 所有中間層都應該傳回它們的完整輸出序列 (一個 3 軸張量), 而非只有最後時步的輸出。之前提過, 這要透過指定 return_sequences = True 來達成。

接下來, 我們要嘗試堆疊兩個使用了丟棄法的循環層。不過, 我們會使用**閘控循環單元** (Gated Recurrent Unit, GRU) 層, 而非 LSTM 層。GRU 跟 LSTM 非常相似, 你可以把它視為 LSTM 架構的精簡版本。它在 2014 年由 Cho 等人發表, 當時循環神經網路才剛開始獲得小部分研究學者的關注 ❻。

程式 10.23 訓練並評估使用了丟棄法的 GRU 堆疊模型

```
>>> inputs = keras.Input(shape=(sequence_length, raw_data.shape[-1]))
>>> x = layers.GRU(32, recurrent_dropout=0.5, return_sequences=True)(inputs)
>>> x = layers.GRU(32, recurrent_dropout=0.5)(x)
>>> x = layers.Dropout(0.5)(x)
>>> outputs = layers.Dense(1)(x)
>>> model = keras.Model(inputs, outputs)

>>> callbacks = [
>>>     keras.callbacks.ModelCheckpoint("jena_stacked_gru_dropout.keras",
>>>                                     save_best_only=True)
>>>     ]
>>> model.compile(optimizer="rmsprop", loss="mse", metrics=["mae"])
>>> history = model.fit(train_dataset,
>>>                     epochs=50,
>>>                     validation_data=val_dataset,
>>>                     callbacks=callbacks)
>>> model = keras.models.load_model("jena_stacked_gru_dropout.keras")
>>> print(f"Test MAE: {model.evaluate(test_dataset)[1]:.2f}")
2.39
```

從以上程式輸出可見, 我們的測試 MAE 為 2.39 (比基準線好 8.8%)。由此可見, 堆疊循環層的確能改善結果 (雖然不是太明顯)。在這個案例中, 你可能會看到隨著模型容量逐漸增加, 將呈現增益遞減 (diminishing return) 的情形。

---

❻ See Cho et al., "On the Properties of Neural Machine Translation: Encoder-Decoder Approaches" (2014), https://arxiv.org/abs/1409.1259.

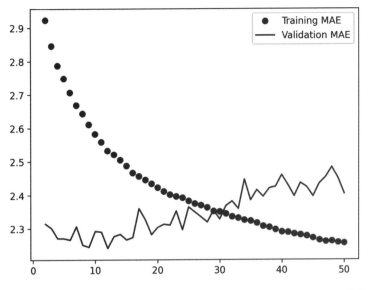

▲ 圖 10.12　在溫度預測任務上, GRU 堆疊網路的訓練及驗證 MAE 曲線

10-4-3　使用雙向 RNN (bidirectional RNN)

本節要介紹的最後一項技術是**雙向 RNN** (bidirectional RNN)。雙向 RNN 是一種很常見的 RNN 變形, 在某些任務上, 它能取得比一般 RNN 更好的表現。雙向 RNN 經常被用於自然語言處理, 可以說它是自然語言處理領域的萬用瑞士刀。

RNN 十分仰賴順序, 它們會依序處理其輸入序列的時步, 因此隨機打亂或反轉 (reversing) 時步, 都會完全改變 RNN 從序列中萃取到的表示法。這也正是 RNN 在注重順序的問題上表現良好的原因 (如：溫度預測問題)。雙向 RNN 充分利用了 RNN 的順序敏感性：它會使用兩個常規的 RNN 層 (例如 GRU 層或 LSTM 層), 各從一個方向 (順著時間軸以及逆著時間軸) 處理輸入序列, 並整合得到的表示法。透過這種方式, 雙向 RNN 將捕捉到單向 RNN 可能忽略的 pattern。

值得注意的是, 先前 RNN 層順著時間軸來處理序列的做法 (較早的時步放前面), 可能只是一個隨意的決定。不過, 至少這是一個迄今為止沒有什麼問題的決定。如果 RNN 用相反的順序來處理輸入序列 (先處理較晚的時步), 它的表現會好嗎？我們來嘗試一下, 看看會發生什麼事。只要寫一個資料生成器, 並讓其中的輸入序列沿著時間軸 (第 1 軸) 反轉即可。訓練 10-2-5 節中使用的 LSTM 模型, 就會得到如圖 10.13 所示的結果。

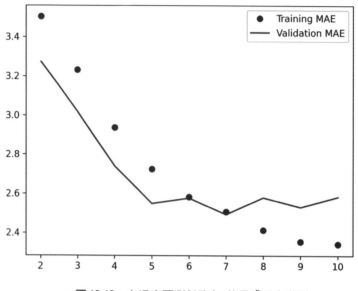

▲ 圖 10.13　在溫度預測任務上, 使用「反向序列」訓練 LSTM 所得到的訓練及驗證 MAE 曲線

　　使用反向序列訓練的 LSTM 表現極差, 甚至還不如基準線。這代表在該案例中, 「依時序處理」是成功與否的關鍵。這非常合理, 因為相比於較久遠的資料, LSTM 層通常在記憶近期的資料上會有更好的表現。在這個問題中, 近期的天氣資料自然也有助於預測 (這就是基準線表現不錯的原因)。因此, 順著時間軸處理序列的模型自然會表現得較好。

　　然而, 對於其他許多問題 (包含自然語言問題) 而言就不是這樣了。舉例來說, 某單字對於理解句子所扮演的重要性, 通常不取決於它在句子中的位置。在文字資料中, 逆時序處理與順時序一樣好用。就算倒著讀文字, 也不會有問題 (你可以試試看)！雖然單字順序對理解語言來說確實很重要, 但用「哪一種」順序就不是關鍵了。

重要的是, 使用反向序列訓練 RNN 所學到的表示法, 會跟使用正向序列所學到的表示法不同。這就好比若現實世界中的時間倒流, 你的心智模型 (mental model) 也會不同。在機器學習的世界中, 「不同但有用」的表示法都是值得利用的, 而且差異越大越好。因為它們可以提供觀察資料的新視角, 並捕捉其它方法所遺漏的資料面向, 因此有助於提升效能。這就是**模型集成** (model ensembling) 背後的概念, 我們會在第 13 章中進行探討。

雙向 RNN 利用這個概念, 改善了一般 RNN 的效能。它會從兩個方向來觀察輸入序列 (見圖 10.14), 進而獲得更豐富的表示法, 並捕捉可能被正向時序版本遺漏的 pattern。

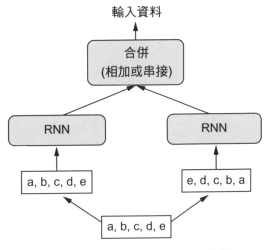

▲ 圖 10.14 雙向 RNN 層的運作方式

若想在 Keras 中實例化一個雙向 RNN, 我們可以使用 **Bidirectional** 層。它的第一個引數是循環層的實例 (例如:layers.GRU 或 layers.LSTM)。Bidirectional 層會創建該循環層的第二個獨立實例, 用其中一個實例來進行順時序處理, 並用另一個實例來進行逆時序處理。我們可以在溫度預測任務上試試看。

程式 10.24 訓練並評估雙向 LSTM

```
inputs = keras.Input(shape=(sequence_length, raw_data.shape[-1]))
x = layers.Bidirectional(layers.LSTM(16))(inputs)
outputs = layers.Dense(1)(x)
model = keras.Model(inputs, outputs)

model.compile(optimizer="rmsprop", loss="mse", metrics=["mae"])
history = model.fit(train_dataset,
                    epochs=10,
                    validation_data=val_dataset)
```

你會看到, 它的表現並沒有普通 LSTM 層來得好。原因其實很好懂：所有預測能力一定都來自於網路中依時序處理的那一半, 因為已知逆時序那一半在該任務上的表現非常差 (重複一次, 在這個任務中, 最近的資料會重要很多)。同時, 雙向 RNN 的容量增加了一倍, 這會導致過度配適的情形提早出現。

儘管如此, 雙向 RNN 非常適合文字資料, 或任何「順序很重要, 但是哪一種順序並不重要」的資料類型。事實上, 在 2016 年的某一段時間裡, 雙向 LSTM 被認為是解決許多自然語言處理任務的尖端技術 (在 Transformer 架構興起之前, 這部分將在下一章介紹)。

本章小結

- 如第 5 章所述, 處理一個新問題時, 最好先建立一個**基準線** (baseline)。如果沒有要超越的基準線, 就無法判斷自己是否真正取得了有用的進展。

- 在使用複雜模型前, 先試試簡單的模型, 以確保額外增加的成本是合理的。甚至有時候, 一個簡單的模型反而是你的最佳選擇。

- 如果順序對你的資料而言很重要, 或者你正在處理時間序列資料, **循環神經網路** (recurrent network, RNN) 是一個很好的選擇, 它們能輕易打敗那些會先扁平化時序資料的模型。Keras 中兩種基本的 RNN 層分別是 **LSTM 層**和 **GRU 層**。

- 若要在循環神經網路中使用**丟棄法** (dropout), 應該使用不隨時間改變的恆定丟棄遮罩：**循環丟棄遮罩** (recurrent dropout mask)。它們內建於 Keras 的循環層中, 只要設定循環層的 **recurrent_dropout 參數**即可。

- **RNN 堆疊** (stacked RNNs) 的表徵能力比單一 RNN 層更好。不過, 它們的運算資源昂貴很多, 所以也不一定值得使用。雖然 RNN 堆疊在複雜的問題 (如：機器翻譯) 上有明顯的效益, 但對於較小、較簡單的問題來說, 未必會是最佳選擇。

11

文字資料的深度學習

本 章 重 點

- 對文字資料進行預處理

- 處理單字的的 2 種方式：詞袋 (bag-of-words) 及
  序列模型 (sequence model)

- Transformer 架構

- Seq2seq (sequence-to-sequence) 的學習方式

11-1 概述自然語言處理 (natural language processing, NLP)

在電腦科學領域中, 我們稱人類的語言 (如英文或中文) 為**自然語言** (natural language), 以便與機器的語言 (如 Assembly (**組合語言**)、LISP 或 XML) 做出區隔。每一種機器語言都是被設計出來的:設計的起點是從工程師寫下一套正式規則開始。這套規則描述我們可以用該語言做出什麼樣的敘述, 以及它們意味著什麼。對機器語言來說, 先建立起來的是規則, 人們則是在規則集 (rule set) 完成之後, 才開始使用這種語言。對人類語言來說, 情況正好相反:先從使用開始, 隨後才產生規則。自然語言是在演化過程中逐漸形成的, 就像生物學的有機體演化一樣, 這也是它被稱為「自然」語言的原因。自然語言的規則就如同英文文法, 是在事後才正式確立的, 並且經常被使用者忽視或打破。總的來說, 機器語言需具備高度結構化和嚴謹的特質, 且使用精確的語法規則, 並以固定詞彙表中的詞彙來準確描述要執行的工作;但自然語言則是混亂的, 它模糊、混雜, 且不斷變動。

要創建能理解自然語言的演算法, 不是一件容易的事:語言, 尤其是文字, 是支撐人類溝通及文化生產的基礎。語言幾乎是我們儲存所有知識的方式, 我們的想法大部分也都是由語言構成的。然而長期以來, 機器都不具備理解自然語言的能力。有些人單純地以為我們只要寫出「英文規則集」即可, 就像有人寫下 LISP 規則集一樣。因此, 早期在建立**自然語言處理** (natural language processing, NLP) 系統時, 人們是透過應用**語言學** (applied linguistics) 來進行的。工程師和語言學家會手動編寫複雜的規則集, 以執行基本的機器翻譯, 或創建簡單的聊天機器人 (chatbot)。舉例來說, 1960 年代著名的 ELIZA 程式, 就是使用**態樣比對** (pattern matching) 來維持非常基礎的對話。但是, 自然語言是一種「叛逆」的存在, 很難被形式化。經過數十年的努力後, 這些系統的能力依然讓人失望。

手動編寫的規則一直到 1990 年代前都佔據主導地位。但是, 從 1980 年代末開始, 更快的電腦和更多可用的資料, 開始產生了更好的替代方案。當你發現自己建構的系統是一大堆的規則時, 你可能會想問:「我能否使用一個語料資料庫來自動尋找這些規則?我可以在某些規則空間中搜尋規則, 而非自己想出這些規則嗎？」這時，機器學習就派上用場了。因此，在 1980 年代末，我們開始看到應用在 NLP 的機器學習方法。最早的系統是以**決策樹** (decision tree) 為基礎，目的是將過往系統中的「if / then / else」規則加以自動化。接著，以**邏輯斯迴歸** (logistic regression) 為首的統計類方法開始迅速發展。隨著時間推移，**參數式模型** (parametric model) 開始獨佔鰲頭，語言學不再是有用的工具，反而被視為一種阻礙。語音辨識的早期研究者 Frederick Jelinek 在 1990 年代曾開玩笑地說：「我每解僱一位語言學家，語音辨識器的性能就會提升一點。」

　　這就是現代的 NLP：使用機器學習和大規模資料集，讓電腦有能力不去理解語言所描述的內容 (這是一個更遠大的目標)，而是直接將一段語言作為輸入，然後即可傳回一些有用的東西，例如預測以下內容：

● 「這段文字的主題是什麼？」(文字分類, text classification)

● 「這段文字是否有暴力的內容？」(內容過濾, content filtering)

● 「這段文字是正面還是負面？」(情感分析, sentiment analysis)

● 「在這個不完整的句子中，下一個單字會是什麼？」(語言模型, language modeling)

● 「這段文字用德文怎麼說？」(翻譯, translation)

● 「你會如何用一段話來總結這篇文章？」(文章摘要, summarization)

　　當然，在閱讀本章時要記得，你所訓練的文字處理模型不會像人類般理解語言。相反的，它們只是在輸入資料中尋找**統計規則性**。事實證明，這足以在許多簡單任務中取得不錯的效果。就像電腦視覺是將**態樣識別** (pattern recognition) 用於像素一樣，NLP 則是將態樣識別用在單字、句子和段落上。

　　NLP 工具集 (決策樹、邏輯斯迴歸等) 在 1990 到 2010 年代初只有緩慢的進展, 大部分的研究都將重點放在**特徵工程** (feature engineering) 上。2013 年, 當我第一次在 Kaggle 的 NLP 競賽中獲勝時, 我的模型就是基於決策樹和邏輯斯迴歸。然而, 大概在 2014 到 2015 年時, 情況開始有了變化。多位研究人員開始研究**循環神經網路** (recurrent neural network, RNN) 的語言理解能力, 尤其是 LSTM。它是一種在 1990 年代末就出現的的序列處理 (sequence-processing) 演算法, 不過在此之前一直沒有受到關注。

　　2015 年初, Keras 提供了第一個開源且易於使用的 LSTM 實作程式碼, 當時正值 RNN 重新掀起浪潮的時刻。在此之前, 只有專用於特定研究的程式碼, 而沒有能直接重複使用的。接著從 2015 至 2017 年, RNN 稱霸了正蓬勃發展的 NLP 領域。其中, 又以**雙向 LSTM** (bidirectional LSTM) 模型的表現特為突出。無論是找出文章摘要、回答問題, 甚至是機器翻譯, 它都達到了尖端的技術水準。

　　最後, 在 2017 至 2018 年前後, 一種新架構崛起並取代了 RNN, 那就是 Transformer, 你將在 11-4 節學到它。Transformer 短時間內就在整個 NLP 領域中取得可觀的進展, 而如今大多數的 NLP 系統都根基於此。

　　本章將從基本的知識開始介紹, 最終你將學習如何使用 Transformer 來做機器翻譯。

11-2 準備文字資料

深度學習模型是可微分的函數, 只能處理數值張量, 而不能以原始文字作為輸入。單字**向量化** (vectorizing) 是一種將文字轉換成數值張量的過程。它有許多種做法, 但都遵循相同的模板 (見圖 11.1)。

● 首先, 將文字**標準化** (standardize), 使其更易於處理。例如轉換成小寫字母, 或刪除標點符號等。

● 接著, 把文字分割成一個個單元 (稱之為 token), 如字元、單字或單字組。這個動作叫做**斷詞** (tokenization)。

● 最後, 把 token 轉換成一個數值向量 (如：one-hot 向量)。因此, 我們通常會先為資料中的所有 token 加上索引。

讓我們一步步來說明。

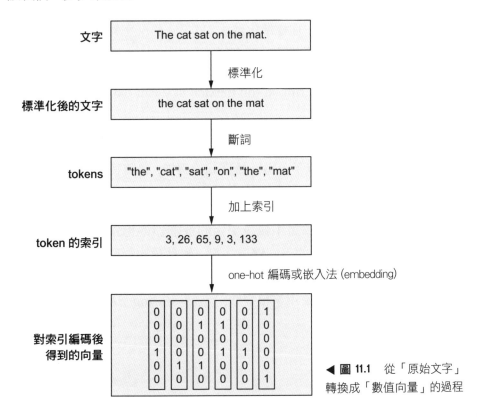

◀ 圖 **11.1** 從「原始文字」轉換成「數值向量」的過程

11-2-1　文字標準化 (text standardization)

我們來看看這兩個句子：

● 「sunset came. i was staring at the Mexico sky. Isnt nature splendid??」

● 「Sunset came; I stared at the México sky. Isn't nature splendid?」

這兩個句子非常相似，然而，若將它們轉換成位元組字串 (byte string)，會產生差異極大的表示法。這是因為「i」和「I」是兩個不同的字元，「Mexico」和「México」是兩個不同的單字，而「isnt」和「isn't」也不同，以此類推。機器學習模型沒有先驗知識，並不知道「i」和「I」是同一字元、「é」是帶重音的「e」，或「staring」和「stared」是同一動詞的不同形式。

文字標準化是特徵工程的一種基礎形式，目的是消除掉不希望模型去處理的編碼差異。該步驟不僅出現在機器學習領域，若我們想建構一個搜尋引擎，也要做同樣的事情。

最簡單和廣為使用的一種標準化做法，就是「將文字轉換成小寫字母並刪除標點符號」。因此，我們的兩個句子會變成：

● 「sunset came i was staring at the mexico sky isnt nature splendid」

● 「sunset came i stared at the méxico sky isnt nature splendid」

現在，兩個句子更相似了。另一種常見的轉換，是將特殊字元轉換成標準字母，例如用「e」取代「é」等。如此一來，「méxico」就會變成「mexico」。

最後，有一個在機器學習中較少使用的進階標準化做法，也就是**字根提取** (stemming)：將一個詞彙的不同變形 (如一個動詞的詞形變化) 轉換成單一的通用表示法。例如，把「caught」和「been catching」轉換成「catch」，或將「cats」轉換成「cat」。使用字根提取，「was staring」和「stared」就會變成「stare」。

有了這些標準化技巧, 模型就不需要那麼多訓練資料, 同時也更能普適化。模型不再需要大量的「Sunset」和「sunset」範例來搞懂它們是一樣的東西。此外, 即使它在訓練集中只看過「mexico」, 還是能夠理解「México」是相同的意思。當然, 標準化也有可能抹去一些資訊, 所以一定要特別注意語境。例如, 如果要訓練一個能「從採訪文章中萃取問題」的模型, 它就應該要把「?」當成一個單獨的 token, 而非將其刪除, 因為它對該任務而言是一個有用的線索。

11-2-2　拆分文字 (斷詞, tokenization)

將文字標準化後, 你必須把它分解成要被向量化的單元 (即 token), 這個步驟被稱為**斷詞** (tokenization)。我們可用 3 種不同的方法來進行 tokenization。

● **單字層級的** tokenization (word-level tokenization)：token 間是以空格 (或標點符號) 分隔的子字串。該做法的其中一種變形, 是在適當情況下進一步將單字拆分成「子字 (subword)」。例如, 將「staring」視為「star + ing」, 或將「called」視為「call + ed」。

● **N-gram tokenization**：token 是由 N 個連續單字構成的組合。例如,「the cat」或「he was」都是 2-gram 的 token (也稱為 bigram)。

● **字元層級的** tokenization (character-level tokenization)：每個字元就是一個 token。這個方法在實際案例中很少使用, 只有在特定情境 (例如：文字生成或語音辨識) 才會看到。

一般而言, 我們都是使用單字層級或 N-gram tokenization。文字處理模型分為兩種：第一種是「注重單字順序」的模型, 稱為**序列模型** (sequence model, 編註：這和**序列式模型** (sequential model) 是完全不同的！序列式模型是 Keras 建構模型的一種方式)；第二種則是「將輸入單字視為一個集合、並拋棄原始順序」的模型, 稱為**詞袋模型** (bag-of-words model)。在建構序列模型時, 使用的是單字層級的 tokenization, 而建構詞袋模型時則會用 N-gram tokenization。N-gram tokenization 是用人工的方式, 將少量局部的單字順序資訊注入模型的方法。在本章, 你會學到更多關於各類模型的知識, 以及使用它們的時機。

認識 N-gram 及詞袋 (bag-of-words)

N-gram 是從句子中萃取出的「由 N 個 (或更少) 連續單字組成的組合」,同樣的概念也適用於字元 (character)。

這裡有一個簡單的例子。我們來看看「the cat sat on the mat.」這個句子,它可以被拆解成以下這組 2-gram 的集合:

{"the", "the cat", "cat", "cat sat", "sat",
"sat on", "on", "on the", "the mat", "mat"}

以上句子也可拆解成以下這組 3-gram 的集合:

{"the", "the cat", "cat", "cat sat", "the cat sat",
"sat", "sat on", "on", "cat sat on", "on the",
"sat on the", "the mat", "mat", "on the mat"}

這樣的集合分別被稱為 2-gram 詞袋或 3-gram 詞袋。這裡的「袋」表示你正在處理一堆 token, 而不是一個串列或序列, 因為這些 token 並沒有特定的順序。這一系列的 tokenization 方法被稱為**詞袋法** (bag-of-words), 或 **N-gram 詞袋法** (bag-of-N-grams)。

詞袋法不是一種能保留順序的 tokenization (生成的 token 會被視為一組集合, 而非一個序列, 而且句子的整體結構會丟失), 因此它往往被用於較淺的語言處理模型, 而不是深度學習模型。萃取出 N-gram 是一項特徵工程, 深層序列模型並不會採取這種人工做法, 而是使用階層式的特徵學習 (hierarchical feature learning)。1D 卷積神經網路、循環神經網路和 Transformer 能夠在不被明確告知這些組合存在的情況下, 藉由觀察連續的單字或字元序列, 學習單字和字元組合的表示法。

11-2-3 建立索引

當文字內容被分解成 token 後, 我們就要把每個 token 編碼為數值表示法。你可以用一種無狀態 (stateless) 的方法來做這件事, 例如用**雜湊法** (hashing) 將每個 token 轉成固定的二元向量。但在實務中, 應該要為訓練資料中的所有詞彙 (token) 建立索引, 並為詞彙表 (vocabulary) 中的不同詞彙指定不同整數, 如下所示:

```
vocabulary = {}
    for text in dataset:
        text = standardize(text)     ◄── 將文字標準化
        tokens = tokenize(text)      ◄── 將文字分解成 token
        for token in tokens:
            if token not in vocabulary:
                vocabulary[token] = len(vocabulary)
```

若當前的 token 不在 vocabulary
中，則添加一個新項目，key 為
當前的 token, value 則為當前
vocabulary 的長度

接著，把整數轉換成可由神經網路處理的向量，如 one-hot 向量：

```
def one_hot_encode_token(token):
    vector = np.zeros((len(vocabulary),))   ◄── 向量的長度為 vocabulary 的長度
    token_index = vocabulary[token]          ◄── 取得特定 token 對應到的整數
    vector[token_index] = 1                  ◄── 將該整數對應到的位置值設為 1
    return vector
```

請注意！我們通常只會將訓練資料中，前 20,000 或 30,000 個最常見的單字放進詞彙表中。文字資料通常會包含大量的獨特 (unique) 單字，而大多數只會出現一或兩次。為這些罕見單字建立索引，會導致特徵空間過大，且這些單字通常不具備有用的資訊。

還記得我們在第 5 章中，使用 IMDB 資料集訓練的第一個深度學習模型嗎？我們從 keras.datasets.imdb 載入的資料已經預先處理成整數序列了，每個整數都對應一個給定的單字。當時，我們的設定是 num_words=10000, 以便將詞彙表限制成僅有訓練資料中前 10,000 個最常見的單字。

現在，有一個重要且不容忽視的細節：當我們在詞彙表中查詢某個 token 時，它並不一定存在。訓練資料中可能沒有「cherimoya」這個詞的任何實例 (或是因為太罕見而把它從索引中剔除了)，所以 token_index = vocabulary["cherimoya"] 可能會導致 KeyError。為了處理這種問題，你應該增加一個索引來代表「不在詞彙表中的 token」(該索引稱作 out of vocabulary index, 簡稱 OOV index)。我們通常使用的是索引 1, 因此會將 token_index = vocabulary[token] 改寫為 token_index = vocabulary.get (token,1) (編註：若 vocabulary 中有對應到 token 的整數索引, 就傳回該索引, 否則就傳回索引 1)。此外，把一個整數序列 (由索引組成的序列) 解碼回單字時，我們通常會用 "[UNK]" 來表示索引 1 所對應的 token (我們將其稱為 OOV token)。

你可能會想問：「為什麼是用索引 1, 而不是用索引 0？」這是因為索引 0 已經有其他用途了。我們經常會用到的 token 有兩個, 即 **OOV token** (索引 1), 以及**遮罩 (mask) token** (索引 0)。OOV token 代表「這裡有一個**無法辨認**的單字」, 而遮罩 token 則代表「請忽略我！我不是一個單字」。我們會用遮罩 token 來填補序列資料, 因為在批次資料中, 所有序列的長度都要相等才行, 所以較短的序列要被填補成**最長序列的長度**。如果你想將序列 [5, 7, 124, 4, 89] 和 [8, 34, 21] 變成一批次的資料, 就會變成：

```
[[5, 7, 124, 4, 89]
[8, 34, 21, 0, 0]]   ◀── 較短的序列後方會被填補上「0」
```

我們在第 4、5 章中使用的 IMDB 資料集, 就是像這樣用 0 來填補其中的整數序列批次。

11-2-4 使用 TextVectorization 層

目前為止所介紹的每個步驟, 都可以用單純的 Python 輕鬆實作出來, 如下所示：

```python
import string

class Vectorizer:
    def standardize(self, text):
        text = text.lower()   ◀── 將所有字母轉為小寫
        return "".join(char for char in text
                       if char not in string.punctuation)
```
只傳回字母 (還有空格), 不傳回標點符號
```python
    def tokenize(self, text):
        text = self.standardize(text)
        return text.split()   ◀── 以空格為分界, 將單字逐一存入串列並傳回

    def make_vocabulary(self, dataset):
        self.vocabulary = {"": 0, "[UNK]": 1}   ◀──
        for text in dataset:
            text = self.standardize(text)
            tokens = self.tokenize(text)
            for token in tokens:
                if token not in self.vocabulary:
```
提前在詞彙表 (vocabulary) 中創建遮罩 token 和 OOV token, 它們分別對應到索引 0 和索引 1

▶接下頁

```
                    self.vocabulary[token] = len(self.vocabulary)
        self.inverse_vocabulary = dict(
            (v, k) for k, v in self.vocabulary.items())
```
對調 vocabulary 中的 key 和 value, 以後可
用它來將整數索引序列轉換回文字序列

```
    def encode(self, text):    ◀── 該函式會接收原始的文字資料, 並傳回整數索引向量
        text = self.standardize(text)
        tokens = self.tokenize(text)
        return [self.vocabulary.get(token, 1) for token in tokens]
```
若 token 不存在於 vocabulary, 則傳回索引 1

```
    def decode(self, int_sequence):    ◀── 該函式會接受數值向量, 並傳回文字資料
        return " ".join(
            self.inverse_vocabulary.get(i, "[UNK]") for i in int_sequence)

vectorizer = Vectorizer()
dataset = [
    "I write, erase, rewrite",
    "Erase again, and then",      ── 詩人立花北枝 (Tachibana Hokushi) 的俳句
    "A poppy blooms.",
]
vectorizer.make_vocabulary(dataset)    ◀── 建立詞彙表
```

我們來測試看看：

```
>>> test_sentence = "I write, rewrite, and still rewrite again"
>>> encoded_sentence = vectorizer.encode(test_sentence)    ◀── 將測試用的句子
>>> print(encoded_sentence)                                    轉換成整數序列
[2, 3, 5, 7, 1, 5, 6]

>>> decoded_sentence = vectorizer.decode(encoded_sentence) ◀──
>>> print(decoded_sentence)                                將編碼後的整數
"i write rewrite and [UNK] rewrite again"                  序列轉換回文字
```
該 token 是對應到 test_sentence 中的「still」
單字, 由於該單字不存在於 vocabulary 中, 因
此編碼時會編為 1, 而解碼時則會變成 [UNK]

然而，以上程式的效能並不高。在實作中，我們會使用 Keras 的 **TextVectorization 層**。這一類神經層高速且高效，可以直接放在 tf.data 工作流或 Keras 模型中使用。TextVectorization 的使用方法如下：

```
from tensorflow.keras.layers import TextVectorization
text_vectorization = TextVectorization(
    output_mode="int",  ◀── 指定將單字序列編碼成整數索引並傳回
)                            (待會將說明其它幾種可用的輸出模式)
```

　　在預設情況下, TextVectorization 層會以「轉換成小寫並去除標點符號」的設置來進行文字標準化, 並使用空格分割文字以進行 tokenization。不過, 你也可以撰寫一些自訂的標準化和 tokenization 函式。換句話說, TextVectorization 層有足夠彈性來應付各種情形。需注意的是, 這些自訂函式應該以 tf.string 字串, 而非普通的 Python 字串來操作!舉例來說, 該神經層的預設操作如下:

```
import re
import string
import tensorflow as tf

def custom_standardization_fn(string_tensor):
    lowercase_string = tf.strings.lower(string_tensor)  ◀── 將字串轉換成小寫
    return tf.strings.regex_replace(
        lowercase_string, f"[{re.escape(string.punctuation)}]", "")  ┐
                                                                     ├ 用空字串取代標點符號
def custom_split_fn(string_tensor):
    return tf.strings.split(string_tensor)  ◀── 使用空格拆分字串

text_vectorization = TextVectorization(
    output_mode="int",
    standardize=custom_standardization_fn,  ┐  standardize 和 split 參數是用
    split=custom_split_fn,                  ├─ 來指定要使用我們自訂的標
)                                           ┘  準化和 tokenization 函式
```

　　若要為一個文字語料庫中的單字建立索引, 只需用一個能生成字串的 Dataset 物件 (或一個 Python 字串串列) 來呼叫 TextVectorization 層的 adapt() 方法:

```
dataset = [
    "I write, erase, rewrite",
    "Erase again, and then",
    "A poppy blooms.",
]
text_vectorization.adapt(dataset)  ◀── 傳入 Python 字串串列
```

我們可以用 get_vocabulary() 取得運算出的詞彙表。若需要將編碼後的整數序列轉換回單字, 這個方法會很有用。詞彙表的前兩個項目為遮罩 token (索引 0) 和 OOV token (索引 1)。另外, 詞彙表串列中的項目是依照「出現的頻率」來排序的, 因此在現實資料集中,「the」和「a」這種很常見的詞應該會排在很前面。

程式 11.1   取得詞彙表

```
>>> text_vectorization.get_vocabulary()
["", "[UNK]", "erase", "write", ...]
```

為了進行演示, 我們嘗試對一個例句進行編碼 (變成整數序列), 然後再解碼 (將整數序列轉換回單字):

```
>>> vocabulary = text_vectorization.get_vocabulary()
>>> test_sentence = "I write, rewrite, and still rewrite again"
>>> encoded_sentence = text_vectorization(test_sentence)
>>> print(encoded_sentence)
tf.Tensor([ 7 3 5 9 1 5 10], shape=(7,), dtype=int64)
>>> inverse_vocab = dict(enumerate(vocabulary))
>>> decoded_sentence = " ".join(inverse_vocab[int(i)] for i in encoded_sentence)
>>> print(decoded_sentence)
"i write rewrite and [UNK] rewrite again"
```

在 tf.data 工作流中使用 TextVectorization 層, 或將其作為模型的一部分

由於 TextVectorization 層主要是一個查找字典的操作, 不能在 GPU (或 TPU) 上執行, 只能在 CPU 上執行。因此, 若你是在 GPU 上訓練模型, 則 TextVectorization 層會先在 CPU 上運行, 然後才將輸出傳到 GPU, 這會對效能造成很大的影響 (編註:這是因為 CPU 和 GPU 上的工作不能同時執行)。

Keras 提供了兩種方法來使用 TextVectorization 層。第一個方法效率較高, 就是將它放在 tf.data 工作流中, 如下:

▶接下頁

```
int_sequence_dataset = string_dataset.map(  ←── string_dataset 是一個會生成
    text_vectorization,                          字串張量的 Dataset 物件
    num_parallel_calls=4)  ←── 在多個 CPU 核心上平行化 map() 呼叫
```

第二個方法效率較差, 就是讓它變成模型的一部分 (畢竟它原本就是 Keras 層), 如下：

```
text_input = keras.Input(shape=(), dtype="string")  ←┐
                                          創建一個預期接收字串的 Input 物件
vectorized_text = text_vectorization(text_input)  ←┐
                                          將 Input 物件輸入神經層
embedded_input = keras.layers.Embedding(...)(vectorized_text) ┐
output = ...
model = keras.Model(text_input, output)
                                     你可以在模型頂部不斷接上新的層,
                                     就像一般的函數式 API 模型一樣
```

這兩者之間有一個重要的區別：如果向量化步驟是模型的一部份, 則它會跟模型的其他部分同步 (依序) 進行。這代表在每一步訓練中, 模型的其他部分 (位於 GPU 上) 將不得不等待 TextVectorization 層 (位於 CPU 上) 的輸出準備完成, 才能開始工作。另一方面, 若把該層放在 tf.data 的工作流中, 我們就能在 CPU 上對資料進行異步的預先處理：在使用 GPU 讓模型處理一批次的向量化資料時, CPU 則會忙著向量化下一批次的原始字串。

因此, 若你要在 GPU 或 TPU 上訓練模型, 建議選擇第一種方式以獲得最佳的效能。這就是我們在本章的所有實作中要做的事。不過, 若是在 CPU 上進行訓練時, 同步處理的效能就不錯：因為不管選擇哪一種方法, 都能 100% 地充分使用核心。

現在, 如果要把模型輸出到實際運作的環境中, 我們會希望提供一個能以原始字串作為輸入的模型 (就和第二個方法的輸入一樣)。否則, 就必須在環境中重新做一次文字標準化和 tokenization (或許得用 JavaScript), 而且還會面臨在預先處理上, 出現些微差異的風險, 這將會影響模型的準確度。幸好, TextVectorization 層能把預先處理文字的環節直接納入模型 (如上述的第二個方法), 使部署更加容易 (不過在訓練階段, 我們是把該層放到 tf.data 工作流中)。在 11-3-2 節, 你會學到如何匯出一個整合了文字預先處理、專門用於推論 (預測) 的已訓練模型。

　　至此, 我們已經學到了有關文字預先處理的所需知識, 接著就來進入建模階段。

11-3 表示單字組的兩種方法：
集合 (set) 及序列 (sequence)

　　機器學習模型該如何表示個別單字，是相對來說較不具爭議的問題。我們會將單字視為分類特徵 (categorical features, 預先定義的集合中的值，編註：例如上一節，我們示範如何建立詞彙表，並將資料中的單字對應到不同的整數數值)，而且我們知道該怎麼處理這些東西。它們應該要被編碼成特徵空間中的不同維度，或分類向量 (此處即代表單字向量，編註：例如在前例中，我們使用 one-hot 編碼來處理單字的整數索引，將其轉換為一個向量)。然而，一個更麻煩的問題是，要怎麼對句子中的**單字順序**進行編碼。

　　自然語言中的順序是一個很有趣的問題：不同於時間序列中的時步，句子中的單字並不具自然、標準的順序。不同語言會以差異很大的方式排列相似單字，例如英文的句子結構就跟日文截然不同。即使是在一個特定的語言中，我們通常也能稍微調整單字順序，以不同方式來表達同樣的事。對於某個很短的句子來說，你甚至可以隨機排列其中的單字，但還是幾乎能猜出它的意思 (僅管在很多時候可能出現模稜兩可的情形)。順序固然重要，但它跟句子的意思不一定有直接關係。

　　如何表示單字順序是一個關鍵問題，不同種類的 NLP 架構也隨之而生。最簡單的做法就是拋棄順序、把文字視作**無序的單字集合**來處理，這時所用的便是**詞袋模型** (bag-of-words model)。我們也可以決定「單字應該嚴格按照出現的順序來處理」，一次處理一個，就和處理時間序列中的時步一樣。這時，你就可以使用上一章的循環模型。最後，也有一種混合的方法：即 Transformer 架構。技術上，Transformer 是不直接處理順序的，但它會將單字位置的資訊注入所處理的表示法中。如此一來，它便能看到一個句子中的不同部分 (不同於 RNN)，同時仍考慮到順序。由於 RNN 和 Transformer 都會考慮到順序，所以它們也被稱為**序列模型** (sequence model)。

　　回顧歷史，機器學習在 NLP 領域的初期應用大多只涉及詞袋模型。人們對序列模型的興趣到了 2015 年才開始提升，當時也是循環神經網路復甦的時期。時至今日，這兩種方法都仍然適用。讓我們來看看它們如何運作，以及個別的使用時機。

我們會用一個經典的文字分類案例, 即 IMDB 影評分類任務, 來演示兩種方法。在第 4、5 章中, 我們用的是預先向量化過的資料集版本。現在, 讓我們來處理 IMDB 的原始文字資料, 以更貼近現實世界的文字分類問題。

11-3-1　準備 IMDB 影評資料

我們先到史丹佛的網站下載資料集, 並將其解壓縮 :

```
!curl -O https://ai.stanford.edu/~amaas/data/sentiment/aclImdb_v1.tar.gz
!tar -xf aclImdb_v1.tar.gz
```

你會得到一個名為 aclImdb 的目錄, 其結構如下 :

```
aclImdb/
...train/
......pos/
......neg/
...test/
......pos/
......neg/
```

train/pos/ 中有 12,500 個文字檔, 每個檔案都包含一篇具正面評價的影評文字, 可作為訓練資料使用。同時, 負面評論的訓練資料則會放在 train/neg/ 中, 同樣也有 12,500 個檔案。因此, 我們一共有 25,000 個文字檔能用於訓練, 此外, 用於測試的文字檔同樣也是 25,000 個。

原本, aclImdb 中還有一個 train/unsup 子目錄, 但我們不需要它, 於是便將其刪除 :

```
!rm -r aclImdb/train/unsup
```

我們來看看文字檔中的一些內容。無論你處理的是文字資料還是影像資料, 在開始建模之前, 都一定要記得先檢查資料長什麼樣子, 這能讓你對模型所做的事情有一個實質的概念 :

```
!cat aclImdb/train/pos/4077_10.txt
```

接著, 我們來準備一個驗證集:取出 20% 的訓練文字檔, 並放到一個新的目錄 (aclImdb/val) 中:

```python
import os, pathlib, shutil, random

base_dir = pathlib.Path("aclImdb")
val_dir = base_dir / "val"
train_dir = base_dir / "train"
for category in ("neg", "pos"):
    os.makedirs(val_dir / category)
    files = os.listdir(train_dir / category)
    random.Random(1337).shuffle(files)    ◄─── 用固定的隨機種子 (1337) 對訓練文件串列進行洗牌, 以確保每次運行程式碼時都會得到相同的驗證集
    num_val_samples = int(0.2 * len(files))  ⎤ 取 20% 的訓練檔
    val_files = files[-num_val_samples:]     ⎦ 案以用於驗證
    for fname in val_files:
        shutil.move(train_dir / category / fname,   ⎤ 將檔案移到 aclImdb/val/
                    val_dir / category / fname)      ⎦ neg 和 aclImdb/val/pos
```

還記得在第 8 章中, 我們使用了 image_dataset_from_directory () 來創建影像及其標籤的批次資料嗎?此處也可透過 text_dataset_from_directory (), 以同樣方式來創建訓練、驗證和測試時所需的 3 個 Dataset 物件:

```python
from tensorflow import keras
batch_size = 32
                          該行程式應該要輸出「Found 20000 files belonging to 2
                          classes」, 如果你看到的是「Found 70000 files belonging
                          to 3 classes」, 代表你忘了刪除 aclImdb/train/unsup 目錄

train_ds = keras.utils.text_dataset_from_directory(  ◄─────┘
    "aclImdb/train", batch_size=batch_size)
val_ds = keras.utils.text_dataset_from_directory(
    "aclImdb/val", batch_size=batch_size)
test_ds = keras.utils.text_dataset_from_directory(
    "aclImdb/test", batch_size=batch_size)
```

這些資料集會產生 tf.string 張量的輸入資料, 而相應的目標值則為編碼成「0」或「1」的 int32 張量。

程式 11.2　顯示首批次資料的 shape 和型別

```python
>>> for inputs, targets in train_ds:
>>>     print("inputs.shape:", inputs.shape)
>>>     print("inputs.dtype:", inputs.dtype)
```

▶接下頁

```
>>>     print("targets.shape:", targets.shape)
>>>     print("targets.dtype:", targets.dtype)
>>>     print("inputs[0]:", inputs[0])
>>>     print("targets[0]:", targets[0])
>>>     break
inputs.shape: (32,)
inputs.dtype: <dtype: 'string'>
targets.shape: (32,)
targets.dtype: <dtype: 'int32'>
inputs[0]: tf.Tensor(b"( 編註： 此處會顯示影評內容)", shape=(), dtype=string)
targets[0]: tf.Tensor(1, shape=(), dtype=int32)
```

一切已就緒, 現在來嘗試從資料中進行學習。

11-3-2　將單字視為一組集合：詞袋法 (bag-of-words)

在使用機器學習處理一段文字時, 最簡單的編碼方式就是拋棄順序, 將其視為一組 (或一「袋」) 的 token。你可以直接檢視個別單字 (unigram), 或嘗試透過檢視連續的 token (N-gram) 來恢復一些局部的順序資訊。

二元編碼 (binary encoding) 的單一單字 (unigram)

如果使用 unigram 組成的詞袋,「the cat sat on the mat」這個句子就會變成：

```
{"cat", "mat", "on", "sat", "the"}
```

這種編碼的最大優點, 就是可以用一個簡單向量來呈現文字文件中的所有內容, 其中的每個項目可以反映特定單字是否存在。例如, 使用二元編碼 (multi-hot 編碼) 就可把文字文件編碼成一個向量, 其長度等同於詞彙表中的單字數量。在該向量中, 幾乎所有項目都是用「0」來代表文件中未出現的單字, 少數的「1」則代表那些有出現的單字。這就是在第 4、5 章中處理文字資料時的做法, 讓我們試著把它用在目前的任務上。

首先, 我們用 TextVectorization 層來處理原始文字資料集, 進而生成經過 multi-hot 編碼的二元單字向量。此處, 我們的層只會處理單一單字 (unigram)。

程式 11.3　用 TextVectorization 層預先處理資料集

```
text_vectorization = TextVectorization(
    max_tokens=20000,  ←── 限制使用 20,000 個最常出現的單字。若未指定則預設會為
                           訓練資料中的每個單字建立索引，但這樣可能會多出幾萬個
                           只出現一兩次的詞彙，而這些詞彙通常沒有乘載什麼有用的
                           資訊。一般來說，20,000 是做文字分類時的合理詞彙量

    output_mode="multi_hot",  ←── 將輸出 token 編碼成 multi-hot 二元向量
)
                                                  準備一個只產生原始
text_only_train_ds = train_ds.map(lambda x, y: x)  ←── 文字輸入的資料集
                                                       (沒有標籤)
text_vectorization.adapt(text_only_train_ds)  ←── 使用 text_only_train_ds
                                                  來建立索引

binary_1gram_train_ds = train_ds.map(
    lambda x, y: (text_vectorization(x), y),  ←── 對文字資料進行預先處理
    num_parallel_calls=4)  ←── 明確指定 num_parallel_calls 值來使用多個 CPU 核心
binary_1gram_val_ds = val_ds.map(
    lambda x, y: (text_vectorization(x), y),
    num_parallel_calls=4)
binary_1gram_test_ds = test_ds.map(
    lambda x, y: (text_vectorization(x), y),
    num_parallel_calls=4)

                        準備已處理過的訓練、驗證和測試資料集
```

我們可以檢查其中一個資料集的輸出。

程式 11.4　檢查二元 unigram 資料集的輸出

```
>>> for inputs, targets in binary_1gram_train_ds:
>>>     print("inputs.shape:", inputs.shape)
>>>     print("inputs.dtype:", inputs.dtype)
>>>     print("targets.shape:", targets.shape)
>>>     print("targets.dtype:", targets.dtype)
>>>     print("inputs[0]:", inputs[0])
>>>     print("targets[0]:", targets[0])
>>>     break
inputs.shape: (32, 20000)  ←── 輸入資料是一批次 (32 個) 的 20,000 維向量
inputs.dtype: <dtype: 'float32'>
targets.shape: (32,)
targets.dtype: <dtype: 'int32'>
inputs[0]: tf.Tensor([1. 1. 1. ... 0. 0. 0.], shape=(20000,),
                      dtype=float32)  ←── 這些向量完全是由 1 和 0 組成的
targets[0]: tf.Tensor(0, shape=(), dtype=int32)
```

接下來，我們來寫一個可重複使用的建模函式，並在本節的所有實作中使用它。

程式 11.5　建模函式

```
from tensorflow import keras
from tensorflow.keras import layers

def get_model(max_tokens=20000, hidden_dim=16):
    inputs = keras.Input(shape=(max_tokens,))
    x = layers.Dense(hidden_dim, activation="relu")(inputs)
    x = layers.Dropout(0.5)(x)
    outputs = layers.Dense(1, activation="sigmoid")(x)
    model = keras.Model(inputs, outputs)
    model.compile(optimizer="rmsprop",
                  loss="binary_crossentropy",
                  metrics=["accuracy"])
    return model
```

最後，讓我們訓練並測試模型。

程式 11.6　訓練並測試二元 unigram 模型

```
model = get_model()
model.summary()
callbacks = [
    keras.callbacks.ModelCheckpoint("binary_1gram.keras",
                                    save_best_only=True)
]
model.fit(binary_1gram_train_ds.cache(),
          validation_data=binary_1gram_val_ds.cache(),
          epochs=10,
          callbacks=callbacks)
```

呼叫 cache() 以在記憶體中對資料集進行快取, 這樣一來, 就只會在第 1 個 epoch 中進行預先處理, 並在接下來的 epoch 中重複使用預先處理完的文字 (這個做法只有在資料量小到能裝進記憶體時才適用)

```
model = keras.models.load_model("binary_1gram.keras")
print(f"Test acc: {model.evaluate(binary_1gram_test_ds)[1]:.3f}")
```

我們的測試準確度達到了 89.2%, 表現還不錯！請注意, 在這個案例中, 由於資料集是平衡的 (正面樣本跟負面樣本數量相等), 因此基準線大概會落在 50%。

此外，在不使用外部資料的情況下，本範例在這個資料集上能取得的最高測試準確度是 95% 左右。

二元編碼的 bigram

當然，拋棄單字順序是過於簡化的作法，因為有些概念要透過組合多個單字才能表示。舉例來說：「United States」所表達的概念，就跟「united」跟「states」的個別意義相差甚遠。因此，我們通常要透過檢視 N-gram (最常見的是 bigram) 而非單字，來將局部順序資訊重新注入詞袋表示法中。

使用 bigram 組成的詞袋後，我們的句子會變成：

```
{"the", "the cat", "cat", "cat sat", "sat",
"sat on", "on", "on the", "the mat", "mat"}
```

TextVectorization 層可以傳回任意 N 值的 N-gram，只要將 **ngrams** 參數設定為所需的 N 即可。

程式 11.7　創建可傳回 bigram 的 TextVectorization 層

```
text_vectorization = TextVectorization(
    ngrams=2,    ◀─── 此處將 N 設為 2
    max_tokens=20000,
    output_mode="multi_hot",
)
```

我們來測試一下模型在這種二元編碼的 bigram 詞袋上進行訓練時的表現。

程式 11.8　訓練並測試二元 bigram 模型

```
text_vectorization.adapt(text_only_train_ds)
binary_2gram_train_ds = train_ds.map(
    lambda x, y: (text_vectorization(x), y),
    num_parallel_calls=4)
binary_2gram_val_ds = val_ds.map(
    lambda x, y: (text_vectorization(x), y),
    num_parallel_calls=4)
binary_2gram_test_ds = test_ds.map(
    lambda x, y: (text_vectorization(x), y),
    num_parallel_calls=4)
```

▶接下頁

```
model = get_model()
model.summary()
callbacks = [
    keras.callbacks.ModelCheckpoint("binary_2gram.keras",
                                    save_best_only=True)
]
model.fit(binary_2gram_train_ds.cache(),
          validation_data=binary_2gram_val_ds.cache(),
          epochs=10,
          callbacks=callbacks)
model = keras.models.load_model("binary_2gram.keras")
print(f"Test acc: {model.evaluate(binary_2gram_test_ds)[1]:.3f}")
```

現在, 我們的測試準確度達到 90.4%, 有了明顯的進步！事實證明, 局部順序是相當重要的。

使用 TF-IDF 編碼的 bigram

你可以藉由計算每個單字或 N-gram 的出現次數, 為表示法再增添一些資訊。也就是說, 使用文字資料中, 單字或 N-gram 出現次數的直方圖 (histogram)：

```
{"the": 2, "the cat": 1, "cat": 1, "cat sat": 1, "sat": 1,
"sat on": 1, "on": 1, "on the": 1, "the mat: 1", "mat": 1}
```

進行文字分類時, 知道特定單字的出現次數非常關鍵。任何有一定長度的影評都可能包含「terrible」一詞, 但如果影評中出現了很多次「terrible」, 就很可能是負面影評。

以下是用 TextVectorization 層計算 bigram 出現次數的方式。

程式 11.9 配置 TextVectorization 層以傳回 bigram 的出現次數

```
text_vectorization = TextVectorization(
    ngrams=2,
    max_tokens=20000,
    output_mode="count"   ◀── 傳回 bigram 的出現次數
)
```

當然，無論資料內容為何，有些單字就是會出現得更頻繁。舉例來說，「the」、「a」、「is」和「are」等單字總會在直方圖中佔主導地位，進而蓋過其他單字 (但在分類任務中，它們通常是無用的特徵)。我們要如何解決這個問題呢？

你或許已經猜到了，我們要使用的就是**正規化** (normalization)。我們可以減去平均值並除以變異數 (這兩個數值是使用整個訓練資料集來計算出的)，進而正規化單字的數量。但是，多數向量化句子幾乎都是由零組成，這個特性被稱為**稀疏性** (sparsity)。這是一個很好的特性，因為它會大大減少計算負荷，並降低過度配適的風險。如果我們從每個特徵中減去平均值，就會破壞稀疏性。因此，無論我們使用哪一種正規化方法，都應該只做除法。若是如此，那麼分母應該要用什麼呢？最好的做法稱為 **TF-IDF 正規化** (TF-IDF normalization, 請見底下的說明)，TF-IDF 是取「term frequency, inverse document frequency」的首個字母。

TF-IDF 非常普遍，甚至已經內建在 TextVectorization 層中。只要將 output_mode 參數設定為「tf_idf」，就可以開始使用。

認識 TF-IDF 正規化

一個詞彙在文件中出現的次數越多，對文件的理解而言就越重要。另一方面，該詞彙在資料集中**所有文件**的出現頻率也很重要。幾乎在每個文件中都出現的詞 (如「the」或「a」)，就不會承載太多的資訊，而只在一小部分文件中出現的詞 (如「Herzog」) 就很獨特，因此很重要。TF-IDF 就是融合了這兩種概念的評量標準。針對一個特定詞，它會透過將「詞彙頻率 (term frequency)」(即該詞在目前文件中的出現次數) 除以「文件頻率 (document frequency)」(即該詞在整個資料集中出現的頻率) 來對這個詞彙進行加權。計算方式如下：

```
def tfidf (term, document, dataset) :    ← 編註：計算某詞彙 (term) 在
                                           某資料集 (dataset) 的某文件
                                           (document) 中的 tfidf

    term_freq = document.count(term)    ← 計算詞彙頻率
    doc_freq = math.log(sum(doc.count(term) for doc in dataset) + 1)  ←
    return term_freq / doc_freq
```
計算文件頻率 (此處會對加總結果取自然對數)

程式 11.10　使用 TextVectorization 傳回經 TF-IDF 加權之輸出結果

```
text_vectorization = TextVectorization(
    ngrams=2,
    max_tokens=20000,
    output_mode="tf_idf",
)
```

接著我們就用這種方法來訓練一個新模型。

程式 11.11　訓練並測試 TF-IDF bigram 模型

```
text_vectorization.adapt(text_only_train_ds)  ←── 此時的 adapt() 除了會學習詞
tfidf_2gram_train_ds = train_ds.map(              彙表, 還會學習 TF-IDF 權重
    lambda x, y: (text_vectorization(x), y),
    num_parallel_calls=4)
tfidf_2gram_val_ds = val_ds.map(
    lambda x, y: (text_vectorization(x), y),
    num_parallel_calls=4)
tfidf_2gram_test_ds = test_ds.map(
    lambda x, y: (text_vectorization(x), y),
    num_parallel_calls=4)

model = get_model()
model.summary()
callbacks = [
    keras.callbacks.ModelCheckpoint("tfidf_2gram.keras",
                                    save_best_only=True)
]
model.fit(tfidf_2gram_train_ds.cache(),
          validation_data=tfidf_2gram_val_ds.cache(),
          epochs=10,
          callbacks=callbacks)
model = keras.models.load_model("tfidf_2gram.keras")
print(f"Test acc: {model.evaluate(tfidf_2gram_test_ds)[1]:.3f}")
```

　　使用 TF-IDF 正規化後, 模型的測試準確度是 89.8%, 似乎並沒有什麼提升。然而, 對於許多文字分類資料集而言, 比起一般的二元編碼, 使用 TF-IDF 往往能讓準確度上升 1 個百分點。

匯出一個處理原始字串的模型

在前面的案例中, 我們將文字標準化、單字拆分和建立索引都當作 tf.data 工作流的一部分。但是, 若我們想匯出一個不需要該工作流的獨立運作模型, 就要確保它有自己的文字處理層 (否則就要在實際運作的環境中重新處理一次, 這很有挑戰性, 也可能導致訓練資料跟實際運作的資料之間的微妙差異)。幸好, 這個問題不難解決。只要創建包含 TextVectorization 層的一個新模型, 並加入剛剛訓練的模型即可:

```
inputs = keras.Input(shape=(1,), dtype="string")  ←─
                                   輸入樣本會是一個字串
processed_inputs = text_vectorization(inputs)  ←─
                                 將輸入層的輸出接到文字處理層
outputs = model(processed_inputs)  ←─ 再接到之前訓練過的模型
inference_model = keras.Model(inputs, outputs)  ←─ 實例化端到端模型
```

由此產生的模型每次可以處理一批次(多筆)的原始字串:

```
>>> import tensorflow as tf
>>> raw_text_data = tf.convert_to_tensor([
>>>     ["That was an excellent movie, I loved it."],
>>> ])
>>> predictions = inference_model(raw_text_data)
>>> print(f"{float(predictions[0] * 100):.2f} percent positive")
92.72 percent positive
```

11-3-3 將單字作為序列處理:序列模型 (sequence model)

剛剛的幾個例子清楚顯示出單字順序的重要性:對具順序的特徵進行人工處理 (如:N-gram) 能讓準確度大大提升。請記得, 深度學習的歷史是與人工的特徵工程背道而馳的。深度學習的目標, 就是要讓模型僅從看過的資料中自己學習特徵。如果不人工做出包含順序資訊的特徵, 而是讓模型處理原始單字序列, 並自己找出這樣的特徵呢?這就是**序列模型** (sequence model) 派上用場的時候了。

要實作出一個序列模型, 就要先用整數索引序列來表示輸入樣本 (一個整數代表一個單字)。接著, 將每個整數對應到一個向量以取得向量序列。最後, 把這些向量序列送入能讓「相鄰向量中的特徵產生關聯性」的堆疊層中, 例如 1D 卷積神經網路、RNN 或 Transformer 等。

在 2016 至 2017 年左右的一段時間裡, 雙向 RNN (尤其是雙向 LSTM) 被認為是序列模型的最頂尖成果。既然你已經熟悉這個架構了, 那我們就在第一個序列模型的例子中使用它。不過, 現今的序列模型幾乎都是用 Transformer 來建構的, 我們很快就會在 11-4 節介紹到這一部分。奇怪的是, 1D 卷積網路在 NLP 中從來都不是很流行, 雖然根據我自己的經驗, 深度可分離 1D 卷積的殘差堆疊, 其性能往往能與雙向 LSTM 旗鼓相當, 而且計算成本低很多。

第一個實際案例

讓我們實際來試試第一個序列模型。首先, 我們來準備會傳回整數序列的資料集。

程式 11.12　準備整數序列資料集

```
from tensorflow.keras import layers

max_length = 600
max_tokens = 20000
text_vectorization = layers.TextVectorization(
    max_tokens=max_tokens,
    output_mode="int",
    output_sequence_length=max_length,)  ◀── 為了控制輸入大小, 我們只會
text_vectorization.adapt(text_only_train_ds)      截取評論中的前 600 個單字。
                                                  這是一個很合理的做法, 因為
int_train_ds = train_ds.map(                      影評的平均長度為 233 字, 只
    lambda x, y: (text_vectorization(x), y),      有 5% 的評論會超過 600 字
    num_parallel_calls=4)
int_val_ds = val_ds.map(
    lambda x, y: (text_vectorization(x), y),
    num_parallel_calls=4)
int_test_ds = test_ds.map(
    lambda x, y: (text_vectorization(x), y),
    num_parallel_calls=4)
```

接著，我們來創建模型。若要把整數序列轉換成向量序列，最簡單的方式就是對整數進行 one-hot 編碼。接著，我們要把這些 one-hot 向量傳進一個簡單的雙向 LSTM。

程式 11.13 接收 one-hot 編碼向量序列的序列模型

```
import tensorflow as tf
inputs = keras.Input(shape=(None,), dtype="int64")  ◀
```
一筆輸入就是一個整數序列（**編註：** None 表示序列長度不固定，不過本例實際輸出的序列長度均為 600）

```
embedded = tf.one_hot(inputs, depth=max_tokens)  ◀
```
將每個整數值都編碼為20,000 維的 one-hot 向量（**編註：** embedded 的 shape 為 (batch, 600, 20000)）

```
x = layers.Bidirectional(layers.LSTM(32))(embedded)  ◀── 添加一個雙向 LSTM
x = layers.Dropout(0.5)(x)
outputs = layers.Dense(1, activation="sigmoid")(x)  ◀── 最後, 添加一個用作
                                                        分類的 Dense 層
model = keras.Model(inputs, outputs)
model.compile(optimizer="rmsprop",
              loss="binary_crossentropy",
              metrics=["accuracy"])
model.summary()
```

現在，開始訓練模型。

程式 11.14 訓練第一個基本的序列模型

```
callbacks = [
    keras.callbacks.ModelCheckpoint("one_hot_bidir_lstm.keras",
                                    save_best_only=True)
]
model.fit(int_train_ds, validation_data=int_val_ds, epochs=10,
          callbacks=callbacks)
model = keras.models.load_model("one_hot_bidir_lstm.keras")
print(f"Test acc: {model.evaluate(int_test_ds)[1]:.3f}")
```

我們可觀察到兩件事：首先，這個模型的訓練速度非常慢 (特別是相較於上一節的輕量級模型)。這是因為我們的輸入相當大：每個輸入樣本都被編碼成一個大小為 (600, 20000) 的矩陣 (每個樣本有 600 個單字，每個單字對應到 20,000 維的向量)，因此一篇影評內就有 12,000,000 個浮點數，可見雙向 LSTM 的工作量非常大。其次，模型的測試準確度只達到 87%，遠不及我們二元 unigram 模型。

顯然, 用最簡單的方式, 也就是用 one-hot 編碼將單字轉為向量, 並非一個好主意。我們還有一個更好的方法：**詞嵌入法** (word embedding)。

認識詞嵌入法 (word embedding)

值得注意的是, 當我們用 one-hot 進行編碼時, 其實就是在做一個特徵工程上的選擇, 並在模型中注入了一個關於「特徵空間結構」的基礎假設。這個假設是「要進行編碼的不同 token 之間都是互相獨立的」(因為不同 one-hot 向量之間並沒有關連性)。就單字而言, 這種假設顯然不正確。不同單字組成了一個結構化的空間, 它們之間會有固定的關連性。例如在多數句子中,「movie」和「film」可以交換使用, 所以用來表示「movie」的向量不應與表示「film」的向量無關, 它們應該要是同一個向量, 或是要夠接近才行。

說得抽象一點, 就是兩個單字向量間的**幾何關係** (geometric relationship), 應該要能反映這些單字之間的語義關係。例如, 在一個合理的單字向量空間中, 你會期望同義詞被嵌入到類似的單字向量中。而且一般來說, 我們還會希望任兩個單字向量之間的幾何距離 (如餘弦距離或 L2 距離), 與它們之間的「語義距離」呈正比：意思不同的單字應該距離很遠, 而相關的單字則應較接近。因此, 詞嵌入這種文字向量表示法的運作原理就是：將人類語言對應到一個結構化的幾何空間中。

透過 one-hot 編碼得到的向量是二元的、稀疏的 (大部分由零組成), 並且有著高維度 (等於詞彙表中的單字數量)。相反的, 詞嵌入向量則是低維的浮點向量 (即**密集向量**, 跟稀疏向量正好相反), 請見圖 11.2。在處理非常大量的詞彙時, 詞嵌入向量通常只有 256 維、512 維或 1024 維。另一方面, one-hot 編碼得出的向量則通常會是 20,000 維或更多 (在本例中, 只選擇最常出現的 20,000 個 token)。因此, 詞嵌入向量能把較多資訊裝入較低維的向量中。

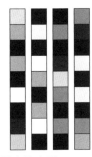

One-hot 單字向量
稀疏
高維
寫死的

詞嵌入向量
密集
較低維
從資料中進行學習

◀ **圖 11.2** 透過 one-hot 編碼得到的單字表示法是稀疏、高維,且為寫死的(hardcoded)。詞嵌入向量則很密集, 相對來說維度較低, 而且會從資料中進行學習

　　詞嵌入向量除了是一種密集的表示法之外, 也是結構化的表示法, 其結構是從資料學習而來。相似單字會被嵌入到相近的位置, 而且嵌入空間中的特定方向是有意義的。為了更清楚地說明這一點, 讓我們來看一個具體案例。

　　在圖 11.3 中, 4 個單字 (「貓」、「狗」、「狼」和「老虎」) 被嵌入到一個 2D 平面上。透過我們選擇的向量表示法, 這些單字之間的某些語義關係就能被編碼成幾何轉換。例如, 若某一個向量可以讓我們「從貓轉換到老虎」、「從狗轉換到狼」, 則這個向量就可以被解譯為「從寵物轉換到野生動物」的向量。同樣的, 若另一個向量則可以讓我們「從狗轉換到貓」、「從狼轉換到老虎」, 則這個向量可以被解譯為「從犬科轉換到貓科」的向量。

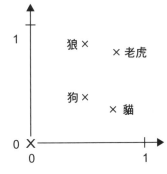

▲ **圖 11.3** 詞嵌入空間的小案例

在現實的詞嵌入空間中，具意義的幾何變換的常見案例是「gender (性別)」向量和「plural (複數)」向量。例如，在「king (國王)」向量上加上一個「female (女性)」向量，就能得到一個「queen (皇后)」向量。在「king (國王)」向量上加上一個「plural (複數)」向量，就能得到「kings (國王們)」向量。詞嵌入空間通常有成千上萬個這種具可解譯性及潛在用途的向量。

我們來看看如何在實際案例中使用這種嵌入空間，有以下兩種方法可以獲得詞嵌入向量：

● 針對欲解決的任務 (如文件分類或情感預測) 進行詞嵌入向量的學習。在這種設置中，我們會從隨機的詞向量開始，然後像學習神經網路權重一樣，學習單字向量的表示法。

● 將預先學習好 (使用與當前問題不同的機器學習任務) 的詞嵌入向量載入模型中使用，該做法稱為**預訓練詞嵌入法** (pretrained word embedding)。

讓我們來分別說明這兩種方法。

用 Embedding 層學習詞嵌入向量

是否有一個理想的詞嵌入空間，可以完美對應人類語言，並能用於任何自然語言處理任務呢？或許有，但我們還沒有取得任何接近的結果。另外，也沒有所謂的「人類語言」：世界上有許多不同語言，它們之間有所差異，每種語言都反映了特定文化和背景。以更實際的層面來看，什麼是「好」的詞嵌入空間，很大程度取決於你的任務。一個適用於影評情感分析模型的詞嵌入空間，可能跟適用於法律文件分類模型的詞嵌入空間不同，因為某些語義關係的重要性會因任務而異。

因此，在每個新任務中「重新學習」嵌入空間是很合理的選擇。幸運的是，使用反向傳播就能輕易做到這點。若再加上 Keras，一切又變得更簡單了，此時我們要做的，就只是學習一個神經層 (**Embedding 層**) 的權重：

程式 11.15　實例化一個 Embedding 層

```
embedding_layer = layers.Embedding(input_dim=max_tokens, output_dim=256)
```
需傳遞至少兩個參數給 Embedding 層：input_dim (代表 token 數量) 以及 output_dim (嵌入向量的維度, 此處使用的是 256)

將 Embedding 層理解成一個會把「整數索引 (代表特定的單字)」對應到「密集向量」的 Python 字典是最好的做法。該神經層會接收整數輸入, 在一個內部字典中查找這些整數, 並傳回對應的向量。實際上, 這就是一個查找 Python 字典的過程 (見圖 11.4)。

單字的整數索引 ➡ Embedding 層 ➡ 相應的單字向量

▲ 圖 **11.4** Embedding 層

Embedding 層的輸入是一個 2 軸整數張量, shape 為 (batch_size, sequence_length), 其中的每個項目都是一個整數序列 (長度為 sequence_length)。接著, 該層會傳回一個 shape 為 (batch_size, sequence_length, embedding_dimensionality) 的 3 軸浮點數張量。

實例化 Embedding 層時, 它的初始權重 (可想像成內部的 token 向量字典) 是隨機的。在訓練過程中, 這些單字向量會經由反向傳播逐步被調整, 將空間結構化成下游模型能利用的東西。訓練完成後, 嵌入空間會展現出豐富的結構性, 這種結構是專門為了當前任務而存在的。

我們來建構一個包含 Embedding 層的模型, 並看看它在影評分類任務上的表現。

程式 11.16 從頭開始訓練包含 Embedding 層的模型

```
inputs = keras.Input(shape=(None,), dtype="int64")
embedded = layers.Embedding(input_dim=max_tokens, output_dim=256)(inputs)
x = layers.Bidirectional(layers.LSTM(32))(embedded)
x = layers.Dropout(0.5)(x)
outputs = layers.Dense(1, activation="sigmoid")(x)
model = keras.Model(inputs, outputs)
model.compile(optimizer="rmsprop",
              loss="binary_crossentropy",
              metrics=["accuracy"])
model.summary()
```
▶接下頁

```
callbacks = [
    keras.callbacks.ModelCheckpoint("embeddings_bidir_gru.keras",
                                    save_best_only=True)
]
model.fit(int_train_ds, validation_data=int_val_ds, epochs=10,
          callbacks=callbacks)
model = keras.models.load_model("embeddings_bidir_gru.keras")
print(f"Test acc: {model.evaluate(int_test_ds)[1]:.3f}")
```

以上模型的訓練速度比 one-hot 模型快很多 (因為 LSTM 層只需處理 256 維, 而非 20,000 維的向量), 而且測試準確度不相上下 (87%)。然而, 我們離普通 bigram 模型的表現 (90.4%) 還有一大段距離。這有一部份是因為模型看到的資料比較少：bigram 模型處理的是完整的評論, 而此處的序列模型則是在 600 個字之後就截斷序列了。

認識填補 (padding) 和遮罩 (masking)

有一個因素稍微影響了模型的表現, 那就是輸入序列中充滿了零。這是因為我們將 TextVectorization 層的 output_sequence_length 設為 max_ length, 其中 max_length 等於 600。因此, 超過 600 個 token 的句子會被截斷成長度為 600 的序列, 而少於 600 個 token 的句子則會在末尾處用零填補, 讓它們能與其他序列串接, 形成連續的批次。

我們使用的是雙向 RNN：即兩個 RNN 層平行運作, 一個正向處理 token, 另一個則反向處理相同的 token。正向處理 token 的 RNN, 在最後幾個迭代中只會看到代表填補 token 的向量。若原始句子很短, 這可能會持續好幾百次的迭代。當儲存在 RNN 內部狀態中的資訊一直碰到這些不具意義的輸入, 它就會漸漸消失。

我們需要一些方法來告訴 RNN, 它應該跳過這些迭代。有一種 API 就為此而存在：遮罩 (masking)。

Embedding 層能生成一個與其輸入資料相對應的「遮罩」。這個遮罩是一個 1 和 0 (或 True/False 布林值) 組成的張量, 其中 mask[i, t] 會指明樣本 i 的時步 t 是否應該被跳過 (若 mask[i, t] 為 0 或 False, 這個時步就會被跳過, 反之則要進行處理)。

預設情況下, 這個功能是沒有啟用的, 你可以傳遞 mask_zero=True 給 Embedding 層來使用它。此外, 我們可透過 compute_mask () 來取得遮罩:

```
>>> embedding_layer = Embedding(input_dim=10, output_dim=256,
                                mask_zero=True)
>>> some_input = [
    [4, 3, 2, 1, 0, 0, 0],
    [5, 4, 3, 2, 1, 0, 0],
    [2, 1, 0, 0, 0, 0, 0]]
>>> mask = embedding_layer.compute_mask(some_input)  ◀—— 取得遮罩
<tf.Tensor: shape=(3, 7), dtype=bool, numpy=
array([[ True, True, True, True, False, False, False],
                                      ↑
                                跳過, 不進行處理

    [ True, True, True, True, True, False, False],
    [ True, True, False, False, False, False, False]])>
```

實際使用時, 我們幾乎不用手動管理遮罩。Keras 會自動把遮罩傳遞給每一個能處理它的層 (將遮罩作為附帶在其表示之序列上的中繼資料, metadata)。RNN 層會使用該遮罩來跳過遮罩值為 False 的時步。如果模型傳回一個完整序列, 損失函數也不會將遮罩值為 False 的時步納入計算。

讓我們在啟用遮罩的情況下, 重新訓練模型。

程式 11.17　訓練啟用了遮罩的 Embedding 層

```
inputs = keras.Input(shape=(None,), dtype="int64")
embedded = layers.Embedding(
    input_dim=max_tokens, output_dim=256, mask_zero=True)(inputs)
                                             ↑
                                          啟用遮罩
x = layers.Bidirectional(layers.LSTM(32))(embedded)
x = layers.Dropout(0.5)(x)
outputs = layers.Dense(1, activation="sigmoid")(x)
model = keras.Model(inputs, outputs)
model.compile(optimizer="rmsprop",
              loss="binary_crossentropy",
              metrics=["accuracy"])
model.summary()
```

▶接下頁

```
callbacks = [
    keras.callbacks.ModelCheckpoint("embeddings_bidir_gru_with_masking.keras",
                                    save_best_only=True)
]
model.fit(int_train_ds, validation_data=int_val_ds, epochs=10,
          callbacks=callbacks)
model = keras.models.load_model("embeddings_bidir_gru_with_masking.keras")
print(f"Test acc: {model.evaluate(int_test_ds)[1]:.3f}")
```

這一次, 我們的測試準確度達到了 88%, 有些微的進步。

使用預先訓練的詞嵌入向量

有時候, 訓練資料太少, 導致無法單靠現有的資料來學習一個適當、針對特定任務的詞嵌入向量。在這種情況下, 與其針對你想解決的問題來學習詞嵌入向量, 不如從一個預先計算出的優良嵌入空間中載入嵌入向量, 該空間必須已高度結構化且具備有用的特性, 並能捕捉到語言結構的一般 (generic) 面向。

在 NLP 中使用預訓練詞嵌入向量的理由, 跟我們在影像分類中使用預訓練 CNN 的道理基本上是一樣的：我們沒有足夠資料來學習強大的特徵, 但我們預期所需要的只是普遍的特徵, 也就是常見的視覺特徵或語義特徵。在這種情況下, 重複使用在不同問題上學到的特徵, 是很合理的選擇。

這種詞嵌入向量通常是用單字出現 (word-occurrence) 的統計資料 (觀察哪些單字會在句子或文件中一起出現) 計算出來的, 並且使用了各種技術, 有些牽涉到神經網路, 有些則沒有。這種以非監督方式計算的密集、低維詞嵌入空間的概念, 最早是由 Bengio 等人於 2000 年代開始研究 ❶。不過, 直到最著名且成功的詞嵌入方案, 即 2013 年由 Tomas Mikolov 在 Google 開發出的 **Word2Vec 演算法** (https://code.google.com/archive/p/word2vec) 發表後, 它才開始在研究領域及業界應用中展露頭角。Word2Vec 能捕捉特定的語義特性, 例如性別。

預先計算好的詞嵌入資料庫有很多, 你可以下載並用於 Keras 的 Embedding 層中, Word2Vec 就是其中之一。另一個很受歡迎的資料庫是 GloVe (Global

---

❶ Yoshua Bengio et al., "A Neural Probabilistic Language Model," Journal of Machine Learning Research (2003)。

Vectors for Word Representation, 網址為 https://nlp.stanford.edu/projects/glove), 它是由史丹佛大學的研究人員於 2014 年所開發。該嵌入法技術的基礎, 是將單字共同出現的統計矩陣進行分解。它的開發者提供了數百萬個預先計算好的英文 token 嵌入向量, 這些 token 是從維基百科和 Comman Crawl 網站資料所取得。

我們來看看如何在 Keras 模型中開始使用 GloVe 詞嵌入向量, 同樣的方法也適用於 Word2Vec 或任何其他的詞嵌入資料庫。首先, 我們要下載 GloVe 檔案並進行解析。接著, 將單字向量載入 Keras 的 Embedding 層中, 然後用該層來建構一個新模型。

讓我們先下載於 2014 年使用維基百科資料集來預先計算過的 GloVe 詞嵌入向量。它是一個 822 MB 的 zip 檔, 包含 400,000 個單字 (或非單字 token) 的 100 維嵌入向量。

```
!wget http://nlp.stanford.edu/data/glove.6B.zip
!unzip -q glove.6B.zip
```

讓我們對解壓縮後的檔案 (一個 txt 檔) 進行解析, 建立一個能將單字 (字串) 對應到其向量表示法的 Python 字典。

程式 11.18　對 GloVe 詞嵌入向量檔案進行解析

```
import numpy as np
path_to_glove_file = "glove.6B.100d.txt"

embeddings_index = {}
with open(path_to_glove_file) as f:
    for line in f:
        word, coefs = line.split(maxsplit=1)    ◄──
        coefs = np.fromstring(coefs, "f", sep=" ")    ◄──

        embeddings_index[word] = coefs    ◄── 將 word 對應到其向量表示法陣列
```

word 為單字, coefs 為 word 所對應的向量 (以字串表示, 例如:"0.418 0.24968 -0.41242 0.1217 0.34527")

使用 fromstring 將 coefs的內容 (多個浮點數) 放進 1D 的浮點數陣列中, 變成 array([0.418, 0.24968, -0.41242, 0.1217, 0.34527])

接下來, 我們來建立一個可載入到 Embedding 層中的嵌入矩陣。它必須是 shape 為 (max_words, embedding_dim) 的矩陣, 其中每個項目 i 都會乘載詞彙

表 (之前在 tokenization 階段所建立的) 中, 索引 i 之單字的 embedding_dim 維向量 (編註: 假設 dog 在詞彙表中的索引為 25, 那麼就要將 dog 的 GloVe 向量放到嵌入矩陣中索引 25 的位置)。

程式 11.19　準備 GloVe 詞嵌入矩陣

```
embedding_dim = 100
                            取得之前使用 TextVectorization 層建立好的詞彙表
vocabulary = text_vectorization.get_vocabulary()
word_index = dict(zip(vocabulary, range(len(vocabulary))))
                            建立將單字對應到詞彙表中的索引的字典
embedding_matrix = np.zeros((max_tokens, embedding_dim))
                                準備一個空矩陣, 用來存
                                放每個單字的 GloVe 向量
for word, i in word_index.items():    編註: 走訪每一個單字 (word)
    if i < max_tokens:                及其在詞彙表中的索引 (i)
        embedding_vector = embeddings_index.get(word)
                            取得 word 對應到的 GloVe 向量
                            (編註: 若沒有對應的 GloVe 向量則傳回 None)
    if embedding_vector is not None:
        embedding_matrix[i] = embedding_vector
                    將單字的 GloVe 向量存到嵌入矩陣中索引 i 的位置 (若單字
                    沒有對應 GloVe 向量則會略過, 其值將為預設的全零向量)
```

最後, 我們使用初始化物件 (initializer) 的 Constant (), 將嵌入矩陣的內容 (GloVe 向量) 載入到 Embedding 層中。為了不在訓練過程中破壞預先訓練好的特徵, 最後還要將 trainable 參數設為 False 來凍結 Embedding 層:

```
embedding_layer = layers.Embedding(
    max_tokens,
    embedding_dim,
    embeddings_initializer=keras.initializers.Constant(    載入預訓練過
                            embedding_matrix),             的嵌入向量
    trainable=False,
    mask_zero=True,
)
```

現在可以來訓練一個新模型了, 該模型跟之前的相同, 不過這次是改用 100 維、預先訓練過的 GloVe 嵌入向量, 而非 128 維、經學習得到的嵌入向量。

程式 11.20　使用預訓練 Embedding 層的模型

```python
inputs = keras.Input(shape=(None,), dtype="int64")
embedded = embedding_layer(inputs)
x = layers.Bidirectional(layers.LSTM(32))(embedded)
x = layers.Dropout(0.5)(x)
outputs = layers.Dense(1, activation="sigmoid")(x)
model = keras.Model(inputs, outputs)
model.compile(optimizer="rmsprop",
              loss="binary_crossentropy",
              metrics=["accuracy"])
model.summary()

callbacks = [
    keras.callbacks.ModelCheckpoint("glove_embeddings_sequence_model.keras",
                                    save_best_only=True)
]
model.fit(int_train_ds, validation_data=int_val_ds, epochs=10,
          callbacks=callbacks)
model = keras.models.load_model("glove_embeddings_sequence_model.keras")
print(f"Test acc: {model.evaluate(int_test_ds)[1]:.3f}")
```

　　模型的測試準確度僅達到 87%, 因此在這個特定任務中, 預訓練的嵌入向量並不是很有用。這是因為現有資料集中已包含足夠的樣本, 可以直接從頭學習適用於該任務的嵌入空間。不過, 當手上的資料集較小時, 利用預訓練嵌入向量就會很有幫助。

11-4 Transformer 架構

從 2017 年開始，一個新的模型架構開始在多數 NLP 任務中超越 RNN，那就是 Transformer 架構。

Transformer 是由 Vaswani 等人於其具開創性的論文《Attention is all you need》中發表的 ❷。這篇論文的精髓就在標題中：事實證明，一種叫做「neural attention」的簡單機制，就可以用來建立很強大的序列模型，而且這些模型沒有任何循環層或卷積層。

這項發現在 NLP 領域引發了一場革命，neural attention 迅速成為深度學習中最有影響力的概念之一。在本節中，我們會深入解釋它的運作原理，以及它對序列資料如此有效的原因。接著，我們會利用 **self-attention 機制**來創建一個 **Transformer 編碼器** (Transformer 架構的基礎組成元件之一)，並把它用於 IMDB 影評分類任務。

11-4-1　認識 self-attention 機制

在閱讀本書的過程中，你可能會跳過一些部分，並專注於閱讀感興趣的部分。如果模型也這麼做，結果又會如何呢？這是一個簡單卻很強大的想法。模型看到的所有輸入資訊，對我們手上的任務而言並非都一樣重要，所以模型應該對某些特徵「更加關注 (pay more attention)」，而對其他特徵「少關注一點 (pay less attention)」。

聽起來很熟悉吧？其實，你已經在本書中遇過兩次類似的概念了：

● 卷積神經網路中的最大池化 (max pooling) 操作，只著眼於某個空間區域中的特徵池 (編註：例如 2×2 MaxPooling 只會在 2×2 的區域中進行操作)，並選擇一個特徵來保留。這是一種「全有或全無」的注意力形式：只保留最重要的特徵，並拋棄其他的。

---

❷　Ashish Vaswani et al., "Attention is all you need" (2017), https://arxiv.org/abs/1706.03762.

● TF-IDF 正規化會根據不同 token 可能乘載的資訊量多寡, 為 token 的重要性進行評分 (加權)。重要的 token 會被加強, 而不相關的 token 則會被弱化。這是一種連續 (continuous) 的注意力形式 (編註:根據重要性, 每個 token 的資訊都會或多或少地保留下來, 不像最大池化中的「全有或全無」)。

注意力的形式有很多種, 但原則上都是對一組特徵的**重要程度**進行評分。其中, 關聯性較高的特徵有著較高的分數, 關聯性較低的特徵則有著較低的分數 (見圖 11.5)。這些分數要如何計算, 以及應該拿它們做什麼, 會因方法不同而有所差異。

原始表示法

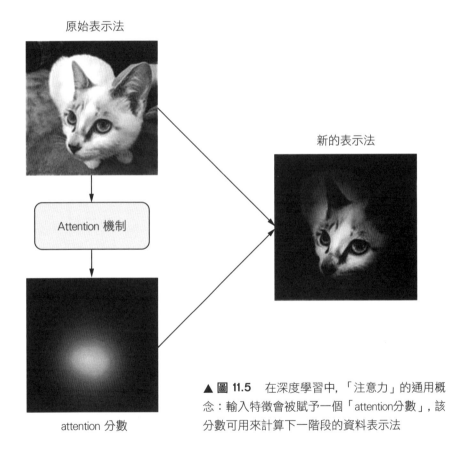

新的表示法

Attention 機制

attention 分數

▲ 圖 11.5　在深度學習中, 「注意力」的通用概念:輸入特徵會被賦予一個「attention分數」, 該分數可用來計算下一階段的資料表示法

重要的是, 這種 attention 機制不僅可以用來凸顯或抹去某些特徵, 還能讓特徵具有**語境感知能力** (context-aware)。我們剛學過詞嵌入法, 也就是能捕捉不同單字間語義關係之向量空間。在嵌入空間中, 一個單字會有固定的位置, 代表該單

字與空間中其他單字的固定關係。但是, 這並不完全是語言的運作方式, 因為一個單字的意思通常取決於其語境。舉例來說, date 這個單字可能代表「日期」, 也可能代表「約會」, 甚至可能是「椰棗」的意思。這完全是依據該單字所在句子的語境而定。

由此可見, 一個「聰明」的嵌入空間應該要能為一個單字, 依其語境 (周圍的單字) 提供不同的向量表示法。這就是 self-attention 派上用場的時候了, 其目的就是要使用序列中相關 token 的表示法, 來調整特定 token 的表示法。如此一來, 就能產生具語境感知能力的 token 表示法。假設現在要處理以下例句:「The train left the station on time」, 先來看看句中的單字:station。此處的 station 指的是哪一種 station? 是廣播電台 (radio station) 嗎? 還是國際太空站 (International Space Station)? 讓我們透過 self-attention 機制來釐清 (見圖 11.6)。

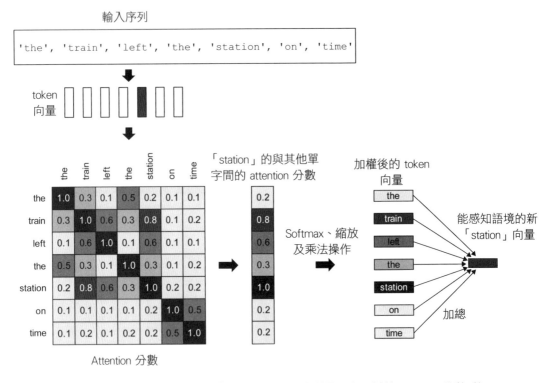

▲ 圖 11.6 self-attention 機制:在「station」和序列中其他單字間計算 attention 分數, 然後用這些分數對單字向量進行加權總和, 產生一個新的「station」向量

　　第一步是要計算「station」與句子中其他單字間的關聯性分數，也就是我們的「attention 分數」。我們要做的，就只是計算兩個單字向量間的**點積** (dot product)，以此來衡量它們間的關聯性強度。這是一個運算效率很高的距離函數，而且早在 Transformer 之前，它就已是計算兩個詞嵌入向量關聯性的標準方法了。實務上，這些分數還會經過縮放函數和 softmax 的處理，不過現在可以先忽略，因為這些只是實作中的小細節。

　　第二步是要計算句子中所有單字向量的加權總和 (以 attention 分數進行加權)。跟「station」有密切關聯的的單字會對總和的貢獻較大 (包括「station」這個單字本身)，而不相關的單字的則幾乎不會有貢獻。最終產生的向量會是「station」的新表示法：一個結合了周圍語境的表示法。由於新表示法中包含了「train」向量的部分資訊，故此處的「station」應該指的是「火車站 (train station)」。

　　我們要對句子中的每個單字都重複這個過程，進而將整個句子編碼成一個新的向量序列。讓我們用類似 NumPy 的虛擬碼來呈現以上內容：

```
def self_attention(input_sequence):
    output = np.zeros(shape=input_sequence.shape)
    for i, pivot_vector in enumerate(input_sequence):   ← 對輸入序列中的每一
        scores = np.zeros(shape=(len(input_sequence),))        個 token 進行迭代
        for j, vector in enumerate(input_sequence):        計算特定 token 與
            scores[j] = np.dot(pivot_vector, vector.T)   ← 其他 token 間的點
        scores /= np.sqrt(input_sequence.shape[1])             積 (attention 分數)
        scores = softmax(scores)
                        用一個正規化因子進行縮放, 並對結果套用 softmax
        new_pivot_representation = np.zeros(shape=pivot_vector.shape)
        for j, vector in enumerate(input_sequence):
            new_pivot_representation += vector * scores[j]  ←
        output[i] = new_pivot_representation  ←         取所有經 attention 分
    return output                  這個總和就是最後的    數加權的 token 總和
                              輸出 (新的向量表示法)
```

實務上，我們使用的會是向量化的實作方式。Keras 有一個內建的層來進行以上處理，即 MultiHeadAttention 層，以下是其使用方式：

```
num_heads = 4
embed_dim = 256
mha_layer = MultiHeadAttention(num_heads=num_heads, key_dim=embed_dim)
outputs = mha_layer(inputs, inputs, inputs)
```

以上程式碼可能會讓你產生一些疑問：

● 為什麼要傳遞 3 次 inputs 給層？

● multiple heads 指的是什麼？

這兩個問題的答案都很簡單，我們來一起看看。

普適化的 self-attention：query-key-value 模型

目前為止，我們考慮的是只有一個輸入序列的狀況。然而，Transformer 架構最初是為了機器翻譯而開發。在這種任務中，你要處理兩個輸入序列：目前正在翻譯的**原始序列** (如「How's the weather today?」)，以及要轉換成的**目標序列** (如「Qu tiempo hace hoy?」)。Transformer 架構是一種 Seq2seq (sequence-to-sequence, 序列至序列) 模型，其目的是將一個序列轉換成另一個序列。我們會在本章的後續內容中，更深入地介紹 Seq2seq 模型。

現在先退一步來看，我們剛剛介紹的 self-attention 機制會做以下事情：

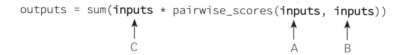

```
outputs = sum(inputs * pairwise_scores(inputs, inputs))
                  C                        A        B
```

以上程式碼的意思是：針對 inputs (A) 中的每一個 token，計算該 token 與 inputs (B) 中每個 token 的關聯性強度 (attention 分數)，並使用這些分數對 inputs (C) 的 token 進行加權。最重要的是，A、B 和 C 不一定要是同一個輸入序列。一般來說，你可以用 3 個不同的序列來做這件事，我們將它們分別稱為「query」、「key」和「value」。因此，這個操作變成了「針對 query 中每個元素，計算該元素與每個 key 元素的關聯性強度，並使用這些分數對 value 元素進行加權總和」。

```
outputs = sum(values * pairwise_scores(query, keys))
```

以上術語來自搜尋引擎和推薦系統 (見圖 11.7)。想像你正在輸入一項 query，要從資料庫中取得一張照片：「海灘上的狗」。在資料庫內部，每張圖都會由一組關鍵字所描述，如「貓」、「狗」、「派對」等等。我們稱之為

「key」。搜尋引擎會先把你的 query 與資料庫中的 key 進行比較。其中, query 與「狗」的匹配度為 1, 而與「貓」的匹配度則為 0。接著, 搜尋引擎會依照匹配度 (也就是關聯性) 排序這些 key, 並傳回前 N 個匹配度最高的圖片。

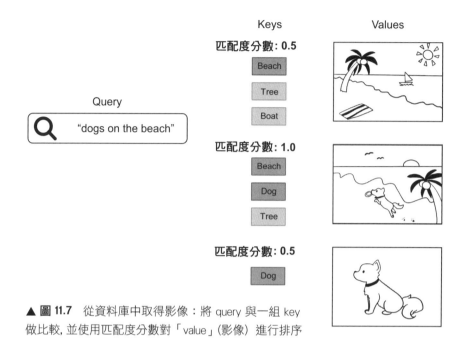

▲ 圖 11.7　從資料庫中取得影像：將 query 與一組 key 做比較, 並使用匹配度分數對「value」(影像) 進行排序

　　概念上, 這就是 Transformer 架構的 attention 在做的事。我們有一個描述查找對象的序列, 就是 query 序列。我們還有一個能從中萃取資訊的序列, 也就是 value 序列。每個 value 序列都被指派了一個 key 序列, 它能將 query 和 value 進行比較。我們要做的就是計算 query 和 key 的匹配程度, 接著傳回 value 的加權總和。

　　在實際案例中, key 跟 value 通常會是同一個序列。例如, 在機器翻譯中, query 就是目標序列, 而原始序列則扮演 key 跟 value 的角色。針對 query 的每個元素 (如「tiempo」, 編註:西班牙語中的「天氣」), 我們要檢視原始序列 (「How's the weather today?」) 中的元素, 並檢視其與 query 元素的關聯性 (「tiempo」和「weather」關聯性應該會很強)。當然, 如果只是做序列分類, 那麼 query、key 跟 value 都是一樣的：因為我們是將一個序列和自己做比較, 用整個序列的語境來豐富每個 token 的資訊。

這就解釋了為何要傳遞 3 次 inputs 到 MultiHeadAttention 層。不過,「多端口 (multi-head)」attention 又是怎麼回事呢?

11-4-2 多端口 attention (Multi-head attention)

「多端口 attention」是 self-attention 機制的一種進階版本, 於《Attention is all you need》一文中所發表。「多端口」代表 self-attention 層的輸出空間會被分解成多個獨立的子空間, 且是個別學習而來。在每個子空間中, 初始的 query、 key 和 value 會經過 3 組獨立的密集投影 (Dense 層運算), 進而產生 3 個獨立的向量。每個向量都會透過 neural attention 進行處理, 並形成單一的輸出序列。最後, 每個子空間的輸出序列將串接在一起, 形成最後的輸出。每個這樣的子空間被稱為「端口 (head)」, 你可以在圖 11.8 中看到全貌。

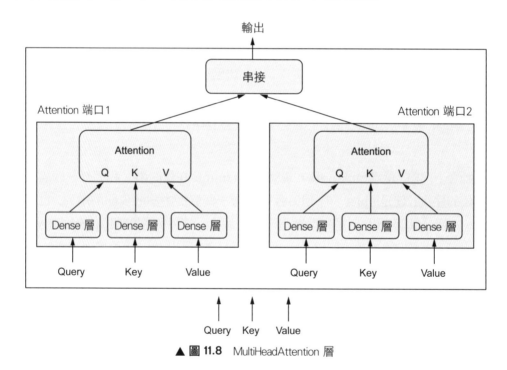

▲ 圖 **11.8** MultiHeadAttention 層

由於有了可學習的密集投影 (Dense 層), 因此 MultiHeadAttention 層的確能學到一些東西。換言之, 取得輸出的過程並不是純粹的無狀態轉換 (編註:在先前的做法中, 我們是對 query 和 key 序列的元素進行點積運算, 並使用計算出的attention 分數來加權總和 value 序列的元素, 該過程中並沒有任何可學習參數)。此外, 獨立的 head 也有助於為每個 token 學習不同的特徵組合。每個組合內的特徵都是彼此相關的, 但大多與其它組合的特徵無關。

此處的運作原理類似於**深度可分離卷積** (depthwise separable convolution)：在深度可分離卷積中, 卷積的輸出空間會被分解成許多子空間 (每個輸入 channel 各一個), 而每個子空間會分別被獨立學習。《Attention is all you need》論文出來時, 「將特徵空間分解成獨立子空間」的概念已證實可以為電腦視覺模型帶來很大的益處。無論是對可分離卷積, 還是與其密切相關的**分組卷積** (grouped convolution) 而言皆然。多端口 attention 不過是單純地將同樣的想法用於 self-attention。

11-4-3　Transformer 編碼器

如果增加額外的密集投影 (Dense 層) 這麼有用, 為何我們不在 attention 機制的輸出上也用上一兩個 Dense 層呢？其實, 這是一個好主意, 就這麼做吧！由於模型做的事開始變多了, 所以可能要添加**殘差連接** (residual connection), 確保在過程中不會破壞任何有價值的資訊。我們在第 9 章中提過, 它們對任何有一定深度的模型架構來說都是必備的。除此之外, 第 9 章還提到了另一件事：**正規化層** (normalization layer) 能使梯度在反向傳播過程中更好地傳遞, 我們也會把它加入模型中。

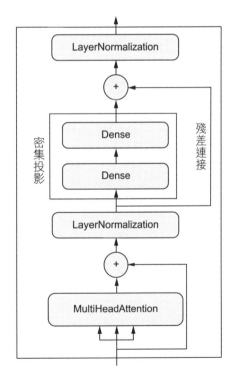

將輸出分解成多個獨立空間、添加殘差連接、加入正規化層, 這些都是標準的架構模式, 在任何複雜模型中運用這些模式都是明智之舉。將這些元件組合在一起, 便形成了 **Transformer 編碼器** (Transformer encoder), 也就是 Transformer 架構中的一個關鍵部分。

▲ 圖 **11.9**　Transformer 編碼器將 MultiHeadAttention 層跟密集投影 (Dense 層) 串接在一起, 並添加了正規化和殘差連接

原始 Transformer 架構由兩部分組成：一個處理原始序列的 Transformer **編碼器**，以及一個透過原始序列來生成翻譯結果的 Transformer **解碼器**。我們很快就會提到有關解碼器的部分。

其中, 編碼器的部分也可用於文字分類。它是一個很通用的模組, 可以擷取一個序列, 並學習將它變成更有用的表示法。讓我們來實作一個 Transformer 編碼器, 並在影評分類任務上試用它。

程式 11.21 將 Transformer 編碼器實作成 Layer 的子類別

```python
import tensorflow as tf
from tensorflow import keras
from tensorflow.keras import layers

class TransformerEncoder(layers.Layer):
    def __init__(self, embed_dim, dense_dim, num_heads, **kwargs):
        super().__init__(**kwargs)
        self.embed_dim = embed_dim        ← 輸入 token 的向量大小
        self.dense_dim = dense_dim        ← 內部密集層的大小
        self.num_heads = num_heads        ← attention 端口的數量

        self.attention = layers.MultiHeadAttention(
            num_heads=num_heads, key_dim=embed_dim)
        self.dense_proj = keras.Sequential(
            [layers.Dense(dense_dim, activation="relu"),
             layers.Dense(embed_dim),]
        )
        self.layernorm_1 = layers.LayerNormalization()
        self.layernorm_2 = layers.LayerNormalization()

    def call(self, inputs, mask=None):    ← 在 call() 中定義運算過程
        if mask is not None:
            mask = mask[:, tf.newaxis, :]    Embedding 層生成的遮罩會是
                                             2D 的, 但 attention 層會期望接
                                             收 3D 遮罩, 所以我們要增加其
                                             軸數 (在第 1 軸增加一軸)
        attention_output = self.attention(
            inputs, inputs, attention_mask=mask)
        proj_input = self.layernorm_1(inputs + attention_output)
        proj_output = self.dense_proj(proj_input)
        return self.layernorm_2(proj_input + proj_output)
```

▶接下頁

```
    def get_config(self):  ◀── 實作序列化 (serialization) 以供我們
                               用來保存模型, 細節請見下文
        config = super().get_config()  ◀── 取得 TransformerEncoder
        config.update({                     層的預設配置資訊
            "embed_dim": self.embed_dim,
            "num_heads": self.num_heads,
            "dense_dim": self.dense_dim,
        })
        return config
```

保存及載入自訂層的技巧

實作自訂層時, 請記得也要實作 get_config () 方法, 以讓我們能用層的 config 字典 (存有層的配置資訊) 來重新實例化它, 這在保存和載入模型時都非常有用。這個 method 會傳回一個 Python 字典, 其中包含用來重新創建該層的建構子引數 (constructor argument)。

> **小編補充**: 例如我們執行「x = TransformerEncoder (embed_dim=256, num_heads=2, dense_dim=32)」來建立 TransformerEncoder 層, 那麼 x.get_config () 所傳回的字典中就會包含「embed_dim=256, num_heads=2, dense_dim=32」的資訊。

所有的 Keras 層都必須能被序列化跟反序列化 (deserialized), 如下:

```
config = layer.get_config()
new_layer = layer.__class__.from_config(config)  ◀── config 中不包含權重
                                                     值, 因此所有權重都
                                                     會從頭開始初始化
```

編註: 呼叫「layer 物件」的「所屬類別」的「from_config() 方法」來建立新物件

舉例來說:

```
layer = PositionalEmbedding (sequence_length, input_dim, output_dim)
config = layer.get_config()
new_layer = PositionalEmbedding.from_config(config)  ◀──┐
                                    new_layer 會和 layer 有著相同的配置
```

▶接下頁

> 當我們儲存一個包含自訂層的模型時, 檔案中也會包含自訂層的 config 字典。在從檔案載入模型時, 則必須在載入程序中提供自訂層的類別名稱及類別定義, 這樣它才能理解 config 物件要如何使用:
>
> ```
> model = keras.models.load_model (
>     filename, custom_objects={"PositionalEmbedding":PositionalEmbedding})
> ```

　　此處使用的正規化層, 跟之前在影像模型中使用的 BatchNormalization 層不同。這是因為 BatchNormalization 層在序列資料上的表現並不好。因此, 我們會改用 LayerNormalization 層。它會對批次中的每個序列分別進行正規化處理。以下使用類似 NumPy 的虛擬碼來說明 LayerNormalization 層:

```
def layer_normalization(batch_of_sequences):   ◀── 輸入的 shape 為 (batch_size,
                                                    sequence_length, embedding_dim)
    mean = np.mean(batch_of_sequences, keepdims=True, axis=-1)
    variance = np.var(batch_of_sequences, keepdims=True, axis=-1)
    return (batch_of_sequences - mean) / variance
```

為了計算平均值和變異數, 我們只沿最後一個軸 (第 -1 軸) 的資料進行池化

小編補充 1:以上參數 keepdims=True 是要讓計算結果維持原來的軸數, 例如:

```
a = np.array ([[[1,2],[3,4]], [[5,6],[7,8]]])   ◀── shape 為 (2,2,2)
```

則 np.mean (a, keepdims=True, axis=-1) 的結果為:

```
array ([[[1.5],[3.5]], [[5.5],[7.5]]])   ◀── shape 為 (2,2,1), 仍是 3 軸
```

小編補充 2:請注意! LayerNormalization 預設是針對序列中的單一筆資料 (即最後一軸, 例如序列中的單一筆氣象資料) 做正規化, 而非針對整個序列做正規化 (最後二軸, 例如序列中的全部氣象資料)。此外, 在建立 LayerNormalization 層時, 也可以用 axis 參數來指定要針對哪一軸做正規化 (預設為最後一軸)。

　　跟 BatchNormalization 層相比 (訓練階段):

```python
def batch_normalization (batch_of_images):    ← 輸入的 shape 為 (batch_size, height, width, channels)
    mean = np.mean(batch_of_images, keepdims=True, axis=(0, 1, 2))
    variance = np.var(batch_of_images, keepdims=True, axis=(0, 1, 2))
    return (batch_of_images - mean) / variance
```

沿著批量軸 (第 0 軸) 對資料做池化, 這會讓同一批次中的樣本間產生交互作用

小編補充：axis= (0, 1, 2) 可看成是依序對第 0、1、2 軸做處理, 例如：

a = np.array ([[[1,2],[3,4]], [[5,6],[7,8]]])   ← shape 為 (2,2,2)

則執行 np.mean (a, keepdims=True, axis= (0,1)) 時, 可看成是先對第 0 軸做平均, 結果為：

array ([[[3., 4.], [5., 6.]]])   ← 其中 3 為 1、5 的平均, 4 為 2、6 的平均, …

接著再對第 1 軸做平均, 最後結果為：

array ([[[4., 5.]]])   ← 其中 4 為 3、5 的平均, 5 為 4、6 的平均

　　BatchNormalization 層會收集很多樣本的資訊, 以獲取準確的特徵平均值和變異數統計結果。LayerNormalization 層則是分別針對每個序列中的資料進行池化, 這是更適合序列資料的做法。

　　現在, 我們已經實作出 TransformerEncoder, 接著即可用它來組裝一個文字分類模型, 就像之前的範例使用 GRU 來建立模型一樣。

程式 11.22　使用 Transformer 編碼器進行文字分類

```python
vocab_size = 20000
embed_dim = 256
num_heads = 2
dense_dim = 32

inputs = keras.Input(shape=(None,), dtype="int64")
x = layers.Embedding(vocab_size, embed_dim)(inputs)
x = TransformerEncoder(embed_dim, dense_dim, num_heads)(x)
x = layers.GlobalMaxPooling1D()(x)    ← TransformerEncoder 傳回的是完整序列,
x = layers.Dropout(0.5)(x)            我們必須透過全局池化層將每個序列
                                      縮減成單一向量, 以進行分類
```
▶接下頁

```
outputs = layers.Dense(1, activation="sigmoid")(x)
model = keras.Model(inputs, outputs)
model.compile(optimizer="rmsprop",
              loss="binary_crossentropy",
              metrics=["accuracy"])
model.summary()
```

接著, 我們來訓練它。

程式 11.23 　訓練並評估以 Transformer 編碼器為基礎的模型

```
callbacks = [
    keras.callbacks.ModelCheckpoint("transformer_encoder.keras",
                                    save_best_only=True)
]
model.fit(int_train_ds, validation_data=int_val_ds, epochs=20,
          callbacks=callbacks)
model = keras.models.load_model(
    "transformer_encoder.keras",                   提供自訂的 TransformerEncoder 類別
    custom_objects={"TransformerEncoder": TransformerEncoder}) ←┘
print(f"Test acc: {model.evaluate(int_test_ds)[1]:.3f}")
```

模型的測試準確度達到了 87.5%, 比 GRU 模型略差一點。到這裡為止, 你應該開始感到有些不安了。這裡有些不對勁, 你看得出來是什麼嗎?

這個小節表面上是在介紹「序列模型」, 而我從一開始就強調了單字順序的重要性。先前提過, Transformer 是一個處理序列資料的架構, 最初是為機器翻譯而開發的。但是, 剛剛使用的 Transformer 編碼器根本就不是序列模型:它是由密集層和 attention 層所組成, 前者會獨立處理序列中的 token, 後者則將 token 當成集合來看待。因此, 若改變序列中的 token 順序, 你還是會得到完全相同的 attention 分數, 以及完全相同的語境感知表示法。如果把每篇影評中的單字完全打亂, 模型也不會注意到, 你還是會得到一樣的準確度。self-attention 是一種**集合處理機制** (set-processing mechanism), 主要關注序列元素組合之間的關係 (見圖 11.10), 它對這些元素出現在序列開頭、結尾或中間毫無興趣。那麼, 我們為什麼說 Transformer 是序列模型呢?如果不考慮單字順序, 它對機器翻譯來說怎麼可能會好?

	感知單字順序	感知語境 (單字間 的交互作用)
unigram 詞袋	無	無
bigram 詞袋	非常少	無
RNN	有	無
Self-attention	無	有
Transformer	有	有

◀ 圖 11.10　不同類型
之 NLP 模型的特點

在本章稍早的解決方案中暗示過：Transformer 是一種混合 (hybrid) 方法。嚴格來說, 它是不考慮順序的, 但我們可以在表示法中**手動注入順序資訊**。這就是我們目前缺少的那塊拼圖：**位置編碼** (positional encoding), 讓我們來看看。

使用位置編碼 (positional encoding) 重新注入順序資訊

位置編碼背後的概念很簡單, 為了讓模型得到單字順序的資訊, 我們要在每個單字的嵌入向量中, 加入它在句子中的位置。因此, 我們輸入的詞嵌入向量會由兩個部分組成：一般的詞向量, 代表獨立於任何特定語境的單字；以及一個位置向量, 代表該單字在目前句子中的位置。

我們能想到的最簡單方式, 是將單字位置與其嵌入向量串接在一起。你可以在向量中添加一個「位置」軸, 並用 0 表示序列中的第一個單字, 用 1 表示第二個單字, 以此類推。

不過, 這也不是一個好方法, 因為我們可能要用很大的整數來表示位置, 這樣就會擾亂嵌入向量中的數值範圍。我們已經知道, 神經網路不喜歡非常大的輸入值, 或離散的輸入分佈。

《Attention is all you need》論文使用了一個技巧來編碼單字位置：在詞嵌入向量中加入一個包含 [-1, 1] 範圍內的數值向量, 這個向量會根據位置的不同而循環變化 (使用 cosine 函數)。這個技巧讓我們能透過一個數值較小的向量, 對某個大範圍內的任何整數進行獨特的表述。這是很聰明的做法, 但在我們的案例中不會使用它。我們要採取更簡單、更有效的方法：使用與「學習嵌入單字的索引」相同的方式，來學習位置嵌入向量。接著，我們會繼續把位置嵌入向量添加到相應的詞嵌入向量中，以得到一個能感知位置的詞嵌入向量。這種技術稱為**位置嵌入法** (positional embedding。我們來實作看看。

程式 11.24　將位置嵌入法實作成 Layer 的子類別

```python
class PositionalEmbedding(layers.Layer):
    def __init__(self, sequence_length, input_dim, output_dim, **kwargs):
```

位置嵌入法有一個缺點，就是要提前知道序列長度

為 token 的索引準備一個 Embedding 層

```python
        super().__init__(**kwargs)
        self.token_embeddings = layers.Embedding(
            input_dim=input_dim, output_dim=output_dim)
        self.position_embeddings = layers.Embedding(
            input_dim=sequence_length, output_dim=output_dim)
        self.sequence_length = sequence_length
        self.input_dim = input_dim
        self.output_dim = output_dim
```

為 token 的位置準備另一個 Embedding 層

```python
    def call(self, inputs):
        length = tf.shape(inputs)[-1]
        positions = tf.range(start=0, limit=length, delta=1)
        embedded_tokens = self.token_embeddings(inputs)
        embedded_positions = self.position_embeddings(positions)
        return embedded_tokens + embedded_positions
```
← 把兩個嵌入向量加在一起

```python
    def compute_mask(self, inputs, mask=None):
        return tf.math.not_equal(inputs, 0)
```
跟 Embedding 層一樣，這個層應該要能生成一個遮罩，讓我們得以忽略輸入中填補的 0。該方法會被自動呼叫，而遮罩會傳播到下一層

```python
    def get_config(self):
        config = super().get_config()
        config.update({
            "output_dim": self.output_dim,
            "sequence_length": self.sequence_length,
            "input_dim": self.input_dim,
        })
        return config
```

使用 PositionalEmbedding 層的方法，就和使用一般的 Embedding 層相同，我們來看看實際的運作情形。

組合所有元件：用作文字分類的 Transformer

若要考慮單字順序，只需直接把舊的 Embedding 層換成可感知位置的版本 (PositionalEmbedding 層)。

程式 11.25 將「Transformer 編碼器」與「位置嵌入法」結合

```
vocab_size = 20000
sequence_length = 600
embed_dim = 256
num_heads = 2
dense_dim = 32

inputs = keras.Input(shape=(None,), dtype="int64")
x = PositionalEmbedding(sequence_length, vocab_size, embed_dim)(inputs)
x = TransformerEncoder(embed_dim, dense_dim, num_heads)(x)
x = layers.GlobalMaxPooling1D()(x)
x = layers.Dropout(0.5)(x)
outputs = layers.Dense(1, activation="sigmoid")(x)
model = keras.Model(inputs, outputs)
model.compile(optimizer="rmsprop",
              loss="binary_crossentropy",
              metrics=["accuracy"])
model.summary()

callbacks = [
    keras.callbacks.ModelCheckpoint("full_transformer_encoder.keras",
                                    save_best_only=True)
]
model.fit(int_train_ds, validation_data=int_val_ds, epochs=20,
          callbacks=callbacks)
model = keras.models.load_model(
    "full_transformer_encoder.keras",
    custom_objects={"TransformerEncoder": TransformerEncoder,
                    "PositionalEmbedding": PositionalEmbedding})
print(f"Test acc: {model.evaluate(int_test_ds)[1]:.3f}")
```

我們的測試準確度達到了 88.3%，這是很明顯的進步，清楚證明了單字順序資訊在文字分類中的重要性。這是目前為止表現最好的序列模型，不過它仍比詞袋法略遜一籌。

11-4-4 何時該選擇序列模型, 而非詞袋模型

有時候, 你可能會聽到一種說法, 認為詞袋法已經過時了, 無論處理的是何種任務或資料集, 都應該選擇使用以 Transformer 為基礎的序列模型。但事實絕對不是這樣: 很多情況下, 在 bigram 詞袋的基礎上添加 Dense 層的小堆疊, 仍然是一個很有效且適當的方法。事實上, 我們在本章中針對 IMDB 資料集嘗試的各種技術中, 到目前為止表現最好的也是 bigram 詞袋。

那麼, 我們究竟該如何做出選擇呢?

2017 年, 我和團隊成員針對不同文字分類技術在各種文字資料集上的表現, 進行了系統性的分析。我們發現了一個非常卓越且令人驚訝的經驗法則, 可以用來決定要使用詞袋模型還是序列模型 (http://mng.bz/AOzK)。

面臨一個新的文字分類任務時, 應該密切注意「訓練資料中的樣本數」, 與「每個樣本的平均字數」之間的比率 (見圖 11.11)。如果比率小於 1,500, 那麼 bigram 詞袋的表現會更好 (而且訓練跟迭代速度也會更快)。若比率高於 1,500, 那就要選擇序列模型。也就是說, 當手上有大量的訓練樣本, 且每個樣本相對較短時, 序列模型就會有很好的效果。

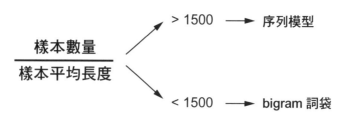

▲ 圖 11.11　選擇文字分類模型的一種簡單方法:
計算「樣本數」與「樣本平均長度」之間的比率

因此, 若要對1,000 字的文件進行分類, 而你有 100,000 份文件 (比率為 100), 就應該選擇 bigram 模型。若要分類的是平均長度為 40 字的推特推文, 而你有 50,000 條推文 (比率為 1,250), 也應該選 bigram 模型。但是, 若將資料集規模增加到 500,000 條推文 (比率為 12,500), 則要選擇 Transformer 編碼器。在本章的 IMDB 影評分類任務中, 我們有 20,000 個訓練樣本, 而樣本的平均字數為 223 (比率為 89.7), 因此我們應該要選 bigram 模型, 這也反映在實作中所得到的結果。

　　直觀而言，這其實是很合理的：序列模型的輸入，代表的是更豐富、更複雜的空間，因此會需要更多資料來映射出這個空間；而一個普通的詞彙集合是很簡單的空間，只要使用幾百或幾千個樣本就能用它來訓練一個邏輯斯迴歸模型了。此外，樣本越短，模型就越不能丟棄它包含的任何資訊。這是因為單字順序變得更重要了，丟棄它就會讓語意模糊不清。「this movie is the bomb (這部電影超好看)」和「this movie was a bomb (這部電影搞砸了)」的 unigram 表示法非常相近，可能會混淆詞袋模型，但序列模型則可以分辨出哪一個是負面，哪一個是正面的評論。反之若樣本較長，單字的統計資料就會更可靠，僅靠單字直方圖，就能讓主題或情感都變得更加容易辨別。

　　請記得，以上法則是專門為了文字分類而開發的，不一定適用於其他 NLP 任務。例如，在機器翻譯任務中，Transformer 處理長序列時的表現會比 RNN 來得突出。另外，我們的法則也只是一個經驗法則，並非科學定律，所以你可以期望它大多數時候都能發揮作用，但不能期望它每一次都成功。

11-5 文字分類以外的任務 - 以 Seq2seq 模型為例

現在, 我們已經有了解決大多數 NLP 任務所需的工具。不過, 目前你只看過這些工具在一種問題上運作, 也就是文字分類問題。這是一個非常熱門的應用, 但 NLP 的相關內容遠不止於此。在本節, 你將透過學習 **Seq2seq 模型** (sequence-to-sequence model), 加深你的專業知識。

Seq2seq 模型會把一個序列作為輸入 (通常是一個句子或段落), 並將它轉換成不同的序列。這是許多最成功的 NLP 應用案例的核心, 例如:

● **機器翻譯** (machine translation): 將原始語言的一個段落轉換成目標語言的相應內容。

● **文章摘要** (text summarization): 將一份長文件轉換成只保留最重要資訊的簡短版本。

● **問答** (question answering): 將輸入的問題轉換成答案。

● **聊天機器人** (chatbot): 把對話提示 (dialogue prompt) 轉換成對該提示的回覆, 或把對話的歷史紀錄轉換成對話中的下一個回覆。

● **文字生成** (text generation): 將文字提示轉換成符合該提示的一篇文章或段落。

● 其他。

圖 11.12 呈現的是 Seq2seq 模型背後的普遍模板。在訓練過程中:

● 編碼器模型會把原始序列轉換成一個中間表示法的編碼向量。

● 解碼器會學習如何透過編碼向量, 以及目標序列中的先前 token (第 0 個到第 i - 1 個 token), 來預測下一個 (第 i 個) 位置的目標 token。

> **小編補充**: 我們會固定在目標序列的最前面加上代表「開始」的種子 token (例如圖中解碼器下方的 "[start]"), 並在最後加上結束 token (例如圖中解碼器上方的 "[end]")。其目的為用它們來做為開始及結束的依據 (詳見下文說明)。

在**推論** (inference) 過程中, 我們無法取得目標序列, 因此要試著從頭開始逐一預測目標序列中的 token。我們必須一次生成一個 token:

① 將原始序列送入編碼器以獲取編碼向量。

② 解碼器會先檢視編碼向量, 以及初始的「種子」token (seed token, 例如圖中的 "[start]"), 並使用它們來預測目標序列中第一個 token。

③ 預測出的 token 會被送回解碼器中, 進而生成下一個預測的 token, 以此類推, 直到生成一個停止 token (stop token, 例如圖中的 "[end]") 為止。

目前為止我們學到的一切技術都可以重複利用, 進而創建出以上的新模型。讓我們開始來探索吧!

小編補充:解碼器較難理解, 我們舉一個實例來看, 假設目標序列為「[start] A B [end]」, 那麼在訓練時, 會依序將「編碼向量及 [start]」、A、B 輸入解碼器, 並訓練解碼器能依序輸出 A、B、[end]。至於在推論時, 由於沒有目標序列, 因此會改為先將「編碼向量及 [start]」輸入解碼器以輸出 A (這裡姑且假設都能正確預測), 接著再將 A 輸入解碼器以輸出 B, 最後再將 B 輸入解碼器以輸出 [end]。至此, 解碼器所輸出的「A B」, 即為模型所預測的答案。

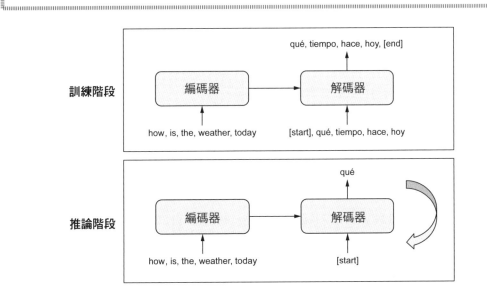

▲ **圖 11.12** Seq2seq 的學習:編碼器會先處理原始序列以輸出編碼向量, 接著將編碼向量送到解碼器中。解碼器會檢視當前的目標序列, 並預測目標序列中下一步的 token。在推論過程中, 我們會一次生成一個目標 token, 並將其送回解碼器中以生成下一個 token

11-5-1　機器翻譯的案例

我們要在一個機器翻譯任務上示範如何建構 Seq2seq 模型。順帶一提, Transformer 正是為了機器翻譯量身訂造的！首先, 我們會從一個循環序列模型開始, 然後再來探索 Transformer 的完整架構。

我們將使用英文-西班牙文的翻譯資料集 (http://www.manythings.org/anki), 現在先來進行下載：

```
!wget http://storage.googleapis.com/download.tensorflow.org/data/spa-eng.zip
!unzip -q spa-eng.zip
```

文字檔中的每一行都包含一個樣本：一個英文句子, 後面是 tab 字元, 接著是相應的西文句子。先來解析原始的檔案：

```
text_file = "spa-eng/spa.txt"
with open(text_file) as f:
    lines = f.read().split("\n")[:-1]   ◀── 取得最後一列 (空白列) 以外的所有資料
text_pairs = []
for line in lines:   ◀── 對文字檔的每一行進行迭代
    english, spanish = line.split("\t")   ◀── 每一行都包含一個英文短語及相應
                                                的西文內容, 中間以 tab 字元隔開
    spanish = "[start] " + spanish + " [end]"   ◀── 我們在西文內容的前方加
    text_pairs.append((english, spanish))            入「[start]」字元, 並在句
                                                     子後方加入「[end]」, 與
                                                     圖 11.12 中的模板一樣
```

text_pairs 的其中一筆樣本內容如下所示：

```
>>> import random
>>> print(random.choice(text_pairs))
("Soccer is more popular than tennis.",
 "[start] El fútbol es más popular que el tenis. [end]")
```

我們對資料洗牌並分成訓練集 (70%)、驗證集 (15%) 和測試集 (15%)：

```
import random
random.shuffle(text_pairs)
num_val_samples = int(0.15 * len(text_pairs))   ◀── 取 15% 的資料做為驗證集
num_train_samples = len(text_pairs) - 2 * num_val_samples ◀┐
                        測試集的樣本數與驗證集相同, 據此可算出訓練集的樣本數
```

▶接下頁

```
train_pairs = text_pairs[:num_train_samples]
val_pairs = text_pairs[num_train_samples:num_train_samples + num_val_samples]
test_pairs = text_pairs[num_train_samples + num_val_samples:]
```

接著, 讓我們準備兩個獨立的 TextVectorization 層, 一個用於英文, 另一個用於西文。我們還必須自訂字串的預處理方式:

● 我們要保留已經插入的「[start]」和「[end]」token。根據預設情況, [和] 字元會被去除, 但我們想要保留它, 以便將「start」這個單字跟「[start]」這個 token 進行區分。

● 在不同語言中, 標點符號是不一樣的。在處理西班牙文的 Text-Vectorization 層中, 如果要去除標點符號, 就要把「¿」這個字元也去除掉。

請注意, 在較正式的翻譯模型中, 我們會把標點符號字元當成獨立的 token, 而非直接把它去除, 因為標點符號也是有意義的。不過為了簡單起見, 在我們的案例中會把標點符號都捨去 (除了 [和] 這兩個標點符號)。

程式 11.26　向量化英文和西文的文字組合

```
import tensorflow as tf
import string
import re

strip_chars = string.punctuation + "¿"
strip_chars = strip_chars.replace("[", "")
strip_chars = strip_chars.replace("]", "")
def custom_standardization(input_string):
    lowercase = tf.strings.lower(input_string)
    return tf.strings.regex_replace(
        lowercase, f"[{re.escape(strip_chars)}]", "")

vocab_size = 15000
sequence_length = 20

source_vectorization = layers.TextVectorization(      ←── 英文的 TextVectorization 層
    max_tokens=vocab_size,
    output_mode="int",
    output_sequence_length=sequence_length,
)
```

自訂一個字串標準化函式: 它在去除標點符號時, 會保留 [和], 並額外將西文的¿去除

為求簡單, 我們只會處理每種語言的前 15,000 個單字, 並將句子限制在 20 字

▶接下頁

```
target_vectorization = layers.TextVectorization(  ← 西文的 TextVectorization 層
    max_tokens=vocab_size,
    output_mode="int",
    output_sequence_length=sequence_length + 1,  ←
    standardize=custom_standardization,
)
```

要多生成一個 token, 因為在訓練過程中必須
讓解碼器預測出的句子向左偏移 1 步, **編註：**
例如輸入「[start] A B」要預測出「A B [end]」

```
train_english_texts = [pair[0] for pair in train_pairs]
train_spanish_texts = [pair[1] for pair in train_pairs]
source_vectorization.adapt(train_english_texts) ┐
target_vectorization.adapt(train_spanish_texts) ┘ 學習兩種語言的詞彙表
```

　　最後, 我們可以將資料轉成 tf.data 工作流 (編註：就是使用 tf.data 物件來提供輸入資料)。我們希望它能傳回一個 (inputs, target) 的 tuple, 其中 inputs 是有兩個 key 的 Python 字典, 即「編碼器輸入」(英文句子) 和「解碼器輸入」(西文句子), 而 target 則是向左偏移一步的西文句子 (編註：也就是去掉最左邊的 [start], 例如「[start] A B [end]」會變成「A B [end]」)。

程式 11.27　為翻譯任務準備資料集

```
batch_size = 64

def format_dataset(eng, spa):
    eng = source_vectorization(eng)
    spa = target_vectorization(spa)
    return ({
        "english": eng,
        "spanish": spa[:, :-1],  ← ┐ inputs 是有兩個 key 的 Python 字典
                                   ┘
        inputs 中的西文句子不包括最後一個 token,
        以讓 inputs 和 targets 中的句子保持相同長度
    }, spa[:, 1:])  ← targets 中的西文句子會往左偏移一步(去掉
                      [start]), 兩者的長度仍然相同 (20 個單字)
def make_dataset(pairs):
    eng_texts, spa_texts = zip(*pairs) ┐
    eng_texts = list(eng_texts)        ├ 取出英文句子和西文
    spa_texts = list(spa_texts)        ┘ 句子, 並分別存進串列
    dataset = tf.data.Dataset.from_tensor_slices(( ┐ 依序取出 eng_texts 和
                eng_texts, spa_texts))             ├ spa_texts 中的元素, 並
                                                   ┘ 放進 tuple 中傳回
```

▶接下頁

```
        dataset = dataset.batch(batch_size)
        dataset = dataset.map(format_dataset, num_parallel_calls=4) ←
                                編註: 將資料轉成我們想要的格式
        return dataset.shuffle(2048).prefetch(16).cache() ←
                                用記憶體內的快取來
                                提升預先處理的速度
train_ds = make_dataset(train_pairs)
val_ds = make_dataset(val_pairs)
```

以下是輸入資料和輸出資料的 shape 資訊:

```
>>> for inputs, targets in train_ds.take(1):
>>>     print(f"inputs['english'].shape: {inputs['english'].shape}")
>>>     print(f"inputs['spanish'].shape: {inputs['spanish'].shape}")
>>>     print(f"targets.shape: {targets.shape}")
inputs["encoder_inputs"].shape: (64, 20)
inputs["decoder_inputs"].shape: (64, 20)
targets.shape: (64, 20)
```

現在, 資料已經準備好, 可以來建立模型了。我們將從循環 Seq2seq 模型 (recurrent sequence-sequence model) 先開始, 接著再來說明 Transformer 模型。

11-5-2 用 RNN 進行 Seq2seq 的學習

RNN 在被 Transformer 超越前, 曾於 2015-2017 年間在 Seq2seq 學習的領域中獨佔鰲頭。它是許多現實世界中, 機器翻譯系統的基礎。正如我們在第 10 章中所說, 2017 年左右的 Google 翻譯服務, 就是由 7 個大型 LSTM 層的堆疊所驅動。這種方法至今仍值得學習, 因為它能提供一個較簡單的切入點來理解 Seq2seq 模型。

若要用 RNN 將一個序列轉換成另一個序列, 最簡單的方法就是保留 RNN 每個時步的輸出 (即將 return_sequences 設為 True)。以下是用 Keras 實作的方式:

```
inputs = keras.Input(shape=(sequence_length,), dtype="int64")
x = layers.Embedding(input_dim=vocab_size, output_dim=128)(inputs)
x = layers.LSTM(32, return_sequences=True)(x)
outputs = layers.Dense(vocab_size, activation="softmax")(x)
model = keras.Model(inputs, outputs)
```

不過, 這種方法有兩個主要的問題：

● 目標序列和原始序列的長度必須相同。在實際案例中, 很少會遇到這種情形。不過技術上, 這並不是嚴重的問題, 因為你可以對原始序列或目標序列進行填補, 讓它們長度一致。

● 由於 RNN 的「逐一處理時步」特性, 模型只會使用原始序列中的第 0~N 個 token, 來預測目標序列中的第 N 個 token。這樣的限制導致 RNN 不適用於大多數的任務, 特別是翻譯任務。想想看, 如果我們要把「The weather is nice today」翻成法語, 即「Il fait beau aujourd'hui」, 你會需要從「The」中預測出「Il」、從「The weather」中預測「Il fait」等等。這其中的資訊非常少, 根本不可能成功預測。

人類在翻譯句子前, 會先閱讀整個原句。這一點在處理單字順序差異很大的語言 (例如英文和日文) 時特別重要, 而這正是標準的 Seq2seq 模型所做的事。

在一個好的 Seq2seq 設置中 (見圖 11.13), 你會先用一個 RNN (編碼器) 把整個原始序列變成單一的向量 (或一組向量)。該向量可能是 RNN 的最終輸出, 或最終的內部狀態向量。接著, 我們要將這個向量 (或一組向量) 作為另一個 RNN (解碼器) 的初始狀態, 它會使用目標序列中的第 0 個至第 N 個元素, 嘗試預測目標序列中的第 N+1 個元素。

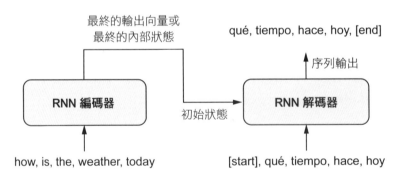

▲ 圖 **11.13**　Seq2seq RNN：RNN 編碼器可將整個原始序列編碼成向量, 這個向量會作為 RNN 解碼器的初始狀態

讓我們使用 GRU 編碼器和解碼器來實作 Seq2seq 模型。選擇 GRU 而非 LSTM, 會讓一切變得簡單一點, 因為 GRU 只有一個狀態向量, 而 LSTM 卻有數個。我們先從編碼器開始說明。

程式 11.28　使用 GRU 編碼器

```
from tensorflow import keras
from tensorflow.keras import layers


embed_dim = 256
latent_dim = 1024

source = keras.Input(shape=(None,), dtype="int64", name="english")  ◄──┐
                    source 為英文原句, 此處指定了 Input 物件的名稱 (english),
                    以便能將輸入資料以 Python 字典的形式傳入 fit()
x = layers.Embedding(vocab_size, embed_dim, mask_zero=True)(source)
                                             ▲
                    別忘了設定遮罩 (遮掉 0 值), 這很重要！
encoded_source = layers.Bidirectional(
     layers.GRU(latent_dim), merge_mode="sum")(x)  ◄── 雙向 GRU 的最終輸出
                                ▲                      就是原句的編碼結果
           加總正向處理序列以及反向處理序列的結果
```

接著來添加解碼器：一個簡單的 GRU 層, 它會將原句的編碼結果作為其初始狀態。在解碼器之上, 我們會添加一個 Dense 層, 為每個輸出時步產生一個西文詞彙 (15000 個字) 的機率分佈。

程式 11.29　使用 GRU 解碼器以及端到端模型

```
past_target = keras.Input(shape=(None,), dtype="int64", name="spanish")  ◄──┐
                                             past_target 為西文目標句 ──────┘
x = layers.Embedding(vocab_size, embed_dim,
                     mask_zero=True)(past_target)  ┐─ 此處同樣要使用遮罩
decoder_gru = layers.GRU(latent_dim, return_sequences=True)
x = decoder_gru(x, initial_state=encoded_source)  ◄── 原句的編碼結果為解碼
x = layers.Dropout(0.5)(x)                             器 GRU 的初始狀態
target_next_step = layers.Dense(vocab_size, activation="softmax")(x)  ◄──
                                             預測下一個 token 的機率分佈
seq2seq_rnn = keras.Model([source, past_target], target_next_step)  ◄──
             端到端模型：將原始句子跟目標句子, 對應到左移一位
             的目標句子 (因此每個 token 都會應到其下一個 token)
```

11

在訓練過程中, 解碼器會把整個目標序列當作輸入序列, 此時由於 RNN 逐時步處理的特性, 模型可以藉由輸入序列中的第 0~N 個 token, 來預測輸出序列中的第 N 個 token (此 token 是對應到輸入序列中的第 N+1 個 token, 因為輸出序列已向左偏移一步)。也就是說, 我們只會使用過去的資訊來預測未來。這是合理的, 否則就像是作弊, 進而導致模型在推論期間無法正常運作。現在, 讓我們開始訓練模型。

程式 11.30　訓練循環 Seq2seq 模型

```
seq2seq_rnn.compile(
    optimizer="rmsprop",
    loss="sparse_categorical_crossentropy",
    metrics=["accuracy"])
seq2seq_rnn.fit(train_ds, epochs=15, validation_data=val_ds)
```

我們選擇準確度作為一種粗略的方式, 來監看訓練期間模型在驗證集上的表現。我們得到的準確度為 64%:平均而言, 該模型有 64% 的時間都正確預測了西文句子中的下一個單字。不過實務上, 下一個 token 的預測準確度對機器翻譯模型來說, 並不是一個很好的衡量標準。這是因為模型在預測第 N+1 個 token 前, 會先假設已知道第 0 到第 N 個 token 的正確答案。在現實案例中, 我們要在推論過程中從頭開始生成目標句子, 但我們無法斷定之前生成的 token 是百分百正確的。在處理現實世界中的機器翻譯系統時, 我們可能會使用「BLEU (BiLingual Evaluation Understudy) 分數」來評估模型。這是一個能檢查**整個生成序列**的指標, 且似乎與人類對翻譯品質的感知很相似。

最後, 讓我們用模型來進行推論。我們會先從測試集中挑出幾個句子, 看看模型的翻譯結果。先從種子 token「[start]」開始, 將其與英文原句的編碼結果一起餵入解碼器模型中。我們會取得「下一個 token」的預測結果, 然後把它重新輸入解碼器, 並在每次迭代中取得新的目標 token, 直到我們遇到「[end]」, 或句子長度達到限制值。

程式 11.31 用 RNN 編碼器和解碼器翻譯新的句子

```
import numpy as np
spa_vocab = target_vectorization.get_vocabulary()
spa_index_lookup = dict(zip(range(len(spa_vocab)), spa_vocab))
                    準備一個字典, 用來將預測出的 token 由索引值轉換為字串
max_decoded_sentence_length = 20

def decode_sequence(input_sentence):
    tokenized_input_sentence = source_vectorization([input_sentence])
    decoded_sentence = "[start]"   ◀── 種子 token
    for i in range(max_decoded_sentence_length):
        tokenized_target_sentence = target_vectorization([decoded_sentence])
        next_token_predictions = seq2seq_rnn.predict(
            [tokenized_input_sentence, tokenized_target_sentence])
        sampled_token_index = np.argmax(next_token_predictions[0, i, :])
                        取樣下一個 token (選擇機率最大的 token)
        sampled_token = spa_index_lookup[sampled_token_index]
        decoded_sentence += " " + sampled_token
                                將下一個 token 的預測結果 (為一索引) 轉
                                換成字串, 並把它 append 到生成的句子中

        if sampled_token == "[end]":
            break                   結束條件: 取樣到代表停止的字元([end]),
    return decoded_sentence          或達到最大的長度 (max_decoded_
                                     sentence_length)

test_eng_texts = [pair[0] for pair in test_pairs]
for _ in range(20):
    input_sentence = random.choice(test_eng_texts)
    print("-")
    print(input_sentence)
    print(decode_sequence(input_sentence))
```

　　請注意, 雖然這種推論設定很簡單, 但效率卻很低。因為我們每次要取樣一個新單字時, 都要重新處理整個來源句子和生成的目標句子。在實際應用中, 我們會把編碼器和解碼器視為兩個獨立模型, 而且解碼器在每個取樣 token 的迭代中, 只會重複使用之前的內部狀態運行一次。

　　翻譯結果如下: 對一個玩具模型 (只做為示範或測試用的簡單模型) 來說, 它的表現還不錯 (雖然犯了許多很基本的錯誤)。

程式 11.32 循環翻譯模型的一些樣本結果

```
Who is in this room?
[start] quién está en esta habitación [end]
-
That doesn't sound too dangerous.
[start] eso no es muy difícil [end]
-
No one will stop me.
[start] nadie me va a hacer [end]
-
Tom is friendly.
[start] tom es un buen [UNK] [end]
```

有許多方法可以改善這個玩具模型：我們可以使用一個很深的循環層堆疊做為編碼器和解碼器 (注意, 對解碼器來說, 這會讓狀態管理變得複雜一點), 也可以使用 LSTM 而非 GRU 等等。不過, 除了這些調整之外, 用 RNN 來進行 Seq2seq 學習還有一些先天上的限制：

● 原始序列的表示法必須完全保存在「編碼器的狀態向量」中, 這就大大限制了能夠翻譯的句子長度和複雜性。這有點像是人類在翻譯時, 完全不再回頭看原句, 僅憑第一次閱讀的記憶來翻譯。

● RNN 在處理非常長的序列時會遇到困難, 因為 RNN 會漸漸「忘記」過去的資訊。當你在序列中碰到第 100 個 token 時, 序列一開始的資訊已經所剩無幾了。這也意味著使用 RNN 的模型無法保留長期語境, 而這個能力對翻譯長篇文件而言卻是不可或缺的。

這些限制就是 Transformer 架構廣泛被用來解決 Seq2seq 問題的原因, 讓我們馬上來看一看。

11-5-3 用 Transformer 進行 Seq2seq 學習

Seq2seq 學習是讓 Transformer 真正發光發熱的任務。其中, neural attention 讓 Transformer 能比 RNN 處理更長、更複雜的序列。

在把英文翻譯成西文時, 你不會一次讀一個單字, 把它的意思記在腦中, 然後再一字字生成西文句子。如果句子中只有 5 個字或許還可以, 但這種方法不太可能用來處理整個段落。你應該會在原句和當前翻譯結果之間來回檢視, 並根據原句中的不同詞彙, 得出翻譯結果中的各部分。

這就是 neural attention 和 Transformer 能做到的事。我們已經說明過 Transformer 編碼器, 它會用 self-attention 來生成輸入序列中每個 token 的表示法 (具語境感知能力)。在一個 Seq2seq 的 Transformer 中, Transformer 編碼器扮演的自然是編碼器的角色, 也就是會讀取原始序列, 並產生它的編碼表示法。不過, 跟先前 RNN 編碼器不同的是, Transformer 編碼器會把編碼後的表示法以序列的方式呈現:一個具語境感知能力的嵌入向量序列。

該模型的後半部份則是 Transformer 解碼器。跟 RNN 解碼器一樣, 它會讀取目標序列中的第 0~N 個 token, 並嘗試預測第 N+1 個 token。同時, 解碼器還會用 neural attention 來識別編碼後原句中的哪些 token, 跟目前正嘗試預測的目標 token 有最密切的關聯, 而這可能不是人類譯者會選擇的做法。回顧一下先前的 query-key-value 模型:在 Transformer 解碼器中, 目標序列是一個 attention「query」, 被用來更密切地關注原始序列中的不同部分 (原始序列同時扮演 key 和 value 的角色)。

Transformer 解碼器

在圖 11.14 中, 我們呈現了完整的 Seq2seq Transformer。觀察解碼器的內部結構後你會發現, 它看起來跟 Transformer 編碼器非常像, 除了在中間多了一個 MultiHeadAttention 層和 LayerNormalization 層。

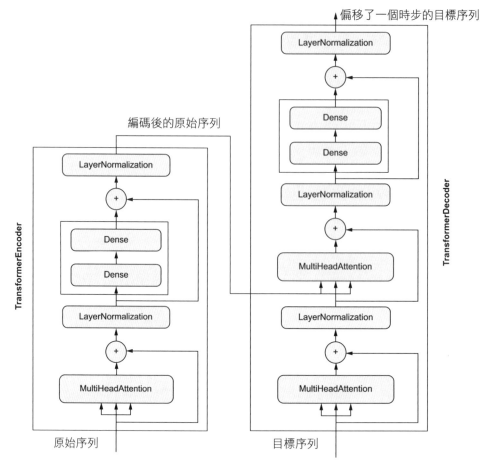

▲ 圖 11.14　TransformerDecoder 與 TransformerEncoder 類似, 只是多了一個額外的 attention 區塊, 其中的 key 跟 value 是由經過 TransformerEncoder 編碼的原始序列。編碼器和解碼器組合在一起, 便構成了一個端到端的 Transformer

　　與先前實作 TransformerEncoder 時一樣, 我們將創建一個 Layer 子類別。在處理 call() 方法之前, 讓我們先從定義類別的建構子開始, 其中包含了我們需要的層。

程式 11.33　TransformerDecoder

```
class TransformerDecoder(layers.Layer):
    def __init__(self, embed_dim, dense_dim, num_heads, **kwargs):
        super().__init__(**kwargs)
        self.embed_dim = embed_dim
        self.dense_dim = dense_dim
```
▶接下頁

```
        self.num_heads = num_heads
        self.attention_1 = layers.MultiHeadAttention(
            num_heads=num_heads, key_dim=embed_dim)
        self.attention_2 = layers.MultiHeadAttention(
            num_heads=num_heads, key_dim=embed_dim)
        self.dense_proj = keras.Sequential(
            [layers.Dense(dense_dim, activation="relu"),
             layers.Dense(embed_dim),]
        )
        self.layernorm_1 = layers.LayerNormalization()
        self.layernorm_2 = layers.LayerNormalization()
        self.layernorm_3 = layers.LayerNormalization()
        self.supports_masking = True   ◀──  這個屬性確保神經層會把它的輸入
                                             遮罩傳播到它的輸出, Keras 中的遮
                                             罩是要手動設定的。如果把遮罩傳
    def get_config(self):                    遞給一個不包含 compute_mask() 方
        config = super().get_config()        法且沒有 supports_masking 屬性的
        config.update({                      層, 就會出現錯誤
            "embed_dim": self.embed_dim,
            "num_heads": self.num_heads,
            "dense_dim": self.dense_dim,
        })
        return config
```

　　程式 11.35 的 call () 很好地展示了圖 11.14 中, 各區塊的連接關係。但我們還要注意一個細節, 即:**因果填補** (causal padding)。因果填補對成功訓練 Seq2seq Transformer 而言是個重要關鍵。RNN 一次只會處理一個時步的輸入, 因此只能透過時步 0～N 來生成時步 N 的輸出 (也就是目標序列中的時步 N+1), 而 TransformerDecoder 則是不分順序的, 它會一次過檢視整個目標序列。如果我們讓它使用完整的輸入, 它就會直接學習將輸入的目標序列中的時步 N+1, 直接複製到輸出的目標序列中的時步 N。因此, 模型將取得完美的訓練準確度, 不過它在推論期間是完全派不上用場的:因為超過 N 的輸入時步在推論期間是無法取得的。

　　解決方法很簡單:我們會把 attention 矩陣的部分資訊遮起來, 移除模型對未來資訊的任何關注, 也就是在生成第 N+1 個目標 token 時, 只使用目標序列中第 0～N 個 token 的資訊。我們會在 TransformerDecoder 中添加一個 get_causal_attention_mask (self, inputs), 以取得傳遞到 MultiHeadAttention 層的 attention 遮罩。

程式 11.34 生成因果遮罩 (causal mask) 的方法

```
def get_causal_attention_mask(self, inputs):
    input_shape = tf.shape(inputs)
    batch_size, sequence_length = input_shape[0], input_shape[1]
    i = tf.range(sequence_length)[:, tf.newaxis]
    j = tf.range(sequence_length)
    mask = tf.cast(i >= j, dtype="int32")
```

這 3 行程式的使用範例請參考下文的小編補充

生成 shape 為 (sequence_length, sequence_length) 的矩陣, 其元素值可為 0 或 1

```
    mask = tf.reshape(mask, (1, input_shape[1], input_shape[1]))
    mult = tf.concat(
        [tf.expand_dims(batch_size, -1),
         tf.constant([1, 1], dtype=tf.int32)], axis=0)
    return tf.tile(mask, mult)
```

沿著批量軸複製, 得到一個 shape 為 (batch_size, sequence_length, sequence_length) 的矩陣

小編補充：讓我們假設 sequence_length=5, 並執行以下程式：

```
>>> import tensorflow as tf
>>> sequence_length = 5
>>> i = tf.range(sequence_length)[:, tf.newaxis]    ← i 的 shape 為 (5, 1)
>>> j = tf.range(sequence_length)    ← j 的 shape 為 (5,)
>>> print(i)
tf.Tensor(
[[0]
 [1]
 [2]
 [3]
 [4]], shape=(5, 1), dtype=int32)
>>> print(j)
tf.Tensor([0 1 2 3 4], shape=(5,), dtype=int32)

>>> mask = tf.cast(i >= j, dtype="int32")    ← 將 i 的 row 元素逐一與 j 的 column 元素比較大小 (若大於/等於, 輸出 1, 反之則輸出 0), 產生一個 shape 為 (sequence_length, sequence_length) 的矩陣
>>> mask
<tf.Tensor: shape=(5, 5), dtype=int32, numpy=
array([[1, 0, 0, 0, 0],
       [1, 1, 0, 0, 0],
       [1, 1, 1, 0, 0],
       [1, 1, 1, 1, 0],
       [1, 1, 1, 1, 1]], dtype=int32)>
```

現在, 我們可以來定義 call() 方法了, 其中實作了解碼器的正向傳播內容。

程式 11.35　TransformerDecoder 的正向傳遞

```
def call(self, inputs, encoder_outputs, mask=None):       取得因果遮罩
    causal_mask = self.get_causal_attention_mask(inputs)  ◀━┛
    if mask is not None:                              準備輸入遮罩
        padding_mask = tf.cast(                       (用來表示目標序
            mask[:, tf.newaxis, :], dtype="int32")    列中的填補位置)
        padding_mask = tf.minimum(padding_mask, causal_mask) ◀━
    attention_output_1 = self.attention_1(
        query=inputs,          合併兩個遮罩 (編註: 對 padding_mask 和
        value=inputs,          casual_mask 進行逐元素比較, 取得相應位置的最
        key=inputs,            小值, 並存放在新的張量中, 新張量的 shape 與
                               padding_mask 和 casual_mask 的 shape 相同)

        attention_mask=causal_mask) ◀━ 將因果遮罩傳遞給第一個 attention 層,
                                        該層會對目標序列執行 self-attention
    attention_output_1 = self.layernorm_1(inputs + attention_output_1)
    attention_output_2 = self.attention_2(
        query=attention_output_1,
        value=encoder_outputs,
        key=encoder_outputs,            把合併遮罩傳遞給第二個
        attention_mask=padding_mask, ◀━ attention 層, 該層會尋找原始
    )                                   序列與目標序列間的關聯性
    attention_output_2 = self.layernorm_2(
        attention_output_1 + attention_output_2)
    proj_output = self.dense_proj(attention_output_2)
    return self.layernorm_3(attention_output_2 + proj_output)
```

結合所有部件：用於機器翻譯的 Transformer

　　我們要訓練的是一個端到端 Transformer 模型, 它會將「原始序列及目標序列」映射到「偏移了一個時步的目標序列」(target sequence one step in the future)。它結合了目前為止我們所建立的各部件：PositionalEmbedding 層、TransformerEncoder 和 TransformerDecoder。TransformerEncoder 和 TransformerDecoder 都是 shape-invariant的, 所以可以堆疊多個 TransformerEncoder 或 TransformerDecoder, 創建一個更強大的編碼器或解碼器。此處, 我們只使用單一的 TransformerEncoder 和 TransformerDecoder。

程式 11.36　端到端 Transformer

```
embed_dim = 256
dense_dim = 2048
num_heads = 8

encoder_inputs = keras.Input(shape=(None,), dtype="int64", name="english")
x = PositionalEmbedding(sequence_length, vocab_size, embed_dim)(
                        encoder_inputs)
encoder_outputs = TransformerEncoder(embed_dim, dense_dim, num_heads)(x)
```
　　　　　　　　　　　　　　　　　　　　　　　　　對原句進行編碼

```
decoder_inputs = keras.Input(shape=(None,), dtype="int64", name="spanish")
x = PositionalEmbedding(sequence_length, vocab_size, embed_dim)(decoder_inputs)
x = TransformerDecoder(embed_dim, dense_dim, num_heads)(x,
                        encoder_outputs)
```
　　　　　　　　　　　　　　　　　　　對目標句進行處理, 並將其與編碼過的原句結合

```
x = layers.Dropout(0.5)(x)
decoder_outputs = layers.Dense(vocab_size, activation="softmax")(x)
```
　　　　　　　　　　　　　　　　　　為每個輸出位置預測出一個單字 (token) 的機率分佈

```
transformer = keras.Model([encoder_inputs, decoder_inputs], decoder_outputs)
```

　　現在, 我們可以訓練模型了。最終的準確度達到了 67%, 比使用 GRU 的模型高出許多。

程式 11.37　訓練 Seq2seq Transformer

```
transformer.compile(
    optimizer="rmsprop",
    loss="sparse_categorical_crossentropy",
    metrics=["accuracy"])
transformer.fit(train_ds, epochs=30, validation_data=val_ds)
```

　　最後, 讓我們用模型來翻譯測試集中的英文句子 (模型在訓練時未曾見過的樣本)。這跟我們測試 Seq2seq RNN 模型時的設置相同。

程式 11.38　用 Transformer 模型翻譯新句子

```python
import numpy as np
spa_vocab = target_vectorization.get_vocabulary()
spa_index_lookup = dict(zip(range(len(spa_vocab)), spa_vocab))
max_decoded_sentence_length = 20

def decode_sequence(input_sentence):
    tokenized_input_sentence = source_vectorization([input_sentence])
    decoded_sentence = "[start]"
    for i in range(max_decoded_sentence_length):
        tokenized_target_sentence = target_vectorization(
            [decoded_sentence])[:, :-1]
        predictions = transformer(
            [tokenized_input_sentence, tokenized_target_sentence])
        sampled_token_index = np.argmax(predictions[0, i, :])
```

　　　　　　　　　　　　取樣下一個 token (選擇機率最大的 token)

```python
        sampled_token = spa_index_lookup[sampled_token_index]
        decoded_sentence += " " + sampled_token
        if sampled_token == "[end]":
            break
    return decoded_sentence

test_eng_texts = [pair[0] for pair in test_pairs]
for _ in range(20):
    input_sentence = random.choice(test_eng_texts)
    print("-")
    print(input_sentence)
    print(decode_sequence(input_sentence))
```

—結束條件

將下一個 token 的預測結果 (為一索引) 轉換成字串, 並把它 append 到生成的句子中

　　主觀上, Transformer 似乎比 GRU 翻譯模型表現得更好。雖然它依舊是個玩具模型, 但至少是個更好的玩具模型。

程式 11.39　Transformer 模型產生的一些結果

```
This is a song I learned when I was a kid.
[start] esta es una canción que aprendí cuando era chico [end]
-
She can play the piano.
[start] ella puede tocar piano [end]
-
```

雖然原句中沒有性別之分, 但翻譯過來的句子會預設發言者是男性。時刻記得, 翻譯模型很常對其輸入資料作出不必要的假設, 這樣會導致演算法偏差 (algorithmic bias)。在最糟的情況下, 模型可能還會產生「幻覺」, 導致它學習的資訊跟當下處理的資料無關

▶接下頁

```
I'm not who you think I am.
[start] no soy la persona que tú creo que soy [end]
-
It may have rained a little last night.
[start] puede que llueve un poco el pasado [end]
```

本章關於自然語言處理的內容就到此結束，我們從最基礎的內容開始，最後接觸到了能將英文翻譯成西文的 Transformer 架構。教導機器理解語言，是你能配備在自己身上的最新超能力。

本章小結

- NLP 模型有兩種：用於處理單字集合或 N-gram, 且不考慮順序的**詞袋模型** (bag-of-words model), 以及注重單字順序的**序列模型** (sequence model)。詞袋模型是由 Dense 層組成的, 而序列模型則可以是一個 RNN、1D 卷積網路, 或 Transformer。

- 處理文字分類時,「訓練資料中的樣本數」和「每個樣本的平均字數」之間的比率, 能夠協助我們決定該使用詞袋模型還是序列模型。

- **詞嵌入** (word embedding) 空間是一個向量空間, 在其中, 單字間的語義關係會被模型轉換成單字向量之間的距離關係。

- **Seq2seq 學習** (sequence-to-sequence learning) 是一個通用且強大的學習框架。它可以解決許多 NLP 問題, 包含機器翻譯。Seq2seq 模型是由一個**編碼器** (encoder) 和**解碼器** (decoder) 組合而成, 前者負責處理原始序列, 後者則會憑藉編碼過的原始序列, 以及目標序列的 token, 嘗試預測目標序列的未來 (下一個) token。

- **neural attention 機制**能創建具語境感知 (context-aware) 能力的單字表示法, 它也是 Transformer 架構的基礎。

- **Transformer 架構**由 TransformerEncoder (編碼器) 和 TransformerDecoder (解碼器) 組成, 能在 Seq2seq 任務上取得很好的結果。前半部份 (即 TransformerEncoder) 也可以用在文字分類, 或任何類型的單輸入 (只需輸入原始序列) NLP 任務上。

生成式深度學習

人工智慧模仿人類思維的潛力遠超出物體辨識、反應性任務 (如駕駛汽車) 等被動任務，目前已延伸到一些創造性活動中。身為長期從事機器學習技術的參與者，當我在 2014 年第一次聲稱在不久的將來，生活周遭大部分文化創作，都會在人工智慧的協助下創造出來，其實當時我自己也不盡然相信。但經過短短數年，這樣的不確定感以難以置信的速度消退。

2015 年夏天，Google 的 DeepDream 演算法將圖片變成色彩奇幻的藝術作品。2016 年，我們透過應用程式將照片轉換成各種風格的畫作。2016 年夏天的實驗短片 Sunspring 使用**長短期記憶** (LSTM, 在第 10 章曾討論過) 演算法編寫了劇本，成功地實現人類對話。或許我們最近聽過的音樂，也是由神經網路生成的。

當然，目前為止 AI 產生的藝術作品質量都還很低。人工智慧並不能與人類編劇、畫家和作曲家相媲美，更遑論要取代人類。說到「人工智慧取代人類」總會引起關注，不過人工智慧的核心並不是要用別的東西取代我們人類的智慧，而是要將 AI 融入我們的生活中，以各式各樣的方式讓我們更有智慧的工作。在許多領域，尤其是創作領域，AI 將被人類當作增強自身能力的工具，也就是「增強智慧」的功能多過「取代人類的智慧」。

藝術創作有很大一部分是單純的態樣識別 (pattern recognition) 和工藝技巧，這部分需要花很多時間與磨練才能趨於純熟，令許多人望而卻步，因此這就是 AI 可著墨之處。我們的感知模式、語言和藝術作品都具有統計結構，而學習這些結構正是深度學習演算法所擅長的。機器學習模型可以學習影像、音樂和文字的統計**潛在空間** (latent space)，並從這個空間進行取樣 (sample)，進而創造出具有與訓練資料類似特徵的新藝術作品。

小編補充：簡單來說，生成網路的運作方式大致如下：

潛在空間 → 生成網路 → 輸出作品

我們會由從潛在空間中刻意或隨機取樣，然後輸入到已訓練好的生成網路中，即可輸出 (生成) 擬真的作品。比較困難的是如何訓練生成網路，讓它具有智慧，能依照輸入的潛在資料，來生成全新的擬真作品，這也是本章將介紹的重點。

從本質上來說，這樣的取樣本身並不是藝術創作的行為，僅僅是一種數學運算：演算法沒有人類生活、情感或對周遭世界的經驗基礎，它是從和我們完全不同的經驗中學習，它所產出的「作品」如果有意義，那純粹是我們人類自行附加上去的。但是在熟練的藝術家手中，演算法生成的作品是可以被引導而變得有意義且兼具美感。潛在空間的取樣可成為賦予藝術家神奇能力的畫筆，不但能增強創造力，還可以擴展想像空間。更重要的是，它降低了對工藝技能和技法練習的需求，AI 可以使藝術創作更容易上手，也就是建立一種純粹表達的新媒介，將藝術與工藝分開。

Iannis Xenakis 是一位有遠見的電子和音樂演算法先驅。在 1960 年代，他對於將自動化技術應用於音樂創作，陳述了同樣的想法 ❶：

「從乏味的計算中解放出來，作曲家能夠專注於新音樂形式所帶來的問題，並以修改輸入資料的方式，探索新音樂形式的各種細微可能。例如，他可以測試從獨奏者到室內樂團到大型管弦樂隊的所有樂器組合。在電腦的協助下，作曲家成為某種形式的飛行員：他按下按鈕，輸入座標，並監控太空船在聲音空間中的航行，穿越那些以前只能遙想而不可及的聲波星座和星系。」

在本章，我們將從各個角度探討深度學習增強藝術創作的潛力，帶您了解**變分自編碼器** (Variational AutoEncoders, VAE) 和**對抗式生成網路** (Generative Adversarial Networks, GAN) 技術，並檢視序列資料生成 (可用於生成文字或音樂)、DeepDream 和圖片生成等領域的發展現況。我們會讓你的電腦創造出未曾見過的夢幻般內容，也許還能讓你開始夢想，構思各種技術和藝術交錯的可能性，就讓我們開始吧！

---

❶ Iannis Xenakis, "Musiques formelles: nouveaux principes formels de composition musicale," special issue of La Revue musicale, nos. 253－254 (1963).

12-1 使用 LSTM 來生成文字資料

本節將探討如何使用**循環神經網路** (RNN) 來生成**序列資料**, 並以生成文字資料為例。相同的技術可以應用到任何類型的序列資料, 例如應用到音符序列就可以生成新音樂, 或是應用到繪畫下筆的序列資料 (例如, 記錄藝術家在 iPad 上的繪畫過程) 則可以逐筆產生畫作等等。

序列資料生成絕不僅限於產生藝術內容, 目前它已成功應用於語音合成和聊天機器人的對話生成。Google 於 2016 年發佈的智慧回覆功能, 能夠自動生成對電子郵件或簡訊的快速回覆, 它就是採用類似的技術。

12-1-1 生成式深度學習的簡史

在 2014 年底, 很少人知道 LSTM 這個名詞, 即使在機器學習社群中也是如此。直到 2016 年, RNN 成功應用於序列資料生成, 才讓它開始出現在發展主流中。不過從 1997 年開發 LSTM 演算法開始算起, 這些技術的發展已有相當長的歷史, 早期這些演算法主要是用於**逐個字元**生成文字資料。

2002 年, 當時在瑞士 Schmidhuber 實驗室的 Douglas Eck 首次將 LSTM 應用於音樂創作, 並取得相當不錯的成果。Eck 現在是 Google Brain 的研究員, 並於 2016 年創辦了一個名為 Magenta 的研究小組, 專注於應用深度學習技術來製作引人入勝的音樂。由此可知, 有時好的想法需要 15 年才會萌芽成長。

到了 2000 年後期和 2010 年早期, Alex Graves 在使用 RNN 產生序列資料的領域中, 做出了重要的創新。特別是在 2013 年, 他將 RNN 應用於**混合密度神經網路** (mixture density networks, 編註：此處的 density 指的是機率密度函數, 和密集層的 dense 無關), 使用筆劃位置的時間序列資料, 產生類似人類的手寫筆跡, 被視為一個轉捩點 ❷。當時這個神經網路, 激起了我想讓機器「具有想像力」的靈感, 而這靈感也成為我開始開發 Keras 的重要啟發。2013 年, Graves 在上

---

❷ Alex Graves, "Generating Sequences With Recurrent Neural Networks," arXiv (2013), https://arxiv. org/ abs/1308.0850.

傳到論文服務網站 arXiv 的 LaTeX 文件中留下了類似的評論:「生成序列資料是目前電腦所能做到最接近具有想像力的事」。幾年後, 我們認為很多技術的發展都是理所當然的, 但在當時, 我們只能目瞪口呆地看 Graves 的傑作, 然後帶敬畏讚歎的心情低頭離去。

2015 至 2017 年間, RNN 成功被用於文字生成、對話生成、音樂生成, 以及語音合成。接著到了約 2017、2018 年, **Transformer 架構**開始在處理監督式 NLP 任務 (supervised NLP task), 以及建構生成式序列模型 (generative sequence model), 特別是語言建模 (language modeling, 單字等級的文字生成) 上超越 RNN。生成式 Transformer 的最著名例子是 GPT-3, 它是有著 1750 億個參數的文字生成模型, 由新創公司 OpenAI 在一個規模極為龐大的文字語料庫上進行訓練。該語料庫包含大部分數位書籍、維基百科, 以及大量的網路爬蟲結果。GPT-3 在 2020 年躍升頭條新聞版面, 因為它能針對幾乎任何主題, 生成看起來很合理的文字段落。這項高超的能力助長了短暫的炒作浪潮。

12-1-2　如何生成序列資料

在深度學習中生成序列資料的常見做法是, 訓練神經網路 (通常是 RNN 能夠依據先前輸入的序列資料來產生接下來的 token (在處理文字資料時, token 通常是單字或字元)。舉例來說, 輸入 "the cat is on the ma", 神經網路要被訓練預測下一個字元很可能為 "t"。這種能夠預測接續單字或字元的機率預測模型 (編註:模型會預測出各 token 的機率分佈, 並透過特定取樣策略來決定下一個 token), 稱為**語言模型**。語言模型會找出並學習語言的潛在空間, 也就是其統計結構。

一旦有了已訓練完成的語言模型, 你就可以從中進行取樣, 生成新的序列資料, 例如輸入一個初始的文字字串 (稱為條件資料 conditioning data), 讓模型生成下一個字元或下一個單字 (甚至可以一次生成多個字元或單字), 接著將生成的輸出回加到輸入資料, 並多次重複這過程 (見圖 12.1)。如此循環運作就可以生成任意長度的序列資料, 而基於模型被訓練的資料內容, 它可以產生類似由人類書寫的序列句子。

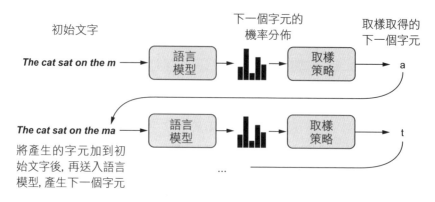

▲ 圖 12.1　使用語言模型以逐一字元的方式來生成文字資料的過程

12-1-3　取樣策略的重要性

　　在生成文字資料時, 選擇下一個字元的方式 (策略) 相當重要, 我們來看看以下兩種選擇方式:

● 最直接的方法是**貪婪取樣** (greedy sampling), 就是直接在所有可能字元中, 選擇機率最高的那個字元。但是這種方法會導致出現重複的預測字串, 使得產生的文字資料看起來不像連貫的語言。

● 另外還有一種有趣的選擇方式, 即是從下一個字元的**機率分佈**中取樣, 並在取樣過程中導入隨機性, 稱之為**隨機取樣** (stochastic sampling) (隨機性 randomness 在這一領域的行話就叫 stochasticity)。在這樣的設定下, 如果 "e" 是下一個字元的機率為 0.3, 那麼模型將在 30% 的時間選中它。

> 請注意！貪婪取樣也可視為從機率分佈中取樣, 不過在該機率分佈中, 某特定 (機率最高的) 字元的機率為 1, 而其他字元的機率皆為 0。

　　在第 2 個方式中, 模型經 softmax 計算後所輸出的取樣機率, 允許某些「機率低的字元」在某些時候被取樣到, 進而產生一些有趣的句子, 有時甚至還會出現訓練資料中不存在的新奇、創新且逼真的字句。但這個策略卻存在一個問題: 我們沒有辦法在取樣過程中**控制到底要隨機到什麼程度**。

為什麼會想要控制隨機性呢？來思考一個極端情況：在完全隨機取樣的情況下, 我們有可能會從**均勻機率分佈** (uniform probability distribution) 中取出下一個字元, 且每個字元都具有相同的可能性, 在這情況下將有最大的隨機性；也就是說, 該機率分佈具有最大的**熵** (entropy, 編註：在資訊領域中, 熵是對於不確定性的量度, 也是對於資訊量的評估工具。熵越大, 則結果的不確定性就越大, 同樣長度內容所攜帶的資訊量就越大)。可想而知, 它不會產生任何有趣的東西 (編註：就像一串隨機產生的文字組合)。

在另一個極端情況 (貪婪取樣), 也不會產生任何有趣的東西, 因為其不具隨機性, 相對應的機率分佈具有最小的熵 (編註：例如總是產生缺乏變化的制式結果)。

而從「真實」機率分佈 (也就是從模型 softmax 函數輸出的分佈) 中加入隨機性取樣, 才有機會在這兩個極端之間找到一個點。不過, 你或許希望能試試看使用更高或更低的熵。較低的熵將使生成的序列具有更可預測的結構 (因此它們可能看起來更逼真), 而更高的熵將生成更令人驚訝和更具創造性的序列。

當從生成模型中取樣時, 在生成過程中試試看不同的隨機性是個不錯的嘗試, 因為我們人類是判斷生成資料是否有趣的終極裁判, 而有趣程度的判斷是非常主觀的, 所以也無法預先知道最優熵值 (隨機性) 的具體數字。

為了控制取樣過程中的隨機性, 我們引入一個稱為 **softmax temperature** 的概念, 以做為取樣機率分佈熵的指標, 它也代表選擇下個字元的驚奇程度：是更不確定 (熵較高) 或更可預測 (熵較低)？透過給定一個新的 temperature 值, 模型將對原始的機率分佈 (模型的 softmax 輸出) 重新加權, 並計算出新的機率分佈 (編註：在熱力學中, 熵與溫度、能量有關, 對系統輸入越多能量, 系統中的分子就更活躍、分佈得更均勻, 整體表現為溫度上升, 作者在這邊以溫度來表達系統中的隨機性)：

程式 12.1 　針對不同的 temperature 設定, 重新加權並計算新的機率分佈

```
import numpy as np          原始機率分佈              temperature 預設為 0.5

def reweight_distribution(original_distribution, temperature=0.5):
    distribution = np.log(original_distribution) / temperature
    distribution = np.exp(distribution)
    return distribution / np.sum(distribution)
```

由於重新加權後, 機率分佈的總和可能不再是 1, 因此再將其除以總和以滿足總和為 1

> **小編補充**：以上程式中, original_distribution 參數是 1D 的 NumPy 機率值陣列, 總和必須
> 為 1。例如我們可以替 a、b、c 這 3 個字的機率分佈建立一個陣列：np.array([0.8, 0.1,
> 0.1]), 即 a、b、c 分別有 80%、10%、10% 的出現機率。
>
> 現在, 我們來將此機率分佈傳入 reweight_distribution() 中, 看看不同的 temperature 設定會
> 對這個機率分佈造成什麼變化：
>
> ```
> >>> ori_dstri = np.array([0.8, 0.1, 0.1])  ◄── a、b、c 的機率分佈
> >>> new_dstri = reweight_distribution(ori_dstri, temperature=0.01)
> >>> print(new_dstri)
> [1.00000000e+00 4.90909347e-91 4.90909347e-91]
> >>> new_dstri = reweight_distribution(ori_dstri, temperature=2)
> >>> print(new_dstri)
> [0.58578644 0.20710678 0.20710678]
> >>> new_dstri = reweight_distribution(ori_dstri, temperature=10)
> >>> print(new_dstri)
> [0.38102426 0.30948787 0.30948787]
> ```
>
> 溫度設定為 0.01 時, a 的機率幾乎為 1, 與 b、c 的機率相差甚遠；將溫度提升到 2 後,
> a 的機率下降, 而 b、c 的機率上升, 不同元素間的機率差距縮小了；將溫度提升到更高
> 的 10 後, a、b 和 c 的機率已經變得非常接近了。換句話說, 溫度越低, 不確定性也就越
> 低；溫度越高；不確定性也就越高。

　　如下頁的圖 12.2 中, 較高的 temperature 將導致熵較高的機率分佈, 進而產
生更多令人驚訝和非結構化的生成資料, 而較低的 temperature 將產生隨機性較
少和可預測的生成資料。

12-1-4　實作文字資料生成

　　讓我們用 Keras 實作這些想法吧！第一件事情是要取得可以用來學習語言模
型的大量文字資料。我們可以使用任何足夠大的文字文件或一整組的文字文件,
如魔戒 (The Lord of the Rings) 小說、維基百科…等。

　　在本節的案例中, 我們會繼續使用上一章的 IMDB 影評資料集, 並學習生成
從未見過的電影評論。因此, 我們的語言模型會是一個具備現有影評風格和主題
的模型, 而非只是一般的英文語言模型。

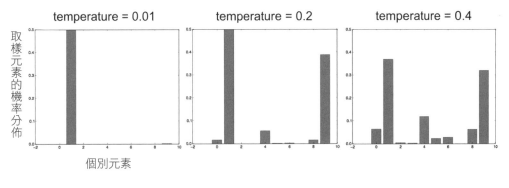

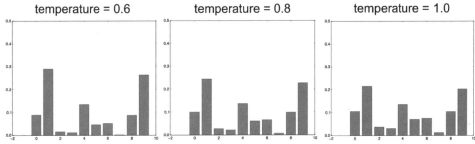

▲ 圖 12.2　同一機率分佈的不同重新加權結果, 低 temperature= 更確定, 高 temperature= 更隨機

準備資料

和上一章一樣, 讓我們先下載並解壓縮 IMDB 影評資料集。

程式 12.2　**下載並解壓縮 IMDB 影評資料集**

```
!wget https://ai.stanford.edu/~amaas/data/sentiment/aclImdb_v1.tar.gz
!tar -xf aclImdb_v1.tar.gz
```

現在, 我們手上有一個名為 aclImdb 的資料夾, 其中包含兩個子資料夾, 一個存有負面的電影評論, 另一個則存有正面的電影評論, 每個評論都是獨立的文字檔。我們將呼叫 text_dataset_ from_directory(), 並將 label_mode 參數設為 None (編註：表示不要處理標籤), 以創建一個能動態讀取相關文字檔內容的 dataset 物件。

程式 12.3　**使用文字檔來創建 dataset 物件 (一個檔案為一筆樣本)**

```
import tensorflow as tf
from tensorflow import keras
```
▶接下頁

```
dataset = keras.utils.text_dataset_from_directory(
    directory="aclImdb", label_mode=None, batch_size=256)
dataset = dataset.map(lambda x: tf.strings.regex_
                       replace(x, "<br />", " "))
```

去除評論中出現的
 HTML 標籤。雖然它對文字分類
任務沒有什麼影響, 但本例中我們不想生成出
 標籤

接著, 讓我們使用 TextVectorization 層來計算接下來要用的詞彙表。我們只會使用每篇評論的前 sequence_length 個單字, 也就是說, TextVectorization 層在對文字做向量化時, 會截斷超過這個長度的內容。

程式 12.4　準備一個 TextVectorization 層

```
from tensorflow.keras.layers import TextVectorization

sequence_length = 100
vocab_size = 15000

text_vectorization = TextVectorization(
    max_tokens=vocab_size,      ← 只考慮前 15,000 個最常見的單字, 其他的都
                                    將被視為詞彙表外的 token, 也就是「[UNK]」
    output_mode="int",          ← 傳回單字的整數索引序列
    output_sequence_length=sequence_length,  ←
                                使用長度為 100 的輸入序列和目標序列 (但由
                                於我們會把目標序列往左偏移 1 步, 所以模型
)                               實際看到的會是長度為 99 的目標序列內容)
text_vectorization.adapt(dataset)  ← 計算詞彙表
```

讓我們用 text_vectorization 來創建一個資料集, 其中輸入序列是向量化後的單字序列 (編註：會把最後一個單字向量丟棄, 以便和目標序列有相同長度), 而對應的目標序列則是相同的單字向量序列, 不過會往左偏移一個單字 (編註：若手上的單字向量序列為 [1, 2, 3, 4, 5], 則輸入序列會是 [1, 2, 3, 4], 而目標序列則是 [2, 3, 4, 5])。

程式 12.5　創建資料集

```
def prepare_lm_dataset(text_batch):
    vectorized_sequences = text_vectorization(text_batch)  ←
                            將一批次的文字 (字串) 轉換成一批次的整數序列
```

▶接下頁

```
    x = vectorized_sequences[:, :-1]  ← 丟棄整數序列的最後一個
                                          單字向量來創建輸入序列

    y = vectorized_sequences[:, 1:]   ← 將整數序列往左偏移 1 步 (丟棄
                                          第一個單字向量) 來創建目標序列

    return x, y
                                                              平行處理
lm_dataset = dataset.map(prepare_lm_dataset, num_parallel_calls=4) ←
```

使用 Transformer 架構的 Seq2seq 模型

接下來我們要訓練一個模型, 它可以在給定某個數量的初始單字後, 預測出句子中下一個單字的機率分佈。模型訓練完成後, 我們會餵入一個文字提示 (prompt)、對下一個單字進行取樣、然後將該單字添加到提示中, 該過程會不斷重複, 直到生成一個簡短的段落為止。

與第 10 章的溫度預測案例一樣, 我們可以訓練一個將「N 個單字的序列」作為輸入的模型, 並直接用來預測第 N+1 個單字。不過, 在序列生成的情境中, 這種設置會遇到幾個問題。

第一, 模型必須先完整接收 N 個單字才能學習做出預測。不過, 若模型能在少於 N 個單字的情況下做出預測, 將會很有幫助; 否則我們就會受限制, 只能使用相對較長的提示 (在本例中, N=100 個單字)。在第 10 章中, 我們並沒有這個限制。

第二, 我們的許多訓練序列都是高度重疊的。假設 N = 4, 則「A complete sentence must have, at minimum, three things: a subject, verb, and an object」這句話會生成以下序列 (此處不考慮標點符號):

● 「A complete sentence must」

● 「complete sentence must have」

● 「sentence must have at」

● 以此類推, 直到生成「verb and an object」

將以上序列視為獨立樣本的模型, 會承擔大量冗雜的工作, 對它之前幾乎都看過的子序列進行多次重複編碼。在第 10 章中, 這並不是什麼大問題, 因為訓練樣

本數並不是那麼多。當然, 我們可以在取樣序列時, 嘗試使用**步長** (stride) 來緩解這種問題 (也就是在兩個連續取樣之間多跳過幾個單字)。不過, 這只提供了一部分的解決方案, 而且我們的訓練樣本數還會因此而減少。

為了解決這兩個問題, 我們要使用一個 Seq2seq(sequence-to-sequence) 模型: 將 N 個單字 (索引 0～N-1) 的序列餵入模型, 接著, 模型會預測往左偏移了 1 個單字的序列 (索引 1～N)。我們會使用**因果遮罩** (causal masking) 來確保模型只會用 0～i-1 的單字來預測第 i 個單字。這意味著我們同時訓練模型來解決 N 個高度重疊但答案不同的問題: 能夠用 1 <= i <= N 個先前單字的序列, 來預測未來的所有單字 (見圖 12.3)。在生成單字時, 即使你只用一個單字來提示模型, 它也能給你下一個可能單字的機率分佈。

next-word 預測　　　　the cat sat on the　→ **mat**

the　→ **cat sat on the mat**
the cat　→ **sat on the mat**
Seq2seq 預測　　　　the cat sat　→ **on the mat**
the cat sat on　→ **the mat**
the cat sat on the　→ **mat**

▲ 圖 **12.3**　跟一般的 next-word 預測相比, Seq2seq 的建模方式能同時優化多個預測問題

請注意, 在第 10 章的溫度預測問題上, 也可以使用類似的 Seq2Seq 設置: 給定 120 個每小時資料點, 並學習生成往後 (未來) 偏移了 24 小時的 120 個溫度序列。這時, 我們要解決 120 個相關的溫度預測問題, 即在給定 1 <= i < 120 個先前每小時資料點的情況下, 預測未來 24 小時的溫度。若嘗試在 Seq2Seq 設置下重新訓練第 10 章的 RNN, 你會發現相似但逐漸變差的結果。這是因為用相同模型來學習額外的 119 個相關問題, 會稍微影響到我們真正想解決的任務 (單純使用過去 120 個小時的資料, 來預測未來 24 小時的資料)。

在上一章, 我們學到在一般情況下, 可用在 Seq2Seq 學習的設置: 將原始序列餵入編碼器, 接著將「編碼完成的序列」和「目標序列」一起餵入解碼器, 該解碼器會試著預測同一目標序列偏移一步後的結果。在文字生成的任務中是沒有原始序列的, 你只能試圖用給定的先前 token, 預測目標序列中接下來的 token, 而

這只要用解碼器就能做到。而且，因為有了因果填補，解碼器只會使用單字 0~ N-1 來預測單字 N。

　　讓我們來實作模型。我們將重新使用第11章中創建的區塊：PositionalEmbedding 及 TransformerDecoder。

程式 12.6　簡易的 Transformer 語言模型

```
from tensorflow.keras import layers
embed_dim = 256
latent_dim = 2048
num_heads = 2

inputs = keras.Input(shape=(None,), dtype="int64")
x = PositionalEmbedding(sequence_length, vocab_size, embed_dim)(inputs)
x = TransformerDecoder(embed_dim, latent_dim, num_heads)(x, x)
outputs = layers.Dense(vocab_size, activation="softmax")(x)  ◀──
                                        針對每個輸出序列時步, 使用
                                        softmax 計算單字的機率分佈
model = keras.Model(inputs, outputs)
model.compile(loss="sparse_categorical_crossentropy", optimizer="rmsprop")
```

12-1-5　加入「可使用多種 temperature 來生成文字」的回呼 (callback)

　　我們將加入一個回呼 (callback) 物件, 以在每個訓練週期結束時, 使用 5 種不同的 temperature 來生成文字。這能讓你看到生成的文字如何隨著模型訓練開始收斂而演變, 以及 temperature 對取樣策略有何影響。我們會用「this movie」這個提示作為文字生成的種子 (seed)：所有生成文字都會以此為開頭。

程式 12.7　建立文字生成的 callback 物件

```
import numpy as np                      建立一個 Python 字典以用於文字解碼 (key
                                        為單字的索引, value 為對應的單字字串)┐
tokens_index = dict(enumerate(text_vectorization.get_vocabulary())) ◀──┘
def sample_next(predictions, temperature=1.0): ◀──
                                        從機率分佈中使用給定的 temperature 來取樣
    predictions = np.asarray(predictions).astype("float64")
    predictions = np.log(predictions) / temperature          ▶接下頁
```

```
    exp_preds = np.exp(predictions)
    predictions = exp_preds / np.sum(exp_preds)
    probas = np.random.multinomial(1, predictions, 1)
    return np.argmax(probas)


class TextGenerator(keras.callbacks.Callback):
    def __init__(self,
                 prompt,              ← 做為文字生成種子的提示
                 generate_length,     ← 要生成的單字數量
                 model_input_length,
                 temperatures=(1.,),  ← 要用來取樣的一或多個 temperature
                 print_freq=1):            (放在 tuple 中)
        self.prompt = prompt
        self.generate_length = generate_length
        self.model_input_length = model_input_length
        self.temperatures = temperatures
        self.print_freq = print_freq


    def on_epoch_end(self, epoch, logs=None):
        if (epoch + 1) % self.print_freq != 0:
            return
        for temperature in self.temperatures:
            print("== Generating with temperature", temperature)
            sentence = self.prompt  ← 生成文字時, 會以提示 token 做為起始 token
            for i in range(self.generate_length):
                tokenized_sentence = text_vectorization([sentence])  ⎤
                predictions = self.model(tokenized_sentence)         ⎦
```
將當前序列 (會先經過向量化) 餵
入模型, 並取得輸出的預測序列

```
                next_token = sample_next(predictions[0, i, :])  ⎤
                sampled_token = tokens_index[next_token]        ⎦
```
取得最後一個時步 (i) 的預測結果,
並查字典將之轉換為單字

```
                sentence += " " + sampled_token  ← 把新單字 append
            print(sentence)                           到當前序列


prompt = "This movie"
text_gen_callback = TextGenerator(  ← 創建一個 callback 物件
    prompt,
    generate_length=50,
    model_input_length=sequence_length,
    temperatures=(0.2, 0.5, 0.7, 1., 1.5))  ← 對文字生成的影響
```
使用多種 temperature 來取樣
文字, 藉此呈現 temperature

將以上的 callback 物件傳入 fit()：

程式 12.8　訓練語言模型

```
model.fit(lm_dataset, epochs=200, callbacks=[text_gen_callback])
```

以下是在第 200 週期時所生成的一些例句。請注意, 標點符號並不存在於詞彙表中, 所以我們生成的文字不包含任何標點符號。

- temperature=0.2

  - "this movie is a [UNK] of the original movie and the first half hour of the movie is pretty good but it is a very good movie it is a good movie for the time period"

  - "this movie is a [UNK] of the movie it is a movie that is so bad that it is a [UNK] movie it is a movie that is so bad that it makes you laugh and cry at the same time it is not a movie i dont think ive ever seen"

- temperature=0.5

  - "this movie is a [UNK] of the best genre movies of all time and it is not a good movie it is the only good thing about this movie i have seen it for the first time and i still remember it being a [UNK] movie i saw a lot of years"

  - "this movie is a waste of time and money i have to say that this movie was a complete waste of time i was surprised to see that the movie was made up of a good movie and the movie was not very good but it was a waste of time and"

- temperature=0.7

  - "this movie is fun to watch and it is really funny to watch all the characters are extremely hilarious also the cat is a bit like a [UNK] [UNK] and a hat [UNK] the rules of the movie can be told in another scene saves it from being in the back of"

- "this movie is about [UNK] and a couple of young people up on a small boat in the middle of nowhere one might find themselves being exposed to a [UNK] dentist they are killed by [UNK] i was a huge fan of the book and i havent seen the original so it"

● temperature=1.0

- "this movie was entertaining i felt the plot line was loud and touching but on a whole watch a stark contrast to the artistic of the original we watched the original version of england however whereas arc was a bit of a little too ordinary the [UNK] were the present parent [UNK]"

- "this movie was a masterpiece away from the storyline but this movie was simply exciting and frustrating it really entertains friends like this the actors in this movie try to go straight from the sub thats image and they make it a really good tv show"

● temperature=1.5

- "this movie was possibly the worst film about that 80 women its as weird insightful actors like barker movies but in great buddies yes no decorated shield even [UNK] land dinosaur ralph ian was must make a play happened falls after miscast [UNK] bach not really not wrestlemania seriously sam didnt exist"

- "this movie could be so unbelievably lucas himself bringing our country wildly funny things has is for the garish serious and strong performances colin writing more detailed dominated but before and that images gears burning the plate patriotism we you expected dyan bosses devotion to must do your own duty and another"

如你所見，在 temperature 值較低時，生成的文本會非常無聊且重複性高。隨著 temperature 值提高，生成的文字會變得較有趣且具有創意。當 temperature 非常高時，局部結構會開始瓦解，使輸出看起來幾乎都是隨機的。以這個例子來看，一個好的生成 temperature 似乎是在 0.7 左右。記得用多一點取樣策略來實驗看看！生成式任務的有趣之處，就是要在「學到的結構性」和「隨機性」之間取得巧妙的平衡。

請注意！當你使用更多資料，以更長時間來訓練更大的模型時，將能生成更通順且擬真的句子。像是前文介紹過的 GPT-3 模型，它很好地展現了語言模型可以達到什麼程度 (實際上，GPT-3 與我們在這個案例中訓練的模型幾乎相同，但它有著更深的 Transformer 解碼器堆疊，以及更大的訓練語料庫)。不過，也別期望模型能生成任何有意義的文字 (除非恰巧，或透過個人主觀的解讀使其具有意義)，因為我們所做的只是從一個「哪個字在哪個字之後」的統計模型中取樣資料而已。

自然語言有多層涵義：它可以是一種溝通的管道、也可以是制定、儲存並檢索自己想法的方式。語言的這些用途，是它存在意義的源頭。深度學習中的「語言模型」雖然叫語言模型，但它並不會實際捕捉到這些語言的基礎層面。語言模型不能交流 (它沒有什麼能交流的，也沒有可交流的對象)、不具備社交觀念、而且也沒有任何需要借助詞彙來處理的想法。我們可將語言視為心智的「作業系統」，所以要由心智來操作它，才能賦予其意義。

語言模型所做的，只是捕捉人類表達資料 (書、線上電影評論、推特推文) 的統計結構，這些資料都是在生活中使用語言時，所衍生得到的東西。人類使用語言的方式，造成這些資料具有統計結構。試想一想，如果我們的語言能夠更好地壓縮溝通內容 (就像電腦壓縮數位內容那樣)，會發生什麼？語言的意義不會減少，仍然可以發揮它的功用，但它會缺乏內在的統計結構，導致我們無法像剛剛那樣建模。

12-1-6　小結

- 我們可以透過給定先前的 token，訓練模型來預測緊接著出現的 token，進而生成離散的序列資料。

- 用來處理文字的模型稱為語言模型，它可以處理單字層級或字元層級的資料。

- 取樣下一個 token 會涉及「真實性」和「隨機性」間的平衡問題。

- 處理以上問題的其中一個辦法就是使用 softmax temperature，你可以實驗不同的 temperature 來找到最適合的那一個。

12-2 DeepDream

DeepDream 是一種藝術圖片修改技術, 會使用 CNN 來學習相關的表示法。它由 Google 在 2015 年夏天發表, 主要是以 Caffe 深度學習函式庫 (比 TensorFlow 早公開幾個月) 實作而成 ❸。由於它可以產生如幻覺般的圖片 (如圖 12.4 所示), 使得它迅速在網際網路上造成轟動, 圖片中充滿了由演算法產生的幻想物體、鳥類羽毛、狗眼等。這是 DeepDream 卷積神經網路在 ImageNet 上訓練的副產品, 其中與狗類和鳥類相關的數量佔了絕大多數。

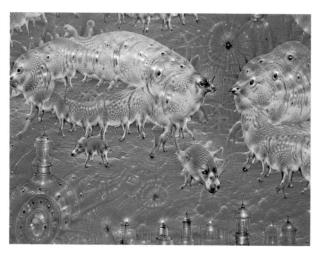

▲ 圖 **12.4**　DeepDream 輸出圖片的例子

DeepDream 演算法幾乎與第 9 章中介紹的 CNN 過濾器 (filter) 視覺化技術完全相同, 它類似於一個**反向 CNN,** 也就是對 CNN 的輸入圖片以**梯度上升法**不斷進行調整, 以便最大限度地激活 CNN 上層 (upper layer) 的特定過濾器 (即得到最大的激活結果, 或稱為響應最大化)。不過 DeepDream 與反向 CNN 有一些小小的差別:

● 使用 DeepDream 時, 我們是嘗試最大化**整個層 (所有過濾器)** 的激活結果, 而不是**特定過濾器**的激活結果, 進而將大量特徵的視覺化內容同時混合在一起。

---

❸ Alexander Mordvintsev, Christopher Olah, and Mike Tyka, "DeepDream: A Code Example for Visualizing Neural Networks," Google Research Blog, July 1, 2015, http://mng.bz/xXIM.

- 我們不是從空白、略有雜訊的輸入開始，而是從現有圖片開始，因此產生的效果取決於現有的視覺圖案，同時會以某種藝術方式來扭曲圖片元素。

- 將輸入圖片分別以不同的尺寸比例 (稱為 octaves) 進行處理，從而提高視覺化的質量。(編註：例如先以原尺寸處理一次，然後將圖片放大 1.4 倍再處理一次，然後再放大 1.4 倍處理一次。)

讓我們來試試 DeepDream 吧！

12-2-1 在 Keras 中實作 DeepDream

讓我們先取得要修改的測試圖片 (見圖 12.5)。

程式 12.9　取得測試圖片

```
from tensorflow import keras
import matplotlib.pyplot as plt

base_image_path = keras.utils.get_file(
    "coast.jpg", origin="https://img-datasets.s3.amazonaws.com/coast.jpg")

plt.axis("off")
plt.imshow(keras.utils.load_img(base_image_path))
```

▲ 圖 12.5　我們的測試圖片

接下來，我們需要一個預先訓練過的 CNN。在 Keras 中，有許多這樣的神經網路可用，如 VGG16、VGG19、Xception、ResNet50 等。我們可以使用其中任何一個來實現 DeepDream，但所選擇的神經網路結構會影響視覺化結果，因為不同的 CNN 結構會導致學習到不同的特徵。原始 DeepDream 版本使用的 CNN 是一個 Inception 模型。實際應用中，Inception 可以生成漂亮的 DeepDream，因此我們就來使用 Keras 附帶的 Inception V3 模型。

程式 12.10 　載入預先訓練的 Inception V3 模型

```
from tensorflow.keras.applications import inception_v3
model = inception_v3.InceptionV3(weights="imagenet", include_top=False)
```

我們將使用該模型來建立一個特徵萃取器，進而傳回某些中間層的激活結果 (見程式 12.11)。對於每一個要激活的層，我們會指定不同純量分數來加權其激活結果，藉此計算出在梯度上升過程中，我們想要最大化的總損失值。

小編補充：

整個運作流程大致如下：

1. 使用預訓練好的 CNN 來建立模型，並讓每個要激活的層都有輸出。本例會讓 4 個層 (mixed4~7，見下面的程式) 有輸出，也就是會建立具有 1 個輸入、4 個輸出的模型。

2. 建立損失函數，將 4 個輸出依指定權重 (分別為 1.0、1.5、2.0、2.5，見下面的程式) 計算總損失值。

3. 訓練時會用同一張圖片不斷輸入模型，並不斷以梯度上升法調整圖片的內容，來讓總損失最大化。

4. 訓練完成後的圖片，即為我們想要的結果圖。

如果你想取得所有神經層的名稱列表，只需直接使用model.summary()

程式 12.11 定義每一層對 DeepDream 損失的貢獻

```
layer_settings = {  ←── 此 Python 字典把各層的名稱對應到其在損失函數中的權重係數
    "mixed4": 1.0,
    "mixed5": 1.5,
    "mixed6": 2.0,
    "mixed7": 2.5,
    ↑
InceptionV3 中間層的名稱
}
outputs_dict = dict(  ←── 取得 mixed4 等 4 個中間層的輸出, 建立一個新的
    [                     Python 字典 (key 為層的名稱, value 為層的輸出)
        (layer.name, layer.output)
        for layer in [model.get_layer(name)
                      for name in layer_settings.keys()]
    ]
)
feature_extractor = keras.Model(inputs=model.inputs, ⎤ 可以傳回 mixed4 等中
                                outputs=outputs_dict) ⎦ 間層輸出結果的模型
```

　　接下來要計算損失 (loss), 即在梯度上升過程中, 尋求最大化的數值。在第 9 章中, 在進行過濾器視覺化時, 我們會嘗試最大化特定層中、特定過濾器的激活 (響應) 結果。在這裡, 我們將同時最大化特定層中、所有過濾器的激活結果。

　　具體來說, 我們將選擇數組高階層的激活結果, 計算出其 L2 norm, 並以它們的加權總和做為損失值, 再透過梯度上升來最大化該損失值。所選擇的層以及他們對最終損失的貢獻 (權重) 會對生成的視覺效果產生重大影響, 所以我們在設定這些層的加權貢獻時, 最好是以容易調整為原則 (如以上程式 12.11 的做法)。

> 較低的層會激活幾何圖案, 而較高的層則會激活視覺效果, 我們可以在較高層所生成的圖片中看出 ImageNet 中的某些類別 (例如鳥或狗的某些特徵)。

　　在這裡我們會選擇從 4 個層開始嘗試, 當然你也可以自行探索不同的配置。

程式 12.12 定義 DeepDream 損失

```
def compute_loss(input_image):
    features = feature_extractor(input_image)  ←── 提取激活結果
    loss = tf.zeros(shape=())  ←── 將損失值初始化為 0
```
▶接下頁

```
    for name in features.keys():
        coeff = layer_settings[name]    ◀── 取得中間層對損失值的權重係數
        activation = features[name]     ◀── 取得中間層的激活結果
        loss += coeff * tf.reduce_mean(tf.square(
                activation[:, 2:-2, 2:-2, :]))
    return loss        只考慮非邊界像素的激活結果, 以避免填補操作等所造成的邊界效應
```

現在來設定每一個 octave 中, 我們要運行的梯度上升程序。你將發現, 其中的原理和第 9 章的過濾器視覺化技術是相同的！實際上, DeepDream 演算法不過是過濾器視覺化的另一種形式。

程式 12.13　DeepDream 的梯度上升程序

```
import tensorflow as tf

@tf.function    ◀── 將以下函式編譯為 tf.function, 以加速訓練過程
def gradient_ascent_step(image, learning_rate):
    with tf.GradientTape() as tape:           計算 DeepDream 損失值相
        tape.watch(image)                     對於「當前影像」的梯度
        loss = compute_loss(image)
    grads = tape.gradient(loss, image)        將梯度正規化 (使用與
    grads = tf.math.l2_normalize(grads)   ◀── 第 9 章相同的方法)
    image += learning_rate * grads    ◀── 編註: 依梯度調整影像的像素值
    return loss, image                        該函式可根據給定的學
                                              習率, 執行梯度上升程序
def gradient_ascent_loop(image, iterations, learning_rate,
                         max_loss=None):
    for i in range(iterations):
        loss, image = gradient_ascent_step(image, learning_rate)
                朝增加 DeepDream 損失的方向反復更新影像的像素值
        if max_loss is not None and loss > max_loss:      若損失大於指定
            break                                         的閾值, 就跳出迴
        print(f"... Loss value at step {i}: {loss:.2f}")  圈 (以避免生成不
    return image                                          符合要求的影像)
```

小編補充: 如果讀者還不太理解透過「梯度上升法」和「已訓練的模型」來生成 DeepDream 圖片的原理, 不妨參考底下的補充說明:

在訓練好的神經網路中, 各層都有特定的解釋能力, 例如 CNN 的低階層可以理解邊邊角角的特徵, 而高階層可以理解如貓眼、貓耳朵等的特徵。

▶接下頁

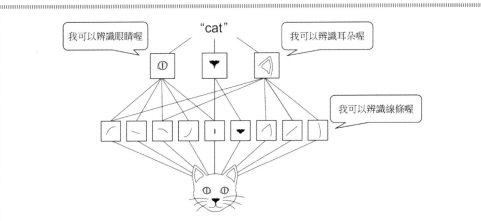

因此，如果輸入一張貓耳朵的圖片，那可以辨識貓耳的那個層的 channel 響應就會很大 (被激活了！)：

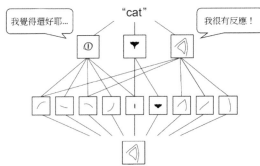

DeepDream 就是利用一個已經訓練好的模型來生成可誇大或重覆某些特徵的圖片，我們可以選擇模型中的某幾層來測試效果 (通常會選較高的層，其萃取的特徵比較具體)，若效果不好可再更換其他層來測試。

在訓練時，會將圖片餵入模型並觀察特定層的響應值 (同時將其做為損失值)，若響應不夠大，我們就調整圖片內容，直到響應最大化為止 (代表圖片中已充份強化那些層的特徵了！)。

不過，要依據什麼來調整圖片呢？回想一下訓練神經網路時，我們依據權重對應的當前梯度來調整權重，讓損失達最小值；而在這裡我們一樣會依據圖片對應的當前梯度來調整圖片，只是方向相反，我們要找的是讓圖片響應 (損失) 最大的權重值！

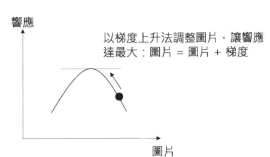

為了單純化，我們將圖片以一維表示，事實上圖片為 3 維資料，請擴展想像！這裡的圖片與梯度都是張量喔！

▶接下頁

在程式 12.13 中可以看到 image += learning_rate*grads, 即每次執行梯度上升時, 圖片會與當前梯度相加 (相加前, 梯度會先乘上一個學習率)。每次的迭代就是朝著能「最大化響應」的方向前進, 當梯度等於零時, 便會收斂。不過, 我們也可以限制一個響應 (損失) 最大值, 以免產生過度誇大特徵 (甚至誇大到無法辨識特徵) 的醜陋圖片。

最後是 DeepDream 演算法的外層迴圈。首先, 定義要陸續在哪些尺寸比例 (octave) 下處理圖片。如圖 12.6, 我們會從小到大使用 3 個不同的 octave 來處理圖片。對於每一個 octave, 使用 gradient_ascent_loop() 運行 20 次梯度上升, 進而最大化先前定義的損失。在每一個 octave 之間, 則會將圖片放大 40% (變成原始圖片的 1.4 倍)：一開始處理較小張的圖片, 然後逐漸地調大其尺寸。

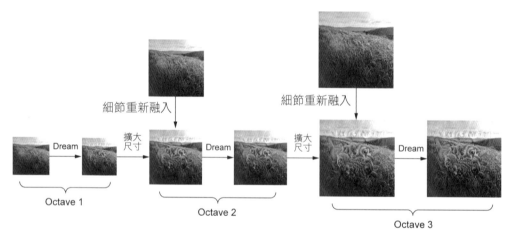

▲ 圖 12.6　DeepDream 處理過程：多個連續 octave 的空間處理和細節的重新融入

在以下程式中, 我們定義了該過程中的各項參數。透過調整這些參數, 你將得到全新的圖片效果！

```
step = 20.              ← 每次梯度上升的學習率
num_octave = 3          ← 執行梯度上升的 octave 數量
octave_scale = 1.4      ← octave 間的放大比率
iterations = 30         ← 對每個 octave 執行梯度上升的次數
max_loss = 15.          ← 如果損失大於 15, 則中斷梯度上升
```

我們也需要一些輔助函式來載入和儲存圖片：

程式 12.14　輔助函式

```
import numpy as np

def preprocess_image(image_path):
    img = keras.utils.load_img(image_path)      ← 載入圖片
    img = keras.utils.img_to_array(img)          ← 將圖片轉換為陣列
    img = np.expand_dims(img, axis=0)            ← 在第 0 軸插入一個新的批次軸
    img = keras.applications.inception_v3.preprocess_input(img) ←┐
    return img                                                   │
                                              將圖片預先處理為 Inception
                                              V3 可以處理的張量
def deprocess_image(img):   ← 該函式可將 NumPy 陣列轉換回圖片
    img = img.reshape((img.shape[1], img.shape[2], 3))
    img /= 2.0     ┐
    img += 0.5     ├ 反轉 Inception V3          將 像 素 值 的 型 別 轉 為
    img *= 255.    ┘ 的預先處理操作              uint8，並限制在 0～255 之
                                                間 (小於 0 的像素值會變
    img = np.clip(img, 0, 255).astype("uint8")  ← 成 0；大於 255 的像素值
    return img                                     會變成 255)
```

　　為了避免在每次連續放大後, 損失大量的圖片細節 (導致圖片越來越模糊), 我們可以使用一個簡單的技巧：在每次放大後, 將丟失的細節重新注入圖片 (從圖 12.6 可見, 我們重新融入了兩次細節)。

　　假設原始圖片為 L, 那麼我們會先將 L 縮小 2 次成為 S, 並從 S 開始逐漸放大尺寸 (小→中→大) 來進行處理。那麼應如何計算在中尺寸時要注入的細節呢？方法就是將 L 縮小為中尺寸, 並將 S 放大為中尺寸, 然後二者相減即為中尺寸時要注入的細節。同理, 將 L (大尺寸) 與「放大到中尺寸再放大到大尺寸的 S」相減, 即為大尺寸時要注入的細節。

程式 12.15　在多個連續的 octave 間執行梯度上升

```
original_img = preprocess_image(base_image_path)   ← 載入測試圖片
original_shape = original_img.shape[1:3]   ←┐
                                             │  計算不同 octave 下, 圖片應
             取得圖片的 shape (第 0 軸為批次軸, 要略過)  有的 shape (這裡會逐一計
                                                算中、小尺寸的 shape)
successive_shapes = [original_shape]                      │
for i in range(1, num_octave):                            │
    shape = tuple([int(dim / (octave_scale ** i)) for dim in original_shape]) │
    successive_shapes.append(shape)                       │
successive_shapes = successive_shapes[::-1]   ←┘

            編註：反轉為小、中、大的 shape 順序          ▶接下頁
```

```
shrunk_original_img = tf.image.resize(original_img,
                              successive_shapes[0])
```
將原圖縮小為小尺寸, 以供稍後計算要注入的細節

```
img = tf.identity(original_img)  ← 複製一份原始圖片來進行內容
```
修改 (將其稱為 dream 圖片)

```
for i, shape in enumerate(successive_shapes):  ← 在不同的 octave 上迭代
    print(f"Processing octave {i} with shape {shape}")
    img = tf.image.resize(img, shape)  ← 將 dream 圖片的大小調整為
```
特定 octave 下的目標 shape

```
    img = gradient_ascent_loop(
        img, iterations=iterations, learning_rate=step, max_loss=max_loss
    )
```
執行梯度上升, 修改 dream 圖片的內容

```
    upscaled_shrunk_original_img = tf.image.resize(  將小尺寸的原圖放大到目前
        shrunk_original_img, shape)  ←──────────── 的尺寸 : 會造成像素顆粒化
    same_size_original = tf.image.resize(original_img, shape)  ←
```
將原始圖片縮小到目前的尺寸

```
    lost_detail = same_size_original - upscaled_shrunk_original_img  ←
```
兩者間的差異就是丟失的細節

```
    img += lost_detail  ← 將細節注入回圖片中
    shrunk_original_img = tf.image.resize(original_img, shape)  ←
```
編註 : 將小尺寸的原圖放大到目前尺寸

```
keras.utils.save_img("dream.png", deprocess_image(img.numpy()))  ←
```
儲存最終的結果

由於原始的 Inception V3 網路是訓練來辨識 (理解) 大小為 299×299 圖片中的特徵, 並且其中的過程牽涉到按比例縮小影像, 因此 DeepDream 演算法可以在大約 300×300 至 400×400 的圖片上產生更好的結果。但無論如何, 我們可以在任何大小和任何比例的圖片上執行相同的程式碼。

在 GPU 上, 只需數秒就可運行所有程式。圖 12.7 顯示了測試圖片的處理結果。

▶ 圖 **12.7** 使用測試圖片運行 DeepDream 程式碼的結果

我們強烈建議透過「變更用於計算損失的層」(見程式 12.11) 來探索各種可能的執行結果。神經網路中較低的層包含更局部、較不抽象的表示法, 導致 dream 圖片看起來更像幾何圖案。反之, 較高的層則會辨識 ImageNet 中最常見的物件 (例如狗眼、鳥類羽毛等), 因此可產生更易識別的視覺圖案。我們可以撰寫程式來自動隨機生成 layer_settings 字典中的參數, 以便快速探索許多不同的組合。圖 12.8 顯示了原本是美味的自製糕點圖片, 在使用不同的層設定後取得的一系列結果圖片。

◀ 圖 12.8　在美味糕點的圖片上嘗試一系列 DeepDream 的參數設定

12-2-2　小結

● DeepDream 主要是執行反向卷積神經網路, 以根據神經網路學習到的表示法生成圖片。

● DeepDream 產生的圖片很有趣, 有點類似於使用迷幻藥擾亂視覺皮層, 進而誘發的視覺幻影。

● 請注意, 這樣的處理方式並非只能用於圖片模型或 CNN, 它也可以用於語音、音樂或其他領域。

12-3 神經風格轉換

除了 DeepDream 之外, 另一個由深度學習驅動的圖片修改技術, 是由 Leon Gatys 等人在 2015 年夏季發表的**神經風格轉換** (neural style transfer) **❹**。神經風格轉換演算法自發表後經過多次改進, 產生了許多功能變化, 也已被引進到許多智慧手機的照片應用程式。本節重點在於說明原始論文所描述的轉換公式, 並透過 Keras 來實現神經風格轉換。

如圖 12.9, 神經風格轉換主要是將參考圖片的風格應用於內容圖片, 同時保留內容圖片的內容:

內容圖片 風格參考圖片 結合後的圖片

▲ **圖 12.9** 風格轉換的例子

所謂的**風格** (style), 本質上意味圖片在各種空間比例上的紋理、顏色和視覺形式, 例如在圖 12.9 的參考圖片 (使用文森梵谷Vincent Van Gogh 的星夜 Starry Night) 中, 藍色和黃色圓形筆觸被認為一種風格表現; 而**內容** (content) 指的是圖片中的高階抽象結構, 例如在圖 12.9 的內容圖片 (圖賓根的照片) 中, 建築物被認為是一種內容。

風格轉換的概念與紋理生成有緊密關聯, 在影像處理領域有著悠久的歷史, 其發展時間遠早於 2015 年神經風格轉換發表之前。但以深度學習為基礎的風格轉換, 提供了傳統電腦視覺技術未曾達到的成果, 且引發了電腦視覺創意應用的驚人復興。

---

❹ Leon A. Gatys, Alexander S. Ecker, and Matthias Bethge, "A Neural Algorithm of Artistic Style," arXiv (2015), https://arxiv.org/abs/1508.06576.

風格轉換背後的關鍵概念, 與所有深度學習演算法的核心相同:藉由定義一個損失函數來指定想要達成的目標, 並最大限度地減少損失。我們知道自己想要達成的目標, 也就是採用參考圖片的風格、同時保留原始圖片的內容。如果我們能夠以數學定義內容 (content) 和風格 (style), 那麼用來最小化的損失函數應該如下:

在這裡, distance() 是一種**規範函數** (norm function), 例如 L2 norm; content() 是一種計算**圖片內容表示法**的函數;而 style() 則是一種計算**圖片風格表示法**的函數。最小化損失會讓 style (generated_image) 接近 style (reference_image), 而且 content (generated_image) 接近 content(original_image), 從而實現風格轉換。

Gatys 等人觀察到, 深度卷積神經網路提供了一種在數學上定義 style() 和 content() 函數的方法。我們來看看如何實現。

12-3-1　內容損失

如同我們前面說明的, CNN 中較底層的激活結果包含關於圖片的局部 (local) 資訊, 而較高層的激活結果則包含較全局 (global) 且抽象的資訊。這代表在 CNN 中, 不同層的激活結果可視為圖片內容於不同的空間尺度上的解析。因此, 我們期望透過 CNN 的上層, 可以萃取出圖片內容中更為全局和抽象的表示法。

計算內容損失的一個好方法, 是使用預先訓練的 CNN 上層計算出「內容圖片的激活結果」與「生成圖片的激活結果」之間的 L2 norm。這樣相對保證了從上層看起來, 所生成的圖片會類似於原始內容圖片。假設 CNN 上層看到的是輸入圖片的內容, 那這樣做就是保存圖片內容的一種方式 (編註:我們可以概括地理解為, 網路底層處理的是筆觸, 上層處理的是內容, 而轉換風格就是要透過全新筆觸來呈現一樣的內容)。

12-3-2　風格損失

　　內容損失僅使用單一的 CNN 高階層, 但 Gatys 等人定義的風格損失卻是使用 CNN 的多個層, 也就是嘗試以 CNN 對風格參考圖片萃取出「所有空間萃取比例」的整體樣貌 (編註：空間萃取比例會逐層累加而越來越大, 例如一開始是 3×3, 後面逐層累加, 因此每層都不同), 而不只是單一萃取比例的樣貌。對於風格損失, Gatys 等人使用層的「激活結果的格拉姆矩陣」(Gram matrix), 也就是對於層內的特徵圖進行**內積**。該內積可以理解為該層內各特徵之間的關聯性。這些特徵關聯性可呈現出在該空間萃取比例下的樣式統計數據, 而這些數據通常可對應到在該空間比例下所辨識出的紋理外觀。

小編補充：格拉姆矩陣 (Gram matrix) 也稱為交互乘積 (cross-product) 矩陣, 其數學定義為：若有個 mxn 的矩陣 A, 則格拉姆矩陣 $G = A^T A$ (A^T 為 A 的轉置矩陣), 以下以一個簡化的 1x3 的矩陣 A 來展示格拉姆矩陣：

$$G = A^T A = \begin{bmatrix} a_{11} \\ a_{12} \\ a_{13} \end{bmatrix} \begin{bmatrix} a_{11} & a_{12} & a_{13} \end{bmatrix}$$

內積的結果如下：

$$\begin{bmatrix} a_{11} \times a_{11} & a_{11} \times a_{12} & a_{11} \times a_{13} \\ a_{12} \times a_{11} & a_{12} \times a_{12} & a_{12} \times a_{13} \\ a_{13} \times a_{11} & a_{13} \times a_{12} & a_{13} \times a_{13} \end{bmatrix}$$

在這裡我們可以將 **A 矩陣視為層的輸出特徵圖**, 而其中的元素即為各個維度的特徵, 而內積的格拉姆矩陣結果也很清楚了, 就是各個維度的特徵之間的關聯性, 若關聯性高, 則相乘後數值較大, 反之較小, 這就是我們使用格拉姆矩陣的目的。

　　因此, 風格損失的目的是在風格參考圖片和生成的圖片中, 保存不同層激活結果的內部相似關聯性, 確保了在不同空間比例中找到的紋理樣貌, 在風格參考圖片和生成圖片中看起來很相似。

　　簡言之, 我們可以使用預先訓練的 CNN 執行以下程序以定義出損失：

● 透過維持內容圖片和生成圖片在 CNN 高階層激活結果的相似性, 使得 CNN 在內容圖片和生成圖片間「看到」相同的內容：代表生成圖片中保留了內容圖片的內容。

- 透過在低階層和高階層的激活結果中, 維持相似的關聯性 (correlation) 來保留風格。特徵關聯性可看成是某種紋理樣貌：生成圖片和風格參考圖片應該在不同的空間萃取比例中, 有著相似的紋理樣貌。

現在, 我們以 Keras 實作 2015 年的神經風格轉換演算法, 你會發現到它與上一節開發的 DeepDream 實作有許多相似之處。

12-3-3 以 Keras 實現神經風格轉換

我們可以使用任何預先訓練的 CNN 來實現神經風格轉換。在此我們將使用 Gatys 等人使用的 VGG19 網路。VGG19 是第 5 章介紹的 VGG16 網路的簡單變形：主要是多加了 3 個卷積層。

神經風格轉換的過程如下：

① 設定一個神經網路, 同時為風格參考圖片、內容圖片和生成圖片計算 VGG19 層的激活結果。

② 使用這 3 張圖片的層激活結果來定義前面描述的損失函數 (要最小化的值)

③ 設定梯度下降處理程序, 並最小化損失函數。

我們首先來定義風格參考圖片和內容圖片的路徑。為確保要處理圖片的大小相似 (大小不同會使得風格轉換變得困難), 稍後會將它們全部調整為 400px 的共同高度 (寬度要依原比例一起調整)。

程式 12.16　取得風格參考圖片和內容圖片

```
from tensorflow import keras
                                                    內容圖片的路徑
base_image_path = keras.utils.get_file(
    "sf.jpg", origin="https://img-datasets.s3.amazonaws.com/sf.jpg")
style_reference_image_path = keras.utils.get_file(
    "starry_night.jpg", origin="https://img-datasets.s3.amazonaws.
                          com/starry_night.jpg")
                                                風格參考圖片的路徑
original_width, original_height = keras.utils.load_img(base_image_path).size
img_height = 400
img_width = round(original_width * img_height / original_height)
                                                生成圖片的尺寸
```

圖 12.10 顯示了內容圖片；而圖 12.11 顯示了風格參考圖片。

▶ **圖 12.10** 內容圖片
(舊金山的諾布山街區)

▶ **圖 12.11** 風格參考圖片
(梵谷的星夜 (Starry Night))

如同上一節的 DeepDream, 我們需要一些輔助函式來處理圖片的載入、預處理和反向處理, 以便能將圖片輸入 VGG19, 並輸出成一般的圖片檔案格式。

程式 12.17 輔助函式

```
import numpy as np

def preprocess_image(image_path):
    img = keras.utils.load_img(
        image_path, target_size=(img_height, img_width))    載入圖片並調
                                                            整圖片大小 (調
                                                            整成 target_size)
    img = keras.utils.img_to_array(img)    ← 轉換成陣列
```

▶接下頁

```
        img = np.expand_dims(img, axis=0)  ◀—— 在第 0 軸的位置插入一個新軸
        img = keras.applications.vgg19.preprocess_input(img) ◀—┐
        return img                                    將圖片預處理為適合
                                                      輸入 VGG16 的格式
def deprocess_image(img):  ◀—— 該函式可將 NumPy 陣列轉成圖片
        img = img.reshape((img_height, img_width, 3))
        img[:, :, 0] += 103.939 ┐   將圖片各 channel 的像素加上「ImageNet 圖片的
        img[:, :, 1] += 116.779 ├—— channel 平均像素值」,這翻轉了 vgg19.preprocess_
        img[:, :, 2] += 123.68  ┘   input() 所進行的 0 中心化 (zero-centering)
        img = img[:, :, ::-1]  ◀—— 將圖片從「BGR」轉換為「RGB」,這也反轉
                                   了 vgg19.preprocess_input() 的其中一個操作
        img = np.clip(img, 0, 255).astype("uint8")  ◀—— 將數值限制在
        return img                                       0～255 之間
```

　　接著來設定 VGG19 網路。和先前的 DeepDream 例子一樣, 我們會用預先訓練好的 CNN (即 VGG19) 來建立一個特徵萃取模型, 以傳回中間層 (這次會包含 VGG19 內所有的層) 的激活結果 (編註:請注意!在載入VGG19 模型時, 要將 include_top 參數設為 False, 這樣才不會載入 VGG19 頂部用於分類的 Dense 層)。

程式 12.18　使用預先訓練的 VGG16 來建立特徵萃取模型

```
model = keras.applications.vgg19.VGG19(weights="imagenet",
            include_top=False)  ◀—— 使用在 ImageNet 上預先訓練過
                                    的權重來建構一個 VGG19 模型
outputs_dict = dict([(layer.name, layer.output)    建立一個 Python 字典, 將各
                    for layer in model.layers])  ◀—— 層的名稱對應到它們的輸出
feature_extractor = keras.Model(inputs=model.inputs,  該模型會以 dict 的形式,
                    outputs=outputs_dict)  ◀————————— 傳回每個層的激活結果
```

　　接著來定義內容損失, 以確保 VGG19 的上層能對內容圖片及生成圖片的內容具有相似的激活喜好。

程式 12.19　定義內容損失

```
                    內容圖片      生成圖片

def content_loss(base_img, combination_img):
        return tf.reduce_sum(tf.square(combination_img - base_img))  ◀—┐
                                        圖片張量元素相減後的平方和
```

接下來是定義風格損失, 我們將使用輔助函式來計算輸入矩陣的格拉姆矩陣 (Gram matrix), 即從原始特徵矩陣中找出對應的關聯性。

程式 12.20　定義風格損失

```
def gram_matrix(x):    ← 計算格拉姆矩陣
    x = tf.transpose(x, (2, 0, 1))    ← 將 channel 軸移到第 0 軸
    features = tf.reshape(x, (tf.shape(x)[0], -1))    ←
                        若輸入 x 的 shape 為 (C, H, W), 則 features 的 shape 會是 (C, H*W)
    gram = tf.matmul(features, tf.transpose(features))    ← 計算各特徵
    return gram                                              間的關聯性


                    風格參考圖片        生成圖片
                        ↓              ↓
def style_loss(style_img, combination_img):
    S = gram_matrix(style_img)           ← 取得風格參考圖片的格拉姆矩陣
    C = gram_matrix(combination_img)     ← 取得生成圖片的格拉姆矩陣
    channels = 3
    size = img_height * img_width
    return tf.reduce_sum(tf.square(S - C)) / (4.0 * (channels ** 2) * (size ** 2)
)
```

除了這兩項損失外, 我們還要增加第 3 項: **總變異損失** (total variation loss)。它主要是對生成圖片的像素進行計算, 用於促進生成圖片的空間連續性, 以避免**過度像素顆粒化**的結果 (編註: 概念上就是加總所有相鄰像素間的差異來做為損失, 如此就可讓相鄰像素間不會變化過大)。我們可以將其視為一種**常規化損失** (regularization loss)。

程式 12.21　總變異損失

```
def total_variation_loss(x):    ← x 為生成圖片
    a = tf.square(
        x[:, :img_height - 1, :img_width - 1, :] - x[:, 1:, :img_width - 1, :]
    )
    b = tf.square(
        x[:, :img_height - 1, :img_width - 1, :] - x[:, :img_height - 1, 1:, :]
    )
    return tf.reduce_sum(tf.pow(a + b, 1.25))    ←
            將張量做次方運算, 然後降維加總起來。此處我們希望 a 與 b 越小越好
```

我們要最小化這 3 種損失的加權平均值。在計算內容損失時, 我們只會用到一個高階層：block5_conv2 層。而對於風格損失, 則會以串列將要使用到的低階與高階層一起打包使用, 最後再加上總變異損失。

我們可以依據使用的風格參考圖片和內容圖片的情況, 調整 content_weight 係數 (代表內容損失對總損失的貢獻度)。若 content_weight 越高, 則內容圖片的內容將更容易地在生成圖片中辨認出來。

程式 12.22　定義要最小化的最終損失

```
style_layer_names = [   ◄── 用來計算風格損失的層串列
    "block1_conv1",
    "block2_conv1",
    "block3_conv1",
    "block4_conv1",
    "block5_conv1",
]
content_layer_name = "block5_conv2"   ◄── 用來計算內容損失的層
total_variation_weight = 1e-6         ◄── 總變異損失對總損失的貢獻度
style_weight = 1e-6        ◄── 風格損失對總損失的貢獻度
content_weight = 2.5e-8   ◄── 內容損失對總損失的貢獻度

def compute_loss(combination_image, base_image, style_reference_image):
    input_tensor = tf.concat(
        [base_image,
         style_reference_image,
         combination_image],
        axis=0
    )
    features = feature_extractor(input_tensor)   ◄── 計算各圖片經過 VGG19
                                                      各中間層後的激活結果
    loss = tf.zeros(shape=())   ◄── 將總損失初始化為 0
    layer_features = features[content_layer_name]   ◄── 取出用以計算內容
                                                         損失的層激活結果
    base_image_features = layer_features[0, :, :, :]   ◄── 取出內容圖片
                                                            的激活結果
    combination_features = layer_features[2, :, :, :]   ◄── 取出生成圖片
                                                             的激活結果
    loss = loss + content_weight * content_loss(
        base_image_features, combination_features
    )
```

編註：沿著第 0 軸 (批次軸), 將 shape 為 (1,w,h,c) 的內容圖片、風格圖片和生成圖片串接起來, 結果成為一個內含 3 張圖、shape 為 (3,w,h,c) 的批次張量

計算內容損失, 並將加權後的結果與總損失加總

▶接下頁

12-35

```
    for layer_name in style_layer_names:
        layer_features = features[layer_name]  ←  編註: 取出 3 張圖在
                                                        目前層的激活結果
        style_reference_features = layer_features[1, :, :, :]  ←
                                                    取出風格圖片的激活結果
        combination_features = layer_features[2, :, :, :]  ←
                                                    取出生成圖片的激活結果
        style_loss_value = style_loss(
            style_reference_features, combination_features)
        loss += (style_weight / len(style_layer_names)) * style_loss_value
                                計算風格損失, 並將加權後的結果與總損失加總
    loss += total_variation_weight
                * total_variation_loss(combination_image)
    return loss                 計算總變異損失, 並將加權後的結果與總損失加總
```

　　最後, 我們來設定梯度下降的程序。Gatys 等人在論文中是使用 **L-BFGS 演算法**進行優化, 但在 TensorFlow 中無法使用, 所以我們只會用 **SGD 優化器**來做小批次的梯度下降。我們還會運用一個先前沒介紹過的優化器功能: **學習率排程** (learning-rate schedule)。我們要用它在訓練過程中逐漸降低學習率, 從很高的值 (100) 降到小很多的最終值 (約 20)。如此一來, 我們就能在訓練早期快速取得進展, 並在接近最低損失值時, 用更謹慎的方式進行訓練。

程式 12.23　設定梯度下降程序

```python
import tensorflow as tf

@tf.function  ←  透過 tf.function 來加速訓練過程
def compute_loss_and_grads(combination_image, base_image, style_reference_image):
    with tf.GradientTape() as tape:
        loss = compute_loss(combination_image, base_image, style_reference_image)
    grads = tape.gradient(loss, combination_image)
    return loss, grads

optimizer = keras.optimizers.SGD(
    keras.optimizers.schedules.ExponentialDecay(
        initial_learning_rate=100.0, decay_steps=100, decay_rate=0.96
    )
                        學習率的初始值為 100, 每訓練 100 次, 就減少 4%
)
```

▶接下頁

```
base_image = preprocess_image(base_image_path)
style_reference_image = preprocess_image(style_reference_image_path)
combination_image = tf.Variable(preprocess_image(base_image_path)) ◄──

                                    使用 Variable 物件來儲存生成圖片,
                                    因為在訓練過程中要不斷更新它
iterations = 4000
for i in range(1, iterations + 1):
    loss, grads = compute_loss_and_grads(
        combination_image, base_image, style_reference_image
    )
    optimizer.apply_gradients([(grads, combination_image)]) ◄──
                                往「可以減少風格損失」的方向更新生成圖片內容
    if i % 100 == 0: ◄── 每經過 100 次梯度下降, 就顯示 loss 訊息並儲存生成圖片
        print(f"Iteration {i}: loss={loss:.2f}")
        img = deprocess_image(combination_image.numpy())
        fname = f"combination_image_at_iteration_{i}.png"
        keras.utils.save_img(fname, img)
```

　　圖 12.12 顯示我們計算得到的結果。請記住, 這項技術所實現的僅僅是圖片重構, 或樣貌轉換的一種形式。它最適用於具有強烈紋理和高度一致性的風格參考圖片, 且內容圖片的內容不需要高階細節便可識別。它通常無法實現相當抽象的細節轉移, 例如將一幅人物肖像風格轉換到另一幅肖像 (編註:轉換後五官等高階細節會改變或變模糊, 因而不像原來的人了)。該演算法其實更接近經典的訊號處理而不是 AI, 所以不要指望它像魔術一樣神奇!

▲ 圖 **12.12**　風格轉換的結果

　　此外，雖然執行此風格轉換演算法相當耗時，但其中單純進行轉換 (將輸入圖片轉換為特定風格的生成圖片) 的程序卻相當簡單，因此只要有適當的訓練資料 (例如大量的原始圖片，以及轉為同樣風格的生成圖片)，就可以透過一個小型、快速的前饋式 CNN 進行學習。因此，我們可以藉由類似本章的風格轉換程式，先花大量運算時間來產生足量的固定風格轉換樣本，然後使用這些樣本來訓練一個簡單的 CNN 模型，以學習這種特定風格的轉換，進而達到未來可以快速風格轉換的效果。一旦完成，藉由小小的一個正向傳播運算，就可以對給定圖片進行即時的風格轉換。

12-3-4　小結

● 風格轉換主要是創造一張新圖片，該圖片會保留內容圖片的內容，同時還兼具參考圖片的風格。

● 圖片內容特徵可透過高階層的激活結果來取得。

● 圖片風格特徵則可透過 CNN 不同層中，激活結果的內部關聯性來取得。

● 因此，深度學習可將風格轉換過程簡化為：使用預先訓練好的 CNN，依其各層的輸出來定義損失，然後不斷修改原始圖片來最小化損失的處理過程。

● 從這基本概念出發，神經風格轉換可以有許多變形和改進。

12-4 使用變分自編碼器 (Variational AutoEncoder) 生成影像

從潛在的視覺空間進行取樣, 以創造全新影像或將現有影像編輯成新影像, 是目前 AI 在藝術領域最受歡迎和最成功的應用。在本節和下一節中, 我們將說明一些影像生成的高階概念, 以及這領域中兩種主要技術的相關細節：**變分自編碼器** (Variational Autoencoders, VAE) 和**對抗式生成網路** (Generative Adversarial Networks, GAN)。我們在這裡介紹的技術不但可以用於影像, 還可以用來開發聲音、音樂, 甚至文字的潛在空間。但在實務中, 最有趣的成果莫過於生成影像, 而這也是我們專注於此的原因。

12-4-1 從影像的潛在空間 (latent space) 取樣

影像生成的關鍵想法, 是學習出一個表示法的低維度**潛在空間** (latent space), 它是一個向量空間 (例如 shape 為 (2,) 或 (3,) 的浮點數向量), 其中任何一點 (向量, 例如 (2.5, 3.8)) 都可以對應到一幅逼真的影像。

能夠將潛在空間中的某一點作為輸入, 並輸出一幅影像 (像素網格) 的模組, 就稱為**生成器** (generator, 在 GAN 中的名稱) 或**解碼器** (decoder, 在 VAE 中的名稱)。一旦模型學會了這樣的潛在空間, 便可以從中取樣一點, 然後對應回影像空間, 生成前所未見的影像 (見圖 12.13)。

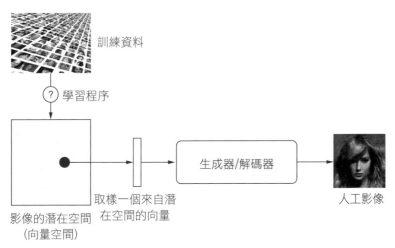

▲ 圖 **12.13** 學習影像的潛在向量空間, 並用它來生成新影像

GAN 和 VAE 是兩種用於學習「影像表示法的潛在空間」的不同策略, 有著各自的特性:

● VAE 非常適合學習結構良好的潛在空間, 其資料中的特定方向會編碼成有意義的影像漸變軸 (見圖 12.14, 編註:例如將潛在空間向量沿某方向移動, 所生成的圖片即可由甲女漸變成乙女)。

● GAN 生成的影像可以非常逼真, 但生成這些影像的潛在空間可能沒那麼有結構性和連續性。

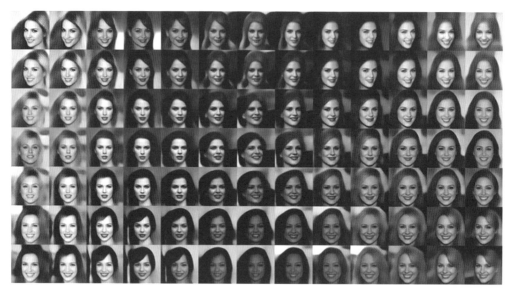

▲ 圖 12.14　Tom White 使用 VAE 生成的臉部連續空間

12-4-2　影像編輯的概念向量 (concept vector)

我們在第 11 章介紹**詞嵌入向量** (word embedding) 時, 有說明過**概念向量** (concept vector) 的想法。在此這個想法仍然相同:給定一個潛在的表示空間或一個嵌入空間, 原始資料空間中的某些方向可能被編碼成有趣的**變換軸**。例如, 在臉部影像的潛在空間中, 可能存在微笑向量 (smile vector) s。如果 z 是特定臉部影像的潛在向量, 那麼 z+s 就可以表示為該臉部微笑影像的潛在向量, 並用以生成該臉部微笑的影像。

當確定有這樣的概念向量存在時，就可以建立一種新的編輯影像方式：先將原始影像投影到潛在空間、然後變更影像的表示法 (編註：例如前述的 z+s)，最後再將它們解碼回原來的影像空間。

基本上，影像空間的任何獨立變化軸都存在概念向量，所以在臉部影像的案例中，我們可以用特定概念向量為人臉帶上眼鏡、脫掉眼鏡，或將男性臉部變成女性臉部等等。圖 12.15 就是一個微笑向量的例子，是由紐西蘭維多利亞大學設計學院 Tom White 發現的一個概念向量，主要是使用 VAE 方法在 CelebA 資料集上訓練而成。

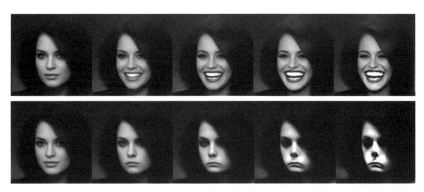

▲ 圖 12.15　微笑向量

12-4-3　變分自編碼器 (VAE)

變分自編碼器 (Variational autoencoders, VAE) 是由 Kingma 和 Welling 發表於 2013 年12月 **⑤**，以及 Rezende、Mohamed 和 Wierstra 發表於 2014 年 1 月 **⑥**。它是一種生成式模型，特別適用於透過概念向量來編輯影像的任務。變分自編碼器將貝葉斯推理 (Bayesian inference) 與深度學習相結合，是現代版本的**自編碼器** (autoencoders, 簡稱 AE, 它是能將輸入資料編碼到低維潛在空間，然後將其解碼回來的神經網路)。

---

⑤ Diederik P. Kingma and Max Welling, "Auto-Encoding Variational Bayes," arXiv (2013), https://arxiv.org/ abs/1312.6114.

⑥ Danilo Jimenez Rezende, Shakir Mohamed, and Daan Wierstra, "Stochastic Backpropagation and Approximate Inference in Deep Generative Models," arXiv (2014), https://arxiv.org/abs/1401.4082.

先來介紹經典 (原始) 的影像自編碼器, 它是在取得影像後, 透過編碼器將其對應 (編碼) 到潛在的向量空間, 然後透過解碼器, 將其解碼回與原始影像維度相同的輸出 (見圖 12.16)。

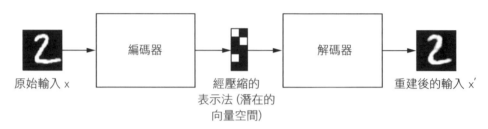

原始輸入 x　　　編碼器　　　經壓縮的　　　解碼器　　　重建後的輸入 x′
　　　　　　　　　　　　　表示法 (潛在的
　　　　　　　　　　　　　向量空間)

▲ 圖 12.16　自編碼器將輸入 x 對應到經壓縮的表示法, 然後將其解碼回 x′

自編碼器使用與輸入影像相同的影像作為目標 (正確答案) 來進行訓練, 也就是說, 自編碼器會學習如何透過經壓縮的表示法, 重建原始輸入。透過對自編碼器的潛在空間向量 (編碼器的輸出) 加上一些限制, 就可以讓自編碼器學習到或多或少有趣的資料潛在表示法。最常見的限制是將潛在空間向量設定成低維和稀疏 (大多數元素為 0) 的表示法, 在這種情況下, 編碼器可以將輸入資料壓縮成只有少數幾個位元的數據。

但在實務中, 這種經典的自編碼器不會學習出特別有用, 或結構良好的潛在空間, 而且它們也不擅長壓縮。由於這些原因, 它基本上已不再流行。然而,「變分」自編碼器 (VAE) 藉由一些統計魔法增強了自編碼器, 可以強制學習出連續、高度結構化的潛在空間, 目前已成為影像生成的強大工具。

VAE 不是將輸入影像壓縮成潛在空間中固定數值的向量, 而是將影像轉換為潛在空間中的**統計分佈參數**:**平均值**和**變異數**。這樣做的前提是, 我們相信所有的輸入影像都可由某種統計過程來產生, 而且產生過程中的隨機性也應該在編碼和解碼過程中考量到。

小編補充:我們可以用**平均值**和**變異數** (或標準差, 即變異數開根號) 來表示出一個常態分佈, 常態分佈的圖形可參考圖 12.17 中間上方的山丘 (鐘形) 圖, 山的高度代表資料出現在該 X,Y 軸平面位置的機率, 而山頂的位置即為平均值, 在隨機取樣時其發生的機率最高。

▶接下頁

> VAE 的重點, 就是其編碼器會輸出一個特定的常態分佈(平均值和變異數), 而非一個特定的 z 點; 接著, 解碼器則會由編碼器輸出的常態分佈中, 依分佈機率隨機取樣一個 z 點 (如圖 12.7 中間下方的白點) 來生成影像, 然後再比較輸入與輸出影像的差異, 來計算損失並進行優化。由於 z 點是隨機取樣的, 因此同一張輸入影像在每次取樣時的 z 點都不相同, 但會符合該常態分佈的狀況, 且越接近平均值的 z 點, 出現機率會越高。

接著, VAE 的解碼器會使用編碼器所輸出的平均值和變異數來定義一個分佈, 並隨機地在此分佈中取樣一個點 (向量 z), 然後用它來解碼回原始輸入影像 (見圖 12.17)。該過程的隨機性提高了處理程序的穩健性 (編註:意指每種可能的狀況都能妥善處理), 強制潛在空間的任何位置都可編碼成有意義的表示法, 因此在潛在空間取樣出的每個點都可被解碼成有效輸出。

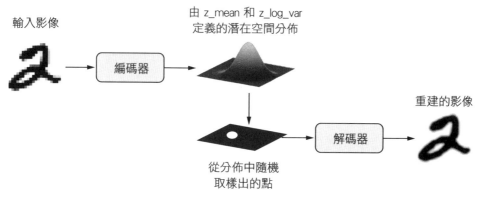

▲ **圖 12.17** VAE 將影像對應到兩個向量, z_mean 和 z_log_sigma, 它們定義了潛在空間上的機率分佈, 用以取樣要進行解碼的潛在點

VAE 的運作方式如下:

① 編碼器將輸入樣本 input_img 轉換 (編碼) 成以 z_mean 和 z_log_var 兩個參數所組成的潛在空間表示法。

② 透過取樣規則:z = z_mean+exp(z_log_var)*epsilon, 從生成該輸入影像的潛在常態分佈中取樣一個點 z, 其中 epsilon 是很小的浮點數隨機張量 (編註:它每次會由平均值為 0、標準差為 1 的標準常態分佈中隨機取樣, 其結果大多數都是很接近 0 的小數值)。

③ 解碼器將取樣出的點對應 (解碼) 回原始的輸入影像。

> **小編補充**：對上面公式還不太了解的讀者, 不妨參考以下 2 點補充：
>
> 1. 假設 z 為 n 個元素的向量, 那麼 z_mean 和 z_log_var 也都要是 n 個元素的向量, 以定義出 n 個常態分佈。本範例的 n 為 2, 在概念上可想成是一個平面的潛在空間。
>
> 2. 本範例編碼器輸出的 z_log_var 是**對數變異數** (ln(var)), 而非變異數 (var), 如此即可用 exp(z_log_var) 來算出標準差, 因為 $e^{ln(var)/2} = var^{1/2} = sqrt(var) = $ 標準差。因此 z = z_mean+exp(z_log_var)*epsilon 就相當於「z = 平均值＋標準差*epsilon」, 也就是將 z 設為：平均值加上 epsilon 個標準差, 而 epsilon 則是由標準常態分佈 (平均值為 0、標準差為 1 的常態分佈) 中隨機取樣的一個值。

由於 epsilon 是隨機產生的, 所以該過程確保每個接近「input_img 編碼後的潛在位置, z_mean」的點, 都可以解碼成類似 input_img 的東西, 使得該潛在空間的每個點都有意義。

潛在空間中任何兩個相近的點, 將可以被解碼為高度相似的影像。此連續性質, 與潛在空間的低維度性質相結合後, 使得潛在空間中的每個方向都可以編碼成有意義的資料漸變軸, 讓潛在空間變得非常結構化, 並且非常適合透過概念向量來編輯修改影像。

VAE 的參數是藉由兩個損失函數來進行訓練：

● **重建損失** (reconstruction loss)：盡量讓解碼出的影像與初始輸入的影像相符。

● **常規化損失** (regularization loss)：有助於學習出結構良好的潛在空間, 並減少對訓練資料過度配適。

VAE 的處理過程如下：

```
z_mean, z_log_variance = encoder(input_img)   ◀── 將輸入影像編碼為 z_mean
                                                   和 z_log_variance
z = z_mean + exp(z_log_variance) * epsilon     ◀── 使用一個很小的隨機值 epsilon
                                                   來取樣出潛在點 z
reconstructed_img = decoder(z)   ◀── 將 z 解碼回影像
model = Model(input_img, reconstructed_img)    ◀── 實例化 VAE 模型, 該模型會
                                                   將輸入影像對應到重建影像
```

接下來, 我們便可使用重建損失和常規化損失來訓練模型。針對常規化損失, 我們通常會使用 **KL 散度** (Kullback–Leibler divergence) 來計算, 該做法會將編碼器的輸出分佈往「以 0 為中心的常態分佈」靠近。這可以為編碼器在建構潛在空間時, 提供一個合理的結構規範。接著, 來看看如何使用 Keras 實作出一個 VAE 吧!

12-4-4　實作 VAE

我們要來實作一個能生成 MNIST 數字影像的 VAE, 它包含 3 個部分:

● **編碼器網路** (encoder network): 將真實影像轉換成潛在空間中的某個平均值和變異數。

● **取樣層** (sampling layer): 由該平均值和變異數所定義的潛在空間分佈中, 隨機取樣出一個點。

● **解碼器網路** (decoder network): 將該點轉回影像。

程式 12.24 展示了我們將使用的編碼器網路, 它會把輸入影像對應到潛在空間機率分佈的參數 (平均值和變異數)。它是一個簡單的卷積網路, 能把輸入影像 x 對應到兩個向量, 即 z_mean 和 z_log_var。這裡有一個重要的細節, 就是我們使用了**步長** (stride) 來對特徵圖進行降採樣 (而非最大池化)。上一次採取此做法, 是在第 9 章的影像分割案例中。回顧一下, 在任何注重資訊位置 (也就是物件在影像中的位置) 的模型中, 使用步長通常會比最大池化來得好。

程式 12.24　VAE 編碼器網路

```
from tensorflow import keras
from tensorflow.keras import layers

latent_dim = 2  ◀── 潛在空間的維度: 一個 2D 平面

encoder_inputs = keras.Input(shape=(28, 28, 1))
x = layers.Conv2D(32, 3, activation="relu", strides=2, padding="same")
        (encoder_inputs)
                          ↑
        將步長設為 2 來進行降採樣 (降採樣後的特徵圖大小會是原本特徵圖的一半)
```

▶接下頁

```
x = layers.Conv2D(64, 3, activation="relu", strides=2, padding="same")(x)
x = layers.Flatten()(x)
x = layers.Dense(16, activation="relu")(x)          輸入影像最終會編碼為這兩個參數
z_mean = layers.Dense(latent_dim, name="z_mean")(x)
z_log_var = layers.Dense(latent_dim, name="z_log_var")(x)
encoder = keras.Model(encoder_inputs, [z_mean, z_log_var],
                       name="encoder")
                               編註: 建立有 2 個輸出的編碼器模型
```

編碼器網路的內容如下：

```
>>> encoder.summary()
Model: "encoder"

_____
 Layer (type)              Output Shape           Param #
 Connected to
==================================================================
 input_1 (InputLayer)      [(None, 28, 28, 1)]    0
 []

 conv2d (Conv2D)           (None, 14, 14, 32)     320
 ['input_1[0][0]']

 conv2d_1 (Conv2D)         (None, 7, 7, 64)       18496
 ['conv2d[0][0]']

 flatten (Flatten)         (None, 3136)           0
 ['conv2d_1[0][0]']

 dense (Dense)             (None, 16)             50192
 ['flatten[0][0]']

 z_mean (Dense)            (None, 2)              34
 ['dense[0][0]']

 z_log_var (Dense)         (None, 2)              34
 ['dense[0][0]']

==================================================================
Total params: 69,076
Trainable params: 69,076
Non-trainable params: 0
_____
```

接下來是使用 z_mean 和 z_log_var 來取樣的程式碼。z_mean 和 z_log_var 定義了潛在空間中「假設會生成輸入影像」的常態分佈區域, 它們將被用來取樣潛在空間中的點 z。

程式 12.25　潛在空間的取樣層

```python
import tensorflow as tf

class Sampler(layers.Layer):
    def call(self, z_mean, z_log_var):
        batch_size = tf.shape(z_mean)[0]
        z_size = tf.shape(z_mean)[1]
        epsilon = tf.random.normal(shape=(batch_size, z_size))    ◀──
                                        產生一批次標準常態分佈的隨機向量
        return z_mean + tf.exp(0.5 * z_log_var) * epsilon
                                        用 VAE 的取樣公式來取樣 z 點
```

程式 12.26 展示了解碼器網路。我們會多次放大潛在空間點 z 的 shape：使用數個 Conv2DTranspose 層來使最終影像的輸出維度, 與輸入編碼器的原始影像維度相同。

程式 12.26　VAE 解碼器網路：將潛在空間點 z 解碼回影像

```python
latent_inputs = keras.Input(shape=(latent_dim,))    ◀──
                                        輸入就是取樣出的潛在空間點 z
x = layers.Dense(7*7*64, activation="relu")(latent_inputs)    ◀──
                                        產生和編碼器中 Flatten 層相同的參數數量, 可參考前
                                        文中, encoder.summary() 的輸出內容 (3136 = 7*7*64)
x = layers.Reshape((7, 7, 64))(x)    ◀── 還原編碼器中, Flatten 層的操作
x = layers.Conv2DTranspose(64, 3, activation="relu", strides=2,
                            padding="same")(x)
x = layers.Conv2DTranspose(32, 3, activation="relu", strides=2,
                            padding="same")(x)
                                        還原編碼器中, Conv2D 層的操作
decoder_outputs = layers.Conv2D(1, 3, activation="sigmoid",
                            padding="same")(x)
                                        輸出的最終 shape 為 (28, 28, 1)
decoder = keras.Model(latent_inputs, decoder_outputs, name="decoder")
```

解碼器網路的內容如下：

```
>>> decoder.summary()
Model: "decoder"
_____
 Layer (type)                Output Shape              Param #
===============================================================
 input_2 (InputLayer)        [(None, 2)]               0

 dense_1 (Dense)             (None, 3136)              9408

 reshape (Reshape)           (None, 7, 7, 64)          0

 conv2d_transpose (Conv2DTra (None, 14, 14, 64)        36928
 nspose)

 conv2d_transpose_1 (Conv2DT (None, 28, 28, 32)        18464
 ranspose)

 conv2d_2 (Conv2D)           (None, 28, 28, 1)         289

===============================================================
Total params: 65,089
Trainable params: 65,089
Non-trainable params: 0
_____
```

現在，讓我們來創建 VAE 模型。這會是本書中，首個不使用監督式學習 (supervised learning) 的模型 (自編碼器屬於**自監督式學習**，self-supervised learning，因為它會使用自己的輸入作為目標值)。當處理監督式學習以外的任務時，通常會需要建立一個 Model 子類別，並自訂 train_step() 來指定新的訓練步驟，我們曾在第 7 章介紹過該工作流程。

程式 12.27　搭配自訂 train_step() 的 VAE 模型

```
class VAE(keras.Model):
    def __init__(self, encoder, decoder, **kwargs):
        super().__init__(**kwargs)
        self.encoder = encoder
        self.decoder = decoder
        self.sampler = Sampler()
```

▶接下頁

```
            self.total_loss_tracker = keras.metrics.Mean(name="total_loss")
            self.reconstruction_loss_tracker = keras.metrics.Mean(
                name="reconstruction_loss")
            self.kl_loss_tracker = keras.metrics.Mean(name="kl_loss")
```

用這些評量指標來追蹤每個 epoch 的平均損失值 ─────

```
    @property
    def metrics(self):  ◄──────
        return [self.total_loss_tracker,
                self.reconstruction_loss_tracker,
                self.kl_loss_tracker]
```

讓 metrics 屬性在讀取時可以傳回所有的評量指標, 以便模型在每個 epoch 之後 (或在多次呼叫 fit() 和 evaluate() 之間) 可以重置它們

```
    def train_step(self, data):
        with tf.GradientTape() as tape:
            z_mean, z_log_var = self.encoder(data)
            z = self.sampler(z_mean, z_log_var)
            reconstruction = decoder(z)
            reconstruction_loss = tf.reduce_mean(  ◄──
                tf.reduce_sum(
                    keras.losses.binary_crossentropy(data, reconstruction),
                    axis=(1, 2)
                )
            )
            kl_loss = -0.5 * (1 + z_log_var - tf.square(z_mean) - tf.exp(
                              z_log_var))
            total_loss = reconstruction_loss + tf.reduce_mean(kl_loss)
        grads = tape.gradient(total_loss, self.trainable_weights)
        self.optimizer.apply_gradients(zip(grads, self.trainable_weights))
        self.total_loss_tracker.update_state(total_loss)
        self.reconstruction_loss_tracker.update_state(reconstruction_loss)
        self.kl_loss_tracker.update_state(kl_loss)
        return {
            "total_loss": self.total_loss_tracker.result(),
            "reconstruction_loss": self.reconstruction_loss_tracker.result(),
            "kl_loss": self.kl_loss_tracker.result(),
        }
```

先沿著空間軸 (第 1 軸和第 2 軸) 加總重建損失, 然後再沿著批次軸計算其平均值

添加常規化損失 (KL 散度) ─────

　　最後, 我們可以建立模型並訓練它了。由於損失是在自訂的 Model 子類別中進行處理, 因此在 compile() 時不需指定損失參數, 這也表示在 fit() 時不會提供目標資料 (只會提供輸入的圖片資料)。

程式 12.28　訓練 VAE

```
import numpy as np
```

我們要使用所有 MNIST 資料來訓練, 因此會把訓練樣本和測試樣本串接在一起

```
(x_train, _), (x_test, _) = keras.datasets.mnist.load_data()
mnist_digits = np.concatenate([x_train, x_test], axis=0)  ◄
mnist_digits = np.expand_dims(mnist_digits, -1).astype("float32") / 255
```

在最後一軸的位置插入 channel 軸

由於 train_step() 中已定義了損失, 故不需指定 compile() 的 loss 參數

```
vae = VAE(encoder, decoder)
vae.compile(optimizer=keras.optimizers.Adam(), run_eagerly=True)  ◄
vae.fit(mnist_digits, epochs=30, batch_size=128)  ◄── 不需傳遞目標資料
```

在模型完成訓練後, 我們就可以單獨使用解碼器 (encoder) 來將潛在空間中的任意點 (向量) 轉換為影像了 (編註：我們的潛在空間為一個 2D 平面, 以下我們選擇在 -1 到 1 的空間範圍內取樣)。

程式 12.29　從 2D 潛在空間取樣網格點並將其解碼為影像

```
import matplotlib.pyplot as plt

n = 30  ◄── 顯示一個由 30×30 個數字影像組成的網格
digit_size = 28  ◄── 每個數字影像的尺寸為 28×28
figure = np.zeros((digit_size * n, digit_size * n))  ◄
```

用來存放所有輸出影像的張量

```
grid_x = np.linspace(-1, 1, n)
grid_y = np.linspace(-1, 1, n)[::-1]
```

在 2D 網格上線性地取樣 (**編註：**將 -1 到 1 的數字範圍切成 n 等份, 例如 np.linspace(-1, 1, 5) 會生成 [-1, -0.5, 0, 0.5, 1] 的陣列。另外, grid_y 內的元素與 grid_x 的相同, 不過順序是相反的)

```
for i, yi in enumerate(grid_y):
    for j, xi in enumerate(grid_x):
```

走訪網格位置

```
        z_sample = np.array([[xi, yi]])  ◄── 組合由網格 (潛在空間) 中取出的點
        x_decoded = vae.decoder.predict(z_sample)  ◄
```

將該點解碼成數字影像

```
        digit = x_decoded[0].reshape(digit_size, digit_size)  ◄
        figure[
            i * digit_size : (i + 1) * digit_size,
            j * digit_size : (j + 1) * digit_size,
        ] = digit
```

將數字重塑成 28×28

```
plt.figure(figsize=(15, 15))
start_range = digit_size // 2
```

▶接下頁

```
end_range = n * digit_size + start_range
pixel_range = np.arange(start_range, end_range, digit_size)
sample_range_x = np.round(grid_x, 1)
sample_range_y = np.round(grid_y, 1)
plt.xticks(pixel_range, sample_range_x)
plt.yticks(pixel_range, sample_range_y)
plt.xlabel("z[0]")
plt.ylabel("z[1]")
plt.axis("off")
plt.imshow(figure, cmap="Greys_r")
```

　　取樣出的 30×30 個影像 (見圖 12.18) 顯示了不同數字類別的完全連續分佈, 當沿著潛在空間的某個方向移動時, 一個數字會逐漸變為另一個數字。在該空間中的特定方向具有一個含義：例如有一個方向是 5 的族群, 另一方向則是 0 的族群等。

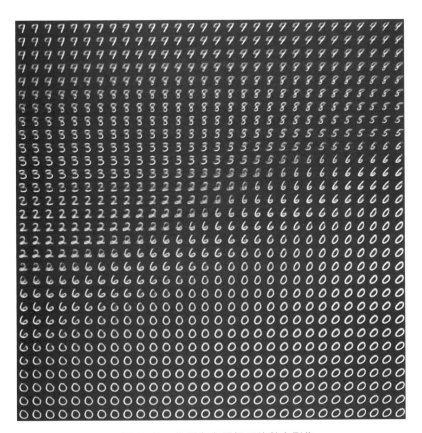

▲ 圖 12-18　從潛在空間解碼的數字影像

在下一節中，我們將詳細介紹生成人工影像的另一個主要工具：對抗式生成網路 (generative adversarial network, GAN)。

12-4-5 小結

● 深度學習的影像生成 (image generation) 是以「透過**潛在空間**來學習影像資料集的**統計資訊**」來完成的。學習好之後，即可透過對潛在空間的點進行取樣和解碼，來生成前所未見的類似影像。目前有兩個主要工具可用於影像生成，即 VAE 和 GAN。

● VAE 可以產生高度結構化、連續性的潛在表示法。由於這個特性，此方法適用於在潛在空間中進行各種影像編輯：臉部交換、將皺眉臉變成笑臉等。VAE 也可以有效地應用在基於潛在空間的動畫，例如沿著潛在空間的橫截面製作動畫，或將某起始影像以連續的方式慢慢變形為不同的影像。

● GAN 可以生成逼真的影像，但可能不會找出具有堅固結構和高連續性的潛在空間。

　　個人見過最成功的實際應用是基於 VAE，但 GAN 在學術研究領域非常受歡迎，我們將在下一節中說明其工作原理以及如何實作它。

12-5 對抗式生成網路 (GAN) 簡介

由 Goodfellow ❼ 等人於 2014 年推出的對抗式生成網路 (GAN) 是除了 VAE 以外, 另一種用來學習影像潛在空間的方法。藉由強制讓「生成影像」與「真實影像」在統計上幾乎無法分辨的條件下, 進而生成相當逼真的合成影像。

若要以直覺的方式來理解 GAN, 可以想像有一個偽造者正試圖偽造畢卡索的畫作。一開始, 偽造者的偽造品非常糟糕。然後, 他將一些偽造品和真正的畢卡索畫作混合在一起, 全部展示給藝術品的畫商鑑定。畫商對每幅畫進行真實性評估, 並給予偽造者意見回饋。偽造者回到工作室, 根據意見回饋再準備一些新的假畫。隨著時間的推移, 偽造者越來越有能力模仿畢卡索的創作風格, 而畫商也越來越有能力鑑定真假。最後, 偽造者就能做出非常優秀且逼真的假畢卡索畫作了。

這就是 GAN 的核心：偽造者 (生成器) 網路和畫商 (鑑別器) 網路, 每個神經網路都會不斷被訓練要贏過對方。因此, GAN 由兩部分組成：

● **生成器網路** (generator network)：以隨機向量 (潛在空間中的一個隨機點)作為輸入, 並將其解碼, 生成假影像。

● **鑑別器網路** (discriminator network, 或稱**對抗網路** adversary network)：將影像 (可能是真影像或假影像) 輸入網路, 並預測是真影像 (來自訓練集) 或假影像 (來自生成器)。

為了能欺騙鑑別器, 生成器會隨著訓練的進行, 逐漸生成越來越逼真的假影像, 最終讓鑑別器無法判定假影像和真影像的差別 (見圖 12.19)。與此同時, 鑑別器也會不斷配合生成器逐漸提升的能力, 進而提高對假影像的鑑定能力。

當訓練完成時, 生成器就能夠將其潛在空間中的任何點轉換為非常擬真的影像。不同於 VAE, GAN 的潛在空間較少具有明確意義的結構, 尤其是它不具有連續性。

---

❼ Ian Goodfellow et al., "Generative Adversarial Networks," arXiv (2014), https://arxiv.org/abs/1406.2661.

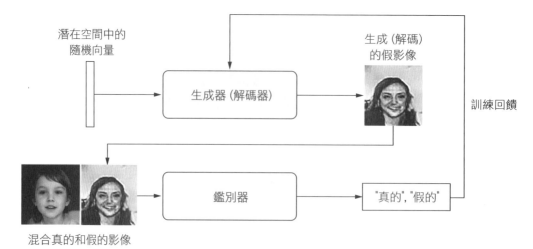

潛在空間中的
隨機向量

生成 (解碼)
的假影像

生成器 (解碼器)

訓練回饋

鑑別器

"真的", "假的"

混合真的和假的影像

▲ 圖 12.19　生成器將隨機潛在向量轉換為假影像, 而鑑別器則試圖
區分假影像與真影像。換句話說, 生成器是被訓練來欺騙鑑別器的

　　值得注意的是, GAN 是一個**優化目標不固定**的系統, 與本書中的其他訓練設定不同。通常, 梯度下降是在固定的損失趨勢中持續向下移動, 但 GAN 在梯度下降的每一步都可能改變損失趨勢 (編註：也就是每次經過梯度下降後, 損失函數的趨勢都可能會改變, 我們無法照著一個固定的趨勢去進行優化)。GAN 是一個動態的系統, 其優化過程尋求的不是最小值 (或最大值), 而是兩力之間的平衡。出於這個原因, GAN 是出名地難以訓練, 需要花大量時間來不斷細心調整模型的架構和訓練參數。

12-5-1　GAN 實作

　　在本節, 我們將以最小的規模在 Keras 中實作 GAN。由於 GAN 相當先進且仍在持續演化中, 深入研究技術細節 (例如探討能產生圖 12.20 中影像的 StyleGAN2 架構) 將超出本書的範圍, 所以我們只會著重在實作深度卷積 GAN(Deep Convolutional GAN, DCGAN)：其中的生成器和鑑別器都是採用深度神經卷積網路。

▲ 圖 **12.20** 　使用 StyleGAN2 模型所生成的影像

　　我們會使用 CelebA 資料集 (http://mmlab.ie.cuhk.edu.hk/projects/CelebA. html) 的影像來訓練 GAN, 其中包含 200, 000 張名人的臉部影像。為了加速訓練, 我們會將影像的尺寸調整為 64×64, 所以此處是要訓練模型生成 64×64 的人臉影像。

　　在概念上, GAN 的運作方式如下：

① **生成器網路** (generator) 將 shape=(latent_dim,) 的向量, 對應到 shape 為 (64, 64, 3) 的影像。

② **鑑別器網路** (discriminator) 將 shape 為 (64, 64, 3) 的影像, 對應到判斷影像為假影像的機率 (二元分類)。

③ **用一個名為 gan 的網路將生成器和鑑別器鏈接在一起**：gan(x) = discriminator (generator(x))。因此, gan 網路會對這些潛在空間的向量進行真實性的評估, 即鑑別器對生成器解碼的這些潛在向量進行真實性的評估。

④ **要訓練鑑別器時**：我們可以將真和假的影像對應到「真」/「假」標籤來訓練鑑別器, 如同訓練影像分類模型一樣。(編註：本範例會將真影像的標籤設為 0, 而假影像的標籤設為 1。若以機率的角度來看, 就是為假影像的機率。)

⑤ **要訓練生成器時**：可以利用「生成器的權重」相對於「gan 模型損失」的梯度, 來單獨對生成器進行梯度下降優化。這表示在每一步中, 將「生成器的權重」往容易讓鑑別器誤判 (將假影像判為真) 的方向調整。換句話說, 就是要訓練生成器可以騙過鑑別器。

12-5-2 一些實作技巧

眾所周知, 訓練 GAN 和調整 GAN 的過程非常困難, 我們應該謹記一些已知的技巧。就如同深度學習中的大多數事情一樣, 比起科學, GAN 其實更像煉金術：其中許多技巧是探索出來的, 而不是透過理論支持的指導方針。這些技巧的奧妙, 只能透過實際使用時的互動狀況來稍微理解, 已知它們在過去都運作地相當不錯, 雖然不一定每個情況都適用。

以下是本節實作 GAN 生成器和鑑別器時的一些技巧 (此處並非 GAN 技巧的完整清單, 讀者可以在 GAN 文獻中找到更多技巧)：

● 使用步長 (而非池化操作) 來降採樣鑑別器的特徵圖, 就像 VAE 編碼器中的做法一樣。

● 使用常態分佈 (normal distribution, 也就是高斯分佈 Gaussian distribution) 從潛在空間中取樣點, 而不是使用均勻分佈。

● 隨機性有助於引導模型的穩健性 (robustness)。由於 GAN 的訓練目的在於找到一個動態平衡點, 所以很可能會以各種原因陷入困境。若能在訓練期間引入隨機性, 將有助於防止這種情況。我們可以用兩種方式引入隨機性：藉由在鑑別器中使用丟棄法 (dropout), 以及於鑑別器的資料標籤中增加隨機雜訊。

● 稀疏梯度可能會阻礙 GAN 訓練。在深度學習中, 稀疏性通常是理想的屬性, 但在 GAN 中則不然。有兩件事會造成稀疏梯度：最大池化操作和 ReLU 激活函數。因此, 我們建議使用跨步長 (strided) 卷積來進行降採樣, 而不是使用最大池化。此外, 我們建議使用 LeakyReLU 取代 ReLU。LeakyReLU 與 ReLU 類似, 但它可透過「允許出現小的負激活函數值」來緩解稀疏性的發生。

> **編註：**使用 LeakyReLU 時, 若輸入值大於等於 0, 則輸出值=輸入值；若輸入值小於 0, 則輸出值=alpha*輸入值, 其中的 alpha 通常會指定為一個很小的值, 例如 0.2。

● 在生成的影像中, 經常會看到由於生成器中對像素空間覆蓋的不均勻, 而導致出現棋盤格偽影 (見圖 12.21)。為解決這個問題, 每當在生成器和鑑別器中使用跨步的 Conv2DTranspose 或 Conv2D 時, 我們會使用可被步長大小整除的內核 (kernel) 大小 (編註：例如步長是 2, 則內核可以選用 4×4)。

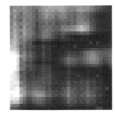

▲ 圖 **12.21** 步長與內核大小的不匹配會造成棋盤格偽影,
進而造成像素空間覆蓋不均勻, 是 GAN的眾多問題之一

12-5-3 處理 CelebA 資料集

我們可以從 http://mmlab.ie.cuhk.edu.hk/projects/CelebA.html 手動下載資料集。如果使用的是 Colab, 則可以用底下的程式直接從 Google 硬碟下載資料集, 並進行解壓縮。

程式 12.30　取得 CelebA 資料

```
!mkdir celeba_gan   ◄── 建立用來存放資料的資料夾
!gdown --id 1O7m1010EJjLE5QxLZiM9Fpjs7Oj6e684 -O celeba_gan/data.zip ◄┐
                              使用 gdown 指令下載資料 (可直接在 Colab
                              使用, 若在其它環境則需另行下載)
!unzip -qq celeba_gan/data.zip -d celeba_gan   ◄── 將資料解壓縮
```

將資料解壓縮後, 接著使用 image_dataset_from_directory() 將其轉成 dataset 物件。由於我們只需要影像 (不需要標籤), 因此將 label_mode 參數指定為 None。

程式 12.31　創建資料集

```
from tensorflow import keras
dataset = keras.utils.image_dataset_from_directory(
    "celeba_gan",
    label_mode=None,    ◄── 只傳回影像, 不要有標籤
    image_size=(64, 64),
    batch_size=32,           在將影像大小調整為 64×64 時, smart_resize 也會使
    smart_resize=True)   ◄── 用裁剪 (cropping), 進而避免臉部的長寬比例發生扭曲
```

最後, 將影像中的像素值調整到 0～1 的範圍內。

程式 12.32　調整像素值範圍

```
dataset = dataset.map(lambda x: x / 255.)
```

我們使用以下程式來顯示第一張影像。

程式 12.33　顯示首張影像

```
import matplotlib.pyplot as plt
for x in dataset:
    plt.axis("off")
    plt.imshow((x.numpy() * 255).astype("int32")[0])
    break
```

12-5-4　鑑別器

接下來, 我們將開發一個 discriminator 模型 (鑑別器模型), 它可以將候選影像(包含真實的或合成的) 作為輸入, 並將其歸類到「生成的影像 (假)」或「來自訓練集的影像 (真)」。GAN 最常遇到的一個問題, 就是生成器只能生成類似雜訊的影像。解決該問題的其中一個做法, 就是在鑑別器中使用 Dropout 層, 這也是此處我們會做的事 :

程式 12.34　GAN 鑑別器網路

```
from tensorflow.keras import layers

discriminator = keras.Sequential(
    [
        keras.Input(shape=(64, 64, 3)),
        layers.Conv2D(64, kernel_size=4, strides=2, padding="same"),
        layers.LeakyReLU(alpha=0.2),
        layers.Conv2D(128, kernel_size=4, strides=2, padding="same"),
        layers.LeakyReLU(alpha=0.2),
        layers.Conv2D(128, kernel_size=4, strides=2, padding="same"),
        layers.LeakyReLU(alpha=0.2),
        layers.Flatten(),
        layers.Dropout(0.2),      ← 重要的技巧：使用一個 Dropout 層
```

▶接下頁

```
        layers.Dense(1, activation="sigmoid"),  ←
    ],
    name="discriminator",
)
```

編註： 此 Dense 層用來輸出候選影像為假影像的機率

以下是鑑別器模型的內容：

```
>>> discriminator.summary()
Model: "discriminator"
```

Layer (type)	Output Shape	Param #
conv2d (Conv2D)	(None, 32, 32, 64)	3136
leaky_re_lu (LeakyReLU)	(None, 32, 32, 64)	0
conv2d_1 (Conv2D)	(None, 16, 16, 128)	131200
leaky_re_lu_1 (LeakyReLU)	(None, 16, 16, 128)	0
conv2d_2 (Conv2D)	(None, 8, 8, 128)	262272
leaky_re_lu_2 (LeakyReLU)	(None, 8, 8, 128)	0
flatten (Flatten)	(None, 8192)	0
dropout (Dropout)	(None, 8192)	0
dense (Dense)	(None, 1)	8193

```
=================================================================
Total params: 404,801
Trainable params: 404,801
Non-trainable params: 0
```

12-5-5 生成器

接著來創建一個 generator 模型 (生成器模型)，該模型可將一個向量 (在訓練時從潛在空間隨機取樣而來) 轉成一張假的候選影像 (candidate image)。

程式 12.35　GAN 生成器網路

```
latent_dim = 128 ← 潛在空間由 128 維的向量所組成

generator = keras.Sequential(
    [
        keras.Input(shape=(latent_dim,)),
        layers.Dense(8192), ← 產生與編碼器的扁平層相同數量的參數
        layers.Reshape((8, 8, 128)),
        layers.Conv2DTranspose(128, kernel_size=4, strides=2, padding="same"),
        layers.LeakyReLU(alpha=0.2),
        layers.Conv2DTranspose(256, kernel_size=4, strides=2, padding="same"),
        layers.LeakyReLU(alpha=0.2),
        layers.Conv2DTranspose(512, kernel_size=4, strides=2, padding="same"),
        layers.LeakyReLU(alpha=0.2),
        layers.Conv2D(3, kernel_size=5, padding="same",      最終輸出的 shape
                      activation="sigmoid"),                  為 (64, 64, 3)
    使用 LeakyReLU 作為激活函數
    ],
    name="generator",
)
```

以下是生成器模型的內容：

```
>>> generator.summary()
Model: "generator"

_____
 Layer (type)                Output Shape              Param #
=================================================================
 dense_1 (Dense)             (None, 8192)              1056768

 reshape (Reshape)           (None, 8, 8, 128)         0

 conv2d_transpose (Conv2DTra (None, 16, 16, 128)       262272
 nspose)

 leaky_re_lu_3 (LeakyReLU)   (None, 16, 16, 128)       0

 conv2d_transpose_1 (Conv2DT (None, 32, 32, 256)       524544
 ranspose)

 leaky_re_lu_4 (LeakyReLU)   (None, 32, 32, 256)       0
```

▶接下頁

```
conv2d_transpose_2 (Conv2DT    (None, 64, 64, 512)    2097664
ranspose)

leaky_re_lu_5 (LeakyReLU)      (None, 64, 64, 512)    0

conv2d_3 (Conv2D)              (None, 64, 64, 3)      38403

=================================================================
Total params: 3,979,651
Trainable params: 3,979,651
Non-trainable params: 0

_____
```

12-5-6　對抗式網路

最後, 創建一個 GAN 模型來訓練生成器和鑑別器。

> **編註**: 由於生成器和鑑別器是互相競爭的, 所以必須分開訓練才行。因此在每一訓練週期中, 會分為 2 個階段: 第一階段先訓練鑑別器, 優化其權重來讓它更能明辨真假; 第二階段則訓練生成器, 優化其權重來讓它更能騙過鑑別器。如此返復訓練, 二者都會變得越來越聰明。

　　概括來說, 以下就是訓練迴圈的示意流程 (可搭配程式 12.36 的 train_step 方法來協助理解)。在每個訓練週期中, 會執行以下操作:

① 在潛在空間中隨機取樣一些點 (可將之看成是隨機雜訊, 它可讓生成器每次都生成不同的影像)。

② 將這些點輸入生成器, 以生成一批假影像。

③ 將這批假影像與一批實際的真影像混在一起。另外再準備對應的標籤, 其中包括「真的」(對於實際的真影像) 與「假的」(對於生成的假影像)。

④ 使用這些混合的影像及標籤來訓練鑑別器, 讓它更能明辨真假。

⑤ 在潛在空間中重新取樣一批新的點。

⑥ 將這些點輸入生成器以生成一批假影像, 然後準備對應的標籤, 但這次會全部設為「真的」。接著, 將這些假影像及標籤輸入鑑別器進行預測, 並將預測結果與對應的標籤相比較, 進而得出一個損失。最後, 我們朝著能減少損失的方向更新生成器的權重, 以便讓鑑別器更容易將假影像預測為「真的」, 也就是讓生成器更容易騙過鑑別器。

以上第 6 步訓練生成器的做法, 可驅使生成器往「更能騙過鑑別器」的方向調整。我們利用「生成器+鑑別器」來將潛在空間的點轉換成分類決策 (判定是「假的」或「真的」), 並始終用「真的」標籤進行訓練。也就是說, 我們希望鑑別器在看到假影像時, 會將其預測為「真的」。但如果鑑別器太聰明, 仍然將其預測為「假的」, 那我們就盡量調整生成器的權重來讓它變得更聰明, 更能讓鑑別器將假圖誤判為真。

現在, 讓我們來實作它。與 VAE 的案例一樣, 我們會用一個自訂了 train_step() 的 Model 子類別。請注意！我們將使用兩個優化器 (一個用於鑑別器, 另一個則用於生成器), 所以我們也要改寫 compile(), 以便能傳遞兩個優化器。

程式 12.36　GAN 模型

```python
import tensorflow as tf
class GAN(keras.Model):
    def __init__(self, discriminator, generator, latent_dim):
        super().__init__()
        self.discriminator = discriminator
        self.generator = generator
        self.latent_dim = latent_dim
        self.d_loss_metric = keras.metrics.Mean(name="d_loss")
        self.g_loss_metric = keras.metrics.Mean(name="g_loss")

    def compile(self, d_optimizer, g_optimizer, loss_fn):
        super(GAN, self).compile()
        self.d_optimizer = d_optimizer
        self.g_optimizer = g_optimizer
        self.loss_fn = loss_fn

    @property
    def metrics(self):
        return [self.d_loss_metric, self.g_loss_metric]
```

建立 2 個用來儲存並計算平均損失值的評量指標物件, 以追蹤每個 epoch 的損失值

使用兩個不同的優化器

傳回評量指標物件

▶接下頁

```
def train_step(self, real_images):
    batch_size = tf.shape(real_images)[0]
    random_latent_vectors = tf.random.normal(          依批次量在潛在空間中
        shape=(batch_size, self.latent_dim))           隨機取樣一批次的點
    generated_images = self.generator(random_latent_vectors)  ←
                                                       將它們解碼成 (生成) 假影像
    combined_images = tf.concat([generated_images, real_
                                 images], axis=0)
                                 將假影像和真影像 (沿著批次軸) 串接在一起
    labels = tf.concat(
        [tf.ones((batch_size, 1)), tf.zeros((batch_size, 1))], axis=0)

       生成影像的標籤 (1, 代表「假的」)    真實影像的標籤 (0, 代表「真的」)

                                      將所有影像對應到的標籤串接在一起

    labels += 0.05 * tf.random.uniform(tf.shape(labels))  ←
                          在標籤中加入一些雜訊 (這是一個很重要的技巧!)
    with tf.GradientTape() as tape:
        predictions = self.discriminator(combined_images)
        d_loss = self.loss_fn(labels, predictions)
    grads = tape.gradient(d_loss, self.discriminator.trainable_weights)
    self.d_optimizer.apply_gradients(
        zip(grads, self.discriminator.trainable_weights))
                                                       訓練鑑別器
    random_latent_vectors = tf.random.normal(       從潛在空間再次隨
        shape=(batch_size, self.latent_dim))        機取樣一批次的點

    misleading_labels = tf.zeros((batch_size, 1))  ←  將標籤都設為 0
                                                      (代表「真的」)

    with tf.GradientTape() as tape:
        predictions = self.discriminator(
            self.generator(random_latent_vectors))
        g_loss = self.loss_fn(misleading_labels, predictions)
    grads = tape.gradient(g_loss, self.generator.trainable_weights)
    self.g_optimizer.apply_gradients(
        zip(grads, self.generator.trainable_weights))
                                                       訓練生成器
    self.d_loss_metric.update_state(d_loss)    將損失加入評量指標物件中
    self.g_loss_metric.update_state(g_loss)
    return {"d_loss": self.d_loss_metric.result(),    從評量指標物
            "g_loss": self.g_loss_metric.result()}    件中讀取平均
                                                       損失值並傳回
```

在開始訓練之前，讓我們設定一個 callback 物件來監看結果。該物件會在每個週期結束時，使用生成器產生並儲存一定數量的假影像。

程式 12.37　能在訓練過程中, 取樣所生成影像的 callback 物件

```python
class GANMonitor(keras.callbacks.Callback):
    def __init__(self, num_img=3, latent_dim=128):
        self.num_img = num_img
        self.latent_dim = latent_dim

    def on_epoch_end(self, epoch, logs=None):
        random_latent_vectors = tf.random.normal(shape=(self.num_
            img, self.latent_dim))
        generated_images = self.model.generator(random_latent_vectors)
        generated_images *= 255
        generated_images.numpy()
        for i in range(self.num_img):
            img = keras.utils.array_to_img(generated_images[i])
            img.save(f"generated_img_{epoch:03d}_{i}.png")
```

最後, 我們可以開始進行訓練了:

程式 12.38　編譯並訓練 GAN

```python
epochs = 100

gan = GAN(discriminator=discriminator, generator=generator,
        latent_dim=latent_dim)
gan.compile(
    d_optimizer=keras.optimizers.Adam(learning_rate=0.0001),
    g_optimizer=keras.optimizers.Adam(learning_rate=0.0001),
    loss_fn=keras.losses.BinaryCrossentropy(),
)

gan.fit(
    dataset, epochs=epochs, callbacks=[GANMonitor(num_img=10,
        latent_dim=latent_dim)]
)
```

在訓練時, 你可能會看到生成器的損失開始顯著增加, 但鑑別器的損失卻往 0 靠近, 致使鑑別器最終壓制了生成器的學習 (編註：當鑑別器學太快變太聰明時,

生成器怎麼改變都騙不過鑑別器, 以致無法進步而越輸越多)。如果遇到這種情況, 請嘗試降低鑑別器的學習率, 並提高鑑別器的丟棄率。圖 12.22 顯示在 30 個訓練週期後, GAN 所生成的一些影像。

▲ 圖 **12.22** 在 30 個訓練週期後所生成的影像

12-5-7　小結

● GAN 是由鑑別器網路與生成器網路組成。我們訓練鑑別器來分辨生成器輸出的假影像和訓練集的真影像, 並且訓練生成器來生成以假亂真的影像, 以騙過鑑別器。值得注意的是, 生成器不會直接看到訓練集中的影像, 它對資料的認知資訊都來自於鑑別器的回饋。

● GAN 很難訓練, 因為訓練 GAN 是一個動態過程, 而不是損失趨勢固定的簡單梯度下降過程。想成功地訓練 GAN, 需要使用一些啟發式的技巧, 以及不斷地調整各種細節。

● GAN 可以產生高度逼真的影像。但與 VAE 不同, GAN 所學習的潛在空間並沒有清楚的連續結構, 因此不適用於某些應用, 例如透過潛在空間的概念向量來進行影像編輯。

　　本章所介紹的技術僅僅涵蓋了生成式深度學習領域的基礎知識, 因為該領域的發展實在太快了, 甚至值得用一整本書來介紹。

本章小結

- 我們可以用 **Seq2seq 模型**逐步生成序列資料。除了生成文字外, 它也適用於生成逐個音符的音樂, 或任何其他類型的時間序列資料。

- DeepDream 的運作原理, 是透過輸入空間的**梯度上升** (gradient ascent) 來最大化卷積網路層的激活結果。

- 在風格轉換演算法中, **內容影像** (content image) 跟**風格影像** (style image) 會透過梯度梯度下降而結合, 進而產生一個具內容影像高階特徵, 以及風格影像局部特徵的新影像。

- **VAE** 和 **GAN** 是能學習影像的潛在空間, 並透過從潛在空間取樣, 創造出全新影像的模型。潛在空間中的**概念向量** (concept vector) 甚至可以用來做影像編輯。

實務上的最佳實踐

本 章 重 點

- 超參數調校 (hyperparameter tuning)

- 模型集成 (model ensembling)

- 混合精度 (mixed-precision) 訓練

- 在 TPU 或多個 GPU 上訓練 Keras 模型

從本書的開頭到現在，我們取得了很大的進展。現在，你已知道如何訓練影像分類模型、向量資料的分類或迴歸模型、時間序列模型、文字分類模型、Seq2seq (序列至序列) 模型，甚至是文字和影像的生成模型。你已經掌握所有的基礎了。

不過到目前為止，模型的訓練規模都還比較小 (僅使用單一 GPU 和較小的資料集來訓練)，且通常還沒有達到理論上能取得的最佳表現。本書畢竟是一本入門書，如果你想在現實中的全新問題上取得最高水準的成果，那就還有一些鴻溝必須跨越。

在本章，我們會探討這些鴻溝，並提供你從機器學習領域的見習生，到成為機器學習工程師的途中所需要的一些最佳實踐。我們會說明一些能系統性提高模型表現的基礎技術：**超參數調校** (hyperparameter tuning) 和**模型集成** (model ensembling)。接著，我們會研究如何透過使用 TPU 和多個 GPU、混合精度 (mixed-precision)，以及雲端的運算資源來加速並擴展模型的訓練規模。

13-1 讓模型發揮最大效用

如果我們需要的只是能正常運作的模型，那盲目嘗試不同的架構配置，就足以達到這樣的效果了。在本節，我們要透過一系列建構最先進深度學習模型的必學技術，使其不僅能「正常運作」，而且還可達到「表現出色，且能在機器學習挑戰賽中獲勝」的程度。

13-1-1 超參數優化

建構深度學習模型時，你需做出很多看似隨意的決定：要堆疊多少層？每一層中要有多少個單元或過濾器？要用 relu 激活函數還是另一種？應該在某個神經層的後面使用 BatchNormalization 層嗎？丟棄率要設多少呢？這些關乎**模型架構**的參數稱為**超參數** (hyperparameter)，以和模型的**參數** (parameter, 或稱權重) 有所區隔，後者可透過反向傳播來訓練，前者則無法。

實務上, 經驗豐富的機器學習工程師和研究人員會建立自己的直覺, 在面臨以上選擇時, 知道哪些可行、哪些不可行。也就是說, 他們已經培養出調整超參數的技能了。然而, 調校的過程並沒有明確的規則。如果想在特定任務上取得最佳表現, 就不能隨意做出選擇。即使你有很好的直覺, 依靠直覺做出的決定也幾乎都是次優的選擇。你可以透過手動調整和反覆訓練模型, 讓你的選擇變得更完善, 這就是機器學習工程師和研究人員花大部分時間在做的事。但是, 身為一個人類, 我們不該把大部分時間花在調整超參數上, 這最好交給機器來做。

因此, 你必須用一種合理的方式, 自動且系統性地探索決策空間。你必須在模型的架構空間中搜尋, 並找出表現最好的架構。這就是**自動超參數優化** (automatic hyperparameter) 的意義:它是一個完整的研究領域, 而且非常重要。

優化超參數的過程通常如下:

① (自動) 選擇一組超參數。

② 根據所選擇的超參數, 建構出相應的模型。

③ 使用訓練資料 (training data) 擬合該模型, 並用驗證資料 (validation data) 來量測其表現。

④ (自動) 選擇下一組超參數來進行嘗試。

⑤ 重複 ② ～ ④。

⑥ 最後, 在測試資料 (test data) 上量測模型的表現。

這個過程的關鍵是:根據「驗證表現」, 決定「下一次要選擇的超參數值」的演算法。我們有很多可用的技術, 如貝葉斯優化 (Bayesian optimization)、基因演算法 (genetic algorithms)、簡易隨機搜尋 (simple random search) 等。

相對而言, 訓練模型權重就比較容易了。首先, 在小批次的資料上計算損失值, 然後使用反向傳播 (backpropagation) 將權重往正確方向調整。另一方面, 更新超參數則是一個全新的挑戰。我們來思考以下幾點:

● 超參數空間通常是由**離散的選擇**組成，因此並非**連續**或**可微分**的。因此，我們通常不能在超參數空間中使用梯度下降法，而是得仰賴非梯度 (gradient-free) 的優化技術，這樣一來，效率自然遠低於梯度下降。

● 計算優化過程的回饋訊號 (某組超參數是否可建構出有著高表現的模型？) 的成本可能極高，因為每選完一組超參數，都要從頭開始創建並訓練一個新模型。

● 回饋訊號可能有雜訊：若某一次訓練的表現提高 0.2%，是因為模型配置比較好嗎？還是因為碰巧用到較好的初始權重值？

　　慶幸的是，有一個工具能讓超參數調校變得更簡單，它就是 **KerasTuner**。我們一起來看看。

使用 KerasTuner

　　我們先來安裝 KerasTuner：

```
!pip install keras-tuner -q
```

　　KerasTuner 透過指定某個範圍內所有可能的選擇，如 Int(name="units", min_value=16, max_value=64, step=16)，來取代寫死的超參數值，如 units=32。這一些選擇的組合，被稱為超參數調校過程的**搜尋空間** (search space)。

　　為了指定搜尋空間，我們要先定義一個模型建構函式 (見程式 13.1)。該函式會接收一個 hp 引數，你可以從中取樣超參數範圍，並傳回一個編譯好的 Keras 模型。

程式 13.1　KerasTuner 模型建構函式

```
from tensorflow import keras
from tensorflow.keras import layers

def build_model(hp):
```
▶接下頁

> **編註：** 取樣間隔為 16, 代表取樣出的 units 值依序為 16、32、48 及 64

```
units = hp.Int(name="units", min_value=16, max_value=64, step=16)
model = keras.Sequential([
    layers.Dense(units, activation="relu"),
    layers.Dense(10, activation="softmax")
])
optimizer = hp.Choice(name="optimizer", values=["rmsprop", "adam"])

model.compile(
    optimizer=optimizer,
    loss="sparse_categorical_crossentropy",
    metrics=["accuracy"])
return model    ← 函式會傳回一個編譯好的模型
```

`step=16` ← 從 hp 物件中取樣超參數值。取樣出的數值 (例如此處的「units」變數) 只是普通的 Python 常數

`optimizer = hp.Choice(...)` ← 依序選擇 rmsprop 或 adam 優化器來測試

> 除了此處使用的 hp.Int 和 hp.Choice 外, 還有 hp.Float 和 hp.Boolean 可供使用。

如果你想用更模組化的方式來建構模型, 也可以選擇繼承 HyperModel 的子類別, 並定義一個 build() 方法, 如下所示：

程式 13.2　繼承 HyperModel 的子類別

```
import kerastuner as kt          編註： 在建立物件時才
                                 指定模型要輸出幾種分類
class SimpleMLP(kt.HyperModel):
    def __init__(self, num_classes):
        self.num_classes = num_classes

    def build(self, hp):    ← 與程式 13.1 的 build_model() 功能相同
        units = hp.Int(name="units", min_value=16, max_
                       value=64, step=16)
        model = keras.Sequential([
            layers.Dense(units, activation="relu"),
            layers.Dense(self.num_classes, activation="softmax")
        ])
        optimizer = hp.Choice(name="optimizer", values=["rmsprop", "adam"])
        model.compile(
            optimizer=optimizer,
            loss="sparse_categorical_crossentropy",
```

使用物件導向的做法, 就可以把建構模型時所需的常數, 轉換為一個建構子引數 (而非在模型建構函式中以寫死的方式指定)

▶接下頁

```
        metrics=["accuracy"])
    return model

hypermodel = SimpleMLP(num_classes=10)
```

下一步是定義一個「調校器 (tuner)」。概念上, 你可以把調校器視為一個會重複以下動作的 for 迴圈:

● 選擇一組超參數值。

● 使用這些值來呼叫模型建構函式, 進而創建一個模型。

● 訓練該模型, 並記錄其評量指標。

KerasTuner 中有幾個可用的內建調校器:BayesianOptimization、RandomSearch 和 Hyperband。我們先來試試 BayesianOptimization, 它是一個會根據先前的選擇結果, 嘗試預測「哪些新的超參數值可能表現最好」的調校器:

```
tuner = kt.BayesianOptimization(
    build_model,        ◀── 指定模型建構函式 (或 HyperModel 實例)
    objective="val_accuracy",   ◀── 指定要調校器優化的評量指標 (一定要指定
                                     驗證評量指標, 而非訓練評量指標, 因為我們
                                     希望搜尋出具普適性的模型!)
    max_trials=100,   ◀── 在結束搜尋前, 最多會嘗試 100 種模型配置
    executions_per_trial=2,    ◀── 每種模型配置的測試次數:如此可以縮小
                                    評量指標的變異數 (variance), 也就是多次訓
                                    練同一模型, 並取結果的平均值
    directory="mnist_kt_test",  ◀── 記錄檔 (log) 的儲存路徑
    overwrite=True,  ◀── 是否清除路徑中的資料以開始新的搜尋, 如果修改了模型
)                       建構函式, 就要設成「True」。如果設為「False」, 則可接
                        續先前使用同一模型建構函式的搜尋成果, 繼續往下搜尋
```

你可以用 search_space_summary() 來概覽搜尋空間:

```
>>> tuner.search_space_summary()
Search space summary
Default search space size: 2
units (Int)
```

▶接下頁

```
{'default': None,
 'conditions': [],
 'min_value': 16,
 'max_value': 64,
 'step': 16,
 'sampling': None}
optimizer (Choice)
{'default': 'rmsprop',
 'conditions': [],
 'values': ['rmsprop', 'adam'],
 'ordered': False}
```

目標最大化及最小化

對於內建的評量指標 (在我們的案例中就是準確度) 而言,其變化「方向」(例如:準確度應要最大化,而損失值則應最小化) 是由 KerasTuner 推論出來的。然而,對於自訂的評量指標 (為一個 Objective 物件) 來說,就要自己透過 direction 引數來指定方向了,如下所示:

```
objective = kt.Objective(        ◀── 自訂一個評量指標
    name="custom_objective",     ◀── 評量指標的名稱
    direction="max")             ◀── 指定評量指標的方向:"min" 或 "max"
tuner = kt.BayesianOptimization(
    build_model,
    objective=objective, ... )
```

　　最後, 我們來啟用搜尋程序。別忘了要傳遞驗證資料, 並確保沒有使用測試集作為**驗**證資料, 否則很快就會開始出現**過度配適**, 測試評量指標也就不可信了:

```
(x_train, y_train), (x_test, y_test) = keras.datasets.mnist.load_data()
x_train = x_train.reshape((-1, 28 * 28)).astype("float32") / 255
x_test = x_test.reshape((-1, 28 * 28)).astype("float32") / 255
x_train_full = x_train[:] ⎤
y_train_full = y_train[:] ⎦ 複製一份訓練資料, 之後會用到
```

▶接下頁

```
num_val_samples = 10000
x_train, x_val = x_train[:-num_val_samples], x_train[-num_val_samples:]
y_train, y_val = y_train[:-num_val_samples], y_train[-num_val_samples:]
callbacks = [
```

將訓練資料分為訓練集和驗證集

若 val_loss (驗證損失) 連續 5 個 epoch 都沒有進一步降低, 就停止訓練

```
    keras.callbacks.EarlyStopping(monitor="val_loss", patience=5),
]
```

訓練高達 100 個 epoch (因為我們還不知道合適的 epoch 數), 並使用 EarlyStopping 回呼, 在開始過度配適時停止訓練

```
tuner.search(
    x_train, y_train,
    batch_size=128,
    epochs=100,
    validation_data=(x_val, y_val),
    callbacks=callbacks,
    verbose=2,
)
```

tuner.search() 和 fit() 接收相同的引數, 它負責把引數傳遞給每個新模型的 fit()

以上程式只需幾十分鐘的運行時間, 因為可能的選擇組合不算多, 而且是用 MNIST 進行訓練。但是, 在處理典型的搜尋空間和資料集時, 你會發現時常要讓搜尋程序運行一整晚, 甚至好幾天。如果搜尋程序崩潰了, 可以選擇重啟:只要在調校器中設定 overwrite=False, 就可以從保存在磁碟上的記錄檔繼續進行調校。

搜尋完成後, 就可以查詢最佳的超參數配置, 並用來創建相應的模型, 然後重新訓練它們。

程式 13.3　查詢最佳的超參數配置

```
top_n = 4        ◄── 查詢最佳的 4 組超參數配置
best_hps = tuner.get_best_hyperparameters(top_n)
```

查詢最佳的 4 組超參數配置

傳回一個 HyperParameter 物件的串列, 可以將其傳遞給模型建構函式

重新訓練這些模型時, 通常會使用驗證資料來一併訓練, 因為此時不會再做任何超參數的進一步調整, 因此也不用再保留驗證資料來評估模型表現。在我們的例子中, 會使用所有 MNIST 訓練資料來訓練最終的這些模型, 不會另外保留驗證集。

不過, 在使用所有訓練資料來訓練前, 還有最後一個參數要決定：最佳的訓練 epoch 數。我們通常會希望新模型的訓練時間, 比在搜尋過程中的訓練時間來得長。因此, 可以在 EarlyStopping 回呼中調高 patience 參數值, 但這也可能導致模型發生低度配適 (underfit)。為了解決這個問題, 我們找出驗證損失最小的週期來做為最佳的 epoch 數：

```
def get_best_epoch(hp):
    model = build_model(hp)
    callbacks=[
        keras.callbacks.EarlyStopping(
            monitor="val_loss", patience=10)    ← 採用很高的 patience 值
    ]
    history = model.fit(
        x_train, y_train,
        validation_data=(x_val, y_val),
        epochs=100,
        batch_size=128,                         取得每個 epoch 的驗證損失
        callbacks=callbacks)
    val_loss_per_epoch = history.history["val_loss"] ←┘
    best_epoch = val_loss_per_epoch.index(min(val_loss_per_epoch)) + 1
    print(f"Best epoch: {best_epoch}")          ↑
    return best_epoch            找出在哪一 epoch 出現了最小的驗證損失
```

最後, 使用完整的訓練資料集進行訓練, 而訓練 epoch 數要比剛剛找到的最佳 epoch 數多 1.2 倍, 因為現在使用了更多資料來訓練 (在這個例子中多了 20% 的資料，它們原屬於驗證集)：

```
def get_best_trained_model(hp):
    best_epoch = get_best_epoch(hp)
    model = build_model(hp)
    model.fit(
        x_train_full, y_train_full,
        batch_size=128, epochs=int(best_epoch * 1.2))
    return model

best_models = []
for hp in best_hps:
    model = get_best_trained_model(hp)
    model.evaluate(x_test, y_test)
    best_models.append(model)
```

請注意！如果不介意模型表現稍差一點點, 有一條捷徑可選擇：只要用 tuner 重新載入超參數搜尋過程中, 有著最佳表現的模型 (含權重) 就好, 不用從頭開始訓練新模型：

```
best_models = tuner.get_best_models(top_n)
```

> 進行具一定規模的自動超參數優化時, 要特別留意驗證集的過度配適問題。由於我們是根據驗證資料給出的信號來更新超參數, 所以實際上就是在利用**驗證資料**來訓練超參數。因此, 這些超參數可能會對驗證資料過度配適, 這點一定要記得。

雕琢出正確搜尋空間的藝術

整體而言, 超參數優化是一種很強大的技術, 不論是要讓模型在任務上達到頂尖水準, 還是要贏得機器學習競賽, 超參數優化都是必不可缺的。想想看, 在很久以前, 人們手刻了輸入淺層機器學習模型的特徵, 結果不盡理想。現在, 深度學習把**階層式特徵工程** (hierarchical feature engineering) 任務自動化了：特徵是透過回饋訊號來學習, 而非手動調整。同樣地, 你不該自己手刻模型架構, 而是要用一種合理的方式來優化架構。

然而, 無論超參數調校再怎麼好用, 你還是得熟悉模型架構的最佳實踐。搜尋空間會隨著選擇組合的數量增加而急速增長, 因此若把所有東西都變成超參數, 並讓調校器來處理, 成本就太高了。我們必須巧妙地設計出適當的搜尋空間。超參數調校是一種自動化工具, 但不是魔術。它可以用來自動化實驗流程, 但我們仍需手工挑選可產生良好評量指標結果的實驗配置。

好消息是, 透過超參數調校, 你必須做的配置決策就能從一些細微決策 (micro-decision, 例如某個層的單元數) 發展到更高層次的架構決策 (architecture decision, 例如是否要在模型中使用殘差連接)。此外, 細微決策只適用於特定的模型和資料集, 但較高層次的決策在不同任務和資料集上的通用性更高。舉例來說, 幾乎所有的影像分類問題, 都能透過同一種搜尋空間模板來解決。

遵循這個邏輯, KerasTuner 嘗試提供一些與常見問題 (如影像分類) 相關的**現成搜尋空間**。只要輸入資料並運行搜尋程序, 就能得到一個很不錯的模型。你可以試試 kt.applications.HyperXception 與 kt.applications.HyperResNet 這兩種超參數模型, 它們是 Keras Applications 模型的可調校版本。

超參數調校的未來：自動化機器學習 (automated machine learning, AutoML)

身為一個深度學習工程師, 你目前的大部分工作會是用 Python 腳本 (script) 處理資料, 接著花大量時間調整深層網路的架構和超參數, 最終獲得一個有效, 甚至是最先進的模型。無庸置疑, 這不是最理想的工作流程, 還好自動化可以幫你一把, 而且不僅限於超參數調校。

在可能的學習率或神經層大小組合中進行搜尋, 只是第一步。我們還可以更有雄心壯志, 嘗試從頭開始生成模型架構本身, 並盡可能減少限制, 例如透過強化式學習 (reinforcement learning) 或基因演算法 (genetic algorithm)。未來, 整個端到端的機器學習工作流都將自動生成, 無須由工程師手刻出來。這樣的工作模式稱為**自動化機器學習** (automated machine learning), 或簡稱為 **AutoML**。你已經可以利用類似 AutoKeras (https://github.com/keras-team/autokeras) 的函式庫來解決一些基礎的機器學習問題, 而且需人工介入的部分不會太多。

AutoML 現在仍處於早期發展階段, 不能擴展到大規模的問題上使用。但是, 當 AutoML 發展得夠成熟, 並被廣泛使用時, 機器學習工程師的工作也不會消失, 反而會往價值創造鏈 (value-creation chain) 的上游移動。他們可以開始把更多精力放在如何善用資料 (data curation), 並專注設計能「真實反映業務目標」的複雜損失函數, 同時了解模型如何影響它們被部署的數位生態系統 (例如那些使用模型預測結果, 並生成模型訓練資料的用戶)。這些都是目前只有最大的幾家公司才有能力去考慮的問題。

我們必須時刻觀察大局、專注於理解基本原理, 並記得「高度專業化的繁瑣作業, 最終都會被自動化取代」。你應該把它視為能提高工作流程生產力的幫手, 而不是對自身重要性的威脅。無止盡地調整旋鈕, 不應該是你的工作。

關於 AutoML 的細節與實作, 讀者可參考旗標出版的《AutoML 自動化機器學習：用 AutoKeras 超輕鬆打造高效能 AI 模型》一書。

13-1-2　模型集成 (model ensembling)

　　另一個能在任務上取得最佳結果的強大技術, 是**模型集成** (model ensembling)。集成就是將多個不同模型的預測結果匯聚在一起, 以產生更好的預測結果。觀察一下機器學習競賽, 特別是 Kaggle, 你就會發現贏家們使用的都是非常大的模型集合, 這樣的模型當然能擊敗任何單一模型, 無論這個單一模型有多好。

　　模型集成所仰賴的假設為：經過獨立訓練的多個良好模型, 很可能是因為不同的原因而表現良好。每個模型在做出預測時, 注重的是資料的不同層面, 進而得到部分的「真相」。你可能聽過一個古老的寓言：一群盲人第一次遇到大象, 他們試著觸摸大象來了解它是什麼。每個人都摸了大象身體的不同部分, 例如尾巴或一條腿。然後, 這些人交互描述大象是什麼：「它像一條蛇」、「它像一根柱子或樹」等等。基本上, 這些盲人就是正在試圖理解訓練資料**流形** (manifold) 的機器學習模型。它們都用自己的假設 (依模型的獨特架構和隨機初始化的權重而來), 從自己的角度去理解。結果, 每個人得到了資料的部分真相, 但都不是全貌。把這些觀點匯聚起來, 你就能得到更準確的資料描述。雖然每個盲人的觀點都不是很正確, 但是整合所有人的說法, 就能得到相當準確的描述。

　　讓我們用分類任務來舉例。若要匯聚一組分類器的預測結果 (分類器集成), 最簡單的方法就是在推論 (inference) 時, 將其預測結果**做平均**：

```
preds_a = model_a.predict(x_val) ┐
preds_b = model_b.predict(x_val) │
                                 ├─ 用 4 個不同模型來計算初始預測結果
preds_c = model_c.predict(x_val) │
preds_d = model_d.predict(x_val) ┘
final_preds = 0.25 * (preds_a + preds_b + preds_c + preds_d) ◀─┐
                                                               │
          這個新的預測陣列應該會比任何單一的初始預測結果都準確 ──┘
```

　　然而, 這只有在分類器表現差不多的情況下才有用。如果有一個分類器的表現明顯較差, 最終的預測結果可能就比不上表現最好的單一分類器。

　　更聰明的分類器集成方法是**加權平均**, 其中的權重是從驗證資料學習而來：表現較好的分類器通常會被賦予較高的權重, 較差的分類器則被賦予較低的權重。要尋找一組好的集成權重, 可以使用隨機搜尋 (random search) 或一個簡單的優化演算法 (如 Nelder-Mead 演算法)：

```
preds_a = model_a.predict(x_val)
preds_b = model_b.predict(x_val)
preds_c = model_c.predict(x_val)
preds_d = model_d.predict(x_val)
final_preds = 0.5 * preds_a + 0.25 * preds_b + 0.1 * preds_c + 0.15 * preds_d
```

　　　　　　　　　　假設這些權重是依驗證經驗學習而來

　　除此之外，還有很多種可行的做法，例如計算預測結果的**指數平均**。一般來說，一個簡單的加權平均 (其中的權重已用驗證資料優化過)，就能提供非常強大的基準線了。

　　模型集成的成功與否，關鍵在於分類器集合的**多樣性** (diversity)。如果所有盲人都只摸到大象的尾巴，他們就會一致同意大象就像蛇，且永遠無法得知真相。因此，多樣性決定了集成的成功與否。以機器學習的說法就是，如果模型都往某一邊發生偏差，集成後的結果也會有相同的偏差。不過，若模型是往不同方向發生偏差，那麼它們就會互相抵消，集成結果就會更加穩健和準確。

　　因此在做集成時，除了盡可能使用好的模型，也要盡可能使用差異大的模型。這表示你會使用不同架構，甚至不同種類的機器學習方法。有一件事不太值得做，就是使用不同的隨機初始化設置，獨立訓練同一個網路，然後把它們集成起來。如果模型之間的唯一區別只是初始化設置和訓練資料的接觸順序，集成的多樣性就會很低，其表現只會比任何單一模型有細微的提升。

　　我發現有一件事在實務中的效果很好，但不能普及到所有問題領域，就是集成「以隨機森林 (random forest) 或梯度提升樹 (gradient-boosted tree) 這類決策樹為基礎的方法」以及「深層神經網路」。2014 年，Andrey Kolev 和我在 Kaggle 的希格斯玻色子衰變偵測 (Higgs Boson decay detection) 挑戰賽 (www.kaggle.com/c/higgs-boson) 中，使用了各種樹模型和深層神經網路的集成並取得了第 4 名。值得注意的是，集成中的其中一個模型，是從跟其他模型不同的方法發展而來(它是一個常規化過的貪婪森林)，而且它的分數比其他模型差很多。如我們所料，它在集成中的權重很小。但令我們驚訝的是，它竟然讓集成的整體表現提升好幾倍。由於這個模型跟其他模型的差異很大，因此提供了其他模型無法取得的資訊，而這也正是集成的重點。最佳模型的表現並不是最重要的，更重要的是模型集合的多樣性。

13-2 擴大模型的訓練規模

回顧我們在第 7 章中介紹的「進展循環, loop of progress」概念：想法的品質, 會受到它們經過多少次進展循環的影響。進展循環的重複次數, 則取決於你能「多快設置實驗、多快運行實驗, 並且能將產生的資料做多好的分析」。

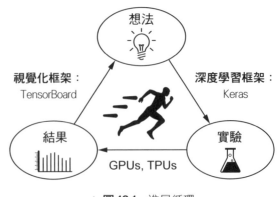

▲ 圖 13.1 進展循環

隨著你逐漸精通 Keras API, 設置深度學習實驗的速度就不再是這個進展循環的瓶頸。下一個瓶頸, 將會是**模型的訓練速度**。更快的訓練速度, 也能直接提升深度學習解決方案的品質。

在本節, 我們會探討 3 種能加速模型訓練的方法：

● **混合精度訓練** (mixed-precision training), 即使只有一個 GPU 也能使用。

● 使用多個 GPU 來訓練。

● 使用 TPU 來訓練。

讓我們開始吧！

13-2-1 使用混合精度加速 GPU 上的訓練

如果有一個簡單的技術, 能提升幾乎所有模型的訓練速度 (最高可達 3 倍), 而且基本上是免費的, 你覺得如何？這種技術真實存在, 那就是**混合精度訓練** (mixed-precision training)。為了理解它的運作方式, 先來看看電腦科學中的「精度 (precision)」概念。

認識浮點精度

　　精度對數字的意義，就像解析度對影像的意義一樣。由於電腦只能處理 0 和 1，因此它看到的任何數字都要編碼成二進制的字串。例如，uint8 是用 8 個位元編碼的整數型別：00000000 在 uint8 中代表 0，而 11111111 則代表 255。若想表示超過 255 的整數，就必須增加更多位元。大部分整數都是用 32 個位元來儲存，這樣一來，你就可以表示從 - 2147483648 到 2147483647 的有號整數 (signed integer)。

　　浮點數也是一樣。在數學中，實數會形成一個連續的軸：在任意兩個數字之間，有無限多個點，你隨時可以把實數軸放大。不過，在電腦科學領域就不是這樣了：例如 3 和 4 之間的點是有限的。那會有幾個呢？這取決於你使用的精度，也就是用來儲存某個數字的位元數。

　　一般來說，我們會使用三種等級的精度：

● **半精度** (half precision)，或 float16，數字用 16 個位元來儲存。

● **單精度** (single precision)，或 float32，數字用 32 個位元來儲存。

● **雙精度** (double precision)，或 float64，數字用 64 個位元來儲存。

浮點編碼 (floating-point encoding) 的重點

對於浮點數，有一個不太直觀的事實，就是它能表示的數字並非**均勻分布**。較大數字的精確度會較低：對任意 N 而言，2^N 和 2^{N+1} 之間可表示的數值數量，跟 1 和 2 之間可表示的數量相同。

這是因為浮點數編碼分為 3 個部分：正負號 (sign)、有效值 (稱為尾數，mantissa)，以及指數 (exponent)，如下：

```
{sign} * (2 ** ({exponent} - 127)) * 1.{mantissa}
```

例如，以下是最接近 π 的 float32 編碼結果：

▶接下頁

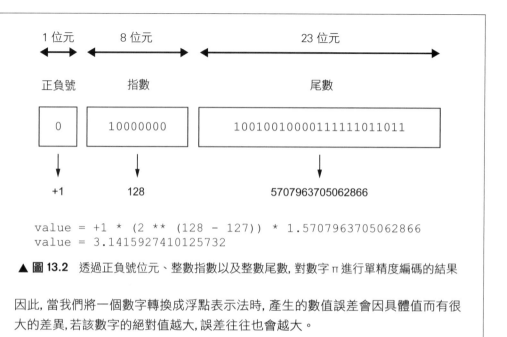

```
value = +1 * (2 ** (128 - 127)) * 1.5707963705062866
value = 3.1415927410125732
```

▲ 圖 13.2　透過正負號位元、整數指數以及整數尾數, 對數字 π 進行單精度編碼的結果

因此, 當我們將一個數字轉換成浮點表示法時, 產生的數值誤差會因具體值而有很大的差異,若該數字的絕對值越大,誤差往往也會越大。

你可以將浮點數的解析度視為「兩個任意數字間能安全處理的最小距離」。以單精度來說, 這個距離大約是 1e-7, 雙精度則是 1e-16, 而半精度僅為 1e-3。

目前為止, 你在本書中看到的每個模型都是使用單精度數字, 也就是將模型狀態儲存成 float32 的權重變數, 並在 float32 的輸入上進行運算。該精度足以確保在不丟失任何資訊的情況下, 運行模型的正向以及反向傳播程序, 尤其是在處理小幅度的梯度更新時 (複習一下, 典型的學習率是 1e-3, 而 1e-6 的學習率也是很常見的, 而這些梯度更新幅度,都在單精度能安全處理的範圍內)。

當然, 你也可以使用 float64 (雙精度數字), 不過這樣會很浪費。這是因為類似矩陣相乘或相加的操作, 在使用雙精度數字後的成本會高很多, 但取得的效益卻微乎其微。另一方面, 我們也不能使用 float16 的權重來進行運算, 因為它無法處理在 1e-5 或 1e-6 附近的小幅度梯度更新, 導致梯度下降無法順利運行。

不過, 我們可以用一種混合的方法, 也就是**混合精度**:在對精度沒特別要求時, 使用 16 位元運算;在需要維持數值穩定性時, 則使用 32 位元的數值。現代的 GPU 和 TPU 有專門的硬體, 使運行 16 位元操作的速度比同等的 32 位元操作來得快, 使用的記憶體也更少。盡可能使用這些較低精度的操作, 就能讓訓練速度大大提升。同時, 把模型中注重精度的操作維持在單精度, 就能在不明顯影響模型品質的情況下, 得到這些好處。

所謂的好處是很可觀的：在現在的 NVIDIA GPU 上, 混合精度能將訓練速度最多提升 3 倍。在 TPU 上訓練時, 這個做法也很有用 (稍後會說明), 最多可將訓練速度提高 60%。

注意預設的 dtype

單精度是 Keras 和 TensorFlow 的預設浮點型別, 除非特別指定, 否則你創建的任何張量都會是 float32 型別。但是, NumPy 陣列的型別則是預設為 float64！

因此, 把一個預設的 NumPy 陣列轉換成 TensorFlow 張量, 會產生一個 float64 張量, 這可能不是你想要的：

```
>>> import tensorflow as tf
>>> import numpy as np
>>> np_array = np.zeros((2, 2))
>>> tf_tensor = tf.convert_to_tensor(np_array)    ← 將 NumPy 陣列轉換成
>>> tf_tensor.dtype                                   Tensorflow 張量
tf.float64
```

若不想產生以上結果, 在轉換 NumPy 陣列時, 要記得明確指定資料型別：

```
>>> np_array = np.zeros((2, 2))
>>> tf_tensor = tf.convert_to_tensor(np_array, dtype="float32")
>>> tf_tensor.dtype
```
明確指定資料型別

請注意, 當使用 NumPy 資料呼叫 Keras的fit() 時, 它會自動幫你做這個轉換。

啟用混合精度訓練

在 GPU 上進行訓練時, 你可以如下所示來啟用混合精度:

```
from tensorflow import keras
keras.mixed_precision.set_global_policy("mixed_float16")
```

通常, 模型大部分的正向傳播會以 float16 完成 (像 softmax 這種數值不穩定的操作除外), 而模型權重則是以 float32 來儲存和更新。

Keras 層搭配了 variable_dtype 及 compute_dtype 屬性, 這兩者的預設值會設為 float32。啟用混合精度後, 大多數層的 compute_dtype 屬性會切換到 float16, 因此它們的輸入會轉為 float16, 並以 float16 進行運算 (使用權重的半精度版本)。不過, 由於它們的 variable_dtype 屬性仍然是 float32, 因此權重將能接受從優化器而來, 準確的 float32 更新 (而非半精度更新)。

注意! 使用 float16 進行某些操作, 可能會造成數值不穩定 (特別是 softmax 和交叉熵)。如果想在特定層上選擇不使用混合精度, 只要把 dtype="float32" 傳遞給該層的建構子即可。

13-2-2 在多個 GPU 上訓練

雖然 GPU 的威力每年都在提升, 但深度學習模型也越來越大, 需要更多運算資源。在單一 GPU 上訓練, 可能沒辦法滿足你對速度的要求。為了解決這個問題, 可以選擇添加更多 GPU, 並使用多個 GPU 進行**分散式訓練** (multi-GPU distributed training)。

有兩種方法可以把運算分散到多個設備上, 即**資料平行化** (data parallelism) 和**模型平行化** (model parallelism)。

使用資料平行化時, 我們會把單一模型複製到多個設備, 或多台機器上。每個模型會處理不同批次的資料, 然後再合併其結果。

模型平行化則是:模型的不同部分會在不同設備上運作, 並同時處理單一批次的資料。這種方法在原本就具平行結構的模型 (例如:有多個分支的模型) 上表現最好。

在實際案例中，模型平行化只會用在那些「大到無法在任何單一設備上處理」的模型。它不是用來加快訓練一般模型的方法，而是用來訓練較大模型的方式。我們不會探討模型平行化，而會將重點放在我們大多時候會使用的資料平行化上。讓我們來看看它如何運作。

取得兩個或更多的 GPU

首先，你要先想辦法取得多個 GPU。目前，Google Colab 只提供單一 GPU，所以必須考慮以下的其中一種做法：

● 購買 2 到 4 個 GPU，把它們安裝在一台電腦上 (需要很強大的電源)，並安裝 CUDA 驅動程式、cuDNN 等。對大多數人來說，這不是最佳選擇。

● 在 Google Cloud、Azure 或 AWS 上租用**多 GPU 虛擬機器** (Virtual Machine，下文簡稱為 VM)。這樣就能使用有著現成驅動程式和軟體的 VM 映像，而且初始設置的 overhead 會很小。對任何不需全天候訓練模型的人來說，這可能會是最佳選擇。

我們不會詳細介紹如何啟用多 GPU 的雲端 VM，因為其操作指南的更新頻率很快，而且相關資訊在網路上很容易就能找到。

如果你不想處理 VM 實例的管理 overhead，可以使用 TensorFlow Cloud (https://github.com/tensorflow/cloud)，這是我的團隊最近發布的一個軟體套件，讓你只需在 Colab 筆記本的開頭加上一行程式碼，就能在多個 GPU 上開始訓練。

單主機、多設備的同步訓練

當你已經能在一台多 GPU 的機器上匯入 TensorFlow，就可以開始訓練分散式模型了。運作方式如下：

```
strategy = tf.distribute.MirroredStrategy()  ←
                         創建一個代表「分散策略 (distribution strategy)」
                         的物件 (MirroredStrategy 會是首選的策略)
print(f"Number of devices: {strategy.num_replicas_in_sync}")
```

▶接下頁

```
with strategy.scope():  ←── 開啟一個『策略區塊』
    model = get_compiled_model()  ←── 所有能創建變數的操作都要在該區塊內。一般
    model.fit(  ←── 在所有可用的設備        來說, 這只會包含模型的建構和 compile()
    train_dataset,  上訓練模型
    epochs=100,
    validation_data=val_dataset,
    callbacks=callbacks)
```

這幾行程式碼實作了最常見的訓練設置, 也就是單主機、多設備 (single-host, multi device) 的同步訓練, 在 TensorFlow 中也稱為「**鏡像分散策略** (mirrored distribution strategy)」。「單主機」指的是不同 GPU 都在同一台機器上 (而不是多台有著 GPU 的機器叢集, 使用網路進行溝通)。「同步訓練」則代表每個 GPU 模型副本的權重狀態, 在任何時候都是相同的, 有些分散式訓練的變形就不是這樣。

當你開啟一個 MirroredStrategy 區塊並在其中建構模型, MirroredStrategy 物件會在每個可用的 GPU 上創建一個模型副本。接著, 訓練的詳細步驟如下 (見圖 13.3):

① 從資料集中取出一批次的資料 (稱為**全域批次**, global batch)。

② 假設手上有 4 個可用的 GPU，則它會被分成 4 個不同的子批次 (稱為**局部批次**, local batch)。例如, 若全域批次有 512 筆樣本, 那這 4 個局部批次中將各有 128 筆樣本。由於我們希望局部批次大到能讓單個 GPU 滿載運作（編註：這樣才能充分利用 GPU), 因此全局批次量通常要非常大。

③ 每個模型副本會在各自的 GPU 上獨立處理一個局部批次：它們會先運行正向傳播, 然後便是反向傳播。每個副本會根據「先前權重」相對於「模型在該局部批次的損失」的梯度, 輸出一個「權重差 (weight delta)」, 用以表示每個權重變數的更新幅度。

④ 各個權重差會合併在一起, 得出一個全域權重差 (取各局部權重差的平均), 並套用在所有的副本上 (進而更新權重)。由於在每個訓練步驟結束時都會執行此操作, 所以模型複本會一直保持同步 (它們的權重永遠相等)。

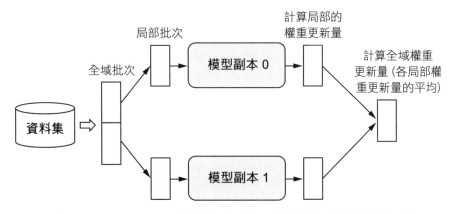

▲ **圖 13.3** MirroredStrategy 訓練的一個步驟：每個模型副本都會計算局部的權重更新量, 接著合併在一起, 並用來更新所有副本的狀態 (權重)

---

tf.data 效能的小提示

進行分散式訓練時, 記得要用 tf.data.Dataset 物件來提供資料, 以確保取得最佳表現 (用 NumPy 陣列來傳遞資料也可以, 因為這些資料會被 fit() 轉換成 Dataset 物件)。另外, 也要確保充分利用**資料預提取** (data prefetching)：把資料集傳遞給 fit() 之前, 呼叫 dataset.prefetch(buffer_size)。如果不確定如何選擇緩衝區大小 (buffer_size), 可以嘗試 dataset.prefetch(tf.data.AUTOTUNE) 這個選項, 它會自行幫你選擇合適的 buffer_size。

理想狀態下, 在 N 個 GPU 上訓練, 應該要能讓速度提升 N 倍。不過實際上, 分散式運算也會產生一些 overhead, 特別是在合併不同權重差時, 將會耗費一些時間。你實際獲得的速度提升幅度, 會取決於 GPU 數量：

● 使用 2 個 GPU, 速度會提升近 2 倍。

● 使用 4 個 GPU, 速度會提升近 3.8 倍。

● 使用 8 個 GPU, 速度會提升近 7.3 倍。

以上是假設你使用了足夠大的全域批次量, 讓每個 GPU 都維持在滿載運作的結果。如果批次量太小, 局部批次量就不足以讓 GPU 充分運作, 也就無法得到如上的速度提升幅度。

13-2-3 在 TPU 上進行訓練

除了 GPU 之外, 深度學習領域還有一個趨勢, 就是將工作轉移到專門為深度學習而設計的硬體上 (只有單一用途的晶片被稱為 ASIC, application-specific integrated circuit)。許多大大小小的公司都在研究新的晶片, 但其中表現最突出的是 Google 的**張量處理單元** (Tensor Processing Unit, TPU), 你可以在 Google Cloud 或透過 Google Colab 來取用它。

在 TPU 上訓練需要跨過一些難關, 但這些付出是值得的, 因為 TPU 的速度實在非常快。在 TPU V2 上訓練, 通常會比 NVIDIA P100 GPU 快上15 倍。對大多數模型來說, TPU 訓練的平均成本效益最終都比 GPU 高出 3 倍之多。

透過 Google Colab 使用 TPU

事實上, 你可以在 Colab 中免費使用 8 核的 TPU。在 Colab 的「執行階段 (Runtime)」中點選「變更執行階段類型 (Change Runtime Type)」, 你就會發現除了 GPU 執行階段外, 還有 TPU 的選項可以使用。

當你選擇 GPU 執行階段時, 模型可以直接使用 (單個) GPU, 不需要特別進行任何操作。不過, TPU 執行階段會要求你在建立模型前, 先連接到 TPU 叢集 (cluster)。運作方式如下:

```
import tensorflow as tf
tpu = tf.distribute.cluster_resolver.TPUClusterResolver.connect()
print("Device:", tpu.master())
```

與使用多 GPU 訓練的情形類似, 使用 TPU 時也必須開啟一個分散策略區塊, 此處使用的是 TPUStrategy 區塊。TPUStrategy 跟 MirroredStrategy 的模式相同: 模型會在每個 TPU 核心上複製一次, 而且這些副本會保持同步。以下是一個簡單的案例。

程式 13.4 在 TPUStrategy 區塊中建立模型

```python
from tensorflow import keras
from tensorflow.keras import layers

strategy = tf.distribute.TPUStrategy(tpu)
print(f"Number of replicas: {strategy.num_replicas_in_sync}")

def build_model(input_size):
    inputs = keras.Input((input_size, input_size, 3))
    x = keras.applications.resnet.preprocess_input(inputs)
    x = keras.applications.resnet.ResNet50(
        weights=None, include_top=False, pooling="max")(x)
    outputs = layers.Dense(10, activation="softmax")(x)
    model = keras.Model(inputs, outputs)
    model.compile(optimizer="rmsprop",
        loss="sparse_categorical_crossentropy",
        metrics=["accuracy"])
    return model

with strategy.scope():
    model = build_model(input_size=32)
```

我們差不多做好訓練所需的全部準備了。不過, Colab 上的 TPU 有一點很奇怪:它是一個雙 VM 的設置, 這代表 notebook 執行環境所在的 VM, 與 TPU 所在的 VM 並不同。因此, 你沒辦法用儲存在本地磁碟的檔案進行訓練 (該磁碟是連接到 notebook 執行環境所在的 VM)。若要載入資料, 你有以下兩種選擇:

● 使用儲存在 VM 記憶體中 (而非磁碟上) 的資料進行訓練。如果你的資料是存在 NumPy 陣列, 那你採取的就是這一種做法。

● 將資料儲存在 Google 雲端儲存空間 (GCS), 並創建一個能直接從 GCS 讀取資料的資料集, 不用在本地端下載。TPU 執行階段可以從 GCS 中讀取資料。如果資料集太大, 無法完全儲存在記憶體中, 那這就是你的唯一選擇。

在此處的案例中, 會使用存在記憶體中的 NumPy 陣列 (CIFAR10 資料集) 來訓練:

```python
(x_train, y_train), (x_test, y_test) = keras.datasets.cifar10.load_data()
model.fit(x_train, y_train, batch_size=1024) ←
```
注意, TPU 的訓練跟多 GPU 訓練一樣, 需要
使用足夠大的批次量, 以維持良好的利用率

你會注意到, 第一個 epoch 需要一段時間才會開始, 這是因為模型正在被編譯成 TPU 能執行的版本。等這一步完成之後, 訓練階段本身就會非常快速。

注意 I/O 瓶頸

由於 TPU 能用極快的速度來處理批次資料, 因此從 GCS 讀取資料的速度很容易會變成一個瓶頸。

- 如果資料集夠小, 應該把它存放在虛擬機的記憶體中, 只要對資料集呼叫 dataset.cache() 就可以了。這樣一來, 就只要從 GCS 讀取一次資料。

- 如果資料集太大, 無法放進記憶體, 請確保把它存成 TFRecord 檔。這是一種很高效的二進制儲存格式, 允許快速載入資料。你可以在 keras.io 找到一個實作範例, 演示如何將資料存成 TFRecord 格式(https://keras.io/examples/keras_recipes/creating_tfrecords/)。

利用步驟融合 (step fusing) 來提升 TPU 使用率

由於 TPU 有大量的運算資源, 因此需用非常大的批次來訓練, 才能充分利用 TPU 核心。對於小模型來說, 所需的批次量可能會變得特別大 (例如每批次中有超過 10,000 筆樣本)。使用非常大的批次時, 我們要相應地調高優化器的學習率。這是因為每週期更新權重的次數會變少, 但每次的更新都會更準確 (因為是用更多樣本計算出的梯度), 所以在每次更新時, 應該使用更大的幅度來調整權重。

不過, 你可以使用一個簡單的技巧, 在維持合理批次量的同時, 也讓 TPU 被充分使用, 那就是**步驟融合** (step fusing)。步驟融合的概念, 就是在每個 TPU 執行步驟上, 運行數個訓練步驟 (編註:就是連續使用多個批次進行訓練)。基本上, 就是在從 VM 記憶體到 TPU 的兩次往返間做更多的事。這只需在 compile() 中指定 **steps_ per_execution 引數**就能做到了。例如, 用「steps_ per_execution=8」就能在每個 TPU 執行步驟期間, 運行 8 步的訓練。這個方法對於未能充分利用 TPU 的小模型來說, 可以帶來很大的速度提升。

本章小結

- 你可以利用**超參數調校**(hyperparameter tuning) 和 **KerasTuner** 來將繁瑣的工作自動化, 進而找出最好的模型配置。但是, 要小心**對驗證集過度配適**的問題!

- 不同模型的**集成**(ensemble) 通常能顯著提升預測品質。

- 你可以啟用**混合精度**(mixed precision) 來加速 GPU 上的模型訓練。一般來說, 你可以在幾乎零成本的情況下, 得到不錯的速度提升。

- 若想進一步擴大訓練規模, 可以透過 tf.distribute.MirroredStrategy API 在多個 GPU 上進行訓練。

- 你也可以使用 TPUStrategy API, 在 Google 的 TPU 上進行訓練 (可以在 Colab 中使用)。如果模型很小, 記得使用**步驟融合**(step fusing), 即透過設定 compile() 中的 **steps_per_execution 引數**, 進而充分地利用 TPU 核心。

MEMO

chapter 14

結語

本 章 重 點

- 本書的重要概念

- 深度學習的侷限性

- 深度學習、機器學習和人工智慧的未來

- 進階學習和實務工作上的資源

本章將總結和回顧深度學習的核心概念，同時將更進一步拓展您的視野。成為人工智慧專家是一趟漫長的旅程，而完成本書僅僅是邁出第一步，希望大家都明白這個狀況，並且已具備足夠的能力繼續接下來的旅程。

我們將以鳥瞰的方式來綜觀本書中的內容，重新複習在前面章節中所學到的概念。接下來，我們將概略地了解深度學習的侷限性，因為在使用工具時，不僅要了解它可以做到什麼，還要了解它不能做到什麼。另外，我們將提供一些關於深度學習、機器學習和人工智慧領域在未來發展上的想法。如果想要針對相關領域進行持續的研究，這部分應該會相當有趣。本章的最後會列出一系列資源和策略，以便讀者進一步研究機器學習並即時了解最新進展。

14-1 回顧關鍵概念

本節會簡要地說明本書的重要觀念，快速複習前面章節所學到的知識。

14-1-1 AI 的子領域

首先，要了解深度學習不是人工智慧(AI)或機器學習的同義詞：

● **人工智慧** (artificial intelligence) 是一個歷史悠久、涉及廣泛的領域，通常是指「為了自動化人類認知過程而進行的所有作為」。換句話說，就是思想能力的自動化。這可以從最基本的型態 (如 Excel 試算表)，到非常先進的應用 (例如可以走路和說話的人形機器人)。

● **機器學習** (machine learning) 是 AI 的一個特定子領域，主要是透過觀察訓練資料，自動開發出相關的處理程序 (稱之為模型)。將資料轉換為模型的過程稱為**學習** (learning)。雖然機器學習已經存在了很長時間，但直到 1990 年代才開始起飛。

● **深度學習** (deep learning) 是機器學習的眾多分支之一，其模型是由一個接著一個的幾何函數鏈接組成。這些鏈接在一起的幾何函數稱為**層** (layers)，深度學習模型通常就是由這些層堆疊而成，或者說更像是層所組成的圖形。這些層的參數稱為**權重** (weights), 會根據在訓練期間所學習到的資訊進行調整, 也可以說是模型的**知識** (knowledge) 儲存在權重中。學習過程就是要找到比較好的權重值, 也就是能最小化**損失函數** (loss function) 值的權重。由於這些幾何函數鏈是可微分的, 因此可以透過**梯度下降法** (gradient ascent) 來有效率地更新權重, 進而最小化損失值。

儘管深度學習只是眾多機器學習方法中的一種, 但近年來它在技術上取得突破性的成功, 使它與其他方法的地位不同, 我們來看看它的特別之處吧!

14-1-2　是什麼讓深度學習在機器學習領域顯得特別

短短幾年的時間內, 深度學習已在許多歷史上被認為對電腦極其困難的任務中, 取得了巨大的突破, 特別是在**機器感知** (perception) 領域: 即從影像、影片與聲音中萃取出有用的資訊。只要輸入足夠的訓練資料 (特別是由人類標記真實結果的訓練資料), 便可以從訓練資料中萃取出幾乎是人類所萃取的任何資訊。因此, 有時候可以說深度學習已解決了感知問題, 儘管這只適用於相當狹隘的感知。

由於技術上前所未有的成功, 深度學習獨自引領出第三個, 也是迄今為止最大的 AI 全盛時期, 創造出人們對 AI 領域的高度興趣、投資和炒作。正當本書在編寫問世之時, 我們正處於其中。這個時期是否會在不久的將來結束, 以及結束後會發生什麼事, 都還是個爭議性的話題。但能肯定的是, 現在的深度學習為許多大型科技公司提供了極大的商業價值, 實現如人類語音識別、智慧助理、影像分類、改進機器翻譯品質等眾多應用。炒作浪潮或許會 (而且極可能會) 消退, 但深度學習在經濟和科技層面的影響仍持續存在。換個角度想, 深度學習有如當時網際網路的發展, 可能會被過度炒作個幾年, 但長期來看, 它將會是一個改變我們經濟和生活的重大革命。

我對深度學習特別樂觀, 因為即使技術在未來十年內不再進步, 但只要能將現有演算法應用到每個適用的問題, 對多數產業來說仍會產生巨大的影響。深度學習就如同是一場變革, 目前正以驚人的速度發展。資源和投入的人數如指數般成長, 所以在我看來, 深度學習的未來一片光明, 儘管有點過於樂觀, 不過在充分發展其潛能下, 深度學習仍會有十多年的興盛光景。

14-1-3　如何看待深度學習

深度學習最令人驚奇的是它如此簡單。十年前，沒有人會想到藉由梯度下降訓練的簡單**參數式模型** (parametric model)，可以在機器感知問題上取得如此驚人的成果；現在，事實證明，只需要足夠多的資料，並使用梯度下降來訓練出足夠大的參數式模型，就可以得到好的結果。如同費曼 (Feynman) 對宇宙的描述：「It' s not complicated, it' s just a lot of it.」❶。

在深度學習中，一切都是向量，也就是一切都是**幾何空間** (geometric space) 中的一個**點** (point)。模型的輸入 (文字、影像等) 和目標先被**向量化** (vectorized)，轉換成初始輸入向量空間和目標向量空間。深度學習模型中的每一層都會對經過的資料進行簡單的幾何轉換，而所有層鏈接起來，就形成一個複雜的幾何轉換，它會嘗試將輸入空間「一次一個點」地對應到目標空間。轉換的方式來自於各層的權重設定，這些權重依照模型當前執行的成果好壞而被迭代地更新。如此幾何轉換的關鍵在於它必須是**可微分的** (differentiable)，這是我們能夠透過梯度下降來學習權重的必要條件。直覺上，這表示我們必須限制「從輸入到輸出的幾何變換」必須是平滑和連續的。

我們可以將輸入資料經過複雜幾何轉換的過程，想像成是有人試圖將揉成一團的紙球展平 (這是用 3D 空間來視覺化轉換的過程)。皺巴巴的紙球是模型一開始接收的輸入資料形態，逐漸將紙球展平的動作類似每一層進行的簡單幾何轉換。將紙球展平的整個過程就是整個模型的複雜變換過程，深度學習模型則是將複雜的高維資料形態展平的數學機器。

這就是深度學習的神奇之處：將真實意義轉換成幾何空間，然後逐步學習將一個空間對應到另一個空間的複雜幾何轉換關係。我們需要的只是足夠高維度的空間，以獲取原始資料中發現的全部關係。

整件事情取決於一個核心思想：真實意義來自事物之間的**相對關係** (語言中的文字間、影像中的像素間等等)，且這些關係可以透過**距離函數**來取得，但請注意，我們的大腦是否透過這樣的幾何空間來表示真實意義是另外一個問題。從電

---

❶ Richard Feynman, interview, The World from Another Point of View, Yorkshire Television, 1972.

腦對於數值計算的角度來看, 向量空間是個有用且有效的運作模式, 但還是有其他不同資料結構可用於深度學習, 特別是圖形 (graph) 結構。其實神經網路最初源於使用圖形作為編碼方式, 這就是為什麼它們被稱為**神經網路** (neural network), 也因為圖形連接的方式, 讓相關的研究領域曾被稱為**連接主義** (connectionism)。

如今看來, 神經網路的名稱純粹出於歷史原因, 這是個誤導性的名稱, 因為它既不是神經, 也不是網路, 尤其是神經網路幾乎與大腦無關。綜合來看, 更合適的名稱可能是**分層式表示法學習** (layered representations learning) 或**階層式表示法學習** (hierarchical representations learning), 或者是**深層可微分模型** (deep differentiable models) 或**鏈接式幾何轉換** (chained geometric transforms), 這些名稱都強調「連續幾何空間的轉換」是其核心。

14-1-4 相關的關鍵技術

目前正展開的技術革命並非因為單一項突破性的技術發明。相反地, 就像其他革命一樣, 是累積大量各項相關因素後的產物, 起初緩慢產出, 然後突然迸發。在深度學習的革命中, 我們可以指出以下的關鍵因素:

● **演算法的漸進創新:** 從反向傳播開始先醞釀了二十年, 在 2012 年後, 隨著越來越多的研究工作投入深度學習, 致使演算法創新的速度越來越快。

● **取得大量的感知資料:** 這是深度學習演進成功的必要條件, 如此才能以足夠多的資料訓練出足夠大的模型。大量資料的取得, 也是「大眾化網際網路的興起」和「摩爾定律式的儲存媒體高速成長」的附帶結果。

● **便宜、快速、高度平行化的計算硬體, 特別是 NVIDIA 生產的 GPU:** GPU 原先是設計來供遊戲使用, 隨後從頭開始設計用於深度學習的晶片。最初是由 NVIDIA 首席執行長 Jensen Huang 注意到了深度學習的熱潮, 並決定將公司的未來押在其上。

● **軟體層的複雜堆疊, 產生了強大的計算力以供使用:** CUDA 語言、TensorFlow 等自動微分計算框架 (以及 Keras) 使大多數人都可以實作深度學習。

在未來, 深度學習不僅會被專家 (如研究人員、研究生和具有學術背景的工程師) 使用, 還將成為每個開發人員工具箱中的工具, 就像今日的網路技術一樣。每個人都需要建構智慧應用程式, 就像今日的每個企業都需要網站一樣, 而每個產品都需要智慧地理解用戶生成的資料。要邁向這樣的未來, 我們需要建構讓深度學習更容易被使用的相關工具, 讓有基本程式開發能力的任何人都可以取得並使用這樣的工具, 而 Keras 就是帶頭朝這個方向邁出的一大步。

14-1-5　通用的機器學習工作流程

使用一個非常強大的工具來建立模型, 以便將任何輸入空間對應到任何目標空間, 這樣的概念很棒, 不過在機器學習工作流程中, 最困難的部分通常是在設計和訓練模型前所做的一切 (以及將模型產品化後, 後續接軌的所有事情)。我們需要先了解問題所屬領域, 以便能夠決定要預測什麼、需要給定哪些資料以及如何衡量成功與否, 這些都是成功應用機器學習的先決條件, 而且這些條件並不是像 Keras 或 TensorFlow 這樣的高階工具可以幫助我們的。回顧一下, 以下是第 6 章中典型機器學習工作流程的快速摘要:

① 定義問題:可用的資料是什麼?我們要預測什麼?是否需要收集更多資料或僱用人員來手動標記資料集?

② 衡量目標成功與否的方法:對於簡單任務來說, 可能是用預測準確度來做為衡量標準, 但在許多情況下, 可能需要特定的複雜衡量標準。

③ 用來評估模型的驗證過程:我們應該定義訓練集、驗證集和測試集。驗證集和測試集不應摻雜到訓練資料中, 例如在進行時間序列的預測時, 驗證和測試資料的時間點應該在訓練資料之後。

④ 將資料轉換為向量並對其進行預處理 (正規化等), 使其易於神經網路接收與處理。

⑤ 開發第一個模型, 進而證明機器學習可以解決我們的問題。不過, 情況可能不是我們想像中的那麼容易!

⑥ 藉由調整超參數 (hyperparameters) 和加入常規化 (regularization) 來逐步優化**模型架構**:僅依據驗證資料的成效進行更改, 而不是根據測試資料或訓

練資料進行更改。請注意！我們應該讓模型過度配適於訓練資料 (進而確定模型容量級別已比我們所需要的更大), 然後才開始加入常規化或縮小模型。在調整超參數時要注意驗證集的過度配適問題：超參數最終可能被過度擬合 (配合) 驗證集。為避免這種情況發生, 必須擁有一個獨立的測試集！

⑦ 將最終的模型部署到實際運作環境中, 可以部署成 web API、作為 JavaScript 或 C++ 應用的一部分、或是裝到某個嵌入式設備上。持續監看模型在現實資料上的表現, 並依據觀察結果來調整下一代的模型。

14-1-6 關鍵的神經網路架構

我們最熟悉的4種神經網路架構是**密集連接神經網路** (densely connected networks)、**卷積神經網路** (convolutional networks)、**循環神經網路** (recurrent networks) 以及 **Transformers**。每種類型的神經網路都有其特定的輸入型態, 意思是神經網路架構會對其資料結構進行編碼, 以便在一個**假設空間** (hypothesis space) 內, 找到一個好的模型進行處理。選擇的神經網路架構是否適用於給定問題, 取決於資料結構與神經網路架構是否相符。

這些不同類型的神經網路甚至可以進行組合, 以實現更大的**多模型神經網路**, 就像組合樂高積木一樣。在某種程度上, 神經網路中的層就像用於處理資訊的樂高積木。以下整理了輸入資料結構與對應的神經網路類型：

● **向量資料** (vector data) - 密集連接神經網路 (Dense 層)。

● **影像資料** (image data) - 2D 卷積神經網路。

● **序列資料** (sequence data) - 用於時間序列的 RNN, 或者用於離散序列 (例如文字序列) 的 Transformer。1D 卷積網路也可用於具平移不變性、連續的序列資料。

● **影片資料** (video data) - 3D 卷積神經網路 (如果需要取得時間軸資料的動態效果), 或用於特徵萃取的幀級 (frame-level) 2D 卷積神經網路, 後面再接上一個處理序列資料的模型。

● **體積資料** (volumetric data, 編註：例如醫學中的 CT 影像) - 3D 卷積神經網路。

現在, 讓我們快速回顧一下每個神經網路架構的特性。

密集連接神經網路

密集連接神經網路是 Dense 層 (密集層) 的堆疊, 用於處理向量資料 (其中, 每個樣本是數值或種類屬性的向量)。這樣的神經網路假定輸入特徵中沒有特定的結構。之所以稱為密集連接, 是因為 Dense 層的每個單元會連接到其他層的每個單元。該層嘗試對應 (找出) 任意兩個輸入特徵之間的關係, 這與只關注**局部** (local) 關係的 2D 卷積層不同。

密集連接神經網路最常用於類別 (categorical, 例如輸入特徵只可能是某幾種值) 資料, 如第 4 章的波士頓房屋價格資料集。密集連接神經網路也用於大多數神經網路中, 最終的分類或迴歸處理階段, 如第 8 章中的卷積神經網路通常以一個或兩個 Dense 層作為結束, 第 10 章中的循環神經網路也是如此。

注意！處理二元分類 (binary classification) 任務時, 要使用帶有一個單元和 sigmoid 激活函數的 Dense 層作為輸出層, 並使用 binary_crossentropy 作為損失函數。我們的輸出目標 (結果) 應該是 0 或 1：

```
from tensorflow import keras
from tensorflow.keras import layers

inputs = keras.Input(shape=(num_input_features,))
x = layers.Dense(32, activation="relu")(inputs)
x = layers.Dense(32, activation="relu")(x)
outputs = layers.Dense(1, activation="sigmoid")(x)
model = keras.Model(inputs, outputs)
model.compile(optimizer="rmsprop", loss="binary_crossentropy")
```

執行**單一標籤類別分類** (single-label categorical classification, 其中每個樣本只屬於單一類別) 時, 要使用 Dense 層做為神經網路的最後一層, 其中 Dense 層的單元數量等於類別數量, 並且使用 softmax 做為激活函數。如果我們的目標值已經過 one-hot 編碼, 請使用 categorical_crossentropy 作為損失函數；如果目標值是索引整數, 則使用 sparse_ categorical_crossentropy：

```
inputs = keras.Input(shape=(num_input_features,))
x = layers.Dense(32, activation="relu")(inputs)
x = layers.Dense(32, activation="relu")(x)
```

▶接下頁

```
outputs = layers.Dense(num_classes, activation="softmax")(x)
model = keras.Model(inputs, outputs)
model.compile(optimizer="rmsprop", loss="categorical_crossentropy")
```

執行**多標籤類別分類** (multilabel categorical classification, 每個樣本可以屬於多個類別) 時, 要使用 Dense 層做為神經網路的最後一層, 其中單元數量等於類別的數量, 同時設定 sigmoid 為激活函數, 並使用 binary_crossentropy 作為損失函數。我們的目標值應該要經過 multi-hot 編碼:

```
inputs = keras.Input(shape=(num_input_features,))
x = layers.Dense(32, activation="relu")(inputs)
x = layers.Dense(32, activation="relu")(x)
outputs = layers.Dense(num_classes, activation="sigmoid")(x)
model = keras.Model(inputs, outputs)
model.compile(optimizer="rmsprop", loss="binary_crossentropy")
```

要對連續數值的向量執行**迴歸** (regression) 預測, 我們也會使用 Dense 層做為神經網路的最後一層, 其中單元數量等於嘗試預測值的數量 (通常是單一數值, 例如房屋的價格), 然後不使用激活函數。有多種損失函數適用於迴歸預測, 其中最常見的是 mean_squared_error (MSE):

```
inputs = keras.Input(shape=(num_input_features,))
x = layers.Dense(32, activation="relu")(inputs)
x = layers.Dense(32, activation="relu")(x)
outputs layers.Dense(num_values)(x)
model = keras.Model(inputs, outputs)
model.compile(optimizer="rmsprop", loss="mse")
```

卷積神經網路

卷積層透過將相同的幾何轉換 (卷積核) 應用於輸入張量中的不同空間位置 (區塊) 來萃取出空間的局部 pattern。該處理方式得到的表示法具**平移不變性** (translation invariant), 使得卷積層具有高資料處理效率和模組化的特性。這樣的概念適用於任何維度的空間, 包括 1D (序列資料)、2D (影像資料)、3D (體積資料) 等。我們可以使用 Conv1D 層處理序列資料, 使用 Conv2D 層處理影像, 以及使用 Conv3D 層處理體積資料。若想使用更有效精簡的卷積層, 我們也可以選擇使用**深度可分離卷積** (depthwise separable convolution) 層, 例如 SeparableConv2D 層。

卷積神經網路 (convolutional networks, 或稱 CNN) 是由卷積層和最大池化層組成。池化層允許我們在空間上對資料進行縮小取樣，以在特徵數量增加的同時，將特徵圖保持在合理大小，並允許後續卷積層「看到」輸入資料中更大的空間範圍。卷積神經網路通常以 Flatten 層 (扁平層) 或全局池化層作為結束，將空間特徵圖轉換為向量，最後以 Dense 層達成分類任務或迴歸任務。

以下是典型的影像分類網路 (此處是進行類別分類)，其中使用了多個 SeparableConv2D 層：

```
inputs = keras.Input(shape=(height, width, channels))
x = layers.SeparableConv2D(32, 3, activation="relu")(inputs)
x = layers.SeparableConv2D(64, 3, activation="relu")(x)
x = layers.MaxPooling2D(2)(x)
x = layers.SeparableConv2D(64, 3, activation="relu")(x)
x = layers.SeparableConv2D(128, 3, activation="relu")(x)
x = layers.MaxPooling2D(2)(x)
x = layers.SeparableConv2D(64, 3, activation="relu")(x)
x = layers.SeparableConv2D(128, 3, activation="relu")(x)
x = layers.GlobalAveragePooling2D()(x)
x = layers.Dense(32, activation="relu")(x)
outputs = layers.Dense(num_classes, activation="softmax")(x)
model = keras.Model(inputs, outputs)
model.compile(optimizer="rmsprop", loss="categorical_crossentropy")
```

在建構非常深 (層數很多) 的卷積神經網路時，時常會加入**批次正規化** (batch normalization) 層以及**殘差連接** (residual connections)，它們可以使梯度訊息順利地在神經網路內部傳遞。

循環神經網路

循環神經網路 (Recurrent neural networks, RNN) 透過一次處理一個時間點的輸入序列資料，以及全程使用**狀態** (state) 資訊來運作模型 (狀態資訊通常是一個或一組向量)。如果序列資料的 pattern 不具有時間平移不變性 (例如在時間序列資料中，較新的資料通常比舊資料更為重要)，則應優先使用 RNN 而非 1D 卷積神經網路。

Keras 提供三種 RNN 層：SimpleRNN、GRU 和 LSTM。對於大多數實務應用, 應該使用 GRU 或 LSTM。LSTM 是三者中最強大的方法, 但計算成本也更昂貴, 我們可以將 GRU 視為一種更簡單、更便宜的替代方案。

另外, 你可以將多個 RNN 層堆疊在一起, 須注意在最後一層之前的每一個 RNN 層都應該傳回輸出的完整序列 (設定參數 return_sequences = True)。而最後的 RNN 層通常只需傳回最後一個輸出, 其中包含了整個序列的資訊。

以下是用於序列資料二元分類的**單一 LSTM 層**：

```
inputs = keras.Input(shape=(num_timesteps, num_features))
x = layers.LSTM(32)(inputs)
outputs = layers.Dense(num_classes, activation="sigmoid")(x)
model = keras.Model(inputs, outputs)
model.compile(optimizer="rmsprop", loss="binary_crossentropy")
```

以下是用於序列資料二元分類的**堆疊 LSTM 層**：

```
inputs = keras.Input(shape=(num_timesteps, num_features))
x = layers.LSTM(32, return_sequences=True)(inputs)
x = layers.LSTM(32, return_sequences=True)(x)
x = layers.LSTM(32)(x)
outputs = layers.Dense(num_classes, activation="sigmoid")(x)
model = keras.Model(inputs, outputs)
model.compile(optimizer="rmsprop", loss="binary_crossentropy")
```

Transformer

Transformer 會檢視一組向量 (如單字向量), 並利用 neural attention 將每個向量轉換成一個能感知集合中其他向量語境 (context) 的表示法。當我們的集合是有一定順序的序列時, 也可以透過**位置編碼** (positional encoding), 創建一個能將全局語境和單字順序納入考量的 Transformer, 它還能比 RNN 或 1D 卷積神經網路更有效地處理較長的文字段落。

Transformer 可用於任何處理集合或序列的任務上, 包含文字分類, 但尤其適合用於**序列至序列** (sequence-to-sequence, Seq2seq) 學習, 如將一段原始語言文字翻譯成目標語言。

Seq2seq Transformer 由以下兩部分組成：

● **TransformerEncoder**：將輸入向量序列轉換成具「語境和順序感知能力」的輸出向量序列。

● **TransformerDecoder**：接收 TransformerEncoder 的輸出及目標序列, 並預測目標序列中的下一個內容。

以下是一個 Seq2seq Transformer, 它可用來將原始序列映射到目標序列 (這種設置可用於機器翻譯或題目問答上)：

```
encoder_inputs = keras.Input(shape=(sequence_length,), dtype="int64")  ←──┐
                                                                    原始序列

x = PositionalEmbedding(sequence_length, vocab_size, embed_dim)(encoder_inputs)
encoder_outputs = TransformerEncoder(embed_dim, dense_dim, num_heads)(x)
decoder_inputs = keras.Input(shape=(None,), dtype="int64")  ←── 當前的目標序列
x = PositionalEmbedding(sequence_length, vocab_size, embed_dim)(decoder_inputs)
x = TransformerDecoder(embed_dim, dense_dim, num_heads)(x, encoder_outputs)
decoder_outputs = layers.Dense(vocab_size, activation="softmax")(x)  ←──┐
                                                    向左偏移了一步的目標序列

transformer = keras.Model([encoder_inputs, decoder_inputs], decoder_outputs)
transformer.compile(optimizer="rmsprop", loss="categorical_crossentropy")
```

以下是一個單獨的 TransformerEncoder, 可用於整數序列的二元分類：

```
inputs = keras.Input(shape=(sequence_length,), dtype="int64")
x = PositionalEmbedding(sequence_length, vocab_size, embed_dim)(inputs)
x = TransformerEncoder(embed_dim, dense_dim, num_heads)(x)
x = layers.GlobalMaxPooling1D()(x)
outputs = layers.Dense(1, activation="sigmoid")(x)
model = keras.Model(inputs, outputs)
model.compile(optimizer="rmsprop", loss="binary_crossentropy")
```

有關 TransformerEncoder、TransformerDecoder 和 PositionalEmbedding 層的完整實作, 請見第 11 章。

14-1-7 可能的應用發展

先問問自己, 想要透過以上技巧來建立什麼呢？請記住, 建構深度學習模型就像玩樂高積木一樣, 層是可以堆疊在一起的, 只要有適當的訓練資料, 並經由適當複雜度的連續幾何空間轉換 (即層的堆疊), 基本上就可以對應到任何東西。本節提供了一些例子來激發你的想像空間, 思考在傳統機器學習中很常面臨的分類和迴歸任務之外的可能性。

下面是一些神經網路可能的應用案例。我依據輸入與輸出資料型態的對應 (以下用符號→代表對應) 將它們進行分類。請注意！雖然我們可以根據下面的任務訓練出一個對應的模型, 但在某些情況下, 所訓練出的模型可能無法從訓練資料取得普適性。在 14-2 和 14-4 節將討論如何在未來突破這些限制。

● 向量資料 → 向量資料

  · **預測性醫療保健**(predictive healthcare) – 以病人的醫療記錄預測病人診療結果。

  · **行為定位** (behavioral targeting) – 以一組網站資料屬性預測使用者會在網站上停留多久。

  · **產品質量控制** (product quality control) – 從已製造出的產品中取樣出部分樣本的一組資料屬性, 預測該產品在明年會失敗的機率。

● 影像資料 → 向量資料

  · **醫生助理** (medical assistant) – 以醫療影像預測腫瘤是否存在。

  · **自動駕駛車輛** (self-driving vehicle) – 將汽車前置攝影機所拍的每幅影像資料, 轉換成控制方向盤角度的指令。

  · **棋類遊戲 AI** (board game AI) – 預測圍棋和西洋棋中, 玩家下一步的移動。

  · **飲食助手** (diet helper) – 將菜餚圖片轉換成卡路里數。

  · **年齡預測** (age prediction) – 以自拍影像預測人的年齡。

- 時間序列資料 → 向量資料

  · **天氣預報** (weather prediction) – 以地理位置所對應天氣的時間序列資料, 預測下週特定地點的天氣資料。

  · **大腦控制電腦介面** (brain-computer interfaces) – 將腦磁圖 (MEG) 的時間序列資料轉換成控制電腦的指令。

  · **行為預測** (behavioral targeting) – 以網站上使用者互動行為的時間序列資料, 預測使用者購買商品的機率。

- 文字 → 文字

  · **機器翻譯** (machine translation) – 將某種語言的段落轉換成另一種語言。

  · **智慧回覆** (smart reply) – 將電子郵件內容轉換成可能的單行回覆內容。

  · **回答問題** (answering questions) – 根據問題給出答案。

  · **文章摘要** (summarization) – 將長文章轉換成文章的簡短摘要。

- 影像 → 文字

  · **文字轉錄**(text transcription) – 將影像中的文字轉換成相應的文字字串。

  · **標題** (captioning) – 將影像轉換成描述內容的短標題。

- 文字 → 影像

  · **條件式影像生成** (conditioned image generation) – 將短文字描述轉換成與描述相符的影像。

  · **商標生成/選擇** (logo generation/selection) – 將公司的名稱和描述轉換成公司的商標。

● 影像 → 影像

　　· **超高解析度** (super-resolution) － 將縮小尺寸的影像轉換成高解析度的相
　　　同影像。

　　· **視覺深度感應** (visual depth sensing) － 將室內環境的影像轉換成深度預
　　　測地圖。

● 影像和文字 → 文字

　　· **視覺 QA** (visual QA) － 將影像和關於該影像的自然語言問題, 轉換成自
　　　然語言答案。

● 影片和文字 → 文字

　　· **影片 QA** (video QA) － 將影片內容與該影片內容相關的自然語言問題, 轉
　　　換成自然語言答案。

　　幾乎任何事情都有可能, 但也並非任何事都真能。讓我們在下一節中看看深
度學習無法做到什麼。

14-2 深度學習的侷限性

深度學習可以實現的應用幾乎是無窮多的。然而，即使給定大量的人工標示資料，現在的深度學習技術仍有許多應用案例無法達成。舉例來說，假定準備了由產品經理撰寫的幾萬行甚至幾百萬行的軟體產品英文規格資料，以及由工程師團隊依照該規格開發的程式原始碼作為輸入資料，我們也無法訓練深度學習模型來讀取該規格資料，進而產生對應的程式碼。一般來說，像是程式碼開發或應用科學方法 (例如涉及長期規劃的推理工作，或演算法相關的資料操作)，無論投入多少資料，對於深度學習模型來說都是遙不可及的，甚至以深層神經網路學習排序演算法也相當困難。

這是因為深度學習模型只是將一個向量空間，對應到另一個向量空間的「簡單連續幾何轉換鏈」。假設從 X 到 Y 存在一個可學習的連續變換，深度學習所能做的只是將一個資料流形 (manifold) X 對應到另一個資料流形 Y。某個程度上，深度學習模型可以被解釋為一種程式，但相反地，大多數程式不能被表達成深度學習模型。對於多數任務而言，並不存在一個神經網路可以解決此任務，或即使存在，它也可能是無法學習的：對應的變換可能過於複雜，亦或沒有適當的資料可供學習。

藉由堆疊更多層並使用更多訓練資料來擴展當前的深度學習技術，只能從表面上緩解一些問題，但無法解決深度學習模型受限制的根本問題。大多數你希望模型學習的程式任務，是無法表示為資料流形的連續幾何轉換的。

14-2-1 機器學習模型擬人化的風險

當今 AI 的真正風險，來自於誤解了深度學習模型的作用並高估了它們的能力。人類的基本特性是我們的**心智理論** (theory of mind)，意思是我們傾向將意圖、信念和知識投射於我們周圍的事物。例如，在岩石上畫一個笑臉，就會在我們的腦海裡想像成它很「快樂」。同理，將心智理論應用於深度學習，表示當我們能夠成功地訓練模型生成描述圖片的標題時，我們相信該模型能「理解」圖片內容以及所生成的標題。然而，當訓練資料的影像有細微變化時，卻會導致模型生成完全荒謬的標題 (見圖 14.1)。

男孩拿著一個棒球棒

▲ 圖 14.1　深度學習影像標題系統的失敗案例

　　這樣的狀況可藉由**對抗式生成網路** (GAN) 的例子來說明, 在 GAN 中我們欺騙模型, 讓它們進行錯誤分類。我們已經知道可以在輸入空間中進行**梯度上升** (gradient ascent), 以最大化某些卷積網路過濾器的激活值, 也就是改變輸入資料的內容。這是第 9 章中介紹的過濾器視覺化技術的基礎;同樣的方法也應用於第 12 章的 DeepDream 演算法。同樣地, 透過梯度上升, 我們可以稍微修改影像, 使它符合某類別的預測。例如取一張熊貓圖片並在圖中摻入一個長臂猿梯度, 我們就可以讓分類模型「誤將熊貓分類為長臂猿」(見圖 14.2), 這些都證明了模型的脆弱, 以及「它們的輸入 - 輸出對應關係」與「人類認知」之間的巨大差異。

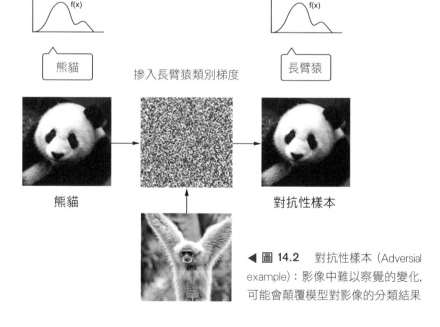

◀ 圖 14.2　對抗性樣本 (Adversial example):影像中難以察覺的變化, 可能會顛覆模型對影像的分類結果

簡而言之, 深度學習模型並沒有理解輸入, 至少在人類認知上是如此。我們對影像、聲音和語言的理解源自我們作為人類的感官經驗, 而機器學習模型無法取得這些經驗, 因此無法以人類的方式理解輸入資料。我們只能藉由標註大量訓練資料並送進模型, 讓模型學習幾何轉換, 以便學會對應人類認知的特定實例, 但這樣的對應只不過是我們原始心智模型的簡化, 如同作為人類代理人的角度來發展出對應的轉換, 但這就好像鏡子裡對應出的模糊不清的影像 (見圖 14.3)。我們所創建的模型會透過可用的任何捷徑, 對它們的訓練資料進行擬合。舉例來說, 相較於對輸入影像的全局理解, 影像模型更傾向依賴局部的紋理:一個使用內含獵豹和沙發的資料集來訓練出的模型, 很可能會將一個「豹紋沙發」分類成「獵豹」。

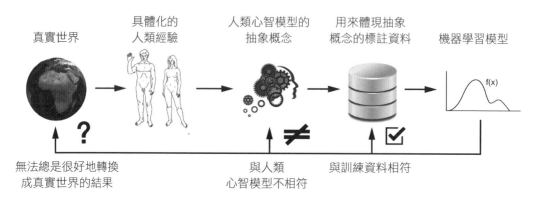

▲ 圖 14.3　現今的機器學習模型

身為一個機器學習從業者, 要牢記的是, 永遠不要陷入「相信神經網路能夠理解所執行任務」的陷阱, 其實它們並不理解, 至少不是以對我們人類有意義的方式理解。神經網路是在各種不同, 且遠比我們想像還狹隘的任務上進行訓練, 它們只是逐點將輸入資料對應到目標, 如果提供與訓練資料差很多的東西, 神經網路的結果就會變得極其荒謬可笑。

14-2-2　自動裝置 vs. 智慧型代理人

在深度學習模型中，從輸入到輸出的幾何轉換與人類思考和學習的方式之間，存在著本質上的差異。這樣的差異來自於人類是從具體的體驗中自我學習，而不是透過明確的訓練實例來學習。除了不同的學習過程，基本表示法也存在著本質上的差異。與可微分的參數式函數相比，人腦完全是另一個層次的東西。

我們把眼光放遠一點，想想看：「智慧的用途是什麼？」它一開始為什麼會出現？雖然我們只能推測，但還是能做出相當有根據的推測。我們可以從觀察大腦開始，這是一個產生智慧的器官。大腦是演化過程的產物，一種在數億年間透過物競天擇的試誤過程，逐步發展出來的機制，它大幅擴展了生物體適應其身處環境的能力。大腦最初出現於超過五億年前，是一種**儲存和執行行為程序** (behavioral program) 的方式。「行為程序」只是一組指令，能讓生物有機體對環境作出反應：「如果這個情況發生了，就做那件事」。這些指令會將生物體的感知輸入與運動控制連接起來。一開始，大腦會負責進行行為程序的硬編碼 (編碼成神經連接模式)，讓生物體對其感知輸入做出適當反應。現在，昆蟲的腦依舊是這樣運作的，如蒼蠅、螞蟻、線蟲 (見圖 14.4) 等等。這些程序最初的「原始程式碼 (source code)」就是 DNA (會被解碼成神經連接模式)，它們藉由演化而突然能用一種幾乎無界限的方式在行為空間中搜尋，這是演化史上的一大步。

演化本身就是程式設計師，而大腦則扮演電腦的角色，小心地執行著演化提供的程式碼。由於神經連接是非常普遍的計算基質 (substrate)，所有具大腦功能的物種，其感覺運動空間 (sensorimotor space) 都有可能突然開始劇烈擴展。不論是眼睛、耳朵、下顎、4 條腿，還是 24 條腿，只要擁有大腦，演化就會很貼心地為我們想出能善用這些部分的行為程序。大腦可以處理你丟給它們的任何模態 (modality)，或由模態組成的組合。

請注意，早期的大腦本身其實並不是那麼聰明。在很大程度上，它們其實是自動裝置 (automation)，只會執行生物體 DNA 中寫死的行為程序。它們的「智慧」就跟恆溫器的「智慧」是一樣的道理。這是一個很重要的區別，我們來仔細探討一下：自動裝置跟真正的智慧代理人 (intelligent agent) 有什麼不一樣？

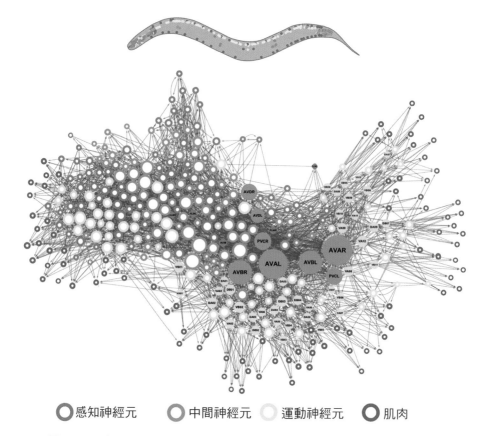

◯ 感知神經元　　◯ 中間神經元　　◯ 運動神經元　　◯ 肌肉

▲ 圖 14.4　秀麗隱桿線蟲 (C.elegans worm) 的大腦網路：由自然演化所編碼出的自動化行為機制。該圖是由 Emma Towlson 所創建 (Yan et al., "Network control principles predict neuron function in the Caenorhabditis elegans connectome," Nature, Oct. 2017)

14-2-3　局部普適 vs. 極度普適

　　17 世紀時, 法國哲學家 (也是科學家) 勒內·笛卡兒 (Ren Descartes) 寫了一篇富啟發性的評論, 完美點出了這個區別, 比人工智慧的興起還早了許多。事實上, 也早於第一台機器電腦 (由他的同事 Pascal 在 5 年後創造出來)。關於自動裝置, 笛卡兒表示：

> 「這種機器雖然在某些方面可能與我們並駕齊驅, 甚至超越我們, 但在其他方面將不可避免地失敗。這將證明它們並非透過理解來採取行動, 只是用它們元件的固有處理方式來採取行動。」

—勒內·笛卡兒《方法論 (Discours de la mthode)》(1637)

相較之下，智慧的特點就是**理解力**，而理解力是用普適化 (generalization) 能力來印證的，即處理任何可能出現之新情況的能力。我們要如何分辨一個把考古題背得滾瓜爛熟，卻完全不理解該科目的學生，和一個真的理解了教材的學生呢？答案是給他們一個全新的試卷。自動裝置是靜態的，它們的存在是為了在特定環境中完成特定事情。智慧代理人則可以迅速適應新的、預期之外的情況。當一個自動裝置遇到跟自己被「編寫」來完成的事情搭不上的情形時，它就會失敗。另一方面，智慧代理人 (如人類) 則會用其理解力來尋找前進的路。

人類不僅能夠像深層神經網路或昆蟲一樣，將即時刺激轉換成反應，還能對自身、他人、當前的狀況，保持複雜、抽象的模型，並且能夠使用這些模型來預測各種可能的未來，並執行長期規劃。我們可以將已知的概念整合起來，產生以前從未體驗過的想像，比如畫出一匹穿著牛仔褲的馬，或想像我們如果中了樂透，可以做些什麼。這種處理新事物和「如果」的能力，讓我們的心智模型空間擴展到遠超過我們能直接體驗的範圍。利用抽象和推理的能力，就是定義人類認知的一大特徵。我將這個能力稱為**極度普適** (extreme generalization)，這是一種能用很少資料，甚至完全不需使用新資料，來適應新的、前所未見情況的能力。這是人類和高階動物智慧的關鍵所在。

這一點與類自動裝置 (automaton-like) 系統的作用形成了鮮明的對比。一個僵化的自動裝置不會有任何普適性，它無法處理任何沒被事先準確告知過的事情。例如，一個 Python 字典，或用寫死的「if-then-else」條件判斷式實作的基本問答程式，就屬於這種類型。深層網路的表現則好一點，它們可以成功處理跟自己熟悉的內容有些差異的輸入，這也正是深層網路有用之處。第 8 章中的貓狗分類模型就是如此，只要未曾見過的貓狗圖片跟訓練時見過的圖片夠相近，它就能成功分類。

然而，深層網路的能力也僅限於所謂的「**局部普適** (local generalization)」(見圖 14.5)。當輸入跟訓練時所見過的資料差異較大時，深層網路輸出的結果就會變得很不合理。深層網路只能普適到「已知的未知因素 (known unknowns)」上，也就是那些在模型開發過程中所預期，並在訓練資料中廣泛存在的變異因子，例如，寵物照片的不同拍攝角度或光照條件。這是因為深層網路是透過在流形 (manifold) 上進行內插 (interpolation) 來達到普適化的 (第 5 章曾提過)：輸入空間中任何可能的變異因子，都必須由所學到的流形捕捉到。這就是基本的**資料擴增法** (data augmentation) 對改善深層網路普適性有很大助益的原因。跟人類不同的是, 這些模型不具備在資料很少, 或沒有資料的情況下隨機應變的能力 (像是中樂透), 因為這些情況與過去的情況只有抽象的共同點。

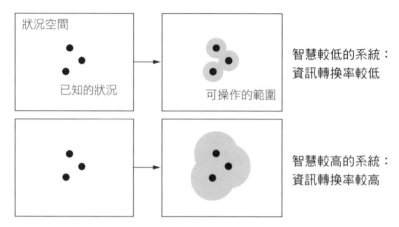

▲ 圖 14.5　局部普適 vs. 極度普適

　　假設要學習適當的發射參數讓火箭登陸月球, 如果是使用深層網路執行此任務, 並使用監督式學習或強化式學習來訓練它, 則必須提供數十萬甚至數百萬次發射試驗的資料。也就是說, 為了學習從輸入空間到輸出空間的可靠對應關係, 必須於輸入空間中**密集取樣** (dense sampling)。相較之下, 人類可利用抽象化能力提出物理模型, 並推導出一個只需一次或幾次試驗, 就可將火箭降落在月球上的**精確** (exact) 解決方案。

　　同樣地, 如果開發了一個控制人體的深層網路, 並想讓它學會在城市中安全地行走, 不被其他汽車撞到, 那麼就需要讓它經歷各種可能的情況。網路可能得先「死」個數千次, 才能推理出汽車是危險的, 並訂出適當的迴避行為。當到了一個新城市, 它又不得不重新學習所知道的大部分內容。另一方面, 人類由於擁有對假設情境的抽象建模能力, 可以在一次都不用死的情況下, 學習到安全的行為。

14-2-4　智慧的意義

　　具高適應能力的智慧代理人, 跟僵化的自動裝置之間的區別, 又將我們帶回了大腦演化的議題上。為什麼最初僅是透過自然演化, 發展出行為自動機制的大腦, 最終卻變得有智慧了呢? 就像演化中每一個重要的里程碑一樣, 是因為物競天擇的限制, 而導致了它的發生。

大腦要負責產生行為。如果一個生物體面對的情況，大多都是靜態且能事先知道的，那麼，產生行為就會是一個簡單的問題：演化不過是透過隨機試誤，找出正確的行為，並將其寫死到生物體的 DNA 中。如果是這樣的話，大腦演化的第一階段（作為自動裝置），就已經是最佳狀態了。但關鍵在於，生物體和環境的複雜性都在不斷提高。動物面臨的狀況變動性更高，也更加不可預測。如果仔細觀察，你會發現生命中的某一天，跟你曾經歷過的任何一天都不同。你必須能夠不斷去面對未知和出乎意料的情況。演化無法找出讓你每天醒來後都能應付一整天生活的行為序列，並將這個序列寫死到 DNA 中，除非它每天在你睡覺時都能快速生成恰當的行為序列。

大腦作為一個很好的行為生成引擎，只是順應了這種需求。大腦為適應性和普適性做了優化，而且不只是優化了面臨特定情形時的適應性。這種轉變可能在演化史上發生了好幾次，導致在非常遙遠的演化分支中，出現了擁有高智慧的動物，像大象、章魚、渡鴉等等。智慧是面對複雜、動態的生態系統所帶來挑戰的解答。

這就是智慧的本質：一種能有效利用所掌握的資訊，以便在面對不確定、不斷變動的未來時，產生正確行為的能力。笛卡兒所說的「理解力」，就是這種非凡能力的關鍵：它能挖掘你的過去經驗來開發出模組化、可重複使用的抽象概念，而這些概念能快速變換用途以處理新情況，並達到極度普適。

14-2-5　取得普適化能力

你可以把生物智慧的演化歷史，總結成一個緩慢攀升的**普適性頻譜** (spectrum of generalization)。演化始於像自動裝置一樣的大腦，那時的大腦還只能執行局部普適化。隨著時間過去，演化開始產生越來越能廣泛普適化的生物體。這些生物體能在越發複雜、多變的環境中茁壯成長。最後，在過去的幾百萬年間（其實也就只是演化史上的一瞬間），某些人族物種開始發展出能極度普適的生物智慧，促成了人類世 (Anthropocene) 的開始，並永遠改變了地球上生命的歷史。

過去 70 年間，人工智慧的進展跟這種演變有著驚人的相似之處。早期的 AI 系統是純粹的自動裝置，如 1960 年代的 ELIZA 聊天程式，或 1970 年的

SHRDLU ❷), 它是一種能透過自然語言指令, 簡單操控物件的 AI。而在 1990 和 2000 年代時, 能局部普適化的機器學習系統興起了。在某種程度上, 它們可以處理不確定性和新情況。到了 2010 年代, 深度學習進一步擴展了這些系統的局部普適性, 因為工程師有更大的資料集, 以及更具表達能力的模型可供使用。

今天, 我們可能正處於下一個演化階段的交叉點上。人們對實現**廣泛普適性** (broad generalization) 的系統越來越感興趣, 我將其定義成: 在單一廣泛任務領域內處理「未知的未知因素 (unknown unknowns)」的能力 (包含系統沒有被訓練來處理, 以及其創造者未預料到的情形)。例如, 一輛能安全處理任何情況的自動駕駛汽車, 或一個能通過「Woz 智力測試」(Woz test of intelligence) 的家用機器人, 它能走進隨機的一間廚房, 並煮一杯咖啡 ❸。結合深度學習和精心手刻的抽象世界模型, 我們已經朝著這些目標, 取得一些明顯的進展了。

不過目前來說, 人工智慧仍然僅限於認知自動化 (cognitive automation)。「人工智慧」中的「智慧」這個標籤, 其實不太正確。若把這個領域稱為「人工認知 (Artificial Cognition)」會更準確, 而「認知自動化 (Cognitive Automation)」跟「人工智慧 (Artificial Intelligence)」則是其底下幾乎獨立的兩個子領域。其中,「人工智慧」會是一片亟待探索的綠地。

我並不是要貶低深度學習的成就。認知自動化非常有用, 而深度學習模型可以只透過接觸資料就實現「任務自動化」的做法, 代表了一種特別強大的認知自動化型態, 遠比明確的程式邏輯實用, 且靈活度更高。把這一點做好, 基本上對各行業而言都是能扭轉局勢的成果。但是, 這仍然離人類 (或動物) 的智慧相當遙遠。目前為止, 我們的模型都只能進行局部普適化。它們會用從 X → Y 資料點的密集取樣中學到的平滑幾何變換, 將空間 X 映射到空間 Y, 而空間 X 或 Y 中若有任何中斷 (不連續), 都會讓映射失效。模型只能普適到與過去資料相似的新情況, 而人類的認知系統卻能實現極度普適, 並迅速適應全新的情況, 規劃長期的未來。

---

❷ Terry Winograd, "Procedures as a Representation for Data in a Computer Program for Understanding Natural Language" (1971).

❸ Terry Winograd, "Procedures as a Representation for Data in a Computer Program for Understanding Natural Language" (1971).Fast Company, "Wozniak: Could a Computer Make a Cup of Coffee?" (March 2010), http://mng.bz/pJMP.

14-3 為提高 AI 普適性設定方向

為了擺脫我們前述的限制，並創造能與人類大腦匹敵的人工智慧，我們必須脫離輸入到輸出的直接映射，往推理 (reasoning) 和抽象化能力 (abstraction) 前進。在接下來的幾個小節中，我們要來看看未來的路可能會是什麼樣子。

14-3-1 設定正確目標的重要性：
捷徑法則 (the shortcut rule)

生物智慧是自然界所提出問題的答案。因此，為了開發出真正的人工智慧，我們必須先提出正確的問題。

有一種你會在系統設計中不斷看到的現象，稱為「**捷徑法則** (shortcut rule)」：如果我們只專注於優化一個評量指標，我們的確可以實現目標，但也會犧牲系統中沒有被該評量指標涵蓋到的面向。最終，我們會找出一個最短的捷徑來達到那個目標。換言之，你創造出的成果都是由自己給定的誘因所形塑出來的。

這在機器學習競賽中也很常見。2009 年，Netflix 舉辦了一場挑戰賽：在電影推薦任務上達到最高分的團隊，可以贏得一百萬美元。然而，他們最終卻沒有使用獲勝團隊創建的系統，因為它太複雜，而且計算量極大。這是因為，獲勝團隊只針對預測準確度進行優化 (這也是他們被鼓勵去達成的目標)，而犧牲了系統的其他面向，如推論成本、維護的難易度，以及可解釋性等。在多數 Kaggle 競賽中，捷徑法則也一樣常見，Kaggle 獲勝團隊創建的模型很少 (甚至沒有) 用於生產環境中。

過去幾十年間，捷徑法則在 AI 領域隨處可見。1970 年代，心理學家，也是電腦科學先驅的 Allen Newell 因為擔心他的領域在認知理論上沒有取得任何有意義的進展，於是為 AI 提出了一個新的目標：下棋。他的理由是，人類在下棋時，似乎涉及 (甚至是必須擁有) 感知、推理及分析、記憶等等的能力。如果我們要建構一台下棋機器，它當然也要有這些特徵吧？

二十幾年後, 夢想成真了。1997 年, IBM 的 Deep Blue 擊敗了世界上最強的棋手, Gary Kasparov。研究人員不得不接受一個事實:創造一個 AI 西洋棋冠軍, 並沒有教會它們多少人類智慧。Deep Blue 的核心 (Alpha‐Beta 演算法), 並非人類大腦的模型, 也無法普適到棋盤遊戲以外的任務上。事實證明, 建立一個只會下棋的 AI, 比建立一個人工頭腦還容易。這就是研究人員採取的捷徑。

目前為止, AI 領域的評量指標一直是「解決特定任務」。從西洋棋到圍棋, 從 MNIST 分類到 ImageNet, 從 Atari 貪食蛇到星海爭霸和 Dota 2, 都是如此。因此, 這個領域的歷史是由一系列的「成功」所定義的。其中, 我們研究出「如何成功解決這些任務」而無需依靠任何智慧。

請記住, 人類智慧的特徵並非是「在任何特定任務上展現的技能」。相反的, 它應該是「適應新事物、有效習得新技能, 並掌握前所未見任務」的能力。只要訂下希望 AI 完成的特定任務, 我們就能對該做的事情做出精確的描述:不是透過硬編碼人類提供的知識, 就是透過極大量的資料來讓機器學習。因此工程師可以直接透過添加資料或硬編碼的知識,「購買」到更多技能, 而不須提升 AI 的普適化能力 (見圖 14.6)。如果你有近乎無限多的訓練資料, 那即使是像**近鄰搜尋** (nearest-neighbor search) 這種粗糙的演算法, 都能以超人的技巧玩電子遊戲。若你有將近無限多條 if-then-else 敘述式, 也一樣可以達到這種效果。不過, 如果你對遊戲規則做了一些小改變 (只有人類能立即適應的小改變), 非智慧系統就必須進行重新訓練或重建。

簡而言之, 藉由訂定任務, 你就排除了「處理不確定性和新穎性」的需求。另一方面, 由於智慧的本質就是處理不確定性和新穎性的能力, 所以你實際上就是在排除對智慧的需求。而且, 因為找出一個非智慧方案來解決特定任務, 一定比解決涉及到智慧的一般問題還容易, 所以這就是你百分百會採取的捷徑。人類可以利用一般智慧, 獲得解決任何新任務的技能, 但反過來說, 沒有一條路徑是從「一組解決特定任務的技能」通往「一般智慧」的。

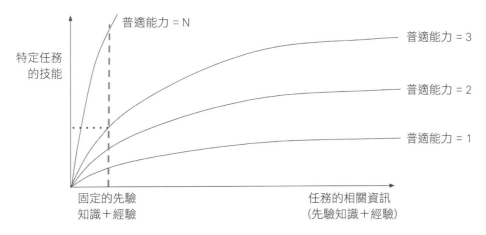

▲ 圖 **14.6** 只要提供無限的特定任務資訊，一個低度普適化的系統就能在該任務中學會想要的技能

14-3-2 一個新的目標

　　為了讓 AI 真的有智慧，並讓它能應對現實世界的多樣性，以及不斷變化之本質，我們首先要擺脫的，就是不再只尋求符合特定任務的技能。相反的，我們要開始追求普適性本身。我們需要新的標準來衡量進展，以幫助我們開發越來越有智慧的系統。這些評量指標要能指出正確的方向，並且給我們一個有用的回饋訊號。如果我們把目標設成「創建一個能解決任務 X 的模型」，捷徑法則將出現，最終就只會得到一個能解決任務 X 的模型。

　　在我看來，智慧可以被精準量化成一個**效能比** (efficiency ratio)：你所擁有關於世界的資訊量 (可以是過去經驗或先驗知識)，跟你未來操作區域 (即能夠產生適當行為的一組新情況，也可以視為一組技能集合)的轉換比率。一個較有智慧的代理人能夠用較少的過去經驗，處理更廣泛的未來任務和情況。只要確定系統可用的資訊 (它的經驗和先驗知識)，並測量它在一組參考情況或任務上的表現 (它們要與系統曾處理過的任務差異夠大)，就能找出該比率。嘗試最大限度地去提升這個比率，就能走向智慧化。最重要的是，為了避免作弊，你要先確保只在「系統未被編碼或訓練來處理的任務」上進行測試。因此，你需要一些系統創建者無法預期的任務。

在 2018 和 2019 年，我開發了一個名為**抽象及推理語料庫** (Abstraction and Reasoning Corpus, ARC) 的基準資料集 ❹，目的是要捕捉這種智慧的定義。ARC 是讓人類跟機器都能使用的資料集，它看起來很像人類的 IQ 測驗，例如瑞文標準推理測驗 (Raven's Progressive Matrices)。測試時，你會看到一系列「任務」。每項任務都會有 3 或 4 個「範例」來參考，這些範例為一些輸入網格和相應的輸出網格 (見圖 14.7)。然後，你會得到一個全新的輸入網格，在進入下一個任務前，你有 3 次機會來產生正確的輸出網格。

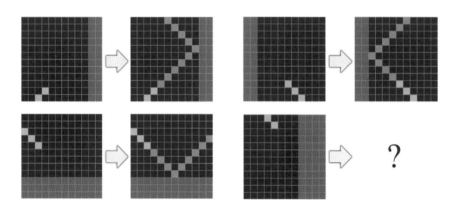

▲ **圖 14.7** ARC 任務：在觀察了數個成對的輸入－輸出範例後，系統要能夠根據新的輸入，給出相應的輸出結果

與 IQ 測驗相比，ARC 有其獨特的兩點。首先，ARC 會嘗試測量普適化能力，它只用以前從未見過的任務來測試。這表示 ARC 是一個沒辦法練習的遊戲，至少在理論上是這樣。每個測試任務會有它獨特的邏輯，而你必須即時理解，不能只是把過去任務中的具體策略死背起來。

此外，ARC 會決定你用在測試中的**先驗知識** (prior knowledge)。我們不會完全毫無頭緒地處理新問題，而是會帶著既有的技能跟資訊。ARC 的假設是，所有受測者都應該要有一組先驗知識，稱為「核心先驗知識 (Core Knowledge prior)」，它代表人類與生俱來的「知識系統」。跟 IQ 測驗不同的是，ARC 任務永遠不會涉及後天習得的知識，例如英文單字。

---

❹ Franois Chollet, "On the Measure of Intelligence" (2019), https://arxiv.org/abs/1911.01547.

　　不出所料，基於深度學習的做法 (包含在極大量外部資料上訓練過的模型，如 GPT-3) 都被證明完全無法解決 ARC 任務，因為這些任務都是無法進行內插的 (non-interpolative)，因此曲線擬合的效果並不好。另一方面，普通人在第一次嘗試解決這些任務時是沒有問題的，無需任何練習。當你看到這種年僅 5 歲的小孩都能完成，而 AI 科技卻辦不到的情況時，就傳達了一個很明確的信號，說明我們似乎少了一些什麼。

　　要具備什麼條件才能解決 ARC？希望這個挑戰能讓你開始思考。這就是 ARC 的意義：給你一個不同的目標，促使你朝著新的方向前進，但願是個有成效的方向。現在，讓我們來快速看看缺少了哪些關鍵成分。

14-4 實踐智慧：缺少的成分

目前為止，你已經知道智慧的內涵，是遠不止於深度學習所做的潛在流形內插。那麼，我們到底需要什麼，才能開始建構真正的智慧呢？哪些是我們目前還無法捕捉的核心碎片？

14-4-1 智慧是對抽象類比的敏感度

智慧，是利用過去經驗（和原有的先驗知識）來面對新的、意料外情況的能力。如果你必須面對的未來真的非常嶄新，跟以前看過的任何事物都沒有共通點，那麼無論你多聰明，都無法對它做出反應。

智慧之所以有用，是因為沒有什麼事是真正全新的。遇到新的事物時，我們可以透過跟過去的經驗進行類比，用長期收集而來的抽象概念，清楚表達它的意義。一個來自 17 世紀的人第一次看到噴射機時，可能會把它描述成一隻不會振翅，且體型和聲音都很大的金屬鳥。如果你想教一個小學生物理，你可以將電流類比成水管中的水，或時空是如何像橡膠墊一樣被重物彎曲的。

除了這種清楚的類比之外，我們在每一秒的每個想法中，都不斷地進行一些更小、更隱晦的類比。可以說，類比是引導生活的方式。去一間新的超市時，你會把它跟自己去過的類似商店做連結，找到方向。跟新朋友聊天時，他們會讓你想起以前見過的人。就算看似隨機的樣式，例如雲的形狀，也會立即喚醒我們腦中生動的影像：大象、船，或魚。

這些類比也不只是存在於我們的腦海中，物理本身也同樣充滿**同構** (isomorphism) 的概念，例如電磁是重力的類比；由於共同的起源，動物的結構也都很相似。舉例來說，矽的結晶跟冰晶也很類似，諸如此類的例子有很多。

我把這種現象稱為**萬花筒假說** (kaleidoscope hypothesis)：我們對世界的經驗，似乎具有驚人的複雜性和永無止盡的新穎性，但是，在這個複雜性的海洋中，一切卻都跟其他事物相似。如果你要描述所身處的宇宙，你需要的「不同意義的原子 (unique atoms of meaning)」相對來說不多，而你周圍的一切都是這些原子的重組結果。數個原子, 就有著無限的變化。這跟萬花筒一樣, 幾顆玻璃珠子被一組鏡子反射, 就能產生豐富、看似變化無窮的樣式 (圖 14.8)。

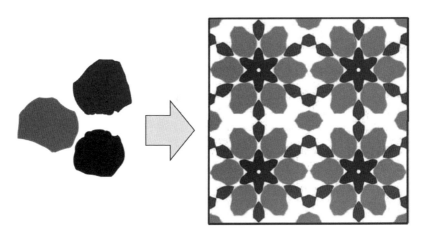

▲ 圖 14.8　萬花筒可以僅透過數個彩色玻璃珠子, 產生豐富 (但具重複性) 的樣式

　　普適化能力 (或智慧) 是能在你的經驗中挖掘, 以識別這些似乎可重複用於不同情況的意義原子的能力。萃取出來的東西稱為**抽象概念** (abstraction)。每當面臨一個新情況, 你就能透過所累積的抽象概念組合來理解它。要怎麼找出可重複使用的意義原子呢?只要注意兩件事的相似性, 也就是意識到「類比 (analogy)」的存在就可以了。如果某件事重複了兩次, 那它們一定有個單一源頭, 就像萬花筒一樣。抽象概念是智慧的引擎, 而類比則是產生抽象概念的引擎。

　　簡而言之, 智慧就是對抽象類比的敏感度, 而且這其實就是它的完整內涵了。如果你對類比有很高的敏感度, 你就能從少少的經驗中, 萃取出很強大的抽象概念。此外, 你還能利用這些抽象概念, 在未來的經驗空間中進行最大限度的操作。

14-4-2　抽象的兩端

　　如果智慧是對類比的敏感度, 那麼人工智慧的發展, 就應該從擬出逐步的類比演算法開始。類比始於將兩件事物進行比較。值得一提的是, 有兩種相反的方式可以比較事物, 且會產生兩種不同的抽象概念和思維模式, 各適用於不同類型的問題。這兩種各據一端的抽象能力, 共同構成了我們所有思想的基礎。

能將事物彼此連結的第一種方法是**相似性**比較，它會產生**數值導向類比** (value-centric analogy)。第二種方法則是**精確架構比對**，它會產生**程式導向類比** (program-centric analogy) (或稱架構導向類比，structure-centric analogy)。這兩種方法都是以事物的**實例** (instance) 為出發點，把相關的實例融合在一起，產生一個能捕捉其共同元素的抽象概念。它們的不同之處在於，你如何表示兩個實例彼此相關，以及如何將這些實例融合成抽象概念。讓我們來詳細探討這兩種類型吧！

數值導向 (value-centric) 類比

假設你在後院看到了一些屬於不同品種的甲蟲，你會注意到它們間的相似之處。有一些甲蟲會比較相似，有一些則差異較大。這個相似性的概念隱含一個平滑、連續的**距離函數** (distance function)，它定義了實例所在的潛在流形。看了足夠多的甲蟲之後，你就開始能將更多類似的實例湊在一起，把它們合併成一組**原型** (prototype)，進而捕捉到每個群集的共同視覺特徵 (見圖 14.9)。原型是抽象的，雖然它編碼了所有實例的共同特性，但看起來卻不像任何一個實例。當你看到一種新的甲蟲時，你不需要把它跟之前見過的每一種甲蟲做比較，只要將牠跟合併得到的數種原型進行比較，找到最接近的原型 (也就是甲蟲的類別)，就能做出有用的預測：這種甲蟲會咬人嗎？牠會吃蘋果嗎？

一些實例　　　　　根據相似性來分群　　　　得到抽象的原型

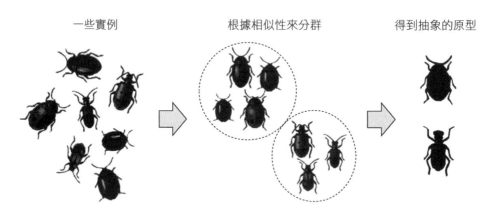

▲ 圖 14.9　數值導向類比透過尋找相似之處，把不同實例彼此連結起來，進而獲得抽象的原型

聽起來是不是很熟悉呢？這幾乎就是對非監督式機器學習 (如 K-means 分群演算法) 運作方式的描述。整體而言，所有現代的機器學習，無論是否為非監督式學習，都是透過學習潛在流形來運作的。潛在流形描繪出一個以原型來編碼的

實例空間 (還記得第 9 章所視覺化的卷積網路特徵嗎？它們就是視覺原型)。數值導向類比是一種讓深度學習模型能進行局部普適化的類比方式。

數值導向類比，也是你的大部分認知能力正在處理的東西。身為人類，你其實一直在進行數值導向的類比。這是一種抽象概念，是模式識別、感知和直覺的基礎。如果你能不假思索地完成一個任務，那你就是非常依賴數值導向的類比。若你在看電影時，總會開始把不同角色歸類到某種「類型」，那麼這就是數值導向的抽象化結果。

程式導向 (program-centric) 類比

很重要的一點是，「認知」不僅限於數值導向類比那種立即、近似、直觀的分類。還有另一種抽象概念的生成機制，它更慢、更精確，也更深思熟慮，即程式導向 (或架構導向) 的類比。

在軟體工程中，你常常會寫出一些看起來有很多共通點的函式或類別。當你注意到這些重複的東西時，你可能會想問：「有沒有一種能執行同樣工作、但更抽象的函式，可以讓我們重複使用？會不會有一種抽象的基礎類別，能同時讓其他兩個類別繼承使用？」此處的「抽象」，就是對應到程式導向的類比。我們並不是要透過「相似程度」來比較類別和函式 (就像用距離函式來比較兩張人臉那樣)，而是要找出它們之間是否有**完全相同的結構**。具體來說，我們要找的東西稱為**子圖同構** (subgraph isomorphism, 見圖 14.10)：程序可以表示為由算符 (operator) 組成的圖，而你要嘗試找出不同程序中完全共享的子圖 (程序子集)。

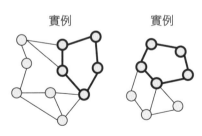

實例

```
ls = obj.as_list()
ls_sum = 0
ls_entries = 0
for n in ls:
    if n is not None:
        ls_sum += n
        ls_entries += 1
avg = ls_sum / ls_entries
print('avg:', avg)
```

實例

```
my_list = get_data()
total = 0
num_elems = 0
for e in my_list:
    if e is not None:
        total += e
        num_elems += 1
mean = total / num_elems
update_mean(mean)
```

共享的抽象概念

共享的抽象概念

```
def compute_mean(ls):
    total = 0
    num_elems = 0
    for e in ls:
        if e is not None:
            total += e
            num_elems += 1
    return total / num_elems
```

▲ 圖 14.10　程式導向類比會識別不同實例中的同構子結構

這種在不同的離散結構中進行精確架構比對的類比法，不完全只存在於電腦科學或數學等專業領域，你也經常在不知不覺中使用它。它是推理、規劃，以及「嚴謹」這個概念的基礎 (跟「直覺」正好相反)。當你考慮用一個離散網路 (而非連續的相似度函數) 來把物件的關連性連結起來時，就是在使用程式導向類比。

「認知」是兩種抽象概念的融合

讓我們來比較一下這兩種抽象概念 (見表 14.1)。

▼ 表 14.1　抽象能力的兩端

數值導向的抽象概念	程式導向的抽象概念
用**距離**來連結不同事物	用**精確結構**比對來連結不同事物
連續的、以**幾何學**為基礎	離散的、以**拓撲結構**為基礎
將實例「平均」成「**原型**」來產生抽象概念	透過將不同實例的**同構子結構**獨立出來，產生抽象概念
是**感知**和**直覺**的基礎	是**推理**和**計畫**的基礎
即時、模糊、近似	緩慢、精確、嚴謹
需要大量經驗才能產生可信的結果	不需太多經驗，可以在少至兩個實例上運作

我們所做或所想的一切，都是這兩種抽象概念的結合，很難找到只牽涉其一的任務。就算是看似「純感知」的任務，例如識別場景中的物件，也會牽涉到相當程度的隱性推理，也就是關於物件之間關係的推理。而看似「純推理」的任務，也會牽涉到一定程度的直覺，例如尋找數學定理的證明：當一個數學家著手於此，他其實已經對自己要探討的方向有著模糊認知了。他們為達到目標所採取的離散推理步驟，就是高層次的直覺所引導的。

這兩種抽象概念是相輔相成的，正是因為它們的交織，才造就了極度普適。若少了任何一個，任何思想都不會是完整的。

14-4-3 缺少的那一半

現在，你應該開始注意到深度學習缺少的東西了：它很擅長編碼數值導向的抽象概念，但基本上無法生成程式導向的抽象概念。類人類智慧 (human-like intelligence) 是這兩種類型的緊密交錯，所以我們實際上缺少了一半，而且可說是最重要的那一半。

現在，有一件事要先告誡各位。到目前為止，我把任一類型的抽象概念視為完全獨立於另一種，甚至是完全相反的概念。不過在實際案例中，它們其實比較像一個頻譜。某種程度上，你可以將離散的程序嵌入連續流形來進行推理，就像你只要有夠多參數，就能透過任一組離散點來擬合多項式函數一樣。反過來說，你也可以用離散的程序模擬連續的距離函數，畢竟你在電腦上做線性代數時，處理的就是連續空間，且完全是用離散的程序對 0 和 1 進行操作。

然而，有一些類型的問題會明顯較適用某一種抽象概念。例如，若我們試著訓練一個深度學習模型，對一個內含 5 個數字的串列進行排序。只要有正確的架構，這並非不可能，但結果可能會很令人沮喪。你將需要大量訓練資料來達到目標，而且即便如此，當模型遇到新的數字時，還是會偶爾出錯。如果你想改成對 10 個數字進行排序，就要在更多資料上重新訓練模型。另一方面，用 Python 寫一個排序演算法，只要幾行就能完成，而且使用幾個範例進行驗證後，就能適用於任何大小的串列。這展現了很強的普適性：僅靠幾個演示範例和測試範例，就能推及到一個能成功處理任何數字串列的程序。

反過來說，感知問題就非常不適合使用離散的推理程序。想想看，如果不用任何機器學習技術，而是寫一個純 Python 程式來分類 MNIST 數字，你將會面臨很大的挑戰。你會發現自己千辛萬苦地在寫函式，以便能偵測數字中的封閉圓圈數量，以及數字質心座標等。在寫了數千行的程式碼後，你可能可以達到 90% 的準確度。在這種情況下，選擇「擬合參數式模型」的做法簡單多了，它可以把現有的大量資料運用得更好，還能取得更穩健的結果。如果你有很多資料，面臨的問題又適用於流形假說，就用深度學習吧！

由於上述因素，我們不太可能看到一種把推理問題簡化成流形內插，或把感知問題簡化成離散推理的方法出現。人工智慧的發展方向，是開發一種統一的框架，並將這兩種類型的抽象類比納入其中。讓我們來看看它可能的樣貌。

14-5 深度學習的未來

　　基於我們瞭解深度網路如何運作、它的侷限性以及研究領域的現狀，我們能否預測未來的發展方向？以下是一些個人的想法。但人非聖賢，很多的預測可能無法實現。我分享這些預測不是因為我預期它們能夠在將來被證實，而是因為它們在目前是相當有趣且可執行的。

　　就高階技術層面來看，這些是我看到希望的主要方向：

● 更接近普通電腦程式的模型，建立在更豐富的原始結構上 (相比於當前的可微分層)，藉此獲得推理和抽象化的能力，這也是當前模型最根本的弱點。

● 「深度學習」與「程序空間中的離散搜尋」間的融合，前者可以提供感知和直覺的能力，而後者則提供推理和規劃的能力。

● 更好且更系統化地重複使用先前學習過的特徵和架構，例如使用可重複使用和模組化副程序的元學習系統 (meta-learning system)。

　　此外，請注意這些考量並非限定於深度學習中的監督式學習，而是適用於任何形式的機器學習，包括非監督式學習、自監督式學習和強化式學習。關於標籤來自哪裡或訓練迴圈看起來如何，基本上都不重要，因為這些機器學習的不同分支屬於同一構造的不同面向，讓我們再來深入了解吧！

14-5-1　模型即程式

　　如前一節所述，我們在機器學習領域所期待的必要轉型發展，就是要脫離那些**純態樣識別** (pattern recognition)、只能實現**局部普適化**的模型，並朝向擁有**抽象**和**推理能力**的**極度普適**模型邁進。目前能夠進行基本推理形式的 AI 程式都是由人類工程師手動撰寫程式碼而成，例如那些依賴於搜索演算法、圖形處理和形式邏輯的AI系統。

　　局勢可能即將有所改變，而這都要歸功於**程式合成** (program synthesis)。這是一個還很小眾的領域，但我認為在未來幾十年內，它可能會有很大的躍進。程式合成會使用搜尋演算法 (可能是基因程式設計中的基因搜尋法) 來探索大量可能的程式, 並自動生成簡單的程式 (見圖 14.11)。當它找到一個符合需求規格的程式時, 搜尋就會停止。這些規格的形式通常是一組輸入-輸出組合。這很容易令人聯想到機器學習:給定以輸入-輸出形式呈現的訓練資料後, 我們要找到能將輸入對應到輸出, 並能普適到新輸入上的程式。不同之處在於, 我們不是在寫死的程式 (神經網路) 中學習參數值, 而是透過離散搜尋來生成原始程式碼 (見表格 14.2)。

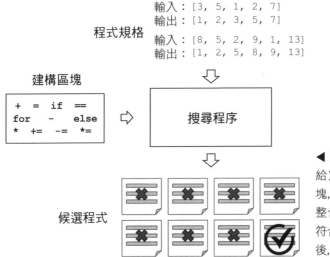

◀ 圖 14.11　程式合成圖解:給定程式規格和一組建構區塊, 搜尋程序就會將建構區塊整合為候選程式, 並測試是否符合規格。在找出有效的程式後, 搜尋過程才會停止

▼ 表 14.2　機器學習與程式合成

機器學習	程式合成
模型:可微分的參數式函數	模型:程式語言算符的運算圖
引擎:梯度下降	引擎:離散搜尋(如:基因搜尋法)
需要大量資料才能產生可信的結果	不需大量資料, 只需幾個訓練範例就能運作

　　程式合成, 讓我們能在 AI 系統中添加程式導向的抽象能力, 也就是拼圖中缺少的那一塊。之前提過, 深度學習技術在 ARC 這個專注於推理的智力測驗中, 是完全無法派上用場的。不過同時, 非常粗略的程式合成卻已經在 ARC 上取得了非常有前景的結果。

14-5-2　深度學習及程式合成的融合

　　當然, 深度學習不會消失, 程式合成並不是它的替代品, 而是它的補充品。程式合成是目前為止我們的人工大腦中缺少的那一半。我們要結合兩者並加以利用, 主要的方法如下:

① 開發出能同時整合深度學習模組和離散演算法模組的系統。

② 使用深度學習, 讓程式搜尋過程更有效率。

　　讓我們來細看這些可能的途徑。

將深度學習模組及演算模組整合成混合系統

　　現在, 最強大的 AI 系統是**混合式** (hybrid) 的系統。這種系統能同時利用深度學習模型和人工寫成的符號操縱程式。以 DeepMind 的 AlphaGo 為例, 它展現出來的智慧大部分都是由人類程式設計師所設計、硬編碼出來的 (如蒙地卡羅樹搜尋法), 而「從資料學習」只發生在特定的子模組 (價值網路和策略網路) 中。再來想想看自動駕駛的例子:自駕車之所以能處理各式各樣的情況, 是因為它一直維持著周遭事物的模型 (也就是一個 3D 模型), 其中充滿了人類工程師寫死的假設。這個模型會透過深度學習感知模組不斷地更新, 進而了解汽車的周圍環境。

　　對 AlphaGo 和自駕車而言, 「人類創造的離散程式」和「學習而來的連續模型」之結合, 是讓表現更上一層樓的原因。如果少了兩者中的任何一方, 都是不可能達成如此表現的。目前為止, 這種混合系統的離散演算法元素, 都是由人類工程師寫死的。但在未來, 這樣的系統或許不需要人類的參與, 可以完全自行學習。

　　這樣的系統究竟會長什麼樣子呢？我們可以看看著名的神經網路類型:RNN。值得一提的是, RNN 的限制比前饋式神經網路略少。這是因為 RNN 不只有單純地做幾何轉換而已, 它是在 for 迴圈中不斷重複應用幾何轉換。這個 for 迴圈是由開發人員手動寫死的, 它是神經網路內建的一個假設。當然, RNN 的表達能力仍然極為有限, 主要是因為它執行的每一步都是可微分的幾何轉換, 而且將資訊逐步傳遞的過程, 也只是透過連續幾何空間中的點 (狀態向量) 來進行。現在, 想像一個神經網路用類似的方法, 以程式原語 (programming primitive) 進行擴增, 但它不是只有寫死的 for 迴圈, 而是包含了大量程式設計原語, 讓模型可以自由操作、擴展處理功能, 例如:if 條件式、while 陳述式、變數的創建、長期記憶的磁碟儲存空間、算符排序、高階資料結構 (串列、圖形和雜湊表) 等等。這種模型能表示的程式空間, 會比目前深度學習模型所能表示的廣泛許多, 且其中一些程式還能達到更高的普適性。更重要的是, 雖然有些特定模組還是可微分的, 但程序本身不會是可微分的端到端程式, 因此必須透過離散程式搜尋和梯度下降的組合來生成。

　　我們將不再只能二選一:在寫死的演算法智慧 (手刻出的軟體)、或是學習而來的幾何智慧 (深度學習) 中做選擇, 而是擁有一個由「提供推理和抽象能力的正規演算法模組」, 以及「提供非正規直覺和模式識別能力的幾何模組」組合而成的混合體。整套系統能在只需極少, 或甚至無人參與的情況下學習而成。這將大大擴展能透過機器學習解決的問題範圍, 也就是在給定適當的訓練資料下, 能夠自動生成的程式空間。類似 AlphaGo 甚至是 RNN 這樣的系統, 可以被視為這種混合模型的始祖。

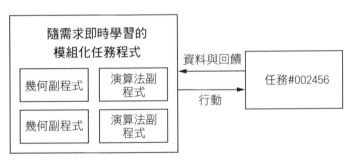

▲ 圖 14.12　同時仰賴幾何功能 (模式識別、直覺) 和演算法功能 (推理、搜尋、記憶) 的學習程序

使用深度學習引導程式搜尋

　　現在, 程式合成正面臨一個大難題:它的效率極低。程式合成的運作方式, 是在搜尋空間中嘗試每一個可能的程式, 直到找出符合規範的程式為止。隨著需求規格的複雜度逐漸增加, 或用來寫程式的原語詞彙表擴增, 程式搜尋過程就會遇到所謂的**組合爆炸** (combinatorial explosion), 也就是它要考慮的程式組合增長極快 (事實上, 比單純的指數增長還要快)。因此, 程式合成目前只能用來生成非常短的程式, 短期內是無法為電腦生成一個新的作業系統的。

為了取得進展，我們必須讓程式合成更接近人類編寫軟體的方式，使其更有效率。當你打開編輯器來寫程式時，並不會考慮所有可能的寫死，你的腦海中只會有少數幾個可能的方法：你可以利用自己對問題的理解，以及過去的經驗，大幅限縮可能的選擇空間。

深度學習能幫程式合成做到相同的事：儘管我們想生成的每個具體程式本質上都可能是離散的物件，會執行無法被內插的資料操作，但目前為止的證據表明：包含了全部有用程式的空間，看起來可能很像一個連續的流形。這意味著，一個經過數百萬次「成功的程式生成週期」的深度學習模型，可能會開始對「通過程式空間的路徑」，也就是搜尋過程應採取的、「從規格通往相應程式」的那條路徑產生很強的直覺。這就像軟體工程師可能對自己要寫的程式架構，以及通往目標所需的那些中間函式和類別，會產生的直覺一樣。

要記得，人類的推理很大程度上是數值導向的，換句話說，是由純模式識別和直覺所引導，而程式合成也應是如此。我期望這種引導程式搜尋過程的方法，能在未來的 10 到 20 年間吸引更多人投入研究。

14-5-3　模型的長期學習和模組化副程式的重複使用

如果模型變得更加複雜，並且構建在更豐富的演算法基本功能之上，那麼這樣複雜的模型更應被重複使用，而不是每次有新任務或新資料集時，就從頭訓練新模型。許多資料集沒有包含足夠的資訊供我們從頭開始建立新的、複雜的模型，因此有必要使用之前資料集中的知識 (就像每次打開一本新書來閱讀時，我們不會從頭開始學習語言或文法)。此外，當前任務與先前任務之間時常存在大量的重疊資訊，如果每遇到一個新任務就從頭訓練模型，則整體的效率也會很差。

近年來有一個反覆出現的觀察結果值得我們注意：同時訓練相同的模型來完成幾個沒有關聯的任務，會產生在個別任務表現更好的模型。舉例來說，訓練相同的機器翻譯模型來進行「英語-德語」和「法語-義大利語」的翻譯，所得到的模型在每組語言翻譯的成效都變得更好。同樣地，聯合訓練影像分類模型與影像分割模型，同時共享相同的卷積基底，所得到的模型在兩個任務中都變得更好。這樣的結果很符合直覺上的認知，因為看似無關的任務之間總是存在一些重疊資訊，比起僅針對特定任務訓練的模型，聯合模型可以取得每個任務中的更多資訊。

目前, 當跨任務的模型被重複使用時, 我們會使用預先訓練權重的模型來執行一般常見的功能, 例如視覺特徵萃取, 就如同第 9 章中描述的操作。將來, 我期望能出現更通用的版本：我們不僅會使用以前學過的特徵 (子模型權重), 還會使用以前學過的模型架構和訓練程式。這樣的模型變得更像程式, 而在其中會有許多重複使用的副程式, 如人類程式語言中的函式和類別。

想想今日軟體開發的過程：一旦工程師解決了特定問題 (例如 Python 中的 HTTP 查詢), 他們就會將其打包為一個抽象、可重複使用的函式庫。未來遇到類似的問題時, 可以搜尋現有的函式庫, 然後下載, 並用在自己的專案中。未來, **元學習系統** (meta-learning system) 將能夠以類似的方式在高階、可重複使用模組的全域函式庫進行篩選, 進而組裝出新的程式。當系統發現自己曾為幾個不同任務開發出類似的副程式時, 則可以建立一個抽象、可重複使用的副程式, 並儲存於全域函式庫中 (見圖 14.13)。這樣的過程可實現抽象化, 是達成極度普適的必要元件。這樣抽象的定義類似於軟體工程中抽象的概念, 而這些副程式可以是幾何功能 (具有預訓練表示法的深度學習模組) 或演算法 (更接近當代軟體工程師操作的函式庫)。

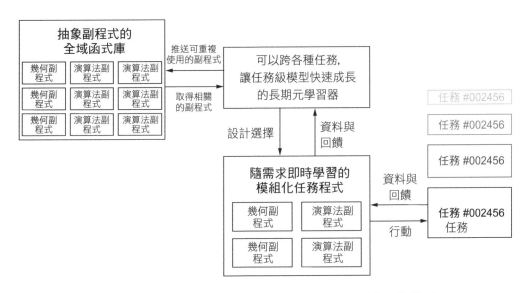

▲ 圖 14.13 元學習系統能夠透過可重複使用的基本元件 (算法和幾何副程式), 快速開發特定任務的模型, 進而達到極度普適

14-5-4 長遠願景

總而言之, 以下是我對機器學習的長期願景:

● 模型將更像程式, 且表示能力將遠超過目前的模型 (僅對輸入資料進行連續幾何轉換)。這些程式可以說更接近於人類對周圍環境, 和自身保持的抽象心智模型, 而且由於其豐富的演算法特質, 將具有更強大的普適性。

● 特別是, 模型將混合**演算法模組** (algorithmic modules, 提供正規的推理、搜尋和抽象功能), 以及**幾何模組** (geometric modules, 提供非正規的直覺和模式識別功能), 進而同時取得數值導向和程式導向的抽象概念。AlphaGo (一個需要大量手動軟體工程和人為設計決策的系統) 即是一個混合了符號和幾何的AI。

● 這些模型可使用全域程式庫中的模組化元件自動建構, 而不是由人類工程師手動操作。其中的全域程式庫是透過在數千個先前任務和資料集上, 學習高性能模型演進而成的程式庫。當元學習系統識別出頻繁出現的問題解決模式, 就會將它們轉變成可重複使用的副程式, 就如同軟體工程中的函式和類別一樣, 然後加入到全域程式庫中供未來使用。

● 在各種可能的副程式組合中搜尋, 進而產生新模型的過程, 是一個離散的搜尋過程 (程式合成), 但它會由深度學習所提供的程式空間直覺所引導。

● 這個全域程式庫和相關的模型成長系統能夠達成類似人類的極度普適:給定一個新任務或新狀況, 系統只使用非常少的資料, 就能夠組裝出適合該任務的可運作模型。這歸功於豐富的類程式基本功能可達成普適能力, 以及取得類似任務的豐富經驗。這就像是具備許多遊戲經驗的人類, 可以很快學會玩新的、複雜的電腦遊戲, 因為從之前的經驗中得到的模型是「抽象的和類似程式的」, 而不是「刺激與行動之間的對應關係」。

● 因此, 這種長期的學習模型成長系統可以被解釋為**通用人工智慧** (artificial general intelligence, AGI), 但不要認為無中生有的機器人災難會隨之而來, 那純粹是幻想, 來自對智慧和技術長期且深刻的誤解, 然而這樣的批評不在本書討論的範圍之內。

14-6 在快速發展的領域保持最新狀態

作為最後的段落，我想在本書的最後幾頁中，給予一些關於如何繼續學習和更新知識及技能的建議。正如我們今日所知，儘管延續數十年前漫長而緩慢發展的基礎，實際上現代深度學習領域只有幾年的歷史。自 2013 年以來，隨著財務資源和研究人員的數量成指數成長，整個領域現正以瘋狂的速度發展。本書中學到的東西不見得永遠是對的，也不見得會是你職業生涯所需要的全部。

幸運的是，可以使用大量免費的線上資源來保持最新狀態並擴展視野，以下提供幾個可作為參考的資源。

14-6-1 使用 Kaggle 練習實務問題

取得實務經驗的有效方法是嘗試在 Kaggle (https://kaggle.com) 上參與機器學習競賽。真正且唯一的學習方式，是透過實際練習和實際開發程式。這是本書的哲學，而 Kaggle 比賽則是這一點的延伸實踐。在 Kaggle 可以找到一系列不斷更新的資料科學競賽，其中許多涉及深度學習，這些競賽主要是來自有些公司，它們想要針對一些具挑戰性機器學習問題取得創新解決方案，其中有些競賽還為前幾名得獎者提供相當多的獎金。

大多數比賽都是使用 XGBoost 庫 (淺層機器學習) 或 Keras (深度學習) 取得勝利，所以最適合我們不過了！透過參加一些比賽，將可更熟悉本書中描述的進階最佳方案的實作，特別是超參數調校、避免驗證集過度配適和模型集成。

14-6-2 閱讀 arXiv 上最新發展的論文

與其他科學領域相比，深度學習研究完全以開放的方式進行。論文一經定稿即公開發布且開放存取，有許多相關軟體都是開放原始碼。arXiv (https://arxiv.org, 讀音同 "archive", X 代表希臘語 chi) 是物理、數學和計算機科學研究論文的開放存取伺服器，現在已成為取得機器學習和深度學習最新進展的務實管道。大多數深度學習研究人員在完成論文後不久便上傳到 arXiv 上，因為此領域研究的日新月異和激烈競爭，這樣的方式可以使得他們在不等待會議接受 (需要數月)

的情況下, 先樹立研究成果的旗幟並聲稱具體發現。這樣做可以讓所有新發現都可立即供所有人查看和建構, 進而使該研究領域極其快速地向前移動發展。

但 arXiv 的一個重大缺點是品質問題, 每天在 arXiv 上發布的大量新論文, 無法全部都瀏覽過, 而且沒有經過審查, 很難確定哪些論文既重要又高質量。

在吵雜聲中找到正確信號很困難, 而且會越來越困難。目前, 這個問題還沒有很好的解決方案, 但一個名為 arXiv Sanity Preserver (http://arxiv-sanity.com) 的輔助網站可以作為新論文的推薦引擎, 並幫助我們追蹤深度學習中特定主題的新發展。此外, 還可以使用 Google 學術搜尋 (https://scholar.google.com) 來追蹤特定作者的出版論文。

14-6-3 探索 Keras 的生態系統

截至 2021 年末, Keras 擁有超過一百萬名使用者, 並且人數仍在快速成長, 因而 Keras 擁有龐大的教學、指南和相關開放原始碼專案的生態系統:

● Keras 的主要參考資料是 https://keras.io 上的線上文件, 而你可以在 https://keras.io/guides 找到大量的開發者指南。此外, 你也可以在 https://keras.io/examples 看到許多高質量的 Keras 程式範例, 請務必去看一看!

● Keras 的原始碼可以在 https://github.com/keras-team/keras 找到。

● 你可以透過 keras-users@googlegroups.com 尋求幫助或參與深度學習相關的討論。

● 可以在 Twitter 上關注我: @fchollet。

後語

這是本書的終點!我希望你已經學會一兩件關於機器學習、深度學習、Keras, 或一般認知的必要知識。學習是終生旅程, 尤其是在人工智慧領域, 我們瞭解的未知遠遠超過已知, 所以請繼續學習、提問和研究, 永不止步, 因為即使取得目前為止的所有進展, 人工智慧中的大多數基本問題仍然沒有答案, 有許多問題甚至還沒有提出。